Lehrbuch der Kältetechnik   Band 2

Lehrbuch der Kältetechnik

Band 2

3. Auflage

Herausgeber
Dr. rer. nat. Dipl.-Ing. H. L. von Cube

Autoren
Dr. rer. nat. Dipl.-Ing. H. L. von Cube
Ing. (grad.) W. Duscha (Ob.-Ing.)
Dipl.-Ing. J. Gutschmidt
Ing. (grad.) W. Heyer
Dr.-Ing. Z. R. Huelle
Dipl.-Biol. I. Sauerbrunn (Ob.-Ing.)
Prof. Dr.-Ing. Th. Sexauer
Dipl.-Ing. A. Wolff

CFM

**Verlag C. F. Müller
Karlsruhe**

Beiträge und Autoren des Gesamtwerkes

0 — Herausgeber: Dr. rer. nat. Dipl.-Ing. H. L. von Cube (berat. Ing., Worms/Rh.)

1 — Grundlagen der Wärmelehre und der Physik der Kälteerzeugung
(Dr.-Ing. Th. Sexauer, ehem. Fachhochschule Karlsruhe, Prof. a. D.)

2 — Chemie, Werkstoffe und Betriebsmittel, Korrosion (Dr. rer. nat. H. Steinle und
Dr. rer. nat. U. Wenning, Robert Bosch Hausgeräte GmbH, Giengen/Brenz)

3 — Verfahren zur Kälteerzeugung (Prof. Dipl.-Ing. A. Hampel, Fachhochschule für
Technik, Mannheim)

4 — Komponenten der Kälteerzeugung (Dipl.-Ing. H. J. Bauder, Sulzer-Escher-
Wyss GmbH, Lindau)
— Kühltürme (Dr.-Ing. P. Berliner, Kernforschungszentrum Karlsruhe)
— Apparate von Absorptions-Kälteanlagen (Dipl.-Ing. K. H. Richter,
Linde AG, Sürth)
— Dampfstrahlverdichter (Dipl.-Ing. W. Hummel und Ing. (grad.) A. Kunz,
Fa. Wiegand-Karlsruhe GmbH, Ettlingen)

5 — Planung, Montage, Inbetriebsetzung und Wartung von Kühlanlagen (Ing. H.
Noack, ehem. Ob.-Ing. in Fa. Linde AG, Sürth, i. R.)

6 — Regelungstechnik in Kälteanlagen (Dr.-Ing. Z. R. Huelle, Danfoss, Nordbørg)

7 — Elektrotechnik (Ing. (grad.) W. Heyer, Fa. Brown-Boveri-York, Mannheim)

8 — Kälteschutz (Dipl.-Biol. I. Sauerbrunn, Ob.-Ing. in Fa. Deutsche Pittsburg-
Corning GmbH, Mannheim)

9 — Kälteanwendung (Ing. (grad.) W. Duscha, ehem. Ob.-Ing. in Fa. Brown-Boveri-
York, Mannheim, i. R.; für Absorptions-Kälteanlagen (Dipl.-Ing. K. H.
Richter); für Dampfstrahl-Kälteanlagen (Dipl.-Ing. W. Hummel und Ing. (grad.)
A. Kunz)

10 — Das Haltbarmachen von Lebensmitteln durch Kälte (Dipl.-Ing. J. Gutschmidt,
ehem. Bundesforschungsanstalt für Lebensmittelfrischhaltung, Karlsruhe, i. R.)

11 — Schall- und Schwingungsschutz (Dipl.-Ing. A. Wolff, berat. Ing., Weinheim-
Hohensachsen)

12 — Geschichtliche und wirtschaftliche Entwicklung der Kältetechnik (Dr. rer. nat.
Dipl.-Ing. H. L. von Cube, berat. Ing., Worms/Rh.)

13 — Die gesetzlichen Einheiten und ihre Anwendung in der Kältetechnik (Dr.-Ing.
Th. Sexauer, ehem. Fachhochschule Karlsruhe, Prof. a. D.)

CIP-Kurztitelaufnahme der Deutschen Bibliothek
Lehrbuch der Kältetechnik / Hrsg. H. L. von Cube.
— Karlsruhe : Müller
ISBN 3-7880-7136-2
NE: Cube, Hans Ludwig von [Hrsg.]
Bd. 2. Autoren H. L. von Cube ... — 3. Aufl. — 1981.

ISBN 3-7880-7136-2
© 1981 Verlag C.F. Müller Karlsruhe
Gesamtherstellung:
C.F. Müller, Großdruckerei und Verlag GmbH, Karlsruhe

6 Regelungstechnik in Kälteanlagen

7 Elektrotechnik

8 Kälteschutz

11   Schall- und Schwingungsschutz

6 Regelungstechnik in Kälteanlagen

Dr.-Ing. Z. R. Huelle

6.1 Einführung

6.1.1 Begriffe und Benennungen

Es ist bei der Behandlung komplizierter Vorgänge notwendig, eine gemeinsame Sprache zu sprechen. Aus diesem Grunde werden in diesem Kapitel weitgehend Begriffe und Bezeichnungen gemäß DIN 19226 ,,Regelungstechnik und Steuerungstechnik" benutzt. Diese Begriffe und Bezeichnungen mögen in der Kältetechnik noch wenig gebräuchlich sein, ein Grund mehr, um diese zur Darstellung der Regelungstechnik in der Kältetechnik zu verwenden.

6.1.2 Aufgabe der Regelung

Die Regelung ist nach DIN 19226 ein Vorgang, bei dem eine Größe, die zu regelnde Größe (Regelgröße) fortlaufend erfaßt, mit einer anderen Größe, der Führungsgröße, verglichen und, abhängig vom Ergebnis dieses Vergleichs, im Sinne einer Angleichung an die Führungsgröße beeinflußt wird.

Die Regelung hat die Aufgabe, trotz störender Einflüsse (z.B. die Umgebungstemperatur) den Wert der Regelgröße (z.B. Raumtemperatur) an den durch die Führungsgröße (z.B. die gewünschte Raumtemperatur) vorgegebenen Wert anzugleichen, auch wenn dieser Angleich im Rahmen gegebener Möglichkeiten nur unvollkommen geschieht (DIN 19226).

Man verlangt von einer Regelung, daß diese in richtiger Richtung (Streben nach Angleichung) wirkt, nicht aber, daß sie vollkommen ist. Das ist eine sehr wichtige Feststellung, welche realistisch und praxisnahe die Dinge beim Namen nennt.

Mit größerem Aufwand an regelungstechnischer Apparatur lassen sich normalerweise bessere Regelergebnisse erreichen, was natürlich auch mehr Geld kostet. In jeder Situation wird immer nach ökonomischen Lösungen gesucht. Jede Industrie hat daher erfahrungsgemäß die Art der Regelung, für die sie zu zahlen bereit war. So dominieren heute z.B. in der Kältetechnik relativ einfache (und auch billige) Regelgeräte, in der Chemischen Industrie, der Stahlindustrie und anderen sind teure, von einem Prozeßrechner geregelte Anlagen zu verzeichnen. [1; 2; 3; 4; 5]

6.1.3 Die Regelstrecke und der Regler, der Regelkreis

6.1.3.1 Die Regelstrecke

Als *Regelstrecke* bezeichnet man den Teil der geregelten Anlage, in dem die *Regelgröße* konstant zu halten ist und der durch die *Stellgröße* und *Störgrößen* beeinflußt wird.

Bild 6/1 zeigt die schematische Darstellung einer Regelstrecke mit den in DIN 19226 genormten Bezeichnungen: S = Regelstrecke, x = Regelgröße, y = Stellgröße, z_1, z_2 = Störgrößen.

Diese schematische Darstellung stellt jedesmal eine konkrete praktische Regelstrecke dar und dient (auf das Wesentliche der Regelungsvorgänge begrenzt) regelungstechnischen Erwägungen.

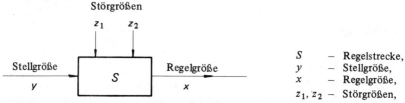

S – Regelstrecke,
y – Stellgröße,
x – Regelgröße,
z_1, z_2 – Störgrößen,

Bild 6/1   Schematische Darstellung der Regelstrecke

Bild 6/2 zeigt als Beispiel den Kühlraum als Regelstrecke. Die Kühlraumtemperatur ist hier die Regelgröße x, der Kältemittelstrom ist die Stellgröße y, die Umgebungstemperatur und die Warenbeschickung sind die Störgrößen z_1 und z_2.

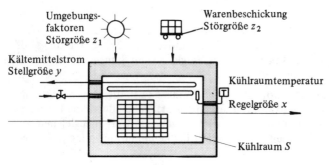

Bild 6/2   Kühlraum als Regelstrecke
S – Regelstrecke = Kühlraum
x – Regelgröße   = Kühlraumtemperatur
y – Stellgröße   = Kältemittelstrom
z_1, z_2 – Störgrößen = Umgebungstemperatur, Warenbeschickung

Es ist leicht zu erkennen, daß das Bild 6/1 als eine schematische Darstellung für den Kühlraum als Regelstrecke dient.

Im Kühlraum (Regelstrecke S) ist die Raumtemperatur (Regelgröße x) konstant zu halten. Die Wärmezufuhr ist von der Umgebungstemperatur (Störgröße z_1) und der Warenbeschickung (Störgröße z_2) abhängig, und die Wärmeabfuhr (die Kühlung) ist vom Kältemittelstrom (Stellgröße y) abhängig. Die Kühlung (Stellgröße y) ist so zu dosieren, daß die Raumtemperatur (Regelgröße x) konstant gehalten wird.

6.1.3.2 Das Stellglied

Um die Stellgröße zu verändern, braucht man ein besonderes Organ, das *Stellorgan,* das in Abhängigkeit von der Art der Stellgröße verschiedene Formen annimmt. In unserem Falle wird für den Kältemittelstrom, die Stellgröße y, (s. Bild 6/2) als Stellorgan ein Ventil gebraucht. Das Stellorgan samt dem dazugehörigen Antrieb bildet das *Stellglied.*

6.1.3.3 Der Regler

Aufgabe des *Reglers* ist, die Regelgröße durch gezielte Änderungen der Stellgröße an den gewünschten Wert (Sollwert) anzugleichen. Die schematische Darstellung des Reglers mit der Regelgröße x am Eingang und der Stellgröße y am Ausgang ist auf Bild 6/3 gezeigt.

R — Regler
x — Regelgröße
y — Stellgröße

Bild 6/3   Schematische Darstellung des Reglers

Für die Messung der Regelgröße besitzt der Regler eine *Meßeinrichtung* (*M*), einen *Sollwertgeber* (*S_0*) für die Einstellung der Führungsgröße-Sollwert (*w_s*) und eine Vergleichseinrichtung (*V_e*) (s. Bild 6/4). Diese Hauptbestandteile und die Charakteristiken (P-, I-, PI-Verhalten) der verschiedenen Regler werden bei der Beschreibung der einzelnen Geräte betrachtet werden. Dem Sollwertgeber wird immer große Aufmerksamkeit gewidmet, weil der Regler an dieser Stelle eingestellt wird.

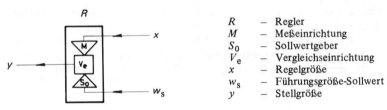

R — Regler
M — Meßeinrichtung
S_0 — Sollwertgeber
V_e — Vergleichseinrichtung
x — Regelgröße
w_s — Führungsgröße-Sollwert
y — Stellgröße

Bild 6/4   Schematischer Aufbau des Reglers

6.1.3.4 Der Regelkreis

Die Regelstrecke und der Regler bilden zusammen den *Regelkreis* (s. Bild 6/5).

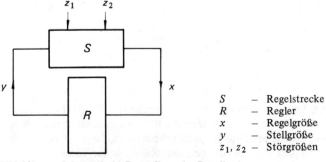

S — Regelstrecke
R — Regler
x — Regelgröße
y — Stellgröße
z_1, z_2 — Störgrößen

Bild 6/5   Schematische Darstellung des Regelkreises

Es sind also zwei Komponenten, die zu einem System (Kreis) gehören, und für dessen Betriebsverhalten sie verantwortlich sind. Erstaunlicherweise wird oft vergessen, daß die Regelstrecke zum Regelkreis gehört. Die guten oder schlechten Eigenschaften des Regelkreises werden fälschlicherweise dem Regler zugeschrieben, obwohl es überwiegend von der Art und Auslegung der Regelstrecke abhängt, ob sie gut, schlecht oder überhaupt nicht regelbar ist. Der Regler kann nur die guten Eigenschaften der Regelstrecke ausnutzen, die schlechten korrigieren, in keinem Falle aber diese Eigenschaften verbessern. Es ist also von größter Bedeutung, daß die Regelstrecke von Anfang an auch unter den Gesichtspunkten der automatischen Regelung ausgelegt wird.

Die Regelstrecke und der Regler müssen so aufeinander abgestimmt werden, daß ein betriebssicherer Regelkreis entsteht.

Einen einfachen Regelkreis für Kühlraumtemperaturregelung zeigt Bild 6/7. Die Kühlraumtemperatur wird hier durch Öffnen und Schließen eines elektromagnetischen Ventils geregelt, das den Kältemittelstrom durch den Kühler absperrt und freigibt (unstetige Kühlerleistungs-Regelung).

6.1.4 Stetige und unstetige Regelgeräte

Die Art und Weise, nach welcher die Regelabweichung vom Vergleicher (s. Bild 6/6) an das Stellglied weiter geleitet wird, entscheidet darüber, ob ein Regelgerät *stetig* oder *nicht stetig* arbeitet. Bei *stetigen* Regelgeräten wird die Regelabweichung *stetig* das Stellglied betätigen (z.B. ein thermostatisches Expansionsventil), bei *unstetigen* Regelgeräten wird diese Betätigung *unstetig* (z.B. Thermostate, Pressostate).

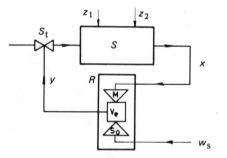

S	– Regelstrecke
R	– Regler
M	– Meßeinrichtung
S_0	– Sollwertgeber
V_e	– Vergleicher
S_t	– Stellglied
x	– Regelgröße
w_s	– Sollwert-Führungsgröße
y	– Stellgröße
z_1, z_2	– Störgrößen

Bild 6/6   Schematischer Aufbau des Regelkreises

6.1.5 Einzelne und vermaschte Regelkreise

Bei manchen Regelaufgaben sind die einzelnen Regelkreise (s. Bild 6/6) nicht ausreichend stabil. Durch Einschalten von zusätzlichen Regelungsschleifen entstehen vermaschte Regelkreise, die die gestellte Regelaufgabe erfüllen. Bild 6/8 zeigt eine Kaskadenregelung, die zum Beispiel bei der genauen Regelung der Temperatur in Kühlräumen verwendet wird (s. 6.2.2.1).

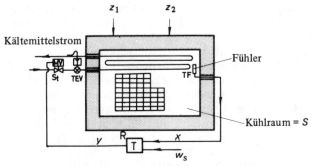

Bild 6/7   Kühlraumtemperatur-Regelung (unstetig)

S – Regelstrecke – Kühlraum
x – Regelgröße – Kühlraumtemperatur
TF – Temperaturfühler
R – Regler – Thermostat
w_s – Führungsgröße-Sollwert (Einstellung)
y – Stellgröße (Ein, Aus)
S_t – Stellglied (MV-Magnetventil)
z_1, z_2 – Störgrößen (z. B. Umgebungstemperatur, Warenbeschickung)
TEV – Thermostatisches Expansionsventil

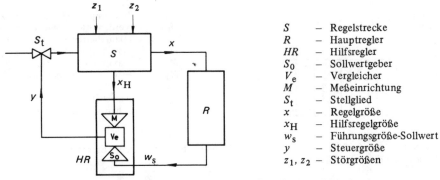

S – Regelstrecke
R – Hauptregler
HR – Hilfsregler
S_0 – Sollwertgeber
V_e – Vergleicher
M – Meßeinrichtung
S_t – Stellglied
x – Regelgröße
x_H – Hilfsregelgröße
w_s – Führungsgröße-Sollwert
y – Steuergröße
z_1, z_2 – Störgrößen

Bild 6/8   Schematischer Aufbau eines vermaschten Regelkreises (Kaskadenregelung)

6.2   Anwendung von Regelgeräten in der Kältetechnik

6.2.1   Temperaturkonstanthaltung

6.2.1.1 Raumtemperaturkonstanthaltung

Soll die Raumtemperatur konstant gehalten werden, dann muß genau die bei den herrschenden Betriebsverhältnissen (Temperaturdifferenz, Warenabkühlung, Ventilatorarbeit) in einem Zeitraum dem Kühlraum zufließende Wärme durch Luftkühler wieder abgeführt werden.

Bei einer weniger genauen, aber einfachen Regelung wird die Wärme diskontinuierlich durch Schließen und Öffnen des Kältemittelzuflusses zum Luftkühler abgeführt. Auf diese Weise wird die volle Leistung des Luftkühlers periodenweise unterbrochen und dadurch eine kleinere, nämlich die bei den gegebenen Verhältnissen zur Kühlung benötigte Leistung erreicht (s. Bild 6/9 und 6/7). Der vollen Leistung entspricht der Massenstrom M_L, der benötigten Betriebsleistung der Massenstrom M_B. Die Raumtemperatur schwenkt periodisch von der Größe ϑ_1 (maximale Temperatur) zu der Größe ϑ_2 (minimale Temperatur). Am Regler (ein Thermostat) sind eine der Größen ϑ_1 (w_{s1}) oder ϑ_2 (w_{s2}) und die Temperaturdifferenz $\Delta\vartheta$ (Δx) einstellbar (Sollwert). Die *Genauigkeit* der Regelung ist von der Kennlinie der Regelstrecke und des Reglers abhängig. Praktisch ist mit der Genauigkeit von 2 bis 4 K zu rechnen. Der Regler wird so eingestellt, daß die gewünschte Raumtemperatur ϑ_R in der Mitte zwischen den Temperaturen ϑ_1 und ϑ_2 liegt (s. Bild 6/9). Bei Verminderung der Temperaturdifferenz ($\vartheta_1 - \vartheta_2$, Δx) wird die Schaltperiode T vermindert. Die Verminderung der Schaltperiode führt zu größerer Beanspruchung der Stellglieder (Magnetventil).

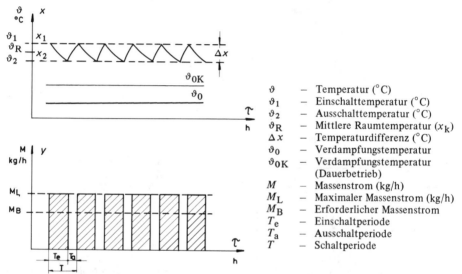

ϑ	– Temperatur ($^\circ$C)
ϑ_1	– Einschalttemperatur ($^\circ$C)
ϑ_2	– Ausschalttemperatur ($^\circ$C)
ϑ_R	– Mittlere Raumtemperatur (x_k)
Δx	– Temperaturdifferenz ($^\circ$C)
ϑ_0	– Verdampfungstemperatur
ϑ_{0K}	– Verdampfungstemperatur (Dauerbetrieb)
M	– Massenstrom (kg/h)
M_L	– Maximaler Massenstrom (kg/h)
M_B	– Erforderlicher Massenstrom
T_e	– Einschaltperiode
T_a	– Ausschaltperiode
T	– Schaltperiode

Bild 6/9   Verlauf der Raumtemperatur – Regelung bei periodischem Einschalten und Ausschalten des Luftkühlers

Eine genauere *Konstanthaltung* ist durch eine kontinuierliche (stetige) Regelung zu erreichen. Bei dieser Art der Regelung wird die Leistung des Luftkühlers kontinuierlich geändert und dem jeweiligen Bedarf angepaßt [6]. Die vereinfachte Gleichung für den Wärmeaustausch in einem Luftkühler

$$Q = k \cdot A \cdot (\vartheta_R - \vartheta_0) \qquad\qquad (6-1)$$

zeigt, daß der Wärmeaustausch von drei Größen abhängig ist, nämlich:

k = Wärmedurchgangskoeffizienten   (W/m^2 · K)
A = Größe der Austauschfläche   (m^2)
$(\vartheta_R - \vartheta_0)$ = Temperaturdifferenz   (K)

Da bei richtiger Speisung des Verdampfers der Wärmedurchgangskoeffizient k und die Wärmeaustauschfläche A als konstant betrachtet werden können, bleibt die

Temperaturdifferenz $\vartheta_R - \vartheta_0$ als einzige variable Größe, die zur Leistungsregelung des Verdampfers dienen kann. Bei der vorausgesetzten konstanten Raumtemperatur ϑ_R ist nur die Verdampfungstemperatur ϑ_0 als Variable einzusetzen. Im Verdampfungsprozeß, der innerhalb des Sättigungsbereiches verläuft, ist die Verdampfungstemperatur ϑ_0 mit einem entsprechenden Verdampferdruck p_0 gepaart, es ist also möglich, den Druck p_0 zur Regelung zu benutzen. Es soll also ein Regler gebraucht werden, welcher in Abhängigkeit von der Raumtemperatur ϑ_R (Lufttemperatur) den Verdampferdruck p_0 regelt.

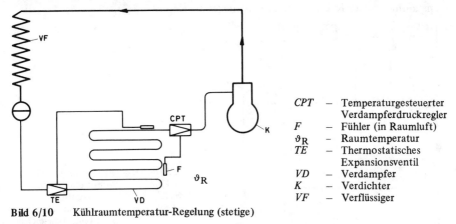

CPT	–	Temperaturgesteuerter Verdampferdruckregler
F	–	Fühler (in Raumluft)
ϑ_R	–	Raumtemperatur
TE	–	Thermostatisches Expansionsventil
VD	–	Verdampfer
K	–	Verdichter
VF	–	Verflüssiger

Bild 6/10 Kühlraumtemperatur-Regelung (stetige)

Bild 6/10 zeigt einen mechanischen, temperaturgesteuerten Verdampferdruckregler im Kältemittelkreislauf. Der Verlauf der Regelung mit diesem Regler ist auf Bild 6/11 gezeigt. Der Regler hat ein *Proportional-Verhalten* (P-Regler) (Beschreibung s. Abschn. 6.4) und weist naturgemäß bei geänderten Betriebsverhältnissen eine Regelabweichung $\Delta \vartheta_R$ vom Sollwert auf.

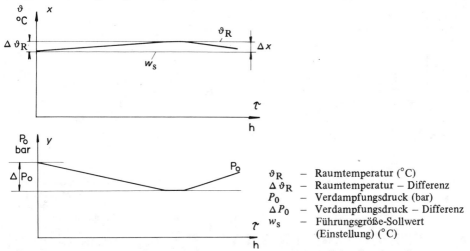

ϑ_R	–	Raumtemperatur (°C)
$\Delta \vartheta_R$	–	Raumtemperatur – Differenz
P_0	–	Verdampfungsdruck (bar)
ΔP_0	–	Verdampfungsdruck – Differenz
w_s	–	Führungsgröße-Sollwert (Einstellung) (°C)

Bild 6/11 Verlauf der Raumtemperatur – Regelung bei kontinuierlicher Regelung der Verdampferleistung (mechanischer P-Regeler)

Mit einem elektronischen, temperaturgesteuerten Verdampfungsdruckregler, der ein *proportional-integrierendes* Verhalten aufweist (PI-Verhalten), ist eine auf 0,1 °C genaue Regelung der Kühlraumtemperatur möglich. Bild 6/12 zeigt einen solchen Regler im Kältemittelkreislauf (Beschreibung s. Abschn. 6.4). Das vom Fühler gegebene Signal wird im elektronischen Thermostat ausgewertet und ein Steuersignal zu einem motorbetätigten Pilotventil geleitet, welches für die Positionierung eines Hauptventils (Drosselung des Dampfes) sorgt. Diese Regelung wurde neben anderen in Schiffskälteanlagen verwendet, wo beim Bananentransport hohe Ansprüche an das Konstanthalten der Raumtemperatur vorliegen (s. Kap. 9.7.3.2).

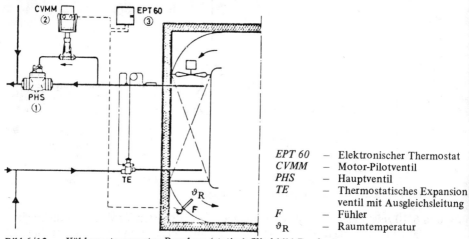

EPT 60	– Elektronischer Thermostat
CVMM	– Motor-Pilotventil
PHS	– Hauptventil
TE	– Thermostatisches Expansion ventil mit Ausgleichsleitung
F	– Fühler
ϑ_R	– Raumtemperatur

Bild 6/12   Kühlraumtemperatur-Regelung (stetige) (Werkbild *Danfoss*)

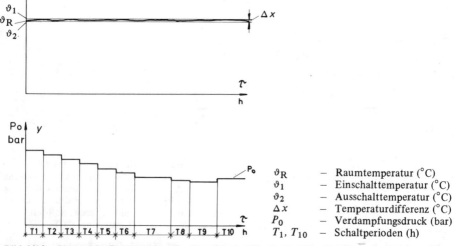

ϑ_R	– Raumtemperatur (°C)
ϑ_1	– Einschalttemperatur (°C)
ϑ_2	– Ausschalttemperatur (°C)
Δx	– Temperaturdifferenz (°C)
P_0	– Verdampfungsdruck (bar)
T_1, T_{10}	– Schaltperioden (h)

Bild 6/13   Verlauf der Raumtemperatur-Regelung bei kontinuierlicher Regelung der Verdampferleistung (elektronischer PI-Regler)

Der Verlauf der Regelung mit diesem Regler ist auf Bild 6/13 gezeigt. Dank dem PI-Verhalten ist gute Genauigkeit (±0,1 °C) erreicht und die Stabilität der Regelung gewahrt. Die unregelmäßigen Schaltstufen zeigen den Charakter der Regelung einer laufenden Anpassung (s. Abschn. 6.4).

6.2.1.2 Flüssigkeitstemperaturkonstanthaltung

Zwischen Raumtemperatur- und Flüssigkeitstemperaturregelung ist kein wesentlicher Unterschied der Methoden zu verzeichnen. Die im Abschnitt 6.2.1.1 gezeigten Regelsysteme finden auch bei der Flüssigkeitstemperaturregelung Anwendung. Es muß jedoch bei der Flüssigkeitskühlung auf die geänderten Eigenschaften des Prozesses geachtet werden.

6.2.2 Verdampferregelung

6.2.2.1 Verdampferfüllung

Ein Verdampfer ist ein Wärmeaustauscher, der nur dann optimal ausgenutzt ist, wenn seine Wärmeaustauschfläche voll in Betrieb ist. Von der Kältemittelseite aus gesehen bedeutet dies, daß die gesamte, zur Verfügung stehende Wärmeaustauschfläche vom verdampfenden Kältemittel benetzt werden muß. Die Füllung des Verdampfers mit Kältemittel ist also so zu bestimmen, daß bei gegebenen Betriebsverhältnissen die volle Leistung erreicht werden kann, ohne daß eine Überfüllung des Verdampfers zum Rückströmen unverdampften Kältemittels zum Kompressor führt. Für die Füllungsregelung sind verschiedene, mehr oder weniger komplizierte Regelgeräte in Gebrauch. Sie ist ein komplexer Vorgang, der in der Praxis wegen seiner Vielfältigkeit oft Schwierigkeiten bereitet.

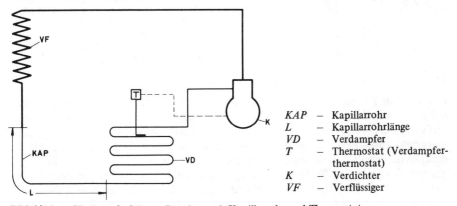

KAP	– Kapillarrohr
L	– Kapillarrohrlänge
VD	– Verdampfer
T	– Thermostat (Verdampfer- thermostat)
K	– Verdichter
VF	– Verflüssiger

Bild 6/14   Verdampferfüllungs-Regelung mit Kapillarrohr und Thermostat

Bekanntlich sind zwei verschiedene Verdampfungsprozesse zu unterscheiden: der sogenannte „trockene" und der überflutete Verdampfungsprozeß. Beide Prozesse haben ihre eigenen Merkmale und verlangen eine besondere Art von Regelgeräten, die für die richtige Füllung des Verdampfers sorgen [1, 5].

Der „trockene" Verdampfungsprozeß ist durch den Transport des Zwei-Phasen-Kältemittelgemisches (Flüssigkeit und Dampf) in einer Richtung entlang der Ver-

dampfungsstrecke (also keine Rückführung der unverdampften Flüssigkeit) gekennzeichnet. Am Austritt der Verdampfungsstrecke soll nur überhitzter Dampf vorhanden sein, der Kältemittelstrom muß also so geregelt werden, daß kein Unterfüllen
(schlechte Ausnutzung des Verdampfers) und kein Überfüllen (Gefahr für den Kompressor durch Flüssigkeitsschlag) stattfindet. Als Füllungs-Regelorgane sind das Kapillarrohr, das automatische Expansionsventil und das thermostatische Expansionsventil in Verwendung. Das automatische Expansionsventil ist kein selbständiges
Organ, sondern muß mit einem Verdampfer-Thermostat zusammenarbeiten.

Die Kapillarrohr/Thermostat-Verdampferfüllungs-Regelung ist in einem Kältemittelkreislauf mit nur einem Verdampfer, einem Kompressor und einem Verflüssiger
realisierbar (s. Bild 6/14).

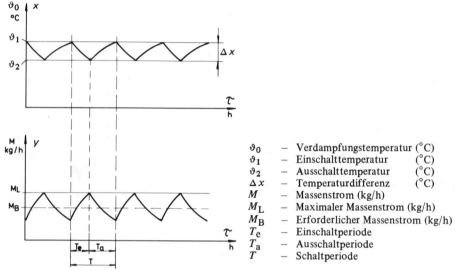

ϑ_0	– Verdampfungstemperatur (°C)
ϑ_1	– Einschalttemperatur (°C)
ϑ_2	– Ausschalttemperatur (°C)
Δx	– Temperaturdifferenz (°C)
M	– Massenstrom (kg/h)
M_L	– Maximaler Massenstrom (kg/h)
M_B	– Erforderlicher Massenstrom (kg/h)
T_e	– Einschaltperiode
T_a	– Ausschaltperiode
T	– Schaltperiode

Bild 6/15   Verlauf der Verdampferfüllungs-Regelung mit Kapillarrohr und Thermostat

Die Kapillarrohrlänge muß in jedem einzelnen Falle (für jeden einzelnen Anlagentyp)
mit dem Einstellungsbereich des Thermostates und den Eigenschaften des Verdamp-
fer/Verdichter/Verflüssiger-Satzes experimentell bestimmt werden. Sie bleibt „fest"
eingestellt durch Bestimmung der Länge. Der Verlauf (vereinfachtes Bild) der Verdampferfüllungs-Regelung mit einem Kapillarrohr/Thermostat-Regler ist auf Bild 6/15
gezeigt. Der maximale Massenstrom M_L ist bei dem gegebenen Durchmesser durch
die Länge L des Kapillarrohres bestimmt [7]. Durch die Wahl der Ausschalttemperatur (niedrigste Verdampfungstemperatur, ϑ_2, Bild 6/15) wird die Raumtemperatur
bei gegebenen Verhältnissen beeinflußt.

Eine solche Regelung wird in Kühlschränken verwendet. Diese Regelung ist unstetig.
Der Thermostat schaltet den Verdichtermotor ein und aus. Die optimale Verdampferfüllung ist nur in einem ganz bestimmten engen Bereich der Betriebsverhältnisse
erreichbar. Die gesamte Füllung in der Anlage muß genau abgestimmt werden.

Die automatische Expansionsventil/Thermostat-Verdampferfüllungs-Regelung kann
als Weiterentwicklung der Kapillarrohr/Thermostat-Regelung betrachtet werden. Ein

automatisches Expansionsventil (s. Bild 6/16) ersetzt ein Kapillarrohr im Kältemittelkreislauf. Das Ventil ist vom Druck gesteuert (Verdampfungsdruck) [1, 5]. Bei einem
bestimmten (am Ventil einstellbaren) Druck (fallender Druck) beginnt das Ventil
zu öffnen. Oberhalb dieses Sollwert-Druckes bleibt das Ventil geschlossen. Die automatische Expansionsventil/Thermostat-Regelung ist auch nur in einem Kältemittelkreislauf mit einem Verdampfer, einem Verdichter und einem Verflüssiger realisierbar. Die Einstellung des Ventils muß in jedem einzelnen Falle in Einklang mit der
Einstellung des Thermostats gebracht werden. Der Thermostat wird auf die für die
Kühlung notwendige niedrigste Verdampfungstemperatur eingestellt, und die Kälteanlage in Betrieb gesetzt. Das automatische Expansionsventil wird schrittweise so
eingestellt (Federspannung), daß die richtige Füllung des Verdampfers (Bereifung
bis Ende der Verdampferstrecke bei fortdauernder Überhitzung) bei der niedrigsten

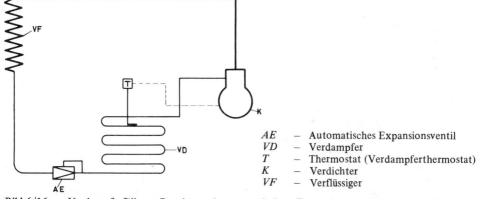

AE – Automatisches Expansionsventil
VD – Verdampfer
T – Thermostat (Verdampferthermostat)
K – Verdichter
VF – Verflüssiger

Bild 6/16   Verdampferfüllungs-Regelung mit automatischem Expansionsventil und Thermostat

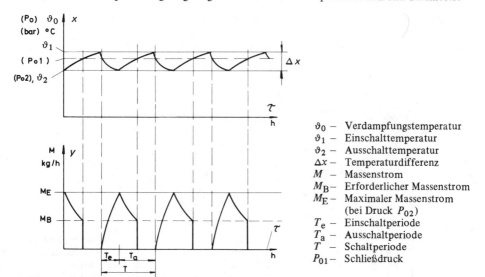

ϑ_0 – Verdampfungstemperatur
ϑ_1 – Einschalttemperatur
ϑ_2 – Ausschalttemperatur
Δx – Temperaturdifferenz
M – Massenstrom
M_B – Erforderlicher Massenstrom
M_E – Maximaler Massenstrom
     (bei Druck P_{02})
T_e – Einschaltperiode
T_a – Ausschaltperiode
T – Schaltperiode
P_{01} – Schließdruck

Bild 6/17   Verlauf der Verdampferfüllungs-Regelung mit automatischem Expansionsventil und
Thermostat

Verdampfungstemperatur (Ausschalten durch Thermostat) erreicht wird. Bei diesem Betriebszustand ist die Druckdifferenz am Ventil am größten. Der Thermostat schaltet die Anlage bei einer höheren Verdampfungstemperatur wieder ein, (Schaltdifferenz Δx), also bei einer kleineren Druckdifferenz am Ventil, so daß keine Überfüllung des Verdampfers zu befürchten ist.

Der Verlauf (vereinfachtes Bild) der Verdampferfüllungs-Regelung mit einem automatischen Expansionsventil/Thermostat-Regler ist auf Bild 6/17 gezeigt. Der maximale Massenstrom M_E ist bei den gegebenen Betriebsverhältnissen durch die Einstellung des Ventils bestimmt. Anders als beim Kapillarrohrbetrieb bleibt das Ventil periodenweise geschlossen. Diese Eigenschaft hat bestimmte Vorteile:
Beim Stillstand des Verdichters ist die Kältemittelzufuhr zum Verdampfer nach Anstieg des Verdampfungsdrucks über den Wert p_{01} unterbrochen (keine Überfüllung) (s. Bild 6/17).

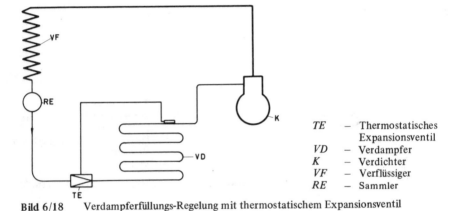

TE	– Thermostatisches Expansionsventil
VD	– Verdampfer
K	– Verdichter
VF	– Verflüssiger
RE	– Sammler

Bild 6/18   Verdampferfüllungs-Regelung mit thermostatischem Expansionsventil

$\Delta \vartheta_{uo}$	– Überhitzung
SS	– Statische Überhitzung, w_s
OS	– Öffnungs-Überhitzung, $x-w_s$
M	– Massenstrom
M_M	– Maximaler Massenstrom

Bild 6/19   Verlauf der Verdampferfüllungs-Regelung mit thermostatischem Expansionsventil

Beim Start des Verdichters erfolgt die Kältemittelzufuhr zum Verdichter erst bei einem Druck unterhalb des Wertes p_{01}, schützt also den Verdichtermotor gegen Überlastung (vgl. Kap. 3.3.3).

Bei dieser Regelung spielt der Thermostat eine doppelte Rolle. Seine Lage am Ende des Verdampfers verhindert eine Überfüllung des Verdampfers, da sein tiefster Einschaltwert immer höher als p_{01} sein muß. Die eingestellte Ausschalttemperatur beeinflußt außerdem die Raumtemperatur (indirekte Einstellung der Raumtemperatur). Diese Regelung ist unstetig. Der Thermostat schaltet den Verdichtermotor ein und aus. Die optimale Verdampferfüllung wird nur in einem bestimmten Bereich der Betriebsverhältnisse (maximale Leistung) erreicht.

Die Verdampferfüllungs-Regelung mit einem thermostatischen Expansionsventil (s. Bild 6/18) ist eine selbständige Regelung. Bei dieser Regelung wird die zu den bestimmten Betriebsverhältnissen gehörige Überhitzung am Verdampferende (der Temperaturunterschied zwischen der Dampftemperatur und der Sättigungstemperatur am Austritt des Verdampfers) als Regelgröße zur Steuerung des Drosselventils benutzt. Bei steigender Überhitzung öffnet das Ventil, bei fallender Überhitzung schließt das Ventil. Bei Unterschreitung einer bestimmten Größe der Überhitzung (einstellbare, „statische" Überhitzung) sperrt das Ventil völlig ab. Diese Regelung sorgt nur für die Füllung desjenigen Verdampfers, an dem sie wirkt, und ist von der Gesamtfüllung in der Anlage sowie von der Anzahl der übrigen Verdampfer, Verdichter und Verflüssiger unabhängig [1, 5].

Der Verlauf (vereinfachtes Bild) der Verdampferfüllungs-Regelung mit thermostatischem Expansionsventil ist auf Bild 6/19 gezeigt. Einer Änderung der Überhitzung ($OS = x - w_s$) folgt eine Änderung im Massenstrom. Übersteigt die Überhitzung einen bestimmten Wert, erreicht der Massenstrom M den maximalen Wert M_M (das Ventil ist voll geöffnet), fällt die Überhitzung unter den eingestellten Wert der statischen Überhitzung SS, fällt der Massenstrom auf Null (das Ventil voll geschlossen).

Der Verdampfer (die Regelstrecke) und das thermostatische Expansionsventil (der Regler) bilden einen Regelkreis. Die Stabilitätsbedingungen für diesen Regelkreis sind recht kompliziert. Eine einwandfreie Wirkung kann nur durch die Anpassung von Verdampfer- und Ventil-Kennlinien und die richtige Einstellung des Ventils erreicht werden. Beobachtungen des Verdampfungsprozesses und dessen Regelung mit thermostatischen Expansionsventilen ergaben neue Erkenntnisse [8] (s. Abschn. 6.3), die es erlaubten, Richtlinien für diese Regelung zu erarbeiten. Diese erlauben in der Praxis, eine sichere Regelung zu installieren und die Ventile richtig einzustellen (s. Abschn. 6.4) [9, 10].

Der überflutete Verdampfungsprozeß ist durch eine Rückführung der unverdampften Flüssigkeit zum Verdampfer gekennzeichnet [1, 5]. Bevor die Rückführung stattfinden kann, muß die unverdampfte Flüssigkeit vom Dampf getrennt werden. Das geschieht im sogenannten Abscheideraum. Bei einigen Verdampfer-Konstruktionen ist der Abscheideraum mit dem Verdampfer integriert (überflutete Kesselverdampfer), bei anderen ist der Abscheideraum als eigentlicher Abscheider getrennt (s. Kap. 4.2.1). Der Verdampfer wird mit flüssigem Kältemittel vom Abscheider her gespeist; die Regelung soll die gewünschte Niveau-Höhe im Abscheider unter den gegebenen Betriebsverhältnissen aufrechterhalten.

Als Niveau-Regelorgane wird das mechanische Schwimmerventil, der elektronische Niveau-Regler mit Ventil, das normale thermostatische Expansionsventil und das thermostatische Expansionsventil mit elektrisch beheiztem Fühler benutzt.

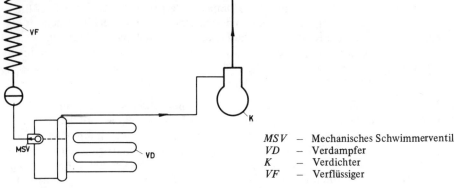

MSV	– Mechanisches Schwimmerventil
VD	– Verdampfer
K	– Verdichter
VF	– Verflüssiger

Bild 6/20   Verdampferfüllungs-Regelung mit mechanischem Schwimmerventil

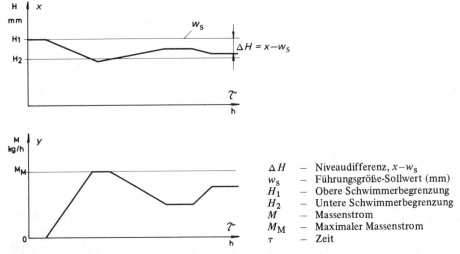

ΔH	– Niveaudifferenz, $x - w_S$
w_S	– Führungsgröße-Sollwert (mm)
H_1	– Obere Schwimmerbegrenzung
H_2	– Untere Schwimmerbegrenzung
M	– Massenstrom
M_M	– Maximaler Massenstrom
τ	– Zeit

Bild 6/21   Verlauf der Verdampferfüllungs-Regelung mit mechanischem Schwimmerventil

Die mechanische Schwimmerventilregelung ist auf dem Bilde 6/20 gezeigt. Der Verlauf dieser Regelung zeigt Bild 6/21. Die Schwimmerposition (Montage-Niveau) muß den gegebenen Verhältnissen immer so angepaßt werden, daß einerseits die richtige Füllung im Verdampfer gewährleistet ist und andererseits keine Flüssigkeit in die Saugleitung gelangt. Erreicht das Niveau den Wert H_1 (s. Bild 6/21), ist das Ventil geschlossen, ist das Niveau kleiner als H_2, ist das Ventil voll geöffnet. Für Niveau-Werte zwischen H_1 und H_2 ist die Leistung des Ventils proportional zu ΔH. Die Regelung erfolgt kontinuierlich.

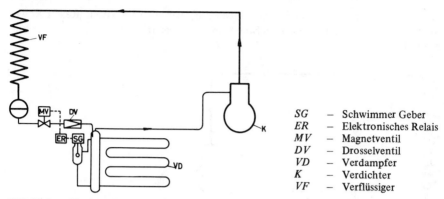

SG	– Schwimmer Geber
ER	– Elektronisches Relais
MV	– Magnetventil
DV	– Drosselventil
VD	– Verdampfer
K	– Verdichter
VF	– Verflüssiger

Bild 6/22   Verdampferfüllungs-Regelung mit elektronischem Niveau-Regler mit Ventil

Der elektronische Niveau-Regler mit Ventil (s. Bild 6/22) besteht aus einem Schwimmer-Geber, einem elektronischen Relais, einem Magnetventil und einem handbetätigten Drosselventil. Die Schwimmerposition ist weniger kritisch als bei dem mechanischen Schwimmerventil, weil die Möglichkeit besteht, das Schaltniveau elektrisch in einem gewissen Bereich zu verstellen. Den Verlauf dieser Regelung zeigt Bild 6/23.

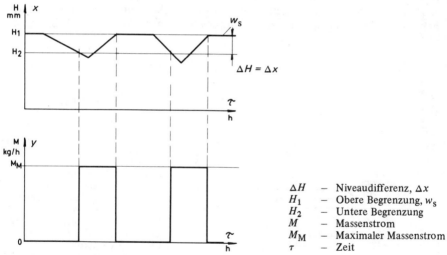

ΔH	– Niveaudifferenz, Δx
H_1	– Obere Begrenzung, w_s
H_2	– Untere Begrenzung
M	– Massenstrom
M_M	– Maximaler Massenstrom
τ	– Zeit

Bild 6/23   Verlauf der Verdampferfüllungs-Regelung mit elektronischem Niveau-Regler mit Ventil

Erreicht das Niveau den Wert H_1, schließt das Magnetventil. Fällt das Niveau unter den Wert H_2, öffnet das Magnetventil. Die Differenz ΔH (Schaltdifferenz Δx) ist verstellbar. Niveau H_1 oder H_2 kann wahlweise als Ausgangsniveau gewählt werden. Diese weite Verstellbarkeit, verbunden mit verschiedenen Kontaktsystemen, ergibt eine große Flexibilität in der Anwendung, die mit einem mechanischen Schwimmerventil nicht erreichbar ist. Die Regelung ist unstetig.

Das normale thermostatische Expansionsventil findet auch als Niveau-Regler Anwendung. An dem Abscheider wird ein Standrohr angebracht (s. Bild 6/24), wo der Fühler montiert wird.

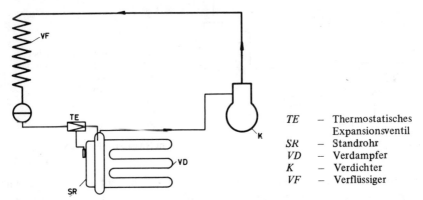

TE	– Thermostatisches Expansionsventil
SR	– Standrohr
VD	– Verdampfer
K	– Verdichter
VF	– Verflüssiger

Bild 6/24   Verdampferfüllungs-Regelung mit thermostatischem Expansionsventil (Niveau-Regelung)

Der Verlauf dieser Regelung ist ähnlich wie im Bilde 6/21 gezeigt, obwohl wegen unvermeidlicher Zeitverzögerung in der Fühlerwirkung (kein direkter Kontakt mit dem Flüssigkeitsniveau, Temperatur-Abfühlung des Niveaus) die Regelung weniger genau ist.

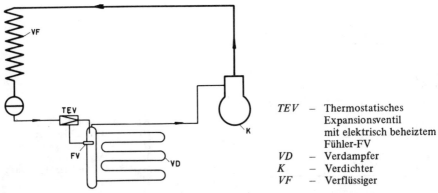

TEV	– Thermostatisches Expansionsventil mit elektrisch beheiztem Fühler-FV
VD	– Verdampfer
K	– Verdichter
VF	– Verflüssiger

Bild 6/25   Verdampferfüllungs-Regelung mit thermostatischem Expansionsventil mit elektrisch beheiztem Fühler (Niveau-Regelung)

Als Verbesserung dieser relativ einfachen Regelung führte man zum thermostatischen Expansionsventil einen elektrisch beheizten Fühler ein und brachte diesen Fühler in direkten Kontakt mit dem Flüssigkeitsstand im Abscheider (s. Bild 6/25). Diese Maßnahmen führten zu einer besseren Regelung und im Vergleich mit dem normalen thermostatischen Expansionsventil zu wesentlich reduzierten Niveau-Schwankungen.

6.2.2.2 Verdampferdruck

Die Regelung der Verdampfungstemperatur erfolgt in der Praxis durch Regelung des Verdampfungsdruckes [1, 5, 11].

Konstantdruckventile sind als Überströmventile gebaut, die bei steigendem Druck öffnen und bei sinkendem Druck schließen. Bei kleineren Leistungen sind direktgesteuerte und bei größeren Leistungen pilotgesteuerte Ventile [12] in Gebrauch (s. Abschn. 6.4). Auf Bild 6/26 ist ein direktgesteuertes Konstantdruckventil im

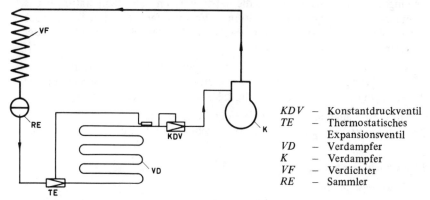

KDV – Konstantdruckventil
TE – Thermostatisches Expansionsventil
VD – Verdampfer
K – Verdampfer
VF – Verdichter
RE – Sammler

Bild 6/26 Verdampferdruck-Regelung mit Konstantdruckventil

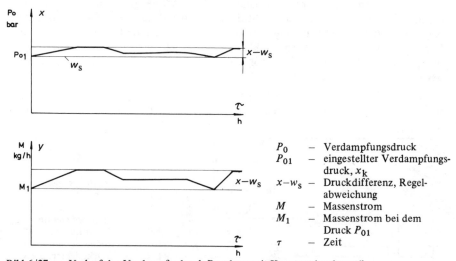

P_0 – Verdampfungsdruck
P_{01} – eingestellter Verdampfungsdruck, x_k
$x-w_s$ – Druckdifferenz, Regelabweichung
M – Massenstrom
M_1 – Massenstrom bei dem Druck P_{01}
τ – Zeit

Bild 6/27 Verlauf der Verdampferdruck-Regelung mit Konstantdruckventil

Kältemittelkreislauf gezeigt. Das Ventil ist an der Saugleitung zwischen dem Verdampfer und Verdichter montiert und reagiert nur auf den Verdampfungsdruck.

Dieses Ventil wird oft (fälschlicherweise) als Saugdruckventil bezeichnet, wahrscheinlich wegen seiner Plazierung in der Saugleitung.

Der Verlauf der Verdampferdruckregelung mit diesem Ventil ist in Bild 6/27 gezeigt. Das Ventil wird so eingestellt, daß bei dem gewünschten Verdampfungsdruck p_{01} der der Leistung des Verdampfers entsprechende Massenstrom M_1 das Ventil passiert. Bei steigendem Verdampferdruck (steigende Leistung – größere Dampfproduktion), wird der Massenstrom vergrößert und bei fallenden Verdampferdruck (fallende Leistung – kleinere Dampfproduktion) wird der Massenstrom vermindert. Das Konstantdruckventil ist ein Proportional-Regler (P-Regler). Konstantdruckventile werden in Anlagen mit mehreren Kühlstellen von unterschiedlicher Temperatur an solchen Stellen eingesetzt, wo eine höhere als die tiefste Verdampfungstemperatur gewünscht wird. Bei einer solchen Anordnung müssen an Verdampfern, die ohne Druckregler mit tiefster Verdampfungstemperatur arbeiten, in der Saugleitung zum Verdichter Rückschlagventile montiert werden.

Konstantdruckventile dienen auch als Schutz gegen zu tiefe Verdampfungstemperatur in solchen Anlagen, wo stets über einer bestimmten Erstarrungstemperatur gearbeitet werden muß, z.b. bei Wasserkühlern, Milchkühlern, Weinkühlern u.a.

Diese Ventile sind auch als Bestandteile einiger vermaschter Regelungen zu finden, z.B. bei Kühlraumtemperatur-Regelung (s. Abschn. 6.2.1.1 und Bild 6/10, 6/11).

6.2.3 Verdichterregelung

6.2.3.1 Leistungsregelung

Neben der in Kap. 4 behandelten Zylinderabschaltung (Stufenschaltung) wird die Verdichterleistung häufig durch eine Nebenschlußverbindung der Druckseite zur Saugseite (By-pass) des Verdichters geregelt. Diese Art der Regelung wird bei Verdichtern größerer Leistung, die mit Stufenschaltungs-Regelung (diskontinuierlicher Regelung) versehen sind, als eine zusätzliche feine (kontinuierliche) Zwischenstufen-Regelung benutzt. Bei Verdichtern kleinerer Leistung, bei welchen eine Regelung durch Zylinderabschaltung nicht möglich ist, wird diese Regelung als einzige Form der Leistungsregelung gebraucht.

Der Leistungsregler (LR auf Bild 6/28), der die Druckseite mit der Saugseite verbindet, ist ein durch Saugdruck gesteuertes Drosselventil. Bei kleineren Leistungen wer-

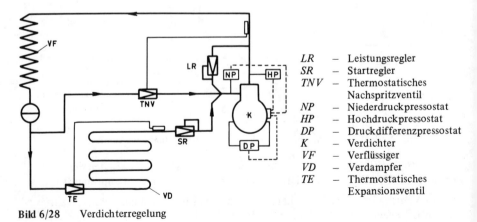

LR	– Leistungsregler
SR	– Startregler
TNV	– Thermostatisches Nachspritzventil
NP	– Niederdruckpressostat
HP	– Hochdruckpressostat
DP	– Druckdifferenzpressostat
K	– Verdichter
VF	– Verflüssiger
VD	– Verdampfer
TE	– Thermostatisches Expansionsventil

Bild 6/28   Verdichterregelung

den direktgesteuerte, bei größeren Leistungen pilotgesteuerte Ventile verwendet. Das Ventil öffnet bei fallendem Saugdruck (s. Bild 6/29). Der Referenzdruck p_{s1} (w_s) ist einstellbar.

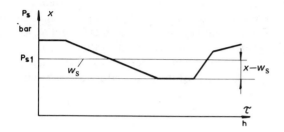

P_S — Saugdruck
P_{S1} — Eingestellter Saugdruck, w_s
$x-w_s$ — Druckdifferenz, Regelabweichung
M_B — Massenstrom durch Nebenschluß
τ — Zeit

Bild 6/29 Verlauf der Leistungsregelung mit Leistungsregler (Nebenschlußventil)

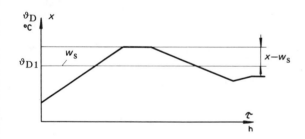

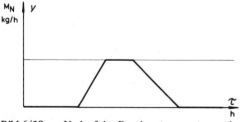

ϑ_D — Druckgastemperatur
ϑ_{D1} — Eingestellte Druckgastemperatur, w_s
$x-w_s$ — Temperaturdifferenz, Regelabweichung
M_N — Massenstrom durch Nachspritzventil
τ — Zeit

Bild 6/30 Verlauf der Druckgastemperaturregelung mit Nachspritzventil

6.2.3.2 Druckgastemperaturregelung

Im einstufigen Verdichtungsprozeß kann bei tiefen Verdampfungstemperaturen und bei Anwendung der Nebenschluß-Leistungsregelung (s. Abschn. 6.2.3.1) die Druckgastemperatur am Verdichter sehr hohe Werte erreichen (s. Kap. 3). Diese Temperatur darf über einen für bestimmte Verdichterkonstruktionen zulässigen Wert nicht ansteigen, da sonst Gefahr für die Funktion der Druckventile und der Schmierung besteht (s. Kap. 2). Diese Temperatur kann durch Nacheinspritzen von flüssigem Kältemittel in die Saugleitung des Verdichters kontrolliert und gesenkt werden. Als Regler wird ein thermostatisches Nachspritzventil eingesetzt (s. Bild 6/28 und Abschn. 6.4.4.3). Den Verlauf dieser Regelung zeigt Bild 6/30. Das Ventil wirkt als Proportionalregler. Bei steigender Temperatur öffnet das Ventil, bei sinkender Temperatur schließt das Ventil. Die Referenztemperatur ϑ_{D1} ist in einem bestimmten Bereich einstellbar.

6.2.3.3 Startautomatik

Kälteverdichter brauchen bei bestimmten Betriebsverhältnissen eine dafür bestimmte Antriebsleistung. Die Antriebsleistungskurven zeigen bei konstanten Verflüssigungstemperaturen steigende Leistungsaufnahme bei steigenden Verdampfungstemperaturen (vergl. Kap. 4). Aus technischen (hoher Wirkungsgrad) und wirtschaftlichen Gründen wählt man die Leistung der Antriebsmotoren möglichst genau für die vorgesehenen Betriebsverhältnisse, höchstens mit einer kleinen Reserve für Anlauf und geringfügig abweichende Betriebsverhältnisse. Würde der Verdichter längere Zeit bei wesentlich geänderten Verhältnissen, z. B. beim Anlaufen nach längerem Still-

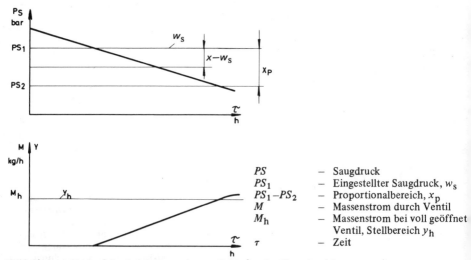

Bild 6/31   Verlauf der Leistungsregelung mit Startregler (Saugdruckbegrenzung)

stand der Anlage (zunächst alle Temperaturen gleich) eine größere Leistung aufnehmen, muß dies zum Schutz des Antriebsmotors verhindert werden [1, 5, 13].

Der auf dem Bilde 6/28 gezeigte Startregler SR verhindert die Überlastung des Antriebsmotors durch Begrenzung des Saugdrucks des Verdichters.

Den Verlauf der Leistungsregelung mit dem Startregler zeigt das Bild 6/31. Der Regler öffnet bei dem eingestellten Druck p_{s1} (w_s). Bei fallendem Druck p_s öffnet das

Ventil, bis es beim Druck p_{s2} voll geöffnet ist (der Proportionalbereich x_p ist erreicht). Bei weiterer Senkung des Saugdrucks p_s folgt das Ansteigen des Massenstromes den physikalischen Gesetzen für den Durchfluß durch konstante Öffnungen (Blende).

Diese Wirkung des Startreglers muß mit einer Begrenzung des Verflüssigungsdruckes kombiniert werden, da hier nur die Begrenzung des Saugdruckes erfolgt.

6.2.3.4 Hochdruck-Sicherheitsschalter

Der Hochdruck-Sicherheitsschalter, auch *Hochdruck-Pressostat* genannt, [1, 5] hat die Aufgabe, bei der Überschreitung eines vorgegebenen Drucks an der Hochdruckseite des Verdichters die Stromversorgung des Antriebsmotors zu unterbrechen und den Verdichter stillzusetzen. Die Wiedereinschaltung erfolgt, abhängig von der Konstruktion des Hochdruck-Sicherheitsschalters, automatisch oder von Hand. Der Hochdruck-Sicherheitsschalter muß, wie alle Sicherheitsorgane (s. HP auf Bild 6/28), mit der Druckseite des Verdichters in direkter Verbindung stehen. Diese Verbindung darf nicht mit einem Absperrventil versehen werden (s. Kap. 5).

Der Verlauf der Regelung bei automatischer Wiedereinschaltung ist auf Bild 6/32 gezeigt.

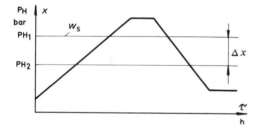

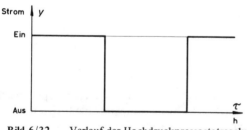

P_H	– Druck auf der Hochdruckseite des Verdichters
P_{H1}	– Ausschaltdruck, w_s
P_{H2}	– Einschaltdruck
Δx	– Schwankungsbreite der Regelgröße
τ	– Zeit

Bild 6/32   Verlauf der Hochdruckpressostatregelung

Bei bestimmten Betriebsverhältnissen bringt die Wiedereinschaltung von Hand gewisse Vorteile, da die Ursache des Ausschaltens beurteilt werden kann, bevor der Verdichter wieder in Betrieb gesetzt wird. Wie schon (in Abschn. 6.2.3.3) gesagt, muß die Einstellung (Sollwert w_s) des Startreglers und die Einstellung (Sollwert w_s) des Hochdruck-Pressostats aufeinander abgestimmt werden. Ist diese Abstimmung erfolgt, muß gesichert werden, daß auf eine spätere Umstellung des Sollwertes z. B. am Startregler immer die notwendige Nachstellung am Hochdruck-Pressostat folgt.

6.2.3.5 Niederdruck-Sicherheitsschalter

Der Niederdruck-Sicherheitsschalter, auch *Niederdruck-Pressostat* genannt, hat die
Aufgabe, bei Unterschreitung eines vorgegebenen Druckwertes an der Saugseite des
Verdichters (Niederdruck) die Stromversorgung des Antriebsmotors zu unterbrechen und den Verdichter stillzusetzen. Die Wiedereinschaltung des Antriebsmotors
erfolgt, abhängig von der Konstruktion des Niederdruckschalters, automatisch oder
von Hand. Der Niederdruck-Sicherheitsschalter muß, wie der Hochdruck-Sicherheitsschalter, in direkter Verbindung mit der Saugseite des Verdichters stehen (s. NP auf
Bild 6/28).

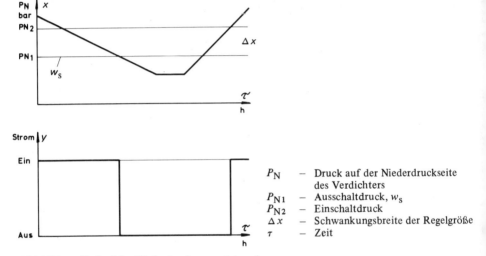

Bild 6/33   Verlauf der Niederdruckpressostatregelung

P_N — Druck auf der Niederdruckseite des Verdichters
P_{N1} — Ausschaltdruck, w_s
P_{N2} — Einschaltdruck
Δx — Schwankungsbreite der Regelgröße
τ — Zeit

Der Verlauf der Regelung bei automatischer Wiedereinschaltung ist auf Bild 6/33
gezeigt. Wie beim Hochdruck-Pressostat ist auch hier bei bestimmten Konstruktionen
eine Wiedereinschaltung von Hand vorgesehen [1, 5].

Bei manchen Konstruktionen werden Hochdruck-Pressostat und Niederdruckpressostat
in einem gemeinsamen Gehäuse untergebracht. Die beiden Apparate bleiben in der Wirkung getrennt. Man spart aber an Montagezeit und Kosten.

6.2.3.6 Öldruckdifferenz-Sicherheitsschalter

Der Öldruckdifferenz-Sicherheitsschalter, auch Öldruck-Differenzpressostat genannt,
(s. DP auf Bild 6/28) sichert die öldruckgeschmierten Verdichter (s. Kap. 4.1.1)
gegen Ausfall der Schmierung. Sinkt der Öldruck aus irgendeinem Grund unter einen
bestimmten Wert, schaltet der Öldruck-Differenzpressostat nach einer Zeitverzögerung die Stromversorgung des Antriebsmotors aus. Die Wiedereinschaltung erfolgt von
Hand, weil es immer ratsam ist, die Ursache des Ausschaltens zu untersuchen, bevor
die Wiedereinschaltung erfolgt [1, 5].

Der Verlauf der Öldruckdifferenz-Sicherheitsregelung ist auf Bild 6/34 gezeigt. Sinkt die Druckdifferenz D_p unter den eingestellten Wert D_{p1} (Sollwert w_s), dann schaltet ein Zeitrelais ein. Steigt die Druckdifferenz D_p wieder, bevor die in den Regler eingebaute Zeitverzögerung Z_V überschritten ist (auf Bild 6/34 von links nach rechts der erste Fall), dann wird die Stromversorgung nicht unterbrochen. Bleibt die Druckdifferenz D_p aber länger unter dem Sollwert (w_s) als die Zeitverzögerung dauert, dann wird das Kontaktsystem betätigt und die Stromversorgung unterbrochen (auf Bild 6/34 von links nach rechts der zweite Fall).

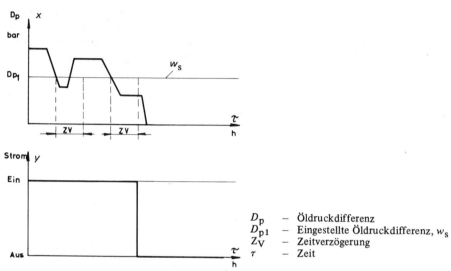

D_p	–	Öldruckdifferenz
D_{p1}	–	Eingestellte Öldruckdifferenz, w_s
Z_V	–	Zeitverzögerung
τ	–	Zeit

Bild 6/34 Verlauf der Öldruckdifferenz-Sicherheitsregelung

Die eingebaute Zeitverzögerung ZV hat zwei Vorteile: Erstens wird bei kürzer anhaltendem Absinken der Druckdifferenz unter den Sollwert (Dauer kürzer als Zeitverzögerung ZV), was noch keinen Ausfall der Ölversorgung verursachen kann, keine Betriebsstörung ausgelöst. Zweitens wird beim Start des Verdichters, wo anfänglich noch keine Öldruckdifferenz aufgebaut ist, durch die Öldruckdifferenz-Sicherheitsregelung nicht der Start verhindert.

Als Dauer der Zeitverzögerung wird überlicherweise 60 s gewählt. Andere Zeitverzögerungen können aber meist beim Hersteller angefordert werden.

6.2.4 Verflüssigerregelung

Kälteanlagen sind für bestimmte Betriebsverhältnisse ausgelegt, die für die Aufrechterhaltung der richtigen Funktion der Anlage und insbesondere der Regelorgane in gewissen Grenzen eingehalten werden müssen. Einer von mehreren Faktoren, die nur begrenzt zulässigen Variationen unterliegen dürfen, ist die Verflüssigungstemperatur (der Verflüssigungsdruck).

Zu hoher Verflüssigungsdruck verursacht Leistungsminderung des Verdichters, erhöhten Energiebedarf für den Antrieb (dabei mögliche Überlastung des Verdichters und Antriebsmotors) und kann durch die vergrößerte Leistung des Expansionsventils zu Störungen im Verdampfer/Expansionsventil-System führen. Zu niedriger Verflüssigungsdruck ergibt verminderte Leistung des Expansionsventils (zu kleine Druckdifferenz für die durchzuströmende Menge), was zu schlechter Ausnutzung des Verdampfers führt.

Die Verflüssigungswärme ist an die Umgebung abzuführen. In der Praxis werden dazu Wasser und Luft am häufigsten benutzt. Aufgabe der Regelung ist es, die Verflüssigungstemperatur (den Verflüssigungsdruck) in bestimmten Grenzen zu halten.

In Kälteanlagen, die nur aus einem Verdampfer, einem Verdichter und einem Verflüssiger bestehen, ist es möglich, die Kältemittelfüllung so zu bemessen und zu verteilen, daß kein Flüssigkeitssammler erforderlich ist. Solche Anlagen werden mit Verflüssigerfüllungsregelung versehen (*Hochdruckschwimmer*-Regler).

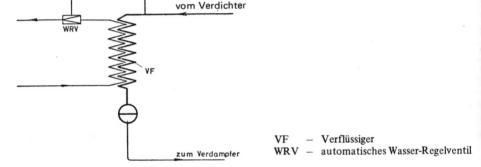

VF   – Verflüssiger
WRV – automatisches Wasser-Regelventil

Bild 6/35   Verflüssigerregelung (Wasserseitige Regelung)

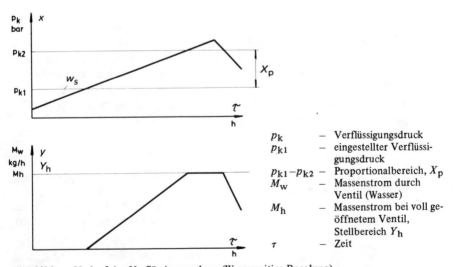

p_k – Verflüssigungsdruck
p_{k1} – eingestellter Verflüssigungsdruck
$p_{k1}-p_{k2}$ – Proportionalbereich, X_p
M_w – Massenstrom durch Ventil (Wasser)
M_h – Massenstrom bei voll geöffnetem Ventil, Stellbereich Y_h
τ – Zeit

Bild 6/36   Verlauf der Verflüssigerregelung (Wasserseitige Regelung)

6.2.4.1 Konstantdruckhaltung

Für die Verflüssigungs-Konstantdruckhaltung bestehen grundsätzlich zwei Möglich-keiten: Regelung auf der Kühlmediumseite (Wasser, Luft) oder auf der Kältemittel-seite [14, 15, 16]. Bei Benutzung von Wasser zur Verflüssigerkühlung ist, von spe-ziellen Fällen (Flußwasser, Seewasser) abgesehen, zusätzlich als wichtiger Faktor die Wassereinsparung zu beachten. Wesentlich aus diesem Grunde wird bei Wasserkühlung von der Regelung auf der Wasserseite Gebrauch gemacht.

Ein *automatisches Wasser-Regelventil* (s. Bild 6/35 und 6/75) wird vom Verflüssiger-druck gesteuert. Das Ventil ist ein Proportional-Regler. Es öffnet bei steigendem und schließt bei sinkendem Verflüssigungsdruck. Der Verlauf dieser Regelung ist auf Bild 6/36 gezeigt. Das Ventil öffnet erst bei dem eingestellten Druck p_{k1} (w_s) und ist voll geöffnet bei dem Druck p_{k2}. Bei Stillstand der Anlage ist das Ventil geschlossen.

Zur Regelung luftgekühlter Verflüssiger verwendet man sowohl die Regelungsmöglich-keit auf der Luftseite wie auf der Kältemittelseite. Auf der Luftseite benutzt man ent-weder die Luftmengenregelung oder die Lufttemperaturregelung. Die Luftmengen-regelung wird durch Abschalten von Ventilatoren (s. Bild 6/37), Drehfrequenzrege-lung der Ventilatormotoren (s.Bild 6/39) oder Luftmengendrosselung mit verstell-baren Klappen bewerkstelligt. Den Verlauf der Regelung bei Abschalten der Ventila-toren zeigt Bild 6/38. Hier wird zum Abschalten und Einschalten eines Ventilator-motors ein Pressostat benutzt. Der zweite Ventilatormotor wird während der Be-triebsperiode kontinuierlich betrieben. Der Verflüssigungsdruck p_k schwankt etwas mehr als die Schwankungsbreite der Regelgröße Δx.

Eine genauere Regelung ist durch Drehfrequenzregelung der Ventilatormotoren er-reichbar. Bei dieser Regelung werden entweder der Verflüssigungsdruck oder auch die Verflüssigungstemperatur als Regelgröße benutzt. Die Anwendung der Tempera-tur als Regelgröße erlaubt eine breitere Anwendung des Reglers (eine unkomplizierte Änderung des Temperaturbereiches) für andere Zwecke. Den Verlauf einer solchen Regelung zeigt Bild 6/40. Am elektronischen Regler sind der Sollwert w_s, der Pro-

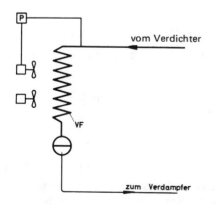

VF — Verflüssiger
P — Pressostat

Bild 6/37   Verflüssigerregelung (luftseitige-Regelung) mit einem Pressostaten

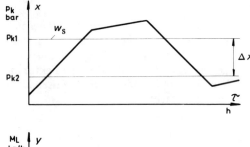

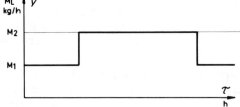

Bild 6/38   Verlauf der Verflüssigerregelung (Luftmengenregelung) mit einem Pressostaten

p_k — Verflüssigungsdruck
p_{k1} — eingestellter Einschaltdruck, w_s
p_{k2} — Ausschaltdruck
$p_{k1}-p_{k2}$ — Schwankungsbreite der Regelgröße, Δx
M_L — Massenstrom (Luft)
M_1 — Massenstrom mit einem Ventilator
M_2 — Massenstrom mit zwei Ventilatoren
τ — Zeit

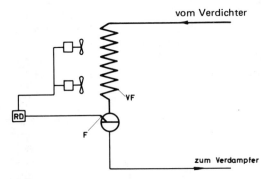

Bild 6/39 Verflüssigerregelung (Luftmengenregelung) mit Drehzahlregelung der Ventilator-motoren

VF — Verflüssiger
RD — Temperaturgesteuerter Drehzahlregler
F — Fühler

portionalbereich X_p und die kleinste Drehzahl n_1 einstellbar. Diese Einstellungs-möglichkeiten erlauben eine genaue Anpassung des Reglers an die Betriebsverhält-nisse.

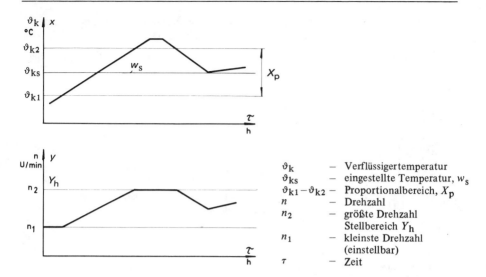

ϑ_k	— Verflüssigertemperatur
ϑ_{ks}	— eingestellte Temperatur, w_s
$\vartheta_{k1} - \vartheta_{k2}$	— Proportionalbereich, X_p
n	— Drehzahl
n_2	— größte Drehzahl
	Stellbereich Y_h
n_1	— kleinste Drehzahl
	(einstellbar)
τ	— Zeit

Bild 6/40   Verlauf der Verflüssigerregelung (Luftmengenregelung) mit Drehfrequenzregelung der Ventilatormotoren

Bei der *Lufttemperaturregelung* benutzt man die durch den Verflüssiger erwärmte Luft (Rückluft) zum Anwärmen der Außenluft durch einen Mischprozeß, die dann zur Kühlung des Verflüssigers benutzt wird. Durch entsprechende Regelung des Mischverhältnisses Rückluft/Frischluft wird die Verflüssigungstemperatur geregelt.

Bei der *kältemittelseitigen Regelung* wird das Prinzip der Variation der wirksamen Wärmeaustauschfläche im Verflüssiger benutzt. Durch Anstauen von flüssigem Kältemittel im Verflüssiger wird ein Teil der zur Verfügung stehenden Wärmeaustauschfläche von Flüssigkeit bedeckt und damit dem Wärmeaustausch entzogen. Bei gleichbleibender Verflüssigerleistung muß sich damit die Temperaturdifferenz am Verflüssiger vergrößern, da der Wärmeübergangskoeffizient als nahezu konstant anzunehmen ist. Dadurch steigt der Verflüssigungsdruck.

Diese Regelung wird zur Aufrechterhaltung eines bestimmten Mindestwertes des Verflüssigungsdruckes benutzt. Zwischen den Verflüssiger (s. Bild 6/41) und den Flüssigkeitssammler wird ein Haupt-Druckregler (CPR) eingeschaltet, der vom Verflüssigungsdruck (Regelgröße x) gesteuert wird. Der Druck im Flüssigkeitssammler wird jedoch bei geschlossenem Ventil (CPR) von anderen Größen (Umgebungstemperatur, Entleerung zum Verdampfer) beeinflußt, weshalb vom Flüssigkeitssammler eine Ausgleichsleitung zur Druckleitung des Verdichters verlegt werden muß. Bleibt diese Leitung völlig offen, herrscht an beiden Enden des Verflüssigers derselbe Druck, und das flüssige Kältemittel strömt nur wegen der Druckdifferenz der Flüssigkeitssäule zum Flüssigkeitssammler. Diese Anordnung verlangt deshalb große Durchflußquerschnitte im Druckregler (CPR). Wird in die Ausgleichsleitung zur Aufrechterhaltung einer Druckdifferenz zwischen dem Flüssiger und dem Flüssigkeitssammler ein weiterer Druckregler (CPC s. Bild 6/41) eingebaut, können die beiden Regler so eingestellt werden, daß im Betrieb eine nahezu konstante Druckdifferenz (ca. 0,5 bar) zwischen Verflüssiger und Flüssigkeitssammler herrscht.

Der Verflüssigungsdruck wird vom Haupt-Druckregler CPR geregelt; der Druckregler CPC führt nur eine Hilfsfunktion aus.

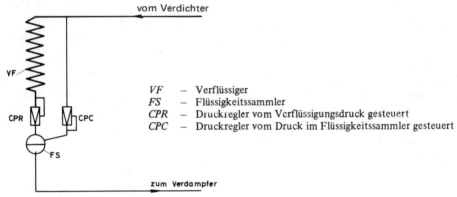

VF – Verflüssiger
FS – Flüssigkeitssammler
CPR – Druckregler vom Verflüssigungsdruck gesteuert
CPC – Druckregler vom Druck im Flüssigkeitssammler gesteuert

Bild 6/41   Verflüssigerregelung (Kältemittelseitige Regelung) mit Druckregler

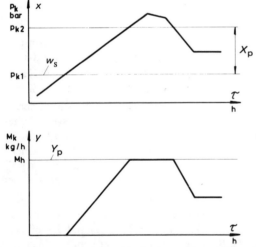

Bild 6/42   Verlauf der Verflüssigerregelung (Kältemittelseite Regelung) mit Druckregler

p_k – Verflüssigungsdruck
p_{k1} – eingestellter Verflüssigungsdruck, w_s
$p_{k1}-p_{k2}$ – Proportionalbereich, X_p
M_k – Massenstrom durch Ventil (Kältemittel)
M_h – Massenstrom bei voll geöffnetem Ventil, Y_h
τ – Zeit

Den Verlauf der Regelung zeigt Bild 6/42. Das Ventil öffnet erst beim Druck p_{k1} und ist voll geöffnet beim Druck p_{k2}. Die Öffnung des Ventils ist der Druckdifferenz $p_k - p_{k1}$ proportional.

6.2.4.2 Füllungsregelung

In Kältekreisläufen mit jeweils nur einem Verdampfer und Kondensator kann, sofern der Verdampfer dafür gebaut ist, dieser geringfügig schwankende Kältemittelmengen aufzunehmen, die Regelung der umlaufenden Kältemittelmenge durch eine Füllungsregelung des Verflüssigers erzielt werden. In diesem Fall sorgt ein Hochdruckschwimmerventil (s. Bild 6/43) für das Aufrechterhalten eines minimalen Flüssigkeitsniveaus im Verflüssiger. Das verflüssigte Kältemittel wird sofort in den Verdampfer abgeleitet, um die Verflüssigungs-Wärmeaustauschfläche nicht durch Stau zu verkleinern. Lediglich die zur Unterkühlung dienende Wärmeaustauschfläche UK (s. Bild 6/43) soll mit

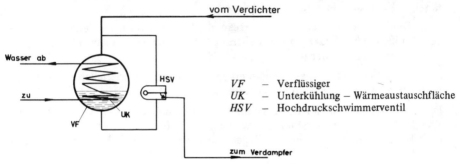

VF — Verflüssiger
UK — Unterkühlung – Wärmeaustauschfläche
HSV — Hochdruckschwimmerventil

Bild 6/43 Verflüssigerfüllungsregelung (Hochdruckschwimmer)

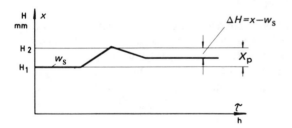

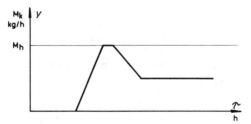

Bild 6/44 Verlauf der Verflüssigerfüllungsregelung mit mechanischem Schwimmerventil (Hochdruck-Schwimmerventil)

ΔH — Niveaudifferenz, $x - w_s$
H_1 — Untere Schwimmerbegrenzung, w_s
H_2 — Obere Schwimmerbegrenzung
$H_1 - H_2$ — Proportionalbereich, X_p
M_k — Massenstrom (Kältemittel)
M_h — Maximaler Massenstrom, Y_h
τ — Zeit

flüssigem Kältemittel bedeckt bleiben. Das Ventil öffnet bei steigendem und schließt bei sinkendem Niveau. Der Verflüssiger wird kontinuierlich entleert. Die gesamte Füllung ist auf die Anlage verteilt, wobei der größte Teil im Verdampfer (überfluteter Betrieb) angesammelt wird.

Den Verlauf der Regelung zeigt Bild 6/44. Unter dem Niveau H_1 bleibt das Ventil geschlossen, bei dem Niveau H_1 beginnt das Ventil zu öffnen, und beim Niveau H_2 ist das Ventil voll geöffnet. Das Niveau H_1 muß dem minimalen Flüssigkeitsniveau im Verflüssiger entsprechen.

6.3   Kenntnisse über die Regelstrecke

Das Zeitverhalten einer Regelstrecke, das heißt der zeitliche Verlauf der Regelgröße (x) bei Änderung der Stellgröße (y) und der Störgrößen (z) ist für die Kennzeichnung der Regelung entscheidend.

Auf Grund dieses Zeitverhaltens wird erkennbar, welche Schwierigkeiten bei einer bestimmten Art von Regelung zu erwarten sind.

Das Zeitverhalten kann am einfachsten durch Aufnahme einer sog. Übergangsfunktion der Regelstrecke charakterisiert werden. Auf Grund der verschiedenen Formen der Übergangsfunktionen wird die Regelstrecke unterschiedlich klassifiziert [1, 2, 3, 4, 17].

6.3.1   Regelstrecken mit Ausgleich

Die Regelstrecken mit Ausgleich sind dadurch gekennzeichnet, das der sprunghaften Änderung (momentane Änderung von einem zum anderen Wert) der Stellgröße (y) eine Änderung der Regelgröße (x) folgt, die stetig einem neuen Endwert (Beharrungszustand) zustrebt (Übergangsfunktion).

Die Regelstrecke mit Ausgleich weist eine gewisse Selbstregeleigenschaft auf; nach einer Änderung der Stellgröße (y) oder Störung (z) gerät diese Regelstrecke nicht aus dem Gleichgewicht, die Regelgröße strebt einem anderen Endwert zu. Die Übergangsfunktion ist stetig.

Die meisten (auch in der Kältetechnik) praktisch vorkommenden Regelstrecken sind mit Ausgleich. Abhängig von der Form der Übergangsfunktion wird noch unterschieden zwischen verzögerungsarmen Regelstrecken, Regelstrecken erster Ordnung, zweiter und höherer Ordnung, mit schwingendem Verhalten oder nur mit Totzeit.

Die Selbstregeleigenschaft wird durch den Ausgleichswert

$$Q = \frac{\Delta y}{\Delta x}$$

bezeichnet. Der Kehrwert des Ausgleichwertes wird als Übertragungsbeiwert der Regelstrecke

$$k_s = \frac{\Delta x}{\Delta y}$$

bezeichnet.

Hierzu ist Δy = Stellgrößenänderung
 Δx = Regelgrößenänderung

Je kleiner der Übertragungsbeiwert k_s ist, um so besser ist die Selbstregeleigenschaft der Regelstrecke.

Die Übergangsfunktion der verzögerungsarmen Regelstrecke zeigt Bild 6/45. Einer Stellgrößenänderung Δy folgt unverzüglich die Regelgrößenänderung Δx. Beispiel: Flüssigkeitstransport in der Rohrleitung. Einer (weiteren) Öffnung des (Magnet-) Ventils folgt sofort die Strömung in der Rohrleitung.

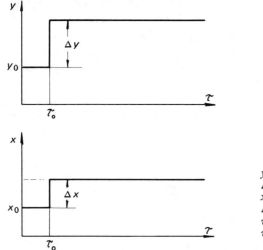

y_0 – Ausgangswert der Stellgröße
Δy – Stellgrößenänderung
x_0 – Ausgangswert der Regelgröße
Δx – Regelgrößenänderung
τ_0 – Anfangszeit
τ – Zeit

Bild 6/45 Verzögerungsarme Regelstrecke

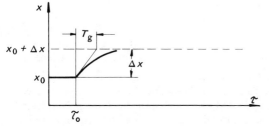

y_0 – Ausgangswert der Stellgröße
Δy – Stellgrößenänderung
x_0 – Ausgangswert der Regelströße
Δx – Regelgrößenänderung
T_g – Ausgleichszeit
τ_0 – Anfangszeit
τ – Zeit

Bild 6/46 Regelstrecke erster Ordnung

Die Übergangsfunktion der Regelstrecke erster Ordnung ist außer durch den Übertragungsbeiwert k_s durch eine Ausgleichszeit T_g charakterisiert (s. Bild 6/46). Nach der sprunghaften Stellgrößenänderung Δy folgt unverzüglich die Regelgrößenänderung Δx mit einer bestimmten Anfangsgeschwindigkeit, die im Laufe der Zeit nach einer e-Funktion abklingt. Die Endeinstellung $x_0 + \Delta x$ wird theoretisch erst nach unendlich langer Zeit erreicht.

Die Ausgleichszeit T_g ist gleich dem Abstand auf der Zeitachse τ, der zwischen dem Anfangspunkt τ_0, x_0 und dem Schnittpunkt der Geraden $x_0 + \Delta x$ mit der Tangente im Anfangspunkt τ_0, x_0 liegt. Nach Ablauf der Zeit T_g sind 63 % des Endwertes $x_0 + \Delta x$ erreicht. Die Zeit $(\tau - \tau_0)$, in welcher sich die Regelgröße noch deutlich ändert, nennt man Übergangszeit.

Erwärmungs- und Abkühlprozesse (Änderungen der Betriebsverhältnisse an Wärmetauschern) sind Regelstrecken erster Ordnung. Sie sind so benannt, weil ihre mathematische Beschreibung mit Differentialgleichungen ersten Grades erfolgen kann. Sie kommen in der Technik häufig vor.

Eine Übergangsfunktion der Regelstrecke *zweiter Ordnung* ist durch einen Übertragungsbeiwert k_s, eine Verzugszeit T_u und eine Ausgleichszeit T_g gekennzeichnet (s. Bild 6/47).

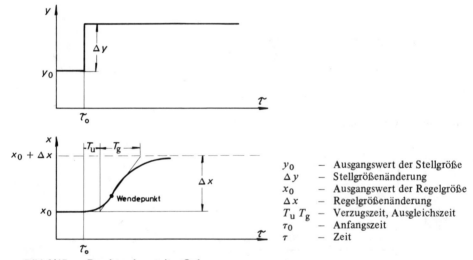

Bild 6/47   Regelstrecke zweiter Ordnung

y_0	– Ausgangswert der Stellgröße
Δy	– Stellgrößenänderung
x_0	– Ausgangswert der Regelgröße
Δx	– Regelgrößenänderung
$T_u\ T_g$	– Verzugszeit, Ausgleichszeit
τ_0	– Anfangszeit
τ	– Zeit

Nach der sprunghaften Stellgrößenänderung Δy folgt die Regelgrößenänderung Δx mit einer Verzögerung. Die Geschwindigkeit wächst vom Wert Null langsam an, erreicht den maximalen Wert im Wendepunkt und nimmt dann mit der Zeit wieder ab.

Die Ausgleichszeit T_g ist gleich dem Abstand auf der Zeitachse τ, der zwischen den Schnittpunkten der Tangente im Wendepunkt mit der Geraden x_0 und $x_0 + \Delta x$ liegt. Die Verzugszeit T_u ist gleich dem Abstand auf der Zeitachse τ, der zwischen dem Schnittpunkt der Tangente im Wendepunkt, und dem Anfangspunkt τ_0, x_0 liegt.

Übergangsfunktionen zweiter Ordnung entstehen durch Reihenschaltung von zwei Gliedern mit Übergangsfunktion erster Ordnung. Beispiel: Füllung zweier hintereinander liegender Behälter über Drosselstellen, Temperaturanstieg an einem Thermometer, das an der Außenseite einer Rohrleitung angebracht ist (Rohrwand wirkt als Speicher).

Die Übergangsfunktionen höherer Ordnung entstehen bei *Reihenschaltung* von *mehreren Gliedern* mit *Übergangsfunktion erster Ordnung*. Auch diese Übergangskurven haben „S"-förmige Kurven, doch in unterschiedlicher Form.

Regelstrecken *zweiter Ordnung* (und höherer Ordnung), die *Kapazitäten* und *Induktivitäten* enthalten können, weisen *schwingendes Verhalten* auf. Eine Übergangsfunktion zweiter Ordnung mit schwingendem Verhalten zeigt Bild 6/48. Es wird durch einen periodischen Energieaustausch zwischen zwei physikalisch verschiedenen Energiespeichern hervorgerufen. Als Beispiel kann hier das „U"-Rohr-Manometer, der Transport eines kompressiblen Mediums (Gas) oder der Transport eines Gemisches (Luft/Wasser) durch Rohrleitungen erwähnt werden. *Zweiphasenströmungen* (verdampfendes Kältemittel) weisen auch ein Schwingverhalten auf. Die in Bild 6/48 gezeigte Schwingung ist eine *gedämpfte Schwingung*. Regelstrecken mit Schwingverhalten sind ein Übel an sich, und wenn schon eine Schwingung unvermeidbar ist, muß für eine gute Dämpfung gesorgt werden.

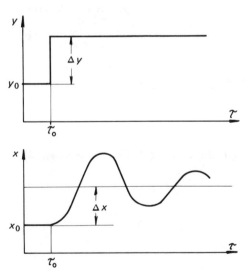

y_0 — Ausgangswert der Stellgröße
Δy — Stellgrößenänderung
x_0 — Ausgangswert der Regelgröße
Δx — Regelgrößenänderung
τ_0 — Anfangszeit
τ — Zeit

Bild 6/48   Regelstrecke mit Schwingverhalten

Eine Übergangsfunktion der *Regelstrecke nur mit Totzeit* zeigt Bild 6/49. Nach einer sprunghaften Änderung der Stellgröße um y folgt eine ebenfalls sprunghafte Änderung der Regelgröße um x, doch erst nach einer *Verzögerung* um die *Totzeit* T_t. Der Übertragungsbeiwert k_s und die *Totzeit* T_t kennzeichnen eine Übergangsfunktion der Regelstrecke nur mit Totzeit.

Verzögerungsarme Regelstrecken und Regelstrecken nur mit Totzeit sind schwer regelbar, weil sie in der Übergangsfunktion einen Sprung aufweisen. Einer Änderung der Stellgröße folgt unmittelbar eine Änderung der Regelgröße. Auch die Regelstrecken mit Schwingverhalten sind schwer regelbar.

Zur Abschätzung der Regelbarkeit einer Regelstrecke mit *Übergangsfunktion zweiter oder höherer Ordnung* zeichnet man auf der beliebigen Übergangskurve zweiter oder höherer Ordnung die Tangente in den Wendepunkt ein und ermittelt die Ausgleichs- zeigt T_g und Verzugszeit T_u. Die Ausgleichszeit T_g wird als Ersatz-Zeitkonstante T_{es} und die Verzugszeit T_u als Ersatz-Totzeit T_{et} bezeichnet (s. Bild 6/47).

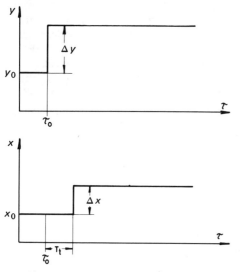

y_0 – Ausgangswert der Stellgröße
Δy – Stellgrößenänderung
x_0 – Ausgangswert der Regelgröße
Δx – Regelgrößenänderung
T_t – Totzeit
τ_0 – Anfangszeit
τ – Zeit

Bild 6/49   Regelstrecke mit Totzeit

Das Verhältnis T_{et} / T_{es} dient zur Abschätzung der Regelbarkeit. Nach *Samal* [4] sind die Regelstrecken mit

$$\frac{T_{et}}{T_{es}}$$ kleiner als 1/10 gut regelbar.

$$\frac{T_{et}}{T_{es}}$$ um 1/6 noch regelbar.

$$\frac{T_{et}}{T_{es}}$$ größer als 1/3 schwer regelbar.

6.3.2 Regelstrecken ohne Ausgleich

Regelstrecken ohne Ausgleich, z.B. der Flüssigkeitsstand in einem Behälter, sind seltener und werden hier nicht genauer besprochen (s. dazu u.a. [4]).

6.3.3 Der Verdampfungsprozeß als Regelvorgang

Es ist zwischen dem sogenannten „*überfluteten*" und dem „*trockenen*" Verdampfungsprozeß zu unterscheiden. Beide Prozesse weisen *Schwingungen in der Zwei-Phasen-Strömung* auf, die jedoch unterschiedliche Auswirkung auf die Regelbarkeit haben.

Beim überfluteten Verdampfungsprozeß ist es möglich, durch Anordnung eines Abscheiders und eines gesonderten Steigrohres die Schwingungen von der Regelgröße, dem des Kältemittelniveaus im Verdampfer, fernzuhalten.

Beim „trockenen" Verdampfungsprozeß ist die Situation viel schwieriger. Die Schwingungen haben einen sehr komplizierten Charakter [18 u. 19], und ihre negativen Auswirkungen auf die Regelbarkeit des Prozesses lassen sich nur bei Berücksichtigung gewisser Tatbestände vermeiden [8]:

Die „trockenen" Verdampfer werden in ihrer überwiegenden Mehrzahl durch thermostatische Expansionsventile gespeist, die als Regelgröße (x) die Überhitzung verwenden. Untersuchungen an vielen Verdampfern zeigten, daß diese Regelgröße nur in einem gewissen Bereich stabil bleibt und *unterhalb eines bestimmten minimalen Wertes instabil wird.*

Für eine stabile Regelung ist es wichtig, daß auch die Regelgröße stabil ist. Es ist zu erwarten, daß in einem Bereich, in dem die Regelgröße instabil ist, auch die Regelung schwierig oder gar unmöglich wird. *Eine vom physikalischen Vorgang her instabile Regelstrecke ist nur bedingt regelbar.*

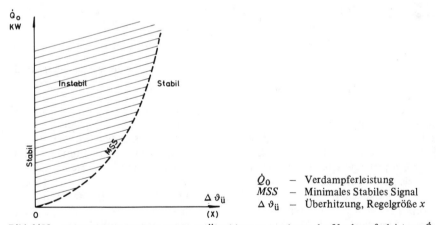

$\dot{Q}_0$ — Verdampferleistung
MSS — Minimales Stabiles Signal
$\Delta \vartheta_{\ddot{u}}$ — Überhitzung, Regelgröße x

Bild 6/50 Abhängigkeit der Regelgröße x (Überhitzung $\Delta \vartheta_{\ddot{u}}$) von der Verdampferleistung $\dot{Q}_0$

Das Bild 6/50 zeigt die Abhängigkeit der Regelgrößen-Überhitzung von der Verdampferleistung. Das MSS (minimales stabiles Signal) trennt die stabile von der instabilen Zone der Überhitzung als Regelgröße. Dieses MSS ist für jede von einem bestimmten Verdampfer abgegebene Kälteleistung anders und kann auf einer MSS-Kurve zusammengefaßt werden [8]. Wie ersichtlich, ist es bei einer bestimmten Verdampferleistung nicht möglich, mit einer beliebig kleinen Überhitzung zu arbeiten.

Die stabile Überhitzung ist eine Funktion der Verdampferleistung. Verschiedene Verdampfer weisen verschiedene MSS-Kurven aus. Die MSS-Kurve ist daher ein Bestandteil der Verdampfercharakteristik. Sie muß durch Versuch ermittelt werden. Die Erkenntnisse aus der MSS-Kurve sind nützlich für die Auswahl und richtige Einstellung der thermostatischen Expansionsventile und helfen mit, für den gegebenen Verdampfer stabile Regelkreise aufzubauen (s. Abschnitt 6.4).

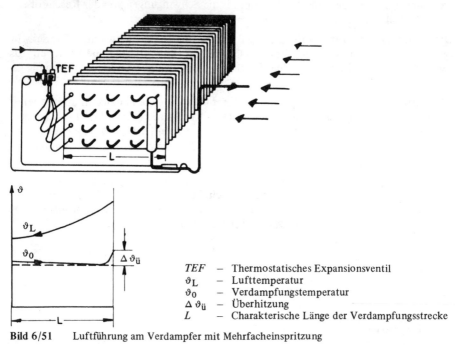

TEF	— Thermostatisches Expansionsventil
ϑ_L	— Lufttemperatur
ϑ_0	— Verdampfungstemperatur
$\Delta \vartheta_ü$	— Überhitzung
L	— Charakteristische Länge der Verdampfungsstrecke

Bild 6/51   Luftführung am Verdampfer mit Mehrfacheinspritzung

Bei Mehrfacheinspritzung (s. Kap. 4) muß dafür gesorgt werden, daß jeder einzeln gespeiste Verdampferteil unter den gleichen Betriebsverhältnissen wie die übrigen Teile arbeitet. Bild 6/51 zeigt z.B. einen Lamellen-Luftkühler, der als Verdampfer mit mehrfacher Einspritzung arbeitet. Außer einer möglichst gleichmäßigen Verteilung des Kältemittels nach dem thermostatischen Expansionsventil durch einen Verteiler (sog. *Spinne*) muß gleichermaßen für die gute Luftführung gesorgt werden. Die Luft muß die verschiedenen Verdampferteile gleichmäßig, ohne „tote Ecken" zu bilden, durchströmen. Die günstigste Luftrichtung ist durch Pfeile markiert. Soll die Luft von unten nach oben oder umgekehrt den Verdampfer senkrecht durchströmen, so werden die am wenigsten belasteten Verdampferteile (kleine Temperaturdifferenz) die Füllung im Verdampfer bestimmen und ein Teil der Verdampfer-Wärmeaustauschfläche von stärker belasteten Verdampferrohren wird nicht ausgenutzt. Dieser Teil wird nur zur Überhitzung der abgesaugten Dämpfe genützt, also bei sehr schlechten Wärmeübergangsverhältnissen. Wird die Luft wohl waagerecht, aber in der den Pfeilen entgegengesetzten Richtung geführt, wird am Ende der Verdampfungsstrecke, wo die Überhitzung des Kältemitteldampfes stattfinden soll, die kleinste Temperaturdifferenz zwischen Luft und Kältemittel herrschen, und die zum Öffnen des thermostatischen Expansionsventils benötigte Überhitzung (Regelgröße) wird klein. Sie kann außerdem, wegen des Einflusses der Schwingungen im Verdampfungsprozeß, eine gewisse Instabilität aufweisen. Die Regelung zeigt bessere Stabilität bei größerer Überhitzung. Die Verdampfungsleistung ist in der Praxis am günstigsten bei der gezeigten Luftführung.

Im „trockenen" Verdampfer soll für raschen Transport des verdampfenden Kältemittels gesorgt werden. Ein Verbleiben der flüssigen Phase in Bögen oder Kollektoren soll unmöglich sein (keine Flüssigkeits-Säcke). Die oben erwähnten Schwingungen werden im allgemeinen durch genügend große Geschwindigkeit in den Verdampferrohren gedämpft.

6.3.4 Der Einfluß der Drosselung auf das Regelverhalten

Der im Drosselprozeß entstehende Entspannungsdampf führt zu einer Beschleunigung der nachfolgenden Zwei-Phasen-Strömung im Verdampfer. Verläuft diese Beschleunigung gleichmäßig, z.B. durch eine kontinuierliche Durchfluß-Regelung, so ist auch eine gleichmäßige Füllungs-Regelung des Verdampfers möglich. Verläuft sie aber stoßartig, z.B. durch Ein/Aus Betrieb, so ist mit Schwingungen oder zeitweiligen Unregelmäßigkeiten in der Zwei-Phasen-Strömung zu rechnen. Gutes Mischen der beiden Phasen (Flüssigkeit/Gas) nach der Drosselung ist für die Regelung wichtig [20].

6.4   Kenntnisse über Regelgeräte

6.4.1   Unstetige Regler

Unstetige Regler ohne Hilfsenergie (selbständige Regler) finden in der Kältetechnik eine breite Anwendung als *Thermostate* und *Pressostate*. Thermostate sind von der Temperatur und Pressostate vom Druck her gesteuerte elektrische Kontakte in ein- oder mehrpoliger Ausführung. Als Grundbaustein werden Zweipunktregler benutzt. Mehrpunktregler, z.B. Dreipunktregler, sind eine Kombination von Zweipunktreglern.

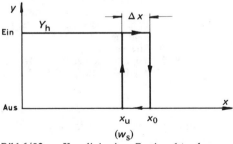

Bild 6/52   Kennlinie eines Zweipunktreglers

Die Kennlinie eines Zweipunktreglers (Ein/Aus Regler) zeigt Bild 6/52. Die Kennlinie wird durch folgende Größen charakterisiert:

x_0 — oberer Wert der Regelgröße
x_u — unterer Wert der Regelgröße

Δx — Schaltdifferenz $(x - x_u)$
w_s — Führungsgröße — Sollwert
Y_h — Stellbereich
Wirkungsrichtung — gezeigt durch Pfeile.

Bei der gezeigten Kennlinie werden die Kontakte bei fallenden Werten der Regelgröße x geschlossen. Übersteigt die Regelgröße x den Wert x_0, werden die Kontakte geöffnet (Aus-Stellung), bei Erreichen des Wertes x_u werden die Kontakte sprungartig geschlossen (Ein-Stellung). Erneutes Öffnen der Kontakte (Aus-Stellung) wird erst nach dem Erreichen des Wertes x_0 bewerkstelligt. Die Lage des Sollwertes (w_s) ist von der Konstruktion anhängig und kann bei x_u oder x_0 liegen. Die Schaltdifferenz Δx hat einen festen Wert oder ist bei manchen Konstruktionen einstellbar. Die Schaltdifferenz bleibt beim Verstellen der Sollwerte unverändert oder unterliegt, abhängig von der Bauweise, Änderungen (häufigster Fall). Die Wirkungsrichtung ist abhängig von der Konstruktion.

6.4.2 Stetige Regler

6.4.2.1 P-Regler

Ein stetiger *Proportional-Regler*, sog. P-Regler, wird häufig in der Kältetechnik benutzt. Zu dieser Gruppe von Reglern gehören die meisten automatischen temperatur- und druckgesteuerten Ventile.

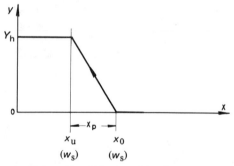

x_0 — oberer Wert der Regelgröße x
x_u — unterer Wert der Regelgröße x
X_p — Proportionalbereich $(x_0 - x_u)$
w_s — Führungsgröße — Sollwert
Y_h — Stellbereich
Wirkungsrichtung (bei fallenden Werten der Regelgröße x) entsprechend dem Pfeil.

Bild 6/53   Kennlinie eines P-Reglers

Die Kennlinie eines P-Reglers (s. Bild 6/53) wird durch die in Bild 6/53 angeschriebenen Größen charakterisiert.

Bei Werten der Regelgröße x oberhalb des oberen Wertes x_0 nimmt die Stellgröße y den Wert Null an, in dem Bereich zwischen den Werten der Regelgröße x_0 und x_u ändert sich die Stellgröße von Wert Null auf den größten Wert Y_h (Stellbereich), und unterhalb des Wertes x_u behält die Stellgröße unverändert den Wert Y_h bei. Die Wirkungsrichtung bei fallenden Werten der Regelgröße x unterscheidet zwei Fälle:

1) Zunahme des Wertes der Stellgröße y (Bild 6/53, 6/21)
2) Abnahme des Wertes der Stellgröße y (Bild 6/44).

Der Proportionalwert X_p ist bei den meisten Reglern von einem maximalen bis zu einem minimalen Wert verstellbar, was die Anpassung des Reglers an die Regelstrecke erlaubt. Der Sollwert w_s wird mit dem unteren (x_u) oder oberen (x_0) Wert der Regelgröße konstruktiv verbunden oder in die Mitte des Proportionalbereiches verlegt. Abhängig von dieser konstruktiven Maßnahme dreht sich bei Änderung des Proportionalbereiches die Kennlinie um den Punkt x_u, x_0 oder um den Mittelpunkt.

Bei einer Änderung der an der Regelstrecke wirkenden Störgröße kann der P-Regler nicht ohne bleibende Abweichung arbeiten. Die Regelgröße wird solange von dem eingestellten Sollwert w_s abweichen, als die Änderung der Störgröße verbleibt.

Zum Beispiel: Bei der Verdampferdruck-Regelung (s. Bild 6/27) mit einem Konstantdruckventil tritt bei Steigerung der Verdampferleistung durch den größeren Massenstrom M die Regelabweichung $x - x_k$ ein.

Die bleibende Regelabweichung (P-Abweichung) ist unerwünscht, resultiert aber aus der prinzipiellen Bauart des P-Reglers, und ist unvermeidbar.

Einer Vergrößerung des Proportionalbereiches X_p folgt eine Vergrößerung der bleibenden Regelabweichung, und umgekehrt.

Der Proportionalbereich des P-Reglers muß der Regelstrecke angepaßt werden, an der der Regler eingesetzt ist. Er kann nicht beliebig verkleinert werden, da sonst der Regelkreis nicht mehr stabil arbeiten kann.

Die P-Regler sind trotz ihrer Unvollkommenheit der bleibenden P-Abweichung wegen ihrer unkomplizierten und deswegen robusten Konstruktion sehr verbreitet (Betriebssicherheit!).

6.4.2.2 I-Regler

Beim integral wirkenden Regler, kurz I-Regler, ist nicht wie beim P-Regler die Stellgröße, sondern die Stellgeschwindigkeit der Regelabweichung proportional.

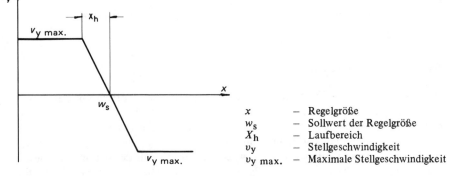

x	– Regelgröße
w_s	– Sollwert der Regelgröße
X_h	– Laufbereich
v_y	– Stellgeschwindigkeit
$v_{y\ max.}$	– Maximale Stellgeschwindigkeit

Bild 6/54 Kennlinie eines *I-Reglers* $(v_y = f(x))$

Die charakteristischen Merkmale eines I-Reglers lassen sich am besten mit Hilfe von verschiedenen Kennlinien wiedergeben, die die Abhängigkeit der verschiedenen Größen getrennt zeigen.

Bild 6/54 stellt die Kennlinie der Stellgeschwindigkeit v_y als Funktion der Regelgröße x dar. Die charakteristische Größe in dieser Kennlinie ist der *Laufbereich* X_h. Dieser ist gleich der Regelabweichung $(x - w_s)$, der Regelgröße (x), bei welcher die größte Geschwindigkeit $v_{y\,max}$ in einer Richtung vom Stillstand aus erreicht wird. Es sind zwei Geschwindigkeitsrichtungen möglich, welche mit $+ v_{y\,max}$ und $- v_{y\,max}$ bezeichnet würden.

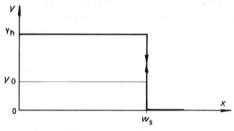

w_s – Führungsgröße – Sollwert
Y_h – Stellbereich
y_0 – Ausgangswert der Stellgröße
Wirkungsrichtung entsprechend den Pfeilen

Bild 6/55   Kennlinie eines *I-Reglers*, $(y = f(x))$

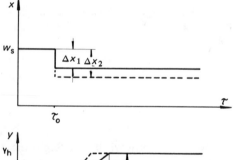

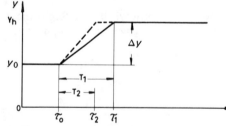

w_s – Führungsgröße – Sollwert
$\Delta x_1, \Delta x_2$ – Regelgrößenänderung
y_0 – Ausgangswert der Stellgröße
Δy – Stellgrößenänderung
Y_h – Stellbereich
τ_0 – Anfangszeit
T_1 – Laufzeit $(\tau_1 - \tau_0)$
T_2 – Laufzeit $(\tau_2 - \tau_0)$
τ – Zeit

Bild 6/56   Übergangsfunktion eines *I-Reglers*

Eine andere Kennlinie zeigt Bild 6/55, die in dieser Form identisch mit der Kennlinie eines Zweipunktreglers mit einer Schaltdifferenz gleich Null ist. Diese Kennlinie zeigt, daß ein I-Regler den ganzen Stellbereich Y_h ohne Regelabweichung durchläuft. Sie macht aber keine Aussagen darüber, in welcher Zeit das geschieht. Was beim Zweipunktregler ein momentaner Sprung ist, ist hier ein Ablauf, der sich in einer bestimmten Zeit abspielt. Diesen Zeitablauf zeigt die *Übergangsfunktion* (s. Bild 6/56). Bei einer Regelabweichung Δx_1 braucht der Regler die Laufzeit T_1 und bei der Regelabweichung Δx_2 die Laufzeit T_2, um die Stellgröße y auf den maximalen Wert zu stellen.

Aus diesen drei verschiedenen Darstellungen ist ersichtlich, daß ein I-Regler sofort nach Eintreffen einer Regelabweichung $(x - w_s)$ (Δx_1 und Δx_2 auf Bild 6/56), die Stellgröße y mit einer Geschwindigkeit v_y verstellt, die proportional zu der eingetretenen Regelabweichung ist. Verbleibt die Regelabweichung, ändert sich die Stellgröße so lange, bis ihr maximaler Wert erreicht ist.

Die Zeit, die zur Verstellung des Stellgliedes um den Stellbereich Y_h mit der maximalen Geschwindigkeit $v_{y\ max}$ benötigt wird, nennt man Stellzeit und bezeichnet sie T_y.

Der I-Regler wird durch drei Kenngrößen charakterisiert:

X_h — Laufbereich
Y_h — Stellbereich
T_y — Stellzeit.

Die I-Regler sind im Aufbau komplizierter als P-Regler und teurer.

Die guten Eigenschaften eines I-Reglers werden in Form eines reinen I-Reglers seltener genutzt, da z.B. für Regelstrecken mit großen Zeitkonstanten (Temperatur-Regelstrekken) und Strecken ohne Ausgleich die I-Regler wenig geeignet sind. Sie lassen sich aber mit großem Vorteil mit den Eigenschaften eines P-Reglers zu einem *PI-Regler* kombinieren.

6.4.2.3 PI-Regler

Die Übergangsfunktion eines PI-Reglers entsteht durch die Überlagerung der Übergangsfunktionen eines P-Reglers und eines I-Reglers (s. Bild 6/57). Von oben nach unten gesehen ergibt sich: Der Regelabweichung Δx, die in dem Zeitpunkt τ_0 entsteht, folgt sofort die P-Verstellung Δy_P der Stellgröße y. Ebenfalls sofort beginnt die I-Verstellung mit der Geschwindigkeit v_y, die der Regelabweichung Δx proportional ist. Im Zeitpunkt τ_1 ist der Wert der P-Verstellung unverändert Δy_P, die I-Verstellung erreicht aber den Wert Δy_1. Die PI-Verstellung Δy_{PI} ist im Zeitpunkt τ_1 gleich der Summe der P- und I-Verstellungen ($\Delta y_{PI} = \Delta y_P + \Delta y_I$).

Eine neue charakteristische Größe ist die *Nachstellzeit* T_n, die Zeit, die der I-Anteil des Reglers braucht, um die gleiche Änderung der Stellgröße zu bewirken, die der P-Anteil des Reglers sofort hervorruft.

Ein PI-Regler wird durch drei Kenngrößen charakterisiert:

X_p — P-Bereich
Y_h — Stellbereich
T_n — Nachstellzeit.

Der P-Bereich und die Nachstellzeit sind normalerweise am Regler einstellbar, was die Anpassung des Reglers an die Regelstrecke erleichtert.

Eine PI-Wirkung am Regler ist im Aufbau sehr kompliziert und kann einfacher als in mechanischen Regelgeräten mit elektronischen Bausteinen, also unter Zuhilfenahme einer Fremdenergie, realisiert werden.

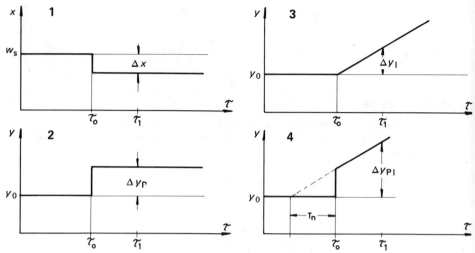

Bild 6/57   Übergangsfunktion eines PI-Reglers in der Folge 1 bis 4

w_s – Führungsgröße – Sollwert
Δx – Regelgrößenänderung (Regelabweichung)
y_0 – Ausgangswert der Stellgröße
Δy_P – Stellgrößenänderung, P-Verstellung im Zeitpunkt τ_1
Δy_I – Stellgrößenänderung, I-Verstellung im Zeitpunkt τ_1
Δy_{PI} – Stellgrößenänderung, PI-Verstellung im Zeitpunkt τ_1
τ_0 – Anfangszeit
T_n – Nachstellzeit
τ – Zeit

6.4.3 Thermostate, Pressostate

Thermostate und Pressostate sind in der Kältetechnik in ihrer überwiegenden Mehrzahl Zweipunktregler und konstruktionsmäßig miteinander sehr verwandt. Ein Pres-

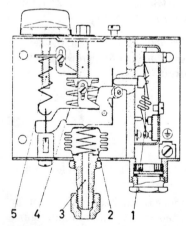

1. Kontaktsystem
2. Wellrohr
3. Druckanschluß
4. Sollwerteinstellung, w_s
5. Druckdifferenzeinstellung, Δx

Bild 6/58   Niederdruckpressostat Typ MP2 (Werkbild *Danfoss*)

sostat kann durch das Einsetzen eines Temperatur/Druck-Umsetzers zum Thermostat umgewandelt werden.

Der Temperatur/Druck-Umsetzer, die Meßeinrichtung, und die dazu erforderliche Vergleichseinrichtung (s. Bild 6/4) besteht in diesen Geräten aus einem Balg oder einer Membrane, welche mit einer Feder belastet sind. Die Füllung des Balges und

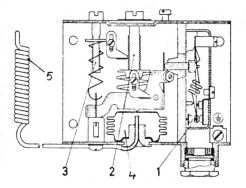

1. Kontaktsystem
2. Sollwerteinstellung, w_s
3. Temperaturdifferenzeinstellung, Δx
4. Füllung (Temperatur/Druck-Umsetzer)
5. Fühler

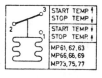

Bild 6/59   Thermostat Typ MP 61 (Werkbild *Danfoss*)

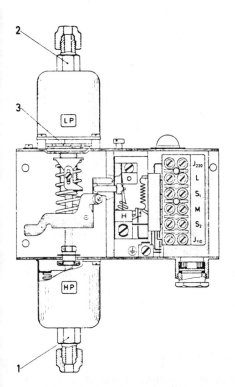

1. Druckanschluß – höherer Öldruck
2. Druckanschluß – niedrigerer Öldruck
3. Druckdifferenzeinstellung, Δx

Bild 6/60   Differenzpressostat, Öldruckpressostat (Werkbild *Danfoss*)

gegebenenfalls eines Fühlers mit Kapillarrohr besteht aus einem Kältemittel, bei welchem die Phasengrenze Flüssigkeit/Dampf z.b. innerhalb des Fühlers liegt. Somit wird entsprechend der Dampfdruckkurve ein der Temperatur des Fühlers zugehöriger Druck erzeugt. Die Druckänderung an der Anschlußseite bewirkt eine Bewegung, die zur Betätigung des Kontaktsystems benötigt wird.

Bild 6/58 zeigt einen Niederdruck-Pressostat Typ MP 2; Bild 6/59 einen Thermostaten Typ MP 61. Die Verwandschaft der beiden Konstruktionen ist unverkennbar.

Einen Öldruckdifferenz-Pressostat zeigt Bild 6/60. Hier ist von zwei gegeneinander wirkenden Pressostatsystemen Gebrauch gemacht worden.

6.4.4 Temperaturgesteuerte Ventile

6.4.4.1 Thermostatisches Expansionsventil

Ein thermostatisches Expansionsventil ist ein variables Drosselventil, das in Abhängigkeit von der Größe der Überhitzung betätigt wird (P-Regler).

Eine Ventilnadel (Ventilkegel) wird mit einer Membrane oder einem Balg verbunden und von dieser bewegt (s. Bild 6/63). Von einer Seite wirkt auf die Membrane (s. Bild 6/61) der Verdampfungsdruck p_0 und eine (einstellbare) Federkraft, deren Wirkung als Druck p_S bezeichnet wird. Von der anderen Seite wirkt der Füllungsdruck, der von der Fühlertemperatur bestimmt wird.

Die Füllung kann aus demselben Kältemittel bestehen wie im Kältekreislauf, so daß der Füllungsdruck und Verdampfungsdruck ohne Überhitzung gleich sind. Normalerweise wird jedoch für die Füllung ein Kältemittel mit einem niedrigeren Sättigungsdruck (bei derselben Temperatur) als in der Anlage genommen, um in einem größeren Betriebsbereich eine gleichbleibende statische Überhitzung einstellen zu können. Der Füllungsdruck und die Federwirkung ergeben dann zusammen einen Druck, der über dem Druck in der Anlage liegt (statische Überhitzung ist positiv).

Die Membrane nimmt eine Position an, die aus dem Gleichgewicht der wirkenden Kräfte resultiert. Das Ventil öffnet also erst bei einem Druck (üblicherweise als die dem Druck entsprechende Sättigungstemperatur bezeichnet), der entsprechend der Federwirkung p_S = um 4 K höher als der Verdampfungsdruck nach dem Ventil liegt.

Ist innerhalb des Verdampfers kein Druckabfall, stimmt die Überhitzung, bei der das Ventil zu öffnen beginnt und die als *statische Überhitzung* bezeichnet wird, mit dem eingestellten Wert von 4 K überein.

Entspricht der Druckabfall im Verdampfer aber einer Verdampfungstemperaturdifferenz von 5 K, dann herrscht am Austritt des Verdampfers eine Verdampfungstemperatur von $-20\,°C$ ($-15\,-5 = -20$). Die Überhitzung wird jetzt ($-11\,-(-20) = 9$) gleich 9 K sein.

Der Druckabfall im Verdampfer wirkt auf die statische Überhitzung (Sollwert w_S) verstellend im Sinne einer Vergrößerung.

Dieser Einfluß des Druckfalls kann in Ventilen mit sogenanntem äußeren Druckausgleich durch konstruktive Maßnahmen aufgehoben werden.

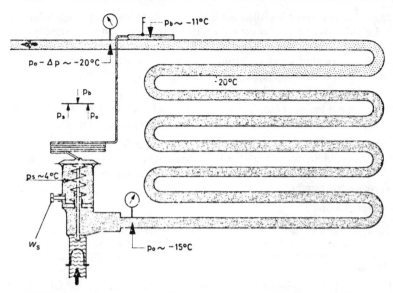

Bild 6/61 Wirkung eines thermostatischen Expansionsventils mit innerem Druckausgleich
p_0 – Verdampfungsdruck nach dem Ventil Δp – Druckabfall im Verdampfer
p_s – Federwirkung w_s – Sollwerteinstellung
p_b – Füllungsdruck

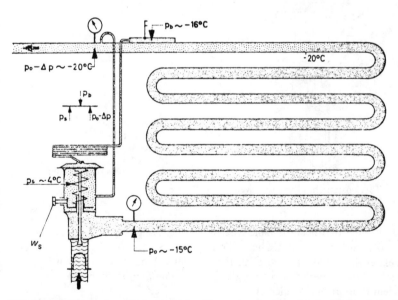

Bild 6/62 Wirkung eines thermostatischen Expansionsventils mit äußerem Druckausgleich
p_0 – Verdampfungsdruck nach dem Ventil Δp – Druckabfall im Verdampfer
p_s – Federwirkung w_s – Sollwerteinstellung
p_b – Füllungsdruck

Bild 6/62 zeigt, daß bei diesen Ventilen der Raum unter der Membrane gegen den Raum nach der Drosselstelle hin dadurch abgedichtet wurde, daß der Betätigungs-stift für den Ventilkegel durch eine Stopfbüchse geht. Er kann jetzt mit dem Austritt des Verdampfers durch eine Ausgleichleitung verbunden werden. Die statische Über-hitzung bleibt dann 4 K wie eingestellt, und die Temperatur, bei welcher das Ventil zu öffnen beginnt $-16\,^{\circ}$C ($-20 +4 = -16$).

Bei Ventilen mit innerem Druckausgleich ist die kleinste statische Überhitzung nicht von der Ventileinstellung, sondern vom Verdampfer her bestimmt.

Entsteht aus gegebenen Betriebsverhältnissen an einem Verdampfer eine kleinere Überhitzung (stabiles Signal), als aus dem Druckabfall resultierend, wird ein Teil der Verdampfungsstrecke trocken gelegt. Dadurch wird der Wirkungsgrad des Verdampfers herabgesetzt.

Das hat einen einfachen Grund:
Zuerst muß die Füllung den Druckabfall im Verdampfer ausgleichen, dann kann durch den Über-druck das Ventil geöffnet werden. Die zur Überwindung des Druckabfalls benötigte Erwärmung des Fühlers ergibt zwangsläufig eine von der Ventileinstellung unabhängige statische Überhitzung. Das Ventil öffnet nicht (auch nicht bei voll entspannter Feder) bevor die Überhitzung diesen Wert übersteigt.

Daher sind die Ventile mit äußerem Druckausgleich bei größerem Druckabfall im Ver-dampfer und bei *Mehrfacheinspritzung* (vergl. Bild 6/61 und 6/64) zu benutzen.

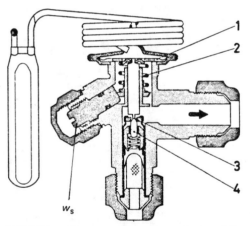

1. Membrane
2. Feder
3. Düse
4. Nadel
w_s — Sollwerteinstellung

Bild 6/63   Thermostatisches Expansionsventil Typ T2

Die Kennlinie eines thermostatischen Expansionsventils zeigt Bild 6/65. Das Ventil beginnt zu öffnen bei einer statischen Überhitzung SS und erreicht die Nominal-leistung bei der *Arbeitsüberhitzung OPS*. Die zum Öffnen des Ventils bis zur Nomi-nalleistung benötigte Überhitzung wird als *Öffnungsüberhitzung OS* bezeichnet und ist gleich dem Proportionalbereich X_p.

Bei Ventilen mit auswechselbaren Düseneinsätzen bleibt der Proportionalbereich X_p konstant erhalten. Nur der Stellbereich Y_h wird von den Düseneinsätzen bestimmt (s. $Y_{h\,1}$, $Y_{h\,2}$ in Bild 6/65).

Die maximale Ventilleistung übersteigt üblicherweise die Nominalleistung um einige Prozent, da der Proportionalbereich vom Hersteller nicht voll ausgenutzt wird. Dies ist als eine Toleranz nach oben zu betrachten. Vom Hersteller wird die Nominal- oder Nennleistung garantiert.

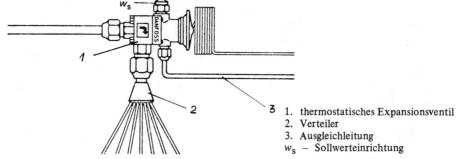

1. thermostatisches Expansionsventil
2. Verteiler
3. Ausgleichleitung
w_s – Sollwerteinrichtung

Bild 6/64   Thermostatisches Expansionsventil mit Verteiler (Mehrfachspritzung) (Werkbild *Danfoss*)

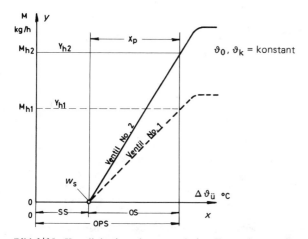

Bild 6/65   Kennlinie eines thermostatischen Expansionsventils

$\Delta\vartheta_{\ddot{u}}$	– Überhitzung	(°C)
SS	– Statische Überhitzung, Sollwert w_s	(°C)
OS	– Öffnungsüberhitzung, Regelgrößenänderung	
OPS	– Arbeitsüberhitzung	(°C)
X_p	– Proportionalbereich	(°C)
M	– Massenstrom	(kg/h)
M_{h2}	– Massenstrom bei Nominalleistung des Ventils No. 2, Stellbereich Y_{h2}	(kg/h)
M_{h1}	– Massenstrom bei Nominalleistung des Ventils No. 1, Stellbereich Y_{h1}	(kg/h)

Die Ventile werden vom Hersteller normalerweise mit einer Werkeinstellung der statischen Überhitzung von 4 K bis 6 K geliefert. Wird die Feder zur Einstellung der Überhitzung (s. Bild 6/66) völlig entspannt (normalerweise Linksdrehen der Einstellspindel).

verschiebt sich die Ventilkennlinie parallel nach links, wird sie vollständig gespannt, verschiebt sich die Ventilkennlinie parallel nach rechts. Zwischen diesen beiden Extremen liegt der Verstellbereich. Er ist von den Betriebsverhältnissen abhängig.

Die Kennlinie eines thermostatischen Expansionsventils kann bei gegebenen Betriebsverhältnissen durch zwei Verfahren geändert werden, nämlich

a) durch Verstellung der statischen Überhitzung (Parallel-Verschiebung nach Bild 6/66)
b) durch Auswechseln des Düseneinsatzes (Drehung nach Bild 6/65)

Diese Änderungen der Kennlinie ermöglichen die Anpassung des Ventils (Reglers) an den Verdampfer (Regelstrecke), wodurch ein stabiles System (Regelkreis) entstehen sollte. Die Erfahrung zeigt nun, daß diese Systeme im Betrieb oft von Pendelungserscheinungen (Schwingen des Systems) betroffen sind. Dabei stellt sich nicht ein konstanter Durchfluß ein, sondern das Ventil öffnet und schließt. Diese Pendelungen wurden untersucht [18, 19, 8, 22] und eine Methode, die sog. ,,MSS-Linie"-Methode, zur Beurteilung der Pendelungen entwickelt [8, 9, 10]. Die Grundzüge dieser Methode zeigt Bild 6/67.

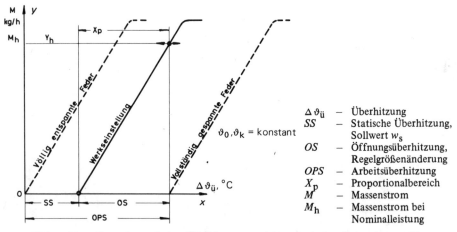

Bild 6/66   Verstellung der statischen Überhitzung am thermostatischen Expansionsventil

Ist die Kennlinie des Verdampfers bekannt (s. Bild 6/50), liegt bei gegebener Verdampfer-Leistung M_1 der Arbeitspunkt A auf der MSS-Linie. Die Kennlinie des ,,richtigen" Ventils muß ebenfalls durch diesen Arbeitspunkt verlaufen, ohne jedoch den instabilen Bereich (schraffierte Fläche) zu schneiden. Das Anpassen der Ventilkennlinie geschieht durch die Verstellung der statischen Überhitzung (w_s). Die Überhitzung wird mittels elektronischer oder mechanischer Thermometer gemessen und ihr zeitlicher Verlauf sorgfältig beobachtet. Bei einer Verschiebung der Ventilkennlinie nach links vom Arbeitspunkt A (Verkleinerung der statischen Überhitzung) werden periodische Änderungen der Überhitzung stattfinden, bei Verschiebung der Ventilkennlinie nach rechts (Vergrößerung der statischen Überhitzung) hört die Pendelung auf und die Überhitzung nimmt einen bestimmten, konstanten Wert an. Die höchste Verdampferleistung erreicht man normal nur im Arbeitspunkt A.

Ist die Verdampfer-Kennlinie nicht bekannt und das sind die meisten Fälle, so muß die Leistung des Verdampfers an Hand von Unterlagen geschätzt oder berechnet werden und zunächst die Ventilleistung durch Änderungen der Düseneinsätze grob angepaßt werden. Sodann wird die Überhitzung nach dem obenbeschriebenen Verfahren auf den Arbeitspunkt eingestellt. Diese Anpassung der Ventilleistung soll erst nach Erreichen des thermischen Gleichgewichts stattfinden, also nicht sofort nach der Inbetriebnahme, und auch dann soll die Verstellung schrittweise in Zeitintervallen von einigen Minuten vorgenommen werden.

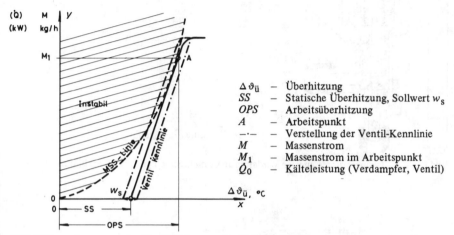

$\Delta \vartheta_{\ddot{u}}$ — Überhitzung
SS — Statische Überhitzung, Sollwert w_s
OPS — Arbeitsüberhitzung
A — Arbeitspunkt
$-\cdot-$ — Verstellung der Ventil-Kennlinie
M — Massenstrom
M_1 — Massenstrom im Arbeitspunkt
$\dot{Q}_0$ — Kälteleistung (Verdampfer, Ventil)

Bild 6/67 Anpassung der Ventilleistung an die Verdampferleistung

Thermostatische Expansionsventile sind zunächst mit der vorgesehenen Werkseinstellung einzubauen. Diese ergibt in den meisten Fällen eine gute Funktion der Anlage. Werden nach Erreichen des thermischen Gleichgewichts Pendelungen oder zu große Überhitzung festgestellt, muß der Fall untersucht und die notwendige Anpassung durchgeführt werden. Diese kann sowohl in einer Änderung der Ventilleistung als auch in einer Verschiebung der Überhitzung liegen.

6.4.4.2 Temperaturgesteuerter Verdampfungsdruckregler

Ein mechanischer P-Regler (s. Bild 6/10 und 6/68) zur kontinuierlichen Regelung des Verdampfungsdruckes (Stellgröße) in Abhängigkeit von der Fühlertemperatur (s. Abschn. 6.2.1.1). Die Fühlertemperatur wird durch die Füllung in Druck umgesetzt. Dieser Druck verändert die Länge eines Balgsystems (s. Pos. 1 und 4 in Bild 6/68) und wird so zur Verstellung des Sollwertes an einem Konstantdruckteil des Reglers benutzt (s. auch Abschn. 6.4.5).

6.4.4.3 Thermostatisches Nachspritzventil (s. auch Abschn. 6.2.3.2)

Bild 6/69 zeigt ein thermostatisches Nachspritzventil (P-Regler), Typ TVAT, mit dem vorgeschalteten, fest einstellbaren Drosselventil Typ 6 F und einem Filter Typ FA. Das Ventil ist unempfindlich gegen den Saugdruck und reagiert nur auf die Impulse

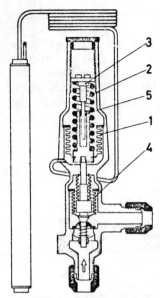

1. Balg
2. Feder
3. Sollwerteinstellung, w_S
4. Balg

Bild 6/68 Temperaturgesteuerter Verdampfungsdruckregler Typ CPT (Werkbild *Danfoss*)

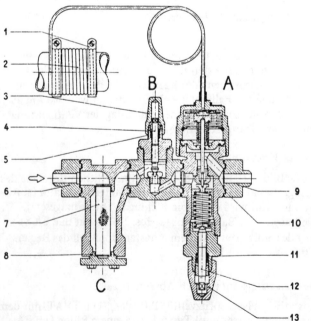

A. Thermostatisches Ventil
B. Drosselventil
C. Filter
1. Spannbänder
2. Fühler
3. Verschlußkappe
4. Regulierspindel
5. Dichtung der Regulierspind
6. Eintrittsflansch
7. Filtereinsatz
   (rostfreies Stahlgewebe)
8. Dichtung
9. Austrittsflansch
10. Flanschdichtung
11. Dichtung für Regulierspind
12. Regulierspindel
13. Verschlußkappe

Bild 6/69 Thermostatisches Nachspritzventil Typ TVAT

der Fühler-Füllung. Der eigentliche Fühler ist ein Kapillarrohr einer Länge von 1,8 m, welches um die Druckleitung des Kompressors gewickelt wird.

Die Ventile werden in je einer Ausführung für R 12 / R 22 (Temperatur Bereich 50 °C bis 110 °C) und R 717 (NH$_3$) (Temperatur Bereich 80 °C bis 135 °C) angefertigt.

Zwecks Einstellung wird das Drosselventil (Pos. B, Bild 6/69) voll geöffnet und das thermostatische Nachspritzventil mit der Regulierspindel (Pos. 12, Bild 6/69) so eingestellt, daß die Temperatur in der Druckleitung einen Wert von etwa 10 °C unter dem Sollwert (w_S) erreicht. Danach wird das Drosselventil etwas geschlossen, so daß die Temperatur in der Druckleitung bis zum Sollwert (w_S) ansteigt. Das Drosselventil wirkt als Mengenbegrenzer.

6.4.5 Druckgesteuerte Ventile

6.4.5.1 Automatisches Expansionsventil

Der Verdampferdruck wirkt auf einen Balg (s. Pos. 2, Bild 6/70), der mit einer Feder belastet ist. Das Ventil öffnet bei sinkendem Verdampfungsdruck (P-Regler). Nach

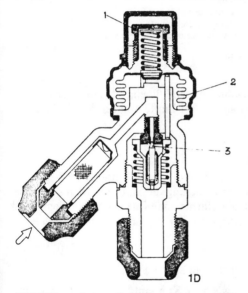

1. Einstellspindel, Sollwerteinstellung w_S
2. Balg
3. Düse/Nadel

1D

Bild 6/70   Automatisches Expansionsventil Typ 1D (Werkbild *Danfoss*)

der Einstellung der Thermostaten (s. Abschn. 6.2.2.1) wird das Ventil so eingestellt (Einstellspindel, Pos. 1, Bild 6/70), daß bei der durch den Thermostat gewählten Verdampfungstemperatur der Verdampfer bis zum Austritt mit verdampfendem Kältemittel gefüllt ist. Zur Temperaturregelung kann der Thermostat nur nach höheren Temperaturen zu verstellt werden.

6.4.5.2 Konstantdruckventil

Das Ventil Typ CPP (s. Bild 6/71) ist unempfindlich gegen den Saugdruck und öffnet bei steigendem Verdampfungsdruck (P-Regler). Zur Messung des eingestellten Soll-

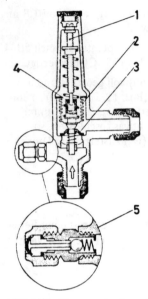

1. Einstellspindel, Sollwerteinstellung w_S
2. Balg
3. Ventilplatte
4. Dämpfungselement
5. Manometeranschluß, Sollwertmessung

Bild 6/71 Konstantdruckventil Typ CPP (Werkbild *Danfoss*)

wertes (w_S) des Verdampfungsdruckes ist ein Anschluß für einen Manometer vorgesehen. Die Sollwerteinstellung (w_S) erfolgt mit der Einstellspindel (Pos. 1, Bild 6/71).

6.4.5.3 Startregler und Leistungsregler

Beide Ventile sind auf gleiche Weise gebaut (s. Bild 6/72). Der Unterschied liegt nur im Betriebsbereich, welcher durch Federkraftänderung verschoben werden kann. Die Ventile sind unempfindlich gegen Druck am Eintritt und öffnen bei sinkendem Druck am Austritt (P-Regler). Die Sollwerteinstellung (w_S) erfolgt mit der Einstellspindel (Pos. 1, Bild 6/72).

6.4.5.4 Verflüssigungsdruckregler (s. auch Abschn. 6.2.5.1)

Es handelt sich um dieselbe Konstruktion wie beim Konstantdruckventil (s. Abschn. 6.4.5.2), jedoch mit anderem Betriebsbereich. Das Ventil öffnet bei steigendem Verflüssigungsdruck (P-Regler). Die Sollwerteinstellung (w_S) erfolgt mit der Einstellspindel (Pos. 1, Bild 6/73).

6.4.5.5 Pilotgesteuerter Konstantdruckregler

Für größere Leistungen und anspruchsvollere Druckregelung benutzt man an Stelle der direkt wirkenden Konstantdruckregler (s. 6.4.5.2) *pilot*gesteuerte Ventile.

Bild 6/74 zeigt ein Ventil dieses Typs. Ein Hauptventil (Pos. 14–23, Bild 6/74) wird mit Hilfe der Druckdifferenz vor und nach dem Ventil, also dem Druckabfall im

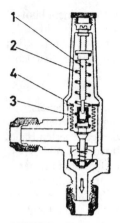

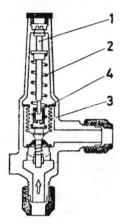

Bild 6/72 Startregler
Typ CPL und Leistungs-
regler Typ CPC
1. Einstellspindel, Soll-
   werteinstellung w_S
2. Feder
3. Balg
4. Dämpfungselement

Bild 6/73 Verflüssigungs-
druckregler Typ CPR
1. Einstellspindel, Sollwerteinstellung w_S
2. Feder
3. Balg
4. Dämpfungselement

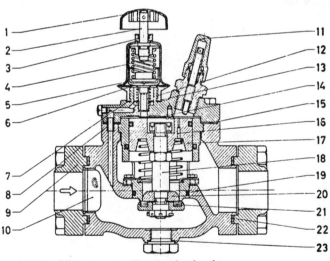

Bild 6/74 Pilotgesteuerter Konstantdruckregler

1. Handrad
2. Einstellspindel w_S
3. O-Ring
4. Einstellfeder
5. Druckschuh
6. Membrane
7. Dichtung für Steuereinheit
8. Führungsrohr
9. Eintrittsflansch
10. Hauptfilter
11. Einheit für Handbetätigung
12. Ventilsitz
13. Filter
14. Rückschlagventil
15. Dichtung für Kopfdeckel
16. Druckausgleichdüse
17. Steuerkolben
18. Druckstange
19. O-Ring
20. Drosselkegel
21. Ventilteller
22. Dichtung für Hauptflansch
23. Dichtung für Bodenstopfen

eigenen Ventilsitz (Servosteuerung) bewegt. Das Hauptventil wird von einem Pilotventil (Pos. 1–13, Bild 6/74) gesteuert. Das Pilotventil wirkt als einfacher, direktgesteuerter P-Regler, z. B. als Konstantdruckventil. Dank der speziellen Konstruktion des Pilotventils ist es möglich, eine stabile Regelung mit engem Proportionalbereich ($\dot{X}_p$) zu erreichen.

Wegen der Servosteuerung darf der Druckabfall am Hauptventil nicht kleiner als 0,14 bar werden. Die Sollwerteinstellung erfolgt durch Betätigung der Einstellspindel des Pilotventils (Pos. 1, 2, Bild 6/74). Für die Regelung dieser servogesteuerten Hauptventile sind verschiedene Versionen von Pilotventilen entwickelt worden. Bild 6/12 zeigt eine Version zur Kühlraumtemperaturregelung. Dabei wird ein elektronischer Thermostat, ein PI-Regler, eingesetzt, welcher die Raumtemperatur mit sehr großer Genauigkeit (0,1 K) regeln kann. Dieser Thermostat verstellt den Sollwert des Pilotventils über einen Stellmotor (Motorpilotventil) Typ CVMM, welches dann das als Konstantdruckregler arbeitende Hauptventil steuert.

6.4.5.6 Automatisches Wasser-Regelventil

Das Ventil (s. Bild 6/75) öffnet bei steigendem Verflüssigungsdruck (P-Regler) und schließt bei Stillstandsdruck die Wasserzufuhr völlig ab. Die Sollwerteinstellung (w_S) erfolgt an der Einstellspindel Pos. 2.

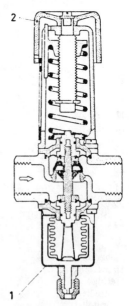

Bild 6/75   Automatisches Wasser-Regelventil
1. Wellrohrelement
2. Einstellspindel, Sollwerteinstellung w_S

6.5 Anlagenregelung und Energieverbrauch

6.5.1 Die Problematik

Einzelne Regelstrecken bilden zusammen mit einzelnen Regelgeräten einzelne Regelkreise (*Regelschleifen*). Diese Regelkreise wirken in einer bestimmten Kälteanlage in der Art, wie sie verknüpft sind. Bisher wurden nur solche Einzel-Regelkreise behandelt. Es ist jedoch nicht gleichgültig, wie diese Verknüpfung erfolgt, da zwischen diesen Regelkreisen eine Verkoppelung vorkommt, d. h., daß die Regelkreise immer aufeinander zurückwirken.

Die zufriedenstellende Funktion der gesamten Anlage ist von vielen Faktoren abhängig. Zwei der wichtigsten sind:

a) Der Gütegrad des einzelnen Regelkreises.

b) Die Art der Verkoppelung.

Wegen der großen Vielfalt von Anlagenkreisläufen (s. Kap. 9) können in den folgenden Abschnitten nur einige wichtige Zusammenhänge in deren Regelung gezeigt werden, insbesondere *die* Elemente der Anlagenregelung, die eine Art Modul-Position haben und sich in einer logischen Verkettung befinden. Anhand dieser Beispiele kann die Funktion der Regelung in anderen Anlagen-Kreisläufen hergeleitet werden.

Dabei wird gezeigt, welche Faktoren in einzelnen Regelschleifen Einfluß auf die Anlagen-Gesamtregelung und den Energie-Verbrauch haben, und wie die Verkoppelung mit anderen Regelschleifen entsteht. Daraus läßt sich ableiten, in welcher Weise z. B. eine energiesparende Anlagen-Regelung zu realisieren ist.

Diese eigentliche *Anlagen-Regelung*, welche die prozeßbedingte Verkoppelung zwischen den einzelnen Regelschleifen beeinflußt, befindet sich in der Kältetechnik noch in einem sehr frühen Entwicklungsstadium (Stand Frühjahr 1980), weil bis dato die richtigen Mittel dazu fehlten.

Erst die in den letzten Jahren explosionsartig verlaufende Entwicklung der modernen Elektronik (hochintegrierte Halbleiter-Schaltkreise, Mikrorechner) hat durch ihre Vielfalt von Kombinationsmöglichkeiten (logische und arithmetische Operationen), die Möglichkeit der Speicherung von Informationen und der Funktion in reeller Zeit (*real time*) neue Wege der Anlagen-Regelung erschlossen. Trotz z. Zt. noch hoher Kosten findet diese neue Technik unaufhaltsam ihre Anwendung, weil sie *die* Komponenten mitbringt, welche zur Optimierung von Prozessen bei der Betriebsführung von Anlagen und sparsamen Energie-Verbrauch notwendig sind.

Diese neue Technik verlangt jedoch eine Umstellung in der Entwicklung von Regelungen und eine neue Personal-Ausbildung; Dinge, die nicht von einem Tag auf den anderen zu bewältigen sind. Ihre richtige Nutzung ist auch undenkbar ohne die Neuentwicklung der sonstigen Komponenten von Kälteanlagen, wie z. B. Ventilen, Aktuatoren u. ä., welche den Anforderungen der Elektronik Rechnung trägt.

Diese Entwicklung hat schon begonnen. Im Abschnitt 6.7 wird auf die Anwendung von Rechnern zur Prozeßsteuerung und Regelung eingegangen und werden Elemente eines neulich entwickelten Systems besprochen.

6.5.2   Der Energie-Verbrauch von Kälteanlagen

Der Energieverbrauch der Anlage ist bei gegebenen Betriebsbedingungen (Kühlraum-klima, Umgebungsklima, Temperatur des Kühlmediums) *nur* von der *Auslegung der Anlage* und der *Art der Regelung* abhängig (Bild 6/76).

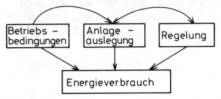

Bild 6/76   Einflußfaktoren auf den Energieverbrauch

Die Abhängigkeiten des Energieverbrauches von der Auslegung der Anlage (*Anlagen-Abhängigkeit*) und die Art der Regelung (*Regelungs-Abhängigkeit*) sind miteinander verknüpft:

- *Primär* ist der Energieverbrauch bei gegebenen Betriebsbedingungen von der Aus-legung der Anlage (Kühlräume, Wärmetauscher, Verdichter, Ventilatoren, Pumpen, Rohrnetz mit Ventilen) abhängig. Auch die *Regelbarkeit* der Anlage ist darunter zu verstehen.
- *Sekundär* ist der Energieverbrauch von der Art der Regelung abhängig.

Der Energieverbrauch ist auch mit der besten Regelung nicht unter den Wert zu reduzieren, der von der Auslegung der Anlage her bestimmt wird. Die Erzielung und Erhaltung dieses optimalen Wertes während des Betriebs ist nur von der Regelung abhängig.

6.5.3   Regelung bei direkter Kühlung

Kälteanlagen mit direkter Kühlung können mit normalem oder Umpump-Kreislauf (s. Kap. 3.2.4) arbeiten.

6.5.3.1   Regelung bei der einstufigen Verdichterkältemaschine

Das Prinzip-Schema einer solchen Kälteanlage zeigt Bild 3/12. Sie soll in einem Kühl-raum die gewünschten Lagerbedingungen (Temperatur, Feuchtigkeit, Luftbewegung, Lufterneuerung) einhalten. Die Regelung der Anlage besteht aus einzelnen Regel-kreisen für Kühlraum, Verdampfer, Verflüssiger und Verdichter und deren Verkoppe-lung. Das Expansionsventil gehört zum Regelkreis des Verdampfers (Bild 6/77).

Als Energieverbraucher treten auf: Der Verdichtermotor und Motoren für Ventila-toren oder für Pumpen (Luft oder Wasser als Kühlmedium für Verflüssiger).

Die Betriebsbedingungen dieser Anlage sind von vier Temperaturen bestimmt (vgl. dazu Kap. 3.1.3): Die Kühlraumtemperatur (ϑ_R) und die Kühlmediumtempe-ratur (ϑ_{KM}) sind unabhängig und nur von äußeren Bedingungen bestimmt. Die Ver-dampfungstemperatur (ϑ_0) und die Verflüssigungstemperatur (ϑ_K) sind von der Auslegung der Anlage und der Art und der Betriebsweise der Regelung abhängig.

Die Temperaturdifferenzen im Verflüssiger ($\Delta \vartheta_K$) und im Verdampfer ($\Delta \vartheta_0$) sind ökonomische Größen. Von ihnen hängt das Verhältnis der Investitionskosten (Wärmetauschergröße) zu den Energiekosten und den daraus resultierenden Gesamtkosten in einer bestimmten Betriebsperiode ab. Bei stark steigenden Energiepreisen zeichnet sich heute die Tendenz ab, diese Temperaturdifferenzen durch geeignete Wärmetauscher kleiner und durch eine genauere Regelung auch bei variierenden Betriebsverhältnissen konstant zu halten.

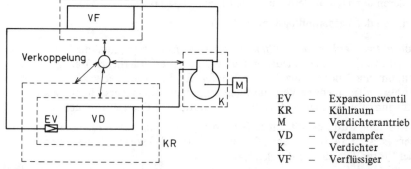

EV	–	Expansionsventil
KR	–	Kühlraum
M	–	Verdichterantrieb
VD	–	Verdampfer
K	–	Verdichter
VF	–	Verflüssiger

Bild 6/77 Schematische Darstellung der Regelkreise und ihrer Verkoppelung bei einem einstufigen Verdichter-Kältekreislauf und „direkter" Kühlung

a) Der Kühlraum-Regelkreis

Zu den charakteristischen Größen der Kühlraum-Regelstrecke (Bild 6/78) gehören die Größe, Lage, Kälteschutz und Bauart des Kühlraumes und die Art der eingelagerten Ware. Als Regelgröße (x) tritt normalerweise die Kühlraumtemperatur (ϑ_R) auf; seltener zusätzlich die relative Feuchte (φ_R) im Kühlraum. Als Stellgrößen (y) können die aktive Verdampfer-Kühlfläche (A_{VA}) oder die Verdampfungstemperatur (ϑ_0) verwendet werden. Von den Störgrößen (Z) sind die Umgebungsfaktoren (U_F), der Warenumsatz (W_U) und die Lufterneuerung (L_E) zu nennen.

$$z\,(\,U_F,\ W_U,\ L_E\,)$$

$$y(A_{VA},\,\vartheta_0) \longrightarrow \boxed{S(GR, LA, IS, BA, WA)} \longrightarrow x\,(\vartheta_R,\ \varphi_R)$$

Bild 6/78 Schematische Darstellung einer Kühlraumregelstrecke

		GR	–	Größe		UF	– Umgebungsfaktoren
		LA	–	Lage	z	WU	– Warenumsatz
S		IS	–	Kälteschutz (Dicke, Art)		LE	– Lufterneuerung
		BA	–	Bauart			
		WA	–	Art der gelagerten Ware			
x		ϑ_R	–	Kühlraumtemperatur			
		φ_R	–	Relative Feuchte im Kühlraum			
y		A_{VA}	–	Aktive Verdampfer-Kühlfläche			
		ϑ_0	–	Verdampfungstemperatur			

Es ist die Aufgabe des Regelkreises, die Kühlraumtemperatur in bestimmten Grenzen konstant zu halten. Dies wird durch die automatische Anpassung der Verdampferleistung (des Luftkühlers) an die momentane Wärmebelastung des Kühlraumes gewährleistet.

Dies kann nach Gleichung (6–1) (s. 6.2.1.1) auf zwei Wegen geschehen, da der Wärmedurchgangskoeffizient (k) und die Kühlraumtemperatur (ϑ_R) annähernd als konstant zu betrachten ist

● Variieren der aktiven Verdampferkühlfläche (A_{VA}) oder

● Variieren der Verdampfungstemperatur (ϑ_0).

Wird die *aktive Verdampfer-Kühlfläche als Stellgröße benutzt*, muß die Verdampfungstemperatur (ϑ_0) auf einem niedrigeren als unbedingt erforderlichen Wert gehalten werden, um eine Überleistung des Verdampfers für die Regelzwecke zu gewährleisten. Diese notwendige, niedrige Verdampfungstemperatur (ϑ_0) verursacht einen kleineren Kältegewinn, was zu einem größeren als dem optimalen Energieverbrauch führt.

Diese Regelung wird mit Hilfe eines Thermostaten als Ein/Aus-Verdampferschaltung realisiert (s. 6.2.1.1). Die Verdampfungstemperatur (ϑ_0) wirkt bei dieser Regelung als eine der Störgrößen auf die Regelstrecke.

Den zeitlichen Verlauf der Kühlraumtemperatur (ϑ_R) und der Verdampfungstemperatur (ϑ_0) zeigt Bild 6/9. Die Raumtemperatur schwingt bei dieser Regelung charakteristisch um den mittleren Wert (ϑ_R). Bei konstant eingeschalteter aktiver Verdampferkühlfläche (A_{VA}) könnte man die Verdampfungstemperatur (ϑ_0) theoretisch auf einen Wert ϑ_{0K} anheben. Die Differenz zwischen beiden Werten charakterisiert den Energie-Mehrverbrauch, der bei dieser Art der Regelung eintritt.

Wird nur ein kleiner Teil der vorhandenen, aktiven Verdampferfläche variiert, wie das in Kühlräumen, die mit mehreren Verdampfern ausgestattet sind, durch Zuschalten von nur einigen Verdampfern erreichbar ist, wird auch der Energie-Mehrverbrauch in Grenzen gehalten.

Diese Regelung verursacht zwar einen Energie-Mehrverbrauch und eine unvermeidliche Schwankung der Raumtemperatur, ihre Verwendung ist jedoch durch die Einfachheit gerechtfertigt.

Die Regelung mit einer kontinuierlichen Änderung der aktiven Verdampfer-Kühlfläche (A_{VA}) als Stellgröße wird z. Z. noch nicht realisiert. Solche Regelung hat einen Sinn in der Klimatechnik. Die Möglichkeiten werden im Abschnitt über den Verdampfer-Regelkreis kurz besprochen.

Soll das *Energiesparen* im Vordergrund stehen, ist eine Regelung mit voller Ausnutzung der aktiven Verdampferkühlfläche notwendig.

Solche Regelung wird durch die Benutzung der Verdampfungstemperatur (ϑ_0) als Stellgröße realisiert (Bild 6/79).

Den Verlauf dieser Regelung zeigt Bild 6/80. Die Verdampferleistung wird an die Änderungen der Kühlraumbelastung durch Variieren der Verdampfungstemperatur kontinuierlich angepaßt.

Die Regelung der Verdampfungstemperatur wird durch Verdampfungsdruckregelung realisiert (s. 6.2.1.1, Bild 6/11). Es sind dafür zwei Möglichkeiten vorhanden:

● Hilfsregler, der direkt am Verdampfer wirkt

● direkte Regelung der Verdichterleistung.

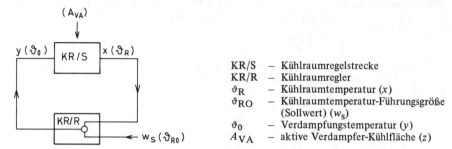

KR/S	– Kühlraumregelstrecke
KR/R	– Kühlraumregler
ϑ_R	– Kühlraumtemperatur (x)
ϑ_{RO}	– Kühlraumtemperatur-Führungsgröße (Sollwert) (w_S)
ϑ_0	– Verdampfungstemperatur (y)
A_{VA}	– aktive Verdampfer-Kühlfläche (z)

Bild 6/79 Kühlraumregelkreis mit Verdampfungstemperatur (ϑ_0) als Stellgröße

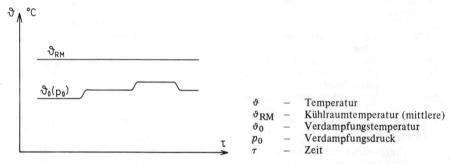

ϑ	– Temperatur
ϑ_{RM}	– Kühlraumtemperatur (mittlere)
ϑ_0	– Verdampfungstemperatur
p_0	– Verdampfungsdruck
τ	– Zeit

Bild 6/80 Kühlraumregelung mit der Verdampfungstemperatur (ϑ_0) als Stellgröße

Einen Kühlraumregelkreis mit Verdampfungsdruckregelung direkt am Verdampfer zeigt Bild 6/81. Der Hauptregler KR/R steuert mit Hilfe einer Führungsgröße w (p_0) den Hilfsregler HR, der den Verdampfungsdruck bestimmt. Der Hauptregler und der Hilfsregler befinden sich in einer Kaskadenschaltung. Diese Regelung kann sehr genau arbeiten (s. 6.2.1.1, dort Bild 6/12); Energie wird nicht gespart.

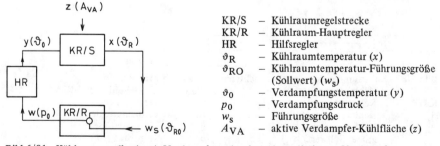

KR/S	– Kühlraumregelstrecke
KR/R	– Kühlraum-Hauptregler
HR	– Hilfsregler
ϑ_R	– Kühlraumtemperatur (x)
ϑ_{RO}	– Kühlraumtemperatur-Führungsgröße (Sollwert) (w_S)
ϑ_0	– Verdampfungstemperatur (y)
p_0	– Verdampfungsdruck
w_S	– Führungsgröße
A_{VA}	– aktive Verdampfer-Kühlfläche (z)

Bild 6/81 Kühlraumregelkreis mit Verdampfungsdruckregelung direkt am Verdampfer

Um Energie zu sparen, muß der Saugdruck am Verdichter (p_S) bei dieser Regelung dem Verdampfungsdruck (p_0) nacheilen. Also muß ein zusätzlicher Verdichterregelkreis mit dem Kühlraumkreis zusammenwirken. Die Zusammenschaltung zeigt das Bild 6/82. Der Verdichterregelkreis K/R wirkt als unabhängiger Hilfsregelkreis in einer Folgeschaltung. Seine Führungsgröße w (p_0) ist die Stellgröße y (ϑ_0, p_0) des Kühlraumregelkreises KR/R. Die Regelgröße x (p_S) dieses Regelkreises wirkt jedoch als eine Störgröße z (p_S) am Kühlraumregelkreis (Beispiel für eine Verkoppelung).

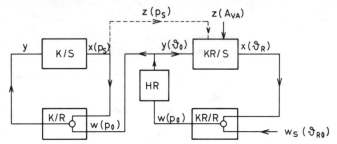

Bild 6/82 Kühlraumregelkreis mit Verdichterregelkreis als Nebenregelkreis. Energiesparende Anordnung.

KR/S	–	Kühlraumregelstrecke	K/S	– Verdichterregelstrecke
KR/R	–	Kühlraum-Hauptregler	K/R	– Verdichterregler
HR	–	Hilfsregler	w	– Führungsgröße
ϑ_R	–	Kühlraumtemperatur (x)	p_S	– Saugdruck (x)
ϑ_{Ro}	–	Kühlraumtemperatur-Führungsgröße (Sollwert) (w_S)	A_{VA}	– aktive Verdampfer-Kühlfläche
ϑ_0	–	Verdampfungstemperatur (y)		

Um die Dampfströmung vom Verdampfer zum Verdichter aufrechtzuerhalten, muß die Druckdifferenz $p_0 - p_S$ einen Mindestwert haben. Dieser ist noch *dem* Teil des Energieverbrauchs zuzurechnen, der anlagenabhängig ist. Jede weitere Vergrößerung dieser Druckdifferenz hätte einen zusätzlichen Energieverbrauch zur Folge, der von der Regelung abhängig wäre. In der Praxis wird *der* Saugdruck (p_S) angestrebt, der der kleinsten Energieverbrauch mit sich bringt, aber gleichzeitig als Störgröße $z(p_S)$ den Kühlraumregelkreis nicht beeinflußt.

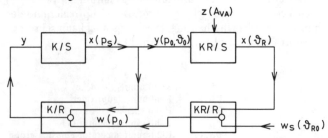

Bild 6/83 Kühlraumregelkreis mit Verdichterregelkreis in Kaskadenschaltung

KR/S	–	Kühlraumregelstrecke	A_{VA}	– aktive Verdampfer-Kühlfläche (z)
KR/R	–	Kühlraumregler	K/S	– Verdichterregelstrecke
ϑ_R	–	Kühlraumtemperatur (x)	K/R	– Verdichterregler
ϑ_{Ro}	–	Kühlraumtemperatur-Führungsgröße (Sollwert) (w_S)	w	– Führungsgröße
ϑ_0	–	Verdampfungstemperatur (y)	p_S	– Saugdruck (x)

Vom Energieverbrauch her günstiger ist ein Kühlraumregelkreis mit Verdampfungsdruckregelung und direkter Regelung der Verdichterleistung (Bild 6/83). Der Kühlraumregler KR/R steuert hier mit Hilfe einer Führungsgröße $w(p_0)$ den Verdichterregler K/R in einer Kaskadenschaltung. Die Regelgröße des Verdichterregelkreises x (p_s) ist gleichzeitig die Stellgröße y (p_0, ϑ_0) des Kühlraumregelkreises. Voraussetzung ist, daß die Verdichterleistung stetig regelbar ist und der Verdichterregelkreis verlustarm arbeitet (s. Kap. 4.1.2.7).

b) Der Verdampfer-Regelkreis für trockene Verdampfung

Charakteristische Größen einer Verdampferregelstrecke für trockene Verdampfung (Bild 6/84) sind die Kühlfläche (A_V) und die Bauart (BA) des Verdampfers.

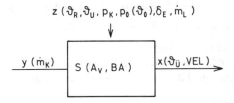

z $(\vartheta_R, \vartheta_U, p_K, p_0(\vartheta_0), \delta_E, \dot{m}_L)$

y $(\dot{m}_K)$ S (A_V, BA) $x(\vartheta_{\ddot{u}}, VEL)$

Bild 6/84   Verdampferregelstrecke (trockene Verdampfung)

S	A_V –	Kühlfläche	
	BA –	Bauart	
x	$\vartheta_{\ddot{u}}$ –	Überhitzungstemperatur	
	VEL–	Verdampfungsendpunkt-Lage	
y	$\dot{m}_k$ –	Kältemittelstrom	
	ϑ_R –	Kühlraumtemperatur	
	ϑ_u –	Kältemitteltemperatur vor dem Expansionsventil	
	p_k –	Verflüssigungsdruck	
z	p_0 –	Verdampfungsdruck	
	(ϑ_0) –	Verdampfungstemperatur	
	δ_E –	Reifdicke am Verdampfer	
	$\dot{m}_L$ –	Luftstrom	

Als Regelgröße (x) wird normalerweise die Überhitzungstemperatur $(\vartheta_{\ddot{u}})$ benutzt, die nach Vergleich mit der Verdampfungstemperatur (ϑ_0) zu einer Überhitzungsgröße $(\Delta \vartheta_{\ddot{u}} = \vartheta_{\ddot{u}} - \vartheta_0)$ umgebildet die wirkliche Regelgröße (x) darstellt (thermostatisches Expansionsventil, s. 6.2.2.1 und 6.4.4.1). Bei der Messung der Überhitzung $(\Delta \vartheta_{\ddot{u}})$ muß die mit der MSS-Linie abgegrenzte instabile Zone beachtet werden (s. 6.3.3, Bild 6/50 und 6/67).

Eine andere mögliche Regelgröße ist die Lage des Verdampfungsendpunktes (VEL). Seine Messung ist schwierig, weil er stochastisch in einer Zone schwingt [8, 18, 19] (s. 6.3.3). Man kann aber mit Hilfe einiger Temperaturmessungen entlang der Verdampfungsstrecke diese Lage bestimmen und als Regelgröße benutzen. Die Stellgröße (y) ist hierbei der Massenstrom $(\dot{m}_k)$ des Kältemittels. Als Störgrößen sind die Kühlraumtemperatur (ϑ_R), die Unterkühlungstemperatur des flüssigen Kältemittels vor dem Expansionsventil (ϑ_u), der Verflüssigungsdruck (p_k), der Verdampfungsdruck (p_0), die Reifdicke am Verdampfer (δ_E) und der Luftstrom $(\dot{m}_L)$ zu nennen.

Dieser Regelkreis kann die Aufgabe lösen, stets die volle Ausnutzung der Verdampfer-austauschfläche unter veränderlichen Betriebsverhältnissen zu gewährleisten, was durch eine angepaßte Füllung mit verdampfendem Kältemittel geschieht. Diese Füllung be-stimmt ihrerseits die aktive Verdampferkühlfläche (A_{VA}).

Eine direkte Nutzung der Verdampferkühlfläche (A_{VA}) als Regelgröße ist nicht mög-lich, weil sie nicht meßbar ist. Sie kann indirekt durch die Messung der Überhitzungs-größe ($\Delta \vartheta_{\ddot{u}}$), oder durch die Messung der Verdampfungsendpunkt-Lage (VEL) be-stimmt werden. Bei einem Verdampfer mit der Kühlfläche (A_V) steigt die *aktive* Kühl-fläche (A_{VA}) bei konstanten Betriebsbedingungen mit wachsendem Kältemittelstrom ($\dot{m}_k$) (wachsender Füllung) und nimmt schließlich einen maximalen Wert (A_{VAM}) an. Dieser Wert entspricht der maximalen Leistung des Verdampfers.

Eine weitere Vergrößerung des Kältemittelstromes ($\dot{m}_k$) führt zu keiner Leistungs-steigerung, sondern bringt lediglich die Gefahr von Flüssigkeitsschlägen im Verdichter.

Der Verdampfer sollte „bis zum Rande" gefüllt, aber nicht überfüllt werden.

Diese Aufgabe des Verdampferreglers ist schwierig, weil an der Regelstrecke viele Störgrößen (z) gleichzeitig wirken (Bild 6/84). Dies wird aus der Gleichung für Ver-dampferleistung (Q_0) und Kältemittelstrom ($\dot{m}_k$) durch das Expansionsventil deut-lich:

$$Q_0 = k \cdot A_{VA} (\vartheta_R - \vartheta_0) \tag{6-4}$$

$$Q_0 = \dot{m}_k \cdot (h_{\ddot{u}} - h_u) \tag{6-5}$$

$$\dot{m}_k = \varphi \cdot A_d \left[(p_k - p_0) \cdot \rho_u\right]^{0,5} \tag{6-6}$$

$h_{\ddot{u}}$ –   spezifische Enthalpie des überhitzten Kältemittels am Ausgang des Ver-
          dampfers.

h_u –   spezifische Enthalpie des Kältemittels vor dem Expansionsventil.

φ –   Korrekturfaktor

A_d –   Düsenquerschnitt des Expansionsventils

ρ_u –   Dichte des Kältemittels vor dem Expansionsventil.

Die Änderungen der Kühlraumtemperatur (ϑ_R) und der Verdampfungstemperatur (ϑ_0) bewirken eine Änderung der Temperaturdifferenz $\vartheta_R - \vartheta_0$. Wird diese größer, müßte auch der Kältemittelstrom ($\dot{m}_k$) vergrößert werden. Verläuft die Änderung schnell, bleibt der Kältemittelstrom ($\dot{m}_k$) und damit die Verdampferleistung zunächst erhalten und die aktive Verdampferkühlfläche geht zurück. Erst wenn die Über-hitzungstemperatur ($\vartheta_{\ddot{u}}$) nacheilend steigt, wird der Kältemittelstrom ($\dot{m}_k$) und da-mit die aktive Verdampferkühlfläche durch die Wirkung des Reglers vergrößert.

Wird andererseits die Temperaturdifferenz $\vartheta_R - \vartheta_0$ schnell genug kleiner, wird der Verdampfer zuerst überlaufen und der Kältemittelstrom ($\dot{m}_k$) erst entsprechend der sinkenden Überhitzungstemperatur ($\vartheta_{\ddot{u}}$) durch die Wirkung des Reglers verringert. Die Herstellung des Gleichgewichts wird durch die eigentümlichen Eigenschaften der Zwei-Phasenströmung, welche stochastische Schwingungen aufweist [8, 18, 19] er-heblich erschwert.

Es ist zu beachten, daß zwischen der Stellgröße (y), die am Expansionsventil *vor* dem Verdampfer, und der Regelgröße ($\vartheta_{\ddot{u}}$), die *nach* dem Verdampfer wirkt, der mit verdampfendem Kältemittel gefüllte Verdampfer liegt. Diese Kältemittelmasse, die in die flüssige und dampfförmige Phase geteilt ist, verhält sich teilweise unabhängig von der Stellgröße (y). Von Zeit zu Zeit kann es zu plötzlichen Beschleunigungen in der Strömung kommen, die störend auf die Regelgröße ($\vartheta_\text{ü}$) wirken.

Diese Phänomene, die die Regelung beeinflussen, sind bei gut konstruierten Verdampfern weniger spürbar; bei schlechten Konstruktionen erschweren sie aber den Regelungsvorgang erheblich. Es ist zu fordern:

- Die Kältemittelmasse im Verdampfer muß so klein wie möglich sein.
- Es dürfen sich keine Flüssigkeitssäcke bilden können.
- Die für eine stetige Strömung notwendige Geschwindigkeit muß über den ganzen Leistungsbereich erhalten bleiben.
- Bei Mehrfacheinspritzung (s. 6.3.3) kommen noch die Forderungen nach gleicher Verteilung des Kältemittels auf die einzelne Stränge und nach gleichmäßiger Strömung des zu kühlenden Mediums über die ganze Kühlfläche hinzu.
- Der Verdampfer muß *regelbar* sein.

Auch die Änderung der Druckdifferenz $p_\text{k}-p_0$ wirkt als eine Störung auf den Kältemittelstrom ($\dot{m}_\text{k}$), der von dem Expansionsventil geregelt wird (s. Gl. 6–6). Dabei unterliegt der Verdampfungsdruck (p_0), der als Stellgröße (y) gebraucht wird, in der Regel kleineren Veränderungen (kleinere Steilheit der Kurve $p_0 = f(\vartheta_0)$ bei niedrigen Temperaturen) als der Verflüssigungsdruck (p_k). Dieser kann insbesondere bei luftgekühlten Verflüssigern stark variieren.

Die betriebsbedingte Breite des Druckdifferenzbereichs $p_\text{k} - p_0$ bringt Schwierigkeiten in der Konstruktion des Expansionsventils mit sich. Wird das Ventil für die maximale Druckdifferenz ausgelegt, ist seine Leistung bei kleinerer Druckdifferenz nicht ausreichend, weil der eingebaute Düsenquerschnitt (A_d) zu klein ist. Wird es für die kleinste Druckdifferenz ausgelegt, ist der Düsenquerschnitt (A_d) zu groß. Bei größerer Betriebsdruckdifferenz wirkt die Charakteristik des Ventils aufgrund des geänderten Proportionalbereichs (eine kleine Änderung des Ventilhubs bewirkt eine große Änderung des Kältemittelstroms ($\dot{m}_\text{k}$)) ungünstig auf die Regelung. Um diesen Schwierigkeiten auszuweichen, wurde bisher durch eine spezielle Regelung (s. 6.2.4) der Verflüssigungsdruck auf einem höheren Niveau konstant gehalten, was aber mit einem höheren Energieverbrauch bezahlt wird.
Diese Maßnahme wird nur durch die Anwendung einfacher, billiger, in ihrer Konstruktion wenig flexibler, mechanisch betätigter, thermostatischer Expansionsventile gerechtfertigt.

Soll zukünftig dem Energieverbrauch die höhere Priorität zukommen, wird die Anwendung von aufwendigeren, komplizierteren, dadurch teureren, aber flexibleren, elektronischen Regelungen, die eine optimale Anlagenregelung erlauben, gerechtfertigt.

Beim *Verdampfer-Regelkreis mit Überhitzungstemperatur* als Regelgröße (Bild 6/85) wird die Überhitzungstemperatur ($\vartheta_\text{ü}$) zuerst mit der Verdampfungstemperatur (ϑ_0) in der ersten Vergleichsstelle (bezeichnet durch einen kleinen Kreis im Verdampferregler V/R) verglichen und in die Überhitzungsgröße ($\Delta \vartheta_\text{ü} = \vartheta_\text{ü}-\vartheta_0$) umgewandelt. Diese wird in der zweiten Vergleichsstelle mit dem Sollwert (w_s) verglichen und durch die Wirkung des Regler (V/R) als notwendige Korrektur der Stellgröße (y) gebraucht.

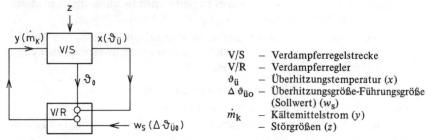

V/S   – Verdampferregelstrecke
V/R   – Verdampferregler
$\vartheta_{\text{ü}}$ – Überhitzungstemperatur (x)
$\Delta\,\vartheta_{\text{üo}}$ – Überhitzungsgröße-Führungsgröße (Sollwert) (w_{s})
$\dot{m}_{\text{k}}$ – Kältemittelstrom (y)
      – Störgrößen (z)

Bild 6/85 Verdampfer Regelkreis mit Überhitzungstemperatur als Regelgröße

Im thermostatischen Expansionsventil (s. 6.4.4.1), das alle diese Regelungsfunktionen in einer Konstruktion enthält, wird der Vergleich von Überhitzungstemperatur ($\vartheta_{\text{ü}}$) und Verdampfungstemperatur auf der Basis eines Druckvergleichs verwirklicht (s. Bilder 6/61 und 6/62). Der eingestellte Sollwert (w_{s}) ist nicht die Überhitzungsgröße, die der Regler aufrechterhalten sollte, sondern die sogenannte statische Überhitzung (SS auf Bild 6/65, 6/66 und 6/67), bei der das Ventil zu öffnen beginnt. Das Ventil hat ein proportionales Verhalten (P-Verhalten); die Ventilleistung ist proportional zur Größe der Überhitzung ($\Delta\,\vartheta_{\text{ü}}$). Also wird bei variierender Leistung keine konstante Überhitzung sondern eine zur jeweiligen Leistung gehörende Überhitzung am Verdampfer aufrechterhalten. Diese charakteristische Abhängigkeit ist fest in die Ventilkonstruktion eingebaut (s. Bild 6/65, 6/66 und 6/67). Eine flexiblere Charakteristik der Regelung bedingt die aufwendigere, elektronische Regelung.

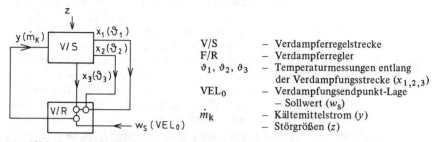

V/S   – Verdampferregelstrecke
F/R   – Verdampferregler
ϑ_1, ϑ_2, ϑ_3 – Temperaturmessungen entlang der Verdampfungsstrecke ($x_{1,2,3}$)
VEL_0 – Verdampfungsendpunkt-Lage – Sollwert (w_{s})
$\dot{m}_{\text{k}}$ – Kältemittelstrom (y)
             – Störgrößen (z)

Bild 6/86 Verdampfer-Regelkreis mit Verdampfungsendpunkt-Lage als Regelgröße

Beim *Verdampfer-Regelkreis mit Verdampfungsendlage als Regelgröße* (Bild 6/86) ist die Situation anders. Bei Temperaturmessungen an mehr als einer Stelle entlang der Verdampfungsstrecke läßt sich die Lage des Verdampfungsendpunktes feststellen und danach die Stellgröße (y) durch den Regler aktivieren. Die stochastischen Schwingungen, die der Verdampfungsendpunkt ausübt, werden hier als Indikator seiner Lage gebraucht. Die Stellen, an denen die Lagemessungen des Verdampfungsendpunktes vorgenommen werden, müssen so an der Verdampfungsstrecke gewählt werden, daß durch ihre Lage die aktive Verdampferkühlfläche (A_{VA}) ihren maximalen Wert (A_{VAM}) erreichen kann. Damit wird auch die maximale Leistung des Verdampfers gewährleistet.

Bei dieser Regelung, die einen speziellen Regleraufbau (einen speziellen Regel-*algorithmus*) erfordert, werden die vorhandenen Schwingungen in Kauf genommen und zur Regelung ausgenutzt. Auch eine Kombination von Überhitzungsgröße-Regelung und Verdampfungsendpunktlage-Regelung ist möglich.

Der Verdampfer-Regelkreis für „trockene" Verdampfer ist einer der schwierigsten und gleichzeitig einer der wichtigsten in der Kältetechnik, weil er für die stabile Funktion der Anlage und in hohem Maße für den Energieverbrauch verantwortlich ist.

Wirkt dieser Regelkreis in einer Schaltung (Bild 6/85 und 6/86) als „Füllmeister", der für die optimale Ausnutzung der Verdampferkühlfläche sorgt, ist er in dieser Funktion vollkommen unabhängig und nur durch die Störgrößen (z) (s. Bild 6/84) mit anderen Regelkreisen verkoppelt. Er selbst wirkt als eine Störgröße (A_{VA}) auf den Kühlraumregelkreis.

Bei einer Variante dieses Regelkreises wird die Verdampfungsendpunktlage (VEL) als Führungsgröße (w) aufgeschaltet. Der Regelkreis sorgt durch eine Kaskadenschaltung für eine variable Verdampfungsendpunktlage und damit für eine variable, aktive Verdampferkühlfläche (A_{VA}). In diesem Falle wirkt dieser Regelkreis nicht unabhängig, weil er durch die Führungsgröße $(w$ (VEL)) und die Regelgröße $(x$ (VEL)) mit den Hauptregelkreis (Kaskade) verkettet ist.

c) Der Verdampfer-Regelkreis für überflutete Verdampfung

Charakteristische Größen einer Verdampferregelstrecke für überflutete Verdampfung (Bild 6/87) sind der der Regelstrecke für trockene Verdampfung (Bild 6/84) ähnlich. Als Regelgröße (x) tritt hier die Standhöhe (H) des Kältemittels im Verdampfer auf (s. z. B. Bild 6/20). Zu den Störgrößen kommt noch die Dichte der Flüssigphase (ρ_{RF}) hinzu. Ihre Aufgabe ist, die Füllung im Verdampfer auf der gewünschten Standhöhe (H) und dadurch die aktive Verdampferkühlfläche (A_{VA}) konstant zu halten.

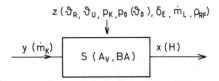

Bild 6/87 Verdampferregelstrecke (überflutete Verdampfung)

$S \begin{cases} A_V & -\text{ Kühlfläche} \\ BA & -\text{ Bauart} \end{cases}$

x H – Standhöhe des Kältemittels im Verdampfer

y $\dot{m}_k$ – Kältelmittelstrom

$z \begin{cases} \vartheta_R & -\text{ Kühlraumtemperatur} \\ \vartheta_u & -\text{ Kältemitteltemperatur vor dem Expansionsventil} \\ p_K & -\text{ Verflüssigungsdruck} \\ p_0 & -\text{ Verdampfungsdruck} \\ (\vartheta_0) & -\text{ Verdampfungstemperatur} \\ \delta_E & -\text{ Reifdicke am Verdampfer} \\ \dot{m}_L & -\text{ Luftstrom} \\ \rho_{RF} & -\text{ Relative Dichte der Flüssigkeitsphase} \end{cases}$

Die Messung der Regelgröße (H) ist nicht einfach, weil sich die Füllung im Verdampfer im Übergang von der Flüssigphase zur Dampfphase befindet; es verdampft mit unterschiedlicher Intensität. Die entstehenden Dampfblasen ändern die relative Dichte (ρ_{RF}) der Flüssigphase an unterschiedlichen Stellen, weil sie sich in ihrer Aufwärtsbewegung mit der Flüssigphase mischen. In der Nähe der Trennungsfläche der beiden Phasen bildet sich dadurch oft eine Schaumschicht, die von dem im Kältemittel gelösten Öl verstärkt wird. Es ist dann schwierig, die Standhöhe (H) der Flüssigphase richtig zu bestimmen.

Zur Messung der Standhöhe (H) werden meistens Schwimmer oder kapazitive Stäbe gebraucht. Diese Meßverfahren sind leider nicht immun gegen Störungen, welche das Variieren der relativen Dichte (ρ_{RF}) und der Schaum verursachen. Dadurch ist die Wirkung des Reglers erschwert: Bei schnellen Druckabsenkungen im Verdampfer, die z. B. vom Hauptregler im Kühlraumregelkreis veranlaßt werden können, kommt es zur Schaumbildung. Dadurch sinkt der Schwimmer tiefer ein, weil die Blasen eine kleinere, relative Dichte (ρ_{RF}) vortäuschen. Die Regelgröße (H) wird so geändert, als ob im Verdampfer Kältemittelmangel herrsche. Ist nun der Regelkreis einfach mit einem Regler ausgestattet, welcher nur auf die einzige Regelgröße (H) reagiert (z. B. ein mechanisches Schwimmerventil – s. 6.2.2.1), verstellt er die Stellgröße (y) und dem Verdampfer wird mehr Kältemittel zugeführt (Überfüllung).

Eine Lösung dieses noch immer aktuellen Problems ist mit einem aufwendigeren Aufbau des Regelkreises möglich. Wird z. B. eine weitere Regelgröße (x_2) eingeführt (s. Bild 6/88), welche die Schaumhöhe mißt, wäre es möglich, die Regeleigenschaften mit Hilfe eines entsprechenden Algorithmus zu verbessern.

Der Verdampfer-Regelkreis für überflutete Verdampfung sorgt für eine konstante Standhöhe des Kältemittels im Verdampfer, wirkt unabhängig und ist nur durch Störgrößen mit anderen Regelkreisen verkoppelt. Er selbst wirkt als eine Störgröße (A_{VA}) auf den Kühlraumregelkreis.

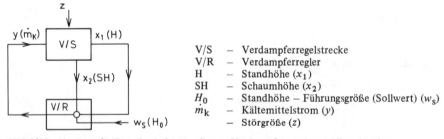

V/S	– Verdampferregelstrecke
V/R	– Verdampferregler
H	– Standhöhe (x_1)
SH	– Schaumhöhe (x_2)
H_0	– Standhöhe – Führungsgröße (Sollwert) (w_S)
$\dot{m}_k$	– Kältemittelstrom (y)
	– Störgröße (z)

Bild 6/88 Verdampfer-Regelkreis für überflutete Verdampfung mit zwei Regelgrößen

d) Der Verdichter-Regelkreis (Bild 6/89)

Der Verdichter ist durch sein Nominal-Volumen (V_N) und durch die Bauart (BA) charakterisiert. Die Regelgröße (x) ist der Saugdruck (p_S). Die Stellgröße (y) ist der aktive Volumenstrom (V_A). Von den Störgrößen (z) sind der Verflüssigungsdruck (p_k), die Saugdampftemperatur (ϑ_S) und der Trockenheitsgrad des Saugdampfes (T_{gs}) zu nennen.

Der Verdichter-Regelkreis hat die Aufgabe, die Kälteleistung an den augenblicklichen Kältebedarf anzugleichen. Er wird abhängig davon, ob die Verstellung des aktiven Volumenstromes innerhalb oder außerhalb des Verdichters erfolgt und ob dieses stufenlos oder in Stufen geschieht, unterschiedlich aufgebaut sein und eine unterschiedliche Verkettung mit den anderen Regelkreisen der Kälteanlage (vgl. Kap. 4.1.2.7) haben: Wichtig sind die Regelkreise, die zur Optimierung des Energieverbrauchs dienen können:

● Die stufenlose Regelung eignet sich am besten, muß aber verlustarm arbeiten können. Nicht alle Verdichterbauarten (BA) sind dafür geeignet. Die stufenlose Drehzahlregelung von Drehstrommotoren wurde durch die Entwicklung von Frequenzwandlern ermöglicht. Diese sind eigenständige Regler. Sie finden immer breitere Anwendung zum sparsamen Energieverbrauch bei Antrieben von Pumpen, Ventilatoren und Verdichtern. Beim Verdichterantrieb kann damit die Drehzahl (Leistung) von 100 % auf 50 % verringert werden. Erprobungen für niedrigere Drehzahlen sind noch nicht abgeschlossen.

Einen Regelkreis mit der Drehzahl (n) als Stellgröße (y) zeigt Bild 6/90. Der Verdichterregler wirkt mit dem Kühlraumregelkreis in Kaskadenschaltung (s. Bild 6/83). Der Frequenzwandler ist als Hilfsregler (HR) mit ihm in Kaskadenschaltung verbunden und wird durch die Führungsgröße w gesteuert. Da jeder Drehzahl ein bestimmter, aktiver Volumenstrom (V_A) entspricht, ist dieser indirekt eine Stellgröße (y).

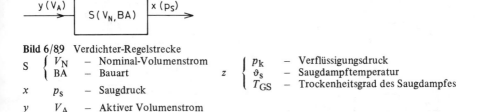

Bild 6/89 Verdichter-Regelstrecke

S { V_N – Nominal-Volumenstrom
    { BA – Bauart

x p_S – Saugdruck

y V_A – Aktiver Volumenstrom

z { p_k – Verflüssigungsdruck
   { ϑ_S – Saugdampftemperatur
   { T_{GS} – Trockenheitsgrad des Saugdampfes

Bei Schraubenkompressoren ist eine stufenlose Leistungsregelung durch axialverstellbare Steuerschieber möglich (s. Kap. 4.1.4.3). Der Regelkreis ist ähnlich. Der Schieber wird durch einen Hilfsregler an einer bestimmten Position fixiert. Ähnliches gilt für die stufenlose Leistungsregelung durch beschränktes Offenhalten der Auslässe während eines Teils des Druckhubes (s. Kap. 4.1.3, Bild 4/44).

Der in Abschn. a) beschriebene Kühlraumregelkreis mit Verdampfungsdruckregelung direkt am Verdampfer (s. Bild 6/81), wird oft falsch als sogenannte Verdichterregelung durch Saugdrosselung bezeichnet. Die Stellgröße in diesem Regelkreis ist der Verdampfungsdruck (p_0), der Verdichter hat keinen Regelkreis für die Leistungsregelung. Abhängig vom nominalen Volumenstrom (V_N) wird der Saugdruck (p_S) am Verdichter bei zu kleinem Dampfangebot bis auf einen Wert abfallen, bei dem die Verdichterleistung der Dampfzufuhr gleich wird. Diese Saugdruckänderung und die dadurch erreichte Anpassung der Verdichterleistung entsprechend dessen Kennlinie ist keine Regelung. Man kann zwar in vielen Fällen durch diese „natürliche" Anpassungsfähigkeit der Verdichter ohne Leistungsregelung auskommen, muß aber mit Verlusten rechnen, weil der Verdichter bei zu großer Druckdifferenz arbeitet.

Die stufenlose Leistungsregelung mit *By-Pass* von Druck- zu Saugseite (s. Abschn. 6.2.3.1) wird als Hilfsregelkreis in Verbindung mit dem Kühlraumregelkreis verwendet, ähnlich Bild 6/81. Hier verstellt nicht der Verdampfungsdruckregler, sondern der Leistungsregler (*By-Pass*) den Saugdruck (Stellgröße y). Diese Regelung wird gerne in kleinen Kälteanlagen benutzt, obwohl sie nicht energiesparend ist.

Es gibt bis heute mit Ausnahme von Schraubenverdichtern, Turboverdichtern und großen, langsamlaufenden Hubkolbenverdichtern noch keine billige und für einen großen Leistungsbereich (15–100%) anwendbare, stufenlose, verlustarme Leistungsregelung für Verdichter.

• *Die Stufenregelung* ermöglicht keine genaue Anpassung der Verdichterleistung an die benötigte Leistung. Der notwendige Leistungsüberschuß muß in Grenzen gehalten werden, weil er Energieverluste verursacht. Deshalb soll die Stufenteilung möglichst fein sein.

Bei Wechselstromkompressoren gehört die Stufenregelung ab bestimmten Leistungsgrößen zur normalen Ausführung. Die Stufenschaltung erfolgt durch die Anhebung von Einlaßventilen (s. Kap. 4.1.2.7).

Den Regelkreis mit der Stufenzahl (STZ) als Stellgröße, zeigt Bild 6/90. Die Regelgröße (x) ist der Saugdruck (p_S), die Führungsgröße (w) der Verdampfungsdruck (p_0). Der Hilfsregler sorgt für die folgerichtige Schaltung und eliminiert (begrenzt) den Einfluß von Störgrößen.

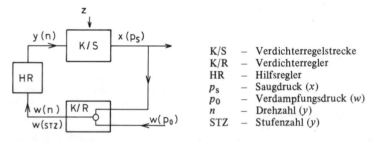

K/S	–	Verdichterregelstrecke
K/R	–	Verdichterregler
HR	–	Hilfsregler
p_S	–	Saugdruck (x)
p_0	–	Verdampfungsdruck (w)
n	–	Drehzahl (y)
STZ	–	Stufenzahl (y)

Bild 6/90 Verdichterregelkreis mit der Drehzahl (n) oder der Stufenzahl (STZ) als Stellgröße (y)

Dieser Verdichterregelkreis ist normalerweise als Nebenregelkreis mit dem Kühlraumregelkreis gekoppelt (s. Bild 6/82) und sorgt dafür, daß der Saugdruck (p_S) mit dem kleinsten möglichen Abstand (Druckdifferenz), der von der Stufenauslegung bestimmt ist, dem Verdampfungsdruck (p_0) folgt.

Bei der Regelung von Prozessen, die eine größere Regelbreite zulassen und die durch eine große Zeitkonstante charakterisiert sind (z. B. Gefrierräume), kann dieser Regelkreis auch in Kaskadenschaltung arbeiten (s. Bild 6/83). Sind die Stufen entsprechend klein, werden die aus den Stufenschaltung resultierenden Sprünge des Verdampfungsdruckes die Regelgüte (Konstanthaltung der Temperatur) nicht wesentlich beeinflussen. Diese Regelung ist verlustarm.

e) Der Verflüssiger-Regelkreis

kann für zwei verschiedene Zwecke gebraucht werden: Zur Regelung des Verflüssigers in einer Kälteanlage, bei der die Verflüssigungswärme an die Umgebung abgeführt wird oder zur Regelung des Verflüssigers in einer Wärmepumpe zur Wärmerückgewinnung, bei der die Verflüssigungswärme für Heizzwecke verwendet wird.

Die charakteristischen Größen *in einer Verflüssigerregelstrecke* sind die Wärme-austauschfläche (A_{VF}) und die Bauart (BA) des Verflüssigers (Bild 6/91). Als Regelgröße (x) tritt der Verflüssigungsdruck (p_k) oder die Verflüssigungstemperatur (ϑ_k) auf. Als Stellgröße (y) werden der Wasserstrom ($\dot{m}_w$) oder der Luftstrom ($\dot{m}_L$) (je nach Kühlmedium) und auch die aktive Wärmeaustauschfläche (A_{VFA}) benutzt. Die wichtigsten Störgrößen sind die Wassereintrittstemperatur (ϑ_{WE}) bzw. die Lufteintrittstemperatur (ϑ_{LE}) und die relative Luftfeuchtigkeit (φ_L), die Dicke einer Schmutzschicht (δ_s), die Anwesenheit von Fremdgasen (*FG*) und Öl (*OL*) und der Druck im Wassernetz (p_w) vor dem Regelventil.

$$z\,(\,\vartheta_{WE},\ \vartheta_{LE},\ \varphi_L,\ \delta_s,\ FG,\ OL,\ p_W\,)$$

$$y\,(\dot{m}_W, \dot{m}_L, A_{VFA}) \longrightarrow \boxed{\ S\,(A_{VF},\ BA\,)\ } \overset{x\,(p_K,\vartheta_K)}{\longrightarrow}$$

Bild 6/91 Verflüssigerregelstrecke (Kälteanlage)

S	{	A_{VF} –	Wärmeaustauschfläche (eingebaute)
	{	BA –	Bauart
x	{	p_k –	Verflüssigungsdruck
	{	ϑ_k –	Verflüssigungstemperatur
		$\dot{m}_W$ –	Wasserstrom (Kühlwasser)
y	{	$\dot{m}_L$ –	Luftstrom (Kühlluft)
		A_{VFA} –	Aktive Wärmeaustauschfläche
		ϑ_{WE} –	Wassereintrittstemperatur
		ϑ_{LE} –	Lufteintrittstemperatur
		φ_L –	Relative Luftfeuchte
z	{	δ_s –	Schmutzschichtdicke
		FG –	Fremdgase
		OL –	Öl
		p_W –	Druck im Wassernetz, vor dem Regelventil

Die Aufgabe des Regelkreises ist, den Verflüssigungsdruck p_k oder die Verflüssigungstemperatur ϑ_k auf einen bestimmten Wert (Führungsgröße – Sollwert) zu halten (siehe auch 6.2.4.1).

Ein Regelkreis mit dem *Wasserstrom* ($\dot{m}_w$) als Stellgröße (y) wirkt in der Anlage unabhängig von anderen Regelkreisen (Bild 6/92). Die Regelgröße (x) des Kreises p_k wirkt aber auf den Verdampfer und den Verdichterregelkreis als Störgröße. Gerade wegen der Wirkung des Verflüssigungsdrucks p_k als Störgröße wurde dieser Regelkreis entworfen. Durch das Konstanthalten des Verflüssigungsdrucks p_k wirkt dieser Regelkreis stabilisierend auf den Verdampfer- und Verdichterregelkreis und ermöglicht eine Einsparung von Kühlwasser, nicht an Energie. Die Regelung erfolgt stufenlos (s. Abschn. 6.2.4).

Ein Regelkreis für die stufenlose Regelung mit dem *Luftstrom* ($\dot{m}_L$) als Stellgröße (y) benutzt einen Hilfsregelkreis in Kaskadenschaltung (Bild 6/93) für die Drehzahlregelung des Ventilators. Auch dieser Regelkreis wirkt unabhängig und ist nur durch die Wirkung des Verflüssigungsdrucks p_k als Störgröße mit den anderen Regelkreisen verbunden. Diese Regelung findet auch als Stufenregelung (Drehzahlstufen) oder als Ein/Aus-Regelung bei mehreren Ventilatoren Verwendung. Sie ist nur begrenzt energiesparend.

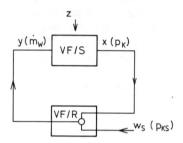

Bild 6/92 Verflüssigerregelkreis mit Wasserstrom ($\dot{m}_W$) als Stellgröße (y)
VF/S   –   Verflüssigerregelstrecke
VF/R   –   Verflüssigerregler
p_k –   Verflüssigungsdruck (x)
p_{ks} –   Verflüssigungsdruck – Führungsgröße (Sollwert w_s)
$\dot{m}_W$ –   Wasserstrom (y)

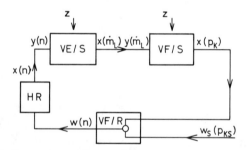

Bild 6/93 Verflüssigerregelkreis mit Luftstrom ($\dot{m}_L$) als Stellgröße (y)
VF/S   –   Verflüssigerregelstrecke
VE/S   –   Ventilatorregelstrecke
VR   –   Verflüssigerregler
HR   –   Hilfsregler
p_k –   Verflüssigungsdruck (x)
p_{ks} –   Verflüssigungsdruck – Führungsgröße (Sollwert w_s)
$\dot{m}_L$ –   Luftstrom (y)
n –   Drehzahl – Führungsgröße (w)
       Drehzahl – Regelgröße (x)
       Drehzahl – Stellgröße (y)

Der Regelkreis für die stufenlose Regelung *mit der aktiven Wärmeaustauschfläche* (A_{VFA}) als Stellgröße (y) ist ähnlich aufgebaut wie der Regelkreis mit dem Wasserstrom ($\dot{m}_W$). Es gibt zwei Wege zur Regelung der aktiven Wärmeaustauschfläche:

● Die Regelung der Kühlmediumseite (s. 6.2.4.1) bei luftgekühlten Verflüssigern, wobei die Wärmeaustauschfläche durch eingebaute Klappen mehr oder weniger zugedeckt wird.

● Die Regelung der Kältemittelseite (s. 6.2.4.1, Bild 6/41) durch den Stau des flüssigen Kältemittels im Verflüssiger.

Die Regelung mit der aktiven Wärmeaustauschfläche (A_{VFA}) als Stellgröße ist nicht energiesparend.

In der Verflüssigerregelstrecke *einer Wärmepumpe oder bei Wärmerückgewinnung* (Bild 6/94) tritt als Regelgröße (x) die Austrittstemperatur des Kühlmediums (ϑ_{WA} oder ϑ_{LA}) auf, welches gleichzeitig das Heizmedium ist. Als Stellgröße (y) werden der Verflüssigungsdruck (p_k) oder die Verflüssigungstemperatur (ϑ_k) und auch die aktive Wärmeaustauschfläche (A_{VFA}) benutzt.

Bild 6/94   Verflüssigerregelstrecke (Wärmepumpe, Wärmerückgewinnung)

S	A_{VF}	– Verflüssigungsfläche		$\dot{m}_W$	– Wasserstrom
	BA	– Bauart		ϑ_{WE}	– Wassereintrittstemperatur
x	ϑ_{WA}	– Wasseraustrittstemperatur		$\dot{m}_L$	– Luftstrom
	ϑ_{LA}	– Luftaustrittstemperatur	z	ϑ_{LE}	– Lufteintrittstemperatur
	p_k	– Verflüssigungsdruck		φ_L	– Relative Luftfeuchte
y	ϑ_k	– Verflüssigungstemperatur		δ_s	– Schmutzschichtdicke
	A_{VFA}	– Aktive Wärmeaustauschfläche		FG	– Fremdgase
				OL	– Öl

Die wichtigsten Störgrößen sind wie vor: Die Mengenströme ($\dot{m}_w$) oder ($\dot{m}_L$), die Eintrittstemperaturen (ϑ_{WE}) oder (ϑ_{LE}), Schmutz, Fremdgase und Öl.

Es ist die Aufgabe des Regelkreises, die Austrittstemperaturen (ϑ_{WA}) oder (ϑ_{LA}) auf einen bestimmten Wert zu halten.

Ein Regelkreis *mit Verflüssigungsdruck* (p_k) als Stellgröße (y) benutzt einen Hilfs-regler (HR) in der Form eines pilotgesteuerten Konstantdruckventils, das zwischen dem Verdichter und dem Verflüssiger in der Druckleitung angebracht ist. Dieses Ventil hat dieselbe Konstruktion wie ein Verdampferdruckregler (vgl. Bild 6/81 und Abschn. 6.2.2.2, Bild 6/26). Der Hilfsregler (HR) wird durch die Führungsgröße W(p_{kw}) des Verflüssigerreglers (VF/R) geführt.

Die Regelgröße (x) des Kreises ist die Wasserendtemperatur ϑ_{WA}. Der Regelkreis wirkt in der Anlage unabhängig, die Stellgröße (p_k) wirkt aber auf den Verdampfer- und den Verdichterregelkreis als Störgröße. Ein Regelkreis *mit Verflüssigungstem-peratur* (ϑ_k) als Stellgröße (y) kann sehr ähnlich aufgebaut werden.

Bei einer Regelung der Kältemittelseite (Stauregelung) nimmt der Regelkreis mit der *aktiven Wärmeaustauschfläche* (A_{VFA}) als Stellgröße (y) eine besondere Stellung ein.

Benutzt man in diesem Regelkreis den Verflüssigungsdruck (p_k) als Regelgröße (x), ist er in einer Kälteanlage einsetzbar. Benutzt man aber die Wasseraustrittstemperatur (ϑ_{WA}) als Regelgröße (x), so ist dieser Regelkreis in der Wärmepumpe oder in der Wärmerückgewinnungsanlage anwendbar. In dem zuletzt genannten Fall wird der Verflüssigungsdruck (p_k) durch die Änderung (Flüssigkeitsstau) der aktiven Wärmeaustauschfläche (A_{VFA}) beeinflußt und dadurch schließlich die Wasseraustrittstemperatur (ϑ_{WA}) geregelt.

Der Regelkreis kann ähnlich wie der Regelkreis mit Verflüssigungsdruck (p_k) als Stellgröße aufgebaut werden, jedoch mit dem Unterschied, daß der Hilfsregler (HR) anders aufgebaut (Stauregelung) und angebracht werden muß (zwischen dem Verflüssiger und dem Sammelbehälter).

Wird eine Kälteanlage für Wärmerückgewinnung ausgerüstet, so ist sie normalerweise mit zwei getrennten Wärmetauschern versehen. Der eine ist der „normale" Verflüssiger, z. B. mit Luft gekühlt, der andere ist z. B. ein Warmwasserbereiter. Beide Wärmetauscher haben die zu ihnen gehörenden Regelkreise für den Verflüssiger. Die Wärmetauscher werden in Reihe oder parallel im Kältemittelkreislauf angebracht. Die Regelung wird, abhängig vom Leistungsbedarf für Warmwasserbereitung, auf einen der beiden Regelkreise umgeschaltet.

6.5.3.2 Erzwungener Kältemittelkreislauf (Umpump-Kreislauf)

a) Pumpe im Niederdruckkreislauf

Weil bei trockener Verdampfung viele Störgrößen (Bild 6/84) auf die Verdampfungsstrecke einwirken, die die Arbeit des Regelkreises erschweren, werden diese Schwierigkeiten bei den größeren Kälteanlagen, anstatt sie durch eine aufwendigere Regelung zu beherrschen, durch den erzwungenen Verdampfer-Kältemittelkreislauf gelöst (s. Kap. 3.2.4 und Kap. 9.4.2.2). Der durch den Verdampfer geförderte Kältemittelstrom ist normalerweise größer als der, der bei gegebener Belastung im Verdampfer verdampfen kann. Bei jeder Verdampferkonstruktion ergibt sich ein optimaler Bereich, in dem bei einem gegebenen Kältemittelstrom die kleinste Temperaturdifferenz für die Wärmeübertragung erreicht wird.

Da in diesem System eine größere Kältemittelmenge zirkuliert als im Verdampfer verdampfen kann, muß ein Flüssigkeitsabscheider eingesetzt werden. Aus praktischen Gründen wird normalerweise eine Zirkulationspumpe für mehrere Verdampfer eingesetzt, die an einem gemeinsamen Abscheider angeschlossen sind (s. Bild 9/59).

Der Kältemittelstrom ($\dot{m}_k$) durch die Verdampfer bleibt normalerweise ungeregelt. Die Regelung wird nur zur Konstanthaltung des Förderdrucks der Pumpe eingesetzt. Die Regelung erfolgt normalerweise mit einem Überströmventil, das in einer Leitung angeordnet ist, die die Druckleitung der Pumpe mit dem Abscheider verbindet.

Eine andere Möglichkeit ist, die Fördermenge der Pumpe durch die Drehzahl der Pumpe zu regeln. Bei dieser Regelung kann der optimale Wärmeaustauschbereich durch einen entsprechenden Regler erreicht und gehalten werden.

Wird dieses Pumpensystem zur Raumkühlung benutzt, so werden mehrere getrennte Regelkreise angewandt, einer zur Konstanthaltung der Verdampfungsdruck-Temperatur im Abscheider; die anderen Kreise zur Konstanthaltung der Temperaturen in

einzelnen Räumen. Die Pumpensysteme finden hauptsächlich Anwendung in Kälteanlagen mit größerer Leistung, in denen oft Verdichter mit Leistungsregelung eingesetzt sind.

Einen Verdampferregelkreis zur Druckkonstanthaltung im Abscheider zeigt Bild
6/95. Der Verdampferregler (V/R) regelt mit Hilfe eines Hilfsreglers (HR) z. B. die
Schieberposition (SP) im Schraubenkompressor. Der aus dieser Leistungsregelung
resultierende Saugdruck (p_s) wirkt am Verdampferkreislauf.

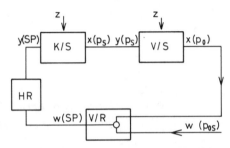

Bild 6/95 Verdampferregelkreis mit Verdichterregelkreis in Reihe geschaltet.
V/S − Verdampferregelstrecke
K/S − Verdichterregelstrecke
V/R − Verdampferregler
HR   − Hilfsregler
p_0 − Verdampfungsdruck (x)
p_{0s} − Verdampfungsdruck-Führungsgröße (Sollwert − p_{0s})
p_s − Saugdruck (x), (y)
SP − Schieberposition (w) (y) oder Leistungsstufenzahl

Die Anlage arbeitet bei einem konstanten Verdampfungsdruck p_0. In den einzelnen
Kühlräumen (ϑ_R) wird die Temperatur mit Hilfe der aktiven Verdampfer-Kühlfläche
(A_{VA}) als Stellgröße geregelt.

Diese Regelung ist nicht energiesparend; man kann aber die Verluste durch die Wahl
einer günstigen Verdampfungstemperatur ϑ_0 (nahe den optimalen Verhältnissen)
in Grenzen halten.

Wird das Umpumpsystem zur Prozeßkühlung benutzt, so wird nur der Verdampfungsdruck am Abscheider geregelt. Die einzelnen Prozeßapparate (z. B. Gefrierapparate)
sind nicht temperaturgeregelt. Es wird mit der größten vorhandenen Leistung gearbeitet, und wenn eine bestimmte Endtemperatur erreicht ist, wird der Prozeß beendet.

b) Pumpe im Hochdruckkreislauf

Die Aufrechterhaltung eines konstanten Verflüssigungsdrucks p_k in Kälteanlagen
mit natürlichem Kältemittelkreislauf vermindert den Einfluß des Verflüssigungsdruckes als Störgröße. Dies führt aber zu einem zu hohen Energieverbrauch des Ver-
dichterantriebs. Dieser Energieverbrauch läßt sich durch eine Pumpe für das flüssige
Kältemittel in der Leitung zwischen dem Sammelbehälter und dem Expansionsventil (Bild 6/96) reduzieren. Auf die Regelung des Verflüssigungsdrucks wird verzichtet. Der Verdichter arbeitet immer mit dem niedrigstmöglichen Verflüssigungsdruck

p_k, der aus den von der Umgebung vorgegebenen Wärmeaustauschverhältnissen resultiert. Das Druckgefälle über das Expansionsventil $(p_p - p_0)$ wird durch den Pumpenregelkreis auf einem bestimmten Wert gehalten. Der Pumpenregelkreis kann mit der Drehzahl (n) als Stellgröße oder als Überströmregelung arbeiten. Die Energieersparnis beruht auf der Tatsache, daß die Arbeit für die Förderung der flüssigen bzw. für die Verdichtung der dampfförmigen Phase bei gleichem Massestrom $(\dot{m}_k)$ und gleichem Druckgefälle unterschiedlich groß ist.

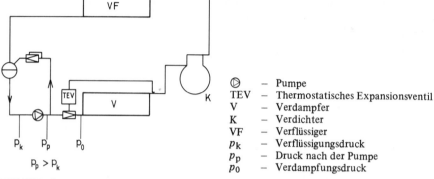

⊕	– Pumpe
TEV	– Thermostatisches Expansionsventil
V	– Verdampfer
K	– Verdichter
VF	– Verflüssiger
p_k	– Verflüssigungsdruck
p_p	– Druck nach der Pumpe
p_0	– Verdampfungsdruck

Bild 6/96 Pumpbetrieb im Hochdruck-Kältemittelkreislauf

6.5.4 Regelung bei indirekter Kühlung

6.5.4.1 Energieverluste bei indirekter Kühlung

Bei indirekter Kühlung wird zwischen Verdampfer und Kühlstelle ein zusätzlicher Kreislauf, z. B. ein Solekreislauf (Bild 9/25), eingeschaltet. An die Stelle des direkten Wärmeaustausches, z. B. zwischen Luft und dem Kältemittel, tritt ein zweifacher (indirekter) Wärmeaustausch, also auch eine doppelte Temperaturspanne (s. Kap. 1.8.4). Die bei der Raumkühlung entstehende Situation zeigt Bild 6/97.

Die Raumtemperatur ϑ_R wird von einem Luftkühler aufrechterhalten. Sole tritt mit der Eintrittstemperatur ϑ_{SEL} in den Luftkühler ein und verläßt den Luftkühler mit der Austrittstemperatur ϑ_{SAL}. Der Luftkühler arbeitet mit der mittleren Temperaturdifferenz $\Delta\vartheta_{RSM}$. Sieht man von den Wärmeverlusten in den Rohrleitungen ab, tritt die Sole mit der Temperatur ϑ_{SEV} ($\vartheta_{SAL} \cong \vartheta_{SEV}$) in den Verdampfer (Solekühler) ein und verläßt diesen mit der Temperatur ϑ_{SAV} ($\vartheta_{SAV} \cong \vartheta_{SEL}$). Der Verdampfer arbeitet mit der mittleren Temperaturdifferenz $\Delta\vartheta_{SMO}$. Könnte der Sole-Luftkühler mit derselben Temperaturdifferenz arbeiten wie der Verdampfer-Luftkühler bei direkter Kühlung, wäre die zweite Temperaturdifferenz $\Delta\vartheta_{SMO}$, die bei indirekter Kühlung auftreten muß, direkt den Energieverlusten proportional. Bei direkter Kühlung könnte mit dem Verdampfungsdruck p_{01}, bei der indirekten Kühlung muß mit dem Verdampfungsdruck p_{02} gearbeitet werden.

Diese zusätzliche Druckdifferenz Δp_{012} mag in ihrem absoluten Wert klein erscheinen, verursacht aber eine beträchtliche Steigerung der Verdichtungsarbeit (s. Kap. 3.1.3 und Kap. 1.4.9.6).

Die aufgezeigte Situation gilt nur für optimale Verhältnisse im einzelnen Kühlraum und zeigt die Ursachen für den *minimalen Mehraufwand an Energie*. Um die Regelwirkung der aus mehreren Kühlräumen bestehenden Anlage zu ermöglichen, muß man mit einem niedrigeren Verdampfungsdruck als p_{02} arbeiten, da in den einzelnen Regelkreisen Differenzen in der Belastung und Wärmeübertragung auftreten (s. 6.6.4.2).

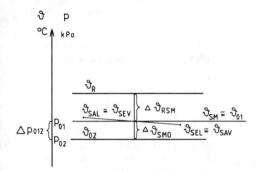

Bild 6/97 Energieverluste bei indirekter Raumkühlung (optimale Verhältnisse)

ϑ_R — Kühlraumtemperatur
ϑ_{SEL} — Soletemperatur – Eintritt Luftkühler
ϑ_{SAL} — Soletemperatur – Austritt Luftkühler
ϑ_{SEV} — Soletemperatur – Eintritt Verdampfer
ϑ_{SAV} — Soletemperatur – Austritt Verdampfer
ϑ_{SM} — Mittlere Soletemperatur
$\Delta\vartheta_{RSM}$ — Mittlere Temperaturdifferenz zwischen Kühlraum und mittlerer Soletemperatur
$\Delta\vartheta_{SMO}$ — Mittlere Temperaturdifferenz zwischen mittlerer Soletemperatur und Verdampfungstemperatur

6.5.4.2 Regelkreise für indirekte Kühlung

a) Stufenloser Regelkreis

Die charakteristischen Größen der *Kühlraumregelstrecke* zeigt Bild 6/98. Sie sind jenen der Kühlraumstrecke bei direkter Kühlung (Bild 6/78) ähnlich. Der Unterschied

$$z\,(\,UF,\ WU,\ LE\,)$$

$$y\,(\dot{m}_S,\ \vartheta_{SEL},\ A_{LA}) \xrightarrow{\qquad} \boxed{S(GR,LA,IS,BA,WA)} \xrightarrow{\qquad} x\,(\vartheta_R,\ \varphi_R)$$

Bild 6/98 Kühlraumregelstrecke bei indirekter Kühlung

	GR	–	Größe		UF	–	Umgebungsfaktoren

S
GR	–	Größe
LA	–	Lage
IS	–	Kälteschutz (Dicke, Art)
BA	–	Bauart
WA	–	Art der gelagerten Ware

z
UF	–	Umgebungsfaktoren
WU	–	Warenumsatz
LE	–	Lufterneuerung

x
| ϑ_R | – | Kühlraumtemperatur |
| φ_R | – | Relative Luftfeuchte im Kühlraum |

y
$\dot{m}_S$	–	Sole-Massenstrom
ϑ_{SEL}	–	Sole-Eintrittstemperatur im Luftkühler
A_{LA}	–	aktive Luftkühler-Wärmeaustauschfläche

schied liegt in den zur Verfügung stehenden Stellgrößen (s. 6.5.3.1). Bei der stufenlosen Regelung wird im Kühlraum-Regelkreis der *Sole-Massenstrom* ($\dot{m}_S$) als Stellgröße (y) benutzt.

Der Sole-Kreislauf durch den Luftkühler (Bild 6/99) wird mit Hilfe eines Dreiwege-Mischventils so geregelt, daß der Druckabfall zwischen der Sole-Eintritt- und der Sole-Austrittstelle zum Luftkühlerkreislauf von der jeweiligen Ventilstellung unabhängig bleibt. Auf diese Weise können sich die Regelkreise der verschiedenen Luftkühler nicht gegenseitig stören.

Die Soletemperatur am Eintritt zum Luftkühler (ϑ_{SEL}), die auf den Kühlraumregelkreis als Störgröße (z) wirkt, wird durch den Solekühler-Regelkreis auf einem vorausbestimmten Wert gehalten ($\vartheta_{SEL} \cong = \vartheta_{SAV}$).

LK	– Luftkühler
DMV	– Dreiwege-Mischventil
M	– Motor (elektrischer,pneumatischer)
ϑ_{SEL}	– Soletemperatur-Eintritt zum Luftkühler
ϑ_{SAL}	– Soletemperatur-Austritt vom Luftkühler
ϑ_{SA}	– Soletemperatur-Austritt aus dem Kreislauf
$\dot{m}_{SG}$	– Sole-Gesamtmassenstrom im Kreislauf
$\dot{m}_{SL}$	– Sole-Massenstrom durch den Luftkühler
$\dot{m}_{SN}$	– Sole-Massenstrom in der Nebenleitung
Δp_{sk}	– Druckabfall im Kreislauf (annähernd konstant)

Bild 6/99 Solekreislauf durch einen Luftkühler

Der *Solekühler-Regelkreis* mit Verdampfungsdruck (p_0) als Stellgröße wirkt unabhängig vom Kühlraumregelkreis. Der Verdampfungsdruck wird oft durch einen Verdichterregelkreis in Kaskadenschaltung geregelt (s. Bild 6/83).

Der *Verdampfer-Regelkreis* wirkt unabhängig vom Solekühler-Regelkreis und sorgt für die richtige Füllung des Verdampfers mit dem Kältemittel (s. 6.5.3.1 Verdampfer-Regelkreis). Dieser Regelkreis beeinflußt den Solekühler-Regelkreis durch die aktive Verdampfer-Kühlfläche A_{VA}, die als Störgröße auf den Solekühler-Regelkreis wirkt.

Der stufenlose Kühlraum-Regelkreis mit Sole-Massenstrom ($\dot{m}_S$) als Stellgröße ist *nicht energiesparend.* Zur Funktion dieses Regelkreises muß die Sole-Eintrittstemperatur zum Luftkühler (Luftkühlern) auf einem bestimmten, niedrigen Wert gehalten werden. Der aus dieser Bedingung resultierende Verdampfungsdruck p_0 ist nicht optimal. Die Verluste sind anlagebedingt.

b) Stufenregelkreis

Hier wird für den Kühlraumregelkreis die *aktive Luftkühler-Wärmeaustauschfläche* (A_{LA}) als Stellgröße benutzt (s. Bild 6/98). Dieser Kühlraum-Regelkreis für indirekte Kühlung gleicht dem entsprechenden Kühlraum-Regelkreis für direkte Kühlung. Anstelle der Verdampfungstemperatur (ϑ_0) als Störgröße (bei direkter Kühlung) treten die Sole-Eintrittstemperatur (ϑ_{SEL}) und der Sole-Massenstrom ($\dot{m}_{SL}$) als Störgrößen auf.

Als Regler wird normalerweise ein schaltender Thermostat benutzt, der im Luftkühler-Solekreislauf ein Magnetventil im Ein/Aus-Betrieb betätigt.

6.6 Energiesparende Regelungen

6.6.1 Abhängigkeit des Energieverbrauchs von der Auslegung der Anlage

Eine ausgeführte und einmal in Gang gesetzte Anlage hat einen für sie charakteristischen Energieverbrauch. Arbeitet die Regelung der Anlage richtig, ist eine Reduzierung des Energieverbrauchs nur durch einen kostspieligen Umbau möglich. Deshalb müssen alle Maßnahmen zur Energieeinsparung schon bei der Projektierung der Anlage getroffen werden. Der Energieverbrauch ist von der Wahl des Kühlsystems und dessen Komponenten, wie Apparate (Wärmetauscher), Maschinen (Verdichter, Pumpen), den Transportwegen (Rohrleitungen, Ventile) sowie von der Regelbarkeit des Systems abhängig.

6.6.1.1 Das Kühlsystem

Wenn alle Komponenten im System ihre Aufgabe richtig erfüllen, werden durch die Wahl des Systems *im voraus die Grenzen des Energieverbrauchs,* die nicht unterschritten werden können, entschieden:

- Wird ein System mit direkter Kühlung gewählt, ist mit kleinstmöglichem Energieverbrauch zu rechnen (s. 6.5.3).
- Wird ein System mit indirekter Kühlung gewählt, ist mit zusätzlichen Energieverlusten zu rechnen (s. 6.5.4).
- Bei Anlagen mit mehreren Raumtemperaturbereichen, z. B. Kühlräume mit Temperaturen über Null und Gefrierräume, ist der Energieverbrauch von der Art der Aufteilung des Kältemittelkreislaufs auf Verdampfergruppen, die an eine gemeinsame Saugleitung angeschlossen sind, und von der Verteilung der Verdichterleistung auf diese Gruppen abhängig (s. 6.6.4.2).

6.6.1.2 Die Apparate

Diese sind im *voraus entscheidend für die Grenzen des Energieverbrauchs,* die nicht unterschritten werden können, da sie ein für alle Mal die Höhe von Temperatur- und Druckdifferenzen festlegen, gegen die Kältemaschinen und Pumpen arbeiten müssen.

Den theoretischen Energieverbrauch bestimmen nur die äußeren Bedingungen, wie Kühlraumtemperatur ϑ_R und Kühlmediumtemperatur ϑ_{KM}. Die für den Wärmeaustausch notwendigen Temperaturdifferenzen und Strömungswiderstände im Verdampfer und im Verflüssiger sind apparatebedingt (s. Kap. 4.2.3.2 und 4.3.1.2).

Weil die wärmetauschenden Apparate eine so entscheidende Rolle für die Höhe des Energieverbrauchs spielen, muß man heute den damit verbundenen Problemen mehr Aufmerksamkeit widmen als früher.

6.6.1.3 Die Maschinen

Bei Maschinen haben zwei Faktoren Einfluß auf den Energieverbrauch: der totale Wirkungsgrad bei Vollast und die Leistungsregelung. Der Vollast-Wirkungsgrad ist konstruktionsbedingt. Die Energieknappheit hat viele Anstrengungen initiiert, um den Wirkungsgrad von Verdichtern, Pumpen und Ventilatoren zu verbessern.

Die Leistungsregelung der Maschinen hat einen sehr wesentlichen Einfluß auf den Energieverbrauch, weil bei jeder Überleistung der Maschinen und im Teillastgebiet Verluste entstehen. Aus diesem Grunde muß die Überleistung in möglichst kleinen Grenzen gehalten werden. Die in die Maschinen oder in ihre Antriebssysteme eingebauten Leistungsstufen bestimmen den Energieverbrauch. Die besten Resultate erreicht man bei verlustarmen, stufenlosen Leistungsänderungen.

6.6.1.4 Der Transport

Die Rohrleitungen für das Kältemittel und Kühlmittel und die Luftkanäle mit den dazugehörigen Stellgliedern (Ventile, Klappen) verursachen Transportverluste, die den Energieverbrauch in der Anlage erhöhen. Aus praktischen und sicherheitstechnischen Gründen baut man oft viele Ventile in die Anlagen ein, die mit der eigentlichen Regelung wenig zu tun haben, jedoch Energieverluste verursachen.

6.6.1.5 Regelbarkeit des Systems

Eine Regelung kann nur dann zufriedenstellend arbeiten, wenn die Regelstrecke, auf die sie wirkt, Eigenschaften besitzt, die als *Regelbarkeit* zu bezeichnen sind. Dazu gehören:

- Eine meßbare Regelgröße (x) (das Signal),
- eine eindeutige und nicht verzögerte Änderung der Regelgröße (x) als Antwort auf die Änderung der Stellgröße (y),
- nur wenige, nicht stark wirkende Störgrößen (z).

Diese Eigenschaften der Regelstrecken sind konstruktionsgebunden. Man kann daher schon im Projektstadium sowohl die gute aus auch die schlechte Regelbarkeit in die Anlage „einprogrammieren". Auch das Rohrnetz, welches die einzelnen Apparate und Maschinen zu einem System verbindet, gehört dazu und muß den Kriterien der Regelbarkeit unterzogen werden.

6.6.2 Abhängigkeit des Energieverbrauchs von der Regelung

Eng mit der Regelbarkeit hängt der *Energieverbrauch* zusammen. Ist die Anlage schlecht regelbar, so kann auch die beste Regelung nicht den optimalen Energieverbrauch erreichen.

Wurden bei der Auslegung der Anlage alle Maßnahmen getroffen, die eine energiesparende und regelbare Anlage auszeichnen, so ist es die Aufgabe der Regelung, einen stabilen und energiesparenden Betrieb zu gewährleisten. Bei einer gut funktionierenden Regelung muß es dann möglich sein, den Energieverbrauch nahe in den von der Auslegung der Anlage vorausberechenbaren Grenzen zu halten.

In einer Einzelanlage mit einem Raum kann man dieser Grenze bei optimaler Regelung näher kommen als in einer Anlage mit mehreren Räumen, wo die Regelung auf unterschiedliche Regelstrecken gleichzeitig wirkt (s. 6.6.4.1 und 6.6.5.2).

Je weniger gut die Regelung funktioniert, desto größer wird der Energieverbrauch. Leider kann nicht direkt kontrolliert werden, ob die Regelung eines gesamten Systems optimal arbeitet, weil die Werte, an die sich die Regelung in ihrer Wirkung angleichen soll, nicht im voraus bekannt sind. Die Kontrolle muß indirekt durch Überprüfung der *Regelgüte einzelner Regelkreise* und sodann des Systems, d. h. der Zusammenarbeit aller Regelkreise erfolgen. Die Regelgüte hängt davon ab, wie aufwendig die Regelung für die einzelnen Regelkreise und das gesamte System aufgebaut wird (s. 6.6.4 und 6.6.5).

6.6.3 Ausnutzung der zeitveränderlichen Betriebsverhältnisse zur Verminderung des Energieverbrauchs

Leistung und Energieverbrauch der Kältemaschine sind hauptsächlich von der Verdampfungstemperatur ϑ_0 und der Verflüssigungstemperatur ϑ_k abhängig. Diese Temperaturen folgen den zeitveränderlichen Betriebsverhältnissen:

Ist z. B. der Verflüssiger luftgekühlt, zeigt sich eine starke Abhängigkeit der Verflüssigungstemperatur vom Tagesablauf (am Tage hoch, wähend der Nacht niedrig).

Die Verdampfungstemperatur ϑ_0 ist vom Kältebedarf der Anlage abhängig (s. Kap. 9.1.2). Dabei zeigt die Einstrahlung (s. Kap. 9.1.2.1) einen ähnlichen Tagesverlauf wie die Verflüssigungstemperatur, ist aber aufgrund der Speicherwirkung der Waren- und Baumasse zeitlich verschoben.

Die Belastung durch Warenaustausch (Abkühlung der Ware) beginnt normalerweise während der Arbeitszeit und klingt ab in einer Zeit, die von der Abkühlungsgeschwindigkeit abhängig ist.

Zur Energieeinsparung muß versucht werden, die Belastung der Kältemaschine so zu organisieren, daß sie am größten ist in der Zeit, in der die Kältemaschine im Tagesverlauf am wirtschaftlichsten arbeitet – also in der Nacht. Zwei Wege sind möglich: Man verschiebt die anfallende Belastung auf die Nacht, oder man speichert die in der günstigsten Periode erzeugte Kälte in einem Speicher und nutzt sie in der Periode der anfallenden Belastung [23].

Die Verschiebung der Belastung, die sich aus dem Warenaustausch ergibt, ist mit organisatorischen Mitteln zu bewältigen, man verlegt die Abkühlung auf die Nacht.

Die aus den Wärmekapazitäten resultierende Verschiebung der Belastung ergibt sich aus dem Aufbau der kältegeschützten Wände und ist damit vorgegeben.

Die Regelung kann hier neue Funktionen übernehmen (s. Kap. 6.6.5).

6.6.4 Übergang von der Einzel- zur Systemregelung

Energiesparende Regelung setzt voraus, daß Verfahren und Regelkreise benutzt werden, die den kleinsten Energieverbrauch gewährleisten lassen. Dabei kann dies bei einer Einzelanlage teilweise anders gelöst werden als bei der Anlage mit mehreren Räumen.

Die meisten Verfahren und Regelkreise, aus denen sich die energiesparende Regelung zusammensetzen läßt, wurden in Abschnitt 6.5 beschrieben. Diese ,,Module" der Regelung können zu energiesparenden Systemen zusammengesetzt werden. Da die zu realisierenden Ziele vielfältig sind, haben auch die Regelungen eine vielfältige Gestalt. Es werden Beispiele gezeigt, welche eine Art Leitlinie für einen ,,modularen" Aufbau von energiesparenden Regelungen sein können.

6.6.4.1 Einzelanlage mit einem Raum (Bild 6/100)

Die Einzel-Regelung ist auf die einzeln wirkenden Regelkreise für den Verdampfer und den Kühlraum bezogen. Der Verdampferregelkreis sorgt für die Füllung im Verdampfer (s. Abschn. 6.5.3.1). Der Kühlraumregelkreis regelt die Kühlraumtemperatur mit dem Verdampfungsdruck (p_0) als Stellgröße. Beide Regelkreise wirken unabhängig und sind nur durch die Störgrößen verkoppelt. Verdichter und Verflüssiger haben keinen Regelkreis. Der Verdichter paßt sich selbsttätig an die variierende Belastung im Kühlraum an und arbeitet mit Verlusten.

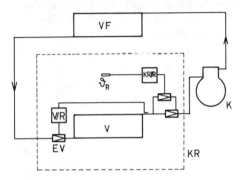

V	– Verdampfer
EV	– Expansionsventil
K	– Verdichter
VF	– Verflüssiger
KR	– Kühlraum
KR/R	– Kühlraumregler
V/R	– Verdampferregler
ϑ_R	– Kühlraumtemperatur

Bild 6/100 Einzelanlage mit einem Raum. Nichtenergiesparende Einzel-Regelung.

Sollen die Verluste verhindert werden, muß der Verdichter einen Leistungsregelkreis erhalten und dieser muß mit dem Kühlraumregelkreis verbunden werden (Bild 6/101):

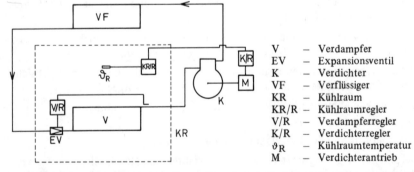

V	– Verdampfer
EV	– Expansionsventil
K	– Verdichter
VF	– Verflüssiger
KR	– Kühlraum
KR/R	– Kühlraumregler
V/R	– Verdampferregler
K/R	– Verdichterregler
ϑ_R	– Kühlraumtemperatur
M	– Verdichterantrieb

Bild 6/101 Einzelanlage mit einem Raum. Energiesparende System-Regelung. – Drehzahlregelung am Verdichter –

Der Verdampferregelkreis wirkt auch hier unabhängig und sorgt für die Füllung im Verdampfer. Der stufenlos wirkende Verdichterregelkreis ist mit dem Kühlraumregelkreis in einer Kaskadenschaltung verbunden (s. auch Bild 6/83). Der Verflüssiger arbeitet ohne Regelung.

Dieses einfache System zeigt einige Merkmale (*Module*), die sich in komplexeren Systemen wiederholen werden:

Das erste Modul ist der Verdampferregelkreis. Er wirkt unabhängig und überwacht nur die Füllung.

Das zweite Modul ist die Leistungsregelung des Verdichters und dessen Unterordnung unter den Kühlraumregelkreis. Die Verdichterleistung und dadurch der Verdampfungsdruck wird direkt vom Kühlraumregelkreis geführt.

Ist der Verdichter nur in Stufen regelbar, muß ein System, bei dem der Verdichterregelkreis als Nebenregelkreis zum Kühlraumregelkreis geschaltet ist, angewendet werden. Der Verdampferregelkreis und der Kühlraumregelkreis wirken unabhängig. Der Verdichterregelkreis benutzt den Verdampfungsdruck als Führungsgröße und regelt den Saugdruck, so daß dieser immer um einen bestimmten Wert kleiner ist als der Verdampfungsdruck (s. Bild 6/82 und Bild 6/102, oberer Teil). Die durch die Stufenschaltung bedingten Verluste werden auf einem minimalen Wert gehalten.

6.6.4.2 Anlage mit mehreren Räumen

Besteht die Anlage aus zwei oder mehreren Räumen mit wenig abweichenden Raumtemperaturen, deren Kältekreisläufe an eine gemeinsame Saugleitung angeschlossen sind und die von *einem* Verdichter oder einer Verdichtergruppe bedient werden, muß die Regelung der Verdichterleistung ein *Entscheidungselement* enthalten, welches die energiesparende Regelung der Anlage ermöglicht (Bild 6/102):

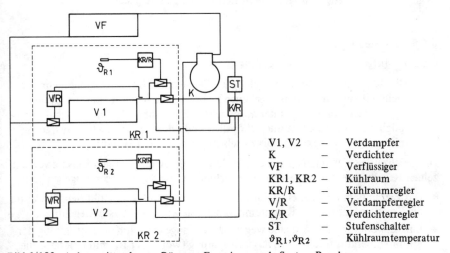

V1, V2	–	Verdampfer
K	–	Verdichter
VF	–	Verflüssiger
KR1, KR2	–	Kühlraum
KR/R	–	Kühlraumregler
V/R	–	Verdampferregler
K/R	–	Verdichterregler
ST	–	Stufenschalter
$\vartheta_{R1}, \vartheta_{R2}$	–	Kühlraumtemperatur

Bild 6/102 Anlage mit mehreren Räumen. Energiesparende System-Regelung.

Jeder Kühlraum (KR1, KR2, usw.) verfügt über einen eigenen Verdampfer. Die Füllung in diesen Verdampfern wird von dazugehörenden, unabhängig wirkenden Verdampferreglern (V/R) gewährleistet.

Die Temperatur wird in jedem Kühlraum durch den dazugehörenden Kühlraumregelkreis mit Verdampfungsdruck als Stellgröße geregelt. Während des Betriebs variiert die Belastung in den einzelnen Räumen und damit auch der Verdampfungsdruck. Soll

die Anlage ungestört funktionieren, muß der Saugdruck in der gemeinsamen Saugleitung stets niedriger sein als der niedrigste, erforderliche Verdampfungsdruck im
System.

Die Leistungsregelung des Verdichters muß also ein Element aufweisen, das *unterscheiden* kann, welcher Verdampfungsdruck kleiner ist, und ein Element, das *bestimmen* kann, daß dieser kleinere Verdampfungsdruck als Führungsgröße benutzt werden soll. Dies muß gelten, auch wenn sich die Situation ändert. Immer muß für den
jeweils niedrigsten Verdampfungsdruck als Führungsgröße entschieden werden.

Der auf Bild 6/102 gezeigte Verdichterregelkreis wirkt im Verhältnis zu den Kühl-
raumregelkreisen als ein Nebenregelkreis und regelt die Verdichterleistung durch
einen Stufenschalter. Der Verdampfungsdruck in den Kühlraumkreisen und der Saugdruck werden dem Leistungsregler zugeführt.

**Die System-Regelung weist neue Elemente auf: die Unterscheidung und die
Entscheidung. Beide spielen in der System-Regelung eine wesentliche Rolle.**

Bei einer Variante der energiesparenden System-Regelung untersucht der Verdichterregelkreis den Öffnungsgrad der Verdampfungsdruck-Regelventile und regelt danach
die Verdichterleistung stufenlos, so daß *mindestens eines* der Ventile 95 % offen-
steht. Die Regelgröße ist hier der Öffnungsgrad eines ausgewählten Ventils des am
meisten belasteten Raumes.

Es gibt also verschiedene Wege, eine Systemregelung zu realisieren.

6.6.5   Systemregelung

6.6.5.1 Aufgaben der Systemregelung

**Die Aufgabe einer Systemregelung ist die gleichzeitige Verfolgung mehrerer
Ziele mit einer im voraus gegebenen Priorität. Die Komplexität der Systemregelung ist vom Umfang der angestrebten Ziele abhängig. Die Vielzahl der
möglichen Aufgaben ist unerschöpflich und reicht von einfachen Systemen
mit wenigen Regelkreisen bis zu selbstoptimierenden Systemen.**

Die gleichzeitige Verfolgung mehrerer Ziele verlangt einen richtigen Einsatz von einzelnen Regelkreisen und eine sinnvolle Verbindung zwischen diesen Regelkreisen:

- Das Ziel in dem Beispiel einer Einzelanlage mit einem Raum (Bild 6/100) war nur
  die Konstanthaltung der Raumtemperatur. Das war keine Systemregelung.
- Eine Erweiterung der Aufgabe wegen des Verlangens nach Konstanthaltung der
  Raumtemperatur und nach Energieeinsparung (wobei der Raumtemperatur die
  größere Priorität zukommt) führte zur Anwendung eines einfachen Systems mit
  zwei Zielen (Bild 6/101).
- Die Erweiterung der Aufgabe auf mehrere Räume änderte die Systemregelung in
  Richtung einer Auswahlentscheidung (Bild 6/102).

Die Aufgabe „Energiesparen" verlangt noch eine größere Vielfalt der Ziele:

- Bei Maschinen, die ein breites Kennlinienfeld aufweisen (z. B. Zentrifugalpumpen),
  ist dafür zu sorgen, daß diese immer innerhalb vertretbarer Grenzen arbeiten.
  Durch eine sinnvolle Umschaltung von Maschine zu Maschine kann in Abhängig-

keit vom Leistungsbedarf der jeweils optimale Wirkungsgrad erreicht werden
(z. B. haben zwei gleiche Maschinen mit je 60% Leistung einen besseren Gesamt-
wirkungsgrad als eine Maschine mit 100% und die andere mit 20% Leistung).

• Eine totale Überwachung aller Energieabnehmer in der Anlage ist notwendig, da
sich durch Umschalten und Abschalten von Maschinen Energieeinsparungen
ergeben.

• Eine laufende Kontrolle vieler Betriebsparameter, welche eine frühzeitige Erken-
nung von Fehlern und einen Einsatz der Wartung nach Fälligkeit erlaubt.

6.6.5.2 Informationsmenge. Informationsverbreitung, Speicherung und Koordination

Einen Regelkreis kann man auch als einen Kreislauf von Informationen betrachten.
Dem Regler wird von der Regelstrecke die Regelgröße übermittelt, ebenso die Information über den Wert der Führungsgröße. Vom Regler aus wird eine Information an
das Stellglied übermittelt, die zur Einstellung des Wertes der Stellgröße dient.

In einem System, in dem mehrere Regelkreise mit unterschiedlicher Funktion und
Priorität zusammenwirken, ist die Zahl der Informationen groß, man spricht von
einer *Informationsmenge*. Eine Information hat nur dann einen Wert, wenn sie dem
Empfänger in richtiger Qualität (unverzerrt) und zum richtigen Zeitpunkt zur Verfügung steht.

Die *Verbreitung* der Informationen, ohne Verzerrungen auf dem Transportweg (Leitlinie), ist von der Länge des Transportweges und der Kraft und Art der auf die Leitlinie wirkenden *Störfelder* abhängig.

Die Information wird nicht immer in dem Augenblick gebraucht, in dem sie gerade
ankommt, sie muß oft *gespeichert* und erst später ausgewertet und verarbeitet werden.

Die Regelkreise wirken in der Anlage in *reeler Zeit*, d. h., daß alle Ereignisse in Regelkreisen in einem *Verhältnis zur Zeit* stehen. Man muß also diese Ereignisse zueinander
und miteinander einer sicheren Zeitmessung zuordnen können.

Da in einem System viele Regelkreise gleichzeitig wirken, muß die *Koordination* dieser
Wirkungen auch in einem festen Verhältnis zur Zeit erfolgen.

Die absolute Zeitmessung (Stunden, Minuten, Sekunden) ist nicht immer notwendig,
oft genügt die sichere Einstufung der relativen Lage der Ereignisse in die laufende Zeit.

Soll eine Systemregelung gut und sicher wirken, müssen die hier erwähnten Faktoren
gebührend berücksichtigt werden.

6.6.5.3 Mögliche Lösungen für die Systemregelung

a) Die analoge Regelung

benutzt und verarbeitet „analoge" Informationen. Unter analogen Informationen
sind physikalische Größen zu verstehen, die der ursprünglichen Information entsprechen. Z. B. entspricht beim Thermoelement (vgl. Kap. 1.4.2) einer Temperatur eine
bestimmte, elektrische Spannung (elektrisches „analoges" Thermometer). Auch ein
thermostatisches Expansionsventil wirkt auf der Basis von analogen Informationen.

Die Temperatur am Fühler wird durch die physikalische Wirkung der Füllung in einen „analogen" Druck verwandelt. Dieser Druck wird dem Ventilgehäuse zugeführt und mit dem Druck im Verdampfer verglichen (s. Bild 6/61 und 6/62). Diese mechanisch wirkende, analoge Regelung hat Grenzen. Man kann z. B. die Entfernung vom Fühler zum Ventil nicht beliebig vergrößern (Kapillarrohrlänge). Bei Verwendung von elektrischen Signalen kann diese Entfernung durch geeignete, andere Konstruktionen vergrößert werden (s. 6.7.6.3).

Bei analoger Regelung wirken alle Elemente (Fühler, Regler, Stellglied) analog. Sie wurden in verschiedener Form (mechanisch, elektrisch, pneumatisch, hydraulisch) mit gutem Erfolg in einzeln wirkenden Regelkreisen benutzt. Sie ist auch in kleineren Systemregelungen anwendbar, wie z. B. im System im Bild 6/101.

Die Begrenzungen der analogen Regelung sind:

- die mangelnde Möglichkeit einer einfachen und gleichförmigen Verarbeitung mehrerer Informationen,
- die begrenzte Speicherungs- und Zeitfunktion,
- Schwierigkeiten im Aufbau der Koordination.

Daher ist ihre Anwendung auf Systeme mit begrenzter Zielmenge beschränkt.

Die Vorteile der analogen Regelung liegen im relativ einfachen Aufbau und im günstigen Preis.

b) Die digitale Regelung

benutzt und verarbeitet „digitale" Informationen. Unter einer digitalen (Digitus = Finger) Information versteht man eine *Zahl* von gleichen Größen.

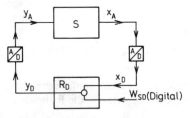

S	– Regelstrecke
R_D	– Regler (Digital)
x_A	– Regelgröße (Analog)
$\boxed{A/D}$	– Analog/Digital, Digital/Analog-Wandler
x_D	– Regelgröße (Digital)
W_{SD}	– Führungsgröße (Digital)
y_D	– Stellgröße (Digital)
y_A	– Stellgröße (Analog)

Bild 6/103 Regelkreis mit digitalem Regler

Ein Regelkreis mit digitalem Regler (Bild 6/103) muß normalerweise mit zwei Wandlern ausgestattet werden. Die analoge Regelgröße x_A (z. B. die Spannung vom elektrischen Thermometer) wird in einem Analog/Digital-Wandler (A/D) in eine digitale Regelgröße x_D (Information) umgewandelt. Diese Regelgröße (x_D) wird mit der digitalen Führungsgröße W_{SD} im Regler verglichen und nach einer digitalen Operation im Regler (digitaler Regel-Algorithmus) durch ihn eine digitale Stellgröße y_D ausgegeben. Diese digitale Stellgröße wird in einem folgenden Digital/Analog-Wandler (D/A) in eine analoge Stellgröße y_A umgewandelt und dem analogen Stellglied zugeführt.

Wird anstelle eines analogen Stellgliedes ein digitales Stellglied (z. B. ein digitales Ventil) benützt, kann auf den D/A-Wandler verzichtet werden, weil die Wandlung der digitalen in die analoge Stellgröße im Ventil direkt vollzogen wird.

Die Wirkung eines Analog/Digital-Wandlers ist schematisch in Bild 6/104 dargestellt. Der Wandler sucht nach einem digitalen Äquivalent für die analoge Regelgröße x_A (z. B. eine Spannung). Er vergrößert bei jedem digitalen Schritt den analogen Vergleichswert um den Betrag Δx_A. Im Beispiel wurde nach sieben Schritten der Wert der analogen Regelgröße x_A erreicht, der Wert der analogen Regelgröße ist in diesem Falle also 7. Dieses schrittweise Meß-Vergleichsverfahren beansprucht Zeit. Jede Wandlung dauert eine bestimmte Zeit, abhängig von der geforderten Genauigkeit und Schnelligkeit.

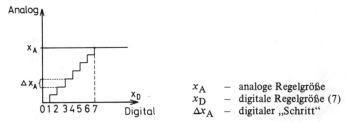

x_A — analoge Regelgröße
x_D — digitale Regelgröße (7)
Δx_A — digitaler „Schritt"

Bild 6/104 Wirkung eines A/D-Wandlers (schematisch)

Die digitale Regelung verlangt zwar die schnelle Durchführung einer großen Zahl von digitalen Operationen, eignet sich aber viel besser zur Systemregelung als die analoge Regelung, da die Speicherung von Informationen und die Koordination der Arbeit von verzweigten Regelkreisen in digitaler Form einfacher ist. Die Entwicklung der digitalen Regelung hängt eng mit der Entwicklung von digitalen Rechnern zusammen. Die revolutionäre Entwicklung hochintegrierter, digitaler, elektronischer Kreise in der Rechner-Konstruktion der letzten Jahre erlaubt jetzt die Verwirklichung und weitere Entwicklung der digitalen Systemregelung.

c) Die gemischte (hybride) Regelung,

eine Kombination von analoger und digitaler Regelung, nutzt die besten Eigenschaften beider Regelungen aus. Die „lokale" Regelung in einzelnen Regelkreisen wird der analogen Regelung überlassen; für die übergeordnete Regelung und die Koordination wird die digitale Regelung benutzt.

S — Regelstrecke
R_A — Regler (Analog)
x_A — Regelgröße (Analog)
w_{SDF} — Führungsgröße (Digital)-Ferneinstellung
w_{SDM} — Führungsgröße (Digital)-manuelle Einstellung

— D/A-Wandler

y_A — Stellgröße (Analog)

Bild 6/105 Regelkreis mit analogem Regler und digitaler Führungsgröße

Die Schnittstelle von beiden Regelungen kann z. B. ein D/A-Wandler in einzelnen analogen Reglern sein (Bild 6/105). Der analoge Regelkreis wirkt in diesem Falle unabhängig, aber die Vorgabe des Wertes der Führungsgröße wird von der übergeordneten, digitalen Regelung ausgegeben (Ferneinstellung).

Diese Variante der analogen Regelung mit digitaler Führungsgröße zeigt den Weg der rationellen Entwicklung einer analogen Regelung an. Man kann sie als einen ersten Schritt auf dem Wege zur Systemregelung betrachten. Außer der digitalen Ferneinstellung der Führungsgröße wird der Regler normalerweise auch mit einer manuellen, digitalen Vorgabe der Führungsgröße versehen, was eine genaue Einstellung dieser Größe wesentlich erleichtert. Einen solchen Regler zeigt Bild 6/106.

Bild 6/106   Analoger Regler mit digitaler Einstellung der Führungsgröße (Werkphoto *Danfoss*)

6.7   Anwendung digitaler Rechner zur Prozeßsteuerung und Regelung

6.7.1   Einleitung

Die Entwicklung der hochintegrierten Schaltungen wurde im Jahre 1971 durch ein neues Bauelement, den *Mikroprozessor* bereichert. Dieses neue Element, das die Zentraleinheit eines digitalen Rechners ist, hatte eine ungewöhnlich rasche Entwicklung des digitalen Rechners zur Folge. Seine Leistung ist sprunghaft gestiegen, die physikalischen Dimensionen und die Energieaufnahme wurden drastisch verringert. Die Preise erreichten ein Niveau, das die breite Anwendung des neuen Elements ermöglicht. Da ein digitaler Rechner alle Funktionen aufweist, die auch in der Systemregelung von Nutzen sind, ist die Anwendung des Mikrorechners (englisch microcomputer) in der Regeltechnik fast eine Selbstverständlichkeit.

Die Anwendung des Mikrorechners zu Regelungszwecken ist sicher eine nützliche Entwicklung. Es wird jedoch einige Zeit dauern, bis die übrigen Komponenten der Anlagen und der Regelung, z. B. die Stellglieder, zu einer ausgereiften, umfassenden Systemregelung entwickelt worden sind. Ihre Eignung für energiesparende Systemregelungen wird die Entwicklung beschleunigen.

6.7.2 Die „Sprache" des digitalen Rechners

Der digitale Rechner verarbeitet Informationen in *binärer* Form. Eine Information in binärer Form besteht aus einer Serie von Ja- und Nein-Zuständen, in bestimmter Reihenfolge zusammengestellt. Ein einziges Ja- oder Nein-Element nennt man 1 *Bit* (englisch *Binary Digit*). Ein solches Element ist allen bekannt als einfacher, elektrischer Schalter. Ist er geschlossen (Strom fließt), ist die Antwort Ja, ist er geöffnet (Strom fließt nicht), ist die Antwort Nein. Dieses Element hat also nur zwei Zustände.

Die „Sprache" des digitalen Rechners ist also die Schalter-Sprache, eine Kombination von Ja- und Nein-Zuständen. Sie muß zwar für ihre Funktion eine sehr große Zahl von Bit-Informationen benutzen, erlaubt aber die Durchführung aller arithmetrischen und logischen Operationen, die vom digitalen Rechner verlangt werden.

6.7.3 Die Hauptfunktionen eines digitalen Rechners

6.7.3.1 Die Kommunikation

Der digitale Rechner nimmt die ankommenden, binären Informationen in einer *Eingabestelle* an, die aus einzelnen, sogenannten Eingabe-Pforten (engl. *Input Port*) besteht. Jede Pforte (Port) enthält eine bestimmte Anzahl von Bits (z. B. vier); diese Anzahl ist von der inneren Organisation im Rechner abhängig. Die vom Rechner ausgehenden, binären Informationen werden einer *Ausgabestelle* zugeführt, die ebenfalls aus einzelnen Pforten besteht. Diese können, je nach Rechnerkonstruktion, entweder nur der Eingabe oder Ausgabe oder wechselweise beiden Funktionen dienen. Sie sind die Schnittstellen, an welche die sogenannten Peripheriegeräte angeschlossen werden. Ein solches Peripheriegerät ist z. B. ein digitales Thermometer, das dem Rechner den von ihm gemessenen, *digitalen* Wert der Temperatur an der Eingabestelle übermittelt oder ein digital steuerbares Ventil, das den gewünschten Öffnungsgrad von der Ausgabestelle übermittelt bekommt.

6.7.3.2 Arithmetische Operationen

Arithmetische Operationen werden im Rechner nicht im Zahlensystem mit der Basis 10 (die wir täglich gebrauchen), sondern im Zahlensystem mit der Basis 2 durchgeführt. Das Zahlensystem mit der Basis 2 ist „Bit-orientiert" und deshalb für den digitalen Rechner geeignet.

1 Bit bedeutet die Entscheidung zwischen zwei Alternativen, die mit der Ziffer 1 und der Ziffer 0 bezeichnet werden. Diese Ziffern haben hier keine numerische, sondern nur symbolische Bedeutung.

Benutzt man die Ziffern 0 und 1, so kann eine Zahl im Zahlensystem mit der Basis 2 in folgender Form dargestellt werden:

Beispiel:

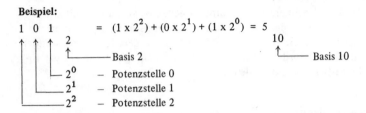

Die Zahl 101 im Zahlensystem mit der Basis 2, die aus 3 Bits zusammengestellt wurde, hat im Zahlensystem mit der Basis 10 den Wert 5.

Auf diese Weise kann man mit Hilfe einer Reihe von Bits beliebig große Zahlen darstellen und alle arithmetischen Operationen wie Addition, Subtraktion, Multiplikation und Division ausführen.

Jeder Rechner arbeitet mit Gruppen von Bits, sogenannten Worten. 1 Wort hat (meistens) die „Länge" von 4, 8 oder 16 Bits. Diese Wortlänge bezeichnet indirekt das Leistungsvermögen des Rechners. Ein 4-Bit-Wort kann bis 2^4 Kombinationen (oder die Zahl 16), ein 16-Bit-Wort schon 2^{16} Kombinationen (oder die Zahl 65536) beinhalten.

Mit fortschreitender Entwicklung der Technologie der integrierten Schaltungen wächst auch die Wortlänge. Die ersten Prozeßrechner waren sogenannte 4-Bit-Maschinen. Heute überwiegen die 8-Bit-Maschinen, und die 16-Bit-Maschinen sind stark im Kommen, weil sich das Nutzen/Kosten-Verhältnis zu Gunsten von leistungsstärkeren Rechnern verschiebt.

6.7.3.3 Logische Operationen

Der Rechner kann auch die logischen Operationen der *Boole*'schen Algebra, wie UND, ODER, NICHT ausführen.

Diese Fähigkeit, zusammen mit der Fähigkeit, arithmetische Operationen auszuführen, ermöglicht dem Rechner Vergleiche anzustellen und Entscheidungen zu treffen.

6.7.3.4 Die Speicherung

Je nach der Funktion unterscheidet man zwischen einem *Programmspeicher* und einem *Datenspeicher* (Informationsspeicher).

Man unterscheidet nach dem physikalischen Aufbau zwischen einem *Schreib-Lese-Speicher* (RAM — *Random Acces Memory*) und einem *Festspeicher* (ROM — *Read Only Memory*).

In einem Schreib-Lese-Speicher (RAM) sind die Speicherstellen frei adressierbar, und jede Stelle kann *beschrieben* (Information wird gelagert), *gelöscht* (alle Bits werden auf Null gestellt) oder *gelesen* (Information wird entnommen) werden. Diese Speicher sind hauptsächlich für die Speicherung von Daten (Informationen) vorgesehen.

Ein Schreib-Lese-Speicher (RAM) ist ein „*flüchtiger*" Speicher, d. h., daß die gespeicherte Information bei Spannungsausfall verlorengeht.

In einem Festspeicher (ROM) sind die Speicherstellen auch frei adressierbar, aber jede Stelle kann *nur gelesen* werden. Diese Speicher sind hauptsächlich vorgesehen für die Speicherung von Programmen und Daten, die nicht geändert werden sollen. Der Festspeicher ist *nicht flüchtig*, bei Stromausfall gehen die Informationen nicht verloren. Die Festspeicher (ROM) sind nur während des Herstellungsprozesses nach Wunsch des Kunden programmierbar.

Eine andere Art der Festspeicher sind *programmierbare Festspeicher* — PROM (Programmable ROM), welche mit einem Programmiergerät *einmal* elektrisch programmiert werden können.

Das sogenannte EPROM (Erasable PROM) kann *gelöscht* (mit ultraviolettem Licht) und *erneut* in einem Programmiergerät programmiert werden. Diese EPROMS erlauben dem Anwender die Programmänderungen vorzunehmen, und sie sind besonders wertvoll in der Entwicklungsphase und bei der Erprobung eines Regelungssytems.

Die Programme können natürlich auch im Schreib-Lese-Speicher (RAM) gelagert und auf Funktion geprüft werden. Hier sind sie aber nicht gesichert, da durch eine unachtsame Operation eine unerwartete Änderung (Überschreiben einer oder mehrerer Speicherstellen) möglich ist.

6.7.3.5 Die Zeitfunktion

Die Operationen im Rechner erfolgen in einem festen Zeitraster, der von einem eingebauten Taktgenerator (Quarz Oszillator) bestimmt wird. Durch Zählen der Taktpulse bei bekannter Frequenz lassen sich relativ einfach einige Uhr-Funktionen programmieren, die zur Steuerung verschiedener Verläufe während der *reellen Zeit* dienen.

6.7.3.6 Die Koordination — Das Programm

Die Funktion des Rechners ist durch ein internes operatives System geregelt. Das operative System ist in Form eines Satzes von Maschinenbefehlen (Instruktionen) in dem sogenannten Zentral-Prozessor (engl. CPU — *Central Processor Unit*) enthalten. Die Maschinenbefehle, kurz Befehle genannt, sind eigentlich kurze, feste Programme, die dem Anwender zur freien Verfügung stehen.

Das Anwender-Programm, kurz Programm genannt, ist nichts anderes als eine Spezifikation für den Rechner, welche Befehle und in welcher Folge diese auszuführen sind.

Die Programme können direkt in Maschinensprache (Befehl in Bit-Form) geschrieben oder durch Anwendung spezieller Hilfsprogramme hergestellt werden. Die Hilfsprogramme können in einer einfachen, sogenannten *Assembler*-Sprache oder in „höheren" Sprachen wie PL/M, FORTRAN oder PASCAL geschrieben werden. Durch die Anwendung von höheren Sprachen kann die Herstellung von Programmen wesentlich verkürzt werden. Die Hilfsprogramme übersetzen die Anwender-Programme von der Sprache, in der sie geschrieben werden, in die Maschinensprache (*Bit Code*) des Rechners, in der sie in den Speicher „geladen" werden.

6.7.4   Die Bestandteile des Rechners

Ein Rechner (Bild 6/107) besteht aus einem Zentral-Prozessor (mit eingebautem Taktgeber) und dem ihm angeschlossenen ROM-Speicher (Programmspeicher), RAM-Speicher (Datenspeicher) sowie der Eingabe- und Ausgabestelle. Die Kommunikation zwischen dem Zentral-Prozessor und den übrigen Teilen des Rechners erfolgt mit Hilfe einer Adressen- und einer Datenschiene (Bus). An diese Schienen sind auch sogenannte Peripherie-Geräte wie Drucker, Schirme, Terminals u. a. angeschlossen.

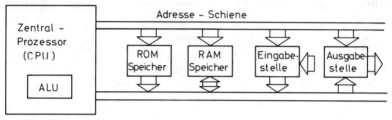

Bild 6/107   Die Bestandteile eines Rechner

Der Zentral-Prozessor enthält außer dem Steuerwerk ein Rechen- und ein Logik-Werk (engl. ALU – *Arithmetic Logic Unit*). Die Struktur (sog. Architektur) des Zentral-Prozessors bestimmt den Charakter und die Leistung des Rechners.

6.7.5   „Mini"- und „Mikro"-Rechner

Besteht der Zentral-Prozessor aus einem hochintegrierten Baustein (heutige Größenordnung weniger als 100 mm^2), so wird er *Mikroprozessor* genannt. Den Rechner, der den Mikroprozessor als Zentral-Prozessor benutzt, nennt man *Mikrorechner*.

Minirechner, die als erste zur Steuerung und Regelung angewandt wurden, waren Rechner der ersten Generation, bei denen die Miniaturisierung des Zentral-Prozessors und damit die Verbilligung und Verkleinerung des Rechners gelungen war. Diese Mini-Zentral-Prozessoren mit Wortlängen von 12 bis 32 Bit waren noch aus vielen Einzelelementen auf kleinem Raum zusammengebaut.

Heute baut man Mikroprozessoren mit Wortlängen von 8, 16 und mehr Bit, wodurch sich die Grenze zwischen einem Mikro- und Minirechner verwischt. Bei ständig fortschreitender Entwicklung der Technologie von integrierten Kreisen ist zu erwarten, daß in naher Zukunft für die Prozeß-Steuerung und Regelung *nur* noch Mikrorechner mit unterschiedlicher Leistung benützt werden.

6.7.6   Rechner-Anwendung zur Steuerung und Regelung

6.7.6.1   Hierarchische und autonome (distribuierte) Regelung

Bei *hierarchischer* (zentraler) Regelung (Bild 6/108) werden *alle* einzelnen Prozesse von *einem* zentralen Regler (Rechner) geregelt.

Bei autonomer (*distribuierter*) Regelung (Bild 6/109) werden *einzelne Regelkreise* (oder Regelkreisgruppen) von den zugehörigen Reglern direkt geregelt; ein *übergeordneter Regler* (Rechner) dient zur Systemregelung und Überwachung.

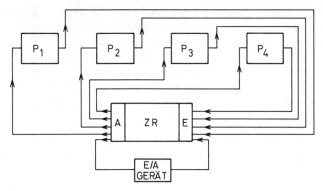

Bild 6/108 Hierarchische (zentrale) Regelung
$P_{1,2,3,4}$ – Prozeß 1,2,3,4   E – Eingabestelle
ZR – Zentral-Regler   A – Ausgabestelle
E/A Gerät – Eingabe/Ausgabe Gerät

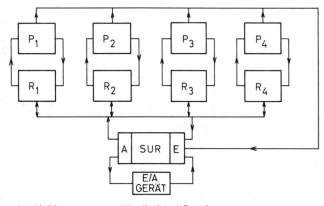

Bild 6/109 Autonome (distribuierte) Regelung
$P_{1,2,3,4}$ – Prozeß 1,2,3,4   E – Eingabe
$R_{1,2,3,4}$ – Regler 1,2,3,4   A – Ausgabe
SUR – Systemregelung und
            Überwachung (Rechner)
E/A Gerät – Eingabe/Ausgabe Gerät

Im frühen Stadium der digitalen Prozessregelung standen nur teure Minirechner zur Verfügung, weshalb aus Kostengründen die zentrale Regelung angewandt wurde. Seit Erfindung des Mikroprozessors und der damit erzielten Verbilligung des Rechners besteht die Möglichkeit, die zentrale Regelung in kleinere, autonome Gruppen von Regelkreisen aufzuteilen. Das ist von großem Vorteil, weil die allzu großen, zentralen Systeme typische, hierarchische Schwächen wie Kommunikationsschwäche, Entscheidungsschwäche, Prioritätsprobleme und Störanfälligkeit aufweisen.

Heute scheint es schon wirtschaftlich verantwortlich zu sein, für einzelne Kälteanlagen eine digitale Systemregelung mit Mikrorechnern anzuwenden (Bild 6/110).

Das Regelprogramm ist aufgeteilt in einzelne Funktionen (Regelalgorithmen für einzelne Regelkreise), die in einer Systemregelung zusammenwirken. Die einzelnen Funktionen werden z. B. für die Verdampferregelung (Füllung), Kühlraumregelung (Temperatur), Verdichterregelung (Leistung), Verflüssigerregelung (Druck) und für das automatische Abtauen verwendet. Bild 6/111 zeigt die Frontansicht eines digitalen Reglers für eine einzelne Kälteanlage (Versuchsmodell). Bei größeren Anlagen werden die einzelnen Regler (Bild 6/109) in einem autonomen System unter Aufsicht eines übergeordneten Reglers zusammengeschaltet.

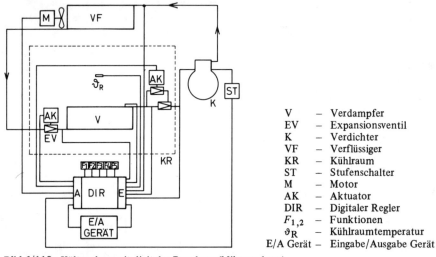

V   – Verdampfer
EV   – Expansionsventil
K   – Verdichter
VF   – Verflüssiger
KR   – Kühlraum
ST   – Stufenschalter
M   – Motor
AK   – Aktuator
DIR   – Digitaler Regler
$F_{1,2}$ – Funktionen
ϑ_R – Kühlraumtemperatur
E/A Gerät – Eingabe/Ausgabe Gerät

Bild 6/110   Kälteanlage mit digitaler Regelung (Mikrorechner)

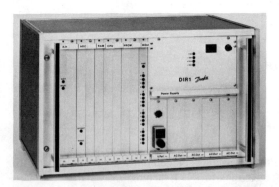

Bild 6/111   Digitaler Regler für eine Kälteanlage (Mikrorechner) (Werkphoto *Danfoss*)

Es ist zu beachten, daß beim Übergang von der analogen zur digitalen Regelung die Möglichkeit besteht, die hybride Regelung anzuwenden. Die in Bild 6/109 gezeigten, einzelnen Prozesse P_1, P_2, P_3 und P_4 können z. B. mit dem analogen Reglern R_1, R_2, R_3 und R_4 geregelt werden, die über einen digitalen Kommunikationskanal verfügen (s. Abschn. 6.6.5.3, Bild 6/105).

*6.7.6.2   Einfluß der Rechner-Anwendung auf die Entwicklung von Komponenten
zur Regelung von Kälteanlagen*

Durch die unerwartet schnelle Entwicklung des Mikrorechners, der neue Wege zur
Realisierung energiesparender Systemregelungen eröffnete, mußte gleichzeitig die
Aufmerksamkeit auf die übrigen Komponenten der Regelung, an welche neue For-
derungen gestellt werden, gerichtet werden.

Für eine Systemregelung werden viele Informationen benötigt, also auch viele
Meßstellen, z. B. für Temperatur und Druck. Diese Meßstellen sollen wegen ihrer
Vielzahl preiswert sein, um die Kosten des gesamten Systems in Grenzen zu halten.
Deshalb sollten sie auch möglichst direkt, d. h. ohne zusätzliche Wandler, für die
digitale Technik des Rechners geeignet sein.

Diese beiden Forderungen nach einem akzeptablen Preis (bei genügender Qualität)
und einer Rechner-Kompabilität für die Geräte auf der Eingabeseite des Rechners,
setzen auch den Maßstab für die Geräte auf der Ausgabeseite des Rechners, wie
z. B. Aktuatoren für Ventile und Steuerungen für Maschinen (Verdichter, Ventilatoren, Pumpen).

Die Entwicklung dieser Komponenten ist im Gange.

Der Mikrorechner brachte auch die Möglichkeit der Erstellung von Programmen
für die Regelungstechnik. Diese *Software*-Technik ist neu und muß aufmerksam
beobachtet werden, da sich gezeigt hat, daß sie hohe Kosten verursachen kann.

6.7.6.3   Das PRS-*Element – Ein Beispiel der neueren Entwicklung von Ventil-
Aktuatoren für eine rechnergerechte Regelung*

Es ist ein guter technischer Grundsatz, möglichst Geräte anzuwenden, die sich im
praktischen Betrieb bewährt haben. In einer Situation, in der neue Forderungen
an erprobte Geräte gestellt werden, taucht immer die Frage auf, ob diese teilweise
geändert, also angepaßt werden können, oder ob sie neu entwickelt werden
müssen.

Bei der Entwicklung des PRS-Elements ist man davon ausgegangen, daß viele
Ventile in Kälteanlagen, die eine Schlüsselposition im Kältemittelkreislauf haben,
nach dem bewährten Prinzip des Druckvergleichs (Kraftwaage) beiderseits einer
Membrane (oder eines Balgs) arbeiten. Es wurde deshalb ein spezielles, für alle
diese Ventile anwendbares, neues Element entwickelt, das einen elektronisch gesteuerten Druck auf der einen Seite der Membrane herstellt. Das System wurde
nach seiner Arbeitsweise als *Bezugsdruck-System* bezeichnet (engl. PRS –
Pressure Reference System).

Das neue PRS-Element kann sowohl in analogen als auch in digitalen Regelungen
arbeiten und direkt vom Rechner angesteuert werden (Rechner-kompatibel). Es
hat den großen Vorteil, daß die existierenden, bewährten Ventile mit ihm nach-
gerüstet werden können. In vielen Fällen kann der Ventilkörper beim Austauschen
des bisherigen, mechanischen Elements gegen ein PRS-Element in der Anlage
verbleiben. Dies bietet den Vorteil, daß man notfalls auf das ursprüngliche, mechanische Äquivalent des PRS-Elements zurückgreifen kann.

Inzwischen findet das PRS-Element Verwendung für pilotgesteuerte Konstantdruckventile (Bild 6/112), pilotgesteuerte Leistungsregler (Bild 6/113) und
thermostatische Expansionsventile (Bild 6/114). Weitere Anwendungen sind
in der Entwicklung.

Bild 6/112   Pilotgesteuerter Konstantdruckregler mit elektronischem Pilot (PRS). (Werkphoto
Danfoss)

Bild 6/114   Elektronisch gesteuertes Expansionsventil (PRS)
(Werkphoto *Danfoss*)

Bild 6/113   Pilotgesteuerter Leistungsregler mit elektronischem Pilot (PRS). (Werkphoto *Danfoss*)

6.7.7 Die Perspektiven der weiteren Entwicklung

Der sparsame Umgang mit Energie ist schon jetzt und bleibt auch in Zukunft der Leitsatz für die weitere, verstärkte Entwicklung der Systemregelung.

Die digitale Technik mit den Vorteilen des Mikrorechners, die als einzige heute bekannte Technik den Aufgaben der Systemregelung gewachsen ist, wird weiter entwickelt und in steigendem Maße für Regelungsaufgaben eingesetzt werden.

Für diese Regelung werden neue integrierte Signalgeber mit digitaler Ausgabe, modulare Hardware-Lösungen für bestimmte Operationen, eine breitere Anwendung von End-Rechnern (Mikrorechner als ein Baustein) in einzelnen Regelkreisen, Lichtschienen (*Fiber Optic*) für die Kommunikation und digitale Schnittstellen für die Steuerung von Maschinen und Motoren benötigt.

Es ist auch zu erwarten, daß der verstärkten Hardware-Entwicklung die Software-Entwicklung, wie z. B. die Theorie der digitalen Regelung mit ihrer technischen Anwendung und die Programmiertechnik rasch folgen werden.

Literaturverzeichnis

[1] Handbuch der Kältetechnik, Sechster Band, Springer-Verlag, Berlin/Heidelberg/New York 1969.

[2] *Merz, L.:* Grundkurs der Regelungstechnik, Verlag R. Oldenbourg, München 1973.

[3] *Oppelt, W.:* Kleines Handbuch Technischer Regelvorgänge, Verlag Chemie, Weinheim, 1972.

[4] *Samal, E.:* Grundriß der praktischen Regelungstechnik, Verlag R. Oldenbourg, München 1970/71, (Bd. I, II).

[5] *Andersen, S.A.:* Automatic Refrigeration, Verlag Maclaren & Sons Ltd., Danfoss, Nordborg 1959.

[6] Automatische Regelung von Klimaanlagen, Danfoss Journal 4/71, S. 12–14.

[7] Kompressor und Verdampfer – Thermostat, Danfoss Journal 4/68, S. 11–15.

[8] *Huelle, Z.R.:* Eine neue Auffassung über Verdampferspeisung durch thermostatische Expansionsventile (MSS-Linie), Kältetechnik – Klimatisierung, Bd. 22 (1970) H. 9, S. 278/83.

[9] *Huelle, Z.R.:* Planvolle Bemessung und Fehlerortung in Kälteanlagen, Danfoss Journal, 2/71, S. 3–6.

[10] *Huelle, Z.R.:* Wie lassen sich Pendelungen in einer Kälteanlage in der Praxis vermeiden, Danfoss Journal, 1/71, S. 3–7.

[11] Druckregelung auf der Saugseite von Kälte- und Klimaanlagen, Danfoss Journal, 1/69, S. 12–15.

[12] *Salskov-Jensen, O.:* Direkt gesteuerte und servogesteuerte Regler, Danfoss Journal, 1/74, S. 12–15.

[13] Startregelung – Motorschutz durch Begrenzung des Saugdruckes, Danfoss Journal, 2/74, S. 12–14.

[14] Regelung des Verflüssigerdrucks in Luftgekühlten Verflüssigern, Danfoss Journal, 4/73, S. 3–6.

[15] *Veith, H.:* Verflüssiger – Regelmethoden, KI, Bd. 1 (1973), H. 11, S. 23–26.

[16] *Löffler, R.:* Möglichkeiten zur Regelung des Verflüssigungsdruckes an Luftgekühlten Anlagen, KI, Bd. 2 (1974), H. 2, S. 51–54.

[17] *Spühler, R.:* Messung und Auswertung des Übertragungsverhaltens von Regelstrecken der Klimatechnik, Der Kälte-Klima-Praktiker, Bd. 6 (1966), H. 1, S. 2–8.

[18] *Wedekind, G.L.* und *Stoecker, W.F.:* Transient Response of the Mixture – Vapor Transition Point in Horizontal Evaporating Flow. Paper presented at the ASHRAE 73rd. Annual Meeting in Toronto, Canada, June 27–29th 1966.

[19]   *Wedekind, G.L.:* An Experimental Investigation Into the Oscillartory Motion of the Mixture-Vapor Transistion Point in Horizontal Evaporating Flow. ASME Publication, Paper No. 70-HT-G, 1970.

[20]   Verteilung der Kältemittelflüssigkeit in Parallelstrang-Verdampfern, Danfoss Journal, 1/70, S. 3–6.

[21]   *Krug, W.:* Zur dynamischen Anpassung von thermodynamischen Expansionsventilen am Verdampfer. Luft- und Kältetechnik, Bd. 6, (1970) H. 3, S. 124/29.

[22]   *Danig, P.:* Liquid feed regulation by thermostatic expansion valves. The Journal of Refrigeration, Bd. 6 (1963), H. 3, S. 52/56.

[23]   *Stoecker, W. F.:* Speicherung von thermischer Energie mit Kältemittel zwischen dem Expansionsventil und dem Verdampfer. Ki Klima + Kälteingenieur (1979), H. 2, S. 67/69.

7   Elektrotechnik

Ing. (grad.) W. Heyer

Wie überall in der Verfahrenstechnik hat die Elektrotechnik auch in Kälte- und Klimaanlagen eine wichtige Funktion, nämlich

1. Bereitstellung und Zuführung von Leistung
2. Steuerung des funktionellen Ablaufs der Anlagen
3. Automatische Regelung der physikalischen Größen
4. Messung und Registrierung
5. Meldung der Betriebszustände

In diesem Kapitel sollen die für kältetechnische Anlagen wichtigsten elektrotechnischen Grundlagen und spezifischen Zusammenhänge erläutert werden. Die Grundkenntnisse in der Elektrotechnik werden dabei vorausgesetzt.

7.1   Elektrotechnische Grundlagen

In der folgenden Tafel 7/1 werden die hauptsächlichsten elektrischen Größen und ihre Abhängigkeiten untereinander gegenübergestellt und erläutert.

7.1.1   Erläuterung zu den Formeln für Gleich-, Wechsel- und Drehspannung

Die Grundformeln nach Tafel 7/1 sind nur für Gleichspannung und Wechselspannung bei reiner Widerstandsbelastung (*Ohmsche* Last) gültig (Bild 7/1). Bei Wechsel- bzw. Drehspannungssystemen und induktiver Last (Spulen, Motoren) bzw. kapazitiver Last (Kondensatoren) tritt eine zeitliche Verschiebung zwischen der Strom- und Spannungskurve ein. Diese Phasenverschiebung wird mit φ (Phi) bezeichnet und entspricht dem Winkel zwischen Spannung und Strom. Der Phasenverschiebungswinkel wird rechnerisch durch seinen *cos* ausgedrückt.

Wann der Strom vor- oder nacheilend ist, ist aus den Bildern 7/2 bis 7/4 ersichtlich.

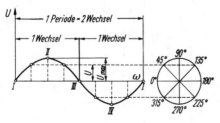

U *Effektivwert*
U_{max} Scheitelwert

Bild 7/1 Spannungskurve des sinusförmigen Wechselstroms als Funktion der Kreisfrequenz

Tafel 7/1 Elektrische Größen und deren Abhängigkeiten untereinander

Lfd. Nr.	Begriff	Einheit	Einheit Kurzzeichen	Formelzeichen	Formel-Ableitungen Gleichspannung	Wechselspannung	Drehspannung	Bemerkungen
1	Spannung	Volt	V	U	$U = I \cdot R$	$U = I \cdot Z$	$U = I \cdot Z$	Ohmsches Gesetz I siehe 2 $R + Z$ siehe 3
2	Strom	Ampere	A	I	$I = \dfrac{U}{R} = \dfrac{P}{U}$			P siehe 9, $\cos\varphi$ siehe 10, $\sin\varphi$ siehe 10
	Scheinstrom	Ampere	A	I_s		$I_\mathrm{s} = \dfrac{P_\mathrm{s}}{U}$	$I_\mathrm{s} = \dfrac{P_\mathrm{s}}{U \cdot \sqrt{3}}$	Bei Wechsel- und Drehspannungssystemen und bei rein Ohmscher Belastung: $\cos\varphi = 1$
	Wirkstrom	Ampere	A	I_W		$I_\mathrm{W} = I_\mathrm{s} \cdot \cos\varphi$	$I_\mathrm{W} = I_\mathrm{s} \cdot \cos\varphi$	
	Blindstrom	Ampere	A	I_B		$I_\mathrm{B} = I_\mathrm{s} \cdot \sin\varphi$	$I_\mathrm{B} = I_\mathrm{s} \cdot \sin\varphi$	
3	Widerstand	Ohm	Ω	R	$R = \dfrac{U}{I}$			$1\,\Omega \,\hat{=}\,$ Widerstand einer Quecksilbersäule von 106,3 cm Länge und 1 mm² Querschnitt bei 0 °C
	Scheinwiderstand	Ohm	Ω	Z		$Z = \dfrac{U}{I_\mathrm{s}}$	$Z = \dfrac{U}{I_\mathrm{s} \cdot \sqrt{3}}$	
	Wirkwiderstand	Ohm	Ω	R		$R = Z \cdot \cos\varphi$	$R = Z \cdot \cos\varphi$	
	Blindwiderstand	Ohm	Ω	X		$X = Z \cdot \sin\varphi$	$X = Z \cdot \sin\varphi$	
4	Spezifischer Widerstand (Einheitswiderstand)			ρ				Widerstand eines bestimmten Materials bei 1 m Länge, 1 mm² Querschnitt und bei 20 °C (Ω mm²/m)
5	Leitwert	Siemens	S	σ	$G = \dfrac{1}{R}$			
6	Spezifischer Leitwert	Siemens/m	S/m	κ	$\kappa = \dfrac{1}{\rho}$			
7	Elektrische Kapazität	Farad	F	C				
8	Elektrische Induktivität	Henry	H	L				

Lfd. Nr.	Begriff	Einheit	Einheit Kurz-zeichen	Formel-zeichen	Formel-Ableitungen			Bemerkungen
					Gleichspannung	Wechselspannung	Drehspannung	
9	Elektrische Leistung	Watt	W	P	$P = U \cdot I$ $= I^2 \cdot R = \dfrac{U^2}{R}$			Umrechnungsfaktoren siehe Tafel 13/11
	Scheinleistung	Watt	VA	P_s		$P_s = U \cdot I_s$	$= U \cdot I_s \cdot \sqrt{3}$	
	Wirkleistung	Watt	W	P		$P = U \cdot I_s \cdot \cos\varphi$	$= U \cdot I_s \cdot \cos\varphi \cdot \sqrt{3}$	
	Blindleistung	Watt	VAR	P_q		$P_q = U \cdot I_s \cdot \sin\varphi$	$= U \cdot I_s \cdot \sin\varphi \cdot \sqrt{3}$	
10	Arbeit	Joule	J Ws	W	$W = P \cdot \tau$			τ = Zeit Arbeit = Leistung über eine bestimmte Zeitdauer
11	Leistungsfaktor			$\cos\varphi$		$\cos\varphi = \dfrac{P}{P_s}$		$= \dfrac{\text{Wirkleistung}}{\text{Scheinleistung}}$
12	Wirkungsgrad			η	$\dfrac{P_{\text{abgegeben}}}{P_{\text{aufgenommen}}}$			meist in Prozent angegeben $\eta = \dfrac{P_{ab}}{P_{auf}} \cdot 100$ in %
13	Frequenz	Hertz	H	f				f = Perioden je Sekunde
14	Effektiv-Werte	Ampere	A	i u		$i = \dfrac{I_{\max}}{\sqrt{2}}$		$I_{\text{eff.}}$ = konstant gedachter Strom, der in einer bestimmten Zeiteinheit die gleiche Wärme erzeugt, wie der in seiner Größe periodische wechselnde Strom (s. Bild 7/1)
15	Widerstands-Temperatur-koeffizient			α				α = Widerstandszunahme eines 1 Ω-Widerstandes bei Temperaturerhöhung um 1 K (versch. Materialien haben versch. α-Werte)
16	Spannungsabfall	Volt	V	ΔU	$\Delta U = I \cdot R$ $= I \cdot 2 R_L$	$\Delta U = I \cdot 2 R_L$	$\Delta U = \sqrt{3} \cdot I \cdot 2 R_L$	R_L = einfache Leitungslänge $\Delta U = \sqrt{3} \cdot I \cdot 2 R_L$ unter Vernachlässigung des Blindwiderstandes (bei Leitungen bis 16 ⌀ kann x_L vernachlässigt werden)

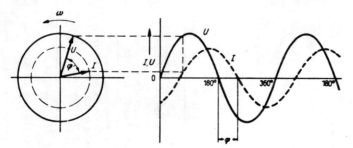

Bild 7/2 Einphasensystem mit Phasenverschiebung (nacheilender Strom)

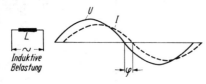

Bild 7/3 Wechselstromkreis mit induktiver Belastung
Der Strom eilt der Spannung voraus

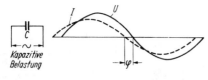

Bild 7/4 Wechselstromkreis mit kapazitiver Belastung
Der Strom eilt der Spannung nach

7.1.2 Vielfaches und Teile von Maßeinheiten

Die in ihrer Größenordnung oft ungeeigneten Maßeinheiten werden oft nach den
Erfordernissen vergrößert oder verkleinert gemäß den in Tafel 13/5 aufgezählten
Kurzzeichen.

Beispiele:

Spannung: $\quad$ 1 kV $\;=\;$ 1 Kilovolt $\quad=\;$ 1000 V

$\qquad\qquad$ 1 mV $=$ 1 Millivolt $\quad = \dfrac{1}{1000} = 10^{-3}$

Strom: $\qquad$ 1 kA $\;=\;$ 1 Kiloampere $=$ 1000 A

$\qquad\qquad$ 1 mA $=$ 1 Milliampere $= \dfrac{1}{1000} = 10^{-3}$

Widerstand: $\quad$ 1 MΩ $=$ 1 Megaohm $\;=$ 1 000 000 $= 10^{6}$ Ω

$\qquad\qquad$ 1 KΩ $=$ 1 Kiloohm $\;\;=$ 1000 $= 10^{3}$ Ω

Kapazität: $\quad$ 1 μF $\;=\;$ 1 Mikrofarad $= \dfrac{1}{1\,000\,000} = 10^{-6}$ F

$\qquad\qquad$ 1 pF $\;\;=\;$ 1 Pikofarad $\;\;= \dfrac{1}{10^{12}} = 10^{-12}$ F

Induktivität: $\;$ 1 mH $=$ 1 Millihenry $\;= \dfrac{1}{1000} = 10^{-3}$ H

7.1.3 Widerstandsberechnungen

7.1.3.1 Berechnung von Leitungswiderständen (Wirkwiderstände)

a) Gesamtwiderstand eines Leiters bei 20 °C Umgebungstemperatur:

$$R = \frac{l \cdot \rho}{q} = \frac{\text{Länge} \cdot \text{spez. Widerstand*)}}{\text{Querschnitt}} \dots \qquad (7-1)$$

b) bei von 20 °C abweichender Umgebungstemperatur ϑ_x

$$R = \frac{l \cdot \rho}{q} \cdot [1 + \alpha(\vartheta_x - 20)] \qquad (7-2)$$

Beispiel:
Widerstand einer 2adrigen Kabelleitung aus 1,5 ⌀ Cu, Kabellänge = 550 m.

bei 20 °C: $R = \dfrac{2 \cdot 550 \cdot 0{,}0178}{1{,}5} = 13{,}05 \ \Omega$

bei 45 °C: $R = 13{,}05 \cdot [1 + 0{,}00392(45 - 20)] = 14{,}33 \ \Omega$

7.1.3.2 Berechnung verschiedener Wirkwiderstands-Schaltungen
   (rein Ohmsche Widerstände)

a) Reihenschaltung (Bild 7/5)

$$R_{\text{gesamt}} = R_1 + R_2 + R_3 \qquad (7-3)$$

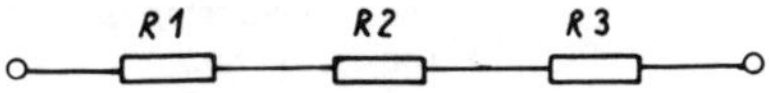

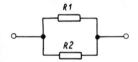

Bild 7/5 Reihenschaltung von Widerständen

b) Parallelschaltung von Widerständen (Bild 7/6)

$$R_{\text{gesamt}} = \frac{R_1 \cdot R_2}{R_1 + R_2} \qquad (7-4)$$

Bild 7/6 Parallelschaltung von zwei Widerständen

7.1.3.3 Parallelschaltung mehrerer Widerstände

a) 3 Widerstände (Bild 7/7)

$$R_{\text{gesamt}} = \frac{R_1 \cdot R_2 \cdot R_3}{R_1 \cdot R_2 + R_1 \cdot R_3 + R_2 \cdot R_3} \qquad (7-5)$$

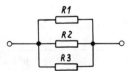

Bild 7/7 Parallelschaltung von drei Widerständen

*) siehe Tafel 7/2

b) n Widerstände

$$R_{gesamt} = \frac{R_1 \cdot R_2 \cdot R_3 \ldots R_n}{R_1 \cdot R_2 + R_1 \cdot R_3 + R_1 \cdot R_n + R_2 \cdot R_3 + R_2 \cdot R_n + \ldots R_{n-1} \cdot R_n}$$

$$(7-6)$$

7.1.3.4 Kennfarben von Widerständen in elektronischen Geräten nach DIN 41 429

Bei den maßlich kleinen Widerständen in elektronischen Schaltungen ist eine schriftliche Bezeichnung des Widerstandswertes nicht möglich. Man bedient sich deshalb Kennfarben:

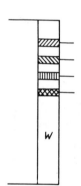

Bedeutung der Farbringe (von außen nach der Mitte des Widerstandskörpers gezählt):

1. Ring: 1. Ziffer des Widerstandswertes

2. Ring: 2. Ziffer des Widerstandswertes

3. Ring: Multiplikator, d. h. Zehnerpotenz, mit der die ersten beiden Zahlen zu multiplizieren sind.

4. Ring: Toleranz

Kennfarbe		1. Ring	2. Ring	3. Ring	4. Ring Widerstands-
RAL	Farbton	1. Ziffer	2. Ziffer	Multiplikator	toleranz
9006	Silber	–	–	$10^{-2} = 0{,}01$	$\pm\,10\%$
	Gold	–	–	$10^{-1} = 0{,}1$	$\pm\,5\%$
9005	Schwarz	–	0	$10^0 = 0^1$	–
8011	Braun	1	1	$10^1 = 10$	$\pm\,1\%$
3002	Rot	2	2	$10^2 = 100$	$\pm\,2\%$
2001	Orange	3	3	$10^3 = 1000$	–
1012	Gelb	4	4	10^4	–
6001	Grün	5	5	10^5	–
5009	Blau	6	6	10^6	–
4001	Violett	7	7	10^7	–
7023	Grau	8	8	10^8	–
9001	Weiß	9	9	10^9	–
	keine	–	–	–	$\pm\,20\%$

$1000\ \Omega = 1$ Kiloohm (kΩ); $1\ 000\ 000\ \Omega = 1$ Megaohm (MΩ)

Beispiele:

Kennfarben				Widerstandswert
1. Ring	2. Ring	3. Ring	4. Ring	
braun (1)	schwarz (0)	silber (10^{-2})	(keine)	$(10 \cdot 10^{-2}) \pm 20\% = 0{,}1\ \Omega \pm 20\%$
rot (2)	grün (5)	schwarz (10^0)	gold ($\pm\,5\%$)	$(25 \cdot 10^0) \pm 5\% = 25\ \Omega \pm 5\%$
gelb (4)	violett (7)	grün (10^5)	silber ($\pm\,10\%$)	$(47 \cdot 10^5) \pm 10\% = 4{,}7\ M\Omega \pm 10$

7.1.4 Spezifischer elektrischer Widerstand

Verschiedenartige Leiterwerkstoffe haben bei gleichen Abmessungen unterschiedliche elektrische Widerstände.

Sie verhalten sich auch bei steigender Temperatur sehr verschieden. In Tafel 7/2 sind für die wichtigsten Leiter diese Werte zusammengestellt.

Tafel 7/2 Spezifischer elektrischer Widerstand und Temperaturbeiwert α von verschiedenen Leitern

Lfd. Nr.	Leiter-Material		spezifischer Widerstand bei 20 °C $\rho = \dfrac{\Omega \, mm^2}{m}$	spezifischer Leitwert bei 20 °C $\kappa = \dfrac{m}{mm^2 \, \Omega}$	Temperatur Koeffizient α	Bemerkungen
1	Aluminium 99,5% Al	(weich)	0,0278	36	0,004	
2	Blei		0,208	4,8	0,0039	
3	Eisen	(99%) Guß	0,1−0,15 0,6−1,6	10 −6,67 1,67−0,63	0,0065 0,0019	
4	Gold		0,023	43,5	0,0038	
5	Kupfer		0,0178	57	0,00392	
6	Kohle		40−100	0,025−0,01	− 0,0003	abnehmender Widerstand b. steigender Temperatur
7	Messing Messingdraht		0,07 0,07	14,3 14,3	0,0013−0,0017 0,0012	
8	Nickel		0,09	11,1	0,006	
9	Platin		0,1	10	0,0038	
10	Quecksilber		0,958	1,04	0,0008 ÷ 0,001	
11	Silber		0,0165	60,5	0,0036	
12	Stahl Stahldraht		0,1−0,2 0,17	10−5 5,88	0,0045 0,005	
13	Wolfram		0,055	18,2	0,004	
14	Zink		0,061	16,4	0,0042	
15	Zinn		0,12	8,33	0,0044	

7.2   Elektrische Betriebsmittel

Darunter wird die Gesamtheit aller elektrischer Komponenten in einer elektrischen Anlage verstanden, in erster Linie also Schalter, Motore, Transformatoren, Kabel.

7.2.1   Schaltgeräte

7.2.1.1 *Übersicht über die wichtigsten Gerätearten* (Tafel 7/3)

Lfd. Nr.	Bezeichnung	Anwendung	Bemerkungen
1	Steuerschalter	in Steuerstromkreisen	Dauerlast und Schaltleistung (Ohmsche und induktive Belastung) beachten!
2	Trennschalter	in Hauptstromkreisen hauptsächlich zum Spannungsfrei-Schalten	Belastung bis Nennstrom. Dürfen nur stromlos aus- und eingeschaltet werden!
3	Last-Trennschalter (Leistungs-Trennschalter)	in Hauptstromkreisen hauptsächlich zum Spannungsfrei-Schalten	Belastung bis Nennstrom. Bis zum Nennstrom unter Last schaltbar.
4	Leistungsschalter	in Hauptstromkreisen zum Spannungsfrei-Schalten	Belastung bis Nennstrom. Bis zum Nennstrom und dem überlagerten Anlaufstrom großer Motoren unter Last schaltbar.
5	Leistungsselbstschalter	in Hauptstromkreisen zum Spannungsfrei-Schalten und selbsttätigen Abschalten von Überlast und Kurzschlüssen	ausgerüstet mit thermischen Überstromauslösern und Kurzschluß-Schnellauslösern. Schaltleistung bis zu den listenmäßig angegebenen Kurzschlußströmen (in begrenzter Schaltfolge) beachten: Kurzschluß-Schnellauslöser arbeiten fast verzögerungslos! Hohe Einschaltströme großer Motore können zu ungewollten Auslösungen führen.
6	Hilfsschütze Relais Zeitrelais	in Steuerstromkreisen	beachten: unterschiedliche Kontaktbelastung für Gleich- oder Wechselstromverbraucher induktive oder ohmsche Belastung Einschaltströme von Schützen, kleinen Motoren u. ä. mechanische Lebensdauer – Kontakt-Lebensdauer (vermindert bei hoher Schalthäufigkeit)

Elektrotechnik

Tafel 7/3 Fortsetzung

Lfd. Nr.	Bezeichnung	Anwendung	Bemerkungen
7	Leistungsschütze	in Hauptstromkreisen zum Fernschalten von Motoren, Heizungen, Kondensatoren, Transformatoren usw.	Nennbelastung bis Dauerstrom Auswahl: für Motoren nach Gebrauchskategorien (siehe Tafel 7/4) und Leistung gemäß Listenangaben (Einschaltströme der Motore sind darin bis zum 6fachen Einschaltstrom berücksichtigt) für Kondensatoren nach spez. Listenangaben für Hilfskontakte gilt das gleiche wie bei Nr. 6 beachten: Listenangabe über zulässige max. Kurzschlußstrom-Vorsicherung
8	Thermische Überstrom-Auslöser	in Hauptstromkreisen zum Überlastschutz von Motoren	Geräte mit Schutz gegen Phasenausfall und Umgebungstemperatur-Kompensation verwenden! beachten: Stromreduktionsfaktor bei hohen Umgebungstemperaturen Zul. max. Kurzschluß-Strom-Vorsicherung Einstellbereich so wählen, daß Motornennstrom nicht im Grenzbereich liegt für Hilfskontakte gilt das gleiche wie bei Nr. 6
9	Leitungsschutz-Automaten	in Steuerstrom- und Hilfsstromkreisen, Beleuchtung usw.	Auslösecharakteristik (Kennlinie nach B–L–H–K (siehe Listenangaben) max. zulässige Kurzschluß-Strom-Vorsicherung
10	Motorschutzschalter	in Hauptstromkreisen zum thermischen und Kurzschlußschutz von Motoren usw.	ausgerüstet mit thermischen Überstromauslösern und Kurzschluß-Schnellauslösern Auswahl nach Listenangaben beachten. max. zulässige Kurzschluß-Strom-Vorsicherung Hilfskontakte wie Nr. 6

Tafel 7/3 Fortsetzung

Lfd. Nr.	Bezeichnung	Anwendung	Bemerkungen
11	Fehlerstromschutzschalter	in Haupt- und Hilfsstromkreisen von Anlagen, bei denen infolge den Umgebungsverhältnissen erhöhte Gefahr bei Isolationsfehlern besteht. Z. B. Küchenanlagen, Schwimmbäder usw.	Nennfehlerstromgrößen: 30–100–300–500 mA Heizungen in Kälteanlagen führen öfter zu ungewollten Abschaltungen durch Fehlerstromschalter. Auslösebereiche 30 mA sollten wegen der hohen Empfindlichkeit möglichst vermieden werden.

7.2.1.2 Schütze

Schütze sind Schaltgeräte, die für eine hohe Schalthäufigkeit (100 bis 1000 Schaltungen pro Stunde) und eine Lebensdauer von ca. 1 bis 10 Millionen Schaltspielen gebaut sind. Die Lebensdauer wird maßgeblich von der zu schaltenden Leistung beeinflußt.

Die Betriebsart (s. Bild 7/8) bestimmt, welchen Schaltbedingungen ein Schütz gewachsen ist.

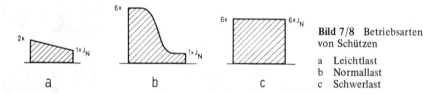

Bild 7/8 Betriebsarten von Schützen

a Leichtlast
b Normallast
c Schwerlast

Unter „Leichtlast" versteht man elektrische Verbraucher, die beim Einschalten nicht mehr als etwa ihren zweifachen Nennstrom aufnehmen. Beim Abschalten fließt nur der Nennstrom (z. B. elektrische Heizgeräte, Motoren mit Anlassern u. ä.).

Bei „Normallast" darf beim Einschalten der sechsfache, beim Ausschalten der einfache Nennstrom auftreten (z. B. direkt eingeschaltete Motoren).

„Schwerlast" liegt dann vor, wenn beim Ein- und Ausschalten der sechsfache Nennstrom des Schützes auftritt, wie es z. B. beim schnellen Ein- und Ausschalten von Motoren vorkommt (Tippschaltung).

Wie sich diese Schaltungsart auf die zulässigen Schaltleistungen auswirkt, zeigt Bild 7/9, in welchem senkrecht die Schaltungen pro Stunde, waagerecht die zulässigen Motorleistungen aufgetragen sind. Dabei gilt die obere Skala für eine Betriebsspannung von 220 V, die untere für eine Betriebsspannung von 380 und 500 V. Die drei eingetragenen Kurven berücksichtigen die Betriebsarten „Leichtlast", „Normallast" und „Schwerlast".

Schütze werden deshalb nach Gebrauchskategorien eingeteilt und bezeichnet
(s. Tafel 7/4).

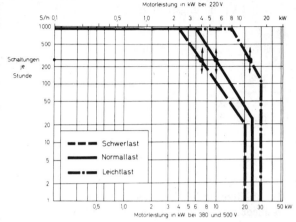

Bild 7/9 Auswahldiagramm für die Bemessung von Schützen in Abhängigkeit von Schalthäufigkeit und Motorleistung

Tafel 7/4 Gebrauchskategorien für Leistungsschütze nach VDE 0660, Teil 1

Stromart	Gebrauchs-kategorie	Beispiele für die Anwendung
	AC 1	Nicht induktive oder schwach induktive Belastungen, Widerstandsöfen
	AC 2 AC 2'	Anlassen von Schleifringläufermotoren
Wechsel-strom	AC 3	Anlassen von Käfigläufermotoren, Ausschalten von Motoren während des Laufes
Dreh-strom	AC 4	Anlassen von Käfigläufermotoren, Tippen[1]), Gegenstrombremsen, Reversieren[2])
	DC 1	Nicht induktive oder schwach induktive Belastungen, Widerstandsöfen
Gleich-strom	DC 2	Nebenschluß-motoren — Anlassen, Ausschalten während des Laufes
	DC 3	Nebenschluß-motoren — Anlassen, Tippen[1]), Gegenstrombremsen, Reversieren
	DC 4	Reihenschluß-motoren — Anlassen, Ausschalten während des Laufes
	DC 5	Reihenschluß-motoren — Anlassen, Tippen[1]), Gegenstrombremsen, Reversieren

1) Unter Tippen versteht man die einmalige oder wiederholte kurzzeitige Speisung eines Motors, um kleine Bewegungen zu erreichen.
2) Unter Reversieren versteht man das rasche Umkehren der Laufrichtung des Motors durch Wechseln der Primäranschlüsse während des Laufes.

7.2.1.3 Sicherungen (Schmelzsicherungen)

Sicherungen dienen dem Überlast- und Kurzschluß-Schutz von elektrischen Leitungen und elektrischen Betriebsmitteln (Ausführungsrichtlinien VDE 0636).

Ausführungsformen sind:

a) Schraubsicherungen (mit berührungssicherer Abdeckung)

Baureihe DO (kleine Bauform)

Baugrößen/Nennströme: DO 1 bis 16 A
                       DO 2 bis 63 A
                       DO 3 bis 100 A

Baureihe D (größere Bauform)

Baugrößen/Nennströme   D 1 bis 25 A
                       D 2 bis 63 A

Durch verschiedene Paßschraubeneinsätze ist die Unverwechselbarkeit der Sicherungspatronen in bezug auf verschiedene Nennströme gewährleistet.

beachten: max. zulässige Kurzschluß-Abschaltleistung!

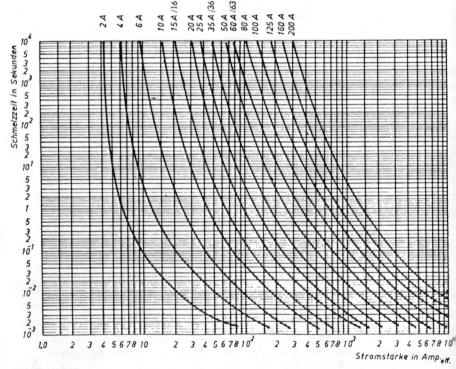

Bild 7/10 Mittlere Stromzeitkennlinien von Schmelz-Sicherungen (träge Ausführung) nach VDE 0635 und VDE 0636/3

b) Messerkontakt-Sicherungen (nicht berührungssicher)

Baureihe NH (für große Nennströme und hohe Kurzschluß-Abschaltleistung)

Baugrößen/Nennströme:

00	2 –	125 A	
0	125 –	160 A	
1	200 –	250 A	
2	260 –	400 A	
3	425 –	630 A	
4		– 1600 A	

Keine Unverwechselbarkeit der Sicherungseinsätze.

c) Sicherungs-Schalter (gefahrloses Auswechseln der Sicherungs-Einsätze)

– Sicherungs-Trennschalter (nur stromlos schaltbar)
– Sicherungs-Last-Trennschalter (unter Laststrom schaltbar)

d) Allgemeine Anwendungshinweise:

– Zur Sicherungsauswahl sind die listenmäßigen Auslösekennlinien (unterteilt in „flink" oder „träge") zu beachten (siehe Bild 7/10)

– Bei Reihenschaltung von 2 oder mehreren Sicherungen zwischen der Energie-
verteilung und dem Verbraucher ist die selektive Auslösung zu berücksichtigen,
d. h. die dem Verbraucher zunächst angeordnete Sicherung muß den geringsten
Nennstrom haben und zuerst auslösen!

Tafel 7/5 Belastbarkeit isolierter Leitungen mit Kupferleitern bei Raumtemperaturen bis 25 °C
(VDE 0100) und zulässiger Nennstrom der Sicherung

Nenn- querschnitt mm²	Gruppe 1		Gruppe 2		Gruppe 3	
	A	Sich. A	A	Sich. A	A	Sich. A
0,75	–	–	13	10	16	16
1	12	10	16	16	20	20
1,5	16	16	20	20	25	25
2,5	21	20	27	25	34	35
4	27	25	36	35	45	50
6	35	35	47	50	57	63
10	48	50	65	63	78	80
16	65	63	87	80	104	100
25	88	80	115	100	137	125
35	110	100	143	125	168	160
50	140	125	178	160	210	200
70	175	160	220	224	260	250
95	210	200	265	250	310	300
120	250	250	310	300	365	355
150	295*)	300*)	355	355	415	425
185	340*)	300*)	405	355	475	425
240	400*)	355*)	480	425	560	500
300	470*)	425*)	555	500	645	600
400	570*)	500*)	–	–	770	710
500	660*)	600*)	–	–	880	850

*) Diese Angaben sind nicht genormt.

In VDE sind die Nennstromstärken der Sicherungen bestimmten Leiterquerschnitten zugeordnet. Dabei muß die Art der Verlegung und die Anhäufung mehrerer Leiter berücksichtigt werden.

Gruppe 1: Eine oder mehrere in Rohr verlegte einadrige Leitungen, z. B. NYA.

Gruppe 2: Mehraderleitungen, z. B. Mantelleitungen, Rohrdrähte, Bleimantelleitungen, Stegleitungen, bewegliche Leitungen.

Gruppe 3: Einadrige, frei in der Luft verlegte Leitungen, wobei die Leitungen mit Zwischenraum von mindestens Leitungsdurchmesser verlegt sind, sowie einadrige Verdrahtungen in Schalt- und Verteilungsanlagen und Schienen verteiler.

Bei Dauerbelastung der Leitungen gilt für die 3 Gruppen bei einer Umgebungstemperatur von 25 °C die Tafel 7/5.

7.2.2 Elektromotore – Übersicht

Bei den Elektromotoren wird elektrische Leistung in mechanische Leistung umgesetzt.

In kältetechnischen Anlagen werden Motore hauptsächlich zum Antrieb von Verdichtern, Pumpen, Ventilatoren und Stellantrieben eingesetzt. Dabei handelt es sich, von Ausnahmen abgesehen, um Drehstrom-Kurzschlußläufer-Motoren – also Asynchronmotoren.

7.2.2.1 Einteilung der wichtigsten Elektromotoren-Arten (Tafel 7/6)

Lfd. Nr.	Bezeichnung	Strom-art	Ausführungsarten	max. Spannung	regelbar	Beschreibung
1	Asynchron-Motoren	3 ~	Kurzschlußläufer	10 kV	bedingt	Umlaufendes magnetisches
		3 ~	Schleifringläufer	10 kV	bedingt	Feld im Ständer induziert im Rotor Magnetfelder. Der Rotor läuft dem Ständermagnetfeld nach
		1 ~	Einphasen-Motor	380 V	bedingt	Pulsierendes magnetisches Einphasenwechselfeld induziert den Läufer und ruft Drehmoment hervor
2	Synchron-Motoren	3 ~	Synchron-Motor	10 kV	nein	Rotor wird gleichstromerregt und läuft über die magnetische Kopplung synchron mit dem Ständerfeld
		3 ~	Synchronisierter Asynchron-Motor	10 kV	nein	Im Rotor sind zur Gleichstromwicklung zusätzliche Asynchron-Käfigstäbe enthalten. Motor kann ohne Anlaufhilfe angelassen werden
3	Kommutator-Motoren	3 ~	Drehstrom-Nebenschluß-Motor	660 V	ja	Drehstromständer mit zusätzlicher Gleichstromspeisung
		1 ~	Repulsionsmotor	220 V	bedingt	Einphasenwicklung
		1 ~	Universalmotor	220 V	bedingt	
4	Gleichstrom-Motoren	=	Nebenschluß	600 V	ja	Feld fremderregt (oder eigen)
			Hauptschluß	600 V	ja	Erregerwicklung von Ankerstrom durchflossen
			Doppelschluß	600 V	ja	Feld von Hauptstrom und zusätzlichem Fremdstrom erregt

7.2.2.2 Bauformen

Die Bauform eines Elektromotors ist je nach dem Verwendungszweck verschieden. Nachstehende Tafel 7/7 zeigt einen Auszug aus der Vorschrift DIN 42 950, in der die möglichen Bauformen zusammengestellt sind.

Tafel 7/7 Bauformen von Elektromotoren, Auszug aus DIN 42 950/4 [1]

Grundbauformen			Aus den Grundformen abgewandelte Bauformen		
Kurz-zeichen	Sinnbild	Erläuterungen AS = Antriebseite NS = Nichtantriebseite	Kurz-zeichen	Abweichungen zur Grundbau-form Befestigung	freies Wellen-ende
B 3		mit Lagerschilden AS + NS Gehäuse mit Füßen freies Wellenende Befestigung auf Unterbau	B 6 B 7 B 8 V 5 V 6	an der Wand an der Wand an der Decke an der Wand an der Wand	links rechts unten oben
B 5		mit Lagerschilden AS + NS Gehäuse ohne Füße freies Wellenende Befestigungsflansch auf AS	V 1 V 3	Flansch unten Flansch oben	unten oben
B 10		mit Lagerschilden AS + NS Gehäuse ohne Füße freies Wellenende Befestigung an Flanschfläche AS, lagerschildseitig	B 12 V 10 V 12 V 14 V 16	gehäuseseitig lagerschildseitig gehäuseseitig lagerschildseitig gehäuseseitig	unten unten oben oben
B 14		mit Lagerschilden AS + NS Gehäuse ohne Füße freies Wellenende Befestigung an der Stirnseite des Lagerschildes AS	V 18 V 19	Flansch unten Flansch oben	unten oben
B 9		ohne Lagerschild AS Gehäuse ohne Füße freies Wellenende Befestigung an Gehäuse-Stirnfläche AS	V 8 V 9	Anbau unten Anbau oben	unten oben
V 2		mit Lagerschilden AS + NS Gehäuse ohne Füße freies Wellenende oben Befestigungsflansch auf NS	V 4	Flansch oben	unten

Bauformen nach DIN 42 950

1. Maschinen ohne Lager, waagerechte Anordnung   Kurzzeichen A
2. Maschinen mit Lagerschilden, waagerechte Anordnung   Kurzzeichen B
3. Maschinen mit Lagerschilden und Stehlagern, waagerechte Anordnung   Kurzzeichen C
4. Maschinen mit Stehlagern, waagerechte Anordnung   Kurzzeichen D
5. Maschinen mit Lagerschilden, senkrechte Anordnung   Kurzzeichen V
6. Maschinen ohne Lagerschilde, senkrechte Anordnung   Kurzzeichen W

Außer den oben dargestellten meist vorkommenden Bauformen gibt es noch: die kombinierten Bauformen B 3/B 5, B 17, B 15 und B 3/B 14

7.2.2.3 Kühlungsarten

Die im Motor entstehende Verlustwärme muß an ein Kühlmedium abgeführt werden. Dieses ist in der Regel Luft. Man unterscheidet:

Selbstkühlung	ohne Lüfter durch Strahlung
Eigenkühlung	durch vom Motor angetriebenen Lüfter
Fremdkühlung	durch Fremdlüfter
Innenkühlung	die Kühlluft strömt durch den Motor
Oberflächenkühlung	die Kühlluft strömt über die verrippte Motoroberfläche
Kreislaufkühlung	Kühlluft im Kreislauf durch den Motor Luft wird in einem äußeren Wärmetauscher z. B. durch Wasser rückgekühlt
Gaskühlung	bei hermetischen Kälteverdichtern – dampfförmiges Kältemittel durchströmt die Motoren

Vorgegeben durch die Wärmebeständigkeit der Wicklungsisolation sind die Motoren für eine bestimmte zulässige Dauertemperatur ausgelegt.

Diese Dauertemperatur wird bei Dauerbetrieb und Nennbelastung nach der Zeit τ_g erreicht. Bei anderen Betriebsarten (z. B. Aussetzbetrieb, Tippbetrieb) muß die Leistungsauswahl der max. Wärmebelastung angepaßt werden.

Die Wicklungsisolationen sind in Isolationsklassen für bestimmte Dauertemperaturen eingeteilt (Tafel 7/8).

Tafel 7/8 Isolationsklassen von Elektromotoren

Isolierstoffklasse	Höchstzulässige Dauertemperatur (°C)
Y	90
A	105
E	120
B	130
F	155
H	180
C	> 180

Bei Motorenaufstellung in höherer Umgebungstemperatur als 40 °C oder über, 1000 m Höhenlage muß die Motorleistung reduziert werden auf (%):

Umgebungs-temperatur °C	40	45	50	55	60	65
Isolierstoff Klasse A	100 %	96	92	86	84	80
Isolierstoff Klasse B	100 %	97	93	89	85	81

7.2.2.4 Betriebsarten (nach VDE 0530/1) [8]

Elektromotoren müssen aufgrund der nachstehend definierten Betriebsarten bei der Auswahl der erforderlichen Motorleistung dem Betrieb angepaßt werden.

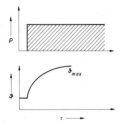

a) Dauerbetrieb S 1

Betrieb mit konstanter Belastung (Nennleistung).
Betriebsdauer ist dabei so lang, daß die Motor-
Beharrungstemperatur erreicht wird.

b) Kurzzeitbetrieb S 2

Betriebsdauer mit konstanter Belastung ist so kurz,
daß die Beharrungstemperatur nicht erreicht wird.
Die Stillstandspause des Motors ist so lang, daß der
Motor auf die Kühlmitteltemperatur abkühlt.

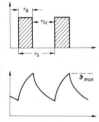

c) Aussetzbetrieb ohne Einfluß des Anlaufs S 3

Dauernde Folgen von Betriebszeiten und Pausenzeiten
(1 Betriebszeit + 1 Pausenzeit = 1 Spiel). Anlaufstrom
beeinflußt infolge kurzer Anlaufzeit nicht wesentlich
die Erwärmung des Motors.

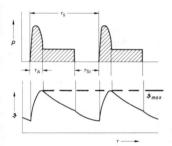

d) Aussetzbetrieb mit Einfluß des Anlaufs S 4

Wie S 3, jedoch Einfluß des Anlaufstromes auf die
Motorerwärmung, da relativ längere Anlaufzeit
vorhanden.

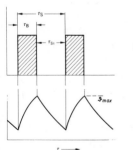

e) Durchlaufbetrieb mit Aussetzbelastung S 6

Folge gleichartiger Spiele, jeweils eine Zeit
mit konstanter Belastung nach einer
Leerlaufzeit, jedoch ohne Pause.

7.2.2.5 Motorschutzeinrichtungen

Der Motorschutz in der Antriebstechnik von Kälteanlagen beschränkt sich auf den Schutz vor Übererwärmung der Motoren, hervorgerufen durch Überlast, fehlende Kühlung, Einphasenbetrieb oder blockierten Läufer.

Er muß durch rechtzeitiges Abschalten der Leistungszuführung das für den Motor schädliche Erreichen der Grenztemperatur verhindern.

Hierfür gibt es zwei grundsätzliche Verfahren:

a) Abbilden der Motorerwärmung über den Motorstrom

Die Meßorgane — meist Bimetallglieder, vom Motorstrom direkt oder von Stromwandler-Sekundärströmen beaufschlagt — bilden die Erwärmungszeitkonstante nach und betätigen ein Hauptstrom- oder Hilfsstromschaltglied.

Dieses Verfahren bietet nur annähernden Schutz, da die Erwärmungsnachbildung nur ungenau sein kann, da äußere Einflüsse, wie fehlende oder nicht ausreichende Motorkühlung, zu hohe Umgebungstemperaturen u. ä. nicht berücksichtigt werden.

Motorschutzgeräte dieses Verfahrens sind z. B.
- Thermische Überstromauslöser
- Motorschutzschalter

b) Direkte Messung der Motortemperatur in den Motorwicklungen

Die Meßorgane sind entweder als kleine Bimetallschalter oder Meßwiderstände direkt in die Motorwicklungen eingelegt.

Die Temperaturüberwachung durch Bimetallglieder verliert stark an Bedeutung, da sie

- aufgrund ihrer endlichen Masse die Temperaturerhöhung mit erheblicher Zeitverzögerung erfassen und besonders bei blockierten Läufern zu spät auslösen;

- nach erfolgter Rückkühlung selbsttätig zurückschalten und die automatische Wiedereinschaltung auch unter gestörten Verhältnissen einleiten.

Meßwiderstände dagegen sind kleiner als ein Streichholzkopf und bilden die Temperaturerhöhung im Motor fast unverzögert nach.

Ihr in Abhängigkeit der Temperatur sich ändernder Widerstand wird in einem nachgeschalteten elektronischen Meßverstärker erfaßt und bei Erreichen der vorprogrammierten Auslösetemperatur in einen Auslösebefehl umgesetzt.

Als Meßwiderstände werden Kaltleiterfühler (PTC) eingesetzt, deren Widerstandswerte ab Überschreitung einer bestimmten Temperatur steil ansteigen und daher im Auslösebereich bereits bei Temperaturerhöhungen um wenige °C eine große Widerstandserhöhung bringen (s. Bild 7/11). Dadurch ist der Einsatz relativ einfacher und billiger Auslösegeräte (Meßverstärker) möglich.

In speziellen Fällen — besonders bei Mittelspannungsmotoren — werden auch PT-100-Fühler mit annähernd linearer Charakteristik verwendet. Die hierfür erforderlichen Auslösegeräte sind jedoch wesentlich teurer.

Motore größerer Leistung (rd. ab 20 kW) weisen meistens ein läuferkritisches Verhalten auf, d. h. bei blockiertem Läufer erwärmt sich der Läufer schneller als der

Ständer. In diesen Fällen ist der Läufer bereits gefährdet, bevor die Ständertemperaturüberwachung anspricht.

Um solche Motoren gegen diesen Störungsfall zu sichern, ist die zusätzliche Anwendung einer thermischen Überstromüberwachung zu empfehlen.

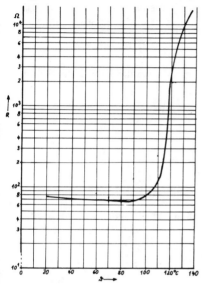

Bild 7/11 Kennlinie eines typischen Kaltleiterfühlers (PTC)⁻

c) Projektierungshinweise für Motorschutzeinrichtungen:

Schmelzsicherungen sind zum Motorschutz nicht geeignet.

Für Thermische Überstromrelais und Motorschutzschalter gilt:

- Auslöser für Trägheitsgrad II einsetzen, da in Kälteanlagen keine Schweranlaufverhältnisse auftreten.
- Geräte mit automatischer Umgebungstemperatur-Kompensation verwenden.
- Geräte mit überlagerter Einphasenlaufüberwachung einsetzen. Bei Einphasenlauf wird hierbei der Stromeinfluß verstärkt.
- In schwierigen Fällen die Herstellerkennlinien (Auslösezeit in Abhängigkeit des Vielfachen des Nennstromes) mit den auftretenden Verhältnissen überprüfen!
- Bei Übersetzung der Motorströme über Wandler die Überstromziffer und Bürdenbelastung beachten (s. Abschn. 7.2.5).
- Relais mit selbstsperrender Verklinkung verwenden.

Für Wicklungstemperaturüberwachungen (Vollschutz) gilt:

- Nachteile bei Bimetallschaltern beachten
- Zusätzlich Thermische Überstromauslöser bei läuferkritischen Maschinen einsetzen
- Prüfen, ob Auslösetemperatur der Temperatur der Isolationsklasse angepaßt ist.

Für hermetische Kälteverdichter-Motoren ist der günstigste Schutz die Wicklungstemperaturüberwachung nach b).

7.2.3 Eigenschaften von Drehstrom-Kurzschlußläufermotoren (DKL)

Wie bereits erwähnt, werden in kältetechnischen Anlagen für Antriebsleistungen größer als 1 kW fast ausschließlich Drehstromkurzschlußläufermotoren eingesetzt. Dies ist im wesentlichen auf die Einfachheit, Robustheit und unkomplizierte Steuermöglichkeit zurückzuführen, zumal in diesem Anlagenbereich – von wenigen Ausnahmen abgesehen – keine kontinuierliche Drehzahlverstellung erforderlich ist.

7.2.3.1 Drehzahlen und Momente

Die *synchronen* Drehzahlen der Motoren sind abhängig von der Polzahl der Ständerwicklung und der Frequenz.

$$n_{\text{synchron}} = \frac{60 \cdot f}{p}$$

f = Frequenz
p = Polpaarzahl
n = Drehzahl

Die *asynchrone* Drehzahl ist um den Schlupf geringer als die synchrone Drehzahl:

$$\text{Schlupf } S = \frac{n_{\text{asynchron}}}{n_{\text{synchron}}} \quad ; \quad n_{\text{as}} = n_{\text{syn}} \cdot S$$

Synchrone Drehzahlen bei 50 Hz sind

Polpaarzahl	2	4	6	8	10	12	16	20
n_{synchron}	3000	1500	1000	750	600	500	375	300

Drehzahl-Umrechnung für andere Frequenzen:

$$n_{\text{x}} = n_{50\,\text{Hz}} \cdot \frac{f_{\text{x}}}{f_{\text{n}}} \quad ; \quad f_{\text{x}} = \text{andere Frequenz}$$

Motoren mit hohen Drehzahlen sind billiger, kleiner und wirtschaftlicher.

Die *Kippdrehzahl* ist die Drehzahl am Kippmoment. Darunter ist kein stabiler Betrieb möglich.

Die *Betriebsdrehzahl* (asynchrone Drehzahl) liegt in Abhängigkeit vom Lastmoment der angetriebenen Maschine zwischen der Kippdrehzahl und der synchronen Drehzahl.

Das *Drehmoment* von Drehstrom-Kurzschlußläufer-Motoren ist u. a. von der Motordrehzahl abhängig. Eine typische Drehmomenten-Kennlinie $M_{\text{d}} = f\,(n)$ zeigt Bild 7/12.

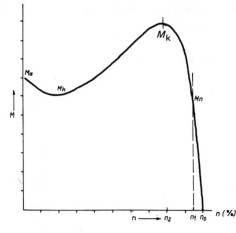

Bild 7/12 Motordrehmomente
M_a Anzugsmoment
M_k Kippmoment
M_h Hochlaufmoment
M_n Nennmoment
n_0 synchrone Drehzahl
n_1 Betriebsdrehzahl
(asynchr. Drz.)
n_2 Kippdrehzahl

Das *Kippmoment* ist normalerweise um den Faktor 1,6 – 2,0 größer als das Nennmoment.

Das *Nenn-Drehmoment* ist:

$$M_{\text{Nenn}} = 975 \cdot \frac{P}{n} \; [N \cdot m] \tag{7-7}$$

P = Motorleistung [kW]
n = Drehzahl [min^{-1}]

Zur Anpassung des Drehmomentverhaltens der Motore an die Arbeitsmaschinen und zur Begrenzung der max. Anlaufströme werden Läufer mit verschiedenen Läuferstabformen ausgeführt:

– Normal-Läufer 1
– Doppelnut-Läufer 2
– Tiefnut-Läufer 3

Deren unterschiedliches Drehmomentverhalten ist aus Bild 7/13 zu ersehen.

Bei Ausführung 2 und 3 tritt eine geringe Reduzierung des Anlaufstromes infolge der Läuferstromverdrängung auf.

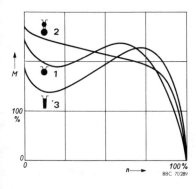

Bild 7/13 Drehmomentenverlauf
von Drehstrom-Kurzschlußläufer-Motoren
mit verschiedenen Läuferstabformen [1]

Das Belastungsmoment muß bis zum Nenndrehzahlpunkt um einen ausreichenden
Betrag kleiner sein als das Motormoment (s. Bild 7/14a und b).

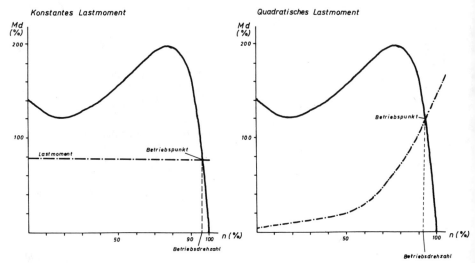

Bild 7/14 Betriebsdrehzahlen bei unterschiedlicher Belastungscharakteristik. Der Schnittpunkt
der beiden Kennlinien ergibt die Drehzahl des Motors im Betriebspunkt.

Die positive Differenz zwischen dem Lastmoment und dem Motormoment ist das
Überschußmoment. Es ist für die Beschleunigung und damit für die Anlaufzeit der
Maschine maßgeblich (s. Bild 7/15).

> **Je größer das Überschußmoment – je kürzer die Anlaufzeit. Bei sehr großem
> Überschußmoment wird die Maschine während des Anlaufs mechanisch stark
> beansprucht!**

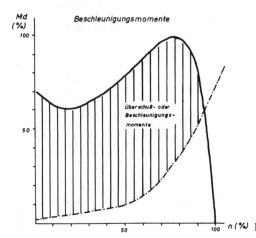

Bild 7/15 Überschußmoment für den Anlau

Sind die Lastmomente zu groß, erfolgt kein ordnungsgemäßer Anlauf der Maschinen (s. Bild 7/16a und b).

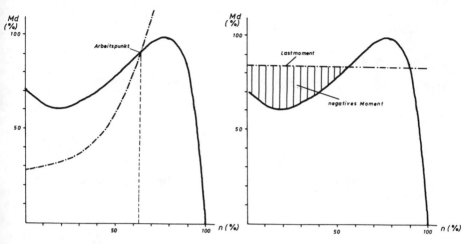

Bild 7/16 Beispiele für zu große Lastmomente

a) Maschine bleibt im instabilen Drehzahlbereich hängen. Der Motorstrom sinkt nur geringfügig unter den Anlaufstrom.

b) Maschine dreht nicht los! Der Anfahrstrom bleibt anstehen.

7.2.3.2 Sonstige Kennwerte von DKL

a) Leistung

Die Typenschild- und Listenangaben sind immer die an der Welle abgegebene mechanische Leistung P (Wirkleistung).

Die aufgenommene elektrische Leistung (Klemmenleistung) errechnet sich zu

$$P_{Kl} = \frac{P}{\eta} = \frac{\text{abgegebene mech. Leistung}}{\text{Wirkungsgrad}}$$

Die Klemmenleistung ist um die inneren Maschinenverluste (Lagerreibung + Kupferwärmeverluste + Magnetisierungsverluste) größer als die abgegebene mechanische Leistung.

Mit den elektrischen Größen steht die Leistung in folgender Abhängigkeit:

$$P = U \cdot I \cdot \sqrt{3} \cdot \cos \varphi \cdot \eta \ [\text{kW}] \tag{7-8}$$

Die Typenschild-Leistungsangaben sind nur für Aufstellungshöhen unterhalb 1000 m über dem Meeresspiegel gültig. Für Aufstellungshöhen über 1000 m sind die Leistungen zu reduzieren:

Höhe über NN (m)	1000	2000	3000
n bis 1000 min^{-1}	100%	95	90
$n >$ 1000 min^{-1}	100%	92	85

b) Leistungsfaktor cos φ

Verhältnis der elektrischen Wirkleistung zur elektrischen Scheinleistung

$$\cos \varphi = \frac{P}{P_S}$$

c) Wirkungsgrad η

Verhältnis der abgegebenen Wellenleistung zur aufgenommenen elektrischen Wirkleistung (Klemmenleistung)

$$\eta = \frac{P_{Ab}}{P_{Auf}}$$

Leistungsfaktor und Wirkungsgrad ändern sich mit der Motorbelastung.

Die ungefähre Abhängigkeit bei verschiedenen Lastzuständen ist aus den Bildern 7/17 und 7/18 zu entnehmen.

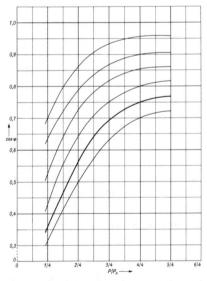 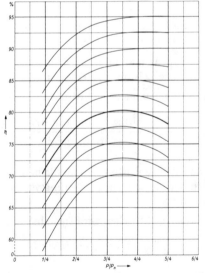

Bild 7/17 Änderung des Leistungsfaktors cos φ
P = abgegebene Leistung, P_n = Nennleistung
von Kurzschlußankermotoren bei Teillasten [1].

Bild 7/18 Änderung des Wirkungsgrades η
P = abgegebene Leistung, P_n = Nennleistung
von Kurzschlußankermotoren bei Teillasten [1].

d) Anlaufzeit

Die Anlaufzeit der Maschine ist von der Größe des Überschußmomentes $M_\ddot{u}$ und der zu beschleunigten Masse (Schwungmoment) abhängig:

$$\tau_{\text{Anl.}} = \frac{GD^2 \cdot n}{M_\ddot{u} \cdot 375} \quad [\text{s}] \tag{7-9}$$

GD^2 = Schwungmoment der Maschinengruppe bezogen auf die Motordrehzahl

Umrechnungsfaktor bei höherer Drehzahl der Arbeitsmaschine als des Motors (Getriebe-Antrieb)

$$GD_1 = GD_2 \cdot \left(\frac{n_1}{n_2}\right)^2 \tag{7-10}$$

Zur Berechnung der Anlaufzeit muß die Anlaufkurve in kleine Teilabschnitte unterteilt und die jeweils errechneten Teilzeiten addiert werden.

e) Motorstrom

Der Motorstrom hat beim Anlauf z. B. den Verlauf nach Bild 7/19. Die Anlaufströme von Drehstrom-Kurzschlußläufer-Motoren liegen je nach Läuferausführung zwischen dem 5- bis 8fachen des Motornennstromes. Sie sind unabhängig von der Belastung der Motore.

Der Nennstrom ist

$$I_N = \frac{P_N}{U \cdot \sqrt{3} \cdot \cos\varphi \cdot \eta} \quad [\text{A}] \tag{7-11}$$

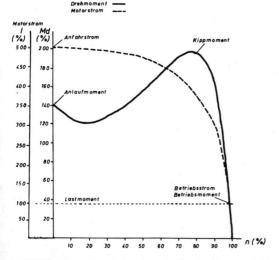

Bild 7/19 Motorkennlinien eines Drehstrom-Kurzschlußläufer-Motors (DKL)

7.2.3.3 Verhalten bei Spannungsänderungen (bei gleichbleibender Frequenz)

Spannungsabfall ist bei Kälteanlagen oft eine Störungsursache, Spannungsänderungen haben zur Folge: U' = geänderte Spannung; M' = geändertes Moment

a) Änderung des Anzugs- und Kippmomentes im Quadrat der Spannungen:

$$M'_{\substack{\text{Anzug} \\ \text{Kipp}}} = M_{\substack{\text{Anzug} \\ \text{Kipp}}} \cdot \left(\frac{U'}{U_{\text{Nenn}}} \right)^2 \qquad (7-12)$$

b) Änderung des Nennmomentes im direkten Verhältnis der Spannungen:

$$M'_{\text{Nenn}} = M_{\text{Nenn}} \cdot \frac{U'}{U_{\text{Nenn}}} \qquad (7-13)$$

c) Änderung des Anlaufstromes:

$$I_{\text{Anl.}}' = I_{\text{Anl.}} \cdot \frac{U'}{U_{\text{Nenn}}} \qquad (7-14)$$

Herabsetzung der Anlaufspannung ergibt kleineren Anlaufstrom!

d) Betriebsstrom

Bei gleichbleibendem Lastmoment stellt sich bei kleinerer Drehzahl ein geringerer Betriebsstrom ein. Die abgegebene Leistung fällt ab. Der Blindstromanteil (Magnetisierungsstrom) wird größer.

Bei Spannungsabsenkungen und gleichbleibender Belastung (Moment und Drehzahl) steigt der Betriebsstrom an und führt zur Übererwärmung des Motors.

Die Verhältnisse für 20% Spannungsabfall zeigt Bild 7/20.

Nach VDE 0530 sind nur Spannungsänderungen von ± 5% der Nennspannung zulässig!

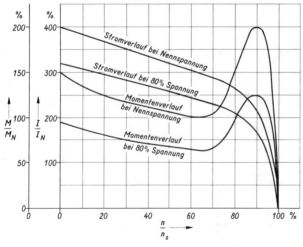

Bild 7/20 Strom- und Momentenverlauf bei Spannungsänderung [8]

7.2.3.4 Verhalten bei Frequenzänderungen (bei konstanter Netzspannung)

Frequenzänderungen treten nur auf, wenn z. B. Geräte mit einer Nennfrequenz von 50 Hz in einem 60 Hz-Netz betrieben werden oder umgekehrt. Dies ist für das Verhalten importierter Geräte wesentlich.

Frequenzänderungen haben zur Folge:

a) Änderung der Motordrehzahl proportional der Frequenzänderung:

$$n' = n_{\text{Nenn}} \cdot \frac{f'}{f_{\text{Nenn}}} \; ; \quad f' = \text{geänderte Frequenz} \tag{7-15}$$

b) Änderung des Anzugs- und Kippmomentes umgekehrt proportional dem Quadrat der Frequenzänderung:

$$M'_{\substack{\text{Anzug} \\ \text{Kipp}}} = M_{\substack{\text{Anzug} \\ \text{Kipp}}} \cdot \left(\frac{f}{f'}\right)^2 \tag{7-16}$$

c) Änderung des Nennmomentes umgekehrt proportional der Frequenzänderung:

$$M'_{\text{Nenn}} = M_{\text{Nenn}} \cdot \frac{f}{f'} \tag{7-17}$$

d) Änderung der Nennleistung umgekehrt proportional der Frequenzänderung:

$$P' = P_{\text{Nenn}} \cdot \frac{f}{f'} \tag{7-18}$$

Das verschiedene Verhalten eines Motors bei 50 Hz und 60 Hz zeigt Bild 7/21.

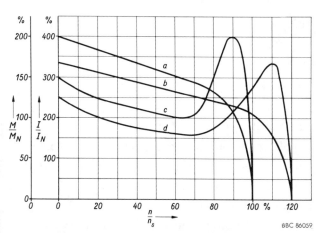

Bild 7/21 Strom- und Momentenverlauf bei Frequenzänderung [8]

a = Stromverlauf bei f = 50 Hz   c = Momentenverlauf bei f = 50 Hz
b = Stromverlauf bei f = 60 Hz   d = Momentenverlauf bei f = 60 Hz

7.2.3.5 Verhalten bei gleichsinniger Veränderung von Spannung und Frequenz (im gleichen Verhältnis)

In diesem Falle ändert sich nur die Drehzahl n und die Leistung. Strom und Drehmomente bleiben annähernd gleich.

Aus diesem Grunde müssen beim Einsatz von Motoren an Netzen mit abweichenden Netzfrequenzen die Klemmenspannungen im gleichen Verhältnis wie die Frequenzabweichungen verändert werden.

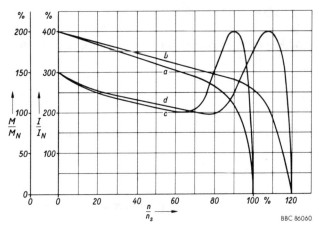

Bild 7/22 Strom- und Momentenverlauf bei gleichzeitiger und gleichsinniger Änderung von Frequenz und Spannung [8]

a = Stromverlauf bei U_N und f = 50 Hz   c = Momentenverlauf bei U_N und f = 50 Hz
b = Stromverlauf bei 1,2 U_N und f = 60 Hz   d = Momentenverlauf bei 1,2 U_N und f = 60 Hz

Beispiel: Motor-Nennfrequenz   50 Hz
           Motor-Netzspannung   380 V
           betrieben mit Frequenz   60 Hz

Erforderliche neue Betriebsspannung:

$$U' = U_{\text{Nenn}} \cdot \frac{60}{50} = 380 \, \frac{60}{50} = 456 \text{ V}$$

Achtung: Höhere Drehzahl beachten!

Für den wesentlichen Fall der 50 Hz- und 60 Hz-Netze zeigt Bild 7/22 das Betriebsverhalten.

7.2.4 Anlaßverfahren (zur Begrenzung der Anlaufströme)

Die relativ großen Anlaufströme von Drehstrom-Kurzschlußläufer-Motoren verursachen besonders in Ortsnetzen und bei Umspanntransformatoren kleinerer Leistung unzulässig hohe Spannungsabfälle, die sich auf spannungsempfindliche Verbraucher nachteilig auswirken können.

Zur Vermeidung solcher Netzstörungen schreiben die Elektrizitäts-Versorgungs-unternehmen (EVU) für sog. schwache Netze besondere Anlaßverfahren für Kurz-schlußläufer-Motoren ab bestimmten Leistungsgrößen vor. Dabei wird immer das Anlaufmoment verringert.

Die in Tafel 7/9 aufgezählten Verfahren basieren auf der Voraussetzung, daß 30% des normalen Anlaufmomentes zum „Losbrechen" der Maschinengruppe aufgrund des gegebenen Last-Gegenmomentes als Minimum ausreichen.

Tafel 7/9   Übersicht über die wichtigsten Anlaßverfahren

Lfd. Nr.	Anlaßverfahren	Untergruppen	Verminderung des Anlaufstroms		Verminderung des Anlauf-Moments %v. max. M_a
			%v. max. Anlaufstrom*)	Vielfaches v. Nennstrom	
1	⅄-△-Schaltung	offene Schaltung geschlossene Schaltung verstärkte Schaltung	33%	2	33%
2	Anlaß-Trafo (*Aichele-Korn-dörfer*)		min. 30% (Netz-Seite)	1,8	30%
3	Anlauf-Drossel		55%	3,3	30%
4	Teilwindungs-Anlauf		50%	3	50%
5	Schleifring-Läufer			1 bis < 1	relativ großes Moment

*) Es wird ein mittlerer Anlaufstrom von 6 x J_N angenommen.

Die Verfahren 1 bis 3 beruhen auf dem Prinzip der Spannungsherabsetzung an den Motorwicklungen. Der Nachteil dieser Methoden ist, daß das Drehmoment mit dem Quadrat der Spannungsminderung herabgesetzt wird. Bei Anwendung dieser Verfahren müssen daher die effektiven Drehmomentkennlinien über den gesamten Drehzahlbereich dahin überprüft werden, ob noch ein ausreichendes Überschuß-moment vorhanden ist. Dabei müssen die nach VDE zulässigen Toleranzen berück-sichtigt werden.

Achtung: + Toleranz beim Lastmoment
        − Toleranz beim reduzierten Motormoment einsetzen.

7.2.4.1 Stern-Dreieck-Anlaßverfahren (⅄ − △)

Dieses Verfahren wird wegen seiner Einfachheit am häufigsten angewendet.

Zum Anlauf der Motoren werden die Ständerwicklungen in Sternschaltung geschal-tet. An den Wicklungssträngen liegt dabei die Phasenspannung U_{ph}

$$U_{ph} = \frac{U_N}{\sqrt{3}}$$

Beispiel: Nennspannung 380 V; Phasenspannung $\frac{380}{\sqrt{3}} = 220$ V

Nach erfolgtem Hochlauf und Abklingen des Anlaufstromes werden die Wicklungen auf Dreieckschaltung umgeschaltet.
In dieser Betriebsschaltung liegt dann die verkettete Spannung (Nennspannung) an den Wicklungssträngen (Bild 7/23).

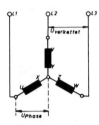

a) Anlauf in Sternschaltung   b) Betrieb in Dreieckschaltung

Bild 7/23 Stern-Dreieck-Anlauf

Bei der *verstärkten Stern-Dreieckschaltung* erfolgt der Anlauf in 3 Stufen.
Nach der Sternstufe wird auf eine Zwischenstufe geschaltet, bei der ein Teil der unterteilten Wicklungsstränge im Dreieck und im Stern geschaltet sind. Danach erfolgt die Umschaltung in die Dreieck-Betriebsschaltung (Bild 7/24).
In der Zwischenstufe beträgt der Anlaufstrom ca. 57 % des max. Anlaufstromes und das Drehmoment liegt im gleichen Verhältnis. Diese Schaltung bringt vor allem eine sanftere Staffelung des Antriebsdrehmomentes.

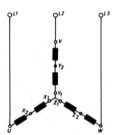 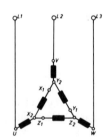 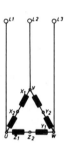

Bild 7/24 Verstärkte Stern-Dreieckschaltung

Bei der einfachen λ-Δ-Schaltung sind im Klemmbrett des Motors 6 Anschlußklemmen, bei der verstärkten 9 Anschlußklemmen vorhanden.

Die Phasenwicklungen müssen für die verkettete Netzspannung ausgelegt sein:

Nennspannungsangabe: 380/660 V: λ-Δ-Anlauf an 380 V Netz möglich
                      220/380 V: λ-Δ-Anlauf an 220 V Netz möglich

Bei der Umschaltung von der λ-Schaltung auf die Δ-Schaltung wird der Stromfluß in den Motorwicklungen bei der Öffnung des λ-Punktes für Bruchteile von Sekunden unterbrochen.

Bei der Wiederzuschaltung der in △-geschalteten Motorwicklungen finden Strom-
ausgleichsvorgänge statt, die Stromspitzen vom 8- bis 15fachen Motornennstrom
für die Zeitdauer von 20 bis 50 ms hervorrufen.

Diese kurzzeitigen Stromspitzen beeinträchtigen im allgemeinen nicht die Netz-
verhältnisse, können aber zur Auslösung von schnellschaltenden Leistungsselbst-
schaltern führen!

Abhilfe: Kurzschluß-Schnellauslösung der Leistungsselbstschalter
um ca. 50 bis 100 ms verzögern!

Eine besondere Ausführungsart der ⅄-△-Anlaufschaltung arbeitet ohne Strom-
unterbrechung.

Sie wird im Gegensatz zur sogenannten „offenen ⅄-△-Schaltung" als *„geschlossene
⅄-△-Schaltung"* bezeichnet. Bei dieser treten während der Umschaltung keine
Stromspitzen auf.

Wegen der aufwendigeren Schaltung, der damit verbundenen Störungsmöglich-
keiten und der im allgemeinen nicht störenden kurzen Stromspitzen wird die
geschlossene ⅄-△-Schaltung nur selten angewendet.

7.2.4.2 Anlaßverfahren mit Anlaß-Transformator

Die zur Verminderung des Anlaufstromes erforderliche Spannungsherabsetzung
wird über einen Spartransformator erzeugt (Bild 7/25).

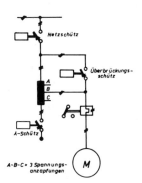

Bild 7/25 Anlaß-Schaltung mit Anlaß-Transformator

Der Anlaufvorgang erfolgt nach der 3-Schaltermethode (*Aichele-Korndörfer-*
Schaltung):

1. Anlaßstufe: Sternpunktschalter und Netzschalter sind eingeschaltet. Der Motor
liegt an der Teilspannung U_2
2. Anlaßstufe: Sternpunktschalter wird geöffnet, dann Überbrückungsschalter
eingeschaltet. Der Motor liegt an der Netzspannung.

Während der Umschaltphase von Stufe 1 nach Stufe 2 wird der Stromfluß nicht
unterbrochen – es gibt daher *keine* Ausgleichsströme!

Zur Berechnung der Teilspannung U_2 wird der gewünschte Anlaufstrom (I'_A) in Ansatz gebracht

$$U_2 = U_{Nenn} \cdot \sqrt{\frac{I'_A}{I_A}}$$

I_A = Anlaufstrom bei Direkteinschaltung

Selbstverständlich muß auch bei diesem Verfahren eine Drehmomentüberprüfung vorgenommen werden.

Bei der Leistungsauslegung des Anlaß-Trafos ist zu berücksichtigen:

— Spartrafos haben eine wesentlich geringere Typenleistung als Durchgangsleistung (s. Abschn. 7.2.6)

— Die geringe Einschaltzeitdauer (max. 10–15 s) ergibt eine weitere Verringerung der Typenleistung. (Angabe über Einschaltzeit bei Bestellung angeben)

— Es ist empfehlenswert, die Teilspannung mit 2 zusätzlichen Anzapfungen ± 5 bis 10 % auszuführen (Ausgleich von Anlaufschwierigkeiten möglich).

7.2.4.3 Anlaßverfahren mit Anlaß-Drossel oder -Widerständen

Der Anlaufstrom wird über vorgeschaltete Widerstände (induktiv oder ohmisch) begrenzt. Die Motorspannung wird um den an den Vorwiderständen entstehenden Spannungsabfall geringer; dadurch starke Drehmomentreduzierung.

Wegen des stark verringerten Drehmomentes wird diese Anlaufstrombegrenzung nur selten angewendet.

7.2.4.4 Teilwindungs-Verfahren

Die Ständer-Wicklungen sind bei diesem in der Kältetechnik häufig anzutreffenden Verfahren je Phase in 2 Teile aufgeteilt. Man kann sozusagen von 2 Motoren mit gemeinsamem Läufer sprechen (Bild 7/26).

Die Wicklung ist meist in 2 gleiche Teile getrennt (je Teilwicklung: 1/2 Leistung – 1/2 Betriebsstrom – 1/2 Anlaufstrom).

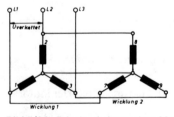

Bild 7/26 Prinzipschaltung eines Motors mit zwei Teilwicklungen

Beim Anlaufen wird zuerst die erste Wicklungshälfte, kurze Zeit später die zweite Wicklungshälfte eingeschaltet. Der Anlaufstrom wird dabei im Verhältnis der Wicklungsaufteilung verkleinert. Die Steuerung s. Abschnitt 7.3.4.

Achtung: Bei der Inbetriebnahme darauf achten, daß beide Wicklungen im gleichen Drehsinn angeschlossen sind!

7.2.4.5 Anlauf bei Schleifringläufern

Beim Schleifringläufer wird durch Einschaltung von Anlaufwiderständen in den Läuferkreis der Anlaufstrom vermindert und das Anlaufmoment erhöht. Nach erfolgtem Anlauf werden diese Widerstände kurzgeschlossen.

7.2.5 Sonstige Motorarten

7.2.5.1 Der polumschaltbare Motor

Polumschaltbare Motoren gibt es in 2 Grundausführungen:

a) Dahlander-Schaltung (Bild 7/27)

Die Motorwicklungen sind mit auf Klemmen geschalteten Anzapfungen versehen. Durch besondere Schaltungsmaßnahmen können die Polpaare des Motors im Verhältnis 1 : 2 umgeschaltet werden.

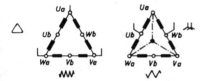

Bild 7/27 Dahlander-Schaltung

b) Getrennte Wicklungen (Bild 7/28)

Diese Motoren haben zwei oder mehrere galvanisch getrennte Wicklungen mit verschiedenen Polpaarzahlen. Theoretisch sind bei diesem Verfahren alle gewünschten Drehzahlverhältnisse möglich.

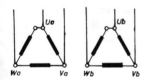

Bild 7/28 Drehzahlveränderlicher Motor mit zwei Wicklungen

c) Kombinierte Schaltung von Dahlander und getrennten Wicklungen

Verwendung bei Motoren mit vielen Drehzahlbereichen. Ein Beispiel siehe Bild 7/29. Hier ist Wicklung 1 in Dahlanderschaltung 8- und 4-polig, Wicklung 2 in ⋏ 6polig geschaltet.

Bild 7/29 Kombinierte Wicklung für 3 Drehzahlen

Der Anlauf von polumschaltbaren Motoren erfolgt grundsätzlich über die niedrige Drehzahl, da hiermit eine natürliche Anlaufstrombegrenzung gegeben ist.

In Sonderfällen können sowohl eine als auch mehrere Wicklungen für λ-Δ-Einschaltung ausgeführt werden.

Bei Rückschaltung von der hohen auf die niedrige Drehzahlstufe erfolgt eine sehr starke elektrische Bremsung, wenn nicht eine Zeitverzögerung zwischen Abschaltung der hohen Drehzahl und Zuschaltung der niedrigen Drehzahl gelegt wird. Dieses Bremsmoment führt häufig zu Getriebeschäden, Wellenbrüchen oder Abreißen von Ventilatorflügeln.

7.2.5.2 Sauggasgekühlte Motoren bei Kälteverdichtern

Die Motoren sind mit dem Verdichter in einem gemeinsamen Gehäuse und werden zur Kühlung vom angesaugten Kältemitteldampf durchströmt (hermetische Ausführung, s. Kap. 4.1).

Infolge dieser intensiven Kühlung kann der Motor sowohl in den Kupferwicklungen als auch im Eisen spezifisch höher belastet werden als normale Motoren. Der Arbeitspunkt auf der Drehmomentenkennlinie liegt bei diesen Motoren näher zum Kipp-Punkt.

Diese höhere Belastbarkeit der Motore ist der Grund dafür, daß das Verhältnis des Anlaufstromes zum Betriebsstrom geringer ist als bei normalen Motoren.

Achtung: Bei Reparaturen muß darauf geachtet werden, daß die Isolation und Tränkmasse kältemittelfest sein muß (s. Kap. 2.2).

7.2.5.3 Der Einphasen-Motor

Der Einphasen-Motor wird in der Kältetechnik hauptsächlich zum Antrieb von Ventilatoren kleiner Leistung, kleiner Motorverdichter und für Stellantriebe verwendet.

Da im Einphasenwechselstromsystem kein Drehfeld zustande kommt (nur Wechselfeld), wird das zur Bildung eines Drehmomentes erforderliche, zeitlich verschobene Magnetfeld über Hilfsmaßnahmen erzeugt. Es gibt folgende Systeme:

a) Spaltpolmotor:

Die erforderliche Phasenverschiebung wird durch zusätzliche Kurzschlußwicklungen erreicht, die um einen Teil des Pols der Hauptwicklung gelegt sind.

b) Motor mit Hilfswicklung und Betriebskondensator:

Die Phasenverschiebung wird über einen der Hilfswicklung dauernd vorgeschalteten Kondensator erzeugt (siehe Bild 7/30).

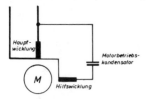

Bild 7/30 Einphasen-Wechselstrommotor mit Hilfswicklung und Betriebskondensator

c) Motor mit Hilfswicklung, Betriebs- und Anlaufkondensator (Bild 7/31):

Ausführung wie b), jedoch während des Anlaufs wird der Hilfswicklung ein zusätzlicher Kondensator zur Verstärkung des Anlaufmomentes vorgeschaltet.

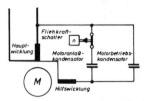

Bild 7/31 Einphasen-Wechselstrommotor mit Hilfswicklung und zusätzlichem, abschaltbarem Anlaufkondensator

Der Anlaufkondensator wird nach beendetem Anlauf über Fliehkraftschalter abgeschaltet (Abschaltung auch zeit- oder stromabhängig über ein Relais möglich).

d) Drehstrom-Motor mit Kondensator in Steinmetzschaltung

Die fehlende 3. Phase zur Bildung des Drehfeldes wird durch eine Kondensator-Schaltung gebildet (s. Bild 7/32). Diese Schaltung bringt gegenüber den Nenndaten der Motore auf etwa 70% verringerte Anlauf- und Betriebsdrehmomente. Als Richtwert für die Kondensatorauslegung gilt je 1 kW Motorleistung:

bei Netzspannung   380 V =   22 μF
                       220 V =   70 μF
                       110 V = 240 μF

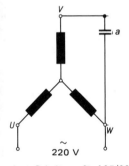
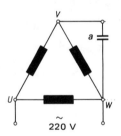

a) λ-Schaltung für 127/220 V   b) Δ-Schaltung für 220/380 V

Bild 7/32 Drehstrommotor an Einphasen-Wechselstrom in *Steinmetzschaltung* [8]
            a = Kondensator

7.2.6 Transformatoren

Transformatoren haben in kältetechnischen Anlagen hauptsächlich die Aufgabe, vorgegebene Wechsel- oder Drehstromspannungen auf die meist niedrigeren Spannungswerte der jeweiligen Verbraucher umzuspannen. Es sind insbesondere:

a) Steuer-Transformatoren: für Steuerstromkreise
   (meist einphasig)   Leuchtmeldungen
                            Spannungsversorgung
                            elektronischer Geräte usw.

b) Block-Transformatoren: zur unmittelbaren Anpassung von Netzspannung an
   (meist 3phasig)   die Nennspannung von Motoren (Anwendung ohne
                     zusätzliche Zwischenschaltglieder)

c) Anlaßtransformatoren: zur Verminderung des Anlaufstromes von Dreh-
                     strom-Motoren (s. Abschn. 7.2.4.2)

7.2.6.1 Begriffserläuterungen

Die wesentlichsten Teile eines Trafos sind

a) Die Primärwicklung: Wicklungsteil, der die vorhandene Spannung
                     verarbeitet.

b) Die Sekundärwicklung: Wicklungsteil, der die gewünschte Spannung
                     erzeugt.

c) Eisenkern: Über diesen werden die magnetischen Kraftfelder
                     von der Primärwicklung zur Sekundärwicklung ver-
                     knüpft. − Durch induktive Wirkung entsteht über
                     diesen Magnetfluß die sekundäre Spannung.

Das Verhältnis der elektrischen Größen zwischen der Sekundär- und der Primärseite des Transformators ist von den Windungszahlen der beiden Wicklungen
abhängig. Dieses *Übersetzungsverhältnis:*

$$\ddot{U} = \frac{W_1}{W_2} = \frac{\text{Windungszahl d. Primärwicklung}}{\text{Windungszahl d. Sekundärwicklung}} = \frac{U_1}{U_2} \qquad (7-19)$$

ist neben der Leistung die bestimmende Größe eines Transformators.

Es gelten folgende Umrechnungsgleichungen:

$$\frac{I_1}{I_2} = \frac{W_2}{W_1} = \frac{1}{\ddot{U}} \qquad (7-20)$$

$$\frac{U_1}{U_2} = \frac{I_2}{I_1} \qquad (7-21)$$

Die Ströme stehen in umgekehrtem Verhältnis wie die Spannungen; die Transforma-
tion auf niedrigere Spannung ergibt höheren Strom.

7.2.6.2 Bauarten

Es gibt zwei grundsätzliche Bauarten von Transformatoren:

a) Trenn-Trafos

Die Primär- und Sekundärwicklungen sind galvanisch getrennt. In Sonderbauform
liegt zwischen den beiden Wicklungen ein an den Schutzleiter anschließbarer
Schirm (gefordert bei Stromkreisen mit Schutzart-Kleinspannung).

Typenleistung = Durchgangsleistung

Man unterscheidet:

Kleintransformatoren bis 16 KVA nach VDE 0550
Nennspannung bis 1000 V
Größere Verteilungstrafos nach VDE 0532

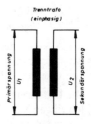

Bild 7/33 Prinzipschaltung eines Trenntrafos

b) Spar-Trafos

Die Primär- und Sekundärwicklungen sind nicht galvanisch getrennt.
Sekundär angeschlossene Verbraucher können die volle Primärspannung erhalten
und müssen deshalb für diese Spannung isoliert sein.
Die Typenleistung ist kleiner als die Durchgangsleistung.
Dadurch sind kleinere Baugrößen und niedrigere Preise möglich.

Berechnung der Typenleistung:

$$P_{\text{Typ}} = P_{\text{Durchg.}} \cdot \frac{U_1 - U_2}{U_1}$$

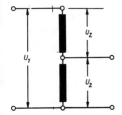   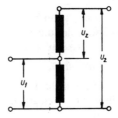

a) zur Spannungsabsenkung   b) zur Spannungserhöhung

Bild 7/34 Schaltung eines Spartrafos

7.2.6.3 Anwendungshinweise

a) Für Steuertransformatoren gelten besondere Auslegungshinweise (in Bestellung
als Steuertrafo deklarieren).
Einschaltströme großer Schütze dürfen z. B. nicht zu unzulässigen Spannungsabsenkungen führen.

Steuertransformatoren nehmen bei primärseitiger Zuschaltung kurzzeitige
Stromspitzen (Magnetisierungsströme) bis zum 10- oder 15fachen Nennstrom
auf, was häufig zum ungewollten Auslösen von Sicherungen führt. Bei der Auslegung der primärseitigen Sicherungen müssen diese Stromspitzen besonders
berücksichtigt werden!

b) Bei Block-Transformatoren müssen die durch den Anlaufstrom hervorgerufenen
Spannungsabfälle innerhalb der Trafowicklung berücksichtigt werden (evtl.
geringere Kurzschlußspannung vorsehen).

7.2.7 Kabel und Leitungen

7.2.7.1 Allgemeine Angaben

Die Auswahl der für eine elektrische Anlage zu verwendenden Kabel oder Leitungen wird bestimmt durch die elektrischen Beanspruchungen und durch die Umgebungseinflüsse, denen die Kabel und Leitungen im Betrieb ausgesetzt sind.

Die Unterscheidungsmerkmale für die Bauarten der Kabel und Leitungen sind in den jeweiligen VDE-Bestimmungen verbindlich verankert. Die Zusammensetzung der Kurzzeichen für isolierte Leitungen und Kabel nach VDE ergibt sich in der Weise, daß an den Anfangsbuchstaben „N" (bei Normausführung) in der Reihenfolge des Aufbaues vom Leiter aus für wichtige Aufbauelemente kennzeichnende Buchstaben angefügt werden. Die Bedeutung der Buchstaben ist in VDE 0250 „Bestimmungen für isolierte Starkstromleitungen" festgelegt:

NYA	Normen für Kunststoffaderleitung
NSYA	Normen für Sonder-Kunststoffaderleitung
NYIF	Normen für Stegleitung
NYM	Normen für Mantelleitung
NYY	Kabel mit Isolierung und Mantel aus Kunststoff
NYK	Kabel mit Isolierung aus Kunststoff und Mantel aus Blei

Aderkennzeichnung

Die Aderkennzeichnung von Kabel und Leitungen ist in VDE 0293 „Bestimmungen für isolierte Starkstromleitungen mit Aderkennzeichnung" verankert. Einige farblich gekennzeichnete Adern sind ganz bestimmten Verwendungszwecken vorbehalten:

a) Grün-gelbe Leitungsfarbe

darf nach VDE 0100 nur für den Schutzleiter (SL bzw. PE) verwendet werden. Schutzleiter müssen über den gesamten Leitungsverlauf mit dieser Farbkennzeichnung versehen sein.

b) hellblaue Leitungsfarbe

ist vorzugsweise für den Mittelpunktleiter (MP) zu verwenden (VDE 0140 § 40). In der Verdrahtung von Schaltanlagen muß bei mehrfarbiger Verdrahtung der MP in hellblauer Farbe verdeutlicht werden.

Andere Farben für den Mp sind nur zulässig, wenn alle übrigen Leitungen gleichfarbig sind (VDE 0100 § 40).

Leitermaterial

Die elektrischen Leitungen sollen eine gute Leitfähigkeit besitzen. Außerdem sollen sie leicht zu bearbeiten, biegsam und korrosionsbeständig sein. Von den zur Verfügung stehenden Werkstoffen hat Kupfer dafür die besten Eigenschaften.

Verlegen von Kabeln und Leitungen

Kabel und Leitungen müssen sorgfältig verlegt und angeschlossen werden. Angaben über das Verlegen sind in folgenden VDE-Bestimmungen enthalten:

Für Anlagen bis 1000 V
– VDE 0100 §§ 23, 42 „Bestimmungen für das Errichten von Starkstromanlagen mit Nennspannungen bis 1000 V".

Für Anlagen über 1000 V
– VDE 0100 §§ 11, 18, 19 „Bestimmungen für die Errichtung von Anlagen von 1 kV und darüber".

Darüber hinaus sind die örtlichen Gegebenheiten, die Bauart des zu verlegenden Kabels oder der Leitung für zusätzliche Richtlinien und Empfehlungen ausschlaggebend.

7.2.7.2 Leitungen

Die Bauarten isolierter Leitungen sind in den folgenden VDE-Bestimmungen erfaßt:

VDE 0250 Bestimmung für isolierte Starkstromkabel

VDE 0283 Bestimmung für probeweise verwendbare isolierte Starkstromleitungen

VDE 0284 Bestimmungen für mineralisolierte Starkstromleitungen

Die zulässige Dauerbelastung nach VDE 0100 § 42 ist aus den Tafeln 7/10, 7/11 und 7/12 zu ersehen.

Tafel 7/10 Zulässige Dauerbelastung isolierter Leitungen bei Umgebungstemperaturen bis 25 °C[1])

Nennquerschnitt mm² (Cu)²)	Gruppe 1 A	Gruppe 2 A	Gruppe 3 A
0,75	–	10	16
1	10	16	20
1,5	16	20	25
2,5	20	25	35
4	25	35	50
6	35	50	63
10	50	63	80
16	63	80	100
25	80	100	125
35	100	125	160
50	125	160	200
70	160	224	250
95	200	250	300
120	250	300	355
150	–	355	425
185	–	355	425
240	–	425	500
300	–	500	600
400	–	–	710
500	–	–	850

1) Bei Umgebungstemperaturen über 25 °C muß der Nennstrom der Überstromschutzorgane verringert werden; dabei ist der dem Rechnungswert nächstniedrigere Nennstrom der Überstromschutzorgane zu wählen.
2) Bei Verwendung von Aluminiumleitungen ist die Nennstromstärke der Überstromschutzorgane eine Stufe niedriger zu wählen.

Die gebräuchlichsten isolierten Leitungen sind:

NYA   = kunststoffisolierte Kupferleitung
NYIM = Stegleitung
NYM   = Mantelleitung

Tafel 7/11   Zulässige Belastbarkeit isolierter Leitungen bei Umgebungstemperaturen über 25 °C bis 55 °C

Umgebungstemperatur °C	Zulässige Dauerbelastung in % der Werte der Tafel 7/13	
	Gummiisolierung	Kunststoffisolierung
über 25 ... 30	92	94
über 30 ... 35	85	88
über 35 ... 40	75	82
über 40 ... 45	65	75
über 45 ... 50	53	67
über 50 ... 55	38	58

Tafel 7/12   Zulässige Belastbarkeit wärmebeständiger Leitungen bei Umgebungstemperaturen über 55 °C

Umgebungstemperatur °C bei Leitungen mit		Zulässige Dauerbelastung in %
Grenztemperatur 100 °C	Grenztemperatur 180 °C	der Werte der Tafel 7/13
über 55 ... 65	über 55 ... 145	100
über 65 ... 70	über 145 ... 150	92
über 70 ... 75	über 150 ... 155	85
über 75 ... 80	über 155 ... 160	75
über 80 ... 85	über 160 ... 165	65
über 85 ... 90	über 165 ... 170	53
über 90 ... 95	über 170 ... 175	38

7.2.7.3 Kabel

Die Bauarten für Kabel sind in der VDE-Bestimmung

VDE 0265 Bestimmungen für Kabel mit Isolierung und Mantel aus Kunststoff auf der Basis von PVC

beschrieben.

Die Belastbarkeit der Kabel ist abhängig von der Bauart und der Verlegungsart der Kabel. In den einschlägigen VDE-Bestimmungen sind hierüber Angaben gemacht.

Aus Tafel 7/13 ist die Strombelastbarkeit von Kunststoffkabeln nach VDE 0271 zu ersehen.

Am häufigsten finden heute Kunststoffkabel der Bauart NYY und Mantelleitungen NYM Verwendung.

Tafel 7/13 Kunststoffkabel (VDE 0271)
Strombelastbarkeit von ein-, zwei-, drei- und vieradrigen Kabeln mit einem U_0 von 0,6 kV

Nennquerschnitt des Leiters	zweiadrige Kabel		drei- und vieradrige Kabel[1]		drei einadrige Kabel gebündelt im Dreieck liegend[2]	
	Belastbarkeit in Ampere					
	Erde	Luft auf Wand	Erde	Luft auf Wand	Erde	Luft auf Wand
mm² Cu						
1,5	30	19,5	27	17,5	–	–
2,5	41	26	36	24	–	–
4	53	35	46	32	–	–
6	66	46	58	41	–	–
10	88	63	77	57	–	–
16	115	85	100	76	110	85
25	150	112	130	101	140	112
35	180	138	155	125	170	138
50	210	168	185	151	200	168
70	260	213	230	192	245	213
95	315	258	275	232	295	258
120	360	299	315	269	335	299
150	400	344	355	309	380	344
185	460	392	400	353	430	392
240	530	461	465	415	490	461
300	590	530	520	475	550	530
400	680	630	600	565	650	630
500	–	–	–	–	740	730
mm² Al						
4	41	27	36	25	–	–
6	51	36	45	32	–	–
10	68	49	60	44	–	–
16	89	66	78	59	84	66
25	115	87	100	79	110	87
35	140	108	120	97	130	108
50	165	131	145	118	155	131
70	200	166	175	150	190	166
95	245	200	215	181	230	200
120	275	232	245	210	260	232
150	215	268	275	240	295	268
185	255	305	310	275	330	305
240	415	360	360	323	380	360
300	465	413	410	371	430	413
400	540	495	470	444	500	495
500	–	–	–	–	570	570
Umgebungstemperatur	20 °C	30 °C	20 °C	30 °C	20 °C	30 °C

1) Drei Adern belastet.
2) Unbewehrte einadrige Kabel in Drehstromsystemen. Für Verlegung nebeneinander gelten mindestens die angegebenen Werte für gebündelte Verlegung. Bei größeren Querschnitten und Verlegung im Abstand $\geq d$ empfiehlt sich eine Einzelberechnung nach IEC 287.

7.2.8 Meßgeräte

Zur Beurteilung des Betriebszustandes einer elektrischen Anlage ist es notwendig, verschiedene Betriebswerte wie Ströme, Spannungen, Leistungen, Temperaturen usw. zu messen und auszuwerten.

Hierzu stehen Meßgeräte zur Verfügung, die den VDE-Bestimmungen (0410) entsprechen müssen.

7.2.8.1 Meßgerätearten

Man unterscheidet zwischen Betriebsmeßgeräten und Präzisionsmeßgeräten sowie zwischen anzeigenden und schreibenden Meßgeräten.

Meßgeräte werden zur Auswahl ihres Einsatzbereiches in verschiedene Genauigkeitsklassen eingeteilt. Diese geben die zulässige Fehlerabweichung in % vom Meßbereichsendwert, auch in Abhängigkeit von Frequenzänderungen, an (s. Tafel 7/14).

Tafel 7/14 Klasseneinteilung und Fehlergrenzen von elektrischen Meßgeräten

Arten der Geräte	Klassezeichen	Zulässige Anzeigefehler der Meßgeräte bei 20 °C Raumtemperatur in Prozent vom Meßbereichendwert	
Feinmeßgeräte	0,1	± 0,1	nur für Labor's
	0,2	± 0,2	
	0,5	± 0,5	
Betriebsmeßgeräte	1,0	± 1,0	für Meßwarten
	1,5	± 1,5	
	2,5	± 2,5	für Schaltanlagen je nach
	5	± 5	Genauigkeitsanforderung

Die Skaleneinteilung von Dreheisen-Meßinstrumenten ist im Gegensatz zu Drehspul- (eisenlosen) Meßwerken nicht linear (Anfangs- und Endbereich ist gerafft). Ihr Einsatz erfolgt vornehmlich zum Messen von Motorströmen. Der Nennstrombereich liegt dabei am Anfang des 3. Drittels des Anzeigebereiches. Im gerafften Endbereich kann bei richtiger Auslegung die Größenordnung des Anlaufstromes abgelesen werden.

Anzeigende Betriebsmeßgeräte

Für die Überwachung der Betriebswerte stehen zum Einbau in Schalttafeln Schalttafelmeßgeräte zur Verfügung (Einbau-Instrumente mit rückseitigen Befestigungen und Anschlüssen).

Für Inbetriebnahme, Störungssuche und Montage eignen sich *Vielfachmeßgeräte*. Sie können durch Umschalteinrichtungen für die Messung von Gleich- und Wechselströmen, von Gleich- und Wechselspannungen und zum Teil auch für Widerstandsmessungen verwendet werden.

Schreibende Betriebsmeßgeräte

sind Meßgeräte, die einen gemessenen Wert auf einen Schreibstreifen übertragen, der durch ein Uhrwerk ständig weiterbewegt wird. Der beschriebene Streifen enthält den Verlauf einer Meßgröße über einen durch Zeitmarkierungen festgelegten Zeitabschnitt. Eine Skala ermöglicht die Ablesung der Momentanmeßwerte.

Präzisionsmeßgeräte

werden ausschließlich in Prüffeldern und Labors eingesetzt und unterscheiden sich von den Betriebsmeßgeräten durch ihre Genauigkeit.

7.2.8.2 Meßwerke

Einen Überblick über die üblichen Meßwerke und ihre Eignung zum Messen der verschiedenen elektrischen Meßgrößen gibt Tafel 7/15. Die Wirkungsweise der wesentlichsten wird kurz beschrieben:

Drehspulmeßwerk

In einem homogenen Magnetfeld, das von einem Dauermagneten erzeugt wird, ist eine um ihre Achse bewegliche Spule gelagert. Sie kann sich in dem Luftspalt zwischen den Polen des Dauermagneten und einem Weicheisenkern drehen. Bei stromführender Spule entsteht zwischen dem Feld des Dauermagneten und dem Spulenfeld ein Drehmoment. Diesem Drehmoment entgegen wirken Spiralfedern. Zwischen dem Drehmoment durch den Spulenstrom und dem Gegendrehmoment durch die Spiralfedern herrscht Gleichgewicht. Die Stellung des Zeigers ist ein Maß für die Größe des Spulenstromes.

Kreuzspulmeßwerk

Die Kreuzspule mit gegeneinander unbeweglichen Spulen bewegt sich im Luftspalt zwischen Dauermagnet und Weicheisenkern. Durch eine ungleiche Luftspaltbreite wird in der Polmitte eine größere magnetische Felddichte als an den Polrandzonen erreicht. Dies bewirkt, daß die magnetischen Einzelfelder der stromdurchflossenen Kreuzspule das Bestreben haben, sich in die Richtung der größten Felddichte einzustellen. Die stromführenden Spulen üben dabei entgegengesetzte Drehmomente aus. Da der Strom über richtkraftlose Bänder zugeführt wird, stellt sich die Spule so ein, daß zwischen den beiden Drehmomenten Gleichgewicht herrscht. Die Einstellung des Zeigers ist dadurch von dem Verhältnis der beiden Spulenströme I_1/I_2 abhängig (Quotientenmeßwerk).

Dreheisenmeßwerk

Ein robustes, gegen Überlastungen unempfindliches Meßwerk für Gleich- und Wechselstrommessungen mit hohem Eigenverbrauch.

Als Antriebskraft dient die abstoßende Wirkung zweier im Magnetfeld gleichsinnig magnetisierter Weicheisenstücke.
Dieser abstoßenden Wirkung wirkt das mechanische Drehmoment einer Spiralfeder entgegen.

Tafel 7/15   Meßwerke zum Messen verschiedener Meßgrößen nach VDE 0410

Meßgröße	Meßwerk					
	Drehspul-Meßwerk	Drehspul-Meßwerk mit Gleichrichter	Kreuzspul-Meßwerk	Dreheisen-Meßwerk	Elektrodynam. Meßwerk	Vibrations-Meßwerk
Meßwerksymbol	⌓	⌓	⌓	⚡	⊕	⚊
Gleichstrom . .	x	x		x		
Wechselstrom .		x		x		
Gleichspannung .	x	x		x		
Wechselspannung		x		x		
Widerstand . .			x			
Wirkleistung . .						
Gleichstrom .					x	
Wechselstrom					x	
Drehstrom .					x	
Blindleistung . .						
Wechselstrom					x	
Drehstrom .					x	
Leistungsfaktor .					x	
Frequenz . . .						x

Sinnbilder und Zeichen   Gleichstrommeßgerät   —

                             Wechselstrommeßgerät   ∼

                             Gleich- und Wechselstrommeßgerät   ≈

                             Gebrauchslagen:
                                 senkrecht   ⊥
                                 waagerecht   ⌐
                                 schräg mit Angabe des Neigungswinkels   ∠60°

                             Zeigernullstellvorrichtung   ◯

                             Prüfspannungszeichen   ☆

Prüfspannungen von Meßgeräten

Betriebsspannung	Prüfspannung	Prüfspannungszeichen
bis 40 Volt	500 Volt	☆
bis 650 Volt	2000 Volt	☆ (mit 2)
Instrumente zum Anschluß an Meßwandler	2000 Volt	☆ (mit 4)

Elektrodynamisches Meßwerk

Die Ausführung des eisenlosen, elektrodynamischen Meßwerkes wird nur für Feinmeßinstrumente verwendet.

Betriebsmeßgeräte zur Leistungsmessung haben das eisengeschlossene Meßwerk. Das Drehmoment wird durch das Zusammenwirken zweier Magnetfelder erzeugt. Der durch die feststehende Spule fließende Strom baut im Weicheisenkern das erste Feld, der Stromfluß in der drehbaren Spule das zweite Feld auf. Das Drehmoment ist dadurch abhängig von der Erregung beider Spulen, z. B. durch Strom und Spannung.

Vibrationsmeßwerk

wird zur Messung der Frequenz technischer Wechselströme benutzt. Stahlzungen sind in ihren Eigenschwingungen in kleinen Stufen auf den zu messenden Frequenzbereich abgestimmt.

Die Zunge, deren Eigenschwingungszahl der zu messenden Frequenz am nächsten liegt, schwingt mit der größten Amplitude.

7.2.8.3 Meßwandler

Meßwandler sind Spezialtransformatoren kleiner Leistung, die große Ströme oder Spannungen auf an Meßgeräten, Zählern, Schutzrelais u. ä. verarbeitbare Werte (Sekundär-Werte) transformieren (s. Tafel 7/16):

Tafel 7/16   Meßwandler

Wandler-Art	Übliche Sekundärwerte		Sekundäre Arbeitsweise (annähernd)	Einsatzgebiete
	Strom	Spannung		
Stromwandler	5 A 1 A		im Kurzschluß	Niederspannungs- und Hochspannungs-Anlagen
Spannungswandler		100 V 110 V	im Leerlauf	haupts. Hochspannungs-Anlagen

Für die *Auswahl von Meßwandlern* sind nach VDE 0414 folgende Kenngrößen festgelegt:

Nennstrom	primär	I_{1N} [A]	lt. Leistungsschild zugelassene
Nennstrom	sekundär	I_{2N} [A]	Nennströme[1])
Nennspannung	primär	U_{1N} [V]	lt. Leistungsschild zugelassene
Nennspannung	sekundär	U_{2N} [V]	Nennspannungen

---

1) Wie aus den Angaben der Genauigkeitsklassen ersichtlich, können Stromwandler bis zum 1,2fachen Nennstrom betriebsmäßig dauernd belastet werden.

Nennübersetzung	K_N	Übersetzungsverhältnis $\dfrac{\text{Primärstrom}}{\text{Sekundärstrom}}$
		bzw. $\dfrac{\text{Primärspannung}}{\text{Sekundärspannung}}$

Bürde   [Ω]   Auf sek. Seite angeschl. Gesamt-Schein-widerstand Z^1)

Nennbürde   [Ω]   max. zul. Bürdenwiderstand, bis zu welchem die angegebenen Fehlergrenzen gültig sind.

Nennleistung   [VA] Produkt aus Nennbürde x I_{2N}^2 bei Stromwandlern

$$\frac{1}{\text{Nennbürde}} \cdot U_{2N}^2 \text{ bei Spannungswandlern}$$

Überstromziffer n^2)   Vielfaches von I_{1N}, bei dem der sekundäre Stromfehler unter *Nennbürdenbelastung* max. -10% beträgt.
(b. Stromwandlern)

Stromfehler F_i %   proz. Abweichung von $I_2 \cdot K_N$ gegenüber I_1 (s. Tafel 7/17)

Spannungsfehler F_u %   proz. Abweichung von $U_2 \cdot K_N$ gegenüber U_1

Thermischer Grenzstrom   Effektivwert I_1 bzw. I_2, dessen Wärmewirkung der Wandler 1 s lang ausgesetzt werden darf.

Tafel 7/17 Genauigkeitsklassen von Meßwandlern

Klasse	Fehlerstrom F_i in % bei				Anwendungsbereiche
	$1,2 \cdot I_N$	$1 \cdot I_N$	$0,2 \cdot I_N$	$0,1 \cdot I_N$	
0,1	0,1	0,1	0,2	0,25	Genauigkeitsmessungen z. B. Laborbetrieb
0,2	0,2	0,2	0,35	0,5	} für Verrechnungsmessungen
0,5	0,5	0,5	0,75	1	
1,0	1,0	1,0	1,5	2	f. Betriebsmeßgeräte u. Schutzrelais
3	–	3			f. extrem hohe Leistungen und hohe Kurzschlußfestigkeit

1) Normalerweise wird zur Bestimmung von Z aus dem Wirkwiderstand ein cos φ von 0,8 eingesetzt.
Zur Vereinfachung kann in NS-Anlagen auch mit dem Wirkwiderstand R gerechnet werden.
2) Angabe in $n < \ldots$: $n <$ bedeutet, daß der Sek. Strom bereits unterhalb dem 5fachen Nennstrom nicht mehr proportional zum Primärstrom ansteigt und der Fehler größer -10% beträgt.

Anwendungshinweise für Stromwandler:

Sekundäre Belastung:	Leistungsangaben (in VA) der angeschlossenen Meßgeräte und Leitungsverluste $I^2 \cdot R$ (VA) addieren! Bei Belastung unter Wandlernennleistung steigt die Überstromziffer in umgekehrtem Verhältnis!
Überströme im Sekundärkreis: (Meßgeräte-Überlastung)	Verhindern durch richtige Auswahl der Überstromziffer für Meßgeräte: $n < 5$ (n mögl. klein)

Sekundärstrom wird bei Überströmen (Kurzschluß) frühzeitig begrenzt.

Um die Erhöhung der Überstromziffer bei sekundärer Unterbelastung zu verhindern, kann ein zusätzlicher Bürdenwiderstand zur Erhöhung der Belastung in Reihe geschaltet werden.

für Schutzrelais: $n > 10$ (n möglichst groß) damit hohe Überströme und Kurzschlußströme noch proportional abgebildet werden und die Relais zum Ansprechen bringen.

Sekundäre Spannungen: bei kurzgeschlossenen Stromwandlern

$$U_{\text{Sek.}} = \frac{\text{Nennleistg.}}{\text{Nennstrom}} = \frac{\text{VA}}{I_{2N}} \; ; \; \text{z. B. } \frac{10\,\text{VA}}{5\,\text{A}} = 2\,\text{V}$$

Bei nicht kurzgeschl. Wandlern können besonders bei sekundären Strömen von 1 A gefährliche Hochspannungen auftreten (führen auch zur Wandlerzerstörung)

Stromwandlerkreise dürfen daher nie in stromführendem Zustand geöffnet werden!

7.3 Schaltungsunterlagen

Elektrische Schaltpläne haben die Aufgabe, den Erstellern der Anlage, den Inbetriebsetzern und dem Betriebspersonal die gesamte Funktion sowie die Schaltungsausführung in übersichtlicher und leicht verständlicher Form darzustellen. Die Schaltpläne müssen aus diesem Grunde nach einem einheitlichen System ausgeführt sein und neben der elektrischen Schaltung alle wichtigen Daten und Funktionsangaben enthalten. Bei umfangreichen und schwierigen Steuerungen müssen die Schaltplanunterlagen durch Programmablaufpläne, Verriegelungsschematas, Zeitablaufpläne usw. ergänzt werden.

Gerätedaten — erforderlich für Ersatzbestellungen — sind in Gerätelisten zu erfassen.

7.3.1 Allgemeines

Wie die einzelnen elektrischen Betriebsmittel in den Schaltungsunterlagen darzustellen sind, die Schaltungsunterlagen eingeteilt werden und die elektrischen Betriebsmittel zu kennzeichnen sind, ist aus DIN-Blättern zu ersehen.

Die Schaltzeichen der elektrischen Betriebsmittel sind in den DIN-Blättern 40 700 bis 40 716 enthalten. Nachstehend sind die für die Kältetechnik wichtigsten aufgeführt:

DIN 40 708	Schaltzeichen, Meldegeräte (Empfänger)
DIN 40 711	Schaltzeichen, Leitungen und Leitungsverbindungen
DIN 40 712	Schaltzeichen, Widerstände, Wicklungen, Kondensatoren, Dauer-magnete, Batterien, Erdung, Veränderbarkeit
DIN 40 713	Schaltzeichen, Schaltgeräte, Antriebe, Auslöser
DIN 40 714	Schaltzeichen, Transformatoren und Drosselspulen, Meßwandler
DIN 40 715	Schaltzeichen, Maschinen
DIN 40 716	Schaltzeichen, Meßinstrumente, Meßgeräte, Zähler
DIN 40 719	Schaltungsunterlagen, Einteilung, Begriffe
	Kennzeichnung der elektrischen Betriebsmittel

7.3.2 Einteilung der Schaltungsunterlagen

Soll ein Schaltplan richtig verstanden werden, so müssen die Voraussetzungen bekannt sein, von denen bei der Anfertigung ausgegangen wurde, d. h. welcher Schaltzustand durch den Schaltplan gezeigt wird.

Es ist festgelegt worden, daß sämtliche Schaltpläne die Anlage in ausgeschaltetem und spannungslosem Zustand zeigen müssen. Ist dies nicht der Fall, so muß dies auf dem Plan bzw. an dem betreffenden Betriebsmittel vermerkt sein.

Es gibt je nach Aufgabenstellung verschiedene Schaltungsunterlagen (s. Tafel 7/18).

Tafel 7/18 Einteilung der wichtigsten Schaltungsunterlagen

Aufgabenstellung	Art der Pläne
1. Funktionsdarstellung	1. Programmablaufpläne 2. Verriegelungs-Schemata 3. Logik-Schematas 4. Regelungs-Funktionspläne
2. Schaltungsausführung	1. Übersichtsschaltpläne 2. Stromlaufpläne 3. Logik-Schaltpläne (f. elektron. Steuerungen) 4. Regelungs-Schaltpläne 5. Meß-Schaltpläne 6. zugehörige Gerätelisten
3. Verdrahtungsausführung	1. Anschlußplan (Bauschaltplan) 2. Klemmenpläne 3. Kabelverlegungspläne 4. Kabel-Tabellen
4. Sonstiges	1. Baupläne 2. Geräteanordnungszeichnungen 3. Fronttafel-Anordnungspläne 4. Blindschaltbilder usw.

Die wesentlichsten werden nachstehend erläutert:

Ein *Übersichtsschaltplan* ist die vereinfachte Darstellung der Schaltung der Hauptstromkreise, wobei nur die wichtigsten Teile berücksichtigt werden. Er zeigt die Arbeitsweise und die Gliederung einer elektrischen Einrichtung. Er kann ein- oder mehrpolig dargestellt werden und zeigt die Zusammenhänge des Hauptstromkreises, nicht die Einzelheiten der Steuerung (s. Bild 7/35 und 7/36).
Die Bedeutung der Buchstaben und Ziffern an den elektrischen Betriebsmitteln sind in **Abschnitt 7.3.3** erläutert.

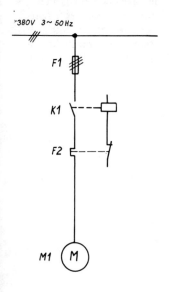

Bild 7/35 Übersichtsschaltplan (einpolig)   **Bild 7/36** Übersichtsschaltplan (allpolig)

Ein *Stromlaufplan* ist die ausführliche Darstellung der Steuerung bzw. Regelung mit ihren Einzelheiten. Er zeigt die Arbeitsweise einer elektrischen Einrichtung. Stromlaufpläne sollten vorzugsweise auf DIN A3-Formaten dargestellt werden. Die zusammenhängende Darstellung der Geräte, deren Schaltglieder entsprechend der Funktion in verschiedenen Stromwegen dargestellt sind (aufgelöste Darstellung, Bild 7/37), werden entweder unterhalb der unteren Potentiallinien dargestellt oder in einer gesonderten Geräteliste erfaßt.

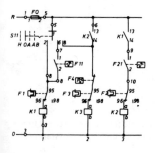

Bild 7/37 Stromlaufplan
Weitere Beispiele s. Bilder 7/40 bis 7/49

Anschlußpläne, auf denen die elektrische Leitungsführung innerhalb von Schaltschränken angegeben ist, werden heute nicht mehr angewendet.

An ihre Stelle ist neben den Übersichts- und Stromlaufplänen der *Klemmenanschlußplan* getreten. Auf den Klemmenplänen werden alle Klemmenleisten mit ihren gesamten Klemmen und alle Leitungsanschlüsse nach den außerhalb des Schaltschrankes liegenden Geräten einschließlich der Kabel dargestellt.

Ein *Anordnungsplan* enthält Angaben über die räumliche Lage der elektrischen Betriebsmittel. In der Regel kann hierfür die Konstruktionszeichnung des Schaltschrankes verwendet werden. Bei einfacheren Einrichtungen genügt eine Skizze. Die dargestellten Betriebsmittel müssen gekennzeichnet sein. Die Kennzeichnung muß mit der in den Stromlauf- und Anschlußplänen übereinstimmen (Bild 7/38).

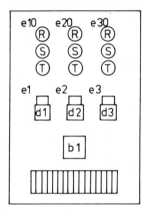

Bild 7/38 Anordnungsplan

7.3.3 Schaltzeichen

In den Schaltplänen werden am häufigsten die Schaltglieder wie Öffner, Schließer, Umschalter usw. für die Darstellung einer elektrischen Schaltung benötigt. Diese sind in DIN 40 713 genormt. Die Darstellung der Schaltzeichen nach der neuen DIN-Ausgabe ist der europäischen Norm (IEC-Norm) angepaßt.

Die bisherige Darstellung (Kreise am Fuß und Kopf der Kontakte) wird vielfach weiterhin angewendet (s. Bild 7/39).

Benennung	40713 alt	40713 neu
Schließer		
Öffner		
Wechsler		

Bild 7/39 Schaltzeichen für Schließer, Öffner und Wechsler in neuer und alter Darstellung

7.3.4 Kennzeichnung der elektrischen Betriebsmittel

DIN 40 719, Blatt 2, enthält Angaben über die Kennzeichnung von elektrischen Einrichtungen. Die Kennbuchstaben für die Kennzeichnung der Art von elektrischen Betriebsmitteln, die bisher nach DIN 40 719, Beiblatt 1 durchgeführt wurde, ist neu festgelegt und ebenfalls an die internationale Norm der IEC angepaßt worden. Tafel 7/19 zeigt eine Gegenüberstellung der alten und neuen Buchstaben.

Tafel 7/19 Kennbuchstaben für elektrische Betriebsmittel nach DIN 70 719, Blatt 2 (neu)
(Ordnung nach Betriebsmitteln)

Art des Betriebsmittels	Kennbuchstabe nach 40 719 (alt)	40 719 (neu)	Beispiele
Schalter	a	Q	Trenner, Lastschalter Leitungsschalter
Hilfsschalter	b	S	Befehlsschalter Steuerschalter
Schütze	c	K	Leistungsschütze
Hilfsschütze	d	K	Hilfsschütze, Zeitrelais
Schutz- Einrichtungen	e	F	Sicherungen Schutzrelais
Meßwandler	f	T	Strom- und Spannungswandler
Meßgeräte	g	P	Strom- und Spannungsmesser
Sicht- und Hörmelder	h	H	Leucht- und Zeigermelder
Kondensatoren	k	C	Kondensatoren
Maschinen	m	M	Motoren
Gleichrichter Batterien	n	G	Batterien Netzgeräte
Röhren Verstärker	p	V	Anzeigerröhren Verstärkerröhren
Widerstände	r	R	Fest- und Regelwiderstände
Mech.-Geräte mit elektr. Antrieb	s	Y	Bremsen, Kupplungen, Ventile
in sich geschlossene Einrichtungen	u	A	Baugruppen

Da nach DIN 40 719, Blatt 2 (neu) verschiedene Kennbuchstaben zum Teil anderen Betriebsmitteln zugeordnet wurden und zusätzliche Buchstaben eingeführt wurden, zeigt Tafel 7/20 die Bedeutung der neuen Kennbuchstaben in alphabetischer Reihenfolge.

Tafel 7/20 Kennbuchstaben für elektrische Betriebsmittel nach DIN 40 719, Blatt 2
(Ordnung nach Kennbuchstaben)

Kenn-buch-stabe	Art des Betriebsmittels	Beispiele
A	Baugruppen und Teilbau-gruppen	Einsätze für den festen Einbau oder zum Drehen, Klappen, Schwenken, Schieben, Stecken. Teil-, Voll- oder Mehrfacheinsätze wie Steckkarten und -blöcke, Parts, Verbundetagen, Subprints, Moduln. Standardisierte Betriebsmittelkombinationen in Gerüst-, Tafel- und Gehäusebauformen.
B	Umsetzer von nichtelektrischen auf elektrische Größen und umgekehrt	Meßumformer. Thermoelemente, Widerstandsthermometer. Fotoelektrische Zellen, Fotowiderstände, Fotoverstärker. Druckmeßdosen, Dehnungsmeßstreifen. Drehzahl- und Geschwindigkeitsgeber, Impulsgeber, Tachomaschinen. Weg- und Winkelumsetzer, Näherungsinitiatoren. Haltsonden, Feldplatten.
C	Kondensatoren	
D	Verzögerungs-einrichtungen, Speicher-einrichtungen, binäre Elemente	Einrichtungen der binären und digitalen Steuerungs-, Regelungs- und Rechentechnik. Verzögerer, Signalblocker, Zeitglieder. Speicher- und Gedächtnisfunktionen z. B. Kernspeicher, Schieberegister. Verknüpfungsglieder wie UND- und ODER-Glieder. Digitale Einrichtungen, Impulszähler. Digitale Regler. Rechner.
E	Verschiedenes	Betriebsmittel die nicht an anderer Stelle dieser Aufstellung auf-geführt oder eingereiht werden können, z. B. Beleuchtungsein-richtungen. Elektrofilter, Elektrozäune, Lüfter, Heizeinrichtungen. Kombinationen aus mehreren anderen Betriebsmitteln.
F	Schutzein-richtungen	Sicherungen (Feinsicherungen, Schraubsicherungen, NH-Sicherun-gen). Überspannungsableiter. Schutzrelais, Bimetallauslöser, magn. Auslöser. Druckwächter, Windfahnenrelais, Fliehkraftschalter. Buchholzschutz. Elektronische Einrichtungen zur Signalüberwachung, Signal-sicherung. Leitungsüberwachung, Funktionssicherung.
G	Generatoren, Strom-versorgungen	Rotierende und ruhende Generatoren und Umformer. Batterien, Ladegeräte, Netzgeräte. Stromrichtergeräte. Taktgeneratoren, Oszillatoren.
H	Meldeein-richtungen	Optische und akustische Meldegeräte. Geräte für das Gefahren- und Zeitmeldewesen. Uhren. Zeitfolgemelder, Manöver-Registriergeräte. Fallklappenrelais.

(Fortsetzung der Tafel 7/20)

Kennbuchstabe	Art des Betriebsmittels	Beispiele
K	Relais, Schütze	Leistungsschütze. Hilfsschütze, Hilfsrelais, Zeitrelais, Blinkrelais, Reed-Relais.
L	Induktivitäten	Drosseln, Spulen.
M	Motoren	
N	Verstärker, Regler	Einrichtungen der analogen Steuerungs-, Regelungs- und Rechentechnik. Elektronische und elektromechanische Regler. Umkehrverstärker. Impedanzwandler. Steuersätze, Logikschaltungen. Führungsgrößenrechner.
O	Starkstrom-Schaltgeräte	Schalter in Hauptstromkreisen. Schalter mit Schutzeinrichtungen. Leistungsschalter, Schnellschalter, Trenner, Lasttrenner. Sterndreieckschalter, Polumschalter, Schaltwalzen. Trennlaschen, Zellenschalter. Sicherungstrenner, Sicherungslasttrenner. Installationsselbstschalter, Motorschutzschalter.
P	Meßgeräte, Prüfeinrichtungen	Analog, binär und digital anzeigende und registrierende Meßgeräte (Anzeiger, Schreiber, Zähler). Zifferanzeiger, binäre Zustandsanzeigen. Oszillographen; Bildsichtgeräte. Simulatoren, Prüfadapter.
R	Widerstände	Fest-, Einstell-, Regelwiderstände. Anlasser, Bremswiderstände. Heiß- und Kaltleiter. Meßwiderstände, Nebenwiderstände, Heizwiderstände.
S	Schalter, Wähler	Befehlsgeräte, Eingabegeräte, Drucktaster, Schwenktaster, Leuchttaster. Steuerschalter, Endschalter, Wahlschalter. Steuerquittierschalter, Meßstellenumschalter. Steuerwalzen, Kopierwerke. Dekadenwahlschalter, Kodierschalter, Funktionstasten. Wählscheiben. Drehwähler.
T	Transformatoren	Leistungs- und Steuertrafos, Übertrager. WS-Strom- und Spannungswandler. Transduktoren.
U	Modulatoren, Umsetzer	Frequenz-Modulatoren (Demodulatoren). (Strom-) Spannungs-Frequenz-Umsetzer. Frequenz-Spannungs (Strom)-Umsetzer. Analog-Digital-Umsetzer Digital-Analog-Umsetzer. Analog-Binär-Wandler. Binär-Analog-Wandler. Signal-Trennstufen, Gleichstrom- und Gleichspannungswandler. Diskriminatoren. Parallel-Serien-Umsetzer. Serien-Parallel-Umsetzer. Kodier- (Dekodier)-Einrichtungen.

(Fortsetzung der Tafel 7/20)

Kenn-buch-stabe	Art des Betriebsmittels	Beispiele
V	Röhren, Halbleiter	Anzeigeröhren, Verstärkerröhren. Gasentladungsröhren, Thyratrons, Hg-Stromrichter, Dioden, Zenerdioden, Tunneldioden, Kapazitätsdioden. Transistoren, Integrierte Schaltkreise. Thyristoren, Triacs.
W	Übertragungs-wege, Hohlleiter	Leitungen, Kabel, Schaltdrähte. Sammelschienen, Hohlleiter. TFH-, UKW-Richtfunk und HF-Leitungsübertragungswege. Antennen. Fernmeldeleitungen.
X	Klemmen, Stecker, Steckdosen	Trenn- und Prüfstecker, Koaxstecker. Meßbuchsen. Vielfachstecker, Steckverteiler, Rangierverteiler. Programmierstecker, Kreuzschienenverteiler. Klemmenleisten, Lötleisten.
Y	Elektrisch betätigte mechanische Einrichtungen	Bremsen, Kupplungen, Ventile. Stellantriebe, Hubgeräte, Bremslüfter. Sperrmagnete, mechanische Sperren. Motorpotentiometer. Fernschreiber, elektrische Schreibmaschinen, Drucker, Plotter. Platten-, Band- und Trommelspeicher.
Z	Abschluß, Ausgleichs-einrichtungen, Filter, Begrenzer, Gabelabschlüsse	R/C- und L/C-Filter. Aktive Filter. Hoch-, Tief- und Bandpässe, Frequenzweichen. Dämpfungseinrichtungen.

Die Kennbuchstaben über die Art des Betriebsmittels und die Zählnummern sind in manchen Fällen für eine eindeutige Kennzeichnung nicht ausreichend. Daher kann die Funktion des Betriebsmittels durch einen Kennbuchstaben, der hinter der Zähl-nummer einzutragen ist, zusätzlich beschrieben werden.

7.3.5 Schaltungen und Steuerungen

In diesem Abschnitt sollen einige spezifische Steuerungsarten, wie sie in kältetech-nischen Anlagen Anwendung finden, vorgestellt werden.

7.3.5.1 Grundsätzliche Antriebssteuerungen

a) Einspeise-Schaltung (Bild 7/40)
b) Motorsteuerung in Direkt-Einschaltung (Bild 7/41)
c) Motorsteuerung in Stern-Dreieckeinschaltung (Bild 7/42)
d) Motorsteuerung mit Teilwindungsstart (Bild 7/43)
e) Motorsteuerung für polumschaltbaren Motor in Dahlanderschaltung (Bild 7/44)
f) Motorsteuerung für polumschaltbaren Motor mit getrennten Wicklungen (Bild 7/45)

g) Verdichtersteuerung in Direkteinschaltung mit Leistungsregelung (Bild 7/46)
h) Steuerschaltung für Störmeldungen (Bild 7/47)
i) Verdichtersteuerung mit Leistungsregelung und Absaugschaltung (Pump down-Schaltung) (Bild 7/48)
k) Schaltung von Heizungen (Abtauheizung, Rohrbegleitheizung usw.) (Bild 7/49)

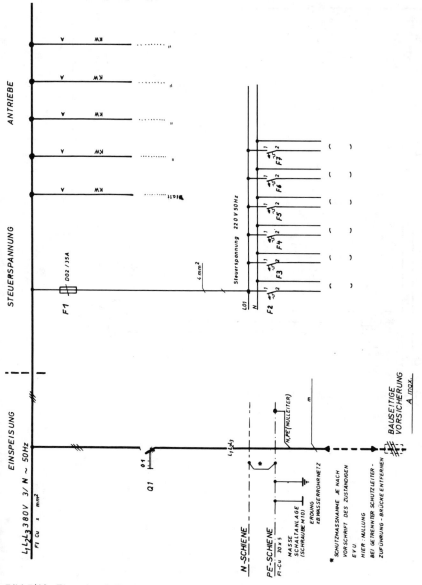

Bild 7/40 Einspeiseschaltung

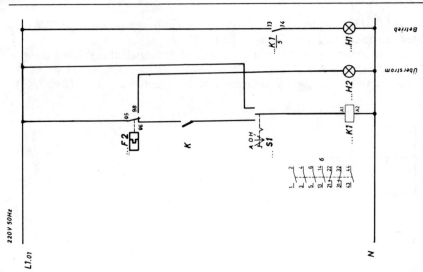

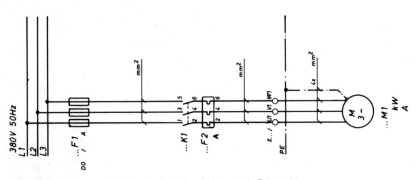

Bild 7/41 Motorsteuerung für Direkteinschaltung mit Störmeldung

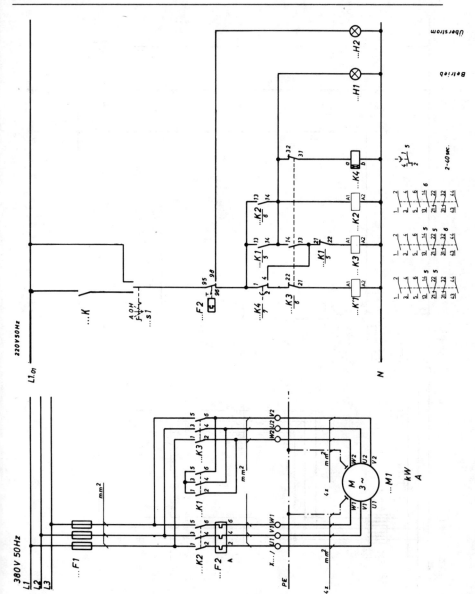

Bild 7/42 Motorsteuerung für Stern-Dreieckanlauf mit Störmeldung

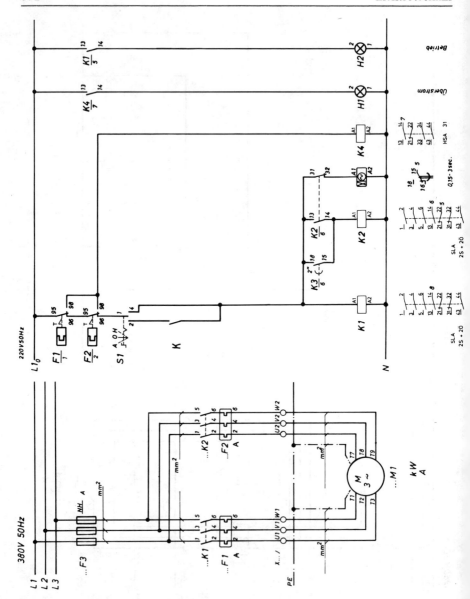

Bild 7/43　Motorsteuerung für Teilwindungsstart mit Störmeldung

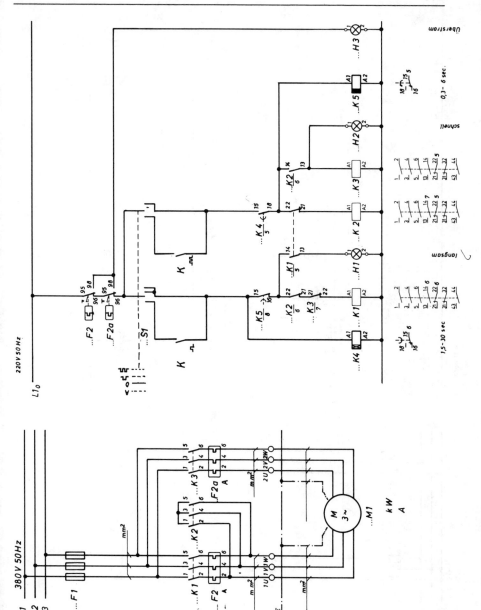

Bild 7/44 Motorsteuerung für polumschaltbare Motore in Dahlanderschaltung mit Störmeldung

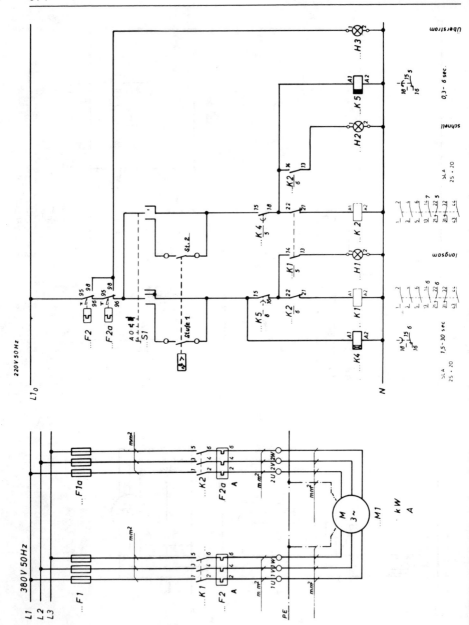

Bild 7/45 Motorsteuerung für polumschaltbare Motore mit getrennten Wicklungen einschließlich Zustandsanzeige und Störmeldung

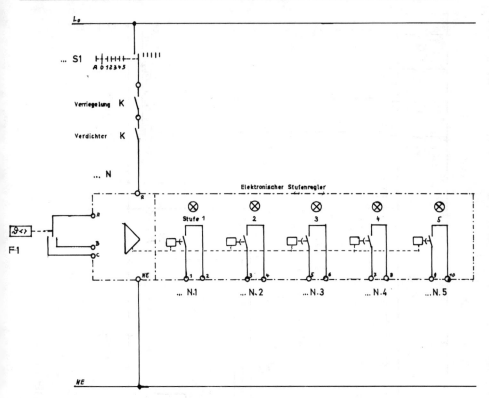

Bild 7/46 Verdichtersteuerung bei Direkteinschaltung mit Leistungsregelung

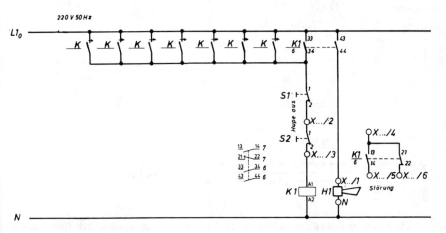

Bild 7/47 Prinzipschaltbild einer Störmeldezentrale

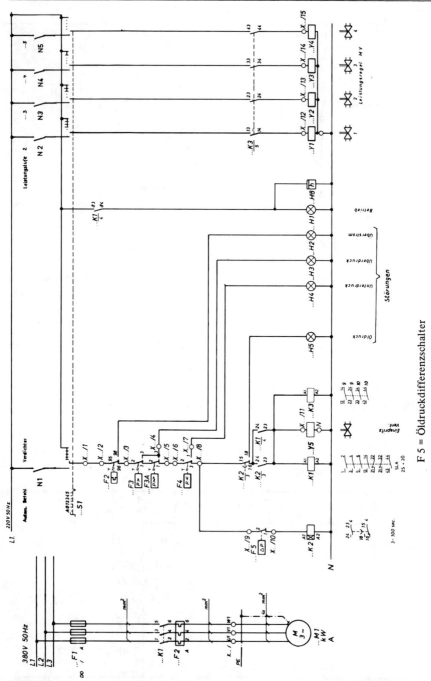

Bild 7/48 Steuerung eines Kälte-Verdichters mit Leistungsregelung einschließlich Sicherheits-
kette, Einzelstörmeldung und Absaugeschaltung, d. h., die Kältemittel-Flüssigkeitsleitung wird
geschlossen; der Verdichter läuft nach, bis F 4 abschaltet.

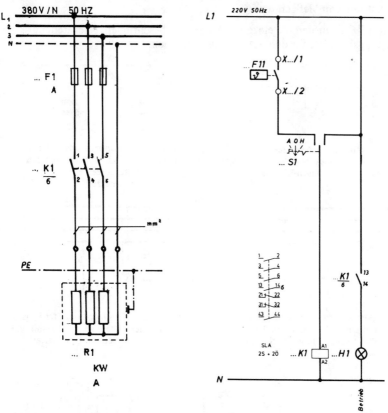

Bild 7/49 Grundsätzliche Schaltung von Heizungen (z. B. Abtauheizungen, Rohrbegleitheizungen u. ä.)

7.3.6 Schaltung von Meßgeräten

In Abschnitt 7.2.8 wurden die einzelnen Meßwerke beschrieben. Nachstehend sind Schaltungsbeispiele für deren Anschluß angegeben.

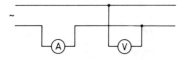

Bild 7/50 Anschluß eines Amperemessers und eines Voltmeters für direkte Messung bei Einphasen-Wechselstrom

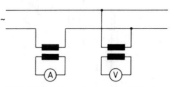

Bild 7/51 Strommessung in Drehstromsystemen über Stromwandler
a in Vierleiternetzen
b in Dreileiternetzen

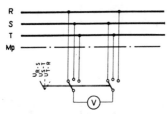

Bild 7/52 Messung der drei verketteten Spannungen mit einem Voltmeter und einem Umschalter (Phase gegen Phase; R−S, S−T und T−R)

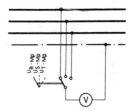

Bild 7/53 Messungen der drei Phasenspannungen (Phase gegen Mp) mit einem Voltmeter und einem Umschalter

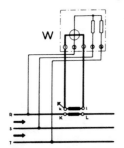

Bild 7/54 Anschluß eines Wirkleistungsmessers in einem Dreileiter-Drehstromnetz (gleichbelastet)

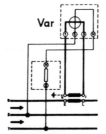

Bild 7/55 Blindleistungsmessung in einem gleichbelasteten Dreileiter-Drehstromnetz

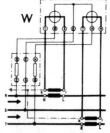

Bild 7/56 Anschluß eines Wirkleistungsmessers im Drehstromnetz mit ungleich belasteten Phasen

7.4 Montage von elektrischen Anlagen

Die elektrischen Einrichtungen müssen den Vorschriften, Bestimmungen und Normen des Gesetzgebers entsprechen. In der BRD sind hierfür der

VDE   (Verband Deutscher Elektrotechniker), der
DNA   (Deutscher Normen-Ausschuß), die
BG's   (Berufsgenossenschaften) und der
TÜV   (Technischer Überwachungs-Verein)   zuständig.

7.4.1 Errichtungsbestimmungen

Der elektrische Teil einer Kälteanlage wird in der Regel mit Spannungen unter 1000 V betrieben. Für das Errichten dieser Anlagen sind die in VDE 0100 festgelegten Bestimmungen zu beachten.

Für die Anlagen über 1000 V sind die Bestimmungen nach VDE 0101 maßgebend.

Für Anlagen, die in Kaufhäusern, Versammlungsstätten, Hotels u. ä. aufgestellt werden, müssen die Zusatzbestimmungen der VDE 0108 berücksichtigt werden.

Die elektrischen Betriebsmittel müssen den hierfür erlassenen VDE-Bestimmungen entsprechen.

7.4.2 Bauweisen

Eine elektrische Anlage kann in offener oder gekapselter Bauweise ausgeführt werden. Der Aufstellungsort bzw. die Schutzart, die aus Sicherheitsgründen zu beachten ist, entscheiden darüber, welche der beiden Bauweisen anzuwenden ist.

7.4.3 Schutzarten

Die Schutzarten für Niederspannungsanlagen sind in DIN 40 050, Blatt 6 festgelegt. Sie werden durch ein Kurzzeichen angegeben, das sich aus zwei stets gleichbleibenden Kennbuchstaben IP und zwei Kennziffern für den *Schutzgrad* zusammensetzt. Das Schema dieser Kennzeichnung ist:

1. Kennbuchstaben	für die Schutzart	Benennung IP
2. Erste Kennziffer	Schutzart gegen Berühren und Eindringen von Fremdkörpern	0 bis 6
3. Zweite Kennziffer	Schutzart gegen Eindringen von Wasser	0 bis 8
4. Zusatzbuchstabe	Angabe über Zusatzmaßnahmen oder besondere Abstufung	

Beispiel: Schutzart   IP   3   3   B

- Zusatzbuchstabe
- Wasserschutz
- Berührungsschutz und Fremdkörper
- Kennbuchstabe

Eine Übersicht gibt Tafel 7/21.

Tafel 7/21

Übersicht der Schutzarten

Berührungsschutz	Fremdkörperschutz	Kennbuchstabe u.1. Kennziffer	Kennbuchstabe IP ... — Schutz gegen Eindringen von Flüssigkeiten — Zweite Kennziffer								
			0 — kein Schutz	1 — Schutz gegen senkrecht fallendes Tropfwasser	2 — Schutz gegen Wassertropfen auch bei Neigungen bis zu 15° aus d. Vertikalen	3 — Schutz gegen Sprühwasser auch bei Neigungen bis zu 60° aus der Vertikalen	4 — Schutz gegen Spritzwasser aus allen Richtungen	5 — Schutz gegen Strahlwasser aus allen Richtungen	6 — Schutz gegen vorübergehende Überflutung	7 — Schutz gegen Eintauchen in Wasser	8 — Schutz gegen Druckwasser beim Untertauchen
Kein Berührungsschutz	Kein Schutz gegen feste Fremdkörper	IP 0	IP 00								
Schutz gegen großflächige Berührung mit der Hand	Schutz gegen große feste Fremdkörper > 50 mm φ	IP 1	IP 10		IP 12						
Schutz gegen Berührung mit den Fingern	Schutz gegen mittelgroße feste Fremdkörper > 12 mm φ	IP 2	IP 20			IP 23					
Schutz gegen Berührung mit Werkzeugen, Drähten oder ähnlichem über 2,5 mm Stärke	Schutz gegen kleine feste Fremdkörper > 2,5 mm φ	IP 3	IP 30	IP 31	IP 32						
Schutz gegen Berührung mit Werkzeugen, Drähten oder ähnlichem über 1 mm Stärke	Schutz gegen kleine feste Fremdkörper > 1 mm φ	IP 4	IP 40		IP 42	IP 43					
Schutz gegen Berührung mit Hilfsmitteln jeglicher Art	Schutz gegen störende Staubablagerungen im Innern	IP 5	IP 50				IP 54	IP 55			
Schutz gegen Berührung mit Hilfsmitteln jeglicher Art	Vollkommener Schutz gegen Staub	IP 6						IP 65			

7.4.4   Anschluß von Motoren

Beim Anschluß eines Motors sind die Angaben auf dem Leistungsschild zu beachten. Hier sind die Angaben über Nennspannung, Nennstrom und Nennleistung am wichtigsten, wenn man voraussetzt, daß der ausgewählte Motor den sonstigen Betriebsbedingungen entspricht. Diese drei Angaben sind deshalb von Bedeutung, da sie in Verbindung mit den vorhandenen Netzverhältnissen dafür ausschlaggebend sind, welche Absicherung gewählt werden muß und wie die Wicklungen des Motors am Klemmenbrett zu schalten sind.

Wann die Wicklungen eines Motors im Stern und wann dieselben im Dreieck zu schalten sind, ist davon abhängig, für welche Spannung der Motor gebaut ist und welche Netzspannung für den Anschluß zur Verfügung steht.

Auf dem Leistungsschild des Drehstrommotors sind immer zwei Spannungen angegeben, z. B. 660/380 V. Hierbei sind bei der höheren Spannung (660 V) die Wicklungen im Stern und bei der niederen Spannung (380 V) dieselben im Dreieck zu schalten.

7.4.4.1 Sternschaltung

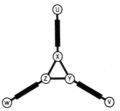

Bild 7/57 Klemmenbrett eines Drehstrommotors in Sternschaltung

Bild 7/58 In Stern geschaltete Motorwicklung

7.4.4.2 Dreieckschaltung

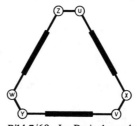

Bild 7/59 Klemmenbrett eines Drehstrommotors in Dreieckschaltung

Bild 7/60 Im Dreieck geschaltete Motorwicklung

7.4.4.3 Drehrichtung von Drehstrom-Motoren

Sie ist davon abhängig, wie das Drehstrom-Netz an die Wicklungen der Motoren angeschlossen wird. Unter der Voraussetzung, daß das Netz rechtes Drehfeld aufweist, gilt:

a) Rechtslauf

Phase L 1 (R)   an Motorklemme U
Phase L 2 (S)   an Motorklemme V
Phase L 3 (T)   an Motorklemme W

b) Linkslauf

Phase L 2 (S)   an Motorklemme U
Phase L 3 (T)   an Motorklemme V
Phase L 1 (R)   an Motorklemme W

Um die Drehrichtung eines Motors zu ändern, sind demnach jeweils 2 der 3 Motor-
zuleitungen an den Motorklemmen umzuklemmen.

Bei verschiedenen Antriebsmaschinen, wie z. B. Turbokompressoren, Ventilatoren
usw. muß bei der Inbetriebsetzung auf die vorgeschriebene Drehrichtung besonders
geachtet werden!

Drehrichtungsumschaltungen bei ⋏-Δ-Anlaufschaltungen erfordern besondere Sorgfalt! Bei dieser Schaltung müssen jeweils 2 von der gleichen Netzphase kommende
Kabel umgeschaltet werden.

7.5   Schutzmaßnahmen

Schutzmaßnahmen sind bei allen Anlagen mit höheren Spannungen als 65 V
(Effektiv-Wert der Wechselspannung) nach VDE 0100/§ 5 zwingend vorgeschrieben.

Es wird unterschieden zwischen dem

— Schutz zur Verhütung von Unfällen,
— Schutz gegen Überspannungen,
— Isolationszustand der Anlage und
— der Erdung

Damit in elektrischen Anlagen Unfälle vermieden werden, muß gewährleistet sein,
daß dem

— Schutz gegen direktes Berühren (0100/§ 4) und
— Schutz gegen indirektes Berühren (0100/§ 5)

Rechnung getragen wird.

Die Forderungen können durch folgende Schutzmaßnahmen erfüllt werden:

— Schutzisolierung,
— Schutzkleinspannung,
— Schutzerdung,
— Nullung,
— Schutzleitungssystem,
— Fehlerspannungs-Schutzschaltung,
— Fehlerstrom-Schutzschaltung,
— Schutztrennung

7.5.1   Schutzisolierung (0100/§ 7)

Bei der Schutzisolierung unterscheidet man zwischen der Isolierung des Menschen
von dem Gerät oder von der Erde.

Im ersten Fall sind alle leitfähigen Teile eines elektrischen Betriebsmittels, welche **nicht zum Betriebsstromkreis** gehören, jedoch bei schadhaft gewordener Isolation eines elektrischen Leiters Spannung führen können, fest und dauerhaft mit einem Isolierstoff zu bedecken. Es sei ausdrücklich darauf hingewiesen, daß unter dem Begriff Schutzisolierung nicht die Isolierung des stromführenden Leiters zu verstehen ist, sondern die Isolierung der Gehäuse, Abdeckungen, Schaltergriffe, Schalterstangen usw. Durch diese Art der Schutzisolierung wird eine Isolierung des Menschen von dem Gerät erreicht.

Schutzisolierte Betriebsmittel müssen den in den Gerätevorschriften festgelegten Bestimmungen entsprechen und mit dem Zeichen der Schutzisolierung nach DIN 40 014 gekennzeichnet sein.

Die zweite Anwendungsmöglichkeit der Schutzisolierung ist die sogenannte Standortisolierung. Sie wird dadurch hergestellt, daß man die Bedienungsgänge mit einem isolierten Fußbodenbelag ausstattet (Gummiläufer, Holzroste usw.) oder überhaupt einen isolierten Fußboden verlegen läßt. Während im ersten Fall, wie bereits erwähnt, der Mensch gegen das Gerät isoliert wird, erfolgt im zweiten Fall eine Isolierung des Menschen gegen die Erde. Die Standortisolierung ist nur bei ortsfesten Betriebsmitteln zulässig, wobei gewährleistet sein muß, daß die Betriebsmittel nur von dem im ganzen Handbereich isolierten Standort aus berührt werden können.

7.5.2 Schutzkleinspannung (0100/§ 8)

Durch die Anwendung der Kleinspannung soll erreicht werden, daß der Wert einer eventuell auftretenden Berührungsspannung so nieder gehalten wird, daß sie nicht in der Lage ist, für Mensch oder Tier gefährlich zu werden. Als höchstzulässige Nennspannung sind 42 Volt zugelassen.

Für die Erzeugung von Kleinspannungen stehen folgende Geräte zur Verfügung:

Schutz- und Klingeltransformatoren,
Umformer mit elektrisch voneinander getrennten Wicklungen,
Akkumulatoren und galvanische Elemente.

In Bild 7/61 sind 2 Kleinspannungstransformatoren dargestellt. Der in der Schaltung a) eingesetzte Transformator ist ein Spartransformator und für die Erzeugung von Kleinspannungen unzulässig. Bei der Schaltung b) wurde ein Transformator verwendet, welcher 2 elektrisch voneinander getrennte Wicklungen besitzt und somit den VDE-Bestimmungen entspricht.

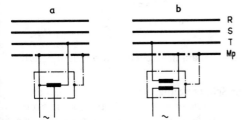

Bild 7/61 Schaltung von Schutztransformatoren für Kleinspannung
a unzulässig
b zulässig

Die Anwendung dieser Schutzmaßnahme erfolgt in kältetechnischen Anlagen z. B. als Steuerspannung für im Handbereich angeordnete thermostatische Regler.

7.5.3 Schutzerdung (0100/§ 9)

Durch die Schutzerdung soll erreicht werden, daß die im Störungsfalle an den nicht zum Betriebsstromkreis gehörenden leitfähigen Anlagenteile auftretende Berührungsspannung nicht bestehen bleibt, sondern daß der gestörte Anlagenteil vom Netz abgetrennt wird.

Um dies sicherzustellen, müssen diese nicht zum Betriebsstromkreis gehörenden Anlagenteile über den Schutzleiter an einen Erder angeschlossen werden. Nimmt durch einen Isolationsfehler ein derart geschützter Anlagenteil Spannung an, so fließt über den Schutzleiter nach dem Erder ein Ableitstrom. Von der Höhe des Ableitstromes bzw. der Höhe der treibenden Spannung ist es abhängig, ob der zu schützende Anlagenteil vom Netz abgetrennt wird oder nicht. Eine Abtrennung vom Netz erfolgt dann, wenn der Ableitstrom so groß ist, daß die dem elektrischen Betriebsmittel vorgeschaltete Sicherung oder der Schutzschalter mit Sicherheit durchschmilzt bzw. abschaltet, d. h. der Ableit- oder Fehlerstrom muß dem Abschaltstrom der Sicherung oder des Schutzschalters entsprechen.

Man unterscheidet, ob der Rückfluß des Ableit- oder Fehlerstromes über das Erdreich oder durch das Wasserrohrnetz erfolgt. In Bild 7/62 sind diese beiden Möglichkeiten im Prinzip gegenübergestellt.

Diese Schutzart wird in kältetechnischen Anlagen normalerweise nicht angewendet.

Im Bedarfsfall sind die Auslegungsrichtlinien nach VDE 0100 heranzuziehen.

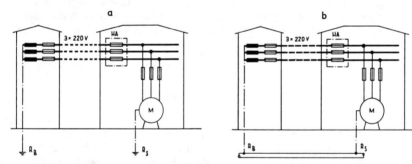

Bild 7/62 Schutzerdung
a Rückfluß des Fehlerstromes durch das Erdreich
b Rückfluß des Fehlerstromes über das Wasserrohrnetz

7.5.4 Nullung (0100/§ 10)

Die Nullung ist die in kältetechnischen Anlagen am häufigsten angewendete Schutzart.

Bei der Nullung soll ebenfalls, wie bei der Schutzerdung, erreicht werden, daß das Bestehenbleiben zu hoher Berührungsspannungen an nicht zum Betriebsstromkreis gehörenden Anlagenteilen vermieden wird. Die Nullung erfordert einen unmittelbar geerdeten Mittel- oder Sternpunkt, an den der Nulleiter anzuschließen ist. Der Nulleiter ist durch die gesamte Anlage mitzuführen und isoliert zu verlegen. Sämt-

liche nicht zum Betriebsstromkreis gehörenden Metallteile, die im Störungsfalle
Spannung annehmen können, werden an den Schutzleiter angeschlossen.

Nulleiter und Schutzleiter müssen im gesamten Anlagenbereich getrennt verlegt
werden. Beide Systeme dürfen *nur an einer Stelle* – an der Haupteinspeisung oder
in der Energiehauptverteilung – sichtbar und lösbar miteinander elektrisch verbunden werden.

Der Nulleiter ist hellblau und der Schutzleiter grün/gelb zu kennzeichnen.

Die Farbkennzeichnung des Schutzleiters muß über den gesamten Leitungsverlauf
vorhanden sein.

Die Isolation der Außenleiter, Nulleiter und Schutzleiter muß gleichwertig sein. Sie
sind in Verbraucheranlagen in einem gemeinsamen Kabel zu führen. Bei nachträg-
licher Verlegung des Schutzleiters ist es zulässig, denselben getrennt zu verlegen,
jedoch muß die Forderung der gleichwertigen Isolation erfüllt sein.

In Bild 7/63 ist ein Beispiel für die Anwendung angegeben.

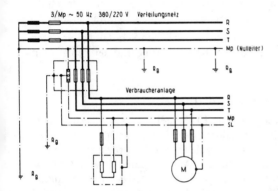

Bild 7/63 Anwendung der Nullung

Eine in dieser Form ausgeführte Nullung hat zur Folge, daß ein durch einen Isolationsfehler auftretender Körperschluß in einen Kurzschluß umgewandelt wird.
Der im Fehlerstromkreis fließende Kurzschlußstrom muß so groß sein, daß er die
dem zu schützenden Betriebsmittel vorgeschaltete Sicherung zum Ansprechen bringt.

7.5.5 Schutzleitungssystem

Beim Schutzleitungssystem wird das Auftreten zu hoher Berührungsspannungen
dadurch vermieden, daß sämtliche nicht zum Betriebsstromkreis gehörenden
Anlagenteile, d. h. alle leitfähigen Gerüst- und Gebäudekonstruktionsteile, alle
Rohrleitungen usw. sowie sämtliche Erder über einen Schutzleiter (SL) leitend
miteinander verbunden werden (Bild 7/64).

Durch diese Schutzmaßnahme werden alle leitfähigen Anlagenteile auf das gleiche
Potential gebracht, weshalb keine gefährliche Berührungsspannung auftreten kann.

Diese Schutzmaßnahme ist jedoch nur in „begrenzten Anlagen" zulässig. Unter
begrenzten Anlagen versteht man z. B.

- Fabriken mit eigener Stromerzeugung,
- Fabriken mit eigenem Transformator mit getrennten Wicklungen,
- bewegliche Stromerzeugeranlagen (Notstromsätze) zum Betrieb einzelner orts-
  veränderlicher Betriebsmittel.

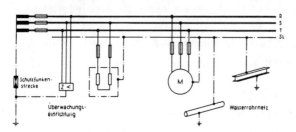

Bild 7/64   Schutzleitungssystem

7.5.6 Schutzschaltungen

Schutzschalter ermöglichen es, auch in Anlagen, in denen Nullung und Schutzerdung keinen ausreichenden Schutz für das Bedienungspersonal bieten, durch Einbau derartiger Geräte das Auftreten zu hoher Berührungsspannungen zu unterbinden.

Entsprechend der Wirkungsweise der im Handel erhältlichen Schutzschalter unterscheidet man zwischen der Fehlerspannungs-Schutzschaltung und der Fehlerstrom-Schutzschaltung.

7.5.6.1 Fehlerspannungs-Schutzschaltung (VDE 0100/§ 12)

Der Fehlerspannungs-Schutzschalter oder kurz FU-Schalter genannt, besitzt eine Auslösespule, deren Klemme K mit dem Schutzleiter SL des zu schützenden Gerätes verbunden wird, während die Klemme H der Spule an die Hilfserde angeschlossen wird. Die damit wie ein Voltmeter angeschlossene Auslösespule überwacht die zwischen Hilfserde und Schutzleiter auftretende Spannung. Übersteigt diese Spannung den zulässigen bzw. eingestellten Wert, so wird der Schutzschalter ausgelöst und die Fehlerstelle allpolig abgeschaltet (Bild 7/65).

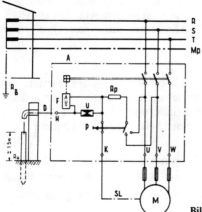

Bild 7/65   Prinzip-Schaltplan der FU-Schutzschaltung

Der FU-Schutzschalter besitzt noch eine Prüfeinrichtung, mit der die Betriebsbereitschaft des Schalters jederzeit kontrolliert werden kann.

Diese besteht aus einem Drucktaster, mit dem die Verbindung der Auslösespule nach der Klemme K unterbrochen wird und dieses Spulenende über einen Prüfwiderstand an eine spannungsführende Phase angeschlossen wird. Dadurch wird ein Körperschluß vorgetäuscht, und der FU-Schutzschalter schaltet ab.

7.5.6.2 Fehlerstrom-Schutzschaltung

Während bei der FU-Schutzschaltung als Kriterium für die Abschaltung des gestörten Anlagenteiles die zwischen der Hilfserde und dem Schutzleiter auftretende Spannung ausschlaggebend ist, wird bei der FI-Schutzschaltung (Fehlerstrom-Schutzschaltung) die Größe des auftretenden Fehlerstromes für die Auslösung ausgenutzt.

Der FI-Schutzschalter hat denselben Aufbau wie der FU-Schutzschalter, lediglich besitzt er zusätzlich noch einen Stromwandler.

Die Arbeitsweise des FI-Schutzschalters beruht auf dem ersten Kirchhoff'schen Gesetz, wonach die Summe aller Ströme in einem Knotenpunkt einer elektrischen Schaltung gleich Null ist. Wie dies bei der FI-Schutzschaltung nutzbar gemacht wird, ist aus Bild 7/66 ersichtlich.

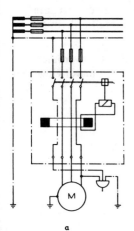
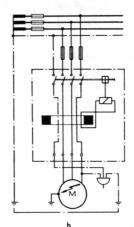

a   b

Bild 7/66   FI-Schutzschaltung
a störungsfreier Betrieb
b Störung durch Isolationsfehler

Vergleicht man Bild 7/65 mit Bild 7/66, so ist ein grundsätzlicher Unterschied hinsichtlich des Anschlusses der zu schützenden Geräte festzustellen. Bei der FU-Schutzschaltung (Bild 7/65) sind die Geräte nicht geerdet, sondern über den Schutzleiter an die Auslösespule angeschlossen. Bei der FI-Schutzschaltung (Bild 7/66) sind die Geräte geerdet und der eingangs erwähnte Stromwandler umschließt mit seiner Primärwicklung sämtliche Zuleitungen einschließlich des Nulleiters. Tritt durch einen Isolationsfehler an dem zu schützenden Gerät ein Körperschluß auf, so ist der Strom I in der Zuleitung größer als in der Rückleitung, da der Fehlerstrom I_F über die Erde abfließt und somit in der Rückleitung nur noch ein Strom in der Größenordnung $I - I_F$ fließt (Bild 7/66 b). Dadurch beträgt die Summe der Ströme durch die von dem Stromwandler umschlossene Leitung nicht mehr Null, so daß in dem Wandlerkern ein magnetisches Wechselfeld erzeugt wird. Dieses magnetische Wechselfeld induziert in der Sekundärspule des Wandlers eine Spannung, welche einen Stromfluß im Sekundärkreis zur Folge hat. Da in diesem Kreis die Auslösespule des FI-Schutzschalters liegt, wird der FI-Schutzschalter auslösen, sobald der im Sekundärkreis fließende Strom dem Auslösestrom des Schutzschalters entspricht.

Ist wie in Bild 7/66a kein Körperschluß vorhanden, so sind die Ströme in der Zuleitung und der Rückleitung gleich groß, so daß sich die magnetisierende Wirkung gegenseitig aufhebt. Infolgedessen kann keine Spannung induziert werden und kein Fehlerstrom fließen, der zur Auslösung führen könnte.

7.5.7   Schutztrennung (VDE 0100/§ 14)

Bei der Schutztrennung wird ebenfalls wie bei der Kleinspannung der zu schützende Stromkreis von dem speisenden Netz völlig getrennt. Der Unterschied zur Kleinspannung besteht darin, daß der geschützte Stromkreis mit einer Nennspannung bis zu 380 V betrieben werden darf (Kleinspannung mit 42 V). Ferner darf auf der Sekundärseite, d. h. auf der geschützten Seite nur *ein* Stromverbraucher angeschlossen werden. Dieser Stromverbraucher darf nur eine Stromaufnahme von höchstens 16 A haben. Dies wird deshalb gefordert, da eine Gefährdung bei der Schutztrennung nur dann möglich ist, wenn in dem geschützten Stromkreis zwei getrennte Isolationsfehler auftreten können. Das wird durch die vorerwähnte Forderung unmöglich gemacht.

Wird auf der Sekundärseite eines Trenntransformators ein Stromverbraucher angeschlossen, so darf die Steckdose, welche an dem Transformator eingebaut ist, keinen Schutzkontakt besitzen.

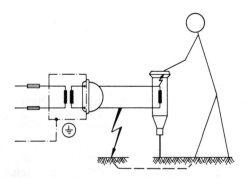

Bild 7/67 Schutztrennung durch Trenntransformator

7.6   Prüfung und Inbetriebnahme

In den Bestimmungen des VDE (Verband Deutscher Elektrotechniker), den Normblättern des DNA (Deutscher Normen-Ausschuß) und den Allgemeinen Versorgungsbedingungen der EVU (Energie-Versorgungs-Unternehmen) sind die Vorschriften und Anordnungen enthalten, denen die elektrischen Betriebsmittel und Anlagen entsprechen müssen, was und wie zu prüfen ist und welche Maßnahmen vor der

Inbetriebnahme erforderlich sind. Diese Forderungen werden zum Schutz der Menschen, welche solche Betriebsmittel bzw. Anlagen warten und bedienen, und zur Verhinderung von Beschädigung oder Zerstörung von Sachwerten durch Brand oder Explosion gestellt. Man sollte deshalb diesen Vorschriften größtes Verständnis entgegenbringen. Sie müssen vom Fachmann unbedingt eingehalten werden. Er sollte beim Betreiber nachdrücklich auf deren Bedeutung und Einhaltung hinweisen.

Für die Prüfung elektrischer Betriebsmittel ist der Hersteller zuständig und verantwortlich. Die Inbetriebnahme der Anlage ist vom Errichter und Betreiber durchzuführen.

7.6.1 Prüfung

Alle elektrischen Anlagen sind nach der Fertigstellung den vorgeschriebenen Prüfungen zu unterziehen.

Für elektrische Ausrüstungen von kältetechnischen Anlagen sind folgende Vorschriften maßgebend:

VDE 0100
VDE 0101
VDE 0660/Teil 5
VDE 0730

Die in den elektrischen Anlagen eingesetzten Geräte, Maschinen usw. müssen den ihnen zugeordneten Bauvorschriften nach VDE entsprechen:

z. B. VDE 0660 für Niederspannungsschaltgeräte
        VDE 0530 für elektrische Maschinen
        VDE 0663 für Fehlerspannungs-Schutzschalter
        VDE 0664 für Fehlerstrom-Schutzschalter

Da in den Bestimmungen die Begriffe „Typenprüfung" und „Stückprüfung" häufig angewendet werden, sind diese nachstehend erläutert:

Die *Typenprüfung* dient zum Nachweis kennzeichnender Eigenschaften eines bestimmten Gerätetyps. Sie gilt nicht als Bestandteil üblicher Abnahmeprüfungen. Sie soll nachweisen, daß die festgelegten Baubestimmungen eingehalten sind und muß alle in den einschlägigen Regeln enthaltenen Prüfungen umfassen. Sie braucht nur an einem Gerät einer Serie durchgeführt zu werden.

Die *Stückprüfung* hat den Zweck, Werkstoff- und Ausführungsfehler festzustellen. Sie ist an jedem einzelnen Stück vorzunehmen. Durch die Stückprüfung darf die Nutzungseigenschaft der Geräte nicht beeinträchtigt werden.

7.6.2 Inbetriebnahme

Die Inbetriebnahme ist vom Errichter der Anlage durchzuführen. Es wird vorausgesetzt, daß die installierten Geräte den vom VDE vorgeschriebenen Prüfungen unterzogen wurden und daß die Installation vorschriftsmäßig verlegt wurde.

Bei der Inbetriebnahme sollte u. a. folgendes festgestellt werden:

— Richtiger und sorgfältiger Anschluß der Geräte

- Übereinstimmung der vorhandenen Netzspannung mit der Betriebs- bzw. Nennspannung der Geräte
- Richtige Schaltung der Motoren (Stern oder Dreieck)

  Bei Stern-Dreieckschaltung, Teilwindungsanlauf, Dahlanderschaltung ist die richtige Verdrahtung im Schaltschrank und der richtige Anschluß der Kabelleitungen am Motor durch Sichtprüfung oder Durchklingeln zu überprüfen.

  Verdrahtungsfehler – die relativ oft vorkommen – können zu Schäden an den Anlagen oder Maschinen führen.

- Richtige Verlegung und Anschluß der Kabel
- Drehrichtung der Motoren
- Die Wirksamkeit der vorgesehenen Schutzmaßnahmen gemäß VDE 0101 ist durch Überprüfung nachzuweisen
- Prüfung des Isolationswiderstandes usw.
- Ordnungsgemäße Funktion der Steuerung, Messung, Regelung, Schutzeinrichtungen, Meldungen usw.

Besondere Sorgfalt ist auf die einwandfreie Funktion der Schutzeinrichtungen zu richten.

In den folgenden Abschnitten wird auf einige dieser Überprüfungen näher eingegangen.

7.6.2.1 Prüfung von Kabeln

Nach erfolgter Kabelverlegung sind die Kabel vor der Inbetriebnahme auf folgende Fehler nachzuprüfen:

- Erdschluß (Verbindung zwischen Leiter und Mantel)
- Kurzschluß (Verbindung zwischen 2 Leitern)
- Leiterunterbrechung
- Richtiger Anschluß der Einzeladern gemäß Schaltplan

Für diese Prüfungen sind Prüflampen, Kurbelinduktoren, Leitungsprüfer oder Ohmmeter zu verwenden.

Zur *Erdschluß-* oder *Kurzschlußprüfung* werden alle Leiter bis auf einen geerdet und anschließend der Isolationswiderstand dieses Leiters gegen Erde mit dem Kurbelinduktor gemessen. In gleicher Weise wird mit den anderen Leitern verfahren.

7.6.2.2 Prüfung von Motoren

Vor allen Dingen größere Motoren können durch Lagerung oder während der Montage in den Wicklungen Feuchtigkeit aufgenommen haben. Aus diesem Grund ist eine Überprüfung der Wicklungsisolation unerläßlich.

Diese ist bei an den Motoranschlüssen abgeklemmten Kabeln durchzuführen.

Es ist zu messen:

1. Beide Wicklungsenden aller Wicklungen gegen Masse
2. Jedes Wicklungsende einer Wicklung gegen alle Wicklungsenden der übrigen Wicklungen

Die Messung ist mit einem Kurbelinduktor oder gleichwertigem Meßgerät durchzuführen.

Prüfspannung zwischen 500 und 1000 Volt Wechselspannung oder Gleichspannung von mindestens 100 Volt.

Der Isolationswiderstand soll mindestens betragen

bei Niederspannungsmotoren $\Big\}$ 10—15 Megohm
bei Mittelspannungsmotoren

Ist der gemessene Isolationswiderstand geringer, muß die Maschine getrocknet werden. Trocknungsverfahren sind:

a) Mittels Heizwiderständen (z. B. Glühlampen); dabei Maschine so abdecken, daß Luft infolge natürlicher Konvektion durch die Maschine ziehen kann.

b) Durchblasen von Warmluft mittels Heizlüfter u. ä.

c) Aufheizung der Wicklung durch Strom, z. B. durch Anschluß eines Schweißtransformators mit verminderter Spannung. Dabei soll der Heizstrom max. 40 bis 50% des Nennstromes betragen.

Bei allen Verfahren ist das Aufheizen mit niedrigen Werten (Lufttemperatur — Strom) zu beginnen und langsam zu steigern.

Der Trocknungsvorgang muß langsam durchgeführt werden (1—2 Tage, bei großen Maschinen evtl. länger). Die Wicklungstemperatur soll dabei 60—80 °C nicht übersteigen.

Nach der Trocknung ist die Isolationsmessung nach ausreichender Rückkühlung des Motors zu wiederholen.

Für sauggasgekühlte Motoren ist die Isolationsmessung und evtl. erforderliche Trocknung nur nach den Herstellerangaben vorzunehmen.

7.6.2.3 Prüfung des Isolationswiderstandes

Der Isolationswiderstand der Anlage ist vor der Inbetriebnahme zu prüfen. Hierbei soll festgestellt werden, ob keine stromführenden Leitungen infolge eines Isolationsschadens mit Erde in Verbindung stehen. Nachweis durch Prüfung der einzelnen Leiter gegen Erde. Ferner ist die Isolation der einzelnen Leiter gegeneinander zu prüfen.

Die Prüfung kann mit einem Kurbelinduktor oder einer sonst zur Verfügung stehenden Spannungsquelle durchgeführt werden. Die Prüfspannung muß mindestens gleich der Nennspannung sein. Wird die Spannungsprüfung mit einer höheren Spannung durchgeführt, so ist darauf zu achten, daß die eingebauten Geräte für diese Spannung bemessen sind (Prüfspannung nach VDE 0660).

Regler und empfindliche Meßgeräte, auch elektronische Geräte müssen vor dieser Prüfung allpolig abgeklemmt werden.

Messungen erstrecken sich auf den Erdungs- oder Schleifenwiderstand. Die Durchführung der Prüfung der Schutzmaßnahmen (insbesondere Nullung und Fehlerstromschutzschaltung) ist anhand von Beispielen in VDE 0100 beschrieben.

7.6.2.4 Prüfung der Schutzmaßnahmen

(Schutzerdung, Nullung, Schutzleitungssystem, Fehlerspannungs-Schutzschaltung und Fehlerstrom-Schutzschaltung s. Abschnitt 7.5)

Diese Prüfung erfolgt durch Besichtigung und Messung. Bei der *Besichtigung* soll festgestellt werden:

— ob die Außenleiter, d. h. die betriebsmäßig stromführenden Leiter richtig bemessen sind und die Stromstärken der Sicherungen richtig gewählt wurden, damit sich die Leitungen nicht unzulässig erwärmen,

— ob der Schutzleiterquerschnitt den Vorschriften entspricht, er einwandfrei und ohne Unterbrechung verlegt und sorgfältig angeschlossen ist und nicht mit unter Spannung stehenden Leitern verbunden ist,

— ob bei Steckdosen und Steckern der Schutzleiter mit dem Schutzkontakt, bei Steckvorrichtung mit Metallgehäuse auch dieses mit dem Schutzleiter verbunden ist und der Querschnitt dieser Verbindung ausreichend bemessen ist,

— ob der Schutz- und Nulleiter im ganzen Leitungsverlauf richtig gekennzeichnet ist und

— ob die Prüfeinrichtung der FU- und FI-Schutzschalter für die richtige Nennspannung ausgelegt ist.

7.7   Störungssuche

Arbeitet eine Anlage nicht einwandfrei und ist erwiesen, daß der Fehler im elektrischen Teil zu suchen ist, so führt ein systematisches Vorgehen am schnellsten zum Ziel. Dabei sei vorausgesetzt, daß die Anlage schon störungsfrei gearbeitet hat und bei der Inbetriebnahme die erforderlichen Prüfungen und Messungen durchgeführt worden waren.

Für eine erfolgreiche Störungssuche und Beseitigung muß die Wirkungsweise der einzelnen Geräte und der Aufbau der gesamten Schaltung der Anlage bekannt sein. Hierbei ist der Schaltplan, insbesondere der Stromlaufplan, eine wertvolle Unterstützung. Zur Störungssuche gehören zu dem üblichen Werkzeug eines Monteurs immer ein Spannungsprüfer, ein Voltmeter, Strommesser und Leitungsprüfgerät (Summer mit Batterie oder Kurbelinduktor).

An Ort und Stelle informiert man sich zunächst über die Art der Störung, Wahrnehmungen des Bedienungspersonals und unternommene Maßnahmen, um die Störung zu beseitigen. Dann stellt man fest, ob sämtliche Sicherungen und Motorschutzschalter in Ordnung sind. Ist dies der Fall, so wird mit dem Spannungsprüfer (Voltmeter) die Hauptzuleitung geprüft, ob Spannung vorhanden ist. Wird kein Fehler festgestellt, ist der Steuerstromkreis auf die gleiche Weise zu prüfen.

Nach VDE 0105 ist das Arbeiten an unter Spannung stehenden Anlagen nur dem Fachpersonal und nur unter der Bedingung, daß die Arbeiten (wie z. B. Störungssuche) aus besonderen Gründen unter Spannung durchgeführt werden müssen, erlaubt.

Für Arbeiten unter Spannung sind besondere Sicherheitsvorkehrungen nach VDE 0105 zu treffen.

Eine allgemeine Richtlinie für die Störungssuche muß sich darauf beschränken, Hinweise auf die Reihenfolge zu geben. An welchem Punkt dieser Reihe mit der Suche zu beginnen ist, ist von der Größe der Anlage und der Art der Störung abhängig. Die nachstehende Tafel 7/22 soll für die Störungssuche Hinweise geben.

Tafel 7/22 Ursache und Abhilfe bei Störungen an Motoren

Störung	Ursache	Abhilfe
Motor läuft nicht an	Unterbrechung in der Zuleitung	Sicherungen, Anschlußklemmen, Hauptleitungen prüfen.
	Spannung zu niedrig	Spannung messen.
	Fehler im Steuerstromkreis	Steuersicherung, Schaltglieder, Verbindungsleitungen und Anschlußklemmen prüfen.
	Körperschluß	mit Kurbelinduktor prüfen.
Motor läuft schwer an	Netzspannung zu niedrig	messen, wenn möglich, Trafoanzapfung ändern.
	Gegenmoment zu hoch	Getriebene Maschine (z. B. Kälteverdichter) nachprüfen. Ggfl. ist der Motor zu klein.
	Spannungsabfall in der Zuleitung	Querschnitt prüfen.
	Ständer-Wicklung verschaltet	Schaltung am Klemmenbrett des Motors prüfen.
	Phase am Nulleiter statt Außenleiter	Anschlüsse prüfen.
	Windungsschluß	neu wickeln.
	Wicklung hat Eisenschluß	mit Kurbelinduktor feststellen.
Motor läuft unruhig Motor wird zu warm	bei Drehstrom fehlt eine Phase	mit Prüflampe feststellen.
	Spannung zu hoch	nur 5 % Überspannung sind zulässig.
	Spannung zu niedrig	Netzspannung und Querschnitt der Zuleitungen prüfen.
	Fehlen einer Phase	mit Prüflampe feststellen.
	Unterbrechung der Wicklung	neue Wicklung.
	falsche Schaltung	mit Schaltplan vergleichen.
	Betrieb entspricht nicht der auf dem Leistungsschild angegebenen Betriebsart (DB, KB, AB usw.)	Regelung überprüfen (Zahl der Schaltspiele). Ggfl. Motor austauschen.

Literaturverzeichnis

[1] *Brown, Boveri & Cie AG,* Mannheim: Hoppner, Handbuch für Schaltanlagen, 3. Aufl., Verlag Girardet, Essen, 1965.
[2] *AEG-Telefunken,* Berlin: AEG-Hilfsbuch.
[3] *Möllner, F., Fricke H.:* Grundlagen der Elektrotechnik, Verlag Teubner, Stuttgart.
[4] *Dobrinski, Krakau, Vogel:* Physik für Ingenieure, Verlag Teubner, Stuttgart.
[5] *Sommer, A.:* Fachkunde Elektrotechnik, Verlag Europa Lehrmittel, Wuppertal.
[6] *Gobrecht:* Elektrizität und Magnetismus, Verlag De Gruyter, Berlin.
[7] *Mörsel:* Taschenbuch für Kälteanlagen.
[8] *Brown, Boveri & Cie AG,* Mannheim: Rentsch, Handbuch für Elektromotoren, 1. Aufl., Verlag Girardet, Essen, 1980.

8 Kälteschutz

Dipl.-Biol. Irmhild Sauerbrunn (Ob.-Ing.)

8.1 Einführung

8.1.1 Definition

Kälteschutz ist der Teilbereich des Wärmeschutzes, bei dem gekühlte Objekte gegen das Einströmen von Wärme geschützt werden sollen.

Oberbegriff für Wärme- und Kälteschutz ist die Dämmung, die mit Dämmstoffen durchgeführt wird. Im Hochbausektor spricht man allgemein von Wärmedämmung.

Gegen Wärme- und Kälteverluste sowie Lärmbelästigungen wird gedämmt, gegen Feuchtigkeit abgedichtet bzw. gesperrt, gegen Strahleneinwirkung wird abgeschirmt.

Die Grenze zwischen Wärme- und Kälteschutz liegt nicht bei 0 °C. Maßgebend ist bei einer Temperaturdifferenz die Richtung des Temperaturgefälles am gedämmten Objekt: Weist die zu schützende Anlage tiefere Temperaturen auf als die Umgebung, so sind kälteschutztechnische Maßnahmen zu treffen. Klimaräume und Kaltwasserleitungen sind Beispiele für Kälteschutzobjekte mit Betriebstemperaturen über 0 °C.

8.1.2 Aufgaben des Kälteschutzes

Mit den stark differenzierten Einsatzmöglichkeiten künstlich erzeugter Kälte ist auch der Aufgabenbereich für Kälteschutzmaßnahmen sehr breit geworden:

a) Reduzierung von Kälteverlusten zur Erhaltung der Kälte und damit Verringerung der aufzuwendenden Energiekosten.
b) Einhaltung vorgeschriebener Betriebstemperaturen von Wärme- bzw. Kälteträgern.
c) Verhinderung unzulässig großer Temperaturbewegungen von Bau- oder Konstruktionsteilen.
d) Vermeidung von Schwitz- bzw. Tauwasserbildung und Durchfeuchtung von Baustoffschichten, insbesondere der Dämmschichten.
e) Erfüllung besonderer betriebstechnischer Forderungen (Oberflächentemperaturen, Brandverhalten, Nichteinfrieren von Leitungen, Temperaturanstieg usw.).
f) Verhütung von Schäden an Gebäuden und eingelagerten gekühlten Gütern sowie Korrosion kälte- und klimatechnischer Anlagen.

8.1.3 Gesichtspunkte für die Auswahl von Dämmstoffen und Dämmkonstruktionen

Von Werkstoffen, die zur Dämmung von Kälteanlagen eingesetzt werden sollen, muß gefordert werden: niedrige Wärmeleitfähigkeit, ausreichende Festigkeit, Volumenbeständigkeit, Rüttelfestigkeit, Unempfindlichkeit gegen Wasser, geringe Wasserabsorption, gute Dampfdichtigkeit, Widerstandsfähigkeit gegen Fäulnis, Geruchlosigkeit, brandschutztechnisch günstiges Verhalten.

Im folgenden sind die für den Kälteschutz wesentlichen Begriffe, die für die Auswahl eines Dämmstoffs von Bedeutung sind, *auf die Praxis bezogen* erläutert (Physikalische Grundlagen s. Kap. 1.8.3; 1.8.4 und 1.9.1).

8.1.3.1 Die Rohdichte ρ (oft auch Raumgewicht genannt), in kg/m³, gibt die Masse, einschließlich des Porenanteils, der Volumeneinheit an. Die Rohdichten von Dämmstoffen liegen zwischen 8 und 350 kg/m³. Die Rohdichten von Baustoffen liegen zwischen 300 und 2400 kg/m³. Metalle haben noch wesentlich höhere Dichten: Aluminium 2700 kg/m³, Eisen 7200–7900 kg/m³, Kupfer 8930 kg/m³.

Unter *Reindichte* (kg/m³) eines Dämmstoffs versteht man die Masse der Volumeneinheit eines faserigen oder porigen Stoffes ohne Berücksichtigung der Poren und Hohlräume zwischen der Festsubstanz. Sie liegt für anorganische Stoffe zwischen 2400 und 3000 kg/m³, für organische Stoffe zwischen 1050 und 1650 kg/m³.

8.1.3.2 Die Wärmeleitfähigkeit λ (s. Kap. 1.8.3.2) ist ein Maß für die wichtigste kälteschutztechnische Stoffeigenschaft. Sie gibt die Wärme an, die in der Zeiteinheit 1 Stunde (h) durch zwei gegenüberliegende Flächen eines Würfels aus dem betreffenden Stoff mit der Kantenlänge von 1 m strömt, wenn die Temperaturen dieser beiden Flächen um 1 K verschieden sind und die vier anderen Würfelflächen gegen Wärmeabgabe bzw. Wärmezufuhr geschützt sind. Die Einheit für die Wärmeleitfähigkeit ist W/(m · K).

Die Wärmeleitfähigkeit der praktischerweise verwendeten Dämmstoffe liegt bei einer Mitteltemperatur von + 10 °C zwischen 0,017 bis 1,4 W/(m · K) und für Baustoffe zwischen 0,14 bis 6 W/(m · K).

Metalle haben wesentlich höhere Wärmeleitfähigkeiten, z. B. Stahl 60 W/(m · K), Kupfer 380 W/(m · K).

Die Ermittlung der Wärmeleitfähigkeit von Dämmstoffen, die als Platten oder Matten erzeugt werden, erfolgt nach DIN 52 612, bei Anwendungen zur Dämmung von Rohrleitungen nach DIN 52 613. Je niedriger der Wert für die Wärmeleitfähigkeit ist, um so geringer ist die durch die Dämmschicht weitergeleitete Wärme, desto kleinere Dämmdicken sind für die Einhaltung eines geforderten Kälteverlustes notwendig und um so geringer wird die Gewichtsbelastung von Rohren, Kesseln und Fahrzeugen, besonders wenn mit einer niedrigeren Wärmeleitfähigkeit auch eine niedrigere Rohdichte verbunden ist.

Die Wärmeleitfähigkeit und/oder die aus ihr hergeleiteten Größen (Wärmedurchgangswiderstand, Wärmedurchgangskoeffizient) sind Hauptbestandteil aller Lieferungsbedingungen für Kälteschutzobjekte.

Allen Dämmstoffen ist gemeinsam, daß ihre Wärmeleitfähigkeit abhängt von

a) der Rohdichte
b) der Art, Größe und Anordnung der Poren oder Zellen
c) der Temperatur
d) der Struktur der festen Bestandteile (kristallin, glasig, faserig)
e) Art und Druck der Gasfüllung in den Poren
f) Feuchtigkeitsgehalt sowie Wasserdampfdiffusionswiderstand des Stoffes.

8.1.3.3 Die Festigkeit eines Dämmstoffs

spielt besonders dann eine Rolle, wenn ihm auch tragende Funktionen zugeordnet werden sollen (z.B. unter dem Bodenestrich in Kühlhäusern, bei „selbsttragenden"

Kühlhauskonstruktionen usw.). Stoffe mit guter, d. h. niedriger Wärmeleitfähigkeit haben meist auch eine geringe Rohdichte und weisen dadurch niedrige Festigkeitswerte auf. Es muß besonders berücksichtigt werden, daß viele Dämmstoffe − vor allem die meisten Schaumkunststoffe − unter Belastung ein elastisch-plastisches Verhalten aufweisen. Sie lassen sich z. B. in einem von der Rohstoffbasis, der Zellstruktur und der Rohdichte abhängigen Masse zusammendrücken, wobei sie sich elastisch verformen. Bei größerer und auch bei länger andauernder Belastung treten bleibende Verformungen oder Rißbildungen auf, die bis zur Zerstörung des Stoffes führen können.

Die in Prospektangaben enthaltenen Werte werden nach einem innerhalb von 1−3 Minuten ablaufenden Kurzzeit-Verfahren ermittelt, das in DIN 53 421 beschrieben ist. Für Schaumglas ist das Verfahren zur Messung der Druckfestigkeit in DIN 18 174 beschrieben.

Es wird zwischen Druckspannung und Druckfestigkeit unterschieden.

Druckspannung σ_d in N/mm² bei bestimmter Stauchung ist der beim Druckversuch nach der Norm DIN 53 421 ermittelte Quotient aus der Druckkraft F in N bei bestimmter Stauchung und dem Anfangsquerschnitt A_0 in mm² des Probekörpers:

$$\sigma_d = \frac{F}{A_0}$$

Für die Bestimmung der Druckspannung wird im allg. eine Stauchung von 10% benutzt; die Druckspannung kann aber auch bei größeren oder kleineren Stauchungen ermittelt werden. Dies ist vom vorgesehenen Anwendungsfall und der dabei vertretbaren Stauchung abhängig.

Druckfestigkeit σ_{dB} in N/mm² ist die auf den Anfangsquerschnitt des Probekörpers bezogene Druckkraft, bei welcher der Probekörper zusammenzubrechen beginnt:

$$\sigma_{dB} = \frac{F_{max}}{A_0}$$

F_{max} = Höchstkraft in N.

Die Stauchung ϵ_d in % ist die auf die ursprüngliche Höhe h_0 in mm des Probekörpers bezogene Zusammendrückung:

$$\epsilon_d = \frac{\Delta h}{h_0} \cdot 100 \ (\%)$$

h = Zusammendrückung des Probekörpers in mm.

In der Praxis ist es wichtig, das Verhalten der Wärmedämmstoffe gegenüber Belastungen im *Dauerzustand* zu kennen. Bei entsprechenden Untersuchungen sollte deshalb auch stets der Dauerzustand berücksichtigt werden (Belastungszeiten von 5 Minuten bis mehrere Wochen)!!

Auch die Temperatur hat auf das Festigkeitsverhalten vieler Dämmstoffe einen Einfluß, wie aus Bild 8/1 zu ersehen ist [29]. Dabei ist grundsätzlich nicht die vorgesehene Betriebstemperatur der Beurteilung zugrunde zu legen, sondern zu berück-

sichtigen, daß vor Inbetriebnahme oder während Stillstandszeiten einer Anlage
über längere Zeit Umgebungstemperatur, bei Sonnenbestrahlung oder Reinigungs-
vorgängen mit Heißdampf noch weit höhere Temperaturen auftreten können. Dies
gilt z. B. bei Auflagern von Rohrleitungen.

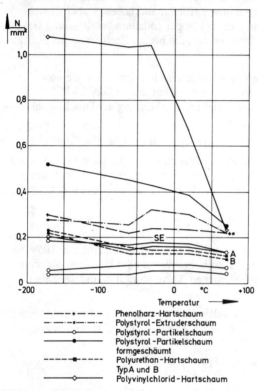

Phenolharz-Hartschaum
Polystyrol-Extruderschaum
Polystyrol-Partikelschaum
Polystyrol-Partikelschaum
formgeschäumt
Polyurethan-Hartschaum
Typ A und B
Polyvinylchlorid-Hartschaum

Bild 8/1   Mittelwerte der Druckspannung bei 10% Stauchung bzw. Druckfestigkeit von Schaumkunststoffen in Abhängigkeit von der Mitteltemperatur (nach *Zehendner*).

8.1.3.4 Die Formbeständigkeit eines Dämmstoffs wird von einer Reihe von Faktoren beeinflußt.

**Man unterscheidet reversible Formänderungen und irreversible Formände-
rungen.**

Reversible Formänderungen sind vorzugsweise durch den *linearen Wärmeausdeh-
nungskoeffizienten* α verursacht. Dieser gibt an, um wieviel m sich ein 1 m langer
Stab des betreffenden Stoffes linear in der Länge ausdehnt, wenn sich seine Temperatur um 1 K erhöht. Für den Kälteschutz, der üblicherweise bei Umgebungstemperatur ausgeführt wird, bevor das zu schützende Objekt seine Betriebstemperatur
erreicht hat, wird er *Kontraktionskoeffizient* α genannt. Er gibt auch eine Längen-
änderung je K an, gilt aber für Abkühlung unter Umgebungstemperatur. Er kann

in Abhängigkeit vom Herstellungsverfahren und der Strukturhomogenität bei Hartschaumstoffen für Länge und Breite merklich verschieden sein (Tafel 8/1). Bei der Auslegung von Konstruktionen rechnet man der Einfachheit halber deshalb mit Mittelwerten (s. Kap. 1.4.2.1).

Tafel 8/1 Kontraktionskoeffizient α (m/mK) von Schaumkunststoffen im Bereich von + 20 °C bis − 180 °C [28]

Stoff	Entnahme-richtung aus der Platte	Rohdichte kg/m^3	Kontraktionskoeffizient α (m/mK)
Phenolharz-Schaumstoff	I	42	$3,1 \cdot 10^{-5}$
	b	42	$3,4 \cdot 10^{-5}$
Polystyrol-Schaumstoff (Extruderschaum)	I	29	$7,6 \cdot 10^{-5}$
	b	29	$6,7 \cdot 10^{-5}$
Polystyrol-Schaumstoff (Partikelschaum)	I	13	$9,3 \cdot 10^{-5}$
	b	14	$8,0 \cdot 10^{-5}$
	I	23	$6,7 \cdot 10^{-5}$
	b	23	$6,7 \cdot 10^{-5}$
Polystyrol-Schaumstoff „schwer entflammbar" (Partikelschaum)	I	13	$9,5 \cdot 10^{-5}$
	b	13	$9,8 \cdot 10^{-5}$
	I	20	$7,2 \cdot 10^{-5}$
	b	18	$7,8 \cdot 10^{-5}$
Polyurethan-Schaumstoff I	I	32	$4,9 \cdot 10^{-5}$
	b	32	$7,3 \cdot 10^{-5}$
Polyurethan-Schaumstoff II	I	32	$4,5 \cdot 10^{-5}$
	b	32	$5,1 \cdot 10^{-5}$
Polyvinylchlorid-Schaumstoff	I	60	$4,2 \cdot 10^{-5}$
	b	60	$3,9 \cdot 10^{-5}$

Irreversible Formänderungen können verschiedene Ursachen haben: *Schwund*, auch Schrumpf genannt, ist die irreversible Kontraktion, die z.B. bei Hartschaumstoffen direkt nach der Produktion bis zur Stabilisierung des Molekulargefüges auftritt. Der Zeitraum bis zur Stabilisierung ist stoffspezifisch verschieden und kann in manchen Fällen durch Temperung bei erhöhten Temperaturen verkürzt werden. Besonders bei thermoplastischen Schaumkunststoffen ist darauf zu achten, daß durch Überhitzung ebenfalls Schwund auftreten kann. Außerdem sind irreversible Formänderungen zu befürchten, wenn ein Dämmstoff über lange Zeit einer Belastung ausgesetzt wird, die über der Elastizitätsgrenze liegt. Da diese Grenze stark temperaturabhängig ist, muß bei konstruktiven Überlegungen auch die Frage nach der

8.1.3.5 Temperaturbeständigkeit

gestellt werden. Sie gibt an, in welchem Temperaturbereich ein Dämmstoff verwendet werden kann. Meist wird eine obere und eine untere Anwendungsgrenztemperatur genannt.

In Propekten müssen zu der oberen Anwendungsgrenztemperatur noch zusätzliche Angaben bezüglich der Einwirkungsdauer gegeben sein! „Kurzfristig" kann bei Schaumkunststoffen einen Zeitraum von nur einigen Sekunden (z.B.

bei der Verlegung von Polystyrolschaumstoffen mit Heißbitumen) bis zu einigen Minuten (z.B. beim Reinigen von normalerweise kalt betriebenen Anlageteilen mit Dampf) bedeuten!

Bei der Angabe „langfristig" sind auch durch erhöhte Temperaturen eventuell auftretende Festigkeitsverluste bei der angegebenen Anwendungsgrenztemperatur zu beachten!

8.1.3.6 Verhalten gegen Wasser und Feuchtigkeit

Da die Wärmeleitfähigkeit die wichtigste Eigenschaft eines Dämmstoffs ist, aber durch den Feuchtigkeitsgehalt des Dämmstoffs stark beeinflußt wird, ist dessen Verhalten gegenüber Bau- und Bodenfeuchtigkeit sowie Niederschlägen während der Transport- und Montagezeit ebenso wichtig wie der Einfluß von Schwitzwasser auf der Oberfläche und Kondensation im Querschnitt von Bauteilen als Folge von Wasserdampfdiffusion. Maßgeblich für die Eignung eines Dämmstoffs oder einer Dämmkonstruktion bei den oben skizzierten Einflüssen sind besonders folgende Eigenschaften:

Die hygroskopische Gleichgewichtsfeuchtigkeit (Gew. %) gibt an, welchen Wassergehalt ein Stoff bei Lagerung in Luft definierter relativer Feuchte bei ebenfalls definierter Temperatur im Gleichgewichtszustand hat. Er beeinflußt den „Praktischen Feuchtigkeitsgehalt" (Tafel 8/2).

Tafel 8/2   Praktischer Feuchtigkeitsgehalt von Bau- und Dämmstoffen*)

Stoff	Rohdichte kg/m^3	praktischer Feuchtigkeitsgehalt Gew. %
Vollziegel	1600–1700	0,5
Lochziegel	1600–1700	1,3
Kalksandstein	1700–1800	3,5
Bimsbeton-Steine	800–1000	6
Außenputze	1800	1,5–1,9
Schüttbeton	1500–1700	2 –3
Gasbeton	500	10
Mineralfaserdämmstoffe	50– 200	5
Korkdämmstoffe	100– 150	10
Schaumkunststoffe	15– 50	5

*) Im Bauwesen wird gemäß DIN 4108, Teil 4, unter praktischem Feuchtegehalt der Feuchtegehalt verstanden, der bei der Untersuchung genügend ausgetrockneter Bauten, die zum dauernden Aufenthalt von Menschen dienen, in 90% aller Fälle nicht überschritten wurde.

Die kapillare Saugkraft wird entweder als die in der Saugzeit (z) je cm^2 Saugfläche in g aufgenommene Wassermenge pro Zeiteinheit oder als Saughöhe bei Gewichtskonstanz angegeben. Je geschlossenzelliger ein Dämmstoff ist, um so geringer ist die kapillare Saughöhe. Bei faserigen Produkten läßt sie sich durch Verwendung geeigneter Bindemittel oder Zusatzstoffe merklich reduzieren.

Die Wasserdampf-Diffusionswiderstandszahl μ ist der Widerstand des Stoffes gegen Wasserdampfdiffusion verglichen mit einer Luftschicht gleicher Abmessungen (Luft: $\mu = 1$) (s. Kap. 1.9). Maßgeblich für den μ-Wert ist bei Bau- und Dämmstoffen die Packungsdichte, d. h. der Abstand der einzelnen Partikel voneinander, bei Schaumkunststoffen auch die Molekularstruktur und Dicke der Zellwände.

Ein Zusammenhang zwischen Gleichgewichtsfeuchtigkeit, kapillarer Saugkraft und Diffusionswiderstandszahl besteht nicht! Ein Stoff kann z. B. sehr wasserdampfdurchlässig sein, obwohl er nur wenig flüssiges Wasser aufnimmt.

Beispiele für die Wasseraufnahme verschiedener Dämmstoffe zeigt Bild 8/2 [1].

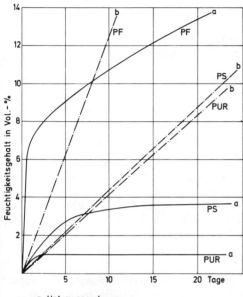

— a Unterwasserlagerung
—·— b Befeuchtung durch Dampfdiffusion
(ϑ_1 +50°C, ϑ_2 +1°C, Δp_{H_2O} 87,58 Torr)

PS = Polystyrol-Partikelschaum 19 kg/m³
PUR = Polyurethan-Hartschaum 35 kg/m³
PF = Phenolharz-Hartschaum 49 kg/m³

Bild 8/2 Wasseraufnahme von Hartschaumstoffen in Abhängigkeit von der Zeit bei Unterwasserlagerung und Befeuchtung durch Dampfdiffusion (nach *Achtziger*).

8.1.3.7 Brandverhalten

Zunehmend verschärfte Vorschriften im gesamten Bereich des Hochbaus und industrieller Anlagen zwingen zur Beschäftigung mit dem Brandverhalten von Dämmstoffen auch für den Kälteschutz. Grundlegende Norm ist die DIN 4102 „Brandverhalten von Baustoffen und Bauteilen". In Teil 1 (September 1977) dieser Norm ist eine Klassifizierung von Baustoffen, also auch von Dämmstoffen, vorgenommen worden (Tafel 8/3). In zunehmendem Maße geht auch brennendes Abtropfen von Stoffpartikeln, Ruß- und Qualmbildung sowie die Zusammensetzung der Brandzersetzungsprodukte in die Beurteilung mit ein. Ferner wird nicht mehr nur der reine Baustoff, sondern auch die zu seiner Verarbeitung notwendigen Hilfsstoffe in die Betrachtung mit einbezogen.

Das Brandverhalten eines Dämmstoffs kann in Kombination mit Klebern, Deckschichten usw. anders zu klassifizieren sein als das des reinen Dämmstoffs! Sein Brandverhalten kann sich verbessern, oft aber auch verschlechtern.

Tafel 8/3 Brandverhalten der Baustoffe

Baustoffklasse	Bauaufsichtliche Benennung	Prüfverfahren nach DIN 4102, Teil 1
A[1])	nichtbrennbare Baustoffe[1])	
A 1		Ziffer 5.1
A 2		Ziffer 5.2
B	brennbare Baustoffe	
B 1[1])	schwerentflammbare Baustoffe[1])	Ziffer 6.1
B 2[1])	normalentflammbare Baustoffe[1])	Ziffer 6.2
B 3	leichtentflammbare Baustoffe	

[1]) Diese Bezeichnungen dürfen nur dann verwendet werden, wenn das Brandverhalten nach DIN 4102, Teil 1 ermittelt worden ist.

8.1.3.8 Verhalten gegen Verarbeitungshilfsstoffe und Chemikalien

Dämmstoffe dürfen durch die bei der Verlegung und Anwendung auftretenden Beanspruchungen nicht geschädigt werden. Dabei kann es sich um *thermische Einflüsse*, z.B. durch Heißmassen oder Heißbitumen, handeln oder um chemische Einflüsse. Diese treten durch die Verwendung lösungsmittelhaltiger Kleber, weichmacherhaltiger Ansetzmassen oder Beschichtungen oder durch Kontakt mit dem Lagergut auf. Schäden, die insbesondere durch chemische Einflüsse verursacht sind, machen sich oft erst nach längerer Zeit bemerkbar.

Dämmstoffe sind ausschließlich mit den für die verschiedenen Rohstoffe spezifisch geeigneten Hilfsstoffen unter Beachtung der Verarbeitungsrichtlinien des Herstellers zu verarbeiten!
Verbindliche Normen zur Eignungsprüfung liegen nicht vor.

Dämmstoffe müssen aber auch so ausgewählt werden, daß sie unter Anwendungsbedingungen keine Gefahr für die Betriebssicherheit der Anlagen darstellen. Deshalb dürfen für Luftzerlegungs- und Sauerstoffanlagen nur anorganische Produkte mit maximal 0,2 Gew.% organischer Substanz verwendet werden. Für Anlagen, in denen autoxidative Produkte vorhanden sind, sollten nur völlig geschlossenzellige, möglichst anorganische Dämmstoffe zum Einsatz kommen.

8.1.3.9 Physiologisches Verhalten

Als „physiologisch einwandfrei" ist ein Dämmstoff zu bezeichnen, wenn er weder Geruchs- noch Geschmacksstoffe sowie keine toxischen Substanzen an das Lagergut abgibt. Für den gesamten Bereich der Herstellung und Lagerung von Lebensmitteln ist die zusätzliche Forderung zu stellen, daß die Dämmstoffe weder verrotten, faulen noch einen Nährboden für Schimmelpilze darstellen dürfen. An die Verarbeitungshilfsstoffe muß die gleiche Forderung gestellt werden.

Prüfung erfolgt im sog. organoleptischen Test, bei dem mehrere Personen gegebenenfalls aufgetretene Geschmacks- oder Geruchsänderungen von besonders empfindlichen Lebensmitteln (Butter, Sahne) unabhängig voneinander beurteilen.

8.2 Dämmstoffe für den Kälteschutz

Schon im Altertum hatte der Mensch die Erfahrung gemacht, daß sich mit leichten Stoffen, die eine Vielzahl kleinster, abgeschlossener Lufträume enthalten, im Winter der Wärmeverlust aus einem Raum verringern, andererseits aber auch im Sommer unerträglich großer Wärmeeinfall zurückdämmen läßt. Tafel 8/4 zeigt die geschichtliche Entwicklung der Dämmstoffe, insbesondere die Tatsache, daß es erst mit der Erfindung der Kunststoffe im 20. Jahrhundert möglich wurde, Dämmstoffe völlig definierter chemischer Zusammensetzung mit weitgehend vorherbestimmbaren Eigenschaften herzustellen, ohne die der moderne Kälteschutz kaum denkbar wäre. Die hier vorgenommene Untergliederung nach der Rohstoffbasis hat sich aus technologischen und physikalischen Gründen in der Praxis bewährt.

Tafel 8/4 Geschichtliche Entwicklung der Dämmstoffe

Zeitalter	Anorganische Stoffe		Organische Stoffe	
	pulverförmig	Mineralfasern und umgeschmolzene Produkte	natürliche	künstliche, Schaumstoffe
Altertum	Asche, Sand, Lehm	Asbest	Stroh, Heidekraut, Schilf, Torf, Sägespäne, Korkeichenrinde	
1840 bis 1900	Kieselgur, lose u. plast. Massen (1975), gebrannte Kieselgursteine (1899)	Hüttenwolle (Schlacken) (1840) Rockwool	Korkschrot, pechgebundener Kork	
nach 1900	Hochofengicht-Staub Magnesiamassen Vermiculite Perlite	Glasfaser (1925) Gesteinswollefasern (1940) Schaumglas	Expand. Kork (Reinkork, bitumengebundener Kork, kunstharzgebundener Kork) Holzfaser u. -wolle gebundene Hanfschweben, Wellit	Schaumgummi Zellkautschuk Hartschaumstoffe aus Harnstoff-Formaldehyd (1937) Phenolharz (1940) Polyurethan (1940) Polystyrol (1948) PVC

8.2.1 Organische Dämmstoffe

8.2.1.1 Natürliche organische Dämmstoffe

a) Aus der Vielzahl natürlich gewachsener Rohstoffe (Holzfasern, Torffasern, Jutefasern, Kokosfasern, Seegras) hat heute nur noch der *Kork* eine, wenn auch ständig sinkende Bedeutung. Kork wird aus der Rinde der Korkeichen in Nordwestafrika, Spanien und Portugal gewonnen, Rohdichte 120 bis 190 kg/m³. Bereits der Rohkork weist Zellstruktur auf. Durch Mahlen und Weiterverarbeitung des dabei entstehenden Granulats werden Produkte mit gezielt verbesserten Materialeigenschaften hergestellt. *Backkork* (Rein-, expandierter Blähkork) entsteht durch Erhitzen in

Formen gefüllten Korkschrots auf Temperaturen bis über 300 °C. Durch Aufblähen der Korkkörner werden Rohdichte und Wärmeleitfähigkeit reduziert sowie eine Bindung der Korkkörner durch die ausschwitzenden Korkharze (Suberin) erreicht. Rohdichte 80 bis 120 kg/m³, obere Anwendungsgrenztemperatur ca. +120 °C.

Anwendung im Kälteschutz besonders im süddeutschen Raum noch zur Dämmung kleinerer Kühlräume, in größerem Umfang als Vordämmung unter temperaturempfindlichen Schaumstoffdämmungen, wenn Anlagenteile zwar normalerweise kalt gefahren, jedoch von Zeit zu Zeit mit Heißdampf gereinigt werden müssen.

Bitumenkork hat den früher gebräuchlichen *Pechkork* abgelöst und wird aus expandiertem Korkschrot mit Bitumen als Bindemittel hergestellt. Zwar werden Rohdichte und Wärmeleitfähigkeit im Vergleich zu Backkork erhöht und die obere Anwendungsgrenztemperatur herabgesetzt, die Festigkeit und Feuchtigkeitsbeständigkeit jedoch verbessert.

Anwendung zur Bodendämmung in Kühlhäusern, jedoch kaum mehr in nennenswertem Umfang.

Preßkork wird aus Naturkorkschrot unter Druck und Hitze mit Bindemittelzusätzen (meist Kunstharze) hergestellt. Die Fertigung kann auch aus expandiertem Korkschrot in Pressen unter Verwendung der korkeigenen Harze als Bindemittel erfolgen. Rohdichte 140 bis 400 kg/m³.

Anwendung: Dämmung hochbelasteter Böden, Körperschall- und Erschütterungsschutz, Schwingungsdämpfung von Maschinen.

Anforderungen bezüglich Festigkeitseigenschaften und deren Nachweis sind in DIN 18 161 enthalten. Diese Norm wurde zwar für das Bauwesen erstellt, läßt sich aber auch für Anwendungen beim Kälteschutz benutzen.

b) *Balsaholz* ist ein tropisches Leichtholz. Rohdichte ca. 110 kg/m³. Die Anwendung beschränkt sich heute auf hochbelastete Stützkonstruktionen zur Vermeidung von Wärmebrücken, insbesondere im Schiffbau (z.B. Flüssiggastankschiffe).

c) *Wellitplatten* bestehen aus zu Wellpappebahnen verarbeiteten Zellulosefasern, die im Vakuum mit Bitumen imprägniert sind. Ebene und gewellte Schichten sind abwechselnd so übereinander gelegt, daß kleine Lufträume entstehen. Rohdichte 35 bis 100 kg/m³.

Anwendung: Im Kälteschutzbereich ständig zurückgehend, vorzugsweise noch für Objekte, die unter starker Rüttelbeanspruchung stehen, eingesetzt (Kühlfahrzeuge) (s. Kap. 9.7.1).

8.2.1.2 Künstliche organische Dämmstoffe

Für den Kälteschutz werden heute im breitesten Maße synthetisch hergestellte, organische Schaumstoffe verwendet. Die Entwicklungen, die auf dem Gebiet der Schaumkunststoffe in den letzten Jahren durchgeführt worden sind, machen es möglich, eine Vielzahl von Wünschen nach wirtschaftlicher Montagetechnik mit den für den Kälteschutz von Kälteanlagen optimalen Eigenschaften eines Dämmstoffes zu kombinieren.

Wenn es auch *verfahrenstechnisch* möglich ist, fast alle Kunststoffe durch geeignete Methoden aufzuschäumen, haben sich für die praktische Verwendung nur wenige Kunststoffschaumtypen herauskristallisiert (Tafel 8/5).

Tafel 8/5   Schaumkunststoffe für den Kälteschutz

Rohstoffbasis	Polystyröl		Polyurethan	PVC	Phenolharz	Harnstoff-Formaldehyd
Lieferform	Platten, Blöcke oder Formteile		Platten, Blöcke Formteile oder an Ort verschäumt	Platten Formteile	Platten Blöcke, Formteile	an Ort verschäumt
Struktur	überwiegend geschlossenzellig		überwiegend geschlossenzellig	geschlossenzellig	überwiegend geschlossen zellig	offenzellig
Lieferbare Rohdichten kg/m^3	10 bis > 100		30 bis > 100	35–100	30 bis > 100	10–15
Für Kälteschutz bevorzugte Rohdichte kg/m^3	20–30		35–50	40–60	30–50	10–15
Wärmeleitfähigkeit für Vorzugsrohdichte bei +10 °C Mitteltemperatur (Meßwerte W/(m · K)	0,030–0,033		0,019–0,021	0,035–0,038	0,033–0,035	0,031–0,035
Druckspannung DIN 53 421 in N/mm^2 bei 10 % Stauchung	Aus Granulat hergestellt 0,1–0,18	Extruderschaum 0,25–0,35	0,12–0,25	0,35–0,40	0,18–0,35	< 0,01
Diffusionswiderstandszahl μ	20–100	80–300	30–100	170–320	30–50	1–3
obere Temperaturanwendungsgrenze (Langzeit ohne Belastung) bis °C	80–85	75–80	120	80	150	110
Bearbeitungsmöglichkeit	wie Holz		wie Holz	wie Holz	wie Holz	
Verarbeitung mit Deckschichten	Holz, Kunststoff, Metall etc.; Spezialkleber benutzen! Verputz kann aufgebracht werden.		Holz, Kunststoff, Metall etc. Verputzen ist möglich	Holz, Kunststoff Metall etc. Verputzen ist möglich	Aufbringen von Deckschichten nur in Spez.-pressen. Verputzen nicht möglich	Deckschichten können nicht aufgebracht werden.

Ein maßgeblicher Faktor, der das mechanische und thermische Verhalten von Schaumkunststoffen beeinflußt, ist *die Zellstruktur*. In Abhängigkeit vom verwendeten Treibmittel und Schäumverfahren entstehen offenzellige oder geschlossenzellige Schaumstoffe. Daneben finden sich Produkte mit gemischtzelligem Aufbau, die entweder überwiegend offenzellig oder überwiegend geschlossenzellig sein können. Für den Kälteschutz werden aus den verschiedensten Gründen vorwiegend geschlossenzellige Schaumkunststoffe bevorzugt.

a) Harnstoffharz-Schaumstoffe

Als erste Schaumkunststoffe auf dem Gebiet des Kälteschutzes wurden Kondensationsprodukte aus Harnstoff und Formaldehyd (Handelsbezeichnung z.B. damals *Iporka*) verwendet. Sie wurden zur Dämmung von Kühlräumen, Kühlhäusern und auch von Kühlfahrzeugen eingesetzt. Die niedrige Wärmeleitfähigkeit (Bild 8/3) und die geringe Rohdichte von 10 bis 15 kg/m³ brachten besonders auf dem Gebiet der Transportkühlung bis dahin nicht gekannte Vorteile. Die Offenzelligkeit des Schaumes und die daraus resultierende niedrige Wasserdampfdiffusionswiderstandszahl macht jedoch auch bei relativ kleinen Temperatur- und Dampfdruckdifferenzen die Anwendung wirksamer und kostspieliger Dampfsperrmaßnahmen notwendig.

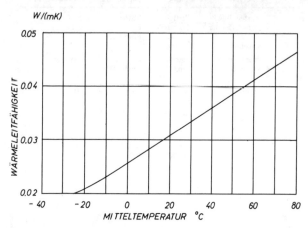

Bild 8/3 Wärmeleitfähigkeit von Harnstoff-Formaldehydschaum in Abhängigkeit von der Mitteltemperatur (nach *Baumann*).
Neuere Messungen zeigen auch Werte, welche um 0,003 W/(m · K) höher liegen.

Der Schaum wurde deshalb früher in stationären Anlagen hergestellt, in dampfdichte Folien eingeschweißt und so eingebaut. Heute wird in der BRD der Schaum aus Harzlösungen direkt an der Baustelle erzeugt. Die Produkte müssen die Anforderungen der DIN 18 159, Teil 2, „Harnstoff-Formaldehydharz-Ortschaum für die Wärmedämmung" erfüllen. Es ist in den letzten Jahren gelungen, den „Primärschwund", der durch das Verdampfen des in der Harzlösung enthaltenen Wassers bedingt ist, auf etwa 1 % herabzusetzen. Schwierigkeiten ergeben sich aus der Notwendigkeit, einerseits eine Dampfsperrschicht auf der warmen Seite der offenzelligen Schaumstoffdämmung anbringen zu müssen, andererseits aber das im frisch erzeugten Schaum noch vorhandene Wasser abdampfen zu lassen. Sie lassen den Einsatz von Harnstoffharzschaumstoffen in der Kälte- und Klimatechnik nur in seltenen Fällen zu. Die Anwendung ist deshalb in der BRD vorzugsweise auf die Dämmung von Heizungsrohren in Mauerschlitzen im Hochbau u. ä. beschränkt. In den Ostblockländern ist die Anwendung z. B. im Kühlhausbau noch immer verbreitet. Harnstoffharz-Schaumstoffe sind bei Prüfung nach DIN 4102 meist normalentflammbar (B 2). Spezialtypen erreichen auch Schwerentflammbarkeit (B 1).

b) Phenolharzschaumstoffe
Zur Herstellung von Phenolharzschaumstoffen wurden früher Phenolharze mit tiefsiedenden Treibmitteln in Gegenwart saurer Katalysatoren, die das Harz zur Aushärtung bringen, unter Wärmezufuhr verschäumt. Bei neuen Verfahren kann auf die Anwendung äußerer Wärme verzichtet werden. Der Treibprozeß kann so gesteuert wer-

den, daß die erforderliche Wärme vom Harz-Härter-System erzeugt wird. Auch ist es gelungen, die früher zur Härtung notwendigen starken Säuren (z.B. Salzsäure) durch organische Reaktionskomponenten zu ersetzen.

Schaumstoffe auf Phenolharzbasis weisen je nach Herstellungsverfahren gemischt-zellige bis vorwiegend geschlossenzellige Struktur auf. Die Produkte werden mit Rohdichten von 30 kg/m³ bis über 200 kg/m³ hergestellt. In Abhängigkeit von der Rohdichte variieren Wärmeleitfähigkeit (Bild 8/4) und Festigkeitsdaten (Tafel 8/6).

Die Mindestanforderungen an Phenolharzschaumstoffe für das Bauwesen, die teilweise auch auf den Kälteschutz übertragbar sind, sind in DIN 18 164 zusammengestellt.

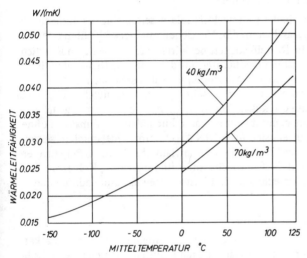

Bild 8/4 Wärmeleitfähigkeit von Phenolharzschaum in Abhängigkeit von der Rohdichte und der Mitteltemperatur.

Tafel 8/6 Mechanische Eigenschaften von Phenolharzschaumstoffen in Abhängigkeit von Herstellungsverfahren und Rohdichte

Herstellungsverfahren		gehärtet mit Säure			gehärtet mit nicht flüchtigem Katalysator		
Rohdichte	kg/m³	35	45	55	40	60	70
Druckfestigkeit (DIN 53421)	N/mm²	0,24	0,35	0,5	0,12	0,17	0,23
Zugfestigkeit (DIN 53571)	N/mm²	0,23	0,27	0,3	0,11	0,23	0,3
Biegefestigkeit (DIN 53423)	N/mm²	0,35	0,42	0,55	0,15	0,36	0,47
Scherfestigkeit (DIN 53422)	N/mm²	0,2	0,25	0,41	0,1	0,21	0,28

Phenolharzschaumstoffe werden in der Kältetechnik vorzugsweise dort eingesetzt, wo Kälteleitungen im Rahmen von Fertigungsprozessen zeitweise, z.B. bei der Reinigung mit Dampf, durch hohe Temperaturen beaufschlagt werden. Die Schaumstoffe sind bis 150 °C, kurzfristig auch bis +200 °C, verwendbar. Da jedoch, je nach Herstellungsverfahren, beim Erhitzen im Bereich um und über 100 °C flüchtige Substanzen abgespalten werden können, die auf ungeschützten Stahl, besonders bei Zutritt von Feuchtigkeit, einen korrosiven Einfluß ausüben, empfiehlt sich eine sorgfältige Auswahl des Produkts oder eine Temperung bei der vorgesehenen obersten Anwendungstemperatur. Letztere ist auch im Hinblick auf eine Schrumpfung empfehlenswert, die bei länger andauernder Einwirkung höherer Temperaturen eintreten kann. So ist beispielsweise bei einer Warmlagerung bei 130 °C über 14 Tage im Mittel mit einem Schrumpf von etwa 1,1 % zu rechnen.

Phenolharzhartschaum wird in der Kältetechnik relativ selten eingesetzt, da er sehr spröde ist und deshalb das Kaschieren, d.h. Verkleben mit Deckschichten oder Verputzen, schwierig ist und die Rüttelfestigkeit bei wirtschaftlich niedrigen Rohdichten nicht befriedigt. Ferner ist die Bearbeitung auf der Baustelle (Schneiden, Bohren, Fräsen) theoretisch zwar möglich, die Ausschußquote aber sehr hoch. Echte Vorteile bieten sich dort, wo neben der Wechseltemperaturbeständigkeit über einen weiten Bereich auch die gute Chemikalienbeständigkeit, insbesondere gegenüber organischen Lösungsmitteln, genutzt werden kann. Phenolharzschaumstoffe ohne Zusatz von Flammschutzmitteln sind nach DIN 4102 normalentflammbar; schon geringe Mengen eines Zusatzes lassen sie schwerentflammbar werden. Bei längerer Flammeneinwirkung verkohlt die Oberfläche unter Bildung eines „Kohlenstoffschaums", der seinerseits wärmedämmende Eigenschaften hat und dadurch den darunterliegenden Schaumstoff schützt.

c) PVC-Schaumstoffe (Polyvinylchlorid)

Daß sich die PVC-Schaumstoffe auf dem Gebiet der Kältedämmung nicht stärker durchsetzen können, ist nur eine Preisfrage. Durch Modifikationen des Grundrohstoffes PVC lassen sich Produkte von weich-elastischer bis zu zäh-harter Konsistenz herstellen. Variationen bei den verwendeten Treibmitteln und der Verarbeitung (drucklose, Niederdruck- und Hochdruckverfahren) erlauben die Produktion „maßgeschneiderter" PVC-Hartschaumstoffe. Die wesentlichsten Eigenschaften für zwei verschiedene Rohdichten sind in Tafel 8/7 aufgeführt. Auch hier zeigt sich die deutliche Abhängigkeit der mechanischen und thermischen Werte von der Rohdichte. Die guten mechanischen Eigenschaften ermöglichen für den Fahrzeugbau ausreichend biege- und verwindefeste Konstruktionen, die ohne zusätzliche Versteifungen und damit ohne Wärmebrücken eingesetzt werden können (s. Kap. 9.7.1). PVC-Hartschaumstoffe lassen sich in schwerentflammbarer Einstellung herstellen. Nachteilig ist, daß sich wegen des hohen Chlorgehaltes der Moleküle im Brandfall korrosive Salzsäure bildet.

Hartschaumstoffe auf PVC-Basis können durch Schneiden, Sägen, Bohren, Fräsen usw. mit handelsüblichen Holzbearbeitungsmaschinen bearbeitet werden. Da PVC recht lösungsmittelbeständig ist, machen Verklebungen selbst bei den dünnen Zellwänden wenig Schwierigkeiten. Zur Erzielung optimaler Klebungen sind Spezialkleber entwickelt worden, die eine Verbindung des Schaumstoffs mit Holz, Metall, Asbestzement und anderen Deckschichten erlauben.

Tafel 8/7 Technische Daten von PVC-Hartschaumstoff

Rohdichte kg/m^3	40	60
geschlossene Zellen %	100	100
Druckfestigkeit (DIN 53 421) N/mm^2	0,35	0,8
Biegefestigkeit (DIN 53 421) N/mm^2	0,6	1,2
Scherfestigkeit (DIN 53 422) N/mm^2	2,3	2,8
Wärmeleitfähigkeit bei 10 °C Mitteltemperatur W/(m · K)	0,038	0,035
Diffusionswiderstandszahl μ	170	328

Auf dem Gebiet der Kältetechnik hat sich PVC-Hartschaumstoff vor allen Dingen wegen seiner ausgezeichneten Rüttelfestigkeit und Chemikalienfestigkeit eingeführt. Er findet Verwendung beim Bau von Transportfahrzeugen, bei der Dämmung von Flüssiggasbehältern für niedrigsiedende Kohlenwasserstoffe sowie von Tankschiffen zum Transport von Flüssiggas. So wird beispielsweise bei einem in Frankreich entwickelten System für Flüssigmethantanker praktisch ausschließlich mit PVC-Schaumstoff als Kältedämmung gearbeitet. Die Verwendung von PVC-Hartschaum beim Kälteschutz von Kühlräumen, insbesondere in der noch vor wenigen Jahren wegen der guten mechanischen Eigenschaften vielversprechenden Form von Sandwichelementen, scheitert am hohen Preis.

d) Polyurethanschaumstoffe (PUR)

Während die bisher aufgeführten Schaumkunststoffe nur in begrenztem Umfang und nur für Spezialzwecke in der Kältetechnik angewendet werden, hat der Polyurethanhartschaum eine sehr breite Verwendung gefunden. Dies beruht vorzugsweise auf zwei Vorteilen, die das Material bietet:

● eine sehr niedrige Wärmeleitfähigkeit
● die Möglichkeit, drucklos oder nur mit geringen Überdrücken Hohlräume auch mit diffusionsdichten Begrenzungsflächen auszuschäumen. Dabei läßt sich gleichzeitig eine ausgezeichnete Verbindung zwischen Deckschicht und Schaumstoff sowie hohe Festigkeit und Verwindungssteifigkeit erzielen.

Polyurethanschaumstoff ist ein überwiegend geschlossenzelliger, harter Schaumstoff nach DIN 7726, Teil 1. Er entsteht durch chemische Reaktion von Polyisocyanaten mit aciden Wasserstoff enthaltenden Verbindungen, z. B. Polyolen. Die Verdampfung des als Treibmittel verwendeten Halogenkohlenwasserstoffs während der exotherm ablaufenden Reaktion der Komponenten führt während der Reaktionszeit zu einer Expansion des Gemisches und damit zur Bildung der Zellen. Auch Kohlendioxid, das aus Wasser und Isocyanat entsteht, kann als Treibmittel, besonders für sehr hohe Rohdichten, verwendet werden. Während des Expansionsvorgangs erhöht sich die Viskosität des flüssigen Reaktionsgemisches, anschließend härtet der Schaum aus. Der Schaumstoff entsteht innerhalb einiger Minuten.

Bei der *Herstellung* von Polyurethanschaumstoffen wird unterschieden in

α) werkmäßig hergestellte Platten und Blöcke, aus denen zur Dämmung von Rohrleitungen auch Schalen oder Segmente geschnitten werden können. Die Produkte werden in diskontinuierlichen (meist Blöcke) oder kontinuierlichen Verfahren erzeugt. Die Klebrigkeit und gute Haftung des aufschäumenden Gemisches aus Polyol, Polyisocyanat und verschiedenen Zusätzen erlaubt die Herstellung beidseits mit Deckschichten versehener Platten als praktisch endlose Bahn. Durch Änderung des Abstandes der Träger- oder Beschichtungslagen, zwischen die das aufschäumende Rohstoffgemisch eingebracht wird, kann die jeweils gewünschte Plattendicke produziert werden.

Werkmäßig hergestellte Dämmstoffe aus Polyurethanschaum müssen die Mindestanforderungen der DIN 18 164 „Schaumkunststoffe als Dämmstoffe für das Bauwesen" erfüllen. Für den Kälteschutz, besonders im tieferen Temperaturbereich, empfiehlt sich jedoch die Verwendung höherer Rohdichten als dies mit $\geq$ 30 kg/m^3 in DIN 18 164 gefordert wird. Mit Rücksicht auf Dimensionsstabilität und Festigkeitseigenschaften sollten Produkte für den Kälteschutz eine Rohdichte von $\geq$ 40 kg/m^3 aufweisen.

β) Polyurethan-Ortschaum (PUR-Ortschaum)

Der Einsatz von Polyurethan-Hartschaum, der an der Verwendungsstelle zur Wärme- und Kältedämmung hergestellt wird, hat in den letzten Jahren sehr stark zugenommen. Die Verarbeitung der flüssigen Reaktionskomponenten erfolgt mit Spezialmaschinen auf der Baustelle entweder im Gießverfahren oder im Spritzverfahren.

Bild 8/5 Befüllen des Zwischenraums zwischen Tank und Tankmantel mit flüssigem Polyurethanschaum.

Beim Gießverfahren wird flüssiges Reaktionsgemisch in einen Füllraum eingebracht, z. B. zwischen Rohrleitung und einen Blechmantel, der auf geeigneten Hilfskonstruktionen im Abstand der vorgesehenen Dämmschichtdicke auf der Rohrleitung mon-

tiert wird.(Bild 8/5 und 8/6). In diesem Hohlraum schäumt dann das Reaktionsgemisch auf und verbindet sich gleichzeitig mit der Rohrleitung und dem Blechmantel. Beim Spritzverfahren wird ein stark aktiviertes Reaktionsgemisch unter
Luft- und Flüssigkeitsdruck aus den Düsen eines Mischkopfes in fein verteilter Form
auf eine Fläche gespritzt. Da die Dicke einer gespritzten PUR-Schaumschicht
15 mm nicht überschreiten soll, müssen zur Herstellung größerer Dämmschichtdicken mehrere Schichten übereinander aufgebracht werden. Das Verfahren hat
den Vorteil, daß damit großflächige Objekte (Bild 8/7) oder stark gegliederte Oberflächen (Bild 8/8) in wirtschaftlicher Weise gedämmt werden können.

Bild 8/6 Mit Polyurethan-Gießschaum gedämmte Flüssiggas-Tanks für Lagerung von Propan.

Bild 8/7 Mit Polyurethan-Spritzschaum gedämmte Tankdächer.

Bild 8/8 Mit Polyurethan-Spritzschaum gedämmte Fläche mit zahlreichen Durchdringungen.

Die Möglichkeit, PUR-Schäummaschinen zu kaufen und weitestgehend vorformu-
lierte Reaktionssysteme zu beziehen, scheint zunächst die Herstellung von PUR-
Ortschaum zu einem sehr einfachen, von jedermann ausführbaren Verfahren zu
machen. Zahlreiche Reklamationen haben jedoch gezeigt, daß umfangreiche und

Seite 10 AGI-Arbeitsblatt Q 138

Formblatt Meßergebnisse   **PUR-Ortschaum nach AGI-Arbeitsblatt Q 138**

Firma ....

Adresse ....

Baustelle ....   Datum ....

Ort ....   Auftrags-Nr. ....

Gießschaum ☐ Spritzschaum ☐   Handschaum ja ☐ nein ☐

Dämmdicke s = ... mm; Rohdichte .... kg/m³

Objekt
im Freien ☐ unter Dach ☐ im Gebäude ☐
Ummantelung
Art der Ummantelung ....
abgedichtet ja ☐ nein ☐
Bezeichnung der Dichtung ....

Lufttemperatur   7.00 h .... °C

              13.00 h .... °C

              16.00 h .... °C

Objekttemperatur   7.00 h .... °C

              13.00 h .... °C

              16.00 h .... °C

Witterung

sonnig	☐	Hagel	☐
trübe	☐	vereist	☐
neblig	☐	Sturm	☐
Regen	☐	Gewitter	☐
Schneefall	☐		

Luft-Tageshöchsttemperatur .... °C

Luft-Tagestiefsttemperatur .... °C

Relative Luftfeuchtigkeit .... %

War die Anlage nach der Blechmontage in Betrieb?
                                 ja ☐ nein ☐

Die Ausschäumung erfolgt nach .... Tagen.

Objekt-Untergrund

vorbehandelt	ja ☐ nein ☐	ölfrei/fettfrei	ja ☐ nein ☐
Anstrich	ja ☐ nein ☐	Korrosion	ja ☐ nein ☐
trocken	ja ☐ nein ☐	Blattrost	ja ☐ nein ☐
staubfrei	ja ☐ nein ☐		

Rohstofflieferant ....
Rezeptur
Komp. A Markenbez. Polyol .... GT

Komp. A Markenbez. Treibmittel .... GT

Komp. A Markenbez. Aktivator .... GT

Komp. B Markenbez. Isocyanat .... GT

Maschinentyp ....

Eingestellte Auftragungsmenge .... kg/min.

Würfelprobe

Rohdichte .... kg/m³

Konturstabilität bei Umgebungstemperatur

Einschürung ja ☐ nein ☐

nach 1 h .... %, nach 24 h .... %

Rohstofftemperatur

Komponente A .... °C

Komponente B .... °C

Reaktionsablauf

Startzeit .... sec.

Abbindezeit .... sec.

Steigezeit .... sec.

Klebefreizeit .... sec.

Bemerkungen, besondere Vorkommnisse: ....

....

....

Geprüfter Schäumer, Reg.-Nr. ....   Datum ....

                                                Unterschrift

Verantwortlicher Bauleiter
des Auftragnehmers ....   Datum ....

                                                Unterschrift

Bild 8/9   Formblatt für Meßergebnisse gemäß AGI-Arbeitsblatt Q 138 der Arbeitsgemeinschaft Industriebau e. V.

grundlegende Kenntnisse bezüglich des Einflusses von Reaktionskomponenten, Temperatur der Komponenten, des Untergrundes und der Umgebungsluft, Luftfeuchtigkeit usw. notwendig sind. Auch die Wartung und Beherrschung der Schäummaschinen erfordert gründliche Einarbeitung und Ausbildung des Bedienungspersonals. Aus diesen Gründen wird heute von den Firmen, die PUR-Ortschaum herstellen, sowohl der Nachweis, daß nur geprüfte Fachkräfte die Arbeiten durchführen, als auch eine ständige Eigenüberwachung bestimmter Eigenschaften gefordert. Darüber hinaus muß eine Fremdüberwachung durch eine hierfür anerkannte Prüfstelle erfolgen.

Die Mindestanforderungen an PUR-Ortschaum für haustechnische Anlagen und Bauwerke, z. B. im Hochbau und bei Kühlhäusern können DIN 18 159, Teil 1, entnommen werden.

Für die Wärme- und Kältedämmung an betriebstechnischen Anlagen und an industriellen Heizungs-, Lüftungs-, Kalt- und Warmwasseranlagen sind die Mindestanforderungen sowie die Auswirkung verschiedener Einflußgrößen (Zellstruktur, Fließweg, Schaumsysteme, Zusatzmittel u. a.) im AGI-Arbeitsblatt Q 138 zusammengestellt. Einen Eindruck von den notwendigen Angaben und Werten, die von einem PUR-Ortschaumhersteller laufend gefordert werden, vermittelt Bild 8/9. Dieses stellt das „Formblatt Meßergebnisse" aus AGI Q 138 dar, das mindestens einmal pro Arbeitstag vom Auftragnehmer auszufüllen ist.

Schließlich sind im AGI-Arbeitsblatt Q 113 für die Erstellung von Dämmkonstruktionen mit PUR-Ortschaum für betriebstechnische Anlagen ausführliche Hinweise und Empfehlungen erarbeitet. Neben einer umfangreichen Definition der zahlreichen stoff- und verarbeitungsspezifischen Begriffe enthält das Arbeitsblatt Hinweise über die Ausführung von Auflagern, Fundamenten, Stütz-Hilfs- und Tragkonstruktionen sowie von Dampfbremsen und Ummantelungen. Die Schäumverfahren werden detailliert besprochen und Arbeitsschutz- und Vorsichtsmaßnahmen bei solchen Arbeiten aufgezählt. Richtlinien für Nebenleistungen und Abrechnung runden das Arbeitsblatt zu einer für den Praktiker wichtigen Unterlage ab.

Besonders bedeutsam im Hinblick auf vorliegende Erfahrungen ist der Hinweis auf Arbeitsblatt Q 151 „Dämmarbeiten-Korrosionsschutz bei Kälte- und Wärmedämmungen an betriebstechnischen Anlagen." Wenn auch diese Arbeiten nicht zum Leistungsumfang der Dämmfirma gehören, sind sie trotz bisher oft herrschender gegenteiliger Meinung auch bei der Dämmung mit PUR-Ortschaum unabdingbar.

Die *Wärmeleitfähigkeit* von Polyurethanschaumstoffen wird weitestgehend durch das als Treibmittel verwendete Monofluortrichlormethan (R 11) beeinflußt. Dieses Treibmittel verbleibt als Zellgas in den Zellen des Schaumstoffes und bewirkt dessen niedrige Wärmeleitfähigkeit. Bei einer Mitteltemperatur ϑ_m von + 10 °C beträgt die Wärmeleitfähigkeit für R 11 0,008 W/(m · K). Unter den gleichen Bedingungen hat Luft eine Wärmeleitfähigkeit von 0,025 W/(m · K). Aus den unterschiedlichen Wärmeleitfähigkeiten der beiden Gase erklärt sich die gute Wärmedämmfähigkeit von Polyurethanhartschaumstoffen gegenüber Produkten, deren Zellen mit Luft gefüllt sind. Wie Bild 8/10 zeigt, sind R 11-getriebene Polyurethanschaumstoffe besonders vorteilhaft im Temperaturbereich oberhalb − 10 °C einzusetzen. Im Bereich tieferer Temperaturen nähert sich der Verlauf der Wärmeleitfähigkeitskurve zunehmend der Kurve für Dämmstoffe, deren Zellen mit Luft gefüllt sind.

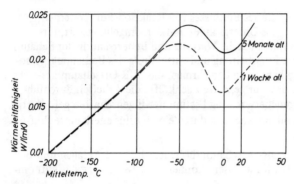

Bild 8/10 Wärmeleitfähigkeit von Polyurethan-Hartschaum in Abhängigkeit von der Mitteltemperatur ϑ_m

Die Frage, ob und wie weit sich die Wärmeleitfähigkeit R11-getriebener Polyurethanschaumstoffe durch ausdiffundierendes R11 aus den Zellen und Eindiffundieren von
Luft in diese hinein verändert, ist durch Untersuchungen geklärt worden, in die Produkte einbezogen wurden, die nach verschiedenen Verfahren und mit verschiedenen
Rohstoffen hergestellt wurden. Dabei hat sich gezeigt, daß nicht nur die verwendeten Rohstoffe von Einfluß sind, sondern daß auch eine Abhängigkeit von den Lage-
rungsbedingungen (Temperatur und relative Feuchte) besteht (Bild 8/11). Ein zeitlicher Anstieg der Wärmeleitfähigkeit kann durch Abdecken der Schaumstoffoberflä-
chen mit gasdiffusionsdichten Deckschichten vermieden werden. Bisher werden als
ausreichend dichte Deckschichten Metallfolien einer Dicke von $\geqq$ 50 μ beispielsweise
in der DIN 18164 ,,Schaumkunststoffe für das Bauwesen'' definiert. Für die Über-
legung, mit welcher Wärmeleitfähigkeit nach längerer Einsatzdauer eines Objektes
gerechnet werden muß, sind deshalb die Deckschichten, von welchen der Schaumstoff begrenzt ist, von maßgeblicher Bedeutung.

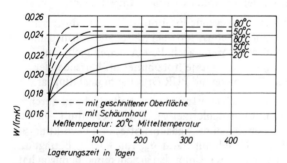

Bild 8/11 Wärmeleitfähigkeit von Polyurethan-Hartschaum nach Langzeitlagerung unter
verschiedenen Bedingungen.

Durch Dosierung des Treibmittelgehaltes kann *die Rohdichte* der erzeugten Schaumstoffe in weitem Bereich variiert werden. Für den Kälteschutz sollte eine Rohdichte
von 35–40 kg/m^3 nicht unterschritten werden, insbesondere dann, wenn der
Schaumstoff als Kälteschutz für Tieftemperaturanlagen vorgesehen ist.

Bei der Abkühlung auf Betriebstemperaturen entsteht in den Schaumstoffzellen ein Unterdruck. Ist die Rohdichte zu niedrig, sind die Zellwände zu dünn, um diesen Unterdruck aufzufangen. Das Zellgefüge bricht. Auf die Wärmeleitfähigkeit hat die Rohdichte bei mit R 11 getriebenen PUR-Schaumstoffen keinen nennenswerten Einfluß.

Die mechanischen Eigenschaften von Polyurethanschaumstoff hängen außer von der Rohdichte auch von der Rezeptur, nach der die Produkte erzeugt werden, ab. Für deren Beurteilung ist die Angabe der Druckfestigkeit allein nicht ausreichend, sondern die Werte für die Druckspannung bei 5 oder 10 % Stauchung (vergleiche Bild 8/12 und 8/13). Für Anwendungen, bei denen Polyurethanschaumstoffe einer dauernden Druckbelastung ausgesetzt sind (z. B. Auflager für Rohrleitungen, Böden für Kühlhäuser), hat sich aus der Praxis als Richtwert ergeben: zulässige Dauerlast in N/mm^2 = max. 1/3 der Druckspannung bei 10 % Stauchung. Zur Veranschaulichung ist in Bild 8/9 die Verformung eines Polyurethanschaumstoffes einer Rohdichte von 60 kg/m^3 bei Beanspruchung mit unterschiedlichen Dauerlasten dargestellt.

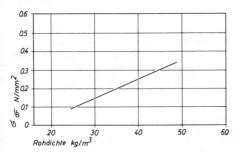

Bild 8/12 Druckfestigkeit von Polyurethan-Hartschaum in Abhängigkeit von der Rohdichte. Prüfung nach DIN 53 421 bei 22 °C und 55 % rel. Feuchte.

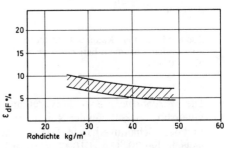

Bild 8/13 Verformung von Polyurethan-Hartschaum im Druckversuch nach DIN 53 421 bei 22 °C und 55 % rel. Feuchte an der Fließgrenze.

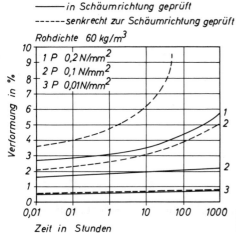

Bild 8/14 Verformung eines Polyurethan-Hartschaumstoffs im Zeitstand-Druckversuch.

Die Kältekontraktion spielt im Hinblick auf die Bildung von Fugen (und damit Kältebrücken) oder Rißbildung bei fugenlos geschäumten Dämmschichten eine erhebliche Rolle (Bild 8/15). Die großen Differenzen zwischen 25 kg/m³ und rd. 60 kg/m³ Rohdichte erklären sich daraus, daß bei niedrigeren Rohdichten die gegenüber der Gerüstsubstanz etwa 20mal größere Wärmedehnung des Zellgases zur Auswirkung kommen kann, während bei höherer Rohdichte der Kontraktions-koeffizient durch den Kontraktionskoeffizienten der Gerüstsubstanz bestimmt ist.

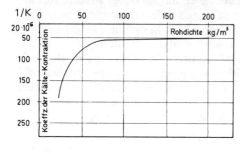

Bild 8/15 Mittlere Kältekontraktion von Polyurethanschaum im Bereich von + 20 °C bis − 60 °C

Bild 8/16 Wasseraufnahme von Polyurethan-schaumstoffen (Rohdichte 30 kg/m³) in Abhängigkeit von der Lagerungszeit unter Wasser, Prüfkörperabmessungen: 40 mm x 40 mm x 40

Die *Wasseraufnahme* von Polyurethanschaumstoffen zeigt Bild 8/16. Es besteht eine Abhängigkeit von der Rohdichte, der Zusammensetzung der Komponenten und dem Schäumverhalten. Das gravimetrisch bestimmte Adsorptionsgleich-gewicht bei 20 °C und 100% relativer Feuchtigkeit liegt bei etwa 5 Gewichts-%.

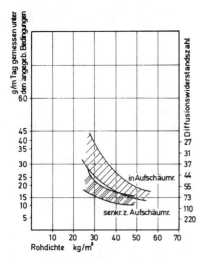

Bild 8/17 Wasserdampfdurchlässigkeit von Polyurethan-Hartschaum bei 20 °C, Differenz der rel. Feuchten 0/85 %.

Die *Wasserdampfdurchlässigkeit* (abgel. Diffusionswiderstandszahl μ) ist von der Rohdichte und der Rezeptur, jedoch auch von der Richtung des Wasserdampf-druckgefälles (d. h. senkrecht oder parallel zur Schäumrichtung) abhängig. Einen Teil dieser Zusammenhänge veranschaulicht Bild 8/17. Für die Praxis kann zur Auslegung von Dämmkonstruktionen mit einem μ-Wert von 30–100 gerechnet werden. Bei der Dämmung von Kälteanlagen muß daher stets eine Dampfsperre oder Dampfbremse auf der warmen Seite vorgesehen werden.

Bezüglich des *Brandverhaltens* sind Polyurethanhartschaumstoffe ohne Flammschutzmittel nach DIN 4102, Teil 1, in die Baustoffklasse B 3 – leichtentflammbar – einzustufen. Durch Zusatz entsprechender Flammschutzmittel läßt sich die Klasse B 2 (normalentflammbar) erreichen. Da bei dem für die Prüfung auf Einreihung in die Klasse B 1 (schwerentflammbar) nach DIN 4102 vorgeschriebenen Brandschachttest Polyurethanschaumstoffe nicht wegschmelzen und sich dadurch dem Flammenbereich entziehen, kommt es nach einiger Beanspruchungszeit durch Depolymerisation zur Bildung entzündlicher Gase. Durch Abdecken der Schaumstoffoberfläche mit unbrennbaren, ausreichend dicken Deckschichten (z. B. Asbestzement, Stahlblech, Aluminiumblech) lassen sich bei gleichzeitiger Verwendung von Flammschutzmitteln kaschierte Elemente herstellen, die den Anforderungen im Brandschachttest genügen. Die Weiterentwicklung ist stark im Fluß. Die bei Polyurethanschaumstoffen im Brandfall störende, starke Rußentwicklung ist z. B. bei Polyisocyanuratschaumstoffen (PIR) erheblich reduziert. Auch die Toxität von Brand- und Schwelgasen konnte in jüngster Zeit durch den Einsatz neuer Systeme erheblich verringert werden. Seit kurzem sind schwerentflammbare (B 1) Platten und Formteile aus PIR auf dem Markt.

Es muß darauf hingewiesen werden, daß einige Flammschutzmittel die Wärmestandfestigkeit und die mechanischen Eigenschaften von PUR-Schaumstoffen beeinflussen können. Nach jeder am Schäumsystem zur Erzielung eines günstigeren Brandverhaltens vorgenommenen Modifikation müssen deshalb die Kenndaten neu ermittelt werden.

Die Verarbeitbarkeit der als Platten in kontinuierlichen oder als Blöcke in diskontinuierlichen Verfahren hergestellten Polyurethanschaumstoffe ist gut. Sie lassen sich mit Holzbearbeitungsmaschinen sägen, fräsen, bohren usw. Die gute Lösungsmittelbeständigkeit macht die Anwendung der verschiedensten Klebstoffe unproblematisch. Das Verlegen mit Heißbitumen erfordert keine besonderen Vorsichtsmaßnahmen, da Polyurethanschaumstoffe in dem dabei auftretenden Temperaturbereich keine bleibenden Änderungen ihrer Abmessungen erleiden.

Der Einsatz von werkmäßig hergestellten Sandwichplatten mit Polyurethanschaum als Kern und Blech oder glasfaserverstärktem Kunststoff als Deckschichten hat für den Kühlhausbau stark zugenommen. Die in beliebig großen Längen erstellbaren Elemente erlauben eine sehr schnelle, wirtschaftliche Erstellung von Kühl- und Tiefkühlhäusern. Das Problem der Fugenabdichtung wird inzwischen beherrscht. Schwierigkeiten treten noch auf, wenn von den Baubehörden für die Umfassungswände höhere Feuerwiderstandsklassen als F 30 gefordert werden, da sich diese mit den beschriebenen Elementen nicht verwirklichen lassen.

Wesentlichstes Anwendungsgebiet der *Ortschäume* sind die Bereiche, wo sich durch das Verschäumen der Komponenten in Hohlräume besonders wirtschaftliche Fertigungsmöglichkeiten ergeben. Z. B. ist die Mehrzahl der in der BRD hergestellten Kühlschränke und Tiefkühltruhen mit Polyurethanschaum gedämmt. Die Fähigkeit des Schaumes, beim Aufschäumen auch durch schmale Ritzen und Fugen zu dringen und damit Hohlräume lunkerfrei zu füllen, bringt besonders bei der Dämmung kompakt verlegter Rohrleitungen große Vorteile. In chemischen Anlagen, die z. T. mit tiefen Temperaturen gefahren und andererseits mit Dampf von $110-120\,°C$ gereinigt werden, verwendet man je nach der Betriebstemperatur der Anlage Schäumgewichte von $\geq 40\,kg/m^3$ bis $60\,kg/m^3$. Der notwendige mechanische Schutz des Dämmstoffes wird üblicherweise durch Blechmäntel erzielt, die gleichzeitig die Dampfsperre darstellen. Sie verhindern außerdem den Gasaustausch Luft/R 11, so daß die niedrige Wärmeleitfähigkeit des Schaumstoffs über lange Zeiten gewährleistet ist.

Die *Anwendung* von PUR-*Spritzschaum* hat sich vorzugsweise im Bauwesen (Flachdächer) und bei der Dämmung großer oder stark aufgegliederter Flächen eingeführt. Spezielle, kaltzähe Systeme mit hohen Rohdichten ($\geq 60\,kg/m^3$) sind für den Einsatz zur Dämmung von Flüssiggastanks und Flüssiggastankern entwickelt worden. Trotz der sehr dicht und fest erscheinenden Schäumhaut, die sich auf der Oberfläche jeder Spritzlage bildet, kann bei Kältedämmungen nicht auf eine Dampfsperre verzichtet werden. Bei bewitterten Flächen sind Beschichtungen als Witterungsschutz notwendig. Die Wirtschaftlichkeit des Verfahrens wird dadurch eingeschränkt, daß es nur bei warmer, trockener Witterung ohne stärkeren Windanfall ausgeführt werden kann.

e) Polystyrolschaumstoffe

Sie spielen im Kälteschutz vor allem im Kühlhausbau eine wichtige Rolle. Sie werden nach zwei verschiedenen Verfahren hergestellt:

- *Extruderschaumstoffe*
  Bei diesen wird Polystyrol mit gasförmigen Treibmitteln unter Homogenisierung bei Druck- und Hitzeeinwirkung verarbeitet und dann über eine Breitschlitzdüse expandiert. Dabei entstehen plattenförmige Schaumstoffe einer Rohdichte von $25-50\,kg/m^3$. Als Treibmittel werden Halogenkohlenwasserstoffe verwendet, die in den Zellen als Zellgas verbleiben.

- *Aus Granulat hergestellter Polystyrolschaum,* bei dem das in das Polystyrol einpolymerisierte bzw. in der Grundsubstanz gelöste Treibmittel beim Erwärmen der Körner mit Heißdampf auf Temperaturen über $+ 100\,°C$ verdampft und das thermoplastische Grundmaterial aufbläht. Als Treibmittel dient Pentan, das jedoch während des Aufschäumvorgangs und während einer Ablagerungszeit ausdiffundiert. Die Zellen sind mit Luft gefüllt.

Die Herstellung ist nur auf stationären Anlagen möglich. Die unterschiedlichen Verfahren bringen auch eine verschiedene Struktur der Schaumstoffe und damit unterschiedliche Eigenschaften mit sich. Während ein Schnitt durch einen aus Granulat hergestellten Schaum deutlich die Grenzen der einzelnen Körner erkennen läßt, also kein homogenes Gefüge vorhanden ist, zeigt der extrudierte Polystyrolschaum eine homogene Zellstruktur.

Die *Wärmeleitfähigkeit* hängt von der Rohdichte und der Mitteltemperatur (Bild 8/18), aber auch von der Zellstruktur und dem in den Zellen enthaltenen Gas ab (vgl. Bild 8/18 und 8/19). Für die Dämmung von Dächern wird extrudiertes Material mit einer beidseits während der Herstellung erzeugten Schäumhaut verwendet, dessen Rohdichte bei ca. 40 kg/m³ liegt. Die Wärmeleitfähigkeit bei $\vartheta_m = + 10\,°C$ liegt bei nur 0,026 W/(m · K), was durch die Verwendung „schwerer Gase" als Treibmittel (s. auch Herstellung von Polyurethanschaumstoffen) erreicht wird. Die bisher vorliegenden Ergebnisse bezüglich des Langzeitverhaltens dieser Schäume lassen darauf schließen, daß mit einem Anstieg der Wärmeleitfähigkeit auf Werte von max. 0,034 W/(m · K) zu rechnen ist.

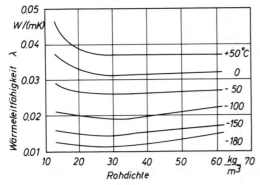

Bild 8/18 Wärmeleitfähigkeit von aus Granulat geschäumtem Polystyrolschaum in Abhängigkeit von der Rohdichte und der Mitteltemperatur.

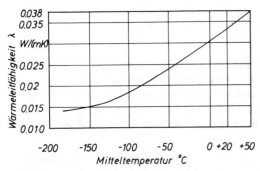

Bild 8/19 Wärmeleitfähigkeit von extrudiertem Polystyrolschaum in Abhängigkeit von der Mitteltemperatur.

Die *Druckfestigkeit* der Polystyrolschaumstoffe, die als Bodendämmung für Kühlräume und Kühlhäuser, für selbsttragende Bauelemente und für abgehängte Decken in Kühlhäusern verwendet werden, muß so hoch sein, daß sich keine unzulässigen Absenkungen der Konstruktion ergeben. Die nach DIN 53421 gemessenen Werte für verschiedene Rohdichten zeigt Tafel 8/8.

Tafel 8/8   Druckfestigkeit von Polystyrolschaumstoffen nach DIN 53421

Herstellung des Polystyrolschaums	Rohdichte kg/m³	Druckspannung σ_d bei 10% Stauchung N/mm²
aus Granulat	13 bis 16	0,05 bis 0,1
aus Granulat	16 bis 20	0,08 bis 0,14
aus Granulat	20 bis 25	0,1 bis 0,18
extrudiert	rd. 30	0,25 bis 0,42
extrudiert	rd. 50	rd. 0,8

Bei der Auswahl für solche unter dauernder Last stehende Dämmungen sollte nicht mit den Meßwerten nach DIN 53421 bei 10 % Stauchung gerechnet werden, da bei diesem Prüfverfahren die Last nur kurzzeitig auf dem Schaumstoff ruht. In Tafel 8/9 ist die Stauchung von aus Granulat hergestellten Polystyrolschaumstoffen, abhängig von der Belastung und der Zeit, dargestellt.

Tafel 8/9   Stauchung von aus Granulat hergestelltem Polystyrolschaum, abhängig von der Belastung und der Zeit

Rohdichte kg/m³	14,5			23,5			32,5		
Belastung N/mm²	0,015	0,030	0,035	0,030	0,050	0,070	0,060	0,080	0,1
Stauchung in %									
nach 1 Tag	0,6	1,5	3,0	0,6	1,1	1,8	0,8	1,2	1,6
nach 10 Tagen	0,6	1,6	4,8	0,6	1,1	2,0	1,0	1,4	1,6
nach 100 Tagen	0,6	1,7	8,2	0,6	1,3	3,2	1,0	1,5	2,4
nach 500 Tagen	0,6	1,9	13,2	0,8	1,4	5,8	1,1	1,7	4,0

Für die *Kältekontraktion* ist bei Polystyrolschaumstoffen mit einem Mittelwert von etwa 7 mm/m/100 K zu rechnen. Diese führt beim Abkühlen zur Fugenbildung. Bei aus Granulat geschäumtem Material treten bei unzureichender Ablagerung der Schaumstoffplatten jedoch größere Fugen auf, als es der Kältekontraktion entspricht. Die Ursache liegt in einem irreversiblen Schwund, der aus dem Ausdiffundieren von Resttreibmittel resultiert.

Da bei Produkten höherer Rohdichte auch höhere Anteile an Resttreibmitteln enthalten sind, ist entgegen früherer Annahmen der Schwund bei diesen Platten größer als bei solchen niedrigerer Rohdichte. Bild 8/20 zeigt, wie weit Ablagerungszeit und Rohdichte das Schwundverhalten beeinflussen können. Da sich bei der verlegten Kältedämmung die Kältekontraktion bei Abkühlung und das Schwinden der Produkte addieren und dadurch unzulässig große Fugen entstehen, sollte im Kälteschutz nur abgelagertes Material verwendet werden. Verantwortungsbewußte Hersteller liefern aus Granulat geschäumte Polystyrolschaumstoffe für den Kälteschutz erst nach einer Ablagerungszeit von mindestens drei Monaten aus. Beim Extruderverfahren wird ein „Alterungsprozeß" bereits während der Fertigung durchgeführt.

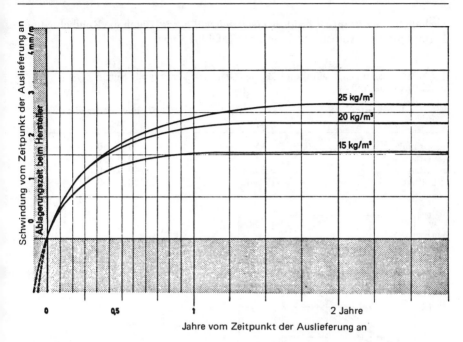

Bild 8/20 Schwundverhalten von aus Granulat hergestelltem Polystyrolschaum in Abhängigkeit von der Rohdichte und der Zeit.

Das Dämmvermögen von Polystyrolschaumstoff wird auch durch sein Verhalten gegen Wasser und Feuchtigkeit stark beeinflußt. Bei den aus Granulat hergestellten Produkten ist die Güte von der Verschweißung der Partikel untereinander von Bedeutung, da je nach Verschweißungsgrad mehr oder weniger Hohlräume vorhanden sein können. Auch die Rohdichte spielt eine Rolle (Bild 8/21). Bei extrudierten Polystyrolschaumstoffen ist nach einer Unterwasserlagerung von 7 Tagen gemäß DIN 53 428 mit einer Wasseraufnahme von rd. 1 Vol. %, nach 70 Tagen von etwa 1,5 Vol. % zu rechnen.

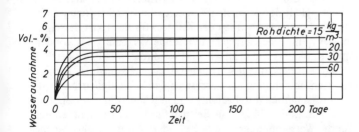

Bild 8/21 Wasseraufnahme von aus Granulat hergestelltem Polystyrolschaum in Abhängigkeit von der Rohdichte und der Zeit.

Auch die *Wasserdampf-Diffusionswiderstandszahl* μ wird durch die Rohdichte und den strukturellen Aufbau beeinflußt, wie Tafel 8/10 zeigt.

Tafel 8/10 Wasserdampf-Diffusionswiderstandszahl μ von Polystyrolschaumstoffen (nach DIN 4108, Teil 4)

Polystyrolschaumstoff	Rohdichte kg/m³	Diffusionswiderstandszahl μ
aus Granulat	⩾ 15	20 – 50
aus Granulat	⩾ 20	30 – 70
aus Granulat	⩾ 30	40 – 100
extrudiert	25 – 40	80 – 300

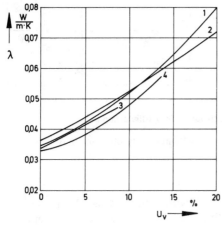

Bild 8/22 Wärmeleitfähigkeit von PS-Partikelschaum bei 10 °C Mitteltemperatur in Abhängigkeit vom volumenbezogenen Feuchtigkeitsgehalt u_v in %. 1 Automatenware, 21 kg/m³; 2 Bandware, 20 kg/m³; 3 Blockware, 23 kg/m³, 4 Automatenware, 30 kg/m³ (nach *Zehendner*).

Eine Durchfeuchtung erhöht die Wärmeleitfähigkeit. Für aus Granulat hergestellten Polystyrolschaum kann als Faustregel angenommen werden, daß 1 Vol.-% Wassergehalt die Wärmeleitfähigkeit um ca. 6 % erhöht. Rohdichte und Herstellungsverfahren haben nur begrenzten Einfluß (Bild 8/22). Für extrudierten Polystyrolschaum zeigt Bild 8/23 die Abhängigkeit der Wärmeleitfähigkeit vom Feuchtigkeitsgehalt im Vergleich zu Kork. Der homogene Aufbau der Zellstruktur des Extruderschaums bringt große Vorteile. Das homogene Gefüge erlaubt keine Verteilung des kondensierenden Wassers durch Kapillarkräfte o. ä., wie dies vermutlich bei Kork der Fall ist. Selbstverständlich enthebt der hohe μ-Wert der Extruderschaumstoffe den Konstrukteur nicht der exakten Berechnung des vorzusehenden Schichtenaufbaues. Eine Diffusionsberechnung muß dennoch durchgeführt und gegebenenfalls mit Sperrschichten gearbeitet werden. Bild 8/24 gibt als Beispiel für den Einfluß der Dämmschichtdicke Werte für die Wasseranreicherung in Extruderschaum wieder, welche für gegebene Betriebsbedingungen in USA sowohl theoretisch als auch an ausgeführten Objekten ermittelt wurden.

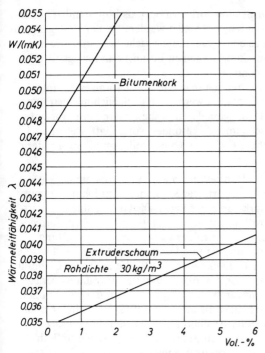

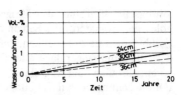

Bild 8/24 Einfluß der Dicke einer Dämmschicht aus extrudiertem Polystyrolschaum (Rohdichte 30 kg/m³) auf die Durchfeuchtung
Betriebsbedingungen:
Umgebungstemperatur + 10 °C
Betriebstemperatur   − 40 °C
rel. Feuchte außen   70 %
rel. Feuchte innen   100 %

Bild 8/23 Änderung der Wärmeleitfähigkeit von extrudiertem Polystyrolschaum im Vergleich zu Bitumenkork bei Durchfeuchtung (Vol. %).

Bezüglich des *Brandverhaltens* sind Polystyrolschaumstoffe ohne Zusatz von Flammschutzmitteln nach DIN 4102 in die Baustoffklasse B 3 (leichtentflammbar) einzureihen. Durch Zusatz von Flammschutzmitteln, die entweder in den Rohstoff einpolymerisiert oder auf das Granulat aufgebracht werden, lassen sich Produkte der Baustoffklasse B 1 (schwerentflammbar) herstellen. Für den Kühlraum- und Kühlhausbau verwendete Extruderschaumstoffe sind nur in flammgeschützter Ausführung auf dem Markt. Es sollte jedoch berücksichtigt werden, daß durch Kombination mit anderen Werkstoffen, wie z. B. Klebern, Bitumenbeschichtungen u. a., die Eigenschaft „schwerentflammbar" verlorengehen kann. In jüngster Zeit wird deshalb von den Bauaufsichtsbehörden gefordert, daß bei Verbundwerkstoffen – d. h. der Kombination z. B. von Schaumstoffkern mit Deckschichten – nicht die einzelnen Produkte für sich, sondern jeweils auch im Verbund geprüft werden.

Bezüglich der *Anwendung* ergeben sich im Hinblick auf den relativ niedrigen Preis für den Kälteschutz vom Kühlschrank bis zum Kühlhaus zahlreiche Einsatzmöglichkeiten. Man verfügt heute über Fertigungsverfahren, die sowohl die Herstellung geschäumter Formkörper als auch großformatiger Blöcke und damit Platten erlauben. Polystyrolschaumstoffe haben den verarbeitungstechnischen Vorteil, daß sie sich sehr leicht sägen, schneiden und fräsen sowie mit den verschiedensten Deckschichten kombinieren lassen. Bei der Auswahl der Kleber ist zu beachten, daß Polystyrolschaumstoffe sehr lösungsmittelempfindlich sind. Deshalb dürfen nur Produkte, die lösungsmittelfrei sind, als wäßrige Dispersion vorliegen oder als Lösungsmittel Alkohole oder aromatenfreies Benzin enthalten, verwendet werden. Bei der Verlegung mit Heißbitumen ist zu bedenken, daß es sich um thermoplastische Schaumstoffe handelt, die unter länger dauernder Einwirkung zu heißen Bitumens an Festigkeit verlieren, einfallen oder wegschmelzen können.

Für die Dämmung von Kühlmöbeln werden heute vorzugsweise formgeschäumte Teile verwendet, Kühlfahrzeuge und Container werden ausschließlich mit Plattenware gedämmt. Für den Kälteschutz von Flüssiggasanlagen, insbesondere Flüssiggastanks großer Abmessungen, ist Polystyrolschaumstoff besonders vorteilhaft, weil er auch im Temperaturbereich flüssigen Methans (−164 °C) nicht völlig spröde ist, sondern eine gewisse Elastizität behält.

Die Verwendung zum Kälteschutz von Rohrleitungen ist − insbesondere bei großen Objekten, bei denen sich der Einsatz transportabler Schäumanlagen lohnt − zugunsten der Polyurethanschaumstoffe stark zurückgegangen. Die Gründe sind rein wirtschaftlich. Die Fertigung der noch vor kurzem auf dem Markt erhältlichen, formgeschäumten Rohrschalen mit Stufenfalz ist wegen der aufwendigen Lagerhaltung vieler Dimensionen (verschiedene Durchmesser und Dämmdicken) eingestellt worden. Heute werden Rohrschalen meistens aus Blockmaterial mit Hilfe einfacher Glühdrahtschneidmaschinen geschnitten und mehrlagig in fugenversetzter Anordnung verlegt. Besonderer Wert ist hierbei auf eine einwandfreie Dampfsperre auf der warmen Seite der Dämmung zu legen. Hierzu werden meist Bandagen aus PVC, Polyäthylen oder Aluminiumfolie, häufig in selbstklebender Ausführung, verwendet. Bei Einsatz von Hartmänteln mit „diffusionsdichtem" Anstrich ist zu bedenken, daß ein optisch dicht erscheinender Anstrich noch keineswegs diffusionsdicht sein muß. Es ist eine sorgfältige Auswahl des verwendeten Anstrichs, besonders im Hinblick auf die Lösungsmittelempfindlichkeit des Polystyrolschaums, notwendig.

Für den Kälteschutz von Behältern gelten ähnliche Gesichtspunkte. Man benutzt hier Segmente, die je nach Dämmdicke in mehreren Lagen angesetzt und mit einer Dampfsperre geschlossen werden.

Wichtigstes Einsatzgebiet ist der Kühlraum- und Kühlhausbau. Dies liegt vor allem an den Verarbeitungsmöglichkeiten, die sich allen Bedarfsfällen anpassen lassen. Für kleine Kühlräume werden meist noch Platten der Abmessungen 500 x 1000 mm vorzugsweise mit Bitumen angesetzt, wenn granulatgeschäumtes Material verwendet wird. Für das Ansetzen von Platten aus Extruderschaum hat sich Zementmörtel, u.U. mit Latexzusatz, bewährt. Dies ist jedoch nur dann möglich, wenn auf eine Dampfsperre verzichtet werden kann. Bei zahlreichen Kühlhauskonstruktionen werden großformatige, vorgefertigte Elemente verwendet, in zunehmendem Maße auch mit Blech, Polyester oder Asbestzement beschichtet.

8.2.2 Anorganische Dämmstoffe

Mit wenigen Ausnahmen ist allen anorganischen Dämmstoffen gemeinsam, daß sie aus in der Natur vorkommenden Rohstoffen durch direkte Weiterverarbeitung (Nachbehandlung oder Umschmelzen) gewonnen werden. Sie können nicht wie die Schaumkunststoffe als Synthese-Produkte exakt definierten, molekularen Aufbaues hergestellt werden. Daraus ergibt sich die Notwendigkeit einer anderen Klassifizierung als bei organischen Dämmstoffen.

8.2.2.1 Faserdämmstoffe

a) Natürliche Faserdämmstoffe

In diese Gruppe ist nur *Asbest* einzureihen, ein Mineral, das aus verfilzten, feinfaserigen Silikatverbindungen besteht. Das Mineral wird in speziellen Prozessen in seine Fasern, deren Durchmesser $0,001-0,003$ mm beträgt oder in Büschel solcher Fasern zerlegt. Abhängig davon, wie weit die Faser aufgeschlossen ist, ergeben sich Wärmeleitfähigkeiten bei einer Mitteltemperatur von $0\,°C$ von $0,15$ W/(m · K) bei einer Rohdichte von 470 kg/m³ bis zu $0,23$ W/(m · K) bei Rohdichten um 700 kg/m³. Die obere Anwendungsgrenztemperatur für Asbestfasern beträgt ca. $400\,°C$. Durch Zusatz von Bindemitteln, Verfestigungs- und Imprägnierungsstoffen lassen sich Asbestpappen und Asbestplatten herstellen, die aus brandschutztechnischen Gründen als abschließende Schicht auch auf Kältedämmungen aufgebracht werden. Da die Diffusionswiderstandszahl μ mit $1,8-15$ je nach Konfektionierungsart sehr niedrig liegt, ist die Anwendung von Dampfsperren auf der warmen Seite notwendig, auch wenn diese Asbestprodukte nur aus brandschutztechnischen Gründen zusätzlich, z. B. auf eine Dämmschicht aus Schaumkunststoffen aufgebracht sind. Die Anwendung von Asbestprodukten ist stark rückläufig und nur noch unter scharfen Sicherheitsbedingungen durchführbar, weil ein ständiges Einatmen von Asbeststaub krebserregend wirkt (Asbestose).

b) Künstlich erzeugte Fasern

Unter dem Oberbegriff *Mineralfasern* sind die im einzelnen schwer zu definierenden faserförmigen Produkte, die aus silikatischen Schmelzen hergestellt werden, zusammengefaßt. Durch die Variabilität der Rohstoffe für die Schmelze und der Zusatzstoffe ergibt sich eine breite Palette nach verschiedenen Verfahren erzeugter Produkte. Ohne Bindemittel verarbeitet werden Mineralfasern als sogenannte „lose Wolle" zu Stopfisolierungen verwendet, mit Bindemittel gebunden in Form von Matten, Bahnen, Platten oder Formstücken (z.B. Schalen, Segmente) zur Dämmung von Rohrleitungen und Behältern eingesetzt.

Im Kälteschutzbereich sind die unter dem Oberbegriff Mineralfasern zusammengefaßten Produkte Glaswolle, Steinwolle, Schlackenwolle und Basaltwolle bezüglich ihrer Eigenschaften nur wenig verschieden und können deshalb summarisch betrachtet werden.

Die *Rohdichte* von Mineralfaser-Erzeugnissen kann in Abhängigkeit vom Faser-Produktionsverfahren und von den Konfektionierungsmethoden im Bereich zwischen $8-500$ kg/m³ modifiziert werden. Für den industriellen Einsatz sind vorzugsweise Rohdichten zwischen 40 und 200 kg/m³ gebräuchlich, für Stopfisolierungen auch bis 250 kg/m³.

Die *Wärmeleitfähigkeit* hängt nicht nur von der Rohdichte, sondern auch von der Faserstruktur (fein- oder grobfaserig, kurze oder lange Fasern, Faserorientierung) ab. Während bei anderen Dämmstoffen die Wärmeleitfähigkeit mit der Rohdichte abnimmt, kann bei zu niedrigen Rohdichten durch die offene Struktur der Faserdämmstoffe neben dem anwachsenden Konvektionsanteil auch die Strahlungsübertragung in den Faserzwischenräumen zu einer Erhöhung der Wärmeleitfähigkeit führen. Wegen der Fülle der auf dem Markt vorhandenen Produkte empfiehlt sich

für genaue Berechnungen Rückfrage bei den Herstellern. Anhaltswerte sind in
Tafel 8/11 zusammengestellt.

Tafel 8/11 Anhaltswerte der Betriebs-Wärmeleitfähigkeit von Mineralfaserstoffen in
W/(m · K) aus VDI-Richtlinie 2055, überarbeiteter Entwurf 1979.

Materialbezeichnung	bei einer Mitteltemperatur von				
	0 °C	+ 50 °C	+ 100 °C	+ 200 °C	+ 300 °C
Lose Fasern	0,045	0,055	0,065	0,085	0,12
Bahnen, ungebunden, evtl. mit Zwischenlaufpapier	0,040	0,050	0,060	0,095	–
Matten, versteppt auf z. B. Wellpappe oder Drahtgeflecht	0,040	0,045	0,050	0,075	0,11
Rollfilze, gebunden					
a) weich	0,040	0,055	0,070	–	–
b) fest	0,040	0,050	0,060	–	–
Platten, gebunden					
a) weich	0,040	0,050	0,065	–	–
b) fest	0,035	0,040	0,050	–	–
Formstücke					
a) Schalen	–	–	–	–	–
b) Segmente	0,040	0,045	0,050	0,075	–
c) Sonderformstücke	–	–	–	–	–
Schnüre, Zöpfe	0,050	0,060	0,075	–	–

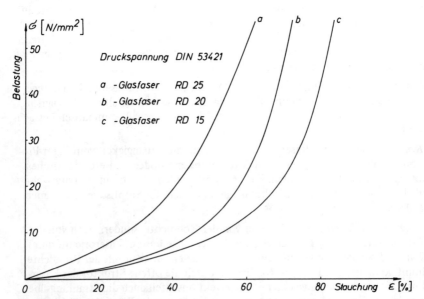

Bild 8/25 Druck-Stauchungsdiagramm für Faserdämmstoffe verschiedener Rohdichte bei
Prüfung nach DIN 53 421.

Die *Formbeständigkeit* hängt von der Rohdichte, dem Bindemittelgehalt und der Qualität des Bindemittels ab. Statische Funktionen sollten nicht von Faserdämmstoffen, sondern von den Begrenzungsflächen übernommen werden. Hingegen werden langfaserige Produkte aus feinen Fasern, die sich durch hohe Elastizität auszeichnen, unter Vorspannung z.b. zwischen großformatige Polystyrolschaumplatten eingebaut, um beim Abkühlen des Objektes unzulässig große Fugen zu vermeiden. Es dürfen keine Produkte zu hoher Rohdichte verwendet werden, damit die notwendige Vorspannung von Hand auf der Baustelle bewerkstelligt werden kann. Ein Beispiel für die zur Stauchung elastischer Mineralfaser-Dämmstoffe notwendigen Kräfte gibt Bild 8/25.

Da die Lufträume zwischen den einzelnen Fasern miteinander in Verbindung stehen ist die *Diffusionswiderstandszahl* μ je nach Rohdichte und Bindung mit 1,5 bis 4,5 sehr niedrig. Für den Kälteschutz sind deshalb Dampfsperrschichten unabdingbar erforderlich.

Der *hygroskopische Wassergehalt* von Mineralfaserdämmstoffen liegt selbst bei einer relativen Luftfeuchte von 97–100 % bei nur 0,01–0,05 Vol. %. Flüssiges Wasser, das bei unsachgemäßer Lagerung (Transport, Baustelle) oder durch diffusionstechnisch falsch ausgelegten Schichtenaufbau in die Dämmstoffe gelangen kann, wird zwar kapillar nur wenig aufgesaugt und weitergeleitet, führt aber nicht nur zu einer Erhöhung der Wärmeleitfähigkeit, sondern bei langdauerndem Einfluß durch Auslaugung von Ionen an der sehr großen Oberfläche zu mechanischer Schädigung der Einzelfasern. Je höher die Temperatur der durchfeuchteten Bereiche ist, um so schneller geht dieser Angriff vonstatten.

Das *Brandverhalten* wird durch den Bindemittelgehalt beeinflußt. Nach DIN 4102 lassen sich die Produkte in die Baustoffklassen A1, A2 oder B1 (bei hohen Bindemittelgehalten) einreihen. In Kombination mit unbrennbaren Deckschichten werden aus Mineralfaserplatten insbesondere mit Rohdichten $\geq$ 100 kg/m^3 auch feuerwiderstandsfähige Konstruktionsteile (Wände, Türen) hergestellt.

Die *Verarbeitung* erfolgt abhängig von Struktur, Rohdichte und Festigkeit. Das Zuschneiden auf der Baustelle macht keinerlei Schwierigkeiten, das Anbringen von Nuten oder Falzen ist jedoch nur bei Platten hoher Rohdichte mit relativ großen Toleranzen möglich. Da Mineralfasern und auch das üblicherweise zur Bindung verwendete Phenolharz sowohl eine gute Lösungsmittel- als auch Temperaturbeständigkeit (bis ca. 250 °C) aufweisen, bringt die Verklebung keine Probleme. Beim Ansetzen an Wände muß jedoch immer die geringe innere Festigkeit der Produkte bedacht werden.

Hauptanwendungsgebiete beim Kälteschutz lagen bisher im Bereich der Tieftemperaturdämmung, insbesondere von Luftzerlegungs- und Sauerstoffanlagen. Dort werden vorzugsweise Stopfisolierungen mit sehr geringen Anteilen organischen Bindemittels verwendet, da für solche Anlagen wegen der Explosionsgefahr bei Kontakt mit flüssigem Sauerstoff nur eine maximale Menge von 0,2 Gew. % organischer Bestandteile zulässig ist. Wegen der steigenden Anforderungen bezüglich des Brandschutzes werden heute Mineralfaserdämmstoffe auch im Kälteschutz für Rohrleitungen und Behälter sowie für Kühlhauskonstruktionen eingesetzt. Problematisch ist dabei stets die Ausbildung einer absolut dichten Diffusionssperre, insbesondere in Rohrleitungsnetzen mit zahlreichen Abzweigungen, Flanschen, Ventilen usw. Wirtschaftliche und technisch einwandfreie Lösungen liegen hier noch nicht vor.

8.2.2.2 Anorganische Schaumstoffe

a) *Schaumglas* kann nach verschiedenen Prozessen weitgehend offenzellig bis vollkommen geschlossenzellig hergestellt werden. Für den Kälteschutz sind ausschließlich Produkte mit geschlossenzelligem Aufbau im Einsatz, die bei Temperaturen über 1000 °C aus Sand und speziellen Zuschlagstoffen in Formen als Blöcke erzeugt werden. Schalen und Segmente werden aus diesen geschnitten. Die *Rohdichten* der meistverwendeten Produkte liegen bei 125 bis 160 kg/m³. Die *Wärmeleitfähigkeit* hängt von dem Zelldurchmesser und der Rohdichte sowie von der Mitteltemperatur ab (Tafel 8/12).

Tafel 8/12 Meßwerte der Wärmeleitfähigkeit von Schaumglas in Abhängigkeit von der Rohdichte und der Mitteltemperatur.

Rohdichte kg/m³	Wärmeleitfähigkeit λ in W/(m · K)		
	~ 125	~ 135	~ 160
Mitteltemperatur ϑ_m			
− 180 °C	0,0279	0,030	0,033
− 150 °C	0,0283	0,031	0,033
− 100 °C	0,0308	0,035	0,035
− 50 °C	0,0352	0,039	0,040
0 °C	0,044	0,046	0,047
+ 50 °C	0,052	0,053	0,055

Abhängig von der Rohdichte und der Zellstruktur ist für die in DIN 18 174 genormten Schaumglastypen mit Druckfestigkeiten von 0,5–0,7 N/mm² zu rechnen. Voraussetzung für das Erreichen dieser Werte ist jedoch, daß die an der Oberfläche angeschnittenen Zellen z. B. mit Bitumen gefüllt sind. Die Prüfung auf Druckfestigkeit erfolgt nach einem in DIN 18 174 beschriebenen Verfahren. Mit Sonderqualitäten lassen sich Druckfestigkeiten über 1 N/mm² erreichen. Obwohl das Material unter Dauerbelastung sich nicht staucht, wird als Dauerlast nur ein Drittel der jeweiligen Druckfestigkeitswerte empfohlen.

Die *Formbeständigkeit* ist sehr gut, da nach dem Abkühlen der geschäumten Produkte keine Formänderungen durch Diffusion von Treibmittel oder Nachblähen zu erwarten sind. Der lineare Ausdehnungskoeffizient beträgt 8,5 x 10⁻⁶/K.

Von Wasser und Feuchtigkeit wird Schaumglas nur wenig beeinflußt, sofern nicht Wasser in angeschnittene Zellen eindringen und beim Gefrieren deren Wände sprengen und Risse erzeugen kann. Aus diesem Grunde sollten angeschnittene Schaumglasflächen weder auf Dauer der freien Atmosphäre noch stark wechselnden klimatischen Bedingungen, wie sie z. B. in Schockräumen für Fleisch vorliegen, ausgesetzt werden.

Die *Diffusionswiderstandszahl* μ von geschäumten Gläsern mit geschlossenen Zellen ist praktisch ∞. Es ist jedoch zu beachten, daß Wasserdampfdiffusion auch durch Plattenfugen stattfindet. Aus diesem Grunde ist auf eine satte Verlegung der Platten mit entsprechenden Verfugungsmassen zu achten.

Schaumgläser sind nach DIN 4102 nichtbrennbare Produkte der Klasse A1. Bei der Beurteilung von Konstruktionen sind aber Ansetz- und Verfugungsmassen mit zu berücksichtigen. Dies ist besonders deshalb wichtig, weil die Verarbeitung von Schaumglas, insbesondere die Verbindung der Platten untereinander und mit anderen Werkstoffen, wegen seiner Sprödigkeit nur unter Verwendung ausreichend elastischer und elastisch bleibender Stoffe möglich ist. Wenn auch die Chemikalien- und Lösungsmittelbeständigkeit der geschäumten Gläser sehr gut ist, sollten für die Verarbeitung nur vom Hersteller empfohlene Produkte, die eine ausreichende Elastizität der Ansetz- und Verbindungsfugen gewährleisten, verwendet werden.

Das Zuschneiden der als Platten, Schalen oder Segmente gelieferten Schaumgläser ist auch auf der Baustelle mit geeigneten Sägen leicht möglich.

Anwendungsgebiete für Schaumglas sind im Kälteschutzbereich besonders Objekte, bei denen die guten Festigkeitseigenschaften genutzt werden können, wie z. B. Bodendämmung von Kühlhäusern und Flüssiggastanks. Während die Anwendung im Kühlhausbau aus Kostengründen zurückgegangen ist, wird Schaumglas zunehmend in der chemischen Industrie für die Fälle eingesetzt, bei denen die chemische Beständigkeit, die Diffusionsdichtheit gegenüber allen Medien und die Nichtbrennbarkeit eine Rolle spielt.

b) Schaumkies ist aufgeschäumtes Glas in Form von Perlen mit geschlossenzelliger Struktur. Je nach Körnung (0,2 bis 15 mm) beträgt die Schüttdichte 150–300 kg/m^3.

Der Einsatz erfolgt vorzugsweise zur Magerung und zur Verbesserung der Brandeigenschaften von Polyurethan-Schaumstoffen, aus denen selbsttragende Platten erzeugt werden, die eine Feuerwiderstandsdauer von 30–60 Minuten haben können.

8.2.2.3 Lose Schüttungen

a) Perlite wird durch Mahlen und anschließendes Erhitzen auf über 1000 °C eines vulkanischen Gesteins erzeugt. Die aufgeblähten Körner, deren Durchmesser bei handelsüblichen Typen zwischen 0,2 und 3 mm liegt, haben geschlossene Zellstruktur.

Die Schüttdichte kann während des Expandierprozesses zwischen 35 und 150 kg/m^3 gesteuert werden. Wegen der Abhängigkeit der Wärmeleitfähigkeit von der Rohdichte werden für den Kälteschutz Produkte möglichst niedriger Rohdichte eingesetzt. Die Abhängigkeit der Wärmeleitfähigkeit von der Mitteltemperatur zeigt Bild 8/26.

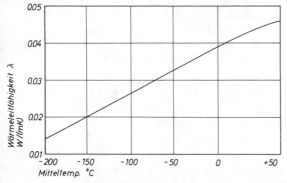

Bild 8/26 Wärmeleitfähigkeit von Perlite einer Rohdichte von 49 kg/m^3, abhängig von der Mitteltemperatur.

Bei losen Schüttungen kann nicht von Formbeständigkeit gesprochen werden. Es ist jedoch zu beachten, daß nach dem Einfüllen von lose geschüttetem Perlite nach einiger Zeit ein Absetzen erfolgt, das ein Nachfüllen in den entstehenden Hohlraum notwendig macht. Der Einsatz von Rüttlern während des Befüllens schafft zwar Besserung, das Nachfüllen läßt sich jedoch nicht vermeiden. Die Statik muß von den Begrenzungsflächen der Dämmschicht übernommen werden. Bei großen Füllhöhen ist auch der statische Druck des Perlites in die Berechnung einzubeziehen.

Aufgrund des verwendeten Rohstoffes ist Perlite als nichtbrennbarer Baustoff der Klasse A1 zu bezeichnen. Die obere Anwendungsgrenztemperatur liegt bei ca. 850 °C.

Hauptanwendungsgebiet ist die Flüssiggastechnik. Es sind verschiedene Konstruktionen zur Dämmung von Flüssiggas-Lagertanks entwickelt worden, da hier die Nichtbrennbarkeit des Produktes von Bedeutung ist.

b) *Vermiculite* (auch *Blähglimmer* genannt) wird aus Glimmer, der eingeschlossenes Kristallwasser enthält, durch Erhitzen auf über 1200 °C erzeugt. Die Schüttdichte liegt zwischen 60 und 170 kg/m^3. Zwar handelt es sich auch hier um ein nichtbrennbares Produkt, das eine obere Anwendungsgrenztemperatur von ca. 800 °C hat, doch kommt ein Einsatz auf vergleichbaren Gebieten, wie für Perlite, aus wirtschaftlichen Gründen nicht in Frage.

8.3   Sperrschichtmaterialien

Im Bereich des Kälteschutzes herrscht meist ein Temperaturgefälle von der wärmeren Umgebungstemperatur zur kälteren Objekt- oder Raumtemperatur. Neben dem Wärmetransport spielt sich meist auch ein Feuchtigkeitstransport von der Umgebung zum gekühlten Objekt hin ab (s. Kap. 1.9 und 8.5.2). Da der Wasserdampfteildruck beidseits der Dämmschicht unterschiedlich groß ist, verläuft eine Diffusion von Wasserdampf auch durch diese hindurch. Wird dabei der Taupunkt unterschritten, kommt es zum Ausfallen flüssigen Wassers und damit zu einer Durchfeuchtung der Dämmung. Vergegenwärtigt man sich, daß z. B. ein Polystyrol-Schaumstoff bei einer Mitteltemperatur von 0 °C eine Wärmeleitzahl von 0,031 W/(m · K), Wasser dagegen von 0,56 und Eis von 2,23 W/(m · K) hat, wird verständlich, daß Dämmschichten beim Fehlen von Sperrschichten im Laufe der Zeit unbrauchbar werden können.

Neben Luftfeuchtigkeit ist bei Neubauten die Baufeuchtigkeit, z.B. aus dem Anmachwasser des Betons, Ursache für die Durchfeuchtung von Dämmschichten. Zwar wird die Baufeuchtigkeit im Laufe der Zeit abgebaut, kann jedoch beim Fehlen von Sperrschichten gerade in der Einlaufphase gekühlter Räume zu Reklamationen führen, wenn nicht geeignete Sperrmaßnahmen getroffen sind.

Das Maß für die Wirksamkeit von Sperrschichten ist die Wasserdampfdiffusionswiderstandszahl μ, die jedoch grundsätzlich nicht für sich allein, sondern nur in Zusammenhang mit der Dicke s des Produktes gesehen werden darf.

Sperrschichtmaterialien werden in verschiedenen Formen verwendet:

8.3.1 Platten- und folienförmige Sperrschichten

8.3.1.1 Metallische Sperrschichten

Bei *metallischen Sperrschichten* handelt es sich um Bleche einer Dicke meist von rd. 0,7–1 mm, die gleichzeitig als konstruktives Element, wie z.b. Rohrummantelungen oder Deckschichten von Sandwich-Elementen eine zusätzliche Funktion erfüllen oder um Folien aus Aluminium einer Dicke $\leq$ 0,15 mm. Diese metallischen Sperrschichten haben einen unendlich großen Wasserdampfdiffusionswiderstand. Bei Metallfolien einer Dicke unter 0,05 mm muß mit fertigungsbedingter Porosität gerechnet werden. Für Kälteschutzobjekte, bei denen mit großer Temperaturdifferenz beidseits der Dämmung zu rechnen ist, empfiehlt sich die Verwendung mindestens 0,1 mm dicker metallischer Sperrschichten.

8.3.1.2 Kunststoff-Folien

Bei relativ kleinem Wasserdampfteildruckgefälle zwischen Außen- und Innenseite einer Kältedämmung und bei Objekten, bei denen die Aufbringung metallischer Deckschichten zu kostspielig oder arbeitstechnisch nicht möglich ist (z.B. Rohrleitungen), wird mit Kunststoff-Folien, häufig in selbstklebender Ausführung gearbeitet. Hierbei handelt es sich vorzugsweise um Polyäthylen-Folien einer Dicke zwischen 0,02 bis 0,1 mm oder PVC-Folien etwa gleicher Dicke. Die μ-Werte für PVC-Folien liegen bei einer Dicke von $\geq$ 0,1 mm bei 20–50 000, für Polyäthylenfolien bei 100 000.

Bei der Verwendung von Folien aus Weich-PVC ist darauf zu achten, daß keine Weichmacher enthalten sind, die Polystyrol-Schaumstoffe angreifen können. Seit einigen Jahren sind Hart-PVC-Folien einer Dicke von 0,25 mm Dicke im Handel, die ursprünglich als Sichtverkleidung für Warmwasserisolierungen entwickelt, heute aber auch aus Kostengründen im Kälteschutz eingesetzt werden. Der μ-Wert für solche Folien liegt bei rd. 45 000.

8.3.1.3 Bituminöse Produkte, Spezialpapier

Für gekühlte Räume (nicht Rohrleitungen!), die bei Betriebstemperaturen zwischen Umgebungstemperatur und -8 °C betrieben werden, kommen Kombinationen von dünnen Kunststoffschichten mit beidseitiger Kaschierung aus Pappe oder Bitumenpappen (z.B. 500er Bitumenpappe), die mit Heißbitumen angesetzt werden, zur Verwendung. Ihre Diffusionswiderstandszahl μ liegt bei 2000–3000 für nackte Pappen nach DIN 52 129 und bei 15 000–100 000 für Dachpappen nach DIN 52 128. Für den Temperaturbereich unter -8 °C sind sogenannte Aluminium-Bitumendichtungsbahnen im Einsatz, die eine Kernschicht aus 0,1 mm dicker Aluminium-Folie mit beidseitiger Bitumenpappe-Kaschierung haben. Ihre Verwendung ist besonders dort zu empfehlen, wo eine gute Sperrwirkung erwünscht ist, reine Aluminium-Folien aber wegen der Alkalität des Mauerwerks und der daraus resultierenden Korrosionsgefahr nicht verwendet werden können.

8.3.2 Flüssig verarbeitete Sperrschichtmaterialien

8.3.2.1 Für große Oberflächen bei Rohrleitungen und insbesondere Behältern wird aus wirtschaftlichen Gründen flüssig zu verarbeitenden Sperrschichtmaterialien der Vorzug gegeben. Die längsten Erfahrungen hat man mit *Bitumenemulsionen*, die als

pastöse Masse auf die Oberfläche der Dämmung aufgespachtelt werden. Da durch die Verdunstung des in der Emulsion enthaltenen Wassers nicht nur mit Poren, sondern u. U. auch mit feinen Rissen zu rechnen ist, muß eine Sperrschicht aus Bitumenemulsion grundsätzlich aus mehreren Lagen (mindestens 3) aufgebaut werden, um ausreichende Dampfdichtigkeit zu erzielen. Die μ-Werte sind von der sorgfältigen Verarbeitung und ausreichenden Schichtdicke abhängig und liegen zwischen 25 000 und 35 000. Zur Erhöhung der mechanischen Festigkeit wird ein spezielles Glasgewebe eingearbeitet.

8.3.2.2 Heißmassen

sind bitumenbasische, z.b. mit Kunstkautschuk modifizierte Massen, deren Verarbeitungstemperatur zwischen + 130 und + 170 °C liegt. Eine Anwendung auf thermoplastischen Dämmstoffen ist deshalb problematisch. Auch hier ist die Dampfdichtigkeit abhängig von der Dicke der Schicht und der Sorgfalt der Verarbeitung.

8.3.2.3 Kunststoffmassen

In steigendem Maße werden Flüssigkunststoffe als Dampfsperren angeboten. Dabei handelt es sich entweder um Produkte, die harte, schlagfeste Filme bilden (z.B. Polyesterharze, Epoxydharze) oder solche, die einen zäh-elastischen Film bilden (z.B. Polyurethan-basisch). Den meisten dieser Produkte ist gemeinsam, daß ihre Verarbeitung zweckmäßigerweise maschinell erfolgt, um die notwendige Sicherheit bezüglich Vermischung der Komponenten und gleichmäßiger Auftragsstärken zu erzielen. Auch hier muß im allgemeinen in mehreren Schichten gearbeitet werden, wobei zur Erzielung höherer mechanischer Festigkeiten in die Grundschicht oft ein Glasgewebe oder Glasvlies eingearbeitet wird. Die erreichbaren μ-Werte liegen bei 120 000 bei Schichtdicken von 1 bis 3 mm.

8.3.3   Für Auswahl und Verarbeitung von Sperrschichtmaterialien

gelten folgende Richtlinien:

a) Alle Sperrschichtmaterialien sind über den gesamten Bereich der warmen Seite einer Kältedämmung fugen- und lückenlos aufzubringen.

b) Bei Verlegung platten- und folienförmiger Produkte ist auf ausreichende Überlappung oder ein zusätzliches Abkleben von Stößen besonderer Wert zu legen.

c) Bei flüssig aufgebrachten Sperrschichten ist gemäß den Richtlinien des Herstellers auf völlige Durchtrocknung einer Lage vor dem Aufbringen der nächsten Schicht zu achten.

d) Bei der Auswahl von Sperrschichtmaterialien ist der vorgesehene Dämmstoff bezüglich seiner Empfindlichkeit gegen erhöhte Temperaturen, Lösungsmittel oder Weichmacher zu berücksichtigen.

e) Bei erhöhten Brandschutzanforderungen muß geklärt werden, ob und wieweit ein vorgesehenes Sperrschichtmaterial das Brandverhalten des Dämmstoffes oder der Gesamtkonstruktion negativ beeinflußt.

f) Bei im Freien aufgestellten Objekten ist zu klären, ob die Sperrschicht eine ausreichende Witterungsbeständigkeit besitzt oder durch zusätzliche Maßnahmen geschützt werden muß.

8.4 Hilfsstoffe

Als Hilfsstoffe werden Produkte bezeichnet, die zur Verwendung bei der Montage von Dämmschichten vorgesehen sind (z.B. beim Ansetzen, Verfugen usw.).

Die Anforderungen, die an Hilfsstoffe gestellt werden müssen, sind in vielen Punkten vergleichbar den Eigenschaften, die von Dämmstoffen gefordert werden.

a) Die *Wärmeleitfähigkeit* spielt bei Verfugungsmassen eine besondere Rolle, weil bei ungeeigneten Produkten und hohem Fugenanteil die Wärmedämmfähigkeit des gesamten Aufbaues verschlechtert wird. Deshalb sind Kalk- und Zementmörtel, die eine Wärmeleitfähigkeit von 0,7–1,4 W/(m · K) haben, zum Verfugen ungeeignet. Bituminöse Produkte mit einer Wärmeleitfähigkeit von 0,17 W/(m · K) werden oft mit porösen Stoffen, wie z. B. Kork oder Papiermehl gefüllt, um ihr Dämmvermögen und ihr Fließverhalten bei höheren Temperaturen zu verbessern.

b) Die *Festigkeitseigenschaften* von Hilfsstoffen, z.B. für das Ansetzen von Dämmplatten auf Wände, Rohrleitungen oder Behälter, müssen *über* den Festigkeitseigenschaften der anzusetzenden Dämmstoffe liegen. Dabei ist zu berücksichtigen, daß sich die Festigkeit plastischer Massen, wie z.B. Bitumen in Abhängigkeit von der Temperatur verringern kann.

c) Die *Formbeständigkeit,* besonders von Ansetzmassen, hat vor allem in dem Zeitraum zwischen Verarbeitung und Endzustand (Abbinden, Aushärten usw.) Einfluß auf die Festigkeit der Klebfuge und die Haftung der einzelnen Schichten untereinander. So sollte z.B. Schaumglas mit elastifizierten Spezialprodukten, nicht aber mit Zementmörtel angesetzt werden, da dieser beim Abbinden einen Schwund erleidet und dadurch die Schaumglas-Oberfläche abschert.

d) Bezüglich der *Temperaturbeständigkeit* sind Hilfsstoffe unter Berücksichtigung der in der Praxis auftretenden Maximal- und Minimal-Temperaturen auszuwählen. Die Maximal-Temperatur beeinflußt die Festigkeit und das Alterungsverhalten der Produkte. Diese sollten deshalb so ausgewählt werden, daß ihre obere Anwendungsgrenztemperatur mindestens 20 °C über der am Objekt vorkommenden Maximal-Temperatur liegt. Bei der niedrigsten am Objekt auftretenden Temperatur dürfen Hilfsstoffe weder verspröden, auskristallisieren noch ihre Haftfestigkeit verlieren. Für den Tieftemperaturbereich (unter −50 °C) gibt es nur wenig geeignete Stoffe, da fast alle in Frage kommenden Produkte so spröde werden, daß ausreichende Haftfestigkeit nicht mehr gewährleistet ist. Deshalb empfiehlt sich oft die zusätzliche Verwendung mechanischer Befestigungen.

e) Die *Beständigkeit gegenüber Wasser* und Feuchtigkeit muß — auch wenn eine Dämmkonstruktion so sorgfältig dimensioniert und ausgeführt werden sollte, daß keine Durchfeuchtung auftritt — so gut sein, daß der Verbund des gesamten Dämmschichtaufbaues auch unter Feuchtigkeitseinfluß erhalten bleibt. Bei Neubauten, in denen Kühlräume errichtet werden, ist die Baufeuchtigkeit meist noch so hoch, daß sie bei Inbetriebnahme des gekühlten Raumes zu beachtlicher Feuchtigkeitsanreicherung gerade im Bereich der Ansetzfuge zwischen Dämmstoff und Mauerwerk führen kann.

f) Das *Brandverhalten* von Hilfsstoffen ist grundsätzlich in Zusammenhang mit dem gleichzeitig verwendeten Dämmstoff zu betrachten. Bei erhöhten Anforderungen an den Brandschutz dürfen nur Hilfsstoffe verwendet werden, die entweder von sich aus (Basis anorganisch) ein günstiges Brandverhalten haben oder unter Zusatz von

Flammschutzmitteln hergestellt sind. Die Prüfung der reinen Stoffe erfolgt nach
DIN 4102, Teil 1, auf einem anorganischen Trägermaterial zur Einreihung in die
entsprechende Baustoffklasse. Die Prüfung des Verbundes Hilfsstoff mit Dämmstoff nach den gleichen Bestimmungen wird meist zusätzlich gefordert, da sich
durch Stoffkombination das Brandverhalten der Einzelschichten sowohl positiv
als auch negativ verändern kann.

g) Die *physiologischen Eigenschaften* von Hilfsstoffen müssen unter dem Gesichts-
punkt berücksichtigt werden, daß nicht nur ein Temperatur- und Feuchtigkeits-
gefälle stattfindet, sondern daß auch Geruchs- und Geschmacksstoffe in der gleichen
Richtung diffundieren. So kann es z. B. bei Kühlräumen, in denen geschmacksemp-
findliche Lebensmittel (Butter, Sahne, Bäckereiwaren) gelagert werden, bei Verwendung ungeeigneter Hilfsstoffe zu kostspieligen Reklamationen kommen. Als Beispiel
ist in Tafel 8/13 die Geschmacksveränderung von Butter unter dem Einfluß verschiedener Bitumensorten dargestellt.

Tafel 8/13 Vergleichuntersuchungen an Bitumen 85/25 verschiedener Hersteller
Prüfung bei 20 °C, 50 g Bitumeneinwaage, 10 g Buttereinwaage, Luftvolumen 10 Liter

Lieferfirma	Ring- u. Kugelwert °C	Geschmackstest mit Butter	
		nach 6 h	nach 24 h
A	77,0	2–3	4–5
B	77,0	3	4–5
B	78,0	3	4
B	78,3	3–4	4–5
C	80,5	2	3
C	77,3	2–3	5
C	76,4	3	4–5
D	74,0	2–3	3
D	78,5	3	4–5
E	75,3	2–3	4–5
E	81,1	4	4
F	73,3	2–3	5
G	83,5	4	4–5

Benotung
1 absolut geschmacksfrei
2 leichte Geschmachsbeeinträchtigung
3 leichte Geschmacksbeeinträchtigung, deutlich durch Bitumen
4 merkliche Geschmacksbeeinträchtigung
5 merkliche Geschmacksbeeinträchtigung, Bitumen schmeckt stark durch

h) Die *Verarbeitbarkeit* von Hilfsstoffen sollte über einen möglichst breiten Temperaturbereich ohne allzu starke Zeitabhängigkeit möglich sein. Zu niedrige Temperaturen
machen viele Kleber so zähflüssig, daß sie nicht mehr einwandfrei zu verarbeiten sind.
Lösungsmittel oder wäßrige Bestandteile verdampfen dann so langsam, daß größere
Mengen davon in der Schicht eingeschlossen bleiben und zu ungenügender Beständigkeit und Festigkeit führen. Bei Zwei-Komponenten-Materialien erfolgt entweder
überhaupt keine oder eine zu langsame Aushärtung. Bei zu hohen Verarbeitungstem-
peraturen verdunstet z.B. aus Klebern das Lösungsmittel zu schnell, die Oberfläche
kann trocken sein, bevor die zu verbindenden Flächen miteinander in Kontakt gebracht sind. Zwei-Komponenten-Massen reagieren bei zu hohen Temperaturen zu
schnell. Es können dann immer nur kleine Mengen miteinander vermischt werden, da
sonst Verluste durch Aushärten unverarbeiteten Materials entstehen. Grundsätzlich

sind nicht nur die Verarbeitungsrichtlinien des Herstellers, sondern auch die Vorschriften bezüglich der Lagerung einzuhalten. Diese können sich nicht nur auf die Lagertemperatur, sondern z.b. bei der Verwendung brennbarer Lösungsmittel als Produktbestandteil auch auf die zulässige Menge des gelagerten Produktes beziehen. Richtlinien zur Vermeidung von Gesundheitsschäden sind streng zu beachten. (Vergleiche Unfallverhütungsvorschriften!)

8.5 Berechnung von Dämmkonstruktionen

In Abschnitt 8.1.3.2 ist ausgeführt, daß die Wärmeleitfähigkeit λ eines Dämmstoffes wesentlichster Faktor zur Berechnung von Dämmkonstruktionen ist. Daraus leiten sich folgende Größen her (Definitionsgleichungen s. Kap. 1.8.7):

a) Der *Wärmedurchgangskoeffizient k* (*k*-Wert).

b) Der *Wärmedurchgangswiderstand* (Gesamtwärmewiderstand) $\frac{1}{k}$ als Kehrwert des Wärmedurchgangskoeffizienten *k*.

c) *Wärmeübergangskoeffizient* α.

d) *Wärmeübergangswiderstand* $\frac{1}{\alpha}$ als Kehrwert des Wärmeübergangskoeffizienten.

Die Bemessung und Auswahl einer Dämmkonstruktion hat sowohl nach wirtschaftlichen Gesichtspunkten bezüglich der Investitions- und Betriebskosten zu erfolgen als auch zur Verhinderung von Schwitzwasser auf gedämmten Oberflächen, das beim Abtropfen auf eingelagertes Gut zu Schäden führt oder an Stahlkonstruktionen Korrosion verursacht. Weiterhin sind Durchfeuchtungen der Dämmschicht und damit Verminderung der Dämmfähigkeit, Bau- und Korrosionsschäden an Anlagenteilen zu vermeiden.

8.5.1 Die Dämmstoffdicke

von Dämmkonstruktionen kann nach verschiedenen Gesichtspunkten ausgelegt werden (optimale Wirtschaftlichkeit, geringste Investition usw.). In den folgenden Ausführungen sind für die Praxis anwendbare Berechnungsverfahren dargestellt. Ausführlichere Unterlagen können [3, 5, 16, 26, 27, 31] entnommen werden. Berechnungsverfahren mit Beispielen für das Bauwesen sind in DIN 4108, Teil 5 (z. Z. Entwurf Oktober 1979) ausgeführt.

Für die Auslegung von Kälteschutzmaßnahmen ist die VDI-Richtlinie 2055 „Wärme- und Kälteschutz für betriebs- und haustechnische Anlagen" Ausgabe 1980 die wichtigste Grundlage! Sie umfaßt Berechnungen, Gewährleistungshinweise, Meß- und Prüfverfahren, Gütesicherung und Lieferbedingungen.

8.5.1.1 Berechnung der Dämmstoffdicke bei vorgegebenem k-Wert

Im einfachsten Falle wird dem planenden Unternehmen für ein Kühlhaus die Aufgabe gestellt, die Dämmdicke so auszulegen, daß ein bestimmter *k*-Wert (Wärmedurchgangskoeffizient) nicht überschritten wird. Solche Richtwerte können z. B. sein: $k = 0{,}23$ W/(m² · K) für Außenwände von Tiefkühllagerräumen,

k = 0,35 W/(m² · K) für Außenwände von Kühlräumen oder Zwischenwände von Tiefkühllagerräumen. Die Berechnung erfolgt nach der Formel:

$$\text{Wärmedurchgangskoeffizient } k = \frac{\lambda}{s} \tag{1}$$

λ = Wärmeleitfähigkeit des Dämmstoffs (Laborwert + 10% Zuschlag für Fugen etc.)
s = Dämmstoffdicke

Aus dem k-Wert läßt sich dann berechnen, welcher Wärmestrom aus der Umgebung durch die Wände eines gekühlten Objektes, z. B. eines Kühlhauses, fließt:

$$\text{Wärmeeinströmung } \dot{Q} = k \cdot A \cdot \Delta \vartheta \tag{2}$$

A = durchströmte Fläche m²
$\Delta \vartheta$ = Temperaturdifferenz zwischen Außentemperatur (z. B. maximale Umgebungstemperatur) und Temperatur des gekühlten Objektes (z. B. Raumtemperatur).

Beispiel: Für eine Kühlhauswand sei der Wärmedurchgangskoeffizient k = 0,15 W/(m² · K). Betrachtete Wandfläche 60 m · 5 m = 300 m². Umgebungstemperatur + 20 °C, Kühlraumtemperatur − 28 °C, $\Delta \vartheta$ also 48 K. Dann ist der Wärmestrom durch diese Fläche $\dot{Q}$ = 0,15 · 300 · 48 = 2 160 W.

8.5.1.2 Berechnung der Dämmstoffdicke nach wirtschaftlichen Gesichtspunkten

Im allgemeinen werden Dämmschichtdicken nach wirtschaftlichen Gesichtspunkten ausgelegt. Dabei ist wichtig, daß

a) die Investitionskosten mit wachsender Dämmstoffdicke steigen, dagegen
b) die Wärmeverluste und damit die laufenden Betriebskosten mit wachsender Dämmstoffdicke sinken.

Die Summe beider Kosten wird bei einer bestimmten Dämmstoffdicke zu einem Kleinstwert (s. Bild 8/27).

Bestimmung der wirtschaftl. Dämmschichtdicke bei einlagiger Wärmedämmung

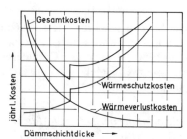

Bestimmung der wirtschaftl. Dämmschichtdicke bei mehrlagiger Wärmedämmung

Bild 8/27 Bestimmung der wirtschaftlichen Dämmschichtdicke von Wärmedämmungen nach VDI 2055.

Grundlagen für die Berechnung wirtschaftlicher Dämmstoffdicken gibt die VDI-Richtlinie 2055 „Wärme- und Kälteschutz für betriebs- und haustechnische Anlagen". Sie enthält Angaben über Berechnungsverfahren mit Beispielen. Die VDI-Richtlinie wird völlig überarbeitet Ende 1980 als Ersatz für die derzeit noch gültige Fassung vom Dezember 1958 erscheinen.

Für ebene Wände läßt sich die wirtschaftliche Dämmschichtdicke bei stetiger und linearer Kostensteigerung nach VDI 2055 wie folgt angeben:

$$s_w = 0{,}19 \cdot \sqrt{\frac{\lambda_B \cdot (\vartheta_M - \vartheta_L)\, \beta\, W}{b \cdot \Delta\kappa}} - \frac{\lambda_B}{\alpha_a} \cdot 10^3 \tag{3}$$

Hierin bedeuten:

s_w = wirtschaftliche Dämmschichtdicke mm
λ_B = Betriebswärmeleitfähigkeit des Dämmstoffs
　　 bei seiner Mitteltemperatur　　　　　　　　W/(m · K)
β = Benutzungszeit der Anlage pro Jahr　　　　Stunden
W = Preis für die Kälteerzeugung　　　　　　　DM/kWh
b = Kapitaldienst für die Dämmung
　　 (Abschreibungssätze und kalkulatorische
　　 Zinsen　　　　　　　　　　　　　　　　1/a
$\Delta\kappa$ = Steigerung der Gesamtkosten κ_{ges} von
　　 1 m² Dämmung bei Vergrößerung der
　　 Dämmschichtdicke um 1 cm　　　　　　　DM/m² cm

Während man früher als „praktisch" wirtschaftliche Dämmschichtdicke im allgemeinen ca. 70% des nach VDI 2055 errechneten Wertes eingesetzt hat, werden heute oft größere Dämmschichtdicken verwendet. Der Einfluß der Wärmeleitfähigkeit des Dämmstoffs, der Betriebs- und der Umgebungstemperatur auf die Dämmschichtdicke ist aus Bild 8/28 zu entnehmen.

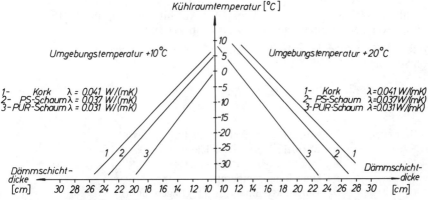

Bild 8/28 Einfluß der Wärmeleitfähigkeit des Dämmstoffs, der Betriebs- und der Umgebungstemperatur auf die Dämmschichtdicke.

Die Ermittlung der *wirtschaftlichen Dämmschichtdicke* für *Rohrleitungen* läßt sich am zweckmäßigsten unter Benutzung von Diagramm 10 der VDI 2055 nach einem grafischen Verfahren durchführen. Dazu werden folgende dimensionslose Kennzahlen benötigt:

$$\text{Betriebskennzahl } B = \frac{\lambda \cdot (\vartheta_i - \vartheta_a)\, \beta\, W}{d_i\, b\, \kappa_0} \cdot 3{,}6 \cdot 10^{-6} \tag{4}$$

$$\text{Kostenkennzahl } K_D = 50 \cdot \frac{d_i\, \Delta\kappa}{\kappa_0} \tag{5}$$

Hierin bedeuten, außer den Bezeichnungen zu Gl. (3):

d_i den Innendurchmesser der Rohrdämmung (also den Außendurchmesser der Rohrleitung) (m)

κ_0 die Kosten des Dämmstoffes in DM/m^2 auf $s = 0$ extrapoliert

$\vartheta_i - \vartheta_a$ die mittlere Temperaturdifferenz im Betriebszeitraum

Mit B und K ergibt sich aus Diagramm 10 der VDI 2055 aus der bezogenen Dämmschichtdicke $\sigma = s/d_i$ die wirtschaftliche Dämmschichtdicke

$$s_w = \sigma \cdot d_i \tag{6}$$

Bei der Berechnung großer Anlagen mit verschiedenen Rohrdurchmessern nach dem angegebenen Verfahren (Bild 8/29) hat es sich für die Praxis als ausreichend erwiesen, nur einige Rohrdurchmesser exakt zu berechnen und die Werte für die übrigen Durchmesser durch Extrapolation zu ermitteln.

Es ist darauf hinzuweisen, daß die Benutzung des Diagramms eine stetige und lineare Kostensteigerung voraussetzt.

8.5.1.3 Nach betriebstechnischen Gesichtspunkten

wird die Dämmschichtdicke zur Verhinderung unzulässiger Temperaturerhöhungen bei kurzzeitiger Außerbetriebnahme, z. B. von Kühlräumen, zur Einhaltung bestimmter Luftfeuchtigkeiten in Kühlräumen (Vermeidung von Gewichtsverlusten, s. Kap. 10.1.3) und besonders zur *Vermeidung von Schwitzwasser* auf der Außenfläche der gekühlten Objekte ermittelt. Selbst bei hoher Außentemperatur und Luftfeuchtigkeit im Sommer muß dies unbedingt vermieden werden.

Nach *J. F. Cammerer* [3] berechnet sich die Dämmschichtdicke zur Vermeidung von Schwitzwasser nach der Formel:

$$ln\, \frac{d_a}{d_i} \cdot d_a = \frac{2\,\lambda}{\alpha} \cdot \left(\frac{\vartheta_1 - \vartheta_2}{\vartheta_2 - \vartheta_s} - 1 \right) \tag{7}$$

worin bedeuten: λ Wärmeleitfähigkeit des Dämmstoffes

                 α Wärmeübergangskoeffizient

                 ϑ_1 Innentemperatur des Rohres

                 ϑ_2 Umgebungstemperatur

                 ϑ_s Taupunkttemperatur der Umgebungsluft

                 d_a äußerer Durchmesser der Dämmung

                 d_i äußerer Rohrdurchmesser (ohne Dämmung)

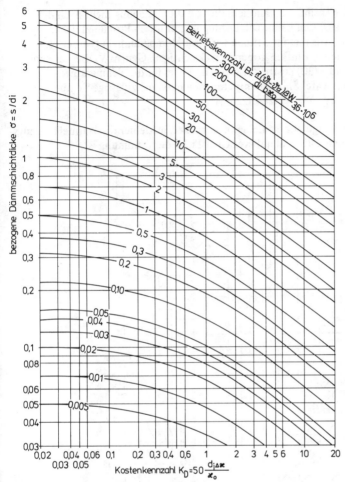

Bild 8/29 Ermittlung der wirtschaftlichen Dämmschichtdicke für Rohrleitungen in Abhängigkeit von Betriebs- und Kostenkennzahl nach VDI 2055, Diagramm 10.

Beispiel: Wärmeleitfähigkeit λ PS-Schaum: 0,035 W/(m · K) bei $\vartheta_m - 10\,°C$

α für ruhende Luft 4,65 W/(m² · K)
ϑ_1 Innentemperatur des Rohres − 40 °C
ϑ_2 Umgebungstemperatur + 20 °C
ϑ_s Taupunkttemperatur bei 20 °C und 80 % rel. Feuchte 16,4 °C
d_i äußerer Rohrdurchmesser (ohne Dämmung) 28 mm.

Aus diesen Daten ergibt sich $ln \cdot \dfrac{d_a}{d_i} \cdot d_a = 0{,}24$

Die implizite Gleichung aufgelöst ergibt eine Dämmschichtdicke von 63 mm.

Da Polystyrol-Schaumstoffe für die Dämmung von Rohrleitungen nur als Schalen bestimmter Abmessungen lieferbar sind, muß die errechnete Dämmstoffdicke auf gängige Schalenmaße aufgerundet werden, in diesem Fall z. B. 65 mm.

Berechnungen nach (7) sind umständlich, da man die Gleichung nicht nach der Dämmschichtdicke auflösen kann. Die Lösung ist nur durch Probieren näherungsweise zu bestimmen. Aus diesem Grunde wird mit Nomogrammen gearbeitet, welche die verschiedenen Einflußgrößen berücksichtigen. Gemäß VDI 2055 kann mit Diagramm 7 (Bild 8/30) gearbeitet werden, wobei für die Temperaturdifferenz $\vartheta_a - \vartheta_L$ die aus Tafel 8/14 zu entnehmende maximal zulässige Temperaturdifferenz $\Delta\vartheta_{Tau} = \vartheta_L - \vartheta_a$ einzusetzen ist.

Die Schwitzwassergefahr ist stets um so größer, je kleiner die Wärmeübergangszahl α_a zwischen Luft und äußerer Oberfläche der Dämmung ist.

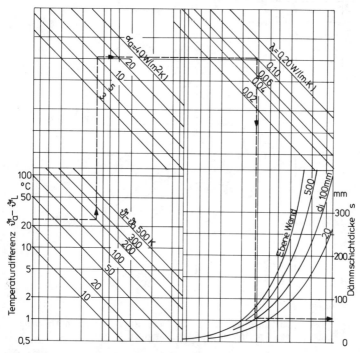

Bild 8/30 Bestimmung der Dämmschichtdicke in Abhängigkeit von der Übertemperatur der Dämmschichtoberfläche gegenüber der Umgebungsluft, der Temperaturdifferenz in der Dämmschicht, dem Rohrdurchmesser, der Wärmeleitfähigkeit und dem äußeren Wärmeübergangskoeffizienten nach VDI 2055, Diagramm 7.

8.5.1.4 Berechnung des Temperaturverlaufs in Dämmkonstruktionen

Für eine Reihe von Anwendungsfällen ist es wichtig zu wissen, welche Temperaturen innerhalb der einzelnen Schichten eines gedämmten Wandaufbaues vorliegen (z.B. bei Werkstoffauswahl für Tieftemperatur-Anlagen, als Grundlage für Wasserdampfdiffusionsberechnungen usw.).

Tafel 8/14 Größtmöglicher Feuchtigkeitsgehalt der Luft und Differenz $\Delta\,\vartheta_{\text{Tau}}$ in K zwischen Luft- und Oberflächentemperatur bei Beginn der Tauwasserbildung

Luft-temp. ϑ_L °C	Maximale Feuchtig-keit g/m³	Zulässige Abkühlung der Luft $\Delta\,\vartheta_{\text{Tau}}$ in K bis zur Taubildung bei einer relativen Luftfeuchtigkeit von													
		30 %	35 %	40 %	45 %	50 %	55 %	60 %	65 %	70 %	75 %	80 %	85 %	90 %	95 %
−20	0,90	–	10,4	9,1	8,0	7,0	6,0	5,2	4,5	3,7	2,9	2,3	1,7	1,1	0,5
−15	1,40	12,3	10,8	9,6	8,3	7,3	6,4	5,4	4,6	3,8	3,1	2,5	1,8	1,2	0,6
−10	2,17	12,9	11,3	9,9	8,7	7,6	6,6	5,7	4,8	3,9	3,2	2,5	1,8	1,2	0,6
− 5	3,27	13,4	11,7	10,3	9,0	7,9	6,8	5,8	5,0	4,1	3,3	2,6	1,9	1,2	0,6
± 0	4,8	13,9	12,2	10,7	9,3	8,1	7,1	6,0	5,1	4,2	3,5	2,7	1,9	1,3	0,7
2	5,6	14,3	12,6	11,0	9,7	8,5	7,4	6,4	5,4	4,6	3,8	3,0	2,2	1,5	0,7
4	6,4	14,7	13,0	11,4	10,1	8,9	7,7	6,7	5,8	4,9	4,0	3,1	2,3	1,5	0,7
6	7,3	15,1	13,4	11,8	10,4	9,2	8,1	7,0	6,1	5,1	4,1	3,2	2,3	1,5	0,7
8	8,3	15,6	13,8	12,2	10,8	9,6	8,4	7,3	6,2	5,1	4,2	3,2	2,3	1,5	0,8
10	9,4	16,0	14,2	12,6	11,2	10,0	8,6	7,4	6,3	5,2	4,2	3,3	2,4	1,6	0,8
12	10,7	16,5	14,6	13,0	11,6	10,1	8,8	7,5	6,3	5,3	4,3	3,3	2,4	1,6	0,8
14	12,1	16,9	15,1	13,4	11,7	10,3	8,9	7,6	6,5	5,4	4,3	3,4	2,5	1,6	0,8
16	13,6	17,4	15,5	13,6	11,9	10,4	9,0	7,8	6,6	5,5	4,4	3,5	2,5	1,7	0,8
18	15,4	17,8	15,7	13,8	12,1	10,6	9,2	7,9	6,7	5,6	4,5	3,5	2,6	1,7	0,8
20	17,3	18,1	15,9	14,0	12,3	10,7	9,3	8,0	6,8	5,6	4,6	3,6	2,6	1,7	0,8
22	19,4	18,4	16,1	14,2	12,5	10,9	9,5	8,1	6,9	5,7	4,7	3,6	2,6	1,7	0,8
24	21,8	18,6	16,4	14,4	12,6	11,1	9,6	8,2	7,0	5,8	4,7	3,7	2,7	1,8	0,8
26	24,4	18,9	16,6	14,7	12,8	11,2	9,7	8,4	7,1	5,9	4,8	3,7	2,7	1,8	0,9
28	27,2	19,2	16,9	14,9	13,0	11,4	9,9	8,5	7,2	6,0	4,9	3,8	2,8	1,8	0,9
30	30,3	19,5	17,1	15,1	13,2	11,6	10,1	8,6	7,3	6,1	5,0	3,8	2,8	1,8	0,9
35	39,4	20,2	17,7	15,7	13,7	12,0	10,4	9,0	7,6	6,3	5,1	4,0	2,9	1,9	0,9
40	50,7	20,9	18,4	16,1	14,2	12,4	10,8	9,3	7,9	6,5	5,3	4,1	3,0	2,0	1,0
45	64,5	21,6	19,0	16,7	14,7	12,8	11,2	9,6	8,1	6,8	5,5	4,3	3,1	2,1	1,0
50	82,3	22,3	19,7	17,3	15,2	13,3	11,6	9,9	8,4	7,0	5,7	4,4	3,2	2,1	1,0

Der Temperaturverlauf durch eine mehrschichtige Konstruktion hängt direkt von den anteiligen Wärmedurchlaßwiderständen der einzelnen Schichten ab (vgl. Kap. 1.8.3):

$$\frac{1}{k} = \frac{1}{\alpha_i} + \frac{s_1}{\lambda_1} + \frac{s_2}{\lambda_2} + \ldots \frac{s_n}{\lambda_n} + \frac{1}{\alpha_a} \tag{8}$$

Darin bedeuten:

s = Dicke der jeweiligen Schicht
λ = Wärmeleitfähigkeit der jeweiligen Schicht
α_i = Wärmeübergangskoeffizient innen
α_a = Wärmeübergangskoeffizient außen

Beispiel:
Es soll der Temperaturverlauf durch die Wand eines Tiefkühlraumes berechnet werden.
Es sei:

Innentemperatur (Kühlraumtemperatur) $\vartheta_1 = -30\,°C$
Außentemperatur (Umgebungstemperatur) $\vartheta_2 = +20\,°C$
Wärmeübergangskoeffizient innen $\alpha_i = 8\ W/(m^2 \cdot K)$
Wärmeübergangskoeffizient außen $\alpha_a = 23\ W/(m^2 \cdot K)$

Wandaufbau von innen nach außen:
$s_1 =$ 2 cm Innenputz $\quad \lambda_1 = 0{,}87\ W/(m \cdot K)$
$s_2 =$ 24 cm Isolierung, PS 20 SE $\quad \lambda_2 = 0{,}037\ W/(m \cdot K)$
$s_3 =$ 1 cm Dampfsperre $\quad \lambda_3 = 0{,}17\ W/(m \cdot K)$
$s_4 =$ 2 cm Putz $\quad \lambda_4 = 0{,}87\ W/(m \cdot K)$
$s_5 =$ 24 cm Mauerwerk, Ziegel $\quad \lambda_5 = 0{,}60\ W/(m \cdot K)$
$s_6 =$ 2,5 cm Außenputz $\quad \lambda_6 = 0{,}87\ W/(m \cdot K)$

Daraus ergibt sich in Gleichung (8) eingesetzt:

$$\frac{1}{k} = \frac{1}{\alpha_i} + \frac{s_1}{\lambda_1} + \frac{s_2}{\lambda_2} + \frac{s_3}{\lambda_3} + \frac{s_4}{\lambda_4} + \frac{s_5}{\lambda_5} + \frac{s_6}{\lambda_6} + \frac{1}{\alpha_a}$$

$$\frac{1}{k} = \frac{1}{8} + \frac{0,02}{0,87} + \frac{0,24}{0,037} + \frac{0,01}{0,17} + \frac{0,02}{0,87} + \frac{0,24}{0,60} + \frac{0,025}{0,87} + \frac{1}{23}$$

$$= 0,125 + 0,023 + 6,49 + 0,059 + 0,023 + 0,4 + 0,029 + 0,043 = 7,192 \text{ m}^2 \cdot \text{K/W}$$

$$k = \frac{1}{7,192} = 0,139 \text{ W/(m}^2 \cdot \text{K)}$$

Bei der angegebenen Temperaturdifferenz $\vartheta_1 - \vartheta_2$ von 50 K ergibt sich daraus 6,95 W/m². Die Temperatur an den Begrenzungsflächen der einzelnen Schichten errechnet sich wie folgt:

$$\vartheta_1 = -30\,°\text{C}$$

$$\vartheta_1 - \vartheta_i = k \cdot (\vartheta_1 - \vartheta_2) \cdot \frac{1}{\alpha_i} = 6,95 \cdot 0,125 = 0,87 \text{ K}$$

$$\vartheta_i = -29,13\,°\text{C}$$

$$\vartheta_i - \vartheta' = k \cdot (\vartheta_1 - \vartheta_2) \cdot \frac{s_1}{\lambda_1} = 6,95 \cdot 0,023 = 0,16 \text{ K}$$

$$\vartheta' = -28,97\,°\text{C}$$

$$\vartheta' - \vartheta'' = k \cdot (\vartheta_1 - \vartheta_2) \cdot \frac{s_2}{\lambda_2} = 6,95 \cdot 0,49 = 45,1 \text{ K}$$

$$\vartheta'' = +16,13\,°\text{C}$$

$$\vartheta'' - \vartheta''' = k \cdot (\vartheta_1 - \vartheta_2) \cdot \frac{s_3}{\lambda_3} = 6,95 \cdot 0,059 = 0,41 \text{ K}$$

$$\vartheta''' = +16,54\,°\text{C}$$

$$\vartheta''' - \vartheta^{IV} = k \cdot (\vartheta_1 - \vartheta_2) \cdot \frac{s_4}{\lambda_4} = 6,95 \cdot 0,023 = 0,16 \text{ K}$$

$$\vartheta^{IV} = +16,7\,°\text{C}$$

$$\vartheta^{IV} - \vartheta^{V} = k \cdot (\vartheta_1 - \vartheta_2) \cdot \frac{s_5}{\lambda_5} = 6,95 \cdot 0,4 = 2,78 \text{ K}$$

$$\vartheta^{V} = +19,48\,°\text{C}$$

$$\vartheta^{V} - \vartheta^{VI} = k \cdot (\vartheta_1 - \vartheta_2) \cdot \frac{s_6}{\lambda_6} = 6,95 \cdot 0,033 = 0,22 \text{ K}$$

$$\vartheta_a = +19,7\,°\text{C}$$

$$\vartheta^{VI} - \vartheta_a = k \cdot (\vartheta_1 - \vartheta_2) \cdot \frac{1}{\alpha_a} = 6,95 \cdot 0,043 = 0,30 \text{ K}$$

$$\vartheta_2 = +20,0\,°\text{C}$$

Trägt man die erhaltenen Werte in einem Diagramm auf (Bild 8/31), wird deutlich, daß etwa 90% der Temperaturdifferenz zwischen außen und innen von der Dämmschicht aufgenommen und in starkem Maße von der Wärmeleitfähigkeit der einzelnen Komponenten des Wandaufbaues beeinflußt wird.

8.5.2 Diffusionstechnische Berechnung (s. dazu Kap. 1.9)

Es wurde ausgeführt, daß die Wärmeleitfähigkeit eines Dämmstoffes stark von dessen Feuchtigkeitsgehalt beeinflußt wird. Um zu vermeiden, daß die im Normalfall trocken eingebauten Dämmstoffe im Laufe der Zeit durchfeuchten, sind einige Überlegungen anzustellen:

Bei Kälteschutzobjekten strömt von der warmen Seite der Dämmschicht Wärme zur kalten Seite, wobei mit dem Wärmetransport unter bestimmten Bedingungen auch ein Wasserdampftransport verbunden sein kann.

Die verschiedenen Baustoffe setzen dem Diffusionsstrom des Wasserdampfes unterschiedlichen Widerstand entgegen. Als Maß gilt die Diffusionswiderstandszahl μ.

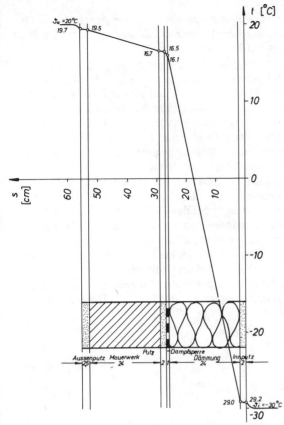

Bild 8/31 Beispiel für die Ermittlung des Temperaturverlaufs in einer Kühlhauswand.

Der Gesamtdiffusionswiderstand eines Bauteiles ist die Summe aller Einzelwiderstände $\Sigma\,(\mu \cdot s)$. Darin ist s die Dicke der jeweiligen Schicht, üblicherweise in Meter (m) eingesetzt (vgl. Kap. 1.9.1.2).

Die durch 1 m² Wand, z. B. eine Dämmschicht, in einer Stunde diffundierende Wasserdampfmenge, läßt sich nach Gleichung (1−116) berechnen.

Für die Praxis rechnet man mit einer stark vereinfachten Formel

$$i = \frac{p_1 - p_2}{160 \cdot \mu \cdot s} \ (\text{kg/m}^2 \ \text{h}) \qquad\qquad (9)$$

i = Wasserdampf-Diffusionsstromdichte
p_1 = Wasserdampfdruck höheren Niveaus (N/m^2)
p_2 = Wasserdampfdruck niedrigeren Niveaus (N/m^2)

Die Zahl 160 ist die Gaskonstante für Wasserdampf und gilt für die im Bauwesen und Kälteschutz bis $\sim -50\,^\circ\text{C}$ üblichen Temperaturverhältnisse. Bei stark abweichenden Temperaturbedingungen muß dieser Faktor berichtigt werden. In der vereinfachten Gleichung (9) wird außerdem der kleine Einfluß der Wasserdampf-Übergangswiderstände vernachlässigt. Die Gleichung kann sowohl für den Fall, daß keine Kondensation von Wasserdampf auftritt, als auch zur Berechnung der in ein Bauteil ein- und ausdiffundierenden Wassermengen benutzt werden, wenn es innerhalb der Wand zur Kondensation kommt. Die Gleichung läßt sich wie auch Gleichung (1−115) nicht

anwenden auf Bauteile aus kapillar-aktiven Baustoffen (z. B. Ziegelsteinen), da die
aus der Kondensationszone durch kapillare Leitung von flüssigem Wasser abgeführte
Wassermenge nicht berücksichtigt werden kann.

Ob in einer Dämmkonstruktion Wasserdampfkondensation erfolgt, läßt sich mit Hilfe
eines Diffusionsdiagramms nach *Glaser* [11] abschätzen (s. Kap. 1.9.1.4). Dabei wird
in einem $(\mu \cdot s)$-Diagramm auf der Abszisse $\Sigma\,(\mu \cdot s)$ und auf der Ordinate der Dampf-
druck oder Dampfteildruck aufgetragen. Aus dem Temperaturgefälle in der Dämmkonstruktion (Berechnung siehe 8.5.1.4) ergibt sich der Verlauf des Sättigungs-
drucks p_s, also des höchstmöglichen Dampfteildrucks. Die einzelnen Schichten
der Dämmkonstruktion werden also nicht mit ihrer geometrischen Dicke, sondern
entsprechend ihrem Diffusionswiderstand $(\mu \cdot s)$ dargestellt.

Aus der relativen Luftfeuchte und der Temperatur an den Oberflächen der Kon-
struktion berechnen sich die Dampfteildrücke für $\Sigma\,(\mu \cdot s) = 0$ und $\Sigma\,(\mu \cdot s)$ der
gesamten Konstruktion, die von den entsprechenden Ordinaten als Punkte ein-
gezeichnet und durch eine gerade Linie verbunden werden. Berührt die Dampf-
teildruckgerade die Sättigungsdruckkurve nicht, so fällt kein Tauwasser aus
(Bild 8/32). Ergibt sich jedoch eine Berührung oder ein Schnitt (Bild 8/33), so ist
der Dampfteildruckverlauf als Tangente von beiden Ordinatenpunkten an die
Sättigungskurve zu ziehen. Aus der Neigung der beiden Tangenten $p_D/\mu \cdot s$ kann
die ein- und ausdiffundierende Wasserdampfmenge und als deren Differenz die

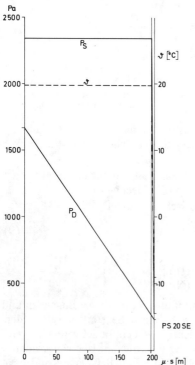

Bild 8/32 Dampfdruckverlauf in einer
gedämmten Wand ohne Durchfeuchtung.

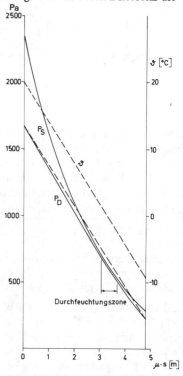

Bild 8/33 Dampfdruckverlauf in einer
gedämmten Wand mit Durchfeuchtungszone.

ausfallende Tauwassermenge bestimmt werden. Zahlreiche Berechnungsbeispiele gibt DIN 4108, Teil 5.

Der Verlauf der Sättigungsdruck-Linie ist in allen Schichten mehr oder weniger gekrümmt. Besonders bei Schichten, deren Oberflächen größere Temperaturdifferenzen aufweisen, ist der Verlauf der Krümmung durch Ablesen von Zwischenwerten der Temperatur an der Temperaturlinie und Einzeichnen der zugehörigen Sattdampfdrücke an den entsprechenden Punkten der Schicht zu ermitteln. Nur so kann mit Sicherheit festgestellt werden, ob es zu Kondensatanfall kommt.

Da sich im Bauwesen üblicherweise der Temperaturverlauf in den Baukonstruktionen im Sommer und Winter unterscheidet, ist zu überprüfen, ob die in der Winterperiode angesammelte Kondensatmenge im Sommer wieder vollständig austrocknen kann. In diesem Fall ist keine schädliche Durchfeuchtung zu erwarten. Die in einer Winterperiode anfallende Kondensatmenge kann im allgemeinen ohne merkliche Beeinflussung in der Baukonstruktion gespeichert werden.

Für die Berechnung der im Sommer ausdiffundierenden Wassermenge wird der Temperaturverlauf für die Sommermonate ermittelt, ebenso die Dampfdrücke an den Oberflächen. Für die Diffusionswege werden mittlere Weglängen angesetzt. Daher wird nur in der mittleren Hälfte der Durchfeuchtungszone als Dampfdruckverlauf der Sättigungsdruck entsprechend dem Temperaturverlauf der Sommermonate angenommen.

Die gerade Verbindung der so ermittelten Linie mit den Dampfdrücken p_1 und p_2 an den Oberflächen ergibt den tatsächlichen mittleren Dampfdruckverlauf im Sommer.

Aus der Neigung $\dfrac{p_s}{\mu \cdot s}$ ergeben sich die in Richtung des Dampfdruckgefälles fließenden Wasserdampfströme und daraus die während des Sommers maximal ausdiffundierende Wassermenge.

Bei technischen Anlagen, bei denen die Temperaturen und relativen Feuchten während des Jahres wenig schwanken, kann auch mit ganzjährig gemittelten Werten gerechnet werden, vor allem, wenn sich während des ganzen Jahres die Richtung des Dampfdruckgefälles nicht ändert, wie dies z. B. bei Kälteanlagen der Fall ist.

8.6 Dämmkonstruktionen

Jede Dämmkonstruktion hat die Hauptaufgabe, ein Objekt, dessen Betriebstemperatur ständig oder zeitweise ober- oder unterhalb der Umgebungstemperatur liegt, gegen Wärme- oder Kälteverluste optimal zu schützen. Ihr Aufbau ist vorzunehmen unter Berücksichtigung der Faktoren

- Wirtschaftlichkeit (Material-, Lohn- und Montagekosten, spätere Betriebskosten)
- Technisch optimale Auslegung für den speziellen Fall (Statik, Dämmwirkung, Brandverhalten usw.)
- Lebensdauer

Hauptbestandteile jeder Dämmkonstruktion sind

a) der Dämmstoff als wichtigster Faktor einschließlich seiner Auswahl bezüglich Dämmstoffart, Dimensionierung in Kombination mit der Ausbildung der
b) Begrenzungsflächen.

Diese können haben:
Tragende Funktion (z.B. Wände, Auflager von Rohrleitungen)
Sperrende Funktion (Sperrschichten)
Schützende Funktion (gegen Witterung, mechanische Einflüsse, Brand usw.)
c) Die tragende Konstruktion, die weder die Dämmwirkung einer Dämmschicht beeinflussen (Wärme- bzw. Kältebrücken) noch ihrerseits durch die Betriebsbedingungen des gekühlten Objektes negativ beeinflußt werden darf (z.B. Sprödbrüchigkeit von tragenden Stahlkonstruktionen in Tieftemperaturanlagen).

Für alle Dämmkonstruktionen gemeinsam ist die Forderung nach frühzeitiger Einbeziehung in die Planung des Gesamtobjektes. Nur so können bauphysikalisch unbefriedigende oder sogar unvertretbare Gesamtkonstruktionen und unvorhergesehene kostspielige Änderungen während der Bauzeit vermieden werden.

Beispiele: Festlegung des Abstandes mehrerer zu dämmender Rohrleitungen voneinander unter Berücksichtigung der notwendigen Dämmschichtdicken und der montagetechnischen Erfordernisse; Konzeption von Kühlhäusern unter Berücksichtigung angrenzender Feuchträume, Brandschutzvorschriften usw.

Planungsfehler werden oft erst nach mehreren Jahren sichtbar und sind dann nicht oder nur mit hohem Kostenaufwand reparabel.

Wichtig für die Montage aller Dämmkonstruktionen für den Kälteschutz ist:

Die Montage muß möglichst kältebrückenfrei erfolgen.

Das bedeutet, daß gut wärmeleitende Stoffe (Metalle) als Abstandshalter oder Befestigungsmittel zu vermeiden sind. Unvermeidbare Fugen in der Dämmschicht sind möglichst klein zu halten. Temperaturabhängige Bewegungen sind bei Konstruktion und Montage mit zu berücksichtigen.

Sperrschichten sind sorgfältig anzubringen,

so daß auch über lange Zeiten keine offenen Stellen (z.B. an Überlappungen) auftreten können. Abstandshalter und Befestigungsmittel dürfen die Sperrschicht nicht perforieren. Sollte sich dies nicht vermeiden lassen, ist für nachträgliche Abdichtung zu sorgen.

Die Hilfsstoffe und deren Verarbeitung sind auf den Dämmstoff und die vorgesehenen Betriebsbedingungen abzustimmen.

Grundsätzliche Richtlinien für die Ausführung von Dämmkonstruktionen sind zu finden in:

DIN 18421 „Wärmedämmungsarbeiten" (VOB Verdingungsordnung für Bauleistungen, Teil C: Allgemeine technische Vorschriften für Bauleistungen)

Wie der Titel bereits sagt, beziehen sich die in dieser Norm gegebenen Richtlinien vorzugsweise auf die Ausführung von Dämmkonstruktionen, bei denen Objekte gegen Wärmeverluste zu schützen sind. Die allgemeinen Ausführungen (z.B. Definition der Nebenleistungen, Aufmaß und Abrechnung) sind jedoch auch für Dämmkonstruktionen im Kälteschutz anwendbar. Das gleiche gilt für das

AGI Q 10 „Wärmedämmungsarbeiten, Stoffe, Ausführung, Abrechnung", die von der Arbeitsgemeinschaft Industriebau e. V. (AGI) herausgegeben ist. Ein AGI-Arbeitsblatt Q 11 „Kältedämmungsarbeiten, Stoffe, Ausführung, Abrechnung" wird in Kürze erscheinen. Es enthält auch Hinweise auf weitere AGI-Arbeitsblätter, in denen stoffspezifische Anforderungen an die verschiedenen Dämmstoffe, Dampfbremsen, Korrosionsschutz u. a. behandelt werden.

VDI 2055 „Wärme- und Kälteschutz für betriebs- und haustechnische Anlagen".

8.6.1 Kühlräume und Kühlhäuser (s. auch Kap. 9.4.1 bis 9.4.5)

Für alle gekühlten Räume – gleichgültig zu welcher Aufgabe sie vorgesehen sind – gilt eine Reihe gemeinsamer Gesichtspunkte bezüglich der Planung, der Ausführung und der Inbetriebnahme.

8.6.1.1 Planung

a) Gekühlte Räume sollen in ihrer Größe optimal ausgelegt werden: Die Größe ist nicht allein nach der Menge des eingelagerten Gutes und dessen Volumen zu bestimmen. Auch die Begehbarkeit muß abhängig von der Umschlagshäufigkeit, der Differenziertheit des Warensortiments und (bei Lebensmitteln) der möglichen gegenseitigen Geruchs- oder Geschmacksbeeinflussung berücksichtigt werden. Letztere kann die Aufteilung in zwei Räume notwendig machen.

b) Die Lage von Kühlräumen ist zu optimieren unter den Gesichtspunkten:
- Möglichst kurze Wege zu Verarbeitungs- und Versandstellen, Beschickung und Entnahme ohne gegenseitige Beeinflussung des Transportes.
- Kein Angrenzen an Feuchträume (Küchen, Spülen, Waschanlagen) wegen der Gefahr der Schwitzwasserbildung. Direkte Verbindungen (z. B. Türen) zwischen Kühlräumen und Feuchträumen, besonders dann, wenn sie häufig geöffnet werden, müssen wegen der verstärkten Vereisung der Verdampfer vermieden werden. Gegebenenfalls ist eine Schleuse einzubauen.
- Beim Einbau in vorhandene Gebäude ist der Zustand des Bauwerkes, insbesondere des Mauerwerks im Hinblick auf Bauschäden (z.B. Durchfeuchtung), Statik (unter Berücksichtigung der vorgesehenen Lagergewichte) und physiologisch einwandfreien Zustand zu überprüfen. Alte Keller sind meist ungeeignet; ebenso früher als Garagen oder zur Tierhaltung benutzte Räume. In diesen Fällen ist über die Zeit mit Geruchsbeeinträchtigung der gelagerten Güter zu rechnen, da auch Gerüche von der warmen zur kalten Seite diffundieren.

c) Die Vorschriften der jeweiligen Landesbauordnungen sowie Auflagen der örtlichen Baupolizei sind zu berücksichtigen. Sie können z.B. in Abhängigkeit von der vorgesehenen Konstruktion und dem verwendeten Dämmstoff, vom Grenzabstand zu Nachbargebäuden, von deren Art und Nutzung regional so unterschiedlich sein, daß generelle Richtlinien nicht gegeben werden können. Zur Vermeidung unnötiger Kosten empfiehlt sich eine Klärung vor Beginn der Planungsarbeiten. Gleiches gilt für die Richtlinien der Sachversicherer.

8.6.1.2 Ausführung

In Bild 8/34 ist schematisch der Aufbau eines Kühlraumes dargestellt, wie er im Prinzip für jeden gekühlten Raum gilt. Da heute eine Vielzahl von Dämmstoffen mit entsprechenden Modifikationsmöglichkeiten bezüglich Unterkonstruktion, Begrenzungsflächen sowie Abmessungen zur Verfügung steht, müssen sich die folgenden Richtlinien auf wesentliche Faktoren beschränken.

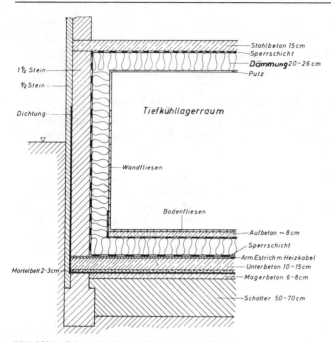

Stahlbeton 15 cm
Sperrschicht
Dämmung 20-26 cm
Putz

1½ Stein
½ Stein

Dichtung

Tiefkühllagerraum

Wandfliesen

Bodenfliesen

Aufbeton ~ 8 cm
Sperrschicht
Arm.Estrich m.Heizkabel
Unterbeton 10-15 cm
Magerbeton 6-8 cm

Mortelbett 2-3 cm

Schotter 50-70 cm

Bild 8/34 Schematischer Aufbau eines Tiefkühlraums.

a) Kühlraum- und Kühlhausboden
Bei allen Objekten, bei denen der Kühlhausboden im Erdreich liegt, ist die Baugrund-
feuchtigkeit zu beachten und das begrenzende Mauerwerk auf der Außenseite mit
dichtenden Anstrichen zu versehen. Dabei ist die Verwendung von Produkten auf
Lösungsmittelbasis wegen der Gefahr der Geruchsdiffusion zu vermeiden. Produkte
auf wäßriger Basis (z.B. Bitumenemulsion) sind vorzuziehen. Bei anstehendem Grundwasser sind Schutzanstriche mit Heißbitumen und 2–3 Lagen Bitumenpappen erforderlich. Sämtliche Kanten und Ecken sind als Hohlkehlen auszubilden. Die Pappen
müssen an den Wänden mindestens 300 mm über den höchsten Feuchtigkeitsstand
hochgezogen werden. Falls notwendig (abhängig vom Zustand des umgebenden Erdreiches), ist ein Schutz durch Vormauerung zu empfehlen. Richtlinie für den Einbau
von Grundwasserabdichtungen gibt die DIN 4031 „Wasserdruckhaltende bituminöse
Abdichtungen für Bauwerke, Richtlinien für Bemessung und Ausführung".

Auf den Unterbeton (Dicke üblicherweise zwischen 10 und 15 cm) erfolgt die Verlegung der Bodenheizung, falls eine solche notwendig ist. Bei nichtunterkellerten Tiefkühlräumen so großer Abmessungen, daß die aus dem umgebenden Erdreich einströmende Wärmemenge nicht ausreicht, um ein Absinken der Bodentemperatur unter
dem gekühlten Objekt auf ständig unter 0 °C zu verhindern, wird eine Bodenheizung
unabdingbar notwendig, da es sonst unter dem Kühlhaus zur Bildung einer „Eislinse"
kommt. Die Folgen sind Aufwölbungen des Kühlraumbodens, Verschiebungen von
Stützen im Tiefkühlraumbereich und damit Bauschäden, die bis zur völligen Unbrauch-
barkeit des Objektes führen können. Der elektrische Auffrierschutz mit Hilfe spezieller
Heizkabel ist sowohl von der Montage als auch der Regeltechnik eine günstige und

deshalb häufig angewendete Lösung. Dazu ist der Rohbetonboden horizontal und ebenflächig, entsprechend der vorgeschriebenen Höhenquote, auszuführen. Zur Temperaturverteilung und als Montagehilfe für die Heizkabel werden Baustahlmatten verwendet, die stumpf aneinander zu stoßen und mit blankem Eisendraht untereinander zu verbinden sind. Gemäß Verlegeplan des Herstellers werden dann die Heizkabel mit Kabelhaltern im Abstand von 2–3 m auf dem Baustahlgewebe befestigt. Kreuzungen der Heizkabel untereinander sind unzulässig. Zur Erdung ist der Schutzleiter des Heizkabels an die Baustahlmatte anzuschließen. Der Heizestrich ist so aufzubringen, daß die Heizleitungen vollständig eingebettet sind. Während der Estricharbeiten sind die Heizkabel ständig auf Stromdurchgang zu prüfen, um Beschädigungen rechtzeitig festzustellen.

Bei Verwendung von in anderer Weise erzeugter Wärme (Wasser, Luft), die durch Rohre oder Kanäle geführt wird, ist der Bodenaufbau analog. Im Zuge der Energieeinsparung wird in steigendem Maße die im Kondensator der Kälteanlage anfallende Wärme zur Erwärmung des Mediums für die Bodenheizung benutzt.

Auf dem Heizbeton (bei Normalkühlräumen auf dem Unterbeton) erfolgt die Verlegung der Dampfsperrschicht (Dimensionierung siehe 8.5.2) vollflächig in Heißbitumen. Dabei ist darauf zu achten, daß alle Stöße (längs und quer) mindestens 5 cm, besser jedoch 10 cm breit überlappt und die Überlappungen dicht verklebt sind. Die Dampfsperre ist im Randbereich zum Anschluß an die Dampfsperre für die Wand um 15–20 cm hochzuziehen.

Verlegung der Dämmschicht einlagig oder zweilagig mit versetzten Fugen (Bild 8/35).

Bild 8/35 Verlegen der Bodendämmung für ein Tiefkühlhaus.

Die Verlegung kann trocken oder mit Heißbitumen (bei zweilagiger Verlegung bevorzugt) vorgenommen werden. Die Platten sind so dicht aneinander zu schieben, daß keine durchgehenden Fugen entstehen. Bei Verwendung von Schaumglas zur Bodendämmung ist auf der Bodenplatte ein kaltflüssiger Bitumenvoranstrich als Haftgrund vorzusehen; auf die Sperrschicht kann verzichtet werden. Die Dämmstoffplatten werden in heißflüssige, auf die Betonfläche gegossene Bitumenklebemasse eingedrückt und an den Verband der übrigen Platten herangeschoben, solange die Klebemasse noch flüssig ist.

Die fertig verlegte Dämmschicht wird zum Schutz gegen das Einlaufen von Zement-schlämme in die Fugen vor dem Aufbringen des Aufbetons mit Bitumenpappe oder Polyäthylenfolie abgedeckt. Letztere hat sich wegen der großen lieferbaren Abmes-sungen als wirtschaftlich erwiesen. Die Schutzfolien sind überlappt zu verlegen, doch brauchen die Überlappungen nicht verklebt zu werden.

Es ist anzumerken, daß die Verlegung der Bodendämmung zweckmäßigerweise zu-letzt erfolgt, um eine Beschädigung durch die Montagearbeiten an Wänden und Decken zu vermeiden. Um jedoch im Übergang Wand–Boden einwandfrei aus-geführte Anschlüsse zu gewährleisten, ist die Ausführung der Bodendämmung über rd. eine Plattenbreite vor oder im Zuge der Erstellung der Dämmung der Wände vorzunehmen.

b) Wände

Beim konventionellen Kühlraumbau, d.h. bei der Verlegung von Dämmschichten auf Beton oder Mauerwerk, gelten folgende Richtlinien:

Die Ansetzflächen müssen trocken, staubfrei und vor allen Dingen eben sein. Ziegel-mauerwerk wird deshalb mit reinem Portlandzementmörtel mit Dichtungsmittel-zusatz wasserdicht verputzt und sauber gerieben. Ein Spritzbewurf allein reicht nicht aus. Der Verputz ist fluchtgerecht und ohne Unebenheiten auszuführen. Be-tonwände müssen wasserdicht und fluchtgerecht sein. Beim Ausbau vorhandener Räume sind vorhandene Kalkanstriche oder Kalkmörtel vollständig zu entfernen und durch wa dichten Zementmörtelputz zu ersetzen.

Hohlräume hinter der Dämmung sind zu vermeiden. Hohlblocksteine, Loch-ziegel und dergleichen sind wegen der vorhandenen Hohlräume nicht als Mauerwerk für Kühlräume geeignet.

Auf die Innenseite der Wände wird zur Staubbindung und als Haftvermittler Bitumen-emulsion vollflächig aufgetragen. Anschließend erfolgt der Auftrag von Heißbitumen, in den Bitumenpappe oder Aluminiumbitumendichtungsbahn (für Tiefkühlräume) mit mindestens 100 mm Überlappung eingelegt wird. Werden zur zusätzlichen Be-festigung der Dämmschicht z.B. Drahtschlaufen in die tragende Wand einzementiert, sind die Durchstoßstellen der Befestigungen sorgfältig auf der Sperrschicht mit Heiß-bitumen nachträglich abzudichten. Das Ansetzen der Dämmstoffplatten erfolgt voll-flächig mit Heißbitumen. Solange die Klebeschicht noch nicht völlig erhärtet ist, müssen die Platten so aneinander geschoben werden, daß möglichst kleine Fugen ent-stehen. Bei zweilagiger Verlegung sind Horizontal- und Vertikalfugen versetzt anzu-ordnen. Es empfiehlt sich eine mechanische Sicherung der zweiten Lage mit Hilfe von Buchenholzstiften (bei Plattenabmessungen von 1,0 m x 0,5 m im allgemeinen 4 Stück), zusätzlich zu einer streifenförmigen Verklebung mit Bitumen. Die streifen-weise Verklebung der zweiten Lage ist erforderlich, damit einerseits eine ausreichende Haftung gegeben, andererseits aber die Bildung einer Sperrschicht zwischen den bei-den Dämmschichtlagen vermieden wird. Bei sehr tiefen Temperaturen (z.B. Schock-froster) kann eine dreilagige Verlegung notwendig werden. Die dritte Dämmschicht-lage wird dann genauso wie die zweite Lage verlegt. Anstelle von zwei Dämmstoff-lagen können auch Platten mit Stufenfalz oder Platten mit Nut und Feder verwendet werden. Auch hier wird als Ansetzmasse Heißbitumen verwendet. Bei thermoplasti-schen Dämmstoffen haben sich auch Heißmassen (meist modifizierte Bitumenpro-dukte niedrigerer Verarbeitungstemperatur) bewährt.

Werden extrudierte Polystyrolschaumstoffe zur Dämmung verwendet, kann die Diffusionsrechnung ergeben, daß der Einbau einer Sperrschicht nicht notwendig ist. Das Ansetzen erfolgt dann mit modifiziertem Zementmörtel, speziellen Bauklebemassen oder Zement-Bitumenemulsions-Gemisch. Solche Wände dürfen auf der Kühlrauminnenseite nicht mit wasserdampfdiffusionsdichten Abdeckungen versehen sein, da sonst Durchfeuchtungsgefahr besteht. Beim Einsatz von Schaumglas kann auf die Verlegung der Dampfsperre verzichtet werden. Die Fugen müssen jedoch sorgfältig mit Bitumen oder Dichtmasse verfüllt und preßgestoßen werden.

In Abhängigkeit von der Nutzung und der vorgesehenen Betriebstemperatur erhalten alle Dämmschichten auf der Innenseite *Schutzschichten*, die unter Berücksichtigung ihrer Funktion ausgewählt werden (Stoßschutz, hygienische Anforderungen, Optik usw.). Für die Herstellung von Putz darf im Kühlraumbau kein Gips verwendet werden, sondern ausschließlich reiner Zementmörtel im Mischungsverhältnis von rd. 1:3.

Der Putzaufbau soll aus Spritzbewurf, Unterputz und Oberputz mit einer Gesamtputzdicke von ca. 20 mm bestehen. Der Putzträger aus verzinktem Drahtgeflecht ist auf der Dämmschicht mittels Krampen zu befestigen. Da der Putz eine gewisse Wasserdampfdurchlässigkeit haben soll, darf er nicht mit einer Stahlkelle geglättet, sondern nur durch ein Reibebrett abgerieben werden, da dabei die Poren im Putz offenbleiben.

Besonders bei hohen hygienischen Anforderungen werden häufig Plattenbeläge aus Spaltklinkerplatten (12/25 cm), im allgemeinen hochkant gestellt, verlegt. Dazu müssen die Wandflächen mit reinem Zementmörtel so vorgeputzt sein, daß die Oberfläche der Dämmung vollflächig bedeckt ist. Putzdicke ca. 1 cm. Die Fliesen sind satt und ohne Hohlräume zu verlegen und sauber zu verfugen. Für Kühlräume unter 0 °C dürfen nur frostsichere Platten verwendet werden. Wichtig ist, daß die Wände nur so hoch verfliest werden, wie es für das eingelagerte Gut notwendig ist. Die nicht mit Fliesen verkleideten Wandflächen sowie die Decke, die dann verputzt werden, ermöglichen das Ausdiffundieren von Wasserdampf aus der Kühlraumdämmung.

Werden auch die Böden gefliest, erfolgt die Verlegung ebenfalls mit reinem Zementmörtel, dessen Schichtdicke 4—5 cm betragen soll. Umlaufende Fliesensockel, Hohlkehlsockel oder Klinkersockel werden in der gleichen Weise verlegt.

Für Kühlräume, in denen mit mechanischen Beschädigungen nicht zu rechnen ist und die keine Wandgehänge aufweisen, werden Verkleidungen aus vorzugsweise profiliertem Aluminiumblech vorgezogen. Dadurch werden die aufwendigen Verputzarbeiten eingespart, die mehrere Arbeitsgänge erfordern. Außerdem wird das Einbringen zusätzlicher Baufeuchtigkeit in die Kühlräume vermieden. Die Aluminiumbleche werden auf Dübel, die in die Dämmung eingesetzt und verklebt werden oder auf Aluminiumprofilen verschraubt.

Für die Erstellung von *Kühlhauswänden aus großformatigen* vorzugsweise *selbsttragenden Elementen* gelten vom Grundsatz her die gleichen Gesichtspunkte wie für einen konventionellen Dämmschichtaufbau:
fugenfreie, durchlaufende Dämmschicht,
lückenlos verlegte Dampfsperre,
Vermeidung von Kältebrücken.

Bei Betrachtung der verschiedenen Möglichkeiten bezüglich der Anordnung der Dämmschicht außen oder innen an einer Stahl- oder Stahlbetonkonstruktion ist verständlich, daß die Montageweise auf das jeweilige System speziell abgestimmt werden muß (Bild 8/36). Die Entscheidung über außen- oder innenliegende Dämmung wird weitestgehend von betrieblichen Erfordernissen beeinflußt. Man wird zur innenliegenden Tragekonstruktion greifen, wenn im Kühlraum Rohrbahnen oder Gehänge befestigt werden sollen. Diese können dann an der Tragekonstruktion angebracht werden, ohne die Dämmschicht zu durchstoßen. Es ergibt sich der Nachteil eines größeren zu kühlenden Luftvolumens, da der nicht nutzbare Raum im Deckenträgerbereich mitgekühlt werden muß. Die innenliegende Unterkonstruktion hat weiterhin den Vorteil, daß nach der erstmaligen Abkühlung des Objektes die tragenden Teile nicht mehr ständigen Temperaturwechseln über die Tages- und Jahreszeiten ausgesetzt sind. Problematisch ist die Anbringung einer vorgehängten, hinterlüfteten Fassade, da diese nicht direkt am Dämmstoff angebracht werden kann. Dies ist optimal möglich bei außenliegender Tragekonstruktion, die den weiteren Vorteil bietet, daß die Innenabmessungen des gekühlten Raumes voll genutzt werden können. Nachteilig ist, daß Innenausbauten entweder getrennt aufgeständert oder durch die Dämmschicht und die Dampfsperre hindurch befestigt werden müssen.

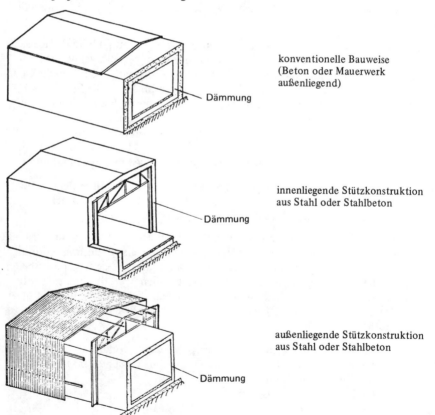

konventionelle Bauweise
(Beton oder Mauerwerk
außenliegend)

Dämmung

innenliegende Stützkonstruktion
aus Stahl oder Stahlbeton

Dämmung

außenliegende Stützkonstruktion
aus Stahl oder Stahlbeton

Dämmung

Bild 8/36 Anordnung der Dämmschicht bei verschiedenen Kühlhauskonstruktionen.

Die Auslegung der Dämmschichtdicken muß neben der Einhaltung vorgeschriebener
k-Werte auch statische Gesichtspunkte mit berücksichtigen. Da sich ferner bei großen
Elementabmessungen durch Temperaturänderungen bedingte Ausdehnung und Kontraktion im Anschlußbereich der Elemente untereinander besonders bemerkbar
machen, ist der Fugenausbildung besondere Aufmerksamkeit zu widmen. Beispiele
für Problemlösungen mit kaschierten Elementen stellt Bild 8/37 dar.

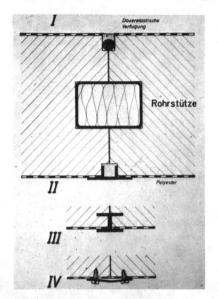

I mit dauerelastischer Dichtungsmasse
II mit Hutprofil
III mit H-Profil
IV mit verschraubter Deckleiste

Bild 8/37 Möglichkeiten für die Abdeckung der Fugen zwischen kaschierten Sandwich-
Elementen.

Dämmschichten für Kühlraumdecken ordnet man zweckmäßig auf der Unterseite der
Kühlraumdecke so an, daß sie auf der Wanddämmung aufliegen. Bezüglich der Vor-
bereitung des Untergrundes, der Verlegung von Dampfsperrschichten und der Vermeidung von Hohlräumen gilt das gleiche, wie für die Dämmung von Wänden ausgeführt.
Hohlsteindecken, Gewölbe- oder Kassettendecken sind für Kühlräume oder Kühlhäuser
nicht geeignet. Bei letzteren müssen entweder die Kassettenbereiche mit paßgerecht
zugeschnittenen Dämmstoffteilen ausgefüllt oder profilfolgend gedämmt werden.

Verständlicherweise erfordert die Anbringung von Dämmschichten an Decken erhöhten Aufwand bezüglich der mechanischen Befestigung. Hierzu werden z.B. Bolzen in die Massivdecke geschossen und daran Drahtschlaufen genügender Länge in
Abhängigkeit von der Dicke der Dämmschicht befestigt. Die Durchstoßstellen durch
die Sperrschicht sind ordnungsgemäß wasserdampfdicht abzudichten.

Ein wirtschaftliches Verfahren, das jedoch rechtzeitig eingeplant werden muß, ist die
Dämmung von Decken auf Schalung. Hierzu ist bauseits eine Vollschalung zu erstel-
len, die um die Dicke der Dämmschicht tiefer zu legen ist. Schaltafeln müssen vor
dem Verlegen der Dämmung mit Packpapier, Kunststoff-Folien oder ähnlichem lose
abgedeckt werden, damit keine Heißbitumenmasse an den Schalenbrettern verklebt
und Schwierigkeiten beim Entschalen verursacht.

Bei Verlegung der Dämmung unter *Holzbalkendecken* ist die Unterseite der Balken fugendicht zu verschalen. Bei den Holzimprägniermitteln ist darauf zu achten, daß sie absolut geruchlos sind.

Zwischendecken werden in Räume eingebaut, die eine zu große lichte Höhe aufweisen. Bei Neubauten sollten sie in der Planung vermieden werden, da oberhalb der Zwischendecke ein toter Raum entsteht. Wird dieser nicht mit Lüftungsöffnungen an einander gegenüberliegenden Wänden versehen, kommt es in dem toten Raum zur Ansammlung von Feuchtigkeit und muffigem Geruch. Zur Aufnahme der Dämmschicht werden Doppel-T-Träger verwendet, in die die Dämmplatten der oberen Lage zwischen die Träger eingelegt werden, während die untere Lage der Dämmung die Träger überdeckt.

Abgehängte Decken können aus kleinformatigen Platten (z.B. 1000 x 1500 mm) oder aus großformatigen Elementen (z.B. 3000 x 1200 mm) erstellt werden. Die aus U-Profilen, T-Profilen oder Vierkantprofilen bestehenden Träger werden an Schlitzbandeisen oder Rundeisen abgehängt. Wichtig ist die Möglichkeit einer Höhenverstellung, d.h. das Einrichten der Decke, das beispielsweise bei der Verwendung von Rundeisen mit Spannschlössern erfolgen kann. Die Dämmschicht liegt entweder auf der Tragekonstruktion oder umhüllt diese. Beispiele geben die Bilder 8/38 und 8/39. In beiden Fällen empfiehlt sich für den Bereich, in dem die tragende Konstruktion die Dämmschicht in Wärmeflußrichtung durchläuft, die Verwendung von Werkstoffen niedriger Wärmeleitfähigkeit (z.B. Kunststoffbolzen). Auf der warmen Seite der Decke ist eine Sperrschicht vorzusehen, die besonders im Bereich der Durchdringungen, z.B. der Abhängebolzen sorgfältig abzudichten ist.

Bild 8/39 Kühlhausdecke aus großformatigen Polystyrolschaum-Elementen. Während der Montage sind die Sichtseiter der Elemente mit Folie vor Verschmutzu geschützt.

Bild 8/38 Kühlhausdecke aus kleinformatigen Polystyrolschaumplatten

Deckenkonstruktionen aus vorgefertigten Elementen, die auf der Außenseite gleichzeitig Dampfsperre und Witterungsschutz darstellen, werden bevorzugt dort verlegt, wo eine innenliegende Tragekonstruktion vorgesehen ist. Die Befestigung erfolgt dabei im Anschlußbereich der Platten untereinander. Bei der Auslegung sind die örtlichen Gegebenheiten im Hinblick auf die Statik (Windkräfte, Schneelasten etc.) zu berücksichtigen. Auf diesen Decken, die gleichzeitig die Funktion eines Daches erfüllen sollen, treten gegenüber den Wänden im Mittel höhere Temperaturen durch länger andauernde Sonneneinstrahlung auf. Die Dämmstoffdicke wird deshalb um 10 % bis 20 % erhöht, die Ausbildung der Fugen zwischen den Elementen, die besonders starken Bewegungen unterworfen sind, muß mit größter Sorgfalt ausgeführt werden. Aus Sicherheitsgründen verwendet man deshalb auch bei Objekten, deren Wände in Sandwichbauweise ausgeführt sind, entweder abgehängte Decken oder Dachaufbauten, die ähnlich der Dachdämmung eines Flachdaches ausgeführt sind. Allerdings liegt im Gegensatz zum Wohnungsbau die Dampfsperrschicht nicht dem Rauminneren zugekehrt, sondern schließt die Dämmung nach oben ab. Als Witterungsschutz wird in solchen Fällen ein bituminöser Dachaufbau vorgesehen. Dieser sollte, sofern es die Statik erlaubt, bekiest werden. Andernfalls sind mindestens zum Abschluß bekieste oder beschieferte Bitumenpappen vorzusehen.

8.6.2 Rohrleitungen und Behälter (s. auch Kap. 5.3.1.4)

Dämmkonstruktionen für den Kälteschutz von Rohrleitungen und Behältern werden unter Berücksichtigung der Betriebstemperaturen sowie der speziellen Anforderungen (Schwitzwasserverhütung, Vermeidung von Kälteverlusten) geplant, dimensioniert und ausgeführt.

Gemeinsame Richtlinien:

frühzeitige Planung, möglichst schon zum Zeitpunkt der Erstellung des Rohrleitungsschemas zur Gewährleistung einwandfreier Montagebedingungen;

zur Vermeidung von Kälteverlusten, Schwitzwasser- und Eisbildung auf der Außenseite der Dämmkonstruktion dürfen keine metallischen Stützkonstruktionen von den kälteführenden Leitungen zur Oberfläche der Dämmung durchgehen,

Hohlräume, in denen sich Feuchtigkeit sammeln kann, und die besonders im tiefen Temperaturbereich durch Konvektion der Luft die Dämmwirkung reduzieren, müssen vermieden werden.

Als Dämmstoffe werden für Rohrleitungen Schalen aus Polystyrolhartschaum, Schaumglas, Zellkautschuk, Polyurethanhartschaum und Polyurethanweichschaum verwendet. Bei großen Anlagen ist die Verwendung von Polyurethanortschaum wirtschaftlicher. Für Tiefsttemperaturanlagen, bei denen mit dem Anfall flüssigen Sauerstoffes zu rechnen ist, dürfen keine organischen Produkte verwendet werden. Hier empfiehlt sich dann der Einsatz von Schaumglas, das dabei mit anorganischen Klebern oder trocken angesetzt werden muß, von Mineralfaserdämmstoffen mit niedrigem Bindemittelgehalt, für Behälter und Apparate lose Schüttungen z. B. aus Perlite oder für Spezialanlagen Vakuumdämmung.

Formstücke (Schalen, Segmente) sind so zu dimensionieren, daß zwischen zu schützender Oberfläche und Dämmschicht kein Hohlraum verbleibt. Die Formstücke sind so zu verarbeiten, daß nur kleinste Fugen vorliegen, die vollständig mit Ansatzkitt ausgefüllt sind. Bei Flanschen und Einbauten werden soweit als möglich passende Segmente verwendet. Bei profilierten Oberflächen sind nicht vermeidbare Hohlräume auszufüllen. Da die Gefahr des Auffrierens bei Formstücken besonders groß ist, sollten diese zweilagig gedämmt werden. Verlegung grundsätzlich fugenversetzt („im Verband"), damit durch die Formstücke der zweiten Lage die Fugen der ersten Lage überdeckt werden.

Vor dem Aufbringen der Dämmung müssen Kälterohrleitungen und Behälter trocken und sauber sein. Rost, Staub und ölige Schichten sind zu entfernen. Wenn man oft auch häufig der Ansicht ist, daß die notwendige Dampfsperrschicht auf der Außenseite der Dämmung einen Korrosionsschutz der Rohrleitungen überflüssig mache, zumal die Reaktionsgeschwindigkeit der Korrosionsvorgänge im tiefen Temperaturbereich verlangsamt abläuft, darf eine Vorbehandlung mit einem auf die Ansetzmasse abgestimmten Korrosionsschutz nicht eingespart werden. Damit wird nicht nur ein Rostschutz gegeben, sondern auch eine bessere Haftung der Ansetzmasse auf der Rohrleitung erzielt. Bei der Ortverschäumung von Polyurethanhartschaum ist ein Korrosionsschutz der Rohrleitungen ebenfalls anzuraten, im Bereich von Heißgasleitungen unbedingt notwendig. Es werden spezielle Produkte, angepaßt an das Schaumsystem als Kombination von Rostschutz und Haftvermittler, von den Rohstoffherstellern empfohlen.

Nach dem Trocknen des Korrosionsschutzanstriches werden Schalen oder Formteile mit Heißbitumen, Heißmassen oder Spezialpasten angesetzt, wobei auch die erste Lage mit versetzten Fugen zu verlegen ist. Stirn- und Längsseiten der Formteile sind ebenfalls mit der Ansetzmasse zu bestreichen und zusammenzupressen. Entstandene Fugen sind mit der Ansetzmasse zu verspachteln.

Auf die Dämmschicht wird die Ummantelung aufgebracht, die außer der grundsätzlich notwendigen Funktion als Dampfsperrschicht nach zusätzlichen Anforderungen (Witterungsbeständigkeit, Schlagfestigkeit) auszuwählen ist (siehe auch Abschnitt 8.3). Auf die Dämmschicht werden bei Verwendung von Wickelbandagen, z.B. aus Kunststoff-Folie, diese breitflächig überlappt aufgebracht. Nicht wickelfähige Folien müssen an den Längs- und Querstößen ausreichend überlappt und verklebt werden. Besondere Sorgfalt ist im Bereich der Bögen, von Abzweigungen, Flanschen, T-Stücken usw. aufzuwenden. Werden diese Sperrschichten anschließend mit einem Blechmantel versehen, muß zwischen Sperrschicht und Blechmantel eine Polsterunterlage aus Mineralfaserfilzen oder Schaumkunststoffen eingebaut werden. Diese sind so dick zu bemessen (mindestens 10 mm), daß die Blechtreibschrauben der Ummantelung die Sperrschicht nicht beschädigen können. Diese Maßnahme ist bei einem Oberflächenabschluß mit Bitumenhartmantel, Heißbitumenspachtelung mit Glasvlieseinlage oder Kunststoffschichten mit Gewebeeinlage nicht notwendig.

Endstellen sind mit einer Manschette so zu versehen, daß ein Überstand von 2—3 mm erreicht wird. Der so entstandene Hohlraum ist mit Bitumenkitt oder Dichtungsmasse satt auszufüllen und gut zu verspachteln.

Zum Arbeiten an den Rohrsträngen und Armaturen, besonders zum Anbringen der Wärmedämmung, sind die Rohre in einem genügenden Abstand von der Decke oder Wand anzuordnen. Nebeneinanderliegende Rohre sind im gleichen Abstand voneinander zu verlegen, übereinanderliegende Rohre im gleichen Abstand von der darunterliegenden Aufhängeschiene (s. Kap. 5.3.1.4, Bild 5/43).

Bei Auflagern und Aufhängungen von gedämmten Kälterohrleitungen sind direkte Verbindungen zwischen kälteführendem Objekt und Befestigungen zu vermeiden. Deshalb müssen Ringe oder Auflager verwendet werden, die aus Stoffen mit möglichst niedriger Wärmeleitfähigkeit bestehen. Diese Produkte müssen jedoch die spezifisch auftretende Last aushalten, ohne dabei eine Stauchung zu erleiden oder zu brechen. Das Arbeitsblatt AGI Q 11 (erscheint demnächst) enthält eine Tabelle, in der für Auflager verwendbare Stoffe zusammengestellt sind. Neben der Wärme-

leitfähigkeit sind für die verschiedenen Produkte in Abhängigkeit von der Rohdichte Rechenwerte für die Belastbarkeit bei statisch aufgebrachter Dauerlast vorgeschlagen. Die Tabelle enthält Werte für Polystyrol-Hartschaum, Polyurethan-
Hartschaum, Preßkork, Schaumglas und Hartholz. Ausführungsbeispiele für gedämmte und ungedämmte Rohrleitungen zeigt Bild 8/40.

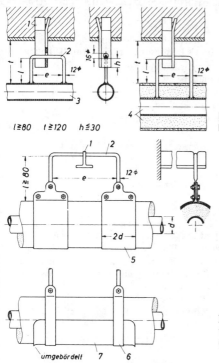

Links: nicht wärmegedämmte Rohrleitung
Rechts: wärmegedämmte Rohrleitung

Bild 8/40 Aufhängungen von gedämmten und nicht gedämmten Rohrleitungen
(Beispiele).

Die Aufhänger 1 können aus L-, T-Stahl oder Profilschienen gefertigt sein. Die Aufhängebügel 2
werden an ungedämmt bleibenden Rohren 3 und an zu dämmenden Wärmeleitungen 4 direkt
angeschweißt. Im letzten Falle ist der Wärmeverlust durch die von den Bügelschenkeln gebildete
Wärmebrücke unbedeutend. Schwitzwasser bildet sich an den Bügelschenkeln nicht, wenn im
Rohr nur Temperaturen über dem Taupunkt der umgebenden Luft auftreten.

Zu dämmende Leitungen für Frischwasser und Kälteleitungen für Kältemittel, Sole und Eiswasser müssen zur Vermeidung von Schwitzwasser ohne Wärmebrücke, d. h. ohne Metallberüh-
rung zwischen Rohr- und Aufhängebügel aufgehängt werden. Das kann geschehen allein durch
breite Schellen 5 oder durch schmale Schellen (ca. 30 x 1,5 . . . 2 mm) unter Beilage einer
Blechschale 7. Breite Schellen 5 oder Blechschalen 7 sind nötig, um ein Einschneiden der
Schellen in die Dämmung zu vermeiden und eine Lastverteilung auf eine größere Fläche zu
erzielen.

Die Festlegung der Breite der Schellen oder der Anordnung einer Blechschale richtet sich nach
der Festigkeit des Dämmstoffs und der maximalen Auflast. Diese kann vor Inbetriebnahme
einer Anlage (Wasserdruckprobe) unter Umständen höher als im Betriebszustand sein. Auch
bei ausreichend druckfestem Dämmstoff müssen die Schellen mindestens so breit wie der zwei-
fache, nicht gedämmte Rohrdurchmesser sein. Blechschalen brauchen nicht um den gesamten
Umfang der gedämmten Rohrleitung geführt zu werden. Die Lastabtragung erfolgt nur über das
untere Drittel des Umfangs.

Normen und Richtlinien

DIN 4108   Wärmeschutz im Hochbau, Teil 1 bis 5, z. Z. Entwurf Oktober 1979

DIN 4102   Brandverhalten von Baustoffen und Bauteilen, Blatt 1, 2, 3 und 4

DIN 18 421   Wärmedämmarbeiten an betriebstechnischen Anlagen

DIN 18 161   Korkerzeugnisse als Dämmstoffe für das Bauwesen, Dämmstoffe für die Wärmedämmung

DIN 18 159   Schaumkunststoffe als Ortschäume im Bauwesen
Teil 1 Polyurethan-Ortschaum für die Wärme- und Kältedämmung
Teil 2 Harnstoff-Formaldehydschaum als Dämmstoff für die Wärmedämmung

DIN 18 164   Schaumkunststoffe als Dämmstoffe für das Bauwesen
Teil 1 Dämmstoffe für die Wärmedämmung

DIN 18 165   Faserdämmstoffe für das Bauwesen
Teil 1 Abmessungen, Eigenschaften und Prüfung

DIN 18 174   Schaumglaserzeugnisse als Dämmstoffe für das Bauwesen
Dämmstoffe für die Wärmedämmung

DIN 52 270   Entwurf. Prüfung von Mineralfaser-Dämmstoffen – Begriffe, Lieferarten,
Lieferformen

DIN 52 275   Prüfung von Mineralfaser-Dämmstoffen
Teil 1 Bestimmung der linearen Masse und der Rohdichte.
Ebene Erzeugnisse
Teil 2 Rohrschalen

DIN 52 611   Blatt 1 Wärmeschutztechnische Prüfungen; Bestimmung des Wärmedurchlaß-
widerstandes von Wänden und Decken; Prüfung im Laboratorium
Blatt 2 Entwurf; Wärmedurchlaßwiderstand für die Anwendung im Bauwesen

DIN 52 612   Teil 1 Wärmeschutztechnische Prüfungen; Bestimmung der Wärmeleitfähigkeit
mit dem Plattengerät; Versuchsdurchführung und Versuchsauswertung
Blatt 2 Bestimmung der Wärmeleitfähigkeit mit dem Plattengerät; Wärmeleitfähigkeit für die Anwendung im Bauwesen

DIN 52 613   Wärmeschutztechnische Prüfungen; Bestimmung der Wärmeleitfähigkeit nach dem
Rohrverfahren

DIN 52 615   Blatt 1 Wärmeschutztechnische Prüfungen; Bestimmung der Wasserdampfdurchlässigkeit von Bau- und Dämmstoffen

DIN 53 420   Prüfung von Schaumstoffen; Bestimmung der Rohdichte

DIN 53 421   Prüfung von harten Schaumstoffen; Druckversuch

DIN 53 428   Prüfung von Schaumstoffen; Bestimmung des Verhaltens gegen Flüssigkeiten,
Dämpfe, Gase und feste Stoffe

DIN 53 429   Prüfung von harten Schaumstoffen; Bestimmung der Wasserdampfdurchlässigkeit

VDI 2055   Wärme- und Kälteschutz für betriebs- und haustechnische Anlagen (Neufassung
voraussichtlich Ende 1980), VDI-Verlag Düsseldorf

VOB Verdingungsordnung für Bauleistungen. Beuth-Verlag GmbH, Berlin

AGI-Arbeitsblätter, Arbeitsgemeinschaft Industriebau e. V., Braunschweig

AGI Q 10   Wärmedämmungsarbeiten

AGI Q 11   Kältedämmarbeiten an betriebstechnischen Anlagen
(erscheint in Kürze)

AGI Q 113   PUR-Hartschaumstoff; Ortschaum an betriebstechnischen Anlagen

AGI Q 138   Harte Schaumstoffe als Dämmstoffe für betriebstechnische Anlagen; PUR-Ortschaum

AGI Q 151   Dämmarbeiten; Korrosionsschutz bei Kälte- und Wärmedämmungen an betriebstechnischen Anlagen

AGI Q 157   Kälteschutz, Teil 7, Dämmdicken für PUR-Ortschaum

Literaturverzeichnis

[1] *Achtziger, J.:* Messung der Wärmeleitfähigkeit von Schaumkunststoffen mit beliebigem Feuchtigkeitsgehalt, Kunststoffe im Bau, Themenheft 23, 1971, S. 19–22

[2] *Ballot, G.:* Guide Pratique de l'Isolation Frigorifique, PYC-Edition, Paris, 1972.

[3] *Cammerer, J.S.:* Wärme- und Kälteschutz in der Industrie, Springer-Verlag, Berlin, 4. Aufl., 1962.

[4] *Cammerer, J.S.:* Die zulässige Dampfdiffusion durch Kühlhauswände, deren Berechnung und die Verhältnisse bei völlig dampfdichten Kälteisolierungen, Kältetechnik 16 (1964) Nr. 10, S. 301–307.

[5] *Cammerer, J.S.:* Tabellarium aller wichtigen Größen für den Wärme- und Kälteschutz, Heidelberger Verlagsanstalt, Heidelberg, 1973.

[6] *Cammerer, W.F.:* Die Wasserdampfdiffusion in der Isoliertechnik. Die Isolation, Nr. 6, 1971.

[7] *Drees, H.:* Kühlanlagen, VEB-Verlag Technik, Berlin, 8. Aufl., 1965.

[8] *Emblik, E.:* Kälteanwendung, Verlag G. Braun, Karlsruhe, 1971.

[9] *Fritzsche, C.:* Kühlhäuser im In- und Ausland, Forschungsinstitut für die Kühl- und Gefrierwirtschaft, Magdeburg, 1964, Verlag VEB, Repricolor, Magdeburg.

[10] *Glaser, H.:* Zur Wahl der Diffusionswiderstandsfaktoren von mehrschichtigen Kühlraumwänden, Kältetechnik 11 (1959) Nr. 7, S. 214–218.

[11] *Glaser, H.:* Graphisches Verfahren zur Untersuchung von Diffusionsvorgängen, Kältetechnik 11 (1959) Nr. 10, S. 345–349.

[12] *Glaser, H.:* Wasserdampfdiffusion in Rohrisolierungen, Kältetechnik-Klimatisierung 19 (1967) Nr. 5, S. 129–133.

[13] *Hempel, R.:* Tiefkühllagerraumbau und geeignete Isolierkonstruktionen, Bitumen, Teere, Asphalte, Peche und verwandte Stoffe, Nr. 9, 1965.

[14] *Hempel, R.:* Techn. Schulungsunterlagen, VKI-Reinhold & Mahla, Mannheim, unveröffentlicht.

[15] *Henze, J.:* Bau und Einrichtung von Lagerräumen für Obst und Gemüse, KTBL-Schrift 154, 1972, Landwirtschaftsverlag Hiltrup

[16] *Maake, W. und Eckert, H.J.:* Pohlmann-Taschenbuch für Kältetechniker, Verlag C.F. Müller, Karlsruhe, 1971.

[17] *Neufert, E.:* Styropor-Handbuch, Bauverlag, Wiesbaden u. Berlin, 2. Aufl., 1971.

[18] *Sauerbrunn, J.:* Schaumkunststoffe in der Kältetechnik, Heiz.-Lüft.-Haustechn. 18 (1967) Nr. 9, S. 346–351.

[19] *Sauerbrunn, J.:* Reklamationen bei Kälteisolierungen und ihre Vermeidung, Die Kälte 20 (1967) Nr. 9, S. 443–449.

[20] *Sauerbrunn, J.:* Die Anwendung von Polystyrolschaum in der Kältetechnik, Kältetechnik-Klimatisierung 20 (1968) Nr. 1, S. 11–17.

[21] *Sauerbrunn, J.:* Der Brandschutz bei Kühlhäusern, Die Kälte 22 (1969) Nr. 4, S. 179–185.

[22] *Schmidt, H.D.:* Erfahrungen mit Phenolharzschaum, Kunststoffe im Bau 10 (1975) Nr. 2, S. 8–10.

[23] *Schmidt, W.:* Die für die Kältetechnik wichtigen Eigenschaften von Hartmoltopren, Kältetechnik-Klimatisierung 18 (1966) Nr. 12, S. 438–445.

[24] *Seiffert, K.:* Wasserdampfdiffusion im Bauwesen, 2. Aufl., 1974, Bauverlag, Wiesbaden.

[25] *Seiffert, K.:* Gerüche in Kühlräumen, Die Kälte 24 (1971) Nr. 9, S. 395–398.

[26] *Seiffert, K.:* Über das Temperatur- und Schwitzwasserverhalten von Kühlraum-Trennwänden bei veränderlichen (instationären) Betriebszuständen, Die Kälte 26 (1973) Nr. 1, S. 5–12.

[27] *Stettner, H.:* Kälteanlagen, Markewitz-Verlag, Darmstadt, 1962.

[28] *Zehendner, H.:* Wie sich Schaumkunststoffe unter Druck verhalten. Kunststoffe im Bau, Themenheft 23, 1971, S. 27–38.

[29] *Zehendner, H.:* Untersuchung der mechanischen Eigenschaften von Schaumkunststoffen im Bereich von − 180 °C bis + 70 °C. Isolierung Nr. 5.

[30] *Zehendner, H.:* Einfluß von Feuchtigkeit auf die Wärmeleitfähigkeit von Schaumkunststoffen im Bereich von − 30 °C bis + 30 °C. Kunststoffe im Bau, Heft 1/79, Carl Hanser-Verlag, München.

[31] Handbuch der Dämmtechnik, Teil 1. Bundesfachabteilung Wärme-, Kälte-, Schallschutz im Hauptverband der Deutschen Bauindustrie, Düsseldorf, 1979.

9 Kälteanwendung

Ob.-Ing. Wolfgang Duscha

9.1 Grundsätze der Projektierung von Kälteanlagen

9.1.1 Einführung und Überblick

Die Erfindung der Kältemaschine und ihre Entwicklung macht es möglich, daß heute zu beliebiger Zeit Kälte in benötigter Menge und gewünschter Temperatur, vorzugsweise im Bereich zwischen $+10°$ und $-50°C$, erzeugt werden kann. Wesentlich tiefere Temperaturen können erzeugt und angewendet werden, vorzugsweise in verfahrenstechnischen Prozessen. Dieser Bereich soll hier nicht behandelt werden. Es wird auf die Fachliteratur verwiesen.

Die ersten Kältemaschinen wurden in der Lebensmitteltechnik eingesetzt, denn das Abkühlen und Kühllagern von Fleisch, Fisch, Obst, Gemüse und Milch, also der wichtigsten Lebensmittel, war vordringlich. Ihr Verderb wird durch Lagern bei einer Temperatur wenig über dem Gefrierpunkt ganz wesentlich verzögert (vergl. Kap. 10) [1].

Die Kühllagerung macht es möglich, eine plötzliche Schwemme von Obst und Gemüse aufzufangen und die Vermarktung zu strecken.

Die Erkenntnis, daß viele Lebensmittel gefroren in gutem Zustand über längere Zeit gelagert werden können, ließ die Gefrierindustrie entstehen und in deren Folge die Kühlkette. Sie stellt sicher, daß die Lebensmittel in dem Zustand, den sie nach dem Abkühlen und Gefrieren haben, bis in den Haushalt des Verbrauchers gebracht werden und dort bis zur Zubereitung in diesem Zustand bleiben.

Auch für viele andere Bereiche unseres Lebens bringt die jederzeit mögliche Kälteerzeugung Vorteile. Kunsteisbahnen verlängern die Saison für den Eislaufsport ganz erheblich und machen ihn unabhängig vom Wetter. Mit künstlichem Schnee werden Ski-Pisten angelegt. Angesetzte Ski-Wettkämpfe können trotz einsetzendem Tauwetter durch den Einsatz der Schneekanone durchgeführt werden. Kälteanwendung eröffnet auch in der Medizin neue Möglichkeiten. Kontrolliertes Absenken der Körpertemperatur mit Hilfe von Kaltwasser oder kalter Luft macht komplizierte Herzoperationen möglich. In Klimakammern werden Erkältungskrankheiten in kontrollierter Atmosphäre bekämpft.

Industrie und Forschung sind heute Großverbraucher von Kälte. Die Entwicklung von Chemie und Petrochemie sowie vieler Kunststoffprodukte war ohne Einsatz von Kälte nicht möglich. In chemischen Betrieben sind große Mengen an Reaktionswärme abzuführen. Gase werden kondensiert und teure Lösungsmittel zurückgewonnen. Schädliche Gase und Geruchsstoffe werden aus Abluft auskondensiert, um die Umwelt zu schützen.

Im Maschinen- und Fahrzeugbau werden Schrumpfverbindungen mit Temperaturen von $-40°C$ bis $-50°C$ hergestellt, um eine Veränderung des Werkstoffgefüges durch Anwärmen zu vermeiden. Schmier- und Bohröle werden gekühlt, denn ohne diese Kühlung sind die großen Transferstraßen im Motoren- und Fahrzeugbau nicht möglich. Schächte und Baugruben in lockerem Erdreich können durch Gefrieren einer Randschicht eine feste Wand erhalten und dann ohne besondere Versteifungen ausgehoben werden. Bei großen Betonbauten, zum Beispiel Staumauern, kann die Abbindewärme des Betons über ein eingegossenes Rohrsystem mit Kaltwasser oder kalter Sole abgeführt werden, um Wärmespannungen und damit Risse zu vermeiden. So gibt es viele Anwendungsgebiete von Kälte, deren Wichtigste im folgenden behandelt werden.

9.1.2 Der Kältebedarf

Das Ermitteln des richtigen Kältebedarfs ist die Voraussetzung für das Auslegen einer zufriedenstellend arbeitenden Kälteanlage.

Der Kältebedarf, im allgemeinen mit Q_0 bezeichnet, hängt von mehreren Faktoren ab, die je nach Art der Kälteanlage einen mehr oder weniger großen Einfluß haben. Sie sind im einzelnen:

Einstrahlung Q_E durch Wände, Decke und Boden
Abkühlung des zu kühlenden Stoffes Q_A
Vom Kühlgut entwickelte Wärme
Wärme, entwickelt durch Hilfsmaschinen (z. B. Ventilatoren, Pumpen) (Q_H)
Verlustwärme Q_V, z. B. durch Türöffnen und Begehen des Raumes, Beleuchtung
Sonstige Wärmezufuhr (Abtauenergie, Arbeitsmaschinen)

9.1.2.1 Einstrahlung

Die Differenz zwischen der Umgebungstemperatur ϑ_a und der Raumtemperatur eines Kühlraumes ϑ_i bzw. der Temperatur einer zu kühlenden Flüssigkeit ergibt die Einstrahlung ($\dot{Q}_E$). Ihr Wert ist abhängig von der Oberfläche des Raumes oder der Leitungen und Apparate, gemessen einschließlich der Wärmedämmschicht, und dem Wärmedurchgangskoeffizient (k-Wert) der Wärmedämmschicht. Sie errechnet sich nach der Formel

$$\dot{Q}_E = A \cdot k \cdot (\vartheta_a - \vartheta_i) \tag{9-1}$$

9.1.2.2 Abkühlung des zu kühlenden Stoffes

Die Wärme, die dem Kühlgut zum Abkühlen entzogen werden muß, ist die Abkühlleistung (Q_A). Sie hängt von den Stoffwerten des Kühlgutes ab

m = Masse des Kühlgutes
c = spezifische Wärmekapazität des Kühlgutes
ϑ_A = Temperatur des Kühlgutes am Anfang (Einbringtemperatur)
ϑ_E = Temperatur des Kühlgutes am Ende der Abkühlung

Sie errechnet sich zu

$$Q_A = m \cdot c \cdot (\vartheta_A - \vartheta_E) \tag{9-2}$$

Handelt es sich bei dem Kühlgut um eine Flüssigkeit, so ist

$$m = V \cdot \rho \tag{9-3}$$

wobei V das Volumen in m³, ρ die Dichte des Stoffes in kg/m³ ist.

Für eine Flüssigkeit ist dann

$$Q = V \cdot \rho \cdot c \cdot (\vartheta_A - \vartheta_E) \tag{9-4}$$

9.1.2.3 Vom Kühlgut entwickelte Wärme

Früchte und Gemüse, frisch geerntet, leben noch. Sie atmen, wobei sie aus der Luft Sauerstoff aufnehmen und ihn zu CO_2 verbrennen. Dabei wird Wärme frei, die *Atmungswärme*. Sie ist um so größer, je höher die Temperatur ist. (Vergl. Kap. 10).

9.1.2.4 Wärme, entwickelt von Hilfsmaschinen

In Kühlräumen und Gefrieranlagen sind zum Umwälzen der Raumluft Ventilatoren eingesetzt, deren Antriebsleistung als zusätzliche Wärme abgeführt werden muß. Deren Wert kann, z. B. bei Schnellkühlräumen, gleich der Einstrahlung sein. Beim Kühlen von Flüssigkeit sind im Flüssigkeitskreislauf meist Pumpen vorhanden. Auch ihre Antriebsleistung geht als zusätzliche Wärme in die Flüssigkeit über und muß abgeführt werden. Die Wärmeentwicklung dieser Hilfsmaschinen ist das Wärmeäquivalent der Antriebsenergie. Sie ist

$$\dot{Q}_H = P_e \,(\text{kW})\,(= 3600 \cdot P_e \text{ kJ/h}) \tag{9-5}$$

9.1.2.5 Verlustwärme

Jeder Kühlraum wird mehr oder weniger begangen. Dabei dringt durch das Öffnen der Tür warme Außenluft ein, die im Raum abgekühlt und entfeuchtet wird. Die beim Begehen eingeschaltete Beleuchtung erzeugt Wärme und der im Raum befindliche Mensch ebenfalls.

Die von Menschen abgegebene Wärme ist nach [2]

langsam gehend	ca. 800 kJ/h	= rd. 220 W
bei mittlerer Arbeit	ca. 1100 kJ/h	= rd. 300 W
bei Schwerstarbeit	ca. 2500 kJ/h	= rd. 700 W

Die *Verlustwärme* Q_V ist schwer zu berechnen. Dies wird bei der Gesamtberechnung durch einen Verlustzuschlag berücksichtigt.

9.1.2.6 Sonstige Wärmezufuhr

In gekühlten Arbeitsräumen von z. B. Fleischwarenfabriken sind Arbeitsmaschinen (Kutter, Sägen, Verpackungsmaschinen, Folienschweißmaschinen) aufgestellt, die einen erheblichen Energiebedarf haben können. Bei Kühlräumen unter +2 °C, bei Gefrieranlagen und Frostern sind Abtauvorgänge erforderlich, die ebenfalls Energie benötigen und diese als Wärme dem Raum zuführen. Diese Energien, überwiegend in Form von elektrischer Energie, ergeben einen zusätzlichen Kältebedarf. Er ist das Wärmeäquivalent aus der Summe des Energiebedarfes aller Einzelmaschinen und Heizquellen.

$$\dot{Q}_S = P_{ges} \,(\text{kW})\,(= P_{ges} \cdot 3600 \text{ kJ/h})$$

wobei P_{ges} die Summe der einzelnen Antriebs- und Heizleistungen ist. Dieser Kältebedarf muß immer in der Zeit, in der er anfällt, abgeführt werden. Im Beispiel des Abschnitts 9.4 ist dies näher erläutert.

9.1.2.7 Gesamtkältebedarf

Der *Gesamtkältebedarf* Q_{ges}, den eine Kälteanlage decken muß, ist also

$$Q_{ges} = Q_E + Q_A + Q_{Atmung} + Q_V + Q_S = \Sigma Q_1 \ldots Q_x) \qquad (9\text{–}6)$$

Das Gewicht der einzelnen Summanden in dieser Summe ist ganz verschieden und richtet sich nach dem Zweck der Kühleinrichtung.

Bei Gefrierlagerräumen überwiegt die *Einstrahlung*. Der Kältebedarf für das *Abkühlen* ist der weitaus größte Faktor im Abkühlraum für Fleisch und Obst.

Einstrahlung + Atmung stellen den Hauptteil des Kältebedarfs beim Obstlager.

Bei gekühlten Arbeitsräumen muß die *zusätzlich eingebrachte Wärme* durch Maschinen und Personal besonders berücksichtigt werden.

9.1.2.8 Maßeinheiten

In der Projektierungspraxis hat sich eingeführt, die Einheit der Kälteleistung (= Wärmestrom) als den Äquivalentwert

$$1 \, kW = 3600 \, kJ/h$$

zu benützen, da dann spezifische Kenndaten, wie z. B. die Kältezahl, dimensionslose Größen werden.

9.1.3 Bemessen der Kälteanlage

Die Kälteanlage muß den errechneten Kältebedarf decken, wobei je nach Einsatzzweck und der Betriebsweise Faktoren zu beachten sind, welche die Größe der gewählten Verdichter und Apparate erheblich beeinflussen. Beim Auslegen der Komponenten ist besonders zu beachten:

9.1.3.1 Betriebsweise der Anlage

Beim *gleichmäßigen* Betrieb wird die Kälteanlage bei praktisch konstanten Bedingungen betrieben, wie es zum Beispiel beim Kühlen eines Lagerraumes für Langzeitlagerung der Fall ist. Der Kältebedarf über 24 Stunden kann hier ziemlich genau ermittelt werden. Es überwiegen die *Einstrahlung* von außen, wobei die höchste Umgebungstemperatur und etwaige *Ventilatorarbeit* und *Abtauleistung* zu berücksichtigen ist. Die Leistung der Kältemaschine wird bei Räumen über 0 °C so ausgelegt, daß der Kältebedarf mit einer Betriebszeit von etwa 16 Stunden je Tag gedeckt wird. Damit bleibt noch eine ausreichende Reserve für das Abtauen der Kühlsysteme.

Bei Gefrierlagerräumen, bei denen das Abtauen zwangsweise erfolgt, oder bei der Eiserzeugung, bei welcher Abtauprobleme nicht auftreten, kann eine längere Betriebszeit bis 22 Stunden zugelassen werden.

Bei Kälteanlagen mit *stoßweisem Betrieb* überwiegt die Belastung durch Abkühlen des Lagergutes (Durchgangs-Kühlhaus, Schnellkühlraum) oder der Kältebedarf tritt aus klimatischen Gründen stoßweise auf, z. B. bei einer Klima-Kaltwasseranlage, wo der Kältebedarf des Gebäudes sich kurzfristig ändert. Bei solchen Betriebsbedingungen muß die Anlage für die auftretende Höchstlast bemessen werden. Das gleiche gilt für temperierte Arbeitsräume, in denen Maschinen mit hoher Anschlußleistung ein- und ausgeschaltet werden. Auch hier muß die Energie in dem Maße, wie sie anfällt, abgeführt werden, um die Temperatur zu halten. Die Leistung der Kälteanlage muß ebenso groß sein, wie die maximal auftretende Wärmelast durch Einstrahlung, Maschinen, Menschen und Beleuchtung.

9.1.3.2 Betriebssicherheit und Reserve

Bei Ausfall der Kälteanlage können große Verluste entstehen, z. B. in einem Kühlhaus oder auf einem Kühlschiff. Die gesamte Verdichterleistung wird dann zweckmäßig auf mehrere gleiche Einheiten aufgeteilt. Das gleiche gilt für die Verflüssiger. Diese sind so auszulegen, daß auch bei Ausfall eines Verdichters oder Abschalten eines Verflüssigers zum Reinigen, die anderen immer noch ausreichen, um den Kältebedarf mit Sicherheit voll zu decken. Bewährt hat sich die Drei-Teilung. Wenn z.B. drei Verdichter den Kältebedarf in 16 Stunden decken, so erbringen ihn zwei Verdichter in 24 Stunden. Es ist damit eine Reserve von 50 % gegeben. Der Betrieb ist sichergestellt.

Es gibt bei der Kälteanwendung Fälle, bei denen es schwer ist, den richtigen Kältebedarf zu ermitteln. Sei es, daß Stoffwerte, die zur Berechnung benötigt werden, nicht bekannt sind, oder es sich um ein neues Verfahren handelt, wo die in einer Reaktion erwartete Wärmeentwicklung zunächst durch einen Testversuch annähernd ermittelt werden muß. Für solche Fälle wird ein erheblicher Sicherheitszuschlag eingerechnet, nicht selten für eine absolute Betriebssicherheit der Kälteanlage 100 % Reserve.

9.1.3.3 Luft- oder wassergekühlter Verflüssiger

Kleinere gewerbliche Kälteanlagen haben oft *luftgekühlte Verflüssiger*. Sie sind einfach, leicht zu warten und unempfindlich. Luft ist billig und steht überall ausreichend zur Verfügung. Nachteilig ist die hohe Verflüssigungstemperatur in der Sommerspitze, gerade dann, wenn die Kälteanlage am stärksten belastet ist. Verflüssiger und Antriebsmotor müssen so groß bemessen werden, daß bei der höchsten Außentemperatur der Verdichter noch innerhalb seiner Einsatzgrenze arbeitet. Im Winter, bei kalter Zuluft, müssen wiederum Maßnahmen ergriffen werden, um einen genügend hohen Verflüssigungsdruck zu halten, damit die Expansionsventile noch richtig arbeiten (s. Kap. 6).

Luftgekühlte Kältesätze werden gern so eingebaut, daß sie kühle Luft aus Kellern ansaugen und diese erwärmt ins Freie blasen können. In jedem Fall ist darauf zu achten, daß Zu- und Abluft ungehindert strömen können und die Querschnitte der Luftwege genügend groß sind. Bei einer Vielzahl von Verdichtern, z. B. in einem Supermarkt, werden luftgekühlte Verflüssiger mit Radialventilatoren und mit besonderen Kanälen für Zuluft und Abluft eingesetzt. Die erwärmte Abluft kann bei derartigen Anlagen noch zum Temperieren von Arbeitsräumen oder dergleichen genutzt werden. Luftgekühlte Verflüssiger gibt es heute bis zu Verflüssigungsleistungen von 200 kW (s. Kap. 4.2.5 und Kap. 5.2.1).

Wassergekühlte Verflüssiger bauen wegen des besseren Wärmeübergangs an Wasser kleiner als luftgekühlte. Sie müssen in einem temperierten Raum aufgestellt werden, damit sie im Winter bei Stillstand nicht einfrieren. Bei kleiner Kälteleistung werden sie mit Stadtwasser betrieben, wobei zur Wasserersparnis ein Kühlwasserregler (s. Kap. 6) eingebaut wird. Dieser regelt die Wassermenge nach dem eingestellten Verflüssigungsdruck und schließt beim Stillstand den Zufluß. Bei großen Kälteleistungen wird das Kühlwasser oft einem Kühlturmkreislauf entnommen. Auch Fluß- und Brakwasser, wenn vorhanden, auf Schiffen Seewasser, ist gebräuchlich. In allen Fällen ist die höchste vorkommende Wassertemperatur für die Berechnung einzusetzen. Außerdem muß, je nach Wasserqualität, ein mehr oder weniger großer Verschmutzungszuschlag berücksichtigt werden, da die Leistung des Verflüssigers durch Verschmutzen der Rohre (Verschlechterung des Wärmeübergangs) nach kurzer Betriebszeit nachläßt. Die Konstruktion soll ein leichtes Reinigen zulassen.

Wenn das Wasser agressive Bestandteile enthält, so werden die Rohre vielfach mit einer Kunststoffschicht ausgekleidet oder es wird eine besondere Legierung verwendet (z. B. Marinemessing). Bei Ammoniakanlagen darf allerdings nur Stahl Verwendung finden (s. 9.7.5 und Kap. 2). Bei der Wasserkühlung kann die Verflüssigungstemperatur durch Regeln der Wassermenge konstant gehalten werden. Sie liegt in der Spitze niedriger als bei Luftkühlung. Man kann mit kleineren Motoren auskommen und der Energieverbrauch ist geringer.

9.1.3.4 Wartung und Betriebskosten

Alle Komponenten der Kälteanlage müssen so bemessen und angeordnet werden, daß die Wartung einfach ist und etwaige Reparaturen schnell und richtig ausgeführt werden können (vgl. Kap. 5). Wichtig ist die Wahl der richtigen Verdampfungs- und Verflüssigungstemperatur und damit günstiger Kühlflächen, die vor allem nicht zu klein sein sollen. Kleine Kühlflächen ergeben große Temperaturdifferenzen und damit eine tiefe Verdampfungs- und hohe Verflüssigungstemperatur. Der Verdichter hat dann ein großes Druckgefälle zu überwinden, was einen hohen Energieverbrauch und hohe Betriebskosten bedingt.

9.2 Kühlen und Gefrieren von Flüssigkeiten

Die Flüssigkeitskühlung hat bei der Kälteanwendung einen sehr großen Anteil. Es handelt sich dabei überwiegend um das Ab- und Rückkühlen von Kälteträgern, die entsprechend der Kühlaufgabe besondere Eigenschaften haben müssen. Wichtige Eigenschaften der gebräuchlichen Kälteträger sind im Kapitel 2.7 erläutert.

9.2.1 Einsatz von Kälteträgern

Das einfachste und billigste Kühlverfahren ist das direkte Kühlen eines Stoffes durch Verdampfen des Kältemittels in einem Wärmeaustauscher (Verdampfer), welcher von dem Stoff berührt oder durchströmt wird. Das ist jedoch nicht immer durchführbar. In der chemischen Industrie z. B. kann Explosionsgefahr entstehen, wenn das Kältemittel mit dem zu kühlenden Stoff in direkte Beführung kommt. In der Lebensmittelindustrie, in deren Betrieben vielfach Ammoniak als Kältemittel verwendet wird, kann durch Undichtheiten austretendes Ammoniak die Ware ungenießbar machen. In weitverzweigten Anlagen bietet sich deshalb ein Kälteträger-(Sole-)Netz zur Lösung des Problems der Kälteverteilung an. Es ist dies dann eine „indirekte" Kühlung mit einem geeigneten Kälteträger. Dabei kann als Kälteanlage vielfach ein Kompaktgerät mit im Lieferwerk fertig montiertem Kältekreislauf vorgesehen werden, wodurch an Montagekosten und teurer Kältemittelfüllung gespart wird. Der Kältemittelinhalt eines solchen Gerätes ist viel geringer als derjenige eines verzweigten Rohrnetzes zum Zuführen des Kältemittels an die einzelnen Kühlstellen.

Mit Hilfe eines Kälteträgers kann auch Kälte für periodische Lastspitzen gespeichert werden; entweder durch Abkühlen eines entsprechend großen Solevorrats (sensible Speicherung) oder – bei Verwenden von Wasser – in Form von Eis (latente Speicherwärme).

9.2.1.1 Eigenschaften der Kälteträger

Um einsetzbar zu sein, muß ein Kälteträger folgende Eigenschaften haben:

a) Der Gefrierpunkt des Kälteträgers muß immer tiefer liegen als die zur Kühlung notwendige Verdampfungstemperatur des Kältemittels. Die Sicherheitsspanne soll in der Praxis mindestens 5 K sein, für den Fall, daß die Verdampfungstemperatur etwas absinkt.

b) Die Flüssigkeit soll eine gute Wärmeleitfähigkeit haben, damit der Wärmeübergang günstig und die Übertragungsfläche der Wärmetauscher möglichst klein werden.

c) Bei tiefen Temperaturen soll die Viskosität niedrig sein, damit der Energieaufwand für Pumpen und Rührwerke gering bleibt. Außerdem ist der Wärmeübergang um so besser, je niedriger die Viskosität ist.

d) Der Siedepunkt des Kälteträgers soll möglichst hoch liegen, damit er bei Stillstand der Kälteanlage und Erwärmen auf Raumtemperatur nicht verdunstet.

e) Der Kälteträger soll nicht korrosiv sein, damit die Wärmetauscher und Rohrleitungen nicht in teurem Sondermaterial, z. B. Edelstahl, ausgeführt werden müssen.

Leider gibt es bisher keine Flüssigkeit, die alle diese Bedingungen optimal erfüllt. Es gibt aber zahlreiche Flüssigkeiten, die für bestimmte Temperaturbereiche und Einsatzzwecke so viele der gestellten Forderungen erfüllen, daß ihre Verwendung sinnvoll ist.

9.2.1.2 Wasser als Kälteträger

Wasser ist im Temperaturbereich über 0 °C der ideale Kälteträger, da bei allen anderen bekannten Kälteträgern das Produkt $\rho \cdot c$ (Wasserwert) kleiner als 4187 kJ/kg K ist und somit die erforderliche Pumpen- oder Rührwerksleistung größer wird. Es wird Süßwasser, Eiswasser oder Kaltwasser genannt und in der Klimatechnik und Betrieben der Lebnesmittelindustrie, z. B. Molkereien und Brauereien, viel eingesetzt.

Bei Verwendung von Wasser liegt die Temperatur der Kühloberfläche immer über dem Gefrierpunkt. Es besteht keine Gefahr des Anfrierens. Es kann deshalb immer das wirt-

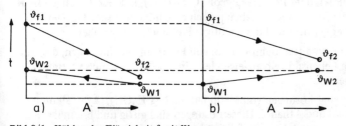

a) Gegenstrom
b) Gleichstrom

Bild 9/1 Kühlen der Flüssigkeit f mit Wasser w

schaftlichere Gegenstromkühlen angewendet werden, mit welchem bei gleicher Eintrittstemperatur des Kälteträgers eine tiefere Endtemperatur der zu kühlenden Flüssigkeit erreicht wird als bei Gleichstrom (s. Bild 9/1) [3].

Undichtheiten eines Wasserkreislaufes sind im allgemeinen unschädlich. Die Korrosionsgefahr ist bei Wasser geringer als z. B. bei Salzlösungen. Auf die Strömungsgeschwindigkeit ist zu achten. Sie sollte nicht über 1,8 m/s sein, sonst fördert sie die Korrosion. Bei Temperaturen nahe dem Gefrierpunkt ist ein geringer Zusatz eines Frostschutzmittels möglich, ohne die Eigenschaften des Wassers wesentlich zu ändern.

9.2.1.3 Wäßrige Salzlösungen [3]

Für Temperaturen unter 0 °C müssen Flüssigkeiten als Kälteträger Verwendung finden, die einen entsprechend tiefen Gefrierpunkt haben und deren sonstige Eigenschaften sie als geeignet ausweisen. Seit Beginn der Kälteanwendung sind Lösungen von Chlorkalzium ($CaCl_2$) und Chlornatrium ($NaCl$) bekannt. Tafeln über das Herstellen der Lösung für eine bestimmte Betriebstemperatur finden sich in vielen Taschen- und Fachbüchern der Kältetechnik [2, 7] oder werden von den Lieferfirmen zur Verfügung gestellt. Die Lösungen werden in „offenen“ Anlagen, bei denen sie mit Luft in Berührung kommen, durch Aufnahme von Sauerstoff korrosiv, was durch Hinzufügen von Pufferstoffen (Inhibitoren) vermindert werden kann (vergl. Kapitel 2.7.3).

Bezüglich der Korrosion günstiger sind die Karbonat-Solen. Dies sind Lösungen von Kalziumkarbonat (K_2CO_3, Pottasche) und Kalziumnitrat ($Ca(NO_3)_2$). Sie werden gern in Verbindung mit Edelstählen eingesetzt. Ein Vermischen beider Solearten muß unbedingt vermieden werden, da Salzausfällungen die Rohre der Wärmetauscher und Leitungen verstopfen oder stark verkrusten können.

Im offenen Kreislauf nehmen kalte Solen Feuchtigkeit aus der Luft auf, wodurch sie sich verdünnen und der Gefrierpunkt ansteigt. Sie müssen überwacht und verstärkt werden.

Heute sind im Handel zahlreiche Industriesolen auf der Basis von Salzen zu erhalten. Sie sind gepuffert und auf den gewünschten Temperaturbereich „eingestellt“. Im Betrieb der Anlage muß der ph-Wert, eine Kennzahl für den Säuregehalt, überwacht werden [2].

9.2.1.4 Salzfreie, wäßrige Lösungen [3]

Als Kälteträger geeignet sind auch Lösungen von Äthylenglycol ($C_2H_4(OH)_2$), Glyzerin ($C_3H_5(OH)_3$) oder Propylenglycol ($C_3H_6(OH)_2$). Diese Lösungen sind nicht so korrosiv wie Salzlösungen, haben jedoch eine höhere Viskosität. Der Wärmeübergang ist daher geringer und die benötigte Pumpenleistung höher.

Äthylenglycol ist zudem giftig. Beim Einsatz von Propylenglycollösungen, das zum Tauchgefrieren von Lebensmitteln angewendet wird (s. 9.5.1.3), muß verzinktes Eisen vermieden werden.

Weitere Kälteträger sind Lösungen von Methylalkohol (CH_3OH), Äthylalkohol (C_2H_5OH), Methanol und Äthanol. Diese Lösungen sind giftig und brennbar. Bei ihrem Einsatz sind besondere Vorschriften zu beachten.

9.2.1.5 Wasserfreie Kälteträger [3]

Für Betriebstemperaturen unter etwa $-40\,^\circ$C sind wäßrige Lösungen nicht mehr geeignet. Für diesen Bereich eignet sich z. B. Trichloräthylen (C_2HCl_3), kurz „Tri" genannt, sehr gut. Es hat einen Erstarrungspunkt von $-73\,^\circ$C, kann also bis zu Nutztemperaturen von $-50\,^\circ$C Verwendung finden. Tri hat ferner einen Siedepunkt von $+88\,^\circ$C und wird deshalb in Wechseltemperaturanlagen (z. B. Umwelt-Simulationsanlagen) im Bereich von $+60\,^\circ$C bis $-50\,^\circ$C vorteilhaft eingesetzt.

Auch Kältemittel können als Kälteträger Verwendung finden. Sie vereinigen in sich eine hohe spezifische Wärme, geringe Viskosität und hohe Wärmeleitfähigkeit. Außerdem sind sie nicht korrosiv. Allerdings müssen die Kreisläufe druckfest und dicht sein. In großen, verzweigten Kälteanlagen mit Ammoniak als Kältemittel wird dieses oft gleichzeitig in unterkühltem Zustand als Kälteträger verwendet (s. 9.4.6.1 und Kap. 3.2.4). Die günstige Arbeitsweise der NH_3-Pumpen-Anlagen sichert ihnen eine wachsende Anwendung. Zur Kälteverteilung bei Tieftemperaturanlagen im Bereich von $-80\,^\circ$C bis $-100\,^\circ$C eignet sich das Kältemittel R 11. Allerdings hat es bei diesen tiefen Temperaturen einen sehr geringen Druck, wodurch Luft und damit Feuchtigkeit in das System eindringen können, was zu Säurebildung (2.3.3) und Korrosionsschäden führen kann. Deshalb wird der R 11-Kreislauf unter Stickstoffdruck gesetzt, damit gegenüber der Atmosphäre ein geringer Überdruck vorhanden ist. Die erwähnten Schäden werden dadurch vermieden.

Günstige Einsatzbereiche verschiedener Kälteträger zeigt Bild 9/2 [4].

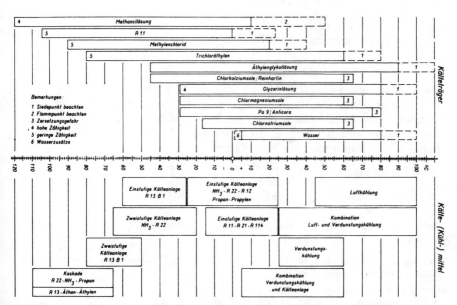

Bild 9/2 Gebräuchliche Medien für direkte oder indirekte Kühlung bei Temperaturen zwischen $+100\,^\circ$C und $-100\,^\circ$C

9.2.2 Überblick über Kühlmöglichkeiten

Der Einsatz „künstlicher" Kälte bedingt erhebliche Investitionen und Betriebskosten. Diese sind von der erforderlichen Endtemperatur, auf die gekühlt werden muß, abhängig. Darum muß zunächst untersucht werden, mit welchen geringsten Mitteln der notwendige Kühleffekt erreicht wird.

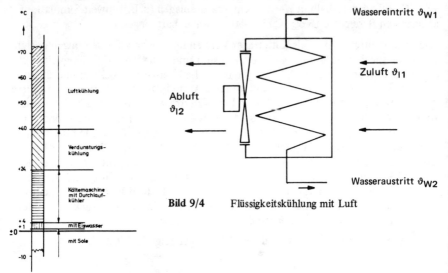

Bild 9/4   Flüssigkeitskühlung mit Luft

Bild 9/3   Temperaturbereiche verschiedener Kühlarten

Einen Überblick über geeignete Kühlverfahren für verschiedene Temperaturstufen, die in der Praxis vorkommen, gibt Bild 9/3.

9.2.2.1 Kühlung mit Umgebungsluft

Für die Kühlung auf Temperaturen, die über +35 °C liegen, reicht in unserer Breite die Luftkühlung aus. Die abzukühlende Flüssigkeit wird durch Kühlschlangen, die im Luftstrom von Ventilatoren liegen, geschickt. Das Prinzip zeigt Bild 9/4. Geeignete Apparate werden in Kap. 4.2.6 beschrieben. Die erreichbare Wassertemperatur liegt 4 K bis 5 K über der Lufteintrittstemperatur.

Die Wärmebilanz lautet:

$$Q_L = Q_0 + 3600 \cdot P_{\text{ventilator}} \; (\text{kJ/h})$$

Bei nachgeschaltetem Ventilator geht dessen Leistung nicht in die Berechnung des Kühlers ein.

Beispiel: Ein Motorenprüfstand benötigt Kühlwasser, das im Kreislauf rückgekühlt werden soll. Folgende Verhältnisse liegen vor:

Umlaufende Wassermenge	$\dot{m}_W = 50\,000$ kg/h
Vorlauftemperatur	$\vartheta_2 = +60\,°C$
Rücklauftemperatur	$\vartheta_1 = +75\,°C$
Raumtemperatur	$\vartheta_R = +25\,°C$

Die erforderliche Kühlleistung errechnet sich nach Formel (9–4)

$$Q = \dot{m} \cdot c \, (\vartheta_1 - \vartheta_2) = 50\,000 \cdot 4{,}19 \text{ kJ/kg K } (75{-}60) = 3.142.500 \text{ kJ/h } (= 873 \text{ kW})$$

Der Einsatz einer Kältemaschine ist unzweckmäßig. Das Problem kann mit einem Wasserrückkühler gelöst werden.

9.2.2.2 Verdunstungskühlung

Die nächst niedere Kühlstufe liegt nach Bild 9/3 zwischen etwa +40 °C und +24 °C. Für diese Stufe werden Kühltürme (vgl. Kap. 4.5) eingesetzt.

Der „offene" Kühlturmkreislauf (Bild 9/5) wird in der Praxis überwiegend zum Rückkühlen von Kühlwasser für Kältemaschinen eingesetzt.

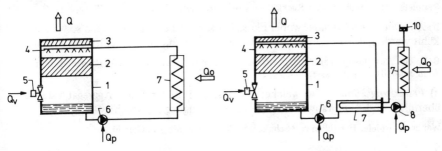

Bild 9/5 Verdunstungskühlung mit offenem Kreislauf

Bild 9/6 Verdunstungskühlung mit Wärmeaustauscher

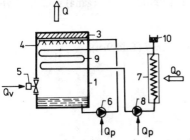

Bild 9/7 Verdunstungskühlung mit geschlossenem Kreislauf

1 Gehäuse
2 Rieselschicht
3 Tropfenabscheider
4 Berieselung
5 Ventilator
6 Umwälzpumpe
7 Wärmeaustauscher
8 Nutzwasserpumpe
9 Kühlschlange
10 Ausdehnungsgefäß

Soll das Kreislaufwasser sauber und in seiner Beschaffenheit unverändert bleiben, muß mit einem geschlossenen Kreislauf mit „indirekter" Kühlung gefahren werden, wobei das Problem auf zwei Arten lösbar ist.

a) Dem offenen Kühlturm wird ein Wärmetauscher nachgeschaltet, der in einem zweiten, geschlossenen Kreislauf Wasser oder eine andere Flüssigkeit, z. B. Hydrauliköl, kühlt (Bild 9/6).

b) Kühlturm und Wärmetauscher werden in ein Gerät zusammengefaßt (Bild 9/7), wobei das im geschlossenen Kreislauf zu kühlende Wasser durch ein Rohrschlangenpaket geschickt wird. Dieses wird im offenen Kreislauf mit Wasser berieselt und mit einem Ventilator belüftet (Prinzip des Verdunstungsverflüssigers, vgl. Kap. 4.3.3.2). Zu beachten ist, daß beim indirekten Kühlen nur eine Endtemperatur erreicht wird, welche 4 K bis 5 K höher liegt als beim offenen Kühlturm.

9.2.2.3 Kühlung mit Kältemaschinen

Diese ist erforderlich, wenn die notwendige Endtemperatur des zu kühlenden Stoffes mit natürlicher Kühlung (Luft, Verdunstung von Wasser) nicht zu erreichen ist. Es wird entweder Luft (Gase) gekühlt, z. B. der Kühlraum. Dann dient die Luft als Kälteträger. Oder es werden Flüssigkeiten gekühlt. Dabei werden drei verschiedene Ziele verfolgt:

a) *Reine Abkühlung* ohne Änderung des Aggregatzustandes.

Beispiele: Das Abkühlen oder Rückkühlen von Wasser, Sole, Lauge, Milch, Würze, Bier, Öl.

b) *Ausscheidungskühlung*, wobei Flüssigkeitsgemische oder Lösungen so weit abgekühlt werden, daß Bestandteile sich in festem Zustand an der Kühlfläche ausscheiden.

Beispiele: Ausscheiden von Paraffin aus Öl, Ausfällen von Weinstein, Gefrierkonzentration von Wein und Säften, Meerwasserentsalzung.

c) *Erstarrungskühlung*, bei welcher die Flüssigkeit in den festen Aggregatzustand überführt wird. Hauptanwendung ist die Eiserzeugung (s. Abschn. 9.2.6).

Weitere Beispiele: Herstellen von Schokolade, Margarine, Stearin, Gelatine.

9.2.3 Zweckmäßige Verfahren zur Flüssigkeitskühlung

9.2.3.1 Arten der Flüssigkeits-Abkühlung

Bei der Abkühlung werden die *Durchlaufkühlung* (einmaliger Vorgang) und die *Umlaufkühlung* (eines Kälteträgers) unterschieden.

a) *Abkühlung im offenen Kreislauf (Durchlaufkühlung)* (Bild 9/8).

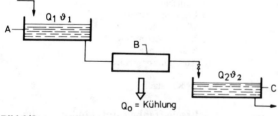

Bild 9/8   Abkühlung im offenen Kreislauf

Flüssigkeit mit der Temperatur ϑ_1 befindet sich in einem Behälter A oder strömt diesem zu. Die Wärmeenthalpie ist Q_1. Beim Durchlauf durch einen Wärmetauscher B wird ihr die Kältemenge Q_0 entzogen, wodurch sie sich auf die Temperatur ϑ_2 abkühlt. In einem zweiten Behälter C hat sie dann die niedrigere Wärmeenthalpie Q_2 mit der Temperatur ϑ_2. Es ergibt sich für das Verfahren folgende Energiebilanz:

$$Q_0 = Q_1 - Q_2 ; \ Q_1 = \dot{m} \cdot c \cdot \vartheta_1 ; \ Q_2 = \dot{m} \cdot c \cdot \vartheta_2$$
$$Q_1 - Q_2 = \dot{m} \cdot c \cdot (\vartheta_1 - \vartheta_2) = Q_0$$

Berechnungsbeispiel: Zum Ansetzen einer Farbflotte befinden sich 5 m³ vorbehandeltes Wasser in einem Vorratsbehälter. Die Temperatur des Wassers sei $\vartheta_1 = +20\,°C$. Um eine bestimmte Farbe anzusetzen, muß das Wasser auf $+2\,°C$ abgekühlt werden. Hierzu sind zwei Stunden verfügbar. Mit den spez. Werten für Wasser, Dichte $\rho = 1000\ kg/m^3$, spez. Wärmekapazität $c = 4{,}2\ kJ/kg\ K$ ergibt sich

$$Q_1 = 5\ m^3 \cdot 1000\ kg/m^3 \cdot 4{,}2\ kJ/kg\ K \cdot 20\ K = 420000\ kJ$$

$$Q_2 = 5\ m^3 \cdot 1000\ kg/m^3 \cdot 4{,}2\ kJ/kg\ K \cdot\ \ 2\ K =\ \ 42000\ kJ$$

$$Q_0 = Q_1 - Q_2 = 420000\ kJ - 42000\ kJ = 378000\ kJ$$

Kälteleistung $Q = \dfrac{378000}{2}\ kJ/h = 189000\ kJ/h = \dfrac{189000}{3600} = 52{,}5\ kW$

b) *Umlaufkühlung im geschlossenen Kreislauf*

Diese Kühlart wird angewendet, wenn die Flüssigkeit als Kälteträger dient. Ein bekanntes Beispiel ist der Kaltwasserkreislauf in Klimaanlagen. Das Prinzip zeigt Bild 9/9. Im Wärmetauscher WT_1 wird der durchströmenden Flüssigkeit mit der Temperatur ϑ_2 der Wärmestrom $\dot{Q}$ zugeführt, wodurch die Temperatur auf ϑ_1 steigt. Beim Durchgang durch die Pumpe nimmt die Flüssigkeit noch zusätzlich die Pumpenarbeit auf und erwärmt sich auf $\vartheta_1{}'$. Im Wärmetauscher WT_2 wird dann die Flüssigkeit wieder von $\vartheta_1{}'$ auf ϑ_2 abgekühlt, wobei ihr die Kälteleistung $\dot{Q}_0$ entzogen wird.

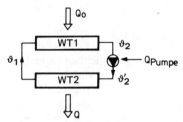

Bild 9/9   Umlaufkühlung mit geschlossenem Kreislauf

Die Energiebilanz dieses Kreislaufes beim Massenstrom $\dot{m}$ (kg/h) lautet:

$$\dot{Q}_0 = \dot{Q} + 3600 \cdot P_{e\ Pumpe} = \dot{m} \cdot c\,(\vartheta_1 - \vartheta_2) + 3600 \cdot P_{e\ Pumpe}\ (kJ/h)$$

Bei tiefen Temperaturen und einem größeren Leitungsnetz ist noch ein Verlust für den Wärmeeinfall in die Rohre und Apparate zu berücksichtigen. Er kann aus der Temperaturdifferenz zwischen Kälteträger und Umgebung berechnet werden (vgl. Kapitel 8.5).

Die *Bruttokälteleistung* Q_{0B} für die Umlaufkühlung setzt sich dann aus folgenden Größen zusammen:

Nutzleistung $= Q_{0N}$ kJ/h
+ Wärme der Pumpenarbeit $= P_e \cdot 3600$ kJ/h
+ Wärmeeinfall in das Netz $= A \cdot k \cdot (\vartheta_R - \vartheta_{Fl})$ kJ/h, wobei
ϑ_R = Raumtemperatur, ϑ_{Fl} = Flüssigkeitstemperatur, A = Einstrahlfläche.
Beachte, daß k in der Dimension kJ/m² h K angegeben wird!

9.2.3.2 Offene Behälterkühlung

Die Kühlung von Wasser oder Sole in einem offenen Behälter ist einfach und betriebssicher (Bild 9/10). In dem Behälter befinden sich Verdampferplatten oder Rohrschlangen- oder Steilrohrverdampfer sowie ein Rührwerk. Das erwärmte Wasser (Sole) läuft frei in den Behälter ein und mischt sich mit dem Kaltwasser. Es stellt sich eine gleiche Temperaturdifferenz ($\vartheta_W - \vartheta_F$) über die ganze Kühlfläche ein. Sie ist wegen des Mischvorgangs kleiner als bei einem Durchlaufkühler. Es wird deshalb eine größere Kühlfläche benötigt. Den Temperaturverlauf zeigt Bild 9/11. Der Behälter wirkt als Speicher, so daß auch größere Bedarfsschwankungen ausgeglichen oder stark gedämpft werden.

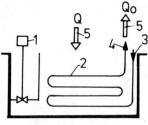

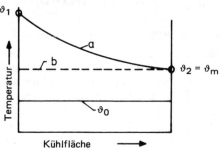

Bild 9/10   Behälterkühlung mit offenem Kreislauf
1   Rührwerk mit E-Motor
2   Verdampfer
3   Eintritt von flüssigem Kältemittel
4   Austritt von Kältemitteldampf
5   Wärmestrom

Bild 9/11   Temperaturverlauf in Flüssigkeitskühlern
a) Durchlaufkühler
b) Offener Behälter
ϑ_0 Verdampfungstemperatur
ϑ_m Mischtemperatur im Behälter

Ein bedeutender Vorteil des offenen Behälters ist die Unempfindlichkeit gegen Eisansatz. Falls die Verdampfungstemperatur aus irgendeinem Grund absinkt, bildet sich außen am Verdampfer Eis, was aber völlig gefahrlos ist. Ein Schaden durch Auffrieren von Verdampferrohren kann nicht entstehen. Deshalb wird der Kühler mit offenem Behälter auch als Eisspeicher verwendet (vgl. Abschn. 9.2.7). Im offenen Kreislauf kann keine Drucksteigerung durch Wärmedehnung des Wassers entstehen. Ein Ausdehnungsgefäß entfällt. Der Behälter wird durch Leitwände unterteilt, damit bei nicht zu hoher Rührwerksleistung eine Wassergeschwindigkeit von rund 0,3 m/s erreicht wird. Der k-Wert liegt dann im wirtschaftlichen Bereich von etwa 800 bis 1000 W/m²K [2, 3].

9.2.3.3 Kompaktgeräte mit Durchlaufkühler

Die Entwicklung der Klimatechnik mit steigendem Kaltwasserbedarf erforderte eine wartungsarme und raumsparende Lösung für das Erzeugen von Kaltwasser. Die Forderungen an den Kaltwassererzeuger weichen erheblich von denjenigen ab, die bisher an übliche Kälteanlagen, z. B. in Brauereien, gestellt wurden [6]:

a) Da die Luft auf eine *Taupunkttemperatur* von etwa + 14 °C gebracht werden muß, genügt eine Wassertemperatur von + 6 °C im Vorlauf. Sie steigt im Luftkühler um 5 K bis 6 K an. Das Wasser kommt also mit rund 12 °C zurück. Für diese Verhältnisse kann die Verdampfungstemperatur auf + 1 °C bis + 2 °C gelegt werden, um Einfriergefahr zu vermeiden.

b) Die Klimaanlage hat stark schwankende Lastanforderungen, denen die Wasserkühlung folgen muß. Die Last kann kurzzeitig zwischen Null- und Voll-Last pendeln. Der Kälteerzeuger muß in den gleichen Grenzen geregelt werden können.

c) In den meisten Fällen ist selbst für größere Anlagen von mehreren 100 kW Leistung kein geschultes Fachpersonal vorhanden. Die Anlage muß vollautomatisch arbeiten.

d) Für Klima- und die dazu gehörigen Kälteanlagen gelten in den meisten Fällen Sicherheitsvorschriften, die ein ungiftiges, geruchfreies und paniksicheres Kältemittel erforderlich machen (vergl. Kap. 2.3). Der Einsatz des früher für Kälteanlagen üblichen Kältemittels Ammoniak ist kaum noch zulässig. Die geschilderten Verdampferbauarten sind aber nur für Ammoniak besonders geeignet.

e) Die Kälteanlage soll möglichst wenig Platz benötigen, preisgünstig und einfach zu montieren sein, nach Möglichkeit durch Rohrleger und Blechschlosser einer Klimafirma.

Diese Forderungen sind mit einer Kälteanlage offener Bauart nicht zu erfüllen. Die Sicherheitskältemittel machen einen hohen Aufwand an Dichtmaßnahmen, Reinigung und Trocknung erforderlich (vergl. Kap. 2.5 und 5), so daß die Kälteindustrie dazu übergegangen ist, sogenannte Kompaktgeräte zu entwickeln, die bereits im Lieferwerk betriebsfertig montiert und einsatzfähig zur Baustelle gebracht werden.

9.2.3.4 Kompaktgeräte mit Kolbenverdichtern

Bis zu einer Kälteleistung von rund 500 kW (1 800 000 kJ/h) werden Kaltwassergeräte fast ausnahmslos mit halbthermetischen Vielzylinderverdichtern ausgerüstet, wobei 4 bis 16 Zylinder üblich sind. Die Leistung der Verdichter wird durch Zu- und Abschalten von Zylindern geregelt (vgl. Kap. 4.1.1).

Viele Zylinder ergeben einen guten Ausgleich der Massenkräfte mit nur geringen Erschütterungen, die durch Schwingungsdämpfer ausgeglichen und vom Gebäude ferngehalten werden können. Das Aufstellen in oberen Stockwerken ist möglich.

Kälteleistung	186 kW (670 000 kJ/h)
Kaltwasservorlauf	+ 6 °C
Kaltwasserrücklauf	+ 12 °C

Bild 9/12 Kaltwassersatz mit Kolbenverdichter (Werkbild *BBC-York*)

Die halbhermetische Bauart vermeidet das Abdichten bewegter Teile gegen die Umgebung, da der Motor in den Kältekreislauf eingebaut ist. Bild 9/12 zeigt einen derartigen Kaltwassersatz. Bei Verdampfungstemperaturen über 0 °C wird der Motor durch kalten Kältemitteldampf gekühlt (vgl. Kap. 4.1.1).

Kaltwassersätze mit Kolbenverdichtern werden überwiegend mit dem Kältemittel R 22 betrieben (vgl. Kap. 2.3.3). Um die Füllung mit Kältemittel gering zu halten, werden Trockenverdampfer gemäß Kap. 4.2.4 eingesetzt. Für die Verflüssigung des Kältemittels sind Röhrenkesselapparate, die mit Kühlturmwasser gekühlt werden, üblich. Teures Stadtwasser wird nur für kleine Kälteleistungen verwendet, wobei zwischen Ein- und Austritt eine große Temperaturdifferenz gewählt wird, um die Menge niedrig zu halten. Da mit steigender Wasseraustrittstemperatur die Verflüssigungstemperatur und damit der Energieverbrauch ansteigt, muß in solchen Fällen das Optimum der Wasser- und Stromkosten berechnet werden.

Kälteleistung
139 kW (rd. 500 000 kJ/h)
Kaltwasser
+ 12/+ 6 °C

Bild 9/13   Kaltwassersatz, luftgekühlt (Werkbild *BBC-York*)

Da Wasser knapper und teurer wird, wurden in den letzten Jahren Wasserkühlgeräte mit luftgekühlten Verflüssigern entwickelt. Sie werden auch als Kompaktgeräte gebaut (Bild 9/13) und dort aufgestellt, wo freier Luftzutritt gegeben ist, vielfach auf dem Dach. Bei der Außenaufstellung ist darauf zu achten, daß der Wasserinhalt des Verdampfers vor dem Einfrieren geschützt wird. Die Verdampfer erhalten für die Stillstandsperiode eine Zusatzheizung, die bis zu einer Außentemperatur von − 30 °C ausreicht.

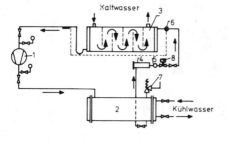

1 Verdichter
2 Verflüssiger
3 Verdampfer
4 Trockner
5 Schauglas
6 Expansionsventil
7 Sicherheitsventil
8 Magnetventil

Bild 9/14   Kältekreislauf eines Wasserkühlers

Das luftgekühlte Gerät verbraucht bei hohen Sommertemperaturen durch die gegenüber einem Kühlturm höhere Verflüssigungstemperatur und wesentlich größere Luftmenge 20 % bis 30 % mehr Energie, deren Kosten auch durch den Wegfall der Kosten für das Zusatzwasser und des Stromverbrauchs der Umwälzpumpen nicht ausgeglichen werden. Bei den tiefsten Außentemperaturen, bei denen Klimaanlagen noch betrieben werden, liegen die Betriebskosten jedoch niederer, so daß – bezogen auf den Jahres-durchschnitt – die Wirtschaftlichkeit der Luftkühlung besser ist. Das Schema des Kältekreislaufs eines Wasserkühlers zeigt Bild 9/14.

9.2.3.5 Kompaktgeräte mit Turboverdichtern

Der Leistungsbereich über 500 kW (1,7 GJ/h) ist überwiegend den Kaltwassersätzen mit Turboverdichtern vorbehalten, da diese bei großen Leistungen kleiner und billiger als Kolbenverdichter gebaut werden können. Wegen der kleinen Druckdifferenz zwischen Verdampfung und Verflüssigung sind im Kaltwasserbereich einstufige Turboverdichter ausreichend (Bild 9/15). Sie sind einfach im Aufbau und können durch eine Vordrallregelung des Kaltdampfstromes vor dem Eintritt in das Laufrad stufenlos bis auf etwa 10 % der Volleistung herabgeregelt werden. Der Energiebedarf sinkt dabei auf etwa 15 % ab, wie dies Bild 9/16 zeigt.

Kälteleistung 1050 kW (3,8 GJ/h)
Kaltwasser   +12 °C/+6 °C

Bild 9/15   Kaltwassersatz mit Turboverdichter (R 12) (Werkbild *BBC-York*)

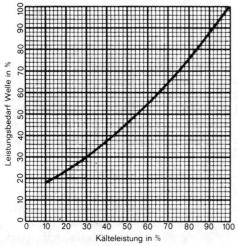

Bild 9/16   Energiebedarf eines 1stufigen Turboverdichters bei Teillast

Eine weitere Regelung der Leistung stufenlos bis auf 0 % ist durch einen Heißgas-Bypass zwischen Verflüssiger und Verdampfer möglich. Allerdings bleibt beim Überströmen von Heißgas der Energiebedarf konstant, da die umgewälzte Gasmenge nach Schließen der Dralldrossel gleichbleibt und ohne Wirkleistung umgeblasen wird.

Dieses Verfahren wird deshalb angewendet, weil bei geringem Kältebedarf der große Antriebsmotor nicht beliebig häufig aus- und eingeschaltet werden darf. Wegen des hohen Anlaufstromes ist dies für Motor- und Netzbelastung nicht zugelassen.

Turbokaltwassersätze arbeiten im Gegensatz zu solchen mit Kolbenverdichtern im allgemeinen mit überfluteten Verdampfern. Bis zu einer Kälteleistung von rund 8,4 GJ/h wird das Niederdruckkältemittel R 11 verwendet. Es hat bei + 25 °C Raumtemperatur einen Druck von etwa 1 bar. Es gestattet dünnwandige Apparate, also eine leichte Bauart. Zudem ist R 11 billig. Für Kälteleistungen über 8,4 GJ/h wird R 12 bevorzugt. Dessen spezifisches Volumen ist kleiner, also auch der Verdichter. Der Arbeitsdruck ist aber höher, somit die Wandstärke der Apparate größer. Aus der Tafel 9/1 ist deutlich der Sprung im Gewicht der Geräte unter und über einer Leistung von rd. 2 240 kW zu erkennen.

Tafel 9/1   Abmessungen und Gewichte von Turbo-Kaltwassersätzen abhängig von Kälteleistung und Kältemittel nach *BBC-YORK*
Die Leistungswerte gelten für Kaltwasseraustritt + 5 bis + 7 °C, Kühlwasseraustritt + 32 bis + 35 °C, Temperaturdifferenz 6 K

Modell		Leistungsbereich kW	Abmessungen mm			Gewichte in kg Hermet. Ausf. HT		Offene Ausf. OT		Wasseranschlüsse NW
			L	B	H	Transport	Betrieb	Transport	Betrieb	
HT/OT	AA	310 – 490	4 270	1 000	1 870	3 200	3 300	3 300	3 400	100
	BB	570 – 760	4 880	1 150	2 010	3 800	4 100	4 600	4 800	150
	CB	700 – 870	4 880	1 170	2 050	4 300	4 600	5 000	5 300	150
	DC	840 – 1 130	4 880	1 330	2 370	4 900	5 300	5 600	5 900	150
	FC	1 050 – 1 220	4 880	1 350	2 470	5 600	6 100	6 600	7 000	200
	GC	1 220 – 1 330	4 880	1 380	2 550	6 100	6 600	7 100	7 700	200
	HE	1 310 – 1 880	4 910	1 500	2 470	8 200	8 900	9 100	9 800	200
	IE	1 550 – 2 270	4 910	1 610	2 540	8 700	9 500	9 700	10 500	200
	KE	1 970 – 2 400	4 910	1 660	2 620	9 300	10 000	10 500	11 500	250
	M 1 – M 4	2 440 – 3 840	5 390	1 780	2 600	14 880	15 470	14 880	15 470	250
	P 5	3 590 – 4 300	5 400	1 880	2 780	17 520	18 150	17 510	18 150	250
	R 5	4 240 – 4 300	5 400	1 880	2 780	17 290	17 920	17 290	17 920	250
	T 3 – T 4	4 230 – 4 400	5 400	1 880	2 960	18 690	19 460	18 690	19 460	250

Bei Turboverdichtern ist die offene und halbhermetische Bauart zahlenmäßig fast gleich. Beide Arten haben Vor- und Nachteile. Die offene Ausführung hat eine Wellenabdichtung nach außen, deren Dichtheit heute durchaus zufriedenstellend ist. Jedoch bleibt die Möglichkeit von Undichtheiten und damit Lufteinbruch oder Kältemittelverlust bestehen. Von Vorteil ist, daß jeder beliebige Motor entsprechender Leistung eingesetzt werden kann. Da er sich außerhalb des Kältekreislaufes befindet, wird bei Motorschäden der Kreislauf nicht verseucht (vgl. Kap. 2.2). Die Motorwärme muß gesondert abgeführt werden.

Bei der halbhermetischen Ausführung wird die Wellenabdichtung und alle damit zusammenhängenden Probleme vermieden. Die Motorwärme wird mit dem Kältemittelstrom abgeführt. Durch die vollständige Kapselung ist die Maschine leiser. Der mit Kältemittel gekühlte Motor ist aber empfindlich gegen Korrosion, falls sich im Kältemittel Feuchtigkeit befindet. Es kann dann zu Wicklungsschäden kommen, die einen

Austausch der Maschine und eine sehr sorgfältige Reinigung des Kreislaufs erforderlich machen.

Turbosätze können in oberen Stockwerken und Dachzentralen aufgestellt werden, da sie keine Schwingungen erzeugen.

9.2.3.6 Absorptions-Kaltwassersätze

Wenn geeignete Wärme billig verfügbar ist, z. B. im Sommer überschüssige Fernheizwärme, so werden zur Wasserkühlung auch Absorptions-Kältemaschinen (Bild 9/17) vorgesehen (vgl. Kap. 3.4.2).

Bild 9/17   Kaltwassersatz mit Absorptionsmaschine (Werkbild *BBC-York*)

Bei großen Leistungen und günstigen Dampfverhältnissen ist auch eine Kopplung beider Systeme möglich. Dabei wird ein Turbokältesatz durch eine Gegendruckdampfturbine angetrieben, in welcher der eingespeiste Frischdampf auf rund 1 bar entspannt wird und dann zum Beheizen der Absorptionsmaschine dient. Die Grundlast wird, je nach den Betriebsverhältnissen, von dem Turbosatz oder dem Absorbersatz übernommen. Die Regelung solcher Anlagen ist nicht einfach und sie müssen sehr sorgfältig aufeinander abgestimmt werden.

Die Leistung der Absorptionsmaschine läßt sich durch Änderung der umgepumpten Lösungsmenge und Reduzieren der Heizwärme von 100 % bis 0 % regeln. Die Maschine ist geräuschlos und schwingungsfrei.

9.2.4   Kaltwasserschaltungen

Kaltwassergeräte im Klimabereich werden zum Teil mit Wassertemperaturen bis herab zu 4 °C betrieben. Die Verdampfungstemperatur liegt dann nahe 0 °C, evtl. darunter. Es sind dann Sicherheitsgeräte vorzusehen, die im Verdampfer Eisbildung verhindern. Deshalb soll auch der Wasserdurchfluß durch den Verdampfer möglichst konstant bleiben, um die notwendige Strömungsgeschwindigkeit und damit einen guten Wärmeübergang zu erhalten. Die Rohrwandtemperatur liegt dann nur wenig unter der Wasseraustrittstemperatur und Eisbildung wird vermieden. Grundsätzlich wird der Verdichtermotor mit der

Wasserumwälzpumpe so verriegelt, daß letztere immer zuerst anläuft. Um mit Sicherheit Wasserdurchfluß zu haben, kann auch noch ein Strömungswächter vorgesehen werden.

9.2.4.1 Temperaturregelung [6]

Die einfachste Regelung bei kleinen Geräten ist das Ein- und Ausschalten durch einen Thermostaten im Wasservorlauf.

Ist der Wasserkühler mit einem Mehrzylinderverdichter ausgerüstet, der in Stufen geregelt werden kann, so ist das Zu- und Abschalten der einzelnen Zylinder und damit eine Leistungsregelung in Stufen, abhängig von der Wasserrücklauftemperatur möglich, wie dies Bild 9/18 zeigt.

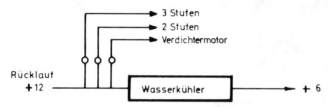

Bild 9/18   Stufenregelung vom Rücklauf
Die Schaltung der Stufen ist wie folgt:
Vorlauf   +12 °C   alle Stufen arbeiten
Vorlauf   +10 °C   3. Stufe schaltet ab
Vorlauf   + 8 °C   2. Stufe schaltet ab
Vorlauf   + 6 °C   Verdichter schaltet aus

Bei einem größeren Rohrnetz und entsprechender Wassermenge ist dieses System so träge, daß sich genügend große Schaltpausen einstellen. Notfalls muß ein Zeitrelais eingebaut werden, um Kurzschaltungen des Motors zu verhüten.

Die geschilderte Regelung ist nicht genau. Wesentlich besser ist eine Regelung nach Bild 9/19. Ein Proportionalthermostat im Wasservorlauf schaltet über ein Relais die einzelnen Stufen des Verdichters. Das Proportionalband überdeckt die mögliche Spreizung der Wasservorlauftemperatur von +12 °C bis +6 °C. Ein zweiter Fühler im Wasseraustritt hinter dem Kühler beeinflußt den Sollwert des Regelthermostaten. Dieser Kaltwasserfühler kann aber den Bereich des Regelthermostaten jeweils nur um eine Stufe verstellen, damit die Regelung stabil arbeitet.

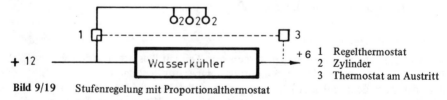

Bild 9/19   Stufenregelung mit Proportionalthermostat

1 Regelthermostat
2 Zylinder
3 Thermostat am Austritt

Bei größeren Anlagen werden aus Gründen der Betriebssicherheit und der Wirtschaftlichkeit, auch wegen der Höhe des Netzanschlusses, der Anschlußgebühr und der Anlaufströme vielfach zwei oder mehrere Wasserkühler eingebaut. Die Regelung wird dann so zusammengefaßt, daß die Geräte wechselseitig auf Grundlast geschaltet werden können und nicht gleichzeitig eingeschaltet werden können. Bei Wasserkreisläufen mit mehreren Kaltwassersätzen sind zwei Grundschaltungen möglich:

9.2.4.2 Parallelschaltung

a) *Primärkreislauf*

Auf Bild 9/20 ist das Rohrleitungsschema einer Kaltwasseranlage mit zwei Kaltwassersätzen in Parallelschaltung zu sehen. Für den ganzen Kreislauf ist nur eine Kaltwasserpumpe vorgesehen. Die Verbraucher werden individuell mit Dreiwegeventilen und Bypaß geregelt. Die Kaltwassersätze haben einen konstanten Wasserdurchsatz, wobei durch jedes Gerät die halbe Wassermenge strömt. Die Wassereintrittstemperatur ist dieselbe und solange beide mit Vollast arbeiten, kühlen sie um die gleiche Temperaturdifferenz ab. Bei sinkender Leistung werden beide Kaltwassersätze parallel so geregelt, daß bei jedem abwechselnd ein Zylinder abgeschaltet wird. Ist der Kältebedarf auf etwa 40 % abgesunken, so wird ein Verdichter abgeschaltet. Um nun noch eine konstante Vorlauftemperatur halten zu können, muß der noch in Betrieb befindliche Kaltwassersatz tiefer abkühlen, da aus dem anderen Gerät jetzt warmes Rücklaufwasser austritt, das sich mit dem gekühlten Wasser mischt.

Diese Schaltung ist deshalb nur für Anlagen geeignet, deren Lastschwankungen mit Sicherheit zwischen 100 % und rund 40 % liegen. Sie ist ungeeignet, wenn die geforderte Vorlauftemperatur unter +8 °C liegen soll.

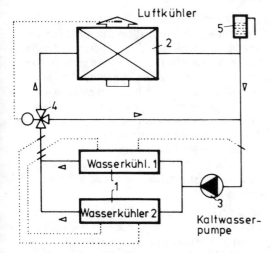

1	Wasserkühler
2	Verbraucher
3	Umwälzpumpe
4	Mischventil
5	Ausdehnungsgefäß

Bild 9/20   Parallelschaltung von Wasserkühlern im Primärkreis

Beispiel:

Wasser wird bei Vollast von +12 °C auf +6 °C abgekühlt. Bei halber Leistung liegt die Vorlauftemperatur nur noch bei +9 °C, das heißt, beide Geräte kühlen von +9 °C auf +6 °C. Schaltet nun bei sinkender Leistung ein Gerät ab, so muß das in Betrieb befindliche Gerät das Wasser von +9 °C auf +3 °C kühlen, damit sich mit dem Wasser von +9 °C, das durch das stillgesetzte Gerät fließt, eine Mischtemperatur von +6 °C ergibt. Das Abkühlen auf +3 °C erfordert aber eine Verdampfungstemperatur unter 0 °C, so daß Einfriergefahr bestehen kann.

b) *Sekundärkreislauf*

Bei Parallelbetrieb von Kaltwasseranlagen mit großen Lastschwankungen wird deshalb besser eine Schaltung nach Bild 9/21 gewählt. Jedem Wasserkühler ist eine Pumpe zugeordnet, die stets mit ihm zusammen in Betrieb ist. So hat jedes Gerät einen eigenen Kreislauf mit konstanter Wassermenge.

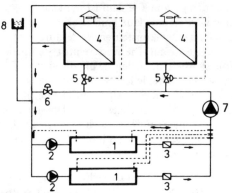

1   Wasserkühler
2   Wasserpumpe für Kühler
3   Rückschlagklappe
4   Verbraucher
5   Drosselventil
6   Überströmventil
7   Umwälzpumpe
8   Ausdehnungsgefäß

Bild 9/21   Parallelschaltung mit Sekundärkreislauf

Zum Versorgen der Verbraucher mit Kaltwasser ist eine zweite Pumpe erforderlich, deren Leistung und Förderhöhe auf den Verbraucherkreis abgestimmt ist. Für die einzelnen Verbraucher wird die notwendige Wassermenge über von der Lufttemperatur gesteuerte Drosselventile geregelt. Wenn die Verbraucher wegen geringer Kälteanforderung gedrosselt werden, läßt ein zur Pumpe parallel geschaltetes Überströmventil das Wasser umlaufen. Ohne sich gegenseitig zu beeinflussen, werden in den gekoppelten Kreisläufen verschiedene Wassermengen umgepumpt, wobei die Kaltwassersätze einen optimalen Durchfluß haben. Damit, wenn eine Pumpe mit zugehörigem Wasserkühler ausgeschaltet ist, kein Rückstrom von anderen Wasserkühlern her erfolgen kann, wird hinter jedem Gerät eine Rückschlagklappe angeordnet. Mischtemperaturen können nicht vorkommen. Diese Schaltungsart läßt es zu, ohne Einfriergefahr die Kaltwassertemperatur auf die tiefstmöglichen Werte abzusenken. Auch läßt sich ein solches System stufenweise ausbauen.

Die Pumpen werden in ihrer Förderhöhe nach dem Durchlaufwiderstand der Verdampfer zuzüglich der anteiligen Rohrlänge, in der Fördermenge entsprechend der Kälteleistung der Geräte bei der geforderten Temperaturdifferenz ausgelegt. In der Regel sind es Umwälzpumpen mit einer Förderhöhe zwischen 1,0 bis 1,5 bar.

9.2.4.3 Reihenschaltung

Das Hintereinanderschalten von mehreren Wasserkühlern kann zuweilen Vorteile bringen. Im Prinzip ist es das Aufteilen eines sehr großen Gerätes auf mehrere kleinere (Bild 9/22). Jedes Gerät wird von der vollen Wassermenge durchströmt, kühlt jedoch nur um einen Teilbetrag der Temperaturdifferenz ab. Bezogen auf das obige Beispiel (Kühlung von $+12\,°C$ auf $+6\,°C$) kühlt bei zwei hintereinandergeschalteten

Geräten das erste von +12 °C auf +9 °C, das nachgeschaltete von +9 °C auf +6 °C. Da die Verdampfungstemperatur immer etwa 4 bis 5 K unter der Austrittstemperatur des gekühlten Mediums liegt, stellt sich im ersten Gerät eine Verdampfungstemperatur von rund +4 °C bis +5 °C, im zweiten eine solche von 0 °C bis +1 °C ein. Dadurch erbringt das erste Gerät eine höhere Kälteleistung als das zweite. Bei großen Leistungen kann deshalb das erste Gerät einen größeren Antriebsmotor benötigen. Durch Optimieren der Aufteilung der Gesamt-Temperaturdifferenz und bei großer Kühlfläche kann durch Reihenschaltung (Serienschaltung) der Wasserkühlgeräte die erzielbare Kälteleistung bei praktisch gleichbleibendem Energiebedarf um 5 bis 10 % angehoben werden.

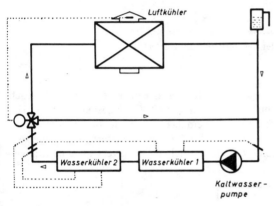

Bild 9/22   Reihenschaltung

Die Regelung kann von einer Stelle aus erfolgen, wie unter 9.2.4.1 beschrieben. Um Kurzschaltungen eines Gerätes zu vermeiden, wird vor dem Ausschalten des ersten Gerätes zunächst das zweite Gerät um eine Stufe zurückgeschaltet. Sinkt der Kältebedarf weiter, so schaltet das erste Gerät aus, steigt er wieder, so schaltet das zweite Gerät wieder alle Stufen ein. Tafel 9/2 macht dies deutlich.

Tafel 9/2   Regelstufen von Wasserkühlern in Reihenschaltung.

Rücklauftemperatur	Gerät 1	Gerät 2
+12 °C	3 Stufen	3 Stufen
+11 °C	2 Stufen	3 Stufen
+10 °C	1 Stufe	3 Stufen
+ 9 °C	1 Stufe	2 Stufen
+ 8 °C	0 Stufen	2 Stufen
+ 7 °C	0 Stufen	1 Stufe
+ 6 °C	0 Stufen	0 Stufen

Will man zum Hintereinanderschalten zwei gleiche Geräte mit gleicher Belastung verwenden, so ist die Schaltung nach Bild 9/23 zu wählen.

Hierbei sind die wirksamen Temperaturdifferenzen in beiden Geräten gleich und damit auch die Kälteleistung.

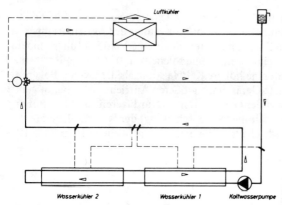

Bild 9/23   Reihenschaltung mit gleicher Belastung der Kühler

9.2.4.4 Kombinierte Kühlung

In Industriebetrieben kommt es vor, daß sich Kühlwasser im Verbraucher sehr hoch,
z. B. auf +65 °C, erwärmt. Es muß aber z. B. mit +12 °C eingespeist werden. Da
Kühlen mit Kältemaschinen teuer und außerdem das Einspeisen von zu warmem
Wasser in den Verdampfer zu vermeiden ist (durch hohe Temperatur kann eine gefährliche Drucksteigerung erfolgen), werden in solchen Fällen verschiedene Kühlverfahren hintereinandergeschaltet.

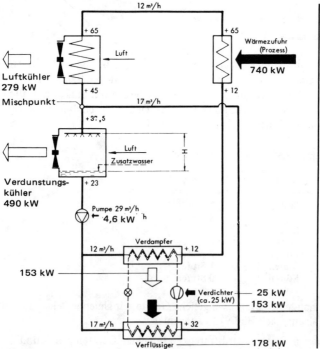

Bild 9/24   Kopplung von Luft-, Verdunstungs- und Maschinenkühlung

Beispiel:

12 m^3/h Wasser erwärmen sich in einem Prozeß von +12 °C auf +65 °C und sind wieder rückzu-kühlen.
Die aufzubringende Kälteleistung ist nach Gl. (9–4).

$$\dot{Q}_{ges} = 12 \text{ m}^3/\text{h} \cdot 1000 \text{ kJ/m}^3 \cdot 4,2 \frac{\text{kJ}}{\text{kgK}} \cdot 53 \text{ K} = 2670000 \text{ kJ/h} = 740 \text{ kW}$$

Die zweckmäßige Lösung, Rückkühlung in mehreren Stufen, zeigt das Flieschema Bild 9/24:

Stufe 1: *Vorkühlen* von +65 °C auf +45 °C *mit Luft* in einem Luft-Wasserkühler
Abgeführte Wärmemenge

$$\dot{Q}_{P1} = 12 \text{ m}^3/\text{h} \cdot 1000 \text{ kg/m}^3 \cdot 4,2 \frac{\text{kJ}}{\text{kgK}} \cdot 20 \text{ K} = 1010000 \text{ kJ/h}$$

Stufe 2: *Kühlung* in einem *Verdunstungskühlturm* von +45 °C auf +23 °C.
Die aus dem Prozeßwasser abgeführte Wärme ist

$$\dot{Q}_{P2} = 12 \text{ m}^3/\text{h} \cdot 1000 \text{ kg/m}^3 \cdot 4,2 \frac{\text{kJ}}{\text{kg} \cdot \text{K}} \cdot 22 \text{ K} = 1110000 \text{ kJ/h}$$

Stufe 3: *Endabkühlung mit Kältemaschine* von +23 °C auf +12 °C. Abzuführende Wärme-menge

$$\dot{Q}_{P3} = 12 \text{ m}^3/\text{h} \cdot 1000 \text{ kg/m}^3 \cdot 4,2 \frac{\text{kJ}}{\text{kgK}} \cdot 11 \text{ K} = 558000 \text{ kJ/h}$$

Der in der Stufe zwei eingesetzte Kühlturm muß außer der Nutzkühlleistung aus dem Prozeß, $\dot{Q}_{P2}$, noch zusätzlich die Verflüssigerleistung der Kältemaschine, Q_K, sowie das Wärmeäquivalent der Wasserumwälzpumpe abführen. Er muß deshalb entsprechend groß bemessen werden.
Bei der errechneten Kälteleistung der Kältemaschine ergibt sich ein Energiebedarf von rd. 25 kW.
Die Verflüssigerleistung beträgt nach Gl. (9–7)

$$\dot{Q}_k = \dot{Q}_0 + P_{Verd} \cdot 2600 \text{ kJ/h} + 25 \cdot 3600 \text{ kJ/h} = 645\,000 \text{ kJ/h}$$

Bei einer Wassererwärmung von +23 auf +32 °C ergibt sich eine Wassermenge V_k von rd. 17 m^3/h. Die Gesamtfördermenge der Umwälzpumpe wird dann 12 m^3/h Prozeßwasser +17 m^3/h Kühlwasser = 29 m^3/h. Bei dieser Fördermenge hat die Pumpe einen Energieverbrauch von rd. 4,6 kW, was einer Wärme von rd. 16 900 kJ/h entspricht. Die Gesamtleistung des Kühlturms setzt sich zusammen aus:

	Nutzleistung aus dem Prozeß	$\dot{Q}_{P2}$	=	1.110.000 kJ/h
+	Verflüssigerleistung	$\dot{Q}_K$	=	645.000 kJ/h
+	Pumpenleistung	$\dot{Q}_P$	=	16.900 kJ/h
	insgesamt	Q_{ges}	=	1.771.900 kJ/h = ~ 490 kW

Vor Eintritt in den Kühlturm vermischen sich die 12 m^3 Nutzwasser von +45 °C mit den 17 m^3 Kühlwasser von +32 °C. Die Mischtemperatur der Gesamtwassermenge V_{ges} von 29 m^3 errech-net sich zu

$$\vartheta_m = \frac{V_N \cdot 45 + V_K \cdot 32}{V_N + V_K} = \frac{12 \cdot 45 + 17 \cdot 32}{29} = 37,4 \text{ °C}$$

Der Kühlturm muß also 29 m³/h Wasser von +37,4 auf +23 °C abkühlen, was einer Kühlleistung von ~ 1 720 000 kJ/h entspricht. Die geringe Wassererwärmung durch die Umwälzpumpe ist in der Rechnung vernachlässigt, da sie das Ergebnis praktisch nicht ändert. Die Energiebilanz dieser kombinierten Anlage ist auf Tafel 9/3 zusammengestellt.

Tafel 9/3 Energiebilanz einer kombinierten Wasserkühlung

	Aufgenommene Wärme kJ/h	Abgeführte Wärme kJ/h
Prozeß	2.664.840	
Pumpe	16.760	
Verdichter + Verflüssiger	643.165	
Luftkühler		1.005.600
Kühlturm		1.766.085
Wasserkühler		553.080
	3.324.765	3.324.765

9.2.5 Kühlen von Sole und anderen Flüssigkeiten

Die bisher geschilderten Verfahren zur Wasserkühlung sind mit Ausnahme der Verdunstungskühlung mit offenem Kreislauf in gleicher Weise zum Kühlen anderer Flüssigkeiten geeignet. Dabei ist im Gegensatz zur Wasserkühlung zu beachten:

a) *Art des Kälteträgers* (s. 9.2.1)

b) *Stoffwerte des Kälteträgers (Sole)*

Sie bestimmen in Verbindung mit der Strömungsgeschwindigkeit durch oder um die Verdampferrohre den Wärmeübergangskoeffizienten α auf der Flüssigkeitsseite (s. Kap. 1.8.4.2 und 4.2.4).

Es sind dies:

c = spezifische Wärmekapazität (J/kgK)

ρ = Dichte (kg/m³)

η = dynamische Viskosität (Pa · s)

ν = kinematische Viskosität (m²/s)

λ = Wärmeleitzahl $\left(\text{J/m} \cdot \text{s} \cdot \text{K} = \dfrac{\text{W}}{\text{m} \cdot \text{K}} \right)$

c) *Temperaturbereich*

Die Temperatur des Kälteträgers liegt rd. 4 K bis 5 K unter derjenigen des zu kühlenden Mediums, die Verdampfungstemperatur des Kältemittels wiederum rd. 5 K unter der Soleaustrittstemperatur aus dem Verdampfer. Der Erstarrungspunkt des Kälteträgers soll dann noch 5 K bis 8 K unter der Verdampfungstemperatur liegen, damit ein einwandfreier Durchfluß durch den Verdampfer sichergestellt ist (s. Bild 9/2).

d) *Berechnungsgang*

Der Berechnungsgang für das Auslegen einer Solekühlanlage erfolgt zweckmäßig in drei Schritten, wobei die nachstehend aufgeführten Bezeichnungen gebräuchlich sind:

Thermische Werte

$\dot{Q}_0$ = Verdampferleistung (kJ/h)

$\dot{Q}_N$ = Nutz- oder Nettoleistung (kJ/h)

$\dot{Q}_P$ = Wärmeäquivalent der Solepumpe (kJ/h)

$\dot{Q}_E$ = Einstrahlung in das System (kJ/h)

α = Wärmeübergangskoeffizient $\left(\dfrac{J}{m^2 \cdot s \cdot K} = \dfrac{W}{m^2 K} \right)$

k = Wärmedurchgangskoeffizient $\left(\dfrac{J}{m^2 \cdot s \cdot K} = \dfrac{W}{m^2 K} \right)$

$\Delta \vartheta$ = Temperaturdifferenz (K)

Geometrische Werte

$\dot{m}$ = $\rho \cdot \dot{V}$ = Massenstrom   kg/h

$\dot{V}$ = Volumenstrom   ,tunde m^3/h

w = Strömungsgeschwindigkeit   m/s

A = Wärmeaustauschfläche m^2

H = geodätische Förderhöhe   (bar)

H_{ges} = Gesamtförderhöhe   (bar)

Sonstige Werte

p_{ges} = Gesamtdruckhöhe des Systems (bar)

Δp = Druckverlust (bar)

ξ = Widerstandsbeiwert

P_P = Antriebsenergie der Pumpe (kW)

P_V = Antriebsenergie des Verdichters (kW)

Schritt 1:

Bestimmen des geeigneten Kälteträgers nach Temperatur und Werkstoff in der Anlage.

Schritt 2:

Bestimmen der Kälteleistung. Die im Verdampfer abzuführende Kälteleistung $\dot{Q}_0$ setzt sich nach Gleichung (9–6) zusammen aus:

$$\dot{Q}_0 = \bar{\dot{Q}}_N + \dot{Q}_P + \dot{Q}_E$$

Diese *Brutto-Kälteleistung* der Anlage (*Verdampferleistung*) ist größer als die *Nutz-kälteleistung.*

Die *Nutzkälteleistung* ist nach Gl. (9–4)

$$\dot{Q}_N = \dot{V} \cdot \rho \cdot c\,(\vartheta_a - \vartheta_i)$$

Die *Förderleistung der Pumpe* ergibt sich aus der Umstellung der Gleichung (9–4) zu

$$\dot{V} = \frac{Q_0}{\rho \cdot c\,(\vartheta_a - \vartheta_i)} \qquad (9–7)$$

Die *Förderhöhe* der Solepumpe (H_{ges}) setzt sich aus drei Faktoren zusammen:

Geodätische Förderhöhe $p = \rho \cdot g \cdot h$

Druckverlust durch Geschwindigkeitsenergie

$$\Delta p_W = \rho \cdot \frac{w^2}{2} \tag{9-8}$$

Dieser Wert ist bei einer Solegeschwindigkeit von 1 bis 2 m/s klein. Er beträgt bei 1,5 m/s nur 0.016 bar und kann vernachlässigt werden.

Summe der Druckverluste in den zu kühlenden Apparaten, dem Verdampfer und den Leitungen. Die Gleichung lautet:

$$\Delta p = \xi \cdot a \cdot \rho \, \frac{w^2}{2} \tag{9-9}$$

Der *gesamte Druckverlust* (Förderhöhe der Pumpe) ist dann

$$\Delta p_{ges} = \rho \cdot g \cdot H + \frac{\rho}{2} w^2 + \Sigma \, \xi \cdot a \cdot \frac{\rho}{2} w^2 \; \frac{N}{m^2} \left(1 N = 10^{-5} \text{ bar} \right) \tag{9-10}$$

Der Energiebedarf der Pumpe ergibt sich zu

$$P_P = \frac{\dot{V} \cdot \Delta p_{ges}}{36 \cdot \eta_P} \text{ kW} \tag{9-11}$$

wobei $\dot{V}$ in m^3/h, Δp in bar eingesetzt werden muß.

Normalerweise kann die Antriebsenergie der Pumpe mit einem *Verlustzuschlag* von rd. 5 bis 6 % berücksichtigt werden.

Nur bei kleinen Kälteleistungen und tiefen Temperaturen kann der Anteil der Pumpenenergie entscheidend sein und muß berechnet werden. Auch bei großen und verzweigten Solenetzen sollte nachgerechnet werden.

Die Einstrahlung (vergl. 9.1.2.1) ist bei normalen Anlagen, bezogen auf die gesamte Kälteleistung, gering und kann vernachlässigt werden. Bei tiefen Temperaturen muß gerechnet werden.

Schritt 3:

Auslegen der Kühlflächen und des Verdichters.

Die *Kühlfläche des Verdampfers* errechnet sich zu

$$A = \frac{\dot{Q}}{k \cdot \Delta t_m} \quad \text{(s. Kap. 4.2.1)}$$

Darin ist Q gegeben. Die mittlere logarithmische Temperaturdifferenz $\Delta\vartheta_m$ kann aus Tafeln entnommen oder nach der Formel (1–112, s. Kap. 1.8.8.2) berechnet werden.

Der Wärmedurchgangskoeffizient k muß ebenfalls berechnet werden (s. Kap. 1.8). Die Solegeschwindigkeit in den Rohren soll bei rd. 1 bis 1,2 m/s liegen, damit ein günstiger Wert für a_i erreicht wird.

Bei der *Auswahl des Verdichters* muß beachtet werden, daß der Druck im Saugstutzen niedriger liegt als der Verdampfungstemperatur im Verdampfer entspricht. Durch die Standhöhe des Kältemittels im Verdampfer ergibt sich ein Siedeverzug. Zusätzlich entsteht in der Saugleitung ein Druckverlust und Überhitzung. Bei Ammoniak kann für Siedeverzug und Druckverlust in der Leitung ein Druckabfall entsprechend einer Temperaturdifferenz von 0,5 bis 1 K angenommen werden. Bei halogenierten Kältemitteln und Trockenverdampfern können diese Druckverluste einer Verdampfungstemperaturabsenkung von 2 K und mehr entsprechen. Diese Verluste können zu Minderleistung führen (s. Kap. 5.3.2).

Die *Verflüssigerleistung* ist Verdampferleistung $\dot{Q}_0$ + Verdichterleistung (s. Kap. 3.3.3)

$$\dot{Q}_c = \dot{Q}_0 + P_V \cdot 3600 \text{ kJ/h}$$

Die *Kühlwassermenge* ergibt sich dann zu

$$\dot{V}_w = \frac{Q_c}{(\vartheta_1 - \vartheta_2) \cdot c \cdot \rho} \quad (\text{m}^3/\text{h}) \tag{9--12}$$

Die Zahl der Wasserwege im Verflüssiger ist so zu wählen, daß die Wassergeschwindigkeit in den Rohren einen hohen k-Wert ergibt. Für Stahlrohre liegt sie günstig zwischen 1,5 bis 1,8 m/s, für Rohre aus Kupfer und -Legierungen zwischen 2,5 bis 3 m/s.

Um die verschiedenen Probleme zu erläutern, die beim Auslegen einer Solekühlanlage zu beachten sind, diene das folgende *Beispiel:*

Beispiel:

In einem chemischen Betrieb muß aus mehreren Kesseln Reaktionswärme abgeführt werden, damit die Temperatur in den Kesseln − 10 °C nicht übersteigt, da sonst eine gefährliche Reaktion mit großer Drucksteigerung und anderen unerwünschten Nebenwirkungen eintreten könnte. Zur Wärmeabfuhr sind die Kessel mit Kühlschlangen, teilweise aus Stahl, teilweise aus Edelstahl ausgerüstet.

Verfügbar sind: Elektrische Energie und Kühlwasser von +25 °C aus dem Kühlturmnetz.

Die Kälteanlage soll eine Nutzkälteleistung von 120 kW abgeben und mit Ammoniak als Kältemittel betrieben werden.

Die *Lösung* der Aufgabe erfolgt entsprechend der vorherbeschriebenen Schritte.

Schritt 1 = Bestimmen des Kälteträgers

Die in dem Kreislauf vorhandenen Werkstoffe erfordern eine chloridfreie Sole.

Um in den Kesseln eine Temperatur von − 10 °C einzuhalten, ist eine mittlere Soletemperatur von −15,5 °C notwendig. Bei einer Temperaturdifferenz von 3 K in der Sole gibt ein Solevorlauftemperatur von −17 °C und eine Rücklauftemperatur von −14 °C. Die Verdampfungstemperatur − rd. 5 K unter dem Soleaustritt − beträgt dann −22 °C. Die Erstarrungstemperatur des Kälteträgers muß dann unter −27 °C liegen, um einen Sicherheitsabstand zu haben.

Ein für diese Betriebsverhältnisse geeigneter Kälteträger muß ausgewählt werden (s. Bild 9/2). Geeignet ist *Anticora* oder *Hoesch PA 9 rot.*

Schritt 2 = Bestimmen der Kälteleistung

Nach der Aufgabenstellung liegen folgende Betriebsverhältnisse vor:

Nutzkälteleistung	$\dot{Q}_N$	=	420 000 kJ/h
Solerücklauftemperatur	ϑ_1	=	− 17 °C
Solevorlauftemperatur	ϑ_2	=	− 14 °C
Sole (chloridfrei) Anticora oder Hoesch Pa 9 rot			

Stoffwerte der Sole ρ = 1390 kg/m^3
                                            c = 2,67 kJ/kgK
                                            η = 150 $\cdot$ 10^{-4} Pa $\cdot$ s
                                            λ = 1,85 kJ/mK
Kühlwassereintritt ϑ_e = +25 °C
Kühlwasseraustritt ϑ_a = +30 °C

Um die *Verdampferleistung* zu bestimmen, muß zuerst die *Solepumpe* festgelegt werden, da ihre Antriebsenergie mit zu berücksichtigen ist. Der Solestrom $\dot{V}_S$ ist nach Gl. (9–12)

$$\dot{V}_S = \frac{420000 \text{ kJ/h}}{1390 \text{ kg/m}^3 \cdot 2,67 \text{ kJ/kgK} \cdot 3\text{K}} = 38 \text{ m}^3/\text{h}$$

Um den Energiebedarf der Pumpe festzulegen, muß ihre Förderhöhe H_{ges} nach Gl. (9–10) bestimmt werden:

Bei dem gewählten geschlossenen System ist die geodätische Förderhöhe = 0, da es sich um ein System kommunizierender Gefäße handelt, in welchem die Flüssigkeitssäule überall im Gleichgewicht ist. Wie schon erläutert, ist auch der zweite Faktor der Gleichung klein und kann vernachlässigt werden. Maßgebend ist der Druckverlust in Apparaten und Rohrleitungen durch die Reibung der durchströmenden Flüssigkeit. Er kann für die einzelnen Komponenten berechnet werden (s. auch Kap. 5.3.2). Hier sei angenommen:

Druckverlust in den Apparaten   =   1.2 bar
Druckverlust in den Leitungen   =   0.5 bar
Druckverlust im Verdampfer   =   0.8 bar
daraus ergibt sich $H_{ges} = \Delta p_{ges}$ =   2.5 bar

Zur Sicherheit wird die Pumpe für eine Förderhöhe von 3.0 bar ausgelegt. Nach Gl. (9–11) ist bei η_p = 0.65

$$P_P = \frac{38 \cdot 3}{36 \cdot 0.65} = 4.87 \text{ kW } (17\,538 \text{ kJ/h})$$

Die *Einstrahlung* in das System muß zunächst geschätzt werden, da die Außenfläche der Apparate noch nicht bekannt ist.

Bei einer Solegeschwindigkeit von 1,3 m/s und einem Solestrom von 38 m^3/h ergibt sich ein Durchmesser der Rohre von 32 mm. Der Außendurchmesser bei einer Wärmedämmschicht von 30 mm wird dann rd. 100 mm. Aus dem Bauplan wird eine Gesamtleitungslänge von 50 m ermittelt, so daß sich eine Oberfläche der Leitungen von etwa 15 m^2 errechnet. Der Verdampfer habe eine Oberfläche von 10 m^2, so daß die Gesamtoberfläche rd. 25 m^2 beträgt. Die Umgebungstemperatur sei +25 °C. Bei der mittl. Soletemperatur von −15,5 °C und einem Wärmedurchgangskoeffizienten der Wärmedämmschicht von k = 0,408 W/m^2 (1,465 kJ/m^{2}hK) erreicht sich die Einstrahlung Q_E

$$Q_E = 1,465 \cdot 25 \cdot [40,5] = 1490 \text{ kJ/h}$$

Dieser Wert kann vernachlässigt werden, da er in bezug auf die Gesamtkälteleistung keine Bedeutung hat.

Der *Gesamtkältebedarf* (= Verdampferleistung) dieser Kälteanlage beträgt also:

	Nutzleistung	$\dot{Q}_N$	=	420 000 kJ/h	
+	Pumpenleistung	$\dot{Q}_P$	=	18 000 kJ/h	
=	Verdampferleistung	$\dot{Q}_0$	=	438 000 kJ/h	= 121,7 kW

Schritt 3: Auslegen der Kühlflächen und des Verdichters

Verdampfer (vgl. Kap. 4.2)

Die mittlere Temperaturdifferenz nach der Gleichung (1–112)
für die erwähnten Temperaturen (Solevor- und Rücklauf, Verdampfungstemperatur) ergibt sich zu

$\Delta \vartheta_m = 6{,}38$ K

Als nächstes ist der Wärmedurchgangskoeffizient, bezogen auf die äußere Rohroberfläche zu berechnen.

Die für diese Rechnung benötigten Werte sind

$A_a/A_i =$ 1,19 für das verwendete Rohr 25 x 2 mm
$\alpha_i =$ 6290 kJ/m²hK oder 1750 W/m²K
$r_a =$ 9200 kJ/m²hK = Schmutzfaktor außen
$\alpha_a =$ 5000 kJ/m²hK
$r_i =$ 14000 kJ/m²hK = Schmutzfaktor innen

Die Ausrechnung ergibt dann (s. Kap. 4.2.4.2)

$k = 1745$ kJ/m²hK $= 485$ W/m²K

Mit den berechneten Werten $\Delta \vartheta_m$ und k ergibt sich die notwendige äußere Kühlfläche zu

$$A_a = \frac{121{,}7 \text{ kW}}{6{,}38 \text{ K} \cdot 0{,}485 \text{ kW/m}^2\text{K}} = 39{,}3 \text{ m}^2 \quad \text{bzw.} \quad A_a = \frac{438\,000 \text{ kJ/h}}{6{,}38 \text{ K} \cdot 1745 \text{ kJ/m}^2\text{hK}} = 39{,}3 \text{ m}^2$$

Die Zahl der Durchgänge muß nun so gewählt werden, daß die Solegeschwindigkeit in den Rohren 1 bis 1,2 m/s beträgt, damit der eingesetzte Wert von α_i auch erreicht wird.

Verdichter

Bei dem gewählten Kältemittel Ammoniak ist für den Siedeverzug und Druckverlust in der Saugleitung ein Druckabfall entsprechend einer Temperaturdifferenz von rd. 0,5 °C einzusetzen. Da die Verdampfungstemperatur bei −17 °C Solevorlauf rd. −22 °C beträgt, ergibt sich eine Ansaugtemperatur von −22,5 °C.

Die Verflüssigungstemperatur liegt rd. 5 K über der Kühlwasseraustrittstemperatur. Sie ist dann +35 °C.

Für die Anlage wird also ein Verdichter mit einer Kälteleistung von rd. 440 000 kJ/h (~ 122 kW) bei $\vartheta_0 = -22{,}5$ °C und $\vartheta_K = +35$ °C benötigt.

Der Antriebs-Leistungsbedarf beträgt gemäß der Leistungskurve des Verdichters rd. 47 kW an der Welle. Um auch bei etwas höher liegenden (Spitzen)temperaturen im Kühlwasser den Betrieb sicherzustellen und um Anfahrschwierigkeiten zu vermeiden, wird der Antriebsmotor mit einem Zuschlag von rd. 15 % ausgelegt. Zum Antrieb ist also ein Motor mit 55 kW Nennleistung erforderlich.

Verflüssiger (vgl. Kap. 4.3)

Die *Verflüssigerleistung* ist Verdampferleistung Q_0 + Verdichterarbeit. Wird der mechanische Wirkungsgrad des Verdichters mit 0,93 angenommen, so ergibt sich:

$Q = 440\,000 + 47 \cdot 0{,}93 \cdot 3600$ kJ/h = rd. 600 000 kJ/h

oder

$Q = 122 + 47 \cdot 0{,}93 = 165{,}7$ kW

Bei einer logarithmischen Temperaturdifferenz von $\Delta\vartheta_m = 7{,}21\,°C$ und einem Wärmedurchgangskoeffizienten $k = 3360\,kJ/m^2\,hK$ ist nach Gl. (9–13)

$$A = \frac{600\,000\,kI/h}{7{,}21\,K \cdot 3360\,kJ/m^2\,hK} = \sim 25\,m^2$$

Die erforderliche Kühlwassermenge ist nach Gl. (9–4)

$$\dot{V}_W = \frac{600\,000}{1000 \cdot 4{,}18 \cdot 5} = 29{,}2\,m^3/h,\ \text{aufgerundet}\ 30\,m^3h.$$

Die Zahl der Wasserwege im Verflüssiger ist so zu wählen, daß sich eine Wassergeschwindigkeit des Wassers in den Rohren von 1,5 bis 1,8 m/s ergibt, damit der eingesetzte k-Wert erreicht wird.

Schaltschema und Aufbau eines Solekühlers zeigt Bild 9/25.

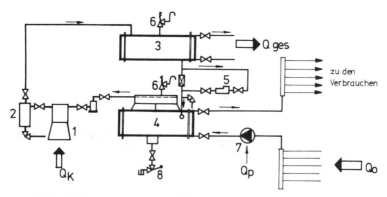

Bild 9/25a Fließschema einer Solekühlanlage
1 Verdichter   5 Regelstation
2 Ölabscheider   6 Sicherheitsventil
3 Verflüssiger   7 Solepumpe
4 Solekühler   8 Sicherheitsölablaßventil

Kälteleistung 200 kW
Solevorlauftemperatur $-15\,°C$

Bild 9/25 b Betriebsfertig vormontierter Solekühler (Werkbild *BBC-York*)

9.2.6 Eiserzeugung

Das Herstellen von „Kunsteis" gehörte mit zur ersten Anwendung der Kältetechnik.
An die ersten Kälteanlagen wurden Eiserzeuger angehängt und es war üblich, daß
Brauereien, Molkereien und Schlachthöfe Eis an ihre Kunden lieferten, um Bier,
Milch und Fleisch noch bis zum Verkauf frisch halten zu können. Mit dem Eis wurde
der Ware „gespeicherte Kälte" mitgeliefert. Die Eiserzeugung ist durch die Entwicklung der Kleinkältemaschine sehr zurückgegangen. Trotzdem wird Eis noch in zahlreichen Fällen verwendet, z. B. zum Beeisen von Fisch, als Zusatz in der chemischen
Industrie zum Abführen von Wärmestößen, als Zusatz beim Mischen von Beton und
als Kältespeicher, um große Kältemengen bereitzustellen, die dann kurzzeitig verbraucht werden können. In kleingemahlener Form dient es zum Frischhalten von
Gemüse, um dieses auch vor dem Austrocknen zu schützen. Das Kühlen mit Eis ist
einfach und wartungsfrei. Es hat bis zum völligen Schmelzen immer die gleiche Temperatur. Eisfabriken werden möglichst nahe den Verbrauchern angelegt, z. B. in
Fischereihäfen.

Eiserzeugung ist Erstarrungskühlung. Wasser wird bis zum Erstarrungspunkt abgekühlt (Bild 9/26, Linie 1—2). Anschließend wird durch weiteren Wärmeentzug die
Gefrierwärme abgeführt und das Wasser in den festen Aggregatzustand überführt.
Während dieser Periode bleibt die Temperatur konstant (Linie 2—3) und sinkt
erst weiter ab, wenn alles Wasser erstarrt ist. Bei weiterem Abkühlen (Linie 3—4)
spricht man vom Unterkühlen.

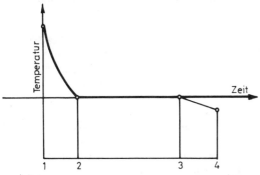

1 – 2	Abkühlen
2 – 3	Erstarren
3 – 4	Unterkühlen

Bild 9/26   Temperaturverlauf beim Erzeugen von Eis

Der *Kältebedarf* setzt sich zusammen aus:

a) Wärmemenge, die beim Abkühlen von der Zulauftemperatur bis zum Gefrierpunkt
entzogen wird,

b) Erstarrungswärme des Wassers mit 336 kJ/kg.

c) Wärmemenge, die beim Unterkühlen des Eises von Gefriertemperatur bis in die
Nähe der Sole- bzw. Verdampfungstemperatur entzogen wird.

d) Verluste durch Wärmefluß in den Eiserzeuger sowie Rührwerks- und Pumpenarbeit.

Für die Eisherstellung dienen eine Reihe von Verfahren, die im Laufe der Zeit für
verschiedene Eisformen entwickelt wurden (z. B. Blockeis, Scherbeneis).

9.2.6.1 Blockeis

a) *Eiserzeugung im Solebad.*
Das Gefrieren im Solebad ist das älteste Verfahren. Es werden rechteckige oder quadratische Eiszellen von rd. 1 m Länge mit Wasser gefüllt und im kalten Solebad ausgefroren. Die Sole befindet sich in einem rechteckigen, isolierten Tank, *Eiserzeuger*
·oder *Eisgenerator* genannt (Bild 9/27). In diesem Gefäß ist auch der Verdampfer der
Kälteanlage, zumeist ein Schrägrohr- oder Steilrohrverdampfer, eingebaut. Er ist
seitlich in einem besonderen Abteil angeordnet. Ein Rührwerk sorgt für kräftiges Umwälzen der Sole, damit am Verdampfer und an den Eiszellen durch die Strömung ein
guter Wärmeübergang erreicht wird. Die Solegeschwindigkeit liegt zwischen 0,2 und
0,3 m/s. Die Eiszellen sind leicht konisch, unten schmaler, oben weiter, damit die
Blöcke nach dem Lostauen leicht herausrutschen. Sie werden aus Stahlblech gefertigt und verbleit, um gegen den Korrosionseinfluß der Sole geschützt zu sein. Die
Zellen gibt es für zwei Blockgewichte mit folgenden Abmessungen:

25 kg: oben 190 · 190 mm, unten 160 · 160 mm
12,5 kg: oben 190 · 110 mm, unten 160 · 80 mm.

Die Länge ist bei beiden Größen 1100 mm. Die Blechstärke beträgt 1 bis 1,5 mm,
damit die Zellen bei dem rauhen Betrieb maßhaltig bleiben. Verbeulte Zellen verursachen höhere Abschmelzverluste. Wenn die Zellen ausgefroren sind, werden sie
aus der Sole herausgezogen und in lauwarmes Wasser getaucht. Dadurch taut die
äußere Eisschicht an. Es bildet sich ein Wasserfilm, auf dem der Block beim Kippen
der Zelle leicht herausrutscht.

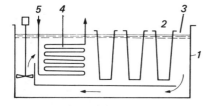

1 Behälter (Eisgenerator)
2 Eiszellen
3 Solespiegel
4 Verdampfer
5 Rührwerk

Bild 9/27   Aufbau des Blockeiserzeugers

Bei der industrieellen Eiserzeugung in großen *Blockeisanlagen* werden die Zellen jeweils zu einer Reihe in einem Rahmen mit seitlichen Rollen zusammengefaßt. Der
ganze Rahmen wird nach dem Durchfrieren mit einem Kran aus der Sole heraus gezogen, in das Auftaugefäß eingetaucht, auf die Kippe gesetzt und gekippt. Die Blöcke
rutschen dann über die Eisrutsche in das Eislager oder werden sofort verwendet. Der
Rahmen mit den leeren Zellen fährt dann am Kran an das andere Ende des Eisgene-
rators unter das Füllgefäß, von dem aus die Zellenreihe neu mit der für jede Zelle ab-
gemessenen Menge Gefrierwasser gefüllt wird. Nachdem ein mechanischer oder hy-
draulischer Vorschub alle Zellenrahmen um eine Rahmenbreite vorgeschoben hat, wird
der neugefüllte Rahmen in die Sole eingesetzt. Als Sole wird eine billige Kochsalzlösung verwendet, da der Verlust an Sole sowie ihre Verwässerung erheblich ist.
Bild 9/28 zeigt eine solche Blockeisanlage im Schema.

Für die Blockeiserzeugung wird in der Praxis mit einem spezifischen Kältebedarf nach
Tafel 9/4 gerechnet, wobei eine Zulaufwassertemperatur von + 10 °C zugrunde gelegt ist.

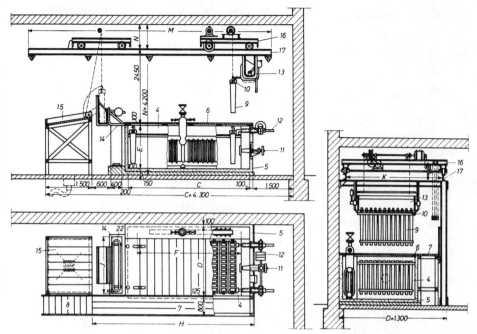

Bild 9/28 Blockeisanlage mit Solebehälter

4 Solebehälter (Eiserzeuger)   11 Rührwerk
5 Wärmedämmschutz   12 Vorschub
6 Holzabdeckung   13 Füllgefäß
7 Bedienungssteg   14 Auftaugefäß mit Kippe
8 Treppe   15 Eisrutsche
9 Eiszellen   16 Eislaufkran
10 Zellenrahmen   22 Heizschlange

Tafel 9/4 Der spezifische Kältebedarf bei der Blockeiserzeugung

Eiserzeugung je Stunde kg	Spezifischer Kältebedarf kJ/kg	Eiserzeugung je Stunde kg	Spezifischer Kältebedarf kJ/kg
5	670	200	525
10	630	300	500
15	585	400	480
20	565	500	460
50	545		

Die Gefrierzeit der Blöcke hängt von der Dicke der Blöcke, der Zulauftemperatur des Gefrierwassers, der Soletemperatur und der Soleströmung ab. Mit folgenden Gefriergeschwindigkeiten kann gerechnet werden:

12,5 kg – Blöcke: 7 bis 9 Stunden
25   kg – Blöcke: 18 bis 22 Stunden.

Die Gefrierzeit kann in einfacher Weise berechnet werden. Nach *R. Plank* ist

$$\tau_g = \frac{3120}{\vartheta_S} \cdot b_0 \cdot (b_0 + 0{,}036) \quad \text{für quadratischen Querschnitt} \tag{9–14}$$

$$\tau_g = \frac{4540}{\vartheta_S} \cdot b_0 \cdot (b_0 + 0{,}026) \quad \text{für rechteckigen Querschnitt} \tag{9–15}$$

darin ist

$\tau_g =$ Gefrierzeit in Stunden

$\vartheta_S =$ Soletemperatur in °C

$b_0 =$ Länge der kleineren Querschnittskante am Kopf des Blockes in m.

Beim Gefrieren scheiden sich im Wasser gelöste Mineralsalze und Luft aus, wodurch ein milchig aussehendes Eis entsteht, das *Trübeis* oder Matteis genannt wird. Es ist die am meisten erzeugte Eisart.

Wird das Wasser während des Gefrierens bewegt, steigen die ausgeschiedenen Luftbläschen nach oben und das Eis wird durchsichtig. Die gelösten Salze konzentrieren sich während des Gefrierens im ungefrorenen Kern des Blockes und werden durch Absaugen des Wasserkerns und Nachfüllen mit Frischwasser fast völlig beseitigt. Ein solches Eis wird *Klareis* genannt. Soll ein gutes Klareis erzeugt werden, darf das Gefrierwasser nicht mehr als 0,01 % Mineralsalze enthalten.

Das Bewegen des Wassers kann durch eingehängte Rüttelstäbe oder durch Einblasen von Luft unten in die Zellen bewirkt werden, wobei die aufsteigende Einblasluft die im Wasser gelöste Luft und Verunreinigungen entfernt. Es gibt das Niederdruck- und das Hochdruckverfahren. Ersteres arbeitet mit einem Druck von etwa 1,2 bar. Die Luft wird von oben über eingehängte Einblasrohre zugeführt. Diese müssen vor dem vollständigen Ausfrieren herausgezogen werden. Das Hochdruckverfahren arbeitet mit 2 bar. Die Luft wird durch eine Düse im Zellenboden eingeblasen (Bild 9/29).

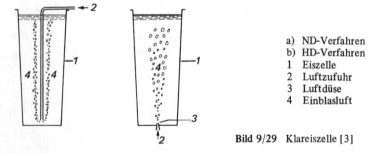

a) ND-Verfahren
b) HD-Verfahren
1 Eiszelle
2 Luftzufuhr
3 Luftdüse
4 Einblasluft

Bild 9/29 Klareiszelle [3]

Kristalleis ist ein völlig klares Eis aus entsalztem und gut entlüfteten Wasser. Die erzeugten Mengen sind unbedeutend.

Die lange Gefrierzeit von Blockeis erfordert für große Tagesleistungen räumlich große Eiserzeuger. Ein Beschleunigen der Gefrierzeit und damit eine höhere Leistung ist nur durch Absenken der Soletemperatur, die normalerweise rd. −8 °C beträgt, zu erreichen (s. Gleichung 9—14 und 9—15). Dadurch wird die Kälteerzeugung teurer und es gibt Verluste durch Bruch, da die Eisblöcke bei tiefer Soletemperatur spröde werden.

Beispiel zur Berechnung eines Eiserzeugers

Ein Eiserzeuger für folgende Tagesleistung und Vorbedingungen soll berechnet werden:

Eisleistung	12 t/24 h
Gefrierwasserzulauf	+ 15 °C
Blockgewicht	25 kg
Soletemperatur	− 8 °C

Tägliche Betriebszeit (durchlaufend) = 24 Stunden.

Zuerst muß die Gefrierzeit eines Blockes errechnet werden. Nach Gleichung (9—14) ist

$$\tau_g = \frac{3120}{-8} \cdot 0,190 \cdot (0,190 + 0,036) = 16,8 \text{ h}$$

Die Zahl der Eiszellen, die für die genannte Tagesleistung benötigt werden, wird dann

$$\frac{12000 \cdot 16,8}{25 \cdot 24} = 336 \text{ Stück}.$$

Der Eiserzeuger wird mit 336 Eiszellen ausgeführt, aufgeteilt in 28 Rahmen zu je 12 Zellen. Die Stundenleistung des Eiserzeugers beträgt

$$\frac{12000}{24} = 500 \text{ kg/h}.$$

Nach Tafel 9/4 kann mit einem spezifischen Kältebedarf von 460 kJ/kg gerechnet werden. Dann wird der tägliche Kältebedarf 12000 kg · 460 kJ/kg = 5500000 kJ/d (d ist die Bezeichnung für Tag!).

Bei einer täglichen Laufzeit der Kältemaschine von 22 Stunden ist eine Kälteleistung

$$\dot{Q}_0 = \frac{5\,500\,000}{22} = 250\,000 \text{ kJ/h erforderlich.}$$

Das Auslegen dieser Anlage kann nach dem Beispiel in 9.2.5 erfolgen.

b) *Blockeiserzeugung durch direkte Verdampfung* erspart den Temperatursprung zwischen Sole und Kältemittel. Außerdem wurden Konstruktionen entwickelt, die durch zusätzliches Gefrieren von innen nach außen die Gefrierzeit entscheidend verkürzen. Die Korrosionsschäden werden durch Wegfall der Sole stark reduziert. Durch schnelleres Gefrieren kann auf gleicher Grundfläche mehr Eis erzeugt werden.

Das *Rapid-Ice-Verfahren* nach Patenten von *E. Wilbushewich* verwendet doppelwandige Eiszellen, die stationär angeordnet sind. Im Mantelraum verdampft das Kältemittel. Zusätzlich befindet sich im Kern des Blockes, der am langsamsten gefrieren würde, ein Verdampferrohr, das den Block auch von innen nach außen frieren läßt (Bild 9/30). Die doppelwandige Eiszelle ist konisch, wie die Solezelle, jedoch ist die schmale und offene Seite oben, die breite unten. Dort befindet sich ein Klappdeckel, der durch ein Gegengewicht angedrückt wird und so die Zelle verschließt. Bei Gefrierbeginn wird zunächst etwas Wasser eingelassen, das den Klappdeckel sofort anfrieren läßt und abdichtet. Sodann wird die Zelle gefüllt und der eigentliche Gefriervorgang kann ablaufen. Wenn der Block durchgefroren ist, wird er durch Heißgas-Abtauung aus der Zelle gelöst (s. Abschn. 9.3.3). Der Deckel klappt durch das Blockgewicht zurück und der Block rutscht auf eine darunter befindliche Palette, die abgesenkt und mit dem Block abtransportiert wird.

D Deckel,
G Gegengewicht,
KF Flüssiges Kältemittel,
KD Kältemitteldampf.

Bild 9/30   Eiszelle für direkte Kältemittelverdampfung [3]

In der Praxis werden die Eiszellen zu Batterien vereinigt und ergeben dann kompakte Eiserzeuger verschiedener Leistungen. Das Füllen sowie das Umschalten des Kältekreislaufes auf Abtauen geschieht automatisch.

Die Gefrierzeit für einen 25-kg-Block beträgt (bei einem Verdampferrohr in der Mitte und bei − 15 °C mittlerer Verdampfungstemperatur) etwa 4 Stunden. Die Gefrierzeit kann durch Ausrüsten der Zellen mit 5 Verdampferrohren noch verkürzt werden. Bei −18 °C Verdampfungstemperatur wird dann der Block in etwa 1 1/2 Stunden durchgefroren, da die Eisschicht gleichzeitig von jedem Rohr und von der Wand her wächst (Tafel 9/5). Durch eine entsprechende Zahl von Verdampfungsrohren lassen sich noch wesentlich größere Eisblöcke herstellen. Die größten Eisblöcke nach diesem Verfahren wiegen 185 kg.

Tafel 9/5   Eiserzeugungs-Leistung von *Rapid-Ice*-Anlagen bei einem Blockgewicht von 25 und 50 kg.

		\multicolumn{6}{c}{Verdampfungstemperatur °C}
		\multicolumn{2}{c}{−12,5}	\multicolumn{2}{c}{−15}	\multicolumn{2}{c}{−17,5}
Blockgewicht	kg	25	50	25	50	25	50
Füllzeit	min	3	5	3	5	3	5
Gefrierzeit	min	106	124	92	104	81	90
Abtauzeit	min	1	1	1	1	1	1
Dauer eines Eiszuges	min	110	130	96	110	85	96
Züge/24 h		13	11	15	13	17	15

Durch Einblasen von Luft kann auch Klareis hergestellt werden.

Rapid-Ice-Anlagen werden bis zu Tagesleistungen von 600 to gebaut. Kleinere Anlagen können auch transportabel, z.T. einschließlich Kältemaschine, auf einem Lkw-Anhänger aufgebaut werden.

Der spezifische Kältebedarf bei direkter Verdampfung, bezogen auf eine Verdampfungstemperatur von −12 °C und einer Gefrierwasser-Zulauftemperatur von +15 °C wird für Blöcke von 25 kg in Tafel 9/6 genannt.

Tafel 9/6 Der spezifische Kältebedarf bei Blockeiserzeugung mit direkter Verdampfung (*Rapid-Ice*-Verfahren)

Spezifischer Kältebedarf	Gefrierleistung
kJ/h	to/24 h
565	5
545	10
525	20
510	100

Beispiel zur Berechnung eines Eiserzeugers mit direkter Verdampfung

Gegeben ist: Zu erzeugende Eismenge 20 t/24 h
Verdampfungstemperatur −12,5 °C
Blockgewicht 25 kg

Zu berechnen ist: Zahl der notwendigen Zellen
Der stündliche Kältebedarf (Kälteleistung der Kälteanlage)
Lösung

Nach Tafel 9/5 kann bei der Verdampfungstemperatur −12,5 °C in 24 Stunden 13mal gezogen werden. Eine Zelle erzeugt also 325 kg/d.

Die erforderliche Zellenzahl im Eiserzeuger ist dann

$$\frac{20\,000}{325} = 61,54 \text{ , aufgerundet: 62 Eiszellen.}$$

Der Platzbedarf ist also viel geringer als beim Soleverfahren, das nach Beispiel (9.2.6.1 a) für 12 t/24 h schon 358 Zellen benötigt.

Der Kältebedarf ist nach Tafel 9/7 für 20 t/24 h = 528 kJ/kg, das sind insgesamt 10 560 000 kJ/d. Bei einer Laufzeit der Kälteanlage von 22 Stunden täglich ergibt sich eine Kälteleistung von

$$Q_0 = \frac{10\,560\,000}{22} = 480\,000 \text{ kJ/h}$$

c) *Lagerung von Blockeis*. Wird das Blockeis nach dem Ziehen nicht sofort verwendet, so stapelt man es im *Eislager*, einem Kühlraum, der entweder durch kalte Sole vom Eiserzeuger oder durch eine zusätzliche Kältemaschine auf −2 °C bis −4 °C gekühlt wird.

Die erforderliche Kälteleistung ist gering, da das Eis keine Wärme entwickelt, sondern, da unterkühlt, noch Kälte abgibt. Die Kühleinrichtung des Eislagers soll nur den Wärmeeinfall von außen aufnehmen, um Abschmelzverluste zu vermeiden. Blockeis ist zwar für den Transport günstig, da die Abschmelzverluste gering sind, für den Gebrauch muß es aber durch *Eismühlen* zerkleinert werden.

9.2.6.2 Röhren-, Scherben- und Schuppeneis

Eis wird überwiegend in kleinstückiger Form benötigt, z. B. für das Beeisen von Fisch. Es ist deshalb in vielen Fällen zweckmäßiger, daß Eis kleinstückig gebrauchsfertig herzustellen. Hierfür wurden verschiedene Verfahren entwickelt.

a) *Röhreneis*. Röhreneiserzeuger werden sehr kompakt in verschiedenen Bauarten hergestellt. Das Prinzip zeigt Bild 9/31. Das senkrechte Gefrierrohr 1 bildet mit dem

Mantelrohr die Verdampferkammer 3, in der das Kältemittel verdampft. Durch die Düsen wird gegen das Innenrohr Wasser gesprüht, das nach unten rieselt und an der kalten Rohrwand anfriert. So wächst in kurzer Zeit auf der Innenwand des Rohres eine klare Eisschicht. In der Praxis ist der Röhreneiserzeuger ein senkrecht gestellter Bündelrohrverdampfer, der oben und unten offen ist (Bild 9/32). Im Mantelraum verdampft das Kältemittel, meist Ammoniak. Die Rohre werden innen über Verteilerdüsen berieselt. Das nicht festgefrorene Überschußwasser wird beim Herunterrieseln stark vorgekühlt und zusammen mit dem neu zugespeisten Gefrierwasser wieder zum Verteilerkasten gepumpt. Ist die gewünschte Eisdicke erreicht, wird die Umwälzpumpe abgestellt, das kalte Kältemittel in einen Sammler abgelassen und der Mantelraum mit der Druckseite des Verdichters verbunden. Durch das einströmende heiße Druckgas werden die Rohre gleichmäßig erwärmt, die Eisröhren tauen los und rutschen durch das Eigengewicht nach unten. Beim Austritt aus den Gefrierrohren werden sie durch eine rotierende Brechvorrichtung zerkleinert.

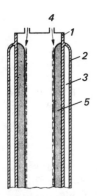

Bild 9/31   Prinzip des Röhreneiserzeugers

1 – Gefrierrohr
2 – Mantelrohr
3 – Verdampferraum
4 – Wasserverteilung
5 – Eisschicht

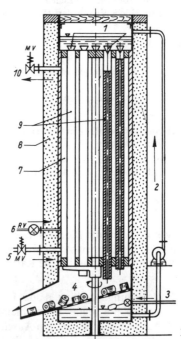

1 Wasserverteilungs-
   düsen
2 Gefrierwasser
3 Wasserzulauf
4 Eisbrecher
5 vom Verdichter
   (Abtauleitung)
6 vom Verflüssiger
7 Kältemittel
8 Isolierung
9 Eisröhren
10 zum Verdichter

Bild 9/32   Schema eines Röhreneiserzeugers

Nach der Abtauperiode wird der Kältekreislauf wieder umgeschaltet. Das kalte Kältemittel strömt aus dem Sammler zurück, die Wasserpumpe läuft an und der Gefriervorgang beginnt von neuem. Der Röhreneiserzeuger arbeitet periodisch. Durch Zusammenschalten mehrerer Geräte kann kontinuierlich Eis erzeugt werden.

Bei einer Gefrierwasser-Zulauftemperatur von + 15 °C beträgt der spezifische Kältebedarf rd. 545 kJ/kg. Die Gefriergeschwindigkeit ist um so größer und der spezifische Kältebedarf um so kleiner, je dünner die angefrorene Eisschicht ist. Beim Ab-

tauen schmilzt jedoch eine dünne Eisschicht ab, der konstante Abschmelzverlust.
Deshalb sind zu dünne Eisschichten unwirtschaftlich, da diese Verluste dann anteilig
hoch sind. Wirtschaftlich sind Eisstärken von 6 bis 7 mm, die bei einer Verdampfungstemperatur von − 10 °C bis − 12 °C erreicht werden.

Ein Arbeitszyklus − Anfrieren + Abtauen − dauert etwa 25 bis 30 Minuten. Der Eiserzeuger liefert 15 bis 20 Minuten nach dem Einschalten Eis. Ein Nachteil des Verfahrens ist der verhältnismäßig hohe spezifische Kältebedarf, welcher durch das Auf-
wärmen des ganzen Systems während der Abtauperiode und das Wiederabkühlen zum
Gefrieren entsteht.

Die optimale Eisdicke, Verdampfungstemperatur und Gefrierzeit kann berechnet
werden [3, 7].

b) *Scherben- oder Schuppeneis.* Diese Maschinen arbeiten kontinuierlich und mit
günstigem Wirkungsgrad, da Abtauen und damit Schmelz- und Abkühlverluste
vermieden werden. Es gibt mehrere Konstruktionen, die nach dem gleichen Grund-
prinzip (Bild 9/33) arbeiten. In einem stehenden, doppelwandigen Gefrierzylinder
verdampft Kältemittel. Durch einen rotierenden Sprüharm wird Wasser an die Innenwand gesprüht, das an der kalten Fläche sofort gefriert. Mit dem Sprüharm rotiert
gleichzeitig ein Schabemesser oder ein Abwälzfräser, welche die Eisschicht abscha-
ben. Es entstehen Eisscherben von etwa 3 bis 5 cm^2 Fläche bei einer Dicke von 2 bis
3 mm. Diese fallen nach unten heraus und können in einem Silo gesammelt werden.
Das Eis ist stark unterkühlt, trocken und spröde. Es platzt deshalb leicht von der
Trommel ab und läßt sich gut einlagern (bunkern).

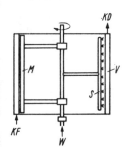

V	Verdampfer, ausgeführt als Hohlzylinder
KF	flüssiges Kältemittel
KD	Kältemitteldampf
W	Wasserzufluß
S	Sprührohr
M	Schabemesser

Bild 9/33   Prinzip des Schuppeneiserzeugers [3]

Die verschiedenen Bauarten unterscheiden sich sehr wenig. Einmal steht die Gefriertrommel fest und die Wasserverteilung mit Schabemesser rotiert (Bild 9/34), bei
einer anderen Ausführung ist es umgekehrt (Bild 9/35).

Der spezifische Kältebedarf für das Erzeugen von Scherbeneis liegt im Mittel bei
rd. 545 kJ/kg. Die Eisleistung der Maschinen ist von der Verdampfungstemperatur
des Kältemittels, von der Dicke der Eisschicht und der Zulauftemperatur des Gefrierwassers abhängig (vergl. Bild 9/36 und 9/37).

Scherbeneismaschinen größerer Leistung werden überwiegend mit Ammoniak betrieben, da der Wärmeübergangskoeffizient an die Gefrierfläche besser ist als bei den
halogenierten Kältemitteln. Ölfreiheit ist anzustreben, da bereits eine dünne Ölschicht
den Wärmeübergang verschlechtert.

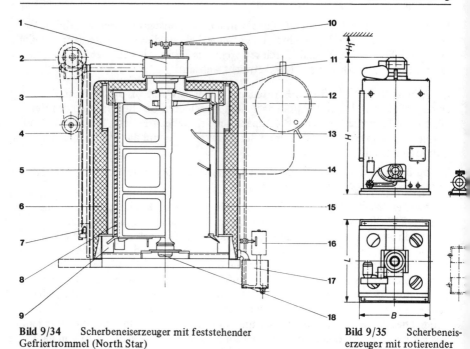

Bild 9/34   Scherbeneiserzeuger mit feststehender
Gefriertrommel (North Star)

1 Getriebe	10 Wasserregulierventil
2 Untersetzungsgetriebe	11 Oberes Rotorlager
3 Keilriemen, verstellbare	12 Flüssigkeitsabscheider
Riemenscheiben	13 Wasserverteileinrichtung
4 Antriebsmotor	14 Gefrierfläche
5 Verdampferraum	15 Außenverkleidung
6 Isolierung (Polyurethan)	16 Wasserpumpe
7 Überlastschalter	17 Wassersammelbehälter
8 Eisentfernungsmesser	18 Unteres Rotorlager
9 Wassersammelrinne	

Bild 9/35   Scherbeneiserzeuger mit rotierender
Gefriertrommel (Atlas)

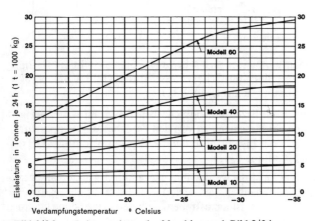

Bild 9/36   Leistungsdaten der Maschine nach Bild 9/34

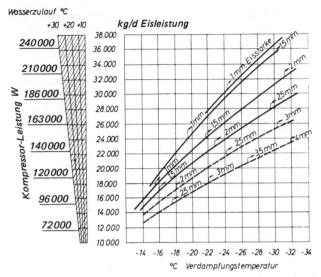

Bild 9/37 Leistungskurve Eismaschine VD 740 (Atlas) n. Bild 9/35

c) *Lagerung von kleinstückigem Eis.* Kleinstückiges Eis wird nicht, wie Blockeis, gestapelt, sondern in Behältern oder Silos aufgeschüttet. Der Raumbedarf ist größer. Überschlägig kann für 1 t Eis gerechnet werden:

Schuppeneis	2,13 m³/t
Röhreneis	1,87 m³/t
zerkleinertes Blockeis	1,59 m³/t
Blockeis (mit Latten gestapelt)	1,92 m³/t

Kleinstückiges Eis neigt zur Klumpenbildung. Es muß beachtet werden, daß Eis unter höherem Druck schmilzt. Wenn unterkühlte, scharfkantige Eisstückchen in der unteren Zone eines Bunkers durch das Gewicht des darüberliegenden Eises aufeinandergepreßt werden, so kann durch die hohe Flächenpressung, welche die schmalen Kanten auf das darunterliegende Stück ausüben, das Eis schmelzen. Durch die Unterkühlung frieren die Stücke dann zusammen, wenn die Flächenpressung durch Entstehen einer größeren Auflagefläche nach dem Abschmelzen der Kanten geringer wird. Kleinstückiges Eis erfordert deshalb besondere Maßnahmen, um es bunkern und störungsfrei entnehmen zu können.

Kleinere Bunker für kurzzeitiges Speichern benötigen nach der Erfahrung keine zusätzliche Kühlung. Sie sollen lediglich gut isoliert sein, damit die Unterkühlung des Eises ausreicht, um ein Antauen und damit Zusammenbacken zu verhüten. Auch Eindringen von warmer Außenluft muß verhindert werden, da sich aus dieser am unterkühlten Eis Feuchtigkeit niederschlägt, welche ebenfalls ein Zusammenfrieren verursachen kann.

Große Bunker sollen gut isoliert und zusätzlich gekühlt sein. Um das Eis trocken und fließfähig zu halten, soll erfahrungsgemäß der Bunkerraum, also die Behälterwand *und* die Luft im Bunker, etwa 2 K kälter sein als das Eis selbst. Bei einer Eistemperatur von −7 °C bis −8 °C ist also eine Bunkertemperatur von −9 °C bis −10 °C notwendig. Entnahmeöffnungen müssen außerhalb der Eisentnahmezeiten dicht verschlossen sein.

Scherben- oder Schuppeneis wird in hohen Silos bis zu etwa 800 t Fassungsvermögen gespeichert, wobei es bis zu einer Speichermenge von 100 t vorgefertigte Silos gibt, die komplett in ein mit Wärmedämmschutz versehenes Bauwerk eingebaut werden (Bild 9/38).

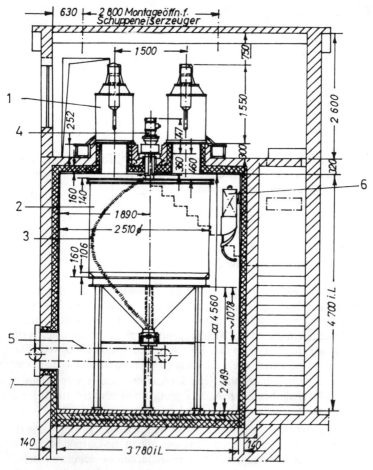

Bild 9/38 Eis-Silo [2]

    1 Eiserzeuger   6 Verdampfer zur Raumkühlung
    2 Eis-Silo (Stahlblech)   7 Wärmedämmschutz
    3 Schleuderkette
    4 Antrieb für 3
    5 Förderband zum Entleeren

Der oder die Eiserzeuger stehen über dem Bunker, der zylindrisch oder rechteckig sein kann. Das Eis fällt aus der Maschine direkt in den Bunker und wird unten durch eine Förderschnecke entnommen. Entnahme und Transport zur Verwendungsstelle können vollautomatisch ausgeführt werden. Die großen Bunker erhalten mechanische Eisrechen oder Schleuderketten, um ein Zusammenfrieren der Eisschuppen zu verhüten oder bereits entstandene Klumpen, Hohlräume oder Brücken zu beseitigen.

9.2.7 Eisspeicherung

Kälte wird oft stoßweise, in großen Mengen und im Temperaturbereich über 0 °C gebraucht. Wegen seiner hohen Erstarrungswärme von 336 kJ/kg ist Eis ein idealer Kältespeicher, da auf kleinem Raum eine große Kältemenge gespeichert werden kann.

Es ist sehr wirtschaftlich, mit einer relativ kleinen Kältemaschine einen Kältevorrat schaffen zu können, der dann innerhalb kurzer Zeit entnommen werden kann.

Einige Anwendungsgebiete sind:

Lebensmittelindustrie

Molkereien, Brauereien
Beeisen von Fischdampfern und Fischen
Herstellen von Eiswasser in Geflügelschlachtereien
Zusatz während des Kutterns zum Herstellen von Brät in Fleischwarenfabriken.

Chemische Industrie

Zugabe in Reaktionskessel zum Abführen der Reaktionswärme, wobei sehr genau dosiert werden kann.

Bauindustrie

Zugabe beim Mischen von Beton zur Abfuhr der Abbindewärme.

Zwei Arten von Eisspeicherung sind in der Praxis üblich, die vorstehend beschriebene Bunkerspeicherung und die Speicherung um in Wasserbehältern befindliche Verdampferrohre. An das Eis wird nur die Forderung großer Oberfläche für schnelles Auftauen gestellt.

9.2.7.1 Breieismaschine

Sie stellt einen schnell auftauenden Schneematsch her, der genügt, wenn eine besondere Lagerqualität des Eises nicht erforderlich ist. Die Maschine ähnelt der Scherbeneismaschine. Sie wird über einen Wassertank aufgestellt, dessen Wasserinhalt zur Maschine gepumpt wird, wobei das Wasser über den feststehenden Gefrierzylinder rieselt. Ein Teil friert zu einer dünnen Eisschicht an und wird wieder abgeschabt. Die Eisbrocken fließen zusammen mit dem Überschußwasser in den Tank zurück.

Wenn keine Kälte entnommen wird, wächst darin eine Schicht von Schneematsch mit einer Temperatur von nur wenig unter 0 °C an. Bei Kälteentnahme wird das vom Verbraucher zurückfließende erwärmte Wasser über den Schneematsch geleitet, bringt ihn zum Schmelzen und wird dabei auf 0 °C abgekühlt (Eiswasser).

Für die Speicherung von 1 t Breieis = 336 000 kJ/h (= 93 kWh) sind 3,6 m³ Raum erforderlich. Das Verfahren ist teuer.

9.2.7.2 Eisspeicherung an Rohren

In diesem Fall wird das Eis an Verdampferschlangen oder -platten, die sich in einem mit Wasser gefüllten Behälter befinden, angefroren. Die Gefrierflächen sind so angeordnet, daß sich eine Eisschicht von mehreren cm Dicke bilden kann, ohne die Wasserzirkulation zu behindern. Das Prinzip eines solchen Eisspeichers zeigt Bild 9/39.

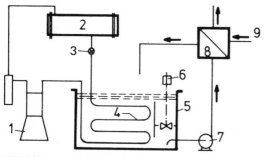

1	Verdichter
2	Verflüssiger
3	Regelventil
4	Eisspeicherschlange
5	Behälter
6	Rührwerk
7	Eiswasserpumpe
8	Eiswasserverbraucher
9	zu kühlende Flüssigkeit

Bild 9/39   Prinzip eines Eisspeichers

Solange die Kältemaschine arbeitet und die Verdampfungstemperatur entsprechend tief liegt, friert an den Rohrschlangen Eis an. Ist die dem Wasser entnommene Kälteleistung geringer als die abgegebene Leistung der Kältemaschine, so wird die überschüssige Kälteleistung als Eis gespeichert. Wenn Kälteentnahme und erzeugte Kälteleistung gleich sind, herrscht Gleichgewicht. Es wird weder Eis angefroren noch geschmolzen. Wird zu Stoßzeiten viel Kälte gebraucht, wird das Eis schnell abgeschmolzen. Dabei bleibt die Temperatur des Eiswassers solange konstant, als Eis vorhanden ist.

Die momentan abgebbare Kälteleistung ist um so größer, je schneller das gespeicherte Eis abschmelzen kann. Die aus den Wärmeübergangsverhältnissen heraus mögliche Abschmelzgeschwindigkeit ist also wichtig und muß bei Berechnung eines Eisspeichers berücksichtigt werden.[3, 9]:

Sinkt die Temperatur eines Rohres, in dem Kältemittel verdampft und das in Wasser eingetaucht ist, unter den Gefrierpunkt, so bildet sich auf dessen Außenseite Eis. Sobald sich Eis gebildet hat, bleibt die Temperatur der Eisoberfläche und des umgebenden Wassers unverändert 0 °C, wobei es gleichgültig ist, ob viel oder wenig Eis anfriert oder abschmilzt. Theoretisch ist ein kleiner Temperaturunterschied vorhanden, der aber vernachlässigt werden kann.

Die Änderung des Aggregatzustandes von Wasser in Eis verändert auch die Basisdaten der Wärmeübertragung.

a)   b)

R =	Rohr
E =	Eisschicht
ϑ_i =	Temperatur im Rohr
ϑ_a =	Temperatur an der Rohrwand
ϑ_g =	Gefrierpunkt der Flüssigkeit
ϑ =	Temperatur der Flüssigkeit im Behälter

Bild 9/40   Temperaturen bei der Abkühlung von Flüssigkeiten [3]

Folgende Fälle sind zu unterscheiden (Bild 9/40):

Im Fall a) gilt für den Wärmeübergang (α) von der Flüssigkeit an die Rohraußenfläche

$$Q = \alpha \cdot A \cdot (\vartheta - \vartheta_a) \qquad (9-16)$$

Sinkt die Innentemperatur des Rohres, dann sinkt auch die Außentemperatur. Die Differenz $(\vartheta - \vartheta_a)$ wird größer. Die Oberfläche A bleibt konstant.

Der Fall b) ist davon grundsätzlich verschieden. Die Temperatur ϑ_g der Wärme austauschenden Grenzschicht zwischen Flüssigkeit und Eis bleibt konstant 0 °C. In der Gleichung

$$Q = k \cdot A \cdot (\vartheta - \vartheta_g)$$

wird jedoch mit sinkender Innentemperatur A größer, da der Außendurchmesser durch das Wachsen der Eisschicht größer wird. Der Wärmedurchgangskoeffizient des Rohres mit Eismantel ist dann (vgl. Kap. 1.8.7):

$$\frac{1}{k} = \frac{1}{\alpha_i} + \left(\frac{\delta}{\lambda}\right)_{Rohr} + \left(\frac{\delta}{\lambda}\right)_{Eis} + \frac{1}{\alpha_a}$$

Beim Anwachsen der Eisschicht wird der Summand $\left(\dfrac{\delta}{\lambda}\right)_{Eis}$ immer größer.

Damit ändert sich der Wärmedurchgangskoeffizient k ständig.

Ist das Wasser im Becken auf den Gefrierpunkt abgekühlt und wird ihm keine Wärme zugeführt, wächst die Eisschicht bei fortdauerndem Wärmeentzug beliebig weiter. Es gibt kein Gleichgewicht. Im Normalfall liegt jedoch die mittlere Wassertemperatur durch Wärmezufuhr immer über dem Gefrierpunkt. Die Eisschicht nimmt also mit wachsender Oberfläche eine immer größere Wärmemenge aus dem Wasser auf, erhält aber andererseits durch das Wachsen der Eisschicht und das dadurch bedingte Ansteigen des Wärmeleitwiderstandes immer weniger Kälte vom Rohrinneren her nachgeliefert. Da die Wärmezufuhr vom Wasser an das Eis und die Wärmeabfuhr vom Eis über Eisschicht und Rohr an das Kältemittel gleich sein müssen, ergibt sich für die Eisdicke ein Gleichgewichtszustand.

Die *anzuspeichernde Eismenge* ergibt sich aus der benötigten Kälte, die entnommen werden muß. Sie hängt ab von der wirtschaftlich und technisch zulässigen Eisschichtdicke und der Rohrlänge.

Das Eisgewicht je Meter Rohr beträgt

$$\dot{m} = \frac{\pi}{4} \cdot \rho \, (D^2 - D_a^{\ 2})$$ (9–17)

wobei ist

$\dot{m}$	= Eismasse je Meter Rohr	in kg/m
ρ	= Dichte des Eisbelages	in kg/m³
D	= Außendurchmesser der Eisschicht	in m
D_a	= Außendurchmesser des Rohres	in m

Ergebnisse s. Bild 9/41.

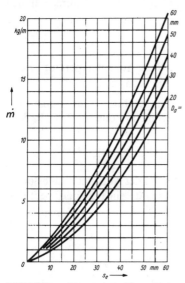

$\dot{m}$ Eismenge kg/m
S_e Schichtdicke mm
D_a Außendurchmesser der Verdampferrohre

Bild 9/41   Eismenge je Meter Rohrlänge abhängig von der Schichtdicke des Eisbelages [3]

Um einen gleichmäßigen Eisbelag zu erzielen, darf das Rührwerk beim Anspeichern nicht in Betrieb sein. Außerdem muß der Abstand zwischen den Speicherrohren so groß sein, daß bei der größtmöglichen Eisdicke dazwischen noch Wasser zirkulieren kann und die Eisschichten nicht zu einem Block zusammenfrieren.

Für das *Abschmelzen* muß der Eisspeicher so bemessen werden, daß er seine Leistung innerhalb einer bestimmten Zeit abgeben kann. Dabei ist im ungünstigen Fall die Kältemaschine während des Entladens nicht in Betrieb. Nach *Emblik* [3] ist dann mit $\vartheta_i = \vartheta_g$

$$D - D_a = \frac{2 \cdot \alpha \, (\vartheta - \vartheta_g)}{\rho \cdot r_g} \cdot \tau_a$$ (9–18)

$$\tau_a = \frac{\rho \cdot r_g \cdot \delta}{2 \cdot \alpha \, (\vartheta - \vartheta_g)}$$ (9–19)

darin ist

τ_a = Abtauzeit in Stunden

r_g = Gefrierwärme des Wassers 336 kJ/kg

α = Wärmeübergangszahl zwischen Wasser und Eis (kJ/m^2 hK)

δ = Eisschichtdicke (m)

Aus Gleichung (9–19) ist zu entnehmen, daß die Abtauzeit vom Durchmesser der Verdampferrohre unabhängig ist. Um ein schnelles Abschmelzen zu erreichen, wird der Wärmeübergang zwischen Wasser und Eis durch Erhöhen der Strömungsgeschwindigkeit im Wasser verbessert. Das Rührwerk, das beim Aufladen des Speichers außer Betrieb war, wird eingeschaltet.

Während des Entladens steigt, wegen der kleiner werdenden Eisfläche, die Wassertemperatur im Speicher allmählich an. Zumeist wird ein Höchstwert vorgeschrieben, der nicht überschritten werden darf.

Beispiel zur Berechnung eines Eisspeichers

Ein Eiswasserspeicher ist für folgende Betriebsbedingungen vorgesehen:

gespeicherte Wärme	Q =	1 345 000 kJ
Entladezeit	τ_a =	2 Stunden
Zulässige Endtemperatur im Eiswasser	ϑ =	+3 °C
Durchmesser der Speicherrohre	D_a =	38 mm
Gefrierwärme des Wassers	r =	336 kJ/kg
Dichte des Eises	ρ =	900 kg/m^3
Wärmeübergang Wasser/Eis	α =	2520 kJ/m^{2}hK

Das für die Speicherleistung notwendige Eisgewicht ist

$$m = \frac{Q}{r} = \frac{13\,450\,000 \text{ kJ}}{336 \text{ kJ/kg}} = 4\,000 \text{ kg}$$

Bei zwei Stunden Abschmelzdauer wird die mittlere Eiswassertemperatur

$$\vartheta_M = \frac{\vartheta - \vartheta_a}{2} = \frac{3-0}{2} = 1,5 \text{ °C}$$

Die erforderliche Stärke des Eisbelages wird n. Gl. (9–18)

$$D - D_a = \frac{2 \cdot 2520 \cdot 1,5}{900 \cdot 336} \cdot 2 = 0,05 \text{ m}$$

Der Außendurchmesser der Eisschicht wird $D = D_a + 2\,S = 38 + 50 = 88$ mm .

Das Eisgewicht je Meter Rohr wird n. Gl. (9–17)

$$\dot{m} = \frac{\pi}{4} \cdot \rho \cdot (D^2 - D_a^2) = \frac{\pi}{4} \cdot 900 \cdot (0,088^2 - 0,038^2) = 4,45 \text{ kg/m}$$

Die Länge der Rohrschlange ergibt sich aus

$$\frac{\text{Eisgewicht in kg}}{\text{Eisgewicht je Meter kg/m}} = \frac{4000}{4,45} = 900 \text{ m Rohr}.$$

Von der notwendigen Rohrlänge ausgehend kann nun der Speicher in seinen Abmessungen festgelegt werden:

Bei dem Außendurchmesser eines Rohres einschließlich Eisansatz von 88 mm ist ein Rohrabstand von rd. 100 mm notwendig, damit dazwischen noch genügend Abstand für die Wasserzirkulation bleibt. Die Rohrlänge pro Strang wird mit 5 m festgelegt. Es ergeben sich dann

$$\frac{900}{5} = 180 \text{ Rohrstränge}.$$

Diese werden zweckmäßig aufgeteilt in 15 Rohrstränge nebeneinander mit je 12 Rohren übereinander. Die Höhe jeder Rohrschlange wird dann etwa 1 200 mm, was eine Behälterhöhe von 1 400 mm ergibt, da ja über den Schlangen noch 50 bis 100 mm Wasser stehen sollten.

Die Breite des Behälters wird bei 15 Rohrschlangen nebeneinander und dem Mindestabstand von 100 mm etwa 1 600 mm. In der Länge ist zusätzlich zu der geraden Länge der Schlangen noch ein Zuschlag für die Rohrbögen, die Umlenkungen für den Wasserstrom im Behälter und für das Rührwerk zu machen, so daß sich eine Gesamtlänge von etwa 6 000 mm ergibt.

Zur Lösung der gestellten Aufgabe ist also folgender Eisspeicher geeignet:

Behälter: 6,0 m lang, 1,6 m breit und 1,4 m hoch. Darin eingebaut ein Eisspeicher-Verdampfer bestehend aus 15 Schlangen parallel zu je 12 Rohren übereinander, je 5,0 m lang.

9.2.7.3 Eisspeicherung an Platten

Anstelle von Rohrschlangen werden vielfach auch Plattenverdampfer für die Speicherung eingesetzt. Die Platten sind doppelwandig und haben innen Kanäle, in denen das Kältemittel verdampft. Die Erfahrung hat gezeigt, daß beim Einsatz von Plattenverdampfern die Eisstärke nicht über 35 bis 40 mm anwachsen soll, da sonst die Speicherung unwirtschaftlich wird. Im übrigen gilt für das Speichern und Abschmelzen das gleiche wie für Verdampferrohre.

9.2.8 Flüssigkeitskühlung in der Lebensmittelindustrie

Viele flüssige Nahrungs- und Genußmittel werden sowohl bei hohen wie niedrigen Temperaturen behandelt. Oft ist zur Herstellung die Anwendung tiefer Temperaturen notwendig (s. Kap. 10).

Die Hygienevorschriften in Lebensmittelbetrieben fordern, daß die Geräte nach jedem Gebrauch mit heißem Wasser gereinigt werden. Dies muß bei deren Auslegung und Konstruktion berücksichtigt werden.

9.2.8.1 Milchkühlung beim Erzeuger

Milch ist leicht verderblich (s. Kap. 10.2.1.5). Den Einfluß der Temperatur auf das Wachstum der Bakterien und damit die Haltbarkeit zeigt Bild 10/1. Daher sollte Milch sofort nach dem Melken abgekühlt werden.

Bei der Milchkühlung handels es sich um *reine Abkühlung* im Durchlauf, im Gegensatz zu der bisher behandelten Rückkühlung im Kreislauf.

Die erforderliche Endtemperatur hängt u. a. ab vom Anfangskeimgehalt und der Lagerdauer. In der Praxis hat sich eine Temperatur von rd. +4 °C als günstig erwiesen.

Diese Temperatur reicht aus, um eine nicht ganz hochwertige Milch über 1 bis 2 Tagen ohne zu starken Qualitätsverlust halten zu können. Für eine sauber ermolkene Milch genügen schon + 8 °C. Die Kühlgeräte müssen die ermolkene Milchmenge (Gemelk) in 1 bis 1,5 Stunden auf die notwendige Endtemperatur abkühlen und nachher bei dieser Temperatur halten.

Ein Gemelk ist die Milchmenge, die während eines Melkvorganges von allen Kühen anfällt. In 24 Stunden wird im allgemeinen zweimal gemolken. Das Kühlgerät muß also bei täglicher Abholung 2 Gemelke, bei 2tägiger Abholung 4 Gemelke kühlen können.

Für die Auswahl des geeigneten Kühlverfahrens ist die Abholart bestimmend, um mehrmaliges Umfüllen zu vermeiden. Erfolgt der Transport in Kannen, so sollte auch die Kühlung in Kannen durchgeführt werden. Bei Abholen durch Sammelwagen ist ein Hofbehälter oder eine Kühlwanne zweckmäßig. Es wird direkte oder indirekte Kühlung angewendet. Bei direkter Kühlung wird die Milch durch verdampfendes Kältemittel gekühlt, wobei ein Thermostat das Absinken der Verdampfungstemperatur unter 0 °C und damit ein Anfrieren der Milch verhindern muß. Bei indirekter Kühlung dient Eiswasser als Kälteträger. Dabei kann die Milch niemals anfrieren. Ein zusätzlicher Gefrierschutz ist nicht notwendig.

Der *Kannenkühler* (Bild 9/42) ist für kleinere Höfe. Das Gerät arbeitet mit Eisspeicher, der zwischen den Melkzeiten aufgeladen wird und während der kurzen Kühlperiode abtaut. Die Kältemaschine ist für den mittleren Tagesverbrauch ausgelegt. Während der Kühlperiode steht zusätzlich zur Maschinenleistung die Eisspeicherleistung zur Verfügung. Bild 9/42 zeigt eine erweiterte Anlage zum Anschluß eines Hofbehälters, der mit Eiswasser gekühlt wird und eine größere Milchmenge aufnimmt. Die Größe des Behälters wird auf das Gemelk abgestimmt.

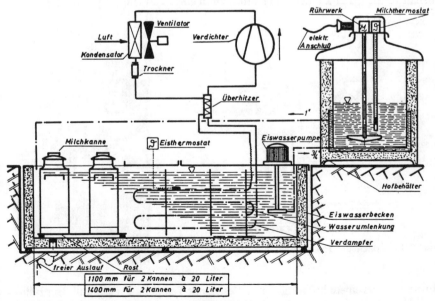

Bild 9/42 Schema eines Kannenkühlers mit Eisspeicher

Die Kältemaschine wird so ausgelegt, daß die notwendige Eismenge in 8 Stunden angespeichert wird.

Beispiel:

Ein Gemelk sei 200 l. Es soll von der Melktemperatur mit +35 °C in 1,5 Stunden auf +4 °C abgekühlt werden. Welche Leistung muß die Kältemaschine haben?

Gegeben sind: Milchmenge $V = 0,2 \text{ m}^3$
                 Anfangstemperatur $\vartheta_A = +35 \text{ °C}$
                 Endtemperatur $\vartheta_E = + 4 \text{ °C}$
                 Wichte der Milch $\rho = 1025 \text{ kg/m}^3$
                 spez. Wärme der Milch $c = 3,84 \text{ kJ/kgK}$

Die abzuführende Wärme ist n. Gl. (9–4)

$Q = V \cdot \rho \cdot c \cdot (\vartheta_A - \vartheta_E) = 0,2 \cdot 1025 \cdot 3,84 \cdot (35 - 4) \qquad = 24\,700 \text{ kJ}$
+ 5 % Zuschlag für Einstrahlung
       und sonstige Verluste $= \underline{1\,260 \text{ kJ}}$
ergibt insgesamt $Q = 25\,960 \text{ kJ}$

Für das Anspeichern stehen 8 Stunden zur Verfügung. Daraus ergibt sich die Leistung der Kältemaschine mit

$$Q_0 = \frac{25\,960}{8} = 3\,260 \text{ kJ/h (0,9 kW)}$$

Der *Tauchkühler* arbeitet mit direkter Verdampfung ohne Eisspeicherung und ist ein einfaches und preisgünstiges Gerät für kleine Höfe. Er wird zum Abkühlen und Kühlhalten von Milch in Kannen und Hofbehältern eingesetzt (Bild 9/43 und 9/44).

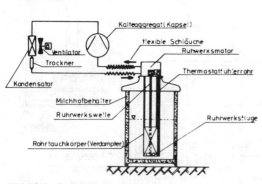

Bild 9/43 Prinzip des Tauchkühlers

Bild 9/44 Tauchkühler
(*Hermann Etscheid oHG*)

Er besteht aus einem luftgekühlten Kältesatz mit Temperaturregler und dem zylindrischen Verdampfer mit Rührwerk und Milchthermostat. Beide Teile sind durch flexible Kältemittel-Leitungen unlösbar verbunden. Der Kältesatz ist fest an der Wand montiert, der Verdampfer wird in die Milchkanne oder den Hofbehälter eingehängt. Ein Pumprührwerk bewirkt eine ständige Strömung der Milch an der Verdampferfläche entlang und damit einen guten Wärmeübergang.

Tauchkühler gibt es für 50 l bis etwa 200 l Milch je Gemelk.

Bei *Kühlwannen* erfolgt die Abkühlung in einer runden oder eckigen Wanne, deren Boden als Verdampferplatte ausgebildet ist und die Kühlfläche darstellt. Ein langsam laufendes Rührwerk bewegt die Milch schonend, durchmischt sie und bewirkt gleichzeitig einen guten Wärmeübergang, wodurch die Kühldauer verkürzt wird. Zu starkes Rühren könnte zur Butterung führen. Die Wanne muß so groß bemessen sein, daß sie 2 bis 4 Gemelke faßt (s. Bild 9/42 rechts).

Der Wärmedurchgangskoeffizient bei Kühlwannen mit direkter Verdampfung beträgt etwa 1700 kJ/m²hK. Die Abkühlzeit wird entweder durch Testversuch empirisch ermittelt oder berechnet. Die Berechnung wird graphisch mit Hilfe von Diagrammen durchgeführt [2, 12].

Die Verbrauchszahlen der verschiedenen Kühlverfahren sind auf Bild 9/45 dargestellt [13]. Die Werte für die Eisspeicheranlagen liegen am höchsten, für die Wannenkühlung am niedrigsten. Der Unterschied liegt im Verfahren. Bei Eisspeicheranlagen muß die Kälte bei Verdampfungstemperaturen zwischen −3 °C bis −7 °C erzeugt werden. Beim Tauchkühler und Wannenkühler mit direkter Verdampfung liegt die Verdampfungstemperatur am Anfang bei +12 °C und sinkt am Ende der Kühlzeit nur wenig unter 0 °C ab. Damit liegt die mittlere Verdampfungstemperatur und die Kältezahl höher als beim Eisspeicher (s. Kap. 3.1.2). Die Betriebskosten sind entsprechend niedriger.

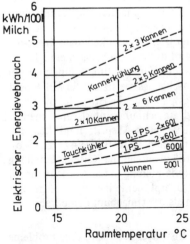

Bild 9/45 Stromverbrauch verschiedener Kühlarten, jeweils bezogen auf 100 l Milch [3]

9.2.8.2 Milchkühlung in der Molkerei

Im Molkereibetrieb ist es wichtig, die Milch nach dem Sterilisieren möglichst schnell wieder auf $+3\,°C$ bis $+4\,°C$ abzukühlen, damit die Keimfreiheit erhalten bleibt. Für die großen Milchmengen werden verschiedene Kühlarten eingesetzt.

Beim *Rieselkühler* für direkte Verdampfung (Bild 9/46) strömt das Kältemittel durch waagrechte oder senkrechte Rohre und nimmt aus der Flüssigkeit, die außen über die Rohre rieselt, Wärme auf, wobei das Kältemittel verdampft.

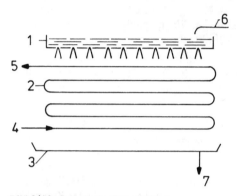

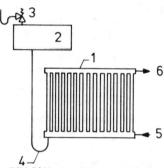

Bild 9/46 Prinzip des Rieselkühlers
1 Verteilerrinne
2 Kühlrohre
3 Sammelschale
4 Kältemitteleintritt
5 Kältemittelaustritt

Bild 9/47 Ausdehnungs-Sicherheitsg
am Kühler für direkte Verdampfung
1 Kühler
2 Ausdehnungsgefäß
3 Sicherheitsventil
4 Syphon
5 Kältemitteleintritt
6 Kältemittelaustritt

Er besteht aus zwei Teilen, dem *Vorkühler,* der mit Wasser beschickt wird, um die heiße Milch bis auf etwa $+20\,°C$ bis $+25\,°C$ abzukühlen und dem *Tiefkühler*, der die weitere Abkühlung auf $+2\,°C$ bis $+3\,°C$ übernimmt (vergl. 9.2.4.4). Dabei muß vermieden werden, die Kühlflächentemperatur unter $0\,°C$ abzusenken, da sich sonst Milch und Milchfett entmischen. Dem Kühler wird deshalb ein Saugdruckregler (s. Kap. 6.2.2.2) vorgeschaltet, der ein Absinken der Verdampfungstemperatur unter rd. $-1\,°C$ bis $-2,5\,°C$ verhindert. Der Wärmedurchgangskoeffizient für Milch liegt bei 4200 bis 5000 kJ/m^2 hK. Für die Abkühlungsspanne ist die Höhe, für die Flüssigkeitsmenge die Breite des Kühlers maßgebend. Berechnungsunterlagen finden sich in [3]. Um unzulässige Drucksteigerungen im Kühler beim Abspritzen mit heißem Wasser zu verhüten, wird ein Druckausgleichsgefäß eingebaut (Bild 9/47). Das Volumen des Ausdehnungsgefäßes muß rd. 50 % größer sein als die Kältemittelfüllung des Kühlers. Beim Erwärmen des Kühlers weicht die Füllung in das Ausdehnungsgefäß aus und im Kühler verbleibt nur überhitzter Dampf, der keine Drucksteigerung verursacht. Der Druck kann nicht höher werden als der Umgebungstemperatur entspricht.

In neuerer Zeit werden die Rieselkühler oft mit Eiswasser beschickt. Alle Probleme zum Temperaturhalten und bei der Reinigung sind dann hinfällig.

Durchlaufkühler, bei denen die Milch von der Außenluft abgeschlossen ist, sind besser als Rieselkühler, bei denen es schwierig ist, die Kühlfläche keimfrei zu halten (Bild 9/48).

Bild 9/48 Durchlaufkühler für Milch (Werkbild *Schmitt, Bretten*)

Für die Berechnung gelten die gleichen Grundsätze wie für Solekühler (vgl. Abschn. 9.2.5.1 und Kap. 4.2.3).

Bei indirekter Kühlung werden auch *Plattenkühler* eingesetzt. Sie bestehen aus einer Anzahl von Metallplatten, die in geringem Abstand voneinander in einem Traggerüst aufgereiht und aneinandergepreßt werden. Das Prinzip zeigt Bild 9/49. Die Platten sind am Umfang durch elastische Dichtungen abgedichtet. Eingeprägte Warzen oder eingelegte Zwischenstücke sorgen für gleichmäßigen Abstand nach dem Zusammenpressen. Die Oberfläche der Platten ist in Strömungsrichtung wellig oder geriffelt geprägt. Es entsteht daher schon bei kleiner Strömungsgeschwindigkeit gute Verwirbelung mit gutem Wärmeübergang (8400 bis 16800 kJ/m²hK).

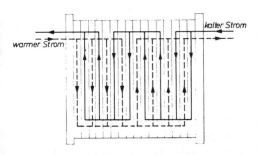

Bild 9/49 Schaltungsdiagramm eines Plattenkühlers

Plattenkühler (Bild 9/50) haben in der Lebensmitteltechnik besondere Vorzüge:

In einem Gestell können mehrere Wärmeaustauscher (Vorkühlen, Tiefkühlen) zusammengefaßt werden.

Einzelne Platten können leicht ausgetauscht werden. Das Gerät kann leicht umgebaut oder vergrößert werden.

Die Kühlflächen sind leicht zu reinigen.

Viele Schaltungsmöglichkeiten der Platten sind möglich.

Die Apparate sind mit Gummidichtungen zwischen den Platten bis zu 140 °C und bis zu 16 bar betriebsfähig. Näheres über die Berechnung findet sich in der Literatur [14].

Bild 9/50a   Plattenkühler, geschlossen (Werkbild *Schmitt, Bretten*)

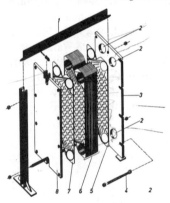

1 Tragstange
2 Eintrittsöffnungen
3 Gestellteil
4 Spannschrauben
5 Platte
6 Plattenpaket
7 Platte
8 Deckel

Bild 9/50b   Plattenkühler, geöffnet
(Werkbild *Schmitt, Bretten*)

Über den *Kältebedarf einer Molkerei* gibt Tafel 9/7 Richtwerte an. Für die Raumkühlung sind sie auf m³ Raum bezogen sowie auf die in Molkereien vielfach übliche Raumhöhe von 2,20 m und eine Stapelhöhe des Kühlgutes von 1,80 m. Es handelt sich um Nettowerte. Zum ermittelten täglichen Kältebedarf müssen noch Verluste zugeschlagen werden, die sich aus dem Aufbau der Anlage und der Ausführung des Wärmedämmschutzes ergeben. Als Richtwert für die Kälteverluste kann ein Zuschlag von 10 bis 15 % des ermittelten Kältebedarfs gelten.

Den Hauptteil des Kältebedarfs bei Frischmilchbetrieben ist derjenige für die Flüssigkeitskühlung. Er muß in der kurzen Betriebszeit vormittags nach der Milchanlieferung gedeckt werden. Hier sind Eisspeicheranlagen vorteilhaft, da sie eine gleichmäßige Belastung der Kälteanlage über 24 Stunden möglich machen.

Die erforderliche Kältemenge ergibt sich aus der täglich zu kühlenden Milch- bzw. Rahmmenge, aus der Ausgangstemperatur, die durch Vorkühlen mit Brunnenwasser erreicht wird, und aus der geforderten Endtemperatur von + 2,5 bis + 3 °C. Sie hängt von der mit der Jahreszeit schwankenden Milchanlieferung und der ebenfalls jahreszeitlich pendelnden Außentemperatur ab, ist also stark schwankend mit saisonalen Spitzen.

Tafel 9/7 Richtwerte für den Kältebedarf einer Molkerei

A *Raumkühlung*, bezogen auf + 25 bis + 30 °C Außentemperatur

	Raumtemperatur °C	spez. Kältebedarf kJ/m³/d
A. 1 Kühlräume		
Butterkühlraum	+ 2 bis + 4	2500 – 3300
Flaschenmilchkühlraum	+ 2 bis + 4	4200 – 5000
Milchlagerraum	+ 5 bis + 8	1700 – 2500
Käsekühlraum	+ 2 bis + 4	2100 – 2900
A. 2 Lagerräume		
Salzbadraum für Tilsiter und Gouda-Käse	+ 10 bis + 15	630 – 1050
Camembertkäse	+ 16 bis + 18	420 – 630
Trockenraum für Camembertkäse	+ 18 bis + 20	8400 – 12500
Reifungsraum für Tilsiter-Käse	+ 12 bis + 14	650 – 1100
Reifungsraum für Gouda	+ 16 bis + 18	420 – 850
Reifungsraum für Camembert	+ 12 bis + 16	630 – 1050

B. *Milchkühlung* von + 13/+ 18 °C auf + 3/+ 5 °C, q = 3900 kJ/1000 kg K

C. *Rahmkühlung* von + 13/+ 18 °C auf + 3/+ 5 °C, q = 3150 kJ/1000 kg K

D. *Buttern*

Rahmreifer:	3 150 kJ/1000 kg Rahm (45 – 50% Fett)
Fritz-Butterungsanlage:	15 000 kJ/1000 kg Rahm (45 – 50% Fett)
ALFA-Butterungsanlage:	75 000 kJ/1000 kg Rahm (25 – 30% Fett)
	235 000 kJ/1000 kg Rahm (82% Fett)

(Werte nach DKV-Arbeitsblatt 8–04)

9.2.8.3 Kälte in der Brauerei [7, 16]

Die Brauerei braucht in allen vier Produktionsstufen der Bierherstellung Kälte und gehört mit zu den ältesten Großverbrauchern von Kälte. Zum Brauen wird das geschrotete Malz zunächst mit Wasser gemischt (*Maischen*). Dabei wird der Mehlkörper des Malzes gelöst und in vergärbaren Zucker umgewandelt. Ein Teil der Maische wird, um diesen Vorgang zu unterstützen, gekocht. Im Läuterbottich werden dann Lösung und Treber getrennt. Der Malzextrakt, die *Würze*, wird in der Würzepfanne 1 bis 2 Stunden gekocht (*Sud*) und muß vor dem Versetzen mit Hefe, dem Anstellen, schnell abgekühlt werden, da die Hefe über +40 °C unbrauchbar wird. Je nach Größe der Brauerei werden in 24 Stunden 1 bis 24 Sude gekühlt. Bei (z.B.) täglich 6 Sud beträgt die Sudfolge 24/6 = 4 Stunden. Dazwischen liegen die Kühlperioden von jeweils 4 Stunden maximaler Dauer.

Zum *Gären* wird die abgekühlte und mit Hefe versetzte Würze in die Gärbottiche oder Gärtanks gepumpt. Bei dem Gärprozeß verwandelt sich der vergärbare Zucker in Alkohol und Kohlensäure, wobei die Gärwärme entsteht. Sie muß durch Kühlen abgeführt werden.

Nach dem Gären lagert das Jungbier 1 bis 3 Monate bei etwa 0 °C in Tanks (*Lager-keller*), wobei eine Nachgärung stattfindet und sich das Bier mit Kohlensäure anreichert.

Vor dem *Abfüllen* in Fässer oder Flaschen wird das Bier auf −1 bis −2 °C abgekühlt und gefiltert. Durch das Tiefkühlen flocken kälteempfindliche Eiweißstoffe aus, die im Filter ausgeschieden werden.

a) *Die Würzekühlung* ist eine reine Abkühlung, die in mehreren Stufen erfolgt. Die heiße Würze wird zunächst in das Kühlschiff, einen großen flachen Behälter gepumpt. Dort kühlt sie sich durch Verdunsten von Wasseranteilen auf +60 bis +70 °C ab, wobei sich der Grobtrub abscheidet. Er enthält Eiweißstoffe, Hopfenharze und andere organische Stoffe. Vom Kühlschiff aus fließt die Würze zum Rieselkühler und wird dort zunächst mit Brunnenwasser auf +20 bis +30 °C, dann mit Eiswasser oder Sole auf +5 °C abgekühlt. Um die Infektionsgefahr beim offenen Kühlschiff oder Rieselkühler zu vermeiden, wird heute in steigendem Umfang in Plattenapparaten gekühlt. Die Trubausscheidung erfolgt dann in Zentrifugen. Auch bei Plattenkühlern wird zur Vorkühlung Brunnen- oder Kühlturmwasser, zur Nachkühlung Eiswasser oder Sole verwendet. Direkte Verdampfung des Kältemittels ist selten.

Ein Sud muß in 1 bis 2 Stunden abgekühlt sein und erfordert deshalb eine große Kälteleistung (*Schnellkühlung*). Deshalb ist eine Kältespeicher-Anlage zweckmäßig, welche in den Kühlpausen den Kältebedarf wirtschaftlich bereitstellt. Bei wenig Suden je Tag kann der gesamte Kältevorrat mit billigem Nachtstrom angespeichert werden. Ein Eisspeicher ist jedoch nur bis zu acht Suden je Tag lohnend, da bei kürzeren Kühlpausen die Nachladezeit für die Eisbildung zu kurz wird. Bei kurzen Sudfolgen kann direkte Verdampfung günstiger sein. Dann müssen Sicherheitsgeräte das Einfrieren des Kühlers verhüten. Der Kältebedarf beträgt rd. 420 kJ/hlK.

Bild 9/51 zeigt eine Gruppe Plattenkühler zur Würzekühlung in einer Großbrauerei.

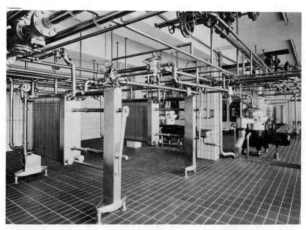

Bild 9/51 Würzekühler im Sudhaus einer Großbrauerei
Die Kühler werden von einer zentralen Eiswasseranlage mit Kälte versorgt.
Die Wasserleitungen sind fest angeschlossen, im Bild an der Wand gut sichtbar. Die Würzeleitungen aus Edelstahl sind, um leicht reinigen zu können, über Schnellkupplungen am vorderen, beweglichen Deckel des Kühlers angeschlossen. Sie sind leicht abnehmbar.

b) *Gärkühlung*. Die abgekühlte und mit Hefe versetzte Würze kommt anschließend in die Gärbottiche zum Gären.

Durch langsames Vergären bei Temperaturen von +4 bis +10 °C in 8 bis 9 Tagen entsteht untergäriges Bier. Während der Gärzeit scheidet sich die Hefe als Bodensatz ab. Obergäriges Bier wird in 2 bis 3 Tagen bei +12 bis +25 °C vergoren. Die Hefe steigt in diesem Falle auf.

Die *Gärwärme* wird entweder über in die Gärbottiche eingehängte Rohrschlangen (Bild 9/52) oder durch Mantelkühlung abgeführt. Die Rohrschlangen oder Kühltaschen werden mit Sole oder Eiswasser beschickt. Direkte Verdampfung ist selten. Teilweise werden auch geschlossene Gärtanks (Bild 9/53) verwendet, um die entstehende Kohlensäure zu gewinnen. Diese haben Kühltaschen, durch welche Sole oder Eiswasser mit Glycol- oder Alkoholzusatz von etwa −3 °C gepumpt wird.

Bild 9/52 Gärbottiche mit Eiswasserkühlung (Werkbild *Ziemann AG*)

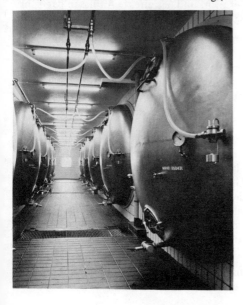

Bild 9/53 Geschlossene Gärtanks

Der Kältebedarf zum Abführen der Gärwärme beträgt bei der normalen Gärung insgesamt 630 kJ/hl der auf Gärung stehenden Würze. Die anfallende Wärme ist über die Gärdauer unterschiedlich. Der Höchstwert, der am 3. bis 4. Gärtag anfällt, ist rd. 50 kJ/hlh.

c) *Raum- und Kellerkühlung* s. Abschn. 9.4.1.

Die früher übliche „stille Kühlung" wird nur noch für Hefekeller, Faßlagerkeller und Eisstapelräume angewendet. Für die anderen Räume werden Ventilator-Luftkühler (s. Kap. 4.2.6) eingesetzt. Die Unsicherheit bei der Kältebedarfsrechnung ist verhältnismäßig groß. Tafel 9/8 gibt übliche Werte an, aus Erfahrungswerten auf die Grundfläche der Räume bezogen.

Tafel 9/8   Kältebedarf von Brauerei-Kühlräumen

Raumbezeichnung	Raumtemperatur $^\circ$C	Kältebedarf KJ/m^{2}d
Hopfenlager	-2	4 200
Gärkeller	$+4$ bis $+6$	5 000
Lagerkeller	0 bis -2	5 000
Filterstation	$+2$	6 300
Abfüll- und Stapelräume	$+5$	5 000
Eisstapelraum	-5	6 700

Der Kältebedarf für Lagerkeller gilt nur für die Lagerung von untergärigem Bier und unter der Voraussetzung, daß nur zwei Tanks übereinander angeordnet sind (Raumhöhe 4 bis 5 m). Bei höheren Räumen muß der Kältebedarf wie bei einem normalen Kühlraum ermittelt werden. Werte bis 12 600 kJ/m^2 d sind möglich. Es soll eine gleichmäßige Temperaturverteilung im Raum erreicht und das direkte Anblasen der Tanks vermieden werden.

Im Gärkeller ist besonders die Luftführung zu beachten, da die Schaumdecke über der gärenden Würze nicht beeinflußt werden darf. Die Luftgeschwindigkeit über den Bottichen soll 0,1 m/s nicht überschreiten. Der Luftwechsel bezogen auf den Bruttoraum (ohne Einbauten) soll 8 bis 10fach, bezogen auf den Nettoraum 16 bis 18fach sein. Man rechnet mit einer Enthalpiedifferenz der Umluft von 6,3 bis 8,0 kJ/kg (s. auch Abschn. 9.3).

9.2.8.4 Kälte im Keltereibetrieb

Der gekelterte Traubensaft (*Most*) wird nach Zusatz von Reinzuchthefe in Gärtanks gefüllt. Nach 2 bis 4 Tagen beginnt die Gärung, wobei sich die Temperatur durch die Gärungswärme erhöht. Sie darf bei Weißweinen $+20\,^\circ$C, bei Rotweinen $+30\,^\circ$C nicht überschreiten, da sonst die Hefezellen zerstört werden. Deshalb muß gekühlt werden. In manchen Fällen wird der Most vor Beginn der Gärung gekühlt, um die Gärung zu verzögern. Dies genügt auch, um die Gärwärme aufzufangen.

Die Hauptgärung dauert 3 bis 4 Wochen. Der Kältebedarf beträgt nach *Plank* [2] 63 000 bis 115 000 kJ/1 000 l. Bei der anschließenden Kellerlagerung findet noch eine schwache Nachgärung statt.

Die Kühlung der Gärtanks erfolgt über eingebaute Kühlschlangen, Kühlmäntel oder äußerliche Kaltwasserberieselung. Neuerdings werden auch Platten- oder Durchlaufkühler verwendet. Dafür wurden früher fahrbare Weinkühler mit Durchlaufkühler eingesetzt, die aber zum Verstopfen neigten.

Vor dem Abziehen auf Flaschen, was heute auf Flaschenfüllautomaten geschieht, wird der Wein zur Weinsteinausscheidung tief (auf $-3\,°C$) gekühlt. Dafür verwendet man Kratzkühler mit direkter Verdampfung. Diese Geräte kühlen den Wein bis auf den Gefrierpunkt bei gleichzeitiger Eisbildung. Das Eis erleichtert das Ausfallen des Weinsteins.

Bei der Herstellung von *Schaumwein und Sekt* wird das *Degorgierverfahren* angewendet. Dazu werden die Sektflaschen nach Abschluß der Hauptgärung, während der sich die Hefe in dem nach unten gerichteten Flaschenhals absetzt, mit Kork und Hals in ein Solebad von -20 bis $-25\,°C$ eingetaucht. Dabei gefriert die Hefe am Korken fest und wird mit diesem zusammen entfernt. Sodann wird ein neuer Kork, der Versandkork, aufgesetzt und die Flaschen noch 3 bis 6 Monate kühl gelagert.

Für das Degorgieren gibt es spezielle Kälteanlagen, ein Solebad mit einer Transporteinrichtung, welche die senkrecht mit Hals und Kork nach unten stehenden Flaschen langsam durch die kalte Sole führt, und zwar so, daß nur der Hals mit Kork eintaucht.

Sektkellereien benötigen darüber hinaus Solekühlanlagen zum Kühlen der Doppelmantelteltanks sowie Kühleinrichtungen für die Lagerkeller.

9.2.8.5 *Kühlung alkoholfreier Getränke*

Die Qualität von Limonaden und Colagetränken wird stark vom Kohlensäuregehalt beeinflußt. Dieser ist abhängig vom Abfülldruck und der Abfülltemperatur der Getränke-Komponenten. Wenn diese (Getränkewasser und Sirup) nicht gekühlt werden, so muß, besonders im Sommer, der Abfülldruck erhöht werden. Damit verringert sich aber die Abfüll-Leistung einer Getränkeanlage gerade dann, wenn der größte Ausstoß erforderlich ist.

Modernen Getränke-Abfüllanlagen sind deshalb Plattenkühler vorgeschaltet, die mit Kaltwasser oder Eiswasser beschickt werden.

Da eine Kaltwassertemperatur von $+4\,°C$. noch ausreicht, können die in der Klimatechnik üblichen Wasserkühlgeräte eingesetzt werden, welche preisgünstige Serienerzeugnisse sind und wirtschaftlich arbeiten. Sie haben eine höhere Kältezahl als ein Eisspeicher.

Die erforderliche Kälteleistung wird aus der Abfüll-Leistung ermittelt (Werte für Wasser). Zum Abdecken der Verluste werden 10% hinzugerechnet.

9.3 Kühlen von Luft

Luft dient beim Abkühlen oder Lagern von Kühlgut als Kälteträger, um innerhalb des Kühlraumes die Kälte vom Kühlsystem (Verdampfer der Kältemaschine oder von einem Kälteträger (Sole) durchströmtes Rohrsystem) an das Kühlgut, z. B. Fleisch oder Obst zu übertragen. Bei Klimaanlagen wird dem klimatisierten Raum mit Hilfe von entsprechend behandelter Luft Kälte oder Wärme zugeführt, um die im Raum gewünschte Temperatur und Luftfeuchte zu halten.

9.3.1 Grundlage zur Berechnung *(Mollier-h-x-Diagramm)* (s. a. Kap. 1.7.3)

Um eine bestimmte Luftmasse abzukühlen, ist – genau wie für andere Kühlgüter – eine Wärmemenge

$$Q = m \cdot c \cdot (\vartheta_A - \vartheta_E)$$ s. Gleichung   (9–2)

abzuführen [17].

Dies gilt jedoch nur für trockene Luft, die in der Praxis nicht vorkommt.

Atmosphärische Luft enthält stets einen geringen Anteil von Wasserdampf *(relative Luftfeuchtigkeit)*. Wird sie abgekühlt, so wird Feuchtigkeit ausgeschieden (s. Kap. 1.7).

Das *h-x*-Diagramm von *Mollier* (s. Kap. 1.7.3, Bild 1/33) ist ein gutes Hilfsmittel, um die Vorgänge beim Abkühlen von Luft im normalen Kühl- und Klimabereich anschaulich darzustellen. Zu jedem Luftzustand gehören bestimmte Werte von Temperatur, Feuchte, Wärmeinhalt, Wassergehalt und Dichte, welche direkt abgelesen werden können.

Folgende Zustandsänderungen sind möglich (s. Kap. 1.7.4):

a) *Abkühlen ohne Ausscheiden von Feuchtigkeit* (x = konst) erfolgt auf der Senkrechten. Dieser Wärmeentzug heißt Abführen von *sensibler* (fühlbarer) *Wärme,* da er an der Temperatur meßbar ist.

b) *Ausscheiden von Feuchtigkeit ohne Abkühlung* (ϑ = konst) auf der Waagrechten. Der Wärmeentzug ist am Thermometer nicht meßbar. Man nennt dies Abführen von *latenter* (versteckter) Wärme.

c) *Abkühlen und gleichzeitiges Ausscheiden von Feuchtigkeit* ist der normale Vorgang bei der Luftkühlung. Er ist die Kombination von a) und b). Die Luft wird gekühlt und getrocknet.

Die Zustandsänderung verläuft beim Kühlen immer in Richtung der Kühlflächentemperatur. Ein bestimmter Endzustand erfordert deshalb eine bestimmte Temperatur der Kühlfläche *(Gerätetaupunkt)*, woraus sich die Verdampfungstemperatur des Kältemittels oder die Temperatur des durchströmenden Kälteträgers ergibt (vgl. Kap. 1.7.4.3).

Beim Klimatisieren kann der verlangte Endzustand der behandelten Luft oft nur erreicht werden, wenn zunächst tiefer abgekühlt (getrocknet) und dann wieder aufgeheizt wird.

9.3.2   Temperaturbereiche

Beim Kühlen von Luft werden die folgenden Bereiche unterschieden:

Luftkühlung im Klimabereich (Kühlflächentemperatur immer über 0 °C).

Luftkühlung im normalen Kühlbereich um 0 °C (Kühlflächentemperatur unter oder über 0 °C, ggf. pendelnd).

Luftkühlung im Gefrierbereich (Kühlflächentemperatur immer unter 0 °C).

9.3.2.1   Luftkühlung im Klimabereich (über 0 °C)

Das Kühlen von Luft erfolgt bei vielen Anwendungsfällen (z. B. Luftkühlung in der Klimatechnik, Temperieren von Arbeitsräumen in Lebensmittelbetrieben, Kühlung von Krankabinen und Steuerständen in Heißbetrieben, Temperieren von Meßräumen, Trocknen von Luft für Rohrpostanlagen) in einem so hohen Temperaturbereich, daß die Kühlflächentemperatur mit Sicherheit über 0 °C liegt. Wenn beim Kühlvorgang Feuchtigkeit ausgeschieden wird, so fällt sie immer als Wasser aus (Kondensatbildung), dessen Ableitung keine Schwierigkeit macht. Als *Luftkühler* werden überwiegend *Lamellenkühler* (s. Kap. 4.2.4, Bild 4/88) mit einem Plattenabstand von 2 bis 4,5 mm eingesetzt. Sie ergeben eine große Kühlfläche auf kleinem Raum und sind preisgünstig. Für *Klimaverdampfer* hat sich ein Rohrdurchmesser von 12 bis 15 mm bei einem Rohrabstand von rd. 35 mm und einem Plattenabstand von 2,5 bis 3,8 mm als besonders wirtschaftlich gezeigt (s. Tafel 4/8).

Da beim Abkühlen der Luft z. T. erhebliche Mengen Feuchtigkeit ausfallen, werden die Kühler mit einer Tropfwanne und einen Tropfwasserablauf ausgerüstet. Der Ablauf muß ausreichend bemessen sein und einen Syphon erhalten, damit durch den Wasserverschluß das Einsaugen von stinkender Falschluft in den Raum verhindert wird.

Bei Luftgeschwindigkeiten über 3 m/s, bezogen auf den Vorquerschnitt des Luftkühlers, besteht die Gefahr, daß an der Kühlerfläche ausgeschiedene Wassertröpfchen vom Luftstrom mitgerissen werden. Dies kann einen zusätzlichen Tropfenabscheider notwendig machen.

Die Berechnung der Wärme- und Stoffübergänge beschreibt Kap. 4.2.5.3. Eine einfache Darstellung zum Berechnen der Luftzustände zeigt Bild 9/54.

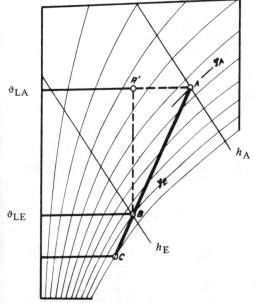

A	Luftzustand am Anfang
ϑ_{LA}	Lufttemperatur am Anfang
φ_A	Luftfeuchte am Anfang
h_A	Wärmeinhalt am Anfang
E	Luftzustand am Ende
ϑ_{LE}	Lufttemperatur am Ende
φ_E	Luftfeuchte am Ende
h_E	Wärmeinhalt am Ende

Bild 9/54 Luftkühlung im h, x-Diagramm (Oberflächenkühler)

Luft mit der Anfangstemperatur ϑ_{LA}, der Feuchte φ_A und der Enthalpie h_A ist durch den Punkt A gekennzeichnet. Im Endzustand, Punkt B, habe sie die Temperatur ϑ_{LE} mit der Feuchtigkeit φ_E und der Enthalpie h_E. Die Verbindungslinie von A nach B schneidet die Kurve $\varphi = 1$ im Punkt C und ergibt die Kühlflächentemperatur ϑ_F.

Die gedachte Linie $A - A'$ ergibt die Entfeuchtung der Luft bei gleichbleibender Temperatur (Anteil der latenten Wärme), während die Linie $A' - B$ bei sinkender Temperatur und gleichbleibendem Feuchtegehalt den Anteil der sensiblen Wärme zeigt. Um die Luft vom Zustand A auf den Zustand B zu bringen, muß also entfeuchtet und gekühlt werden.

Aus dem Diagramm kann die Enthalpie h in A und B direkt entnommen werden. Für den Kältebedarf ergibt sich

$$\dot{Q}_0 = \dot{m}_L \cdot (h_A - h_E) \tag{9-20}$$

Beispiel:
3000 m³/h Luft sind von +25 °C und 50 % rel. Feuchte auf +12 °C und 80 % rel. Feuchte abzukühlen.

Zu berechnen ist:

1. Welche Oberflächentemperatur muß der Kühler haben?
2. Welche Kälteleistung ist erforderlich?
3. Wieviel Wasser wird stündlich ausgeschieden?

Lösung:

Schritt 1: Der Luftzustand am Anfang und am Ende werden in das h-x-Diagramm eingetragen.

Es ist am Eintritt $h_E = 50$ kJ/kg; $x_E = 9,8$ g/kg

am Austritt $h_A = 29,4$ kJ/kg; $x_A = 7,0$ g/kg

Schritt 2: A und B werden durch eine Gerade verbunden, die bis zum Schnittpunkt C mit der Kurve $\varphi = 1 = 100$ % verlängert wird. Die durch diesen Punkt verlaufende Temperaturlinie ergibt die Oberflächentemperatur des Kühlers, da die Abkühlung geradlinig auf diesen Punkt hin erfolgt. Sie ist in diesem Fall $\vartheta_F = +5$ °C.

Aus der gewählten Bauart des Kühlers ergibt sich die Verdampfungstemperatur, die zum Erreichen der errechneten Oberflächentemperatur notwendig ist (s. Kap. 4.2.5).

Schritt 3: Aus Schritt 1 ergibt sich:

$\Delta h = h_E - h_A = 50 - 29,4 = 21$ kJ/kg

$\Delta x = x_E - x_A = 9,8 - 7,0 = 2,8$ g/kg

Um die Luftmasse zu ermitteln, muß noch ihre Dichte am Anfang und am Ende des Kühlvorgangs festgestellt werden. Es wird dann mit dem Mittelwert gerechnet.

Aus dem *h-x*-Diagramm wird entnommen:

In A ist $\rho = 1,18$ kg/m³, in B = 1,236 kg/m³. Der Mittelwert ist $\rho_m = 1,208$ kg/m³

somit ist der Kältebedarf n. Gl. (9-20)

$Q_0 = \dot{V} \cdot \rho \cdot (h_E - h_A) = 3\,000$ m³/h $\cdot 1,208$ kg/m³ $\cdot 20,6$ kJ/kg $= 74\,655$ kJ/h (= 20,7 KW)

Die stündlich ausgeschiedene Wassermenge wird dann:

$M_w = \dot{V} \cdot \rho \cdot (x_E - x_A)$ $= 3000 \cdot 1,208 \cdot 2,8 = 10\,147$ g/h $= 10,147$ kg/h .

9.3.2.2 Luftkühlung im normalen Kühlbereich um 0 °C

Das Frischhalten von Lebensmitteln erfolgt meist bei Temperaturen wenig über dem Gefrierpunkt im Bereich von 0 bis +4 °C (vgl. Kap. 10.2). Um diese Lufttemperaturen zu erhalten, muß die Oberflächentemperatur des Luftkühlers unter 0 °C liegen. Die beim Abkühlen der Luft ausgeschiedene Feuchtigkeit setzt sich dann als Reif an der Kühleroberfläche ab und bleibt dort haften.

Viele unverpackte Kühlgüter, besonders Fleisch, Obst und Gemüse geben ständig Feuchtigkeit an die Luft ab. Außerdem kommt durch das Türöffnen und die Lufterneuerung warme Außenluft in den Kühlraum, wodurch sich die Raumluft immer wieder mit Feuchtigkeit anreichert. Die Reifschicht wächst also ständig an und verringert den Durchtrittsquerschnitt für die Kühlluft. Die umlaufende Luftmenge wird dadurch geringer und der von der Luftgeschwindigkeit abhängige Wärmeübergangskoeffizient wird kleiner. Der Ventilator (bei Zwangsluftumlauf) muß gegen einen höheren Druck arbeiten und verbraucht mehr Energie, um den zur Kälteübertragung notwendigen Luftumlauf sicherzustellen. Der zusätzliche Wärmeleitwiderstand der wachsenden Reifschicht vermindert den Wärmedurchgangskoeffizienten (k-Wert) des Kühlers, so daß zum Übertragen der gleichen Kälteleistung die Verdampfungstemperatur sinken muß [18].

Nach Fl. (9–1) muß, da A gleich bleibt und k kleiner wird, ($\vartheta_a - \vartheta_0$) größer werden, wenn $\dot{Q}_0$ gleichbleiben soll. Da ϑ_a, die Raumtemperatur, konstant bleiben soll, muß ϑ_0 absinken. Dadurch sinkt die Kälteleistung des Verdichters und sein Energieverbrauch steigt an (vgl. Kap. 3.7). Mit stärker werdender Reifschicht wird also die Laufzeit von Verdichter und Ventilatoren länger, der Betrieb der Kälteanlage immer unwirtschaftlicher.

Im Extremfall würde der Kühler ganz zuwachsen und die Kälteerzeugung aussetzen. Um das zu verhindern und um einen wirtschaftlichen Betrieb zu erreichen, wird die Reifschicht je nach Feuchteanfall 1 bis 4 mal täglich abgetaut (Abtauen s. Abschn. 9.3.3).

Luftkühler für den Bereich um 0 °C sollen eine Reifschicht von 2 bis 3 mm aufnehmen können, um nicht zu häufig abtauen zu müssen. Sie werden deshalb mit Plattenabständen von 7 bis 10 mm vorgesehen. Für Räume mit hohem Feuchteanfall, z.B. Abkühlräume für Fleisch, werden Plattenabstände bis 20 mm gewählt. Die anfallende Reifmenge kann berechnet werden [1, 3]. Die Tropfschale des Kühlers muß beheizt werden, damit abgefallene Eisstücke schmelzen und als Wasser abfließen können. Wenn die Abtauzeit zu kurz ist, friert der nicht abgetaute Teil des Reifbelages zu festem Eis zusammen und der Kühler friert mit der Zeit zu. Er „vergletschert". Er kann dann nur durch Berieseln mit Wasser nach Außerbetriebnahme oder durch Aufheizen des Raumes wieder aufgetaut werden. Eine Unterbrechung des Kühlbetriebes ist unvermeidbar.

9.3.2.3 Luftkühlung im Gefrierbereich (immer unter 0 °C)

Für diesen Temperaturbereich gilt grundsätzlich das gleiche, wie bereits unter 9.3.2.2 gesagt. Der Feuchteanfall in Gefrier- und Gefrierlagerräumen ist jedoch meist geringer als bei Kühlräumen, da das Lagergut überwiegend verpackt ist und auch unverpackt im gefrorenen Zustand weniger Feuchtigkeit abgibt. Die Frischluftrate ist ebenfalls geringer.

Die Feuchtigkeit fällt bei tiefen Temperaturen ($-18°$ bis $-25°C$) als trockener und flockiger Reif aus, der bei Kühlern mit Ventilator zum Teil durch den Luftstrom fortgeblasen wird und die Kühlfläche nicht belastet. Es genügt deshalb bei den üblichen Lamellenkühlern ein Plattenabstand von 10 mm, wobei einmal täglich abgetaut werden muß. Bei der tiefen Lufttemperatur muß die Tropfwasserschale des Kühlers und der Tropfwasserabfluß bis nach außen in den warmen Raum hinein beheizt werden, damit nicht ein Eispfropfen das Tauwasser anstaut und die Tropfschale überläuft. Je größer die Kühleroberfläche, um so geringer wird die Temperaturdifferenz zwischen Oberfläche und Luft und um so geringer auch die Feuchteausscheidung (Reifbildung). Die Abtauperioden haben dann einen größeren Abstand, die Verdampfungstemperatur liegt höher und der Verdichter arbeitet dadurch wirtschaftlicher.

Wenn eine Luftkühlanlage mit Luftaustrittstemperaturen unter 0 °C im Dauerbetrieb arbeiten muß, z. B. in Anlagen zur Luftreinigung in Industriebetrieben (Auskondensieren von schädlichen Dämpfen), so müssen doppelte Luftkühler für Umschaltbetrieb vorgesehen werden, wobei immer ein Kühler in Betrieb ist, während der zweite abtaut.

Bei Gefrier- und Gefrierlagerräumen wird zum Kühlen der Raumluft auch eine Berohrung aus glatten Rohren vorgesehen. Glatte Rohre haben den Vorteil, daß mit wachsender Reifschicht auch die Oberfläche wächst und die Verringerung des Wärmedurchgangskoeffizienten durch die Vergrößerung der Fläche teilweise ausgeglichen wird. Bei einer Kühlfläche aus Glattrohr, bei der die Rohrabstände aus Fertigungsgründen groß sind (Rohrabstand = 3 bis 5 mal Rohrdurchmesser), ist ein Betrieb ohne Abzutauen über mehrere Monate möglich. Die Kühlfläche mit glatten Rohren benötigt aber gegenüber den heute üblichen Lamellenkühlern mehr Material, ist teurer und wird daher trotz des Vorteils, eine höhere Feuchte halten zu können und weniger abtauen zu müssen, nur noch selten eingesetzt.

9.3.3   Abtauen

Zum Abtauen des Reif- bzw. Eisansatzes sind die folgenden, von der Raumtemperatur und der Betriebsart der Kälteanlage abhängigen Verfahren üblich [1, 3, 7, 24]:

Abtauen mit Umluft
Abtauen mittels Elektroheizung
Abtauen mit Wasser
Abtauen mit Heißgas
Abtauen mit warmer Sole

Das Abtauen des Reifansatzes bedeutet zusätzlichen Energieaufwand, der beim Berechnen des Kältebedarfs und beim Auslegen der Anlage (Betriebszeit) berücksichtigt werden muß (s. Abschn. 9.1.2.6). Er ergibt sich aus der Masse der auf der Kühleroberfläche befindlichen Reifschicht, die abzuschmelzen ist (Schmelzwärme für Reif rd. 420 kJ/kg, worin ein Anteil für das Erwärmen des Reifes und des Kühlers einschl. Kältemittel auf 0 °C berücksichtigt ist) und der Zeit, in der dies erfolgen soll [1]. Es ist also

$$Q_{\text{Abtauen}} = V_{\text{Reif}} \cdot \rho \cdot 420 / \tau_{\text{Abtauen}} \text{ (kJ/h)} \tag{9-21}$$

Darin ist ρ = 80 – 120 kg/m³ für Reif
= 200 – 800 kg/m³ für feuchten, wäßrigen Schnee [2].

Die zum Abtauen notwendige Wärme muß, je nach Verfahren, zum Teil in das *Kühlsystem*, zum Teil in die *Tropfwasserschale* eingeführt werden.

9.3.3.1 Abtauen mit Umluft

Dieses einfachste Verfahren ist bei Raumtemperaturen oberhalb von etwa +4 °C bei kleineren Kühlräumen üblich, wobei die Laufzeit des Verdichters auf rd. 16 Stunden täglich ausgelegt wird. Die Stehzeiten reichen dann aus, um den Reifbelag abtauen zu lassen. Zur Beschleunigung des Abtauvorgangs bleiben die Lüfter in Betrieb. Ihre Antriebsenergie wird der Luft als zusätzliche Wärme zugeführt und heizt sie etwas auf (Bild 9/55). Damit bei langer Stehzeit der Maschine die Raumtemperatur nicht zu hoch ansteigt, können die Lüfter durch einen Thermostat 3 bei Erreichen einer bestimmten Raumtemperatur abgeschaltet werden. Beim Abschmelzen gibt die Reifschicht die in ihr gespeicherte Kälte wieder an den Raum ab. Gleichzeitig wird die Raumluft durch verdunstendes Tauwasser zusätzlich befeuchtet. Vielfach werden die Abtauzeiten mit einer Schaltuhr zwangsläufig eingestellt.

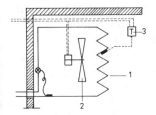

1 Kühlsystem (Verdampfer)
2 Ventilator
3 Verdampferthermostat

Bild 9/55 Abtauen mit Umluft
a) Bei erreichter Raumtemperatur schaltet die Kältemaschine durch Pressostat aus.
b) Ventilator läuft weiter bis der Verdampfer etwa +1 °C erreicht hat und abgetaut ist. Dann wird er durch den Verdampferthermostat abgeschaltet.
c) Bei ansteigender Raumtemperatur schaltet der Pressostat die Kältemaschine wieder ein.
d) Wenn der Verdampfer auf etwa – 1 °C abgekühlt ist schaltet der Verdampferthermostat 3 den Ventilator wieder ein und der Raum wird gekühlt.

9.3.3.2 Abtauen mittels Elektroheizung

Liegt die Raumtemperatur nur wenig über dem Gefrierpunkt (unter +2 °C) oder handelt es sich um Gefrier- oder Gefrierlagerräume, so muß für das Abtauen eine Hilfsenergie eingesetzt werden, wobei sich elektrischer Strom wegen der einfachen Zuleitung anbietet. Die Lamellenverdampfer werden mit elektrischen Heizstäben versehen, die, genau wie die Verdampferrohre, fest mit den Lamellen verbunden sind. Diese werden beim Einschalten der Heizung von innen her erwärmt. Auf den Platten bildet sich durch Anschmelzen ein Wasserfilm, auf dem die Reifschicht in die Tropfschale abrutscht. Diese muß deshalb ebenfalls beheizt werden, damit der darin liegende Reif schmelzen und als Wasser abfließen kann. Bei Tiefkühlräumen muß auch der Wasserabfluß beheizt werden.

Das Abtauen wird über eine Schaltuhr gesteuert, wobei ein oder mehrere Abtauperioden täglich eingestellt werden können. Die Heizung soll so stark ausgelegt sein, daß ein Abtauvorgang nicht länger als 10 bis 30 Minuten dauert.

Während des Abtauens werden die Kältemaschine und die Ventilatoren abgeschaltet oder der Raum vom Kältenetz abgeschaltet.

Bei großer Luftleistung muß ein Tropfenabscheider beim Wiederanlaufen der Ventilatoren das Herauswerfen von Tauwasserresten aus dem Kühler oder der Tropfwanne verhindern. Es kann auch einige Minuten gekühlt werden, damit die Tropfen festfrieren, bevor der Ventilator eingeschaltet wird.

9.3.3.3 Abtauen mit Wasser

Dieses Verfahren ist billig. Die Kühler werden mit einer Wasserbrause ausgerüstet, mit deren Hilfe das Lamellenpaket gleichmäßig mit Wasser berieselt wird. Der große Wärmeinhalt des Wassers bewirkt ein schnelles Abtauen. Deshalb ist das Verfahren auch bei Gefrierräumen durchaus betriebssicher. Es muß allerdings in Kauf genommen werden, daß während der Abtauzeit verdunstendes Rieselwasser die Raumluft stark mit Wasserdampf anreichert, der sich auf Kühlraumwänden und der Kühlgutoberfläche niederschlagen kann.

Nach Beendigung des Abtauens wird zuerst nur die Kühlung eingeschaltet. Die Ventilatoren laufen, gesteuert durch Thermostat oder Verzögerungsrelais, erst an, wenn die Verdampfungstemperatur unter 0 °C abgesunken und die Wasserreste angefroren sind. Dadurch wird eine unnötige, zusätzliche Befeuchtung verhindert.

Zweckmäßig ist diese Abtauart nur, wenn wenige, große Kühler, möglichst in Wandanordnung vorhanden sind. Das Zu- und Ableiten des Wassers ist dann einfach. In verzweigten Netzen wird die Wasserverteilung schwierig. Ein Teil der Kühler kann zuviel Wasser bekommen, was überspritzen kann, andere Kühler bekommen zu wenig, so daß sie nicht vollständig abtauen und mit der Zeit vergletschern. Bei Räumen mit tiefer Temperatur können die Verteilrohre einfrieren. Das Enteisen ist zeitraubend.

Eine Tropfwannenheizung kann entfallen, Bei Tieftemperaturräumen muß der Abfluß ausreichend beheizt werden. Automatischer Betrieb mittels Schaltuhr und Magnetventilen in der Wasserzufuhr ist möglich.

9.3.3.4 Abtauen mit Heißgas

Das wirtschaftlichste und sicherste Abtauverfahren für verzweigte, größere Anlagen ist das Abtauen mit heißen Kältemitteldämpfen. Dabei arbeitet während der Abtauperiode ein Teil der Luftkühler als Verdampfer, während die abtauenden Verdampfer als Verflüssiger geschaltet werden (Bild 9/56). Zum Abschmelzen der Reifschicht dient die Verflüssigungswärme. Das Abtauen der Kühler geht schneller vor sich, da, bezogen auf einen Verdampfer, eine große Wärmemenge (Verflüssigerleistung der Anlage) verfügbar ist und alle Verdampferrohre vom heißen Dampf durchströmt und aufgeheizt werden. Beim Abtauen mit Heißgas rutscht, genau wie beim Abtauen mit Elektroheizung, ein Teil des Reifes auf dem angetauten Wasserfilm in die Tropfschale ab, wo er liegenbleibt und geschmolzen werden muß. Bei großen Kühlern wird deshalb die Tropfschale mit Heißgas-Heizschlangen versehen. Bei kleineren Kühlern ist dies zu teuer. Die Tropfschale wird dann elektrisch beheizt. Der in der Tropfschale abzuführende Anteil ist 50% bis 70% der gesamten Abtauenergie eines Kühlers. Er sollte in 1 bis 1,5 Stunden durch die Heizung abgeführt werden. Um Schwitzwasserbildung zu verhindern, erhalten die Tropfrinnen einen doppelten und mit Wärmedämmschutz versehenen Boden.

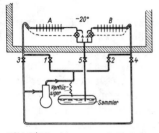

Bild 9/56 Abtauen mit Heißgas [1]

Im normalen Betrieb sind die Ventile 3, 5 und 4 geöffnet und Ventile 1 und 2 geschlossen. Soll der Kühler A abgetaut werden, so wird Ventil 3, 5 und 2 geschlossen, sowie 1 und 4 geöffnet. Das im Kühler A gebildete flüssige Kältemittel wird in den Kühler B geleitet, wo es zur Kälteerzeugung verdampft und vom Verdichter wieder abgesaugt wird. Soll Kühler B abgetaut werden, so sind sinngemäß die Ventile 4, 5 und 1 geschlossen, sowie 2 und 3 offen.

Dieses Abtauverfahren ist bei Pumpenanlagen besonders einfach, da zu den einzelnen Luftkühlern nur eine zusätzliche Heißdampfleitung mit kleiner Dimension verlegt werden muß.

Auch Gefrierlagerräume mit Berohrung für stille Kühlung sollten mit Heißgas abgetaut werden, da das Abtauen nur in größeren Abständen, z. B. monatlich einmal, erfolgt und der Belag rund um die Rohre durch das Abschmelzen von innen her platzt und als Reif- oder Eisschalen in die darunter befindlichen Auffangrinnen fällt.

9.3.3.5 Abtauen mit Warmsole

Bei Anlagen mit indirekter Kühlung durch einen Kälteträger ist ein einfaches Abtauen mittels eines zweiten Kreislaufs mit warmer Sole, an den alle Kühler angeschlossen sind, möglich. Druckgase des Verdichters heizen Sole in einem Behälter auf etwa +5 bis +6 °C auf. Durch Umschalten von Ventilen wird dann die erwärmte Sole durch die Kühler gepumpt und diese werden, wie mit Heißgas, von innen her schnell abgetaut.

9.3.4 Kühlen von Gasen und Dämpfen

Vielfach werden Gase, Dämpfe oder deren Gemische mit Luft gekühlt, um das Volumen zu verkleinern, um sie zu reinigen oder um Bestandteile auszuscheiden. Bei bestimmten Trocknungsvorgängen, z. B. Trocknen von beschichteter Kunststoff-Folie, wird Lösungsmittel in Dampfform frei. Durch tiefes Abkühlen kann das Lösungsmittel zurückgewonnen und die Luft von Geruchsstoffen befreit werden. Dies ist wirtschaftlich und gleichzeitig umweltfreundlich.

Erdgas wird in der Druckerhöhungsstation gekühlt, um die Kompressionswärme wieder abzuführen und gleichzeitig das Volumen zu verringern. Die erforderliche Endtemperatur, auf die jeweils zu kühlen ist, richtet sich nach dem jeweiligen Zweck, wobei die Zusammensetzung und die physikalischen Werte des Gases oder des Gemisches maßgebend sind.

Bei der Gaskühlung muß der im Gas oder im Gemisch enthaltene Anteil an Feuchtigkeit beachtet werden, damit der Kühler nicht einfriert. Unter Umständen sind zwei oder gar drei Kühler vorzusehen, damit immer ein Kühler abgetaut werden kann und somit ein kontinuierlicher Betrieb möglich ist.

9.4 Abkühlen und Kühllagern von Waren

Lebensmittel sind leicht verderblich. Ihre Lagerfähigkeit kann durch Kühlung erheblich verlängert werden (s. Kap. 10). Dabei wird zwischen der *Abkühlung*, z. B. von Fleisch nach dem Schlachten, Obst und Gemüse nach der Ernte, Fisch nach dem Fang und der *Kühllagerung* unterschieden. Letztere muß unter den für das betreffende Lebensmittel günstigsten Lagerbedingungen durchgeführt werden. Ferner ist der Einfluß der Stapeldichte, der Verpackung und der Zusammensetzung der Lageratmosphäre zu beachten. Letztere kann z. B. Stoffe enthalten, welche die Reifung beschleunigen. Durch die Zusammensetzung der Lageratmosphäre kann der Reifungsprozeß auch verlangsamt werden, insbesondere durch Absenken des Sauerstoffgehaltes und Erhöhen des CO_2-Gehaltes (Lagerung in kontrollierter Atmosphäre, auch CA-Lagerung genannt) [22] (s. Kap. 10.2.1).

Neben der Verlängerung der Lagerdauer wird auch eine Verminderung der Austrocknung angestrebt (vgl. Kap. 10.1.3). Da jedes Lebensmittel andere optimale Kühl-, Lager- und Abkühl-Bedingungen hat, haben sich im Laufe der Zeit jeweils auch besondere Verfahren entwickelt. Überwiegend ist allen gemeinsam, daß es sich um gekühlte Räume handelt, welche entweder in Verbindung mit Verarbeitungsbetrieben, z. B. Schlachthöfen und Fleischwarenfabriken, oder Verteilerorganisationen, z. B. Versand-Kühlhäuser, erstellt werden. Die letzteren müssen für eine große Zahl verschiedener Lagergüter und deshalb für das Einhalten verschiedener Lagerbedingungen geeignet sein.

9.4.1 Der gekühlte Raum

Jeder gekühlte Raum, sei es ein Kühlschrank, ein gewerblicher Kühlraum, der gekühlte Fahrzeugaufbau oder der Großkühlraum im Kühlhaus, hat die Aufgabe, optimale Lagerbedingungen in bezug auf Temperatur und Luftfeuchte für die eingelagerte Ware einzuhalten. Je nach Art der Benutzung sind diese Bedingungen sehr verschieden.

9.4.1.1 Ausführung des Kühlraumes

Alle Kühlräume haben an den Wänden, Decke und Fußboden eine Wärmedämmschicht mit einem für die jeweilige Innentemperatur, bei normalen Kühlräumen meist 0 bis 2 °C, geeigneten Wärmedurchgangskoeffizienten (s. Kap. 8.5.1), um den Kälteverlust durch Einstrahlung gering zu halten. Deshalb hat der Raum auch kein Fenster und für Beschicken mit Ware und Begehen ist eine spezielle Kühlraumtür (ebenfalls mit Wärmedämmung) vorgesehen. Um die Verluste beim Begehen und Beschicken gering zu halten, wird oft noch ein *Vorraum* mit einer Zwischentemperatur von +8 bis +10 °C vorgesehen. Dieser Raum wird dann noch zur kurzzeitigen Lagerung von weniger empfindlicher Ware benutzt. Lebensmittel müssen hygienisch einwandfrei gelagert werden. Um das Sauberhalten der Räume zu vereinfachen, werden die Wände und Boden vielfach gefliest, wobei der Bodenbelag rutschfest sein muß. Da im Kühlraum eine hohe Luftfeuchte herrscht (75 bis 85 %), muß die gesamte Elektroinstallation in „*Feuchtraumausführung*" vorgesehen werden. Das gilt auch für die Beleuchtung.

9.4.1.2 Der Kältebedarf des Kühlraumes

Dieser setzt sich, je nach Verwendungszweck, aus mehreren Faktoren zusammen (s. Abschn. 9.1.2). Meist wird die gesamte, in 24 Stunden anfallende, Wärme berechnet, wobei für die Umgebungstemperatur und die Beschickungsmenge Höchstwerte eingesetzt werden. Diese Wärme, dividiert durch die tägliche Betriebszeit der Kältemaschine, meist 16 bis 18 Stunden, ergibt die Kälteleistung, für die die Kälteanlage ausgelegt wird. Diese Berechnungsart gilt für normale gewerbliche Kühlräume und Lagerkühlräume, wobei für den Wärmedurchgang Temperaturen nach Tafel 9/9 angenommen werden können.

Tafel 9/9 Umgebungstemperaturen im mitteleuropäischen Raum für die Kühlraumberechnung

Außentemperatur, vorwiegend im Schatten		+25 °C
Außentemperatur, vorwiegend unter Sonne		+30 °C
Innenräume	+20 bis	+25 °C
Kellerräume, teilw. unter Erdoberfläche		+20 °C
Kellerräume, ganz unter Erdoberfläche		+15 °C
Unter Gebäudedächern	+35 bis	+40 °C
Erdboden unter Kühlraumboden		+15 °C
Erdboden an Kühlraummauern		+18 °C

Beispiel:

Berechnung eines gewerblichen Kühlraumes für ein Lebensmittelgeschäft, wobei das Rohbaumaß 6,0 m lang, 3,5 m breit, 3,2 m hoch, $\vartheta_1 - \vartheta_2$ die Temperaturdifferenz zwischen außen und innen und k der Wärmedurchgangskoeffizient sei. Der Kühlraum sei unterkellert, liege im überdachten Anbau. Je eine Wand in Länge und Breite sind Außenwand. Bei einer 12 cm starken Wärmedämmschicht und verschiedenen Mauerstärken ist mit folgenden k-Werten zu rechnen (s. Kap. 8.5.1).

Fußboden	$k = 1,1\ \text{kJ/m}^2\text{K}$	Innentemperatur	$\vartheta_2 =$	2 °C
Decke	$k = 1,26\ \text{kJ/m}^2\text{hK}$	tägliche Beschickung	$m =$	600 kg/d
Außenwand	$k = 1,13\ \text{kJ/m}^2\text{hK}$	spez. Wärmekoeffizient der Ware	$c =$	3,15 kJ/kg
Innenwand	$k = 1,0\ \text{kJ/m}^2\text{hK}$	Einbringtemperatur	$\vartheta_E =$	+12 °C

Diese Werte eingesetzt, ergibt für die einzelnen Summanden des Kältebedarfes folgende Werte:

a) *Einstrahlung:* n. Gl. (9–1) ist $Q_1 = A \cdot k \cdot (\vartheta_1 - \vartheta_2)$
   die vorgegebenen Werte eingesetzt, wird:

Q_E	A	$\vartheta_1 - \vartheta_2$	k		
Boden	$6,0 \cdot 3,5 \cdot (15-2) \cdot 1,1$			=	300
Decke	$6,0 \cdot 3,5 \cdot (40-2) \cdot 1,26$			=	1005
2 Außenwände	$9,5 \cdot 3,2 \cdot (30-2) \cdot 1,135$			=	966
2 Innenwände	$9,5 \cdot 3,2 \cdot (25-2) \cdot 1,0$			=	706
					2977 kJ/h

Q_E in 24 Stunden wird dann 2977 · 24 = rd. 71 450 kJ/d (= rd. 20 kWh)

b) Abkühlung der Ware

n. Gl. (9–2) ist $Q_2 = m \cdot c\,(\vartheta_E - \vartheta_2) = 600 \cdot 3{,}15 \cdot 10 = 19\,100$ kJ/d (= rd. 5,3 kWh)

c) Frischluftzufuhr, wobei 4malige Lufterneuerung je Tag und eine Abkühlung der Außenluft von + 25 °C, $\varphi = 0{,}7$ auf + 2 °C, $\varphi = 0{,}85$ angenommen ist.

Es ergibt sich: $h_1 = 60$ kJ/kg; $h_2 = 11{,}35$ kJ/kg

Rauminhalt rd. 55 m^3; Frischluftzufuhr 4 x 55 = 220 m^3/d

$Q_3 = \dot{m}_L \cdot \rho_L \cdot (h_1 - h_2) = 4 \cdot 55 \cdot 1{,}28\,(60 - 11{,}35)$ = 13 700 kJ/d (3,8 kWh)

Zwischensumme = 104 250 kJ/d

Zuschlag für Begehen, Türverlust, Beleuchtung
Abtauen, insgesamt 15 %   15 650 kJ/d

Gesamtkältebedarf somit   119 900 kJ/d (= 33,3 kWh

Bei 16stündiger Laufzeit des Verdichters ergibt sich
eine Leistung von 119 900 : 16   =   7 495 kJ/h (= 2,1 kWh)

Hinzu kommt noch die Ventilatorarbeit,
die mit 0,16 kW angenommen wird   =   680 kJ/h

Erforderliche Kälteleistung   =   8 070 kJ/h (= 2,24 kW)

Für den Verdampfer sei die mittlere Temperaturdifferenz 10 K und der Wärmedurchgangskoeffizient 42 kJ/m^2 hK.

Die Kühlfläche wird dann $\dfrac{8070}{10 \cdot 42} = 19{,}2$ m^2. Aus den Listen der Hersteller ist der nächst größere Hochleistungsverdampfer mit einem Plattenabstand von 6 bis 8 mm auszuwählen.

9.4.1.3 Betriebsweise der Kälteanlage

Eine hohe tägliche Laufzeit ergibt eine kleine und wirtschaftliche Kälteanlage und geringe Schwankungen der Temperatur und Luftfeuchte im Kühlraum. Die Dauer der möglichen Betriebszeit je Tag bestimmt sich aus der erforderlichen Abtauzeit des Verdampfers, die durch Feuchtigkeitsanfall aus der Ware und Häufigkeit des Türöffnens gegeben ist. In Kühlräumen mit einer Raumtemperatur ab +2 °C kann durch Umluft (stehende Kältemaschine, laufender Ventilator) abgetaut werden. Es muß dafür mit rd. 20 bis 25 % der Laufzeit gerechnet werden. Verpackte Ware gibt weniger Feuchtigkeit ab und verkürzt die Abtauzeit. Ankommende Ware soll sofort eingelagert und nicht (womöglich in der Sonne) abgestellt werden. Die Tür soll nicht unnötig offenstehen, um das Eindringen von feuchter, warmer Außenluft zu verhindern. Reichen die Betriebspausen zum Abtauen nicht aus, vergletschert der Verdampfer. Notfalls muß eine elektrische Abtauheizung vorgesehen werden. Die Ware muß so gestapelt oder aufgehängt werden, daß im Raum überall eine gleichmäßige Luftzirkulation vorhanden ist. Das bedeutet 6 bis 8 cm Abstand von Boden und Wand und 20 bis 25 cm zwischen Ware und Decke. Der Verdampfer darf nicht zugestapelt werden und muß frei blasen können. Die Kälteanlage arbeitet über Thermostat, der die Raumtemperatur regelt, vollautomatisch. Ein luftgekühlter Verflüssiger muß durch regelmäßiges Ausbürsten und Ausblasen der Lamellen sauber gehalten werden. Das Schema einer Raumkühlanlage mit stadtwassergekühltem Verflüssiger zeigt Bild 9/57.

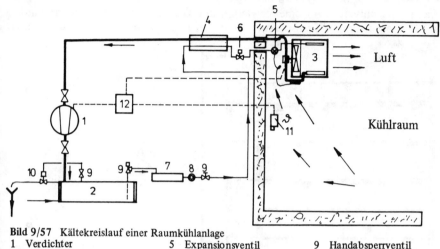

Bild 9/57 Kältekreislauf einer Raumkühlanlage

1 Verdichter	5 Expansionsventil	9 Handabsperrventil
2 Verflüssiger	6 Magnetventil	10 Kühlwasserregler
3 Verdampfer	7 Trockner	11 Thermostat
4 Wärmeaustauscher	8 Schauglas	12 Schaltkasten

9.4.2 Das Kühlhaus (vgl. Kap. 8.6.1)

Für den Umschlag großer Mengen von verderblichen Lebensmitteln, z. B. in Häfen, für die Aufnahme von großen Mengen zur Erntezeit in den Erzeugergebieten und zur Versorgung von Großstädten zur Verteilung, werden Kühlhäuser errichtet. Sie nehmen große Warenmengen auf und ermöglichen die gleichmäßige Verteilung über längere Zeit.

9.4.2.1 Bauformen

Nach der Art werden unterschieden:

Einzweckhäuser, in denen große Abkühl- und Lagerräume nur für gleichartige Lagerbedingungen vorhanden sind, werden in Erzeugergebieten, z. B. für Obst und Gemüse und in Verarbeitungsbetrieben, z. B. Konservenfabriken, errichtet.

Mehrzweckhäuser haben Kühlräume für ganz verschiedene Lagerbedingungen (Normal-Kühlräume und Gefrier- und Gefrierlagerräume) und sind in Häfen und großen Umschlagpunkten im Binnenland und als Verteilerzentren in Großstädten zu finden

Nach der Bauform werden unterschieden:

Flachkühlhäuser in eingeschossiger Bauweise erfordern eine große Grundfläche, verursachen aber geringe Baukosten. Sie können aus Fertigteilen schnell errichtet werden. Der Transport des Lagergutes über Aufzüge entfällt und die Stapelhöhe im Raum kann der Hubhöhe von Gabelstaplern angepaßt werden (bis 8 m Raumhöhe).

Kühlhäuser in mehrgeschossiger Bauweise,

möglichst in Würfelform, haben die geringste Oberfläche mit dem geringsten Wärmeeinfall und somit geringe Energiekosten. Dafür sind aber die bautechnischen und transporttechnischen Probleme schwieriger und kostenspieliger. Bei Planung eines Kühlhauses müssen die Transportwege sehr genau untersucht werden (Bild 9/58).

I   Temperaturzone von etwa − 30 °C
II Temperaturzone von etwa   0 °C
III Temperaturzone mit ungefährer
    Außentemperatur
A   Untergeschoß
B   Rampengeschoß
C   Erstes Obergeschoß
D   Zweites Obergeschoß
E   Drittes Obergeschoß
F   Viertes Obergeschoß
G   Fünftes Obergeschoß

Bild 9/58 Längs- und Grundriß eines mehrgeschossigen Kühlhauses

9.4.2.2 Kältemaschinenanlage [25]

Für Kälteleistung, Bauart und Ausführung ist der Kältebedarf, die Temperaturlage in den Räumen und der Grundriß des Hauses bestimmend.

Bei kleineren Kühlhäusern mit wenig Räumen, besonders wenn noch variable Temperaturen und Luftzustände gefordert sind, ist eine *dezentrale Maschinenanlage* zweckmäßig, d. h. für jeden Raum wird eine Maschinenanlage vorgesehen. Eine gegenseitige Beeinflussung ist nicht möglich. Es kann mit direkter Verdampfung gearbeitet werden. Der automatische Betrieb ist einfach. Die Kältesätze können in mehreren Maschinenräumen in Gestellen oder auf Podesten vor jedem Raum in den Bedienungsgängen untergebracht werden. Man erhält kurze Kältemittelleitungen und geringe Leitungsverluste. Die ganze Maschinenanlage kann aus preisgünstigen und handelsüblichen Komponenten erstellt werden. Der Aufbau dieser Anlagen entspricht Bild 9/57. Nachteilig ist, daß jede Maschine für die höchste Belastung des zugehörigen Kühlraumes ausgelegt werden muß und daß die einzelnen Kältesätze nicht gegenseitig als Reserve dienen können.

Für größere Räume mit einem Kältebedarf von mehr als 50 000 kJ/h (14 kW) kann eine Verbundanlage ähnlich wie sie in Abschn. 9.4.5.3 erwähnt ist, zweckmäßig sein. Bei Ausfall eines Verdichters kann dann noch ein Notbetrieb aufrechterhalten und Verderb des Lagergutes vermieden werden.

In größeren Kühlhäusern wird die *zentrale Kälteanlage* in einem gesonderten Maschinenraum bevorzugt. Die Kälteverteilung kann z. B. über Sole erfolgen. Der Aufbau der Kälteerzeugungsanlage (Solekühlanlage) ist einfach. Ein oder mehrere Verdichter arbeiten parallel auf einen Solekühler, womit auch Maschinenreserve gegeben ist. Durch einfaches Drosseln des Solestromes zu den einzelnen Kühlräumen kann die Raumtemperatur im Bereich von mehreren °C Unterschied geregelt werden, so daß trotz gleicher Soletemperatur verschiedene Raumtemperaturen eingestellt werden können. Leider erfordern die überwiegend verwendeten Salzolen eine ständige Überwachung des ph-Wertes, um die Korrosionsschäden in wirtschaftlich tragbaren Grenzen zu halten.

Günstiger ist der Einsatz des Kältemittels selbst als Kälteträger. Von dieser Möglichkeit wird heute zunehmend in verzweigten, großen Kältenetzen Gebrauch gemacht (vgl. Kap. 3.2.4).

Die *Kältemittel-Umpumpanlage* vereinigt die Vorteile der Anlagen mit direkter Verdampfung mit denen der Anlagen mit Kälteträger, woraus sich ergibt:

a) Nur ein Temperatursprung vom Kältemittel zur Raumluft, damit

b) möglichst hoch liegende Verdampfungstemperatur und günstige Energiekosten.

c) für alle Kühlstellen eine zentrale Maschinenanlage, deren Leistung nicht die Summe des maximalen Bedarfes sein muß, da bei den einzelnen Verbrauchern unterschiedliche Nutzungszeiten und Bedarfsspitzen auftreten (*Gleichzeitigkeitsfaktor*).

d) Reservehaltung durch Aufteilung der Leistung auf mehrere Verdichter. Bei Ausfall einer Maschine können noch alle Kühlstellen mit der zum Kühlhalten des Lagergutes notwendigen Leistung versorgt werden können.

e) Durch die Pumpen werden auch entfernt und hochgelegene Kühlstellen mit Sicherheit ausreichend mit Kältemittel beaufschlagt.

f) Kleine Rohrabmessungen und Pumpenleistung, da wegen der hohen Verdampfungswärme des Kältemittels ein geringer Volumenstrom ausreicht, um eine hohe Kälteleistung zu übertragen. Dadurch geringer Energiebedarf und geringe Investitionskosten.

g) Keine Korrosionsschäden

Bei der Pumpenanlage durchläuft das Kältemittel zwei Arbeitskreise, die über den Niederdrucksammler gekoppelt sind (Bild 3/22).

Da Kühlhäuser neben den Kühlräumen für Frischware auch Gefrierlagerräume und evtl. auch Gefriereinrichtungen haben, werden diese Kälteanlagen auch im Verbund für zwei oder mehrere Temperaturbereiche gebaut, wobei die Verdichter in Stufen hintereinander geschaltet werden (Bild 9/59).

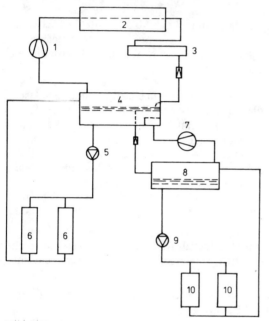

1 HD-Verdichter
2 Verflüssiger
3 HD-Sammler
4 ND-Sammler 1
5 Kältemittelpumpe 1
6 Verdampfer
7 ND-Verdichter
8 ND-Sammler 2
9 Kältemittelpumpe 2
10 Tieftemperaturkühler

Bild 9/59 Zweistufige Verbundanlage mit Kältemittelpumpen

Das vom Verflüssiger 2 kommende flüssige Kältemittel wird im HD-Sammler 3 gesammelt und in den ND-Sammler (4) entspannt. Von dort läuft es der Kältemittelpumpe 5 zu, die die Kühlstellen 6 im Kreislauf der höheren Temperatur versorgt. Der Entspannungsdampf zusammen mit dem in den Kühlstellen 6 verdampften Anteil des Kältemittels wird vom HD-Verdichter angesaugt, verdichtet und wieder verflüssigt. Die überschüssige Flüssigkeit wird in den ND-Sammler 8 auf die tiefe Temperatur entspannt und von der Kältemittelpumpe 9 zu den Kühlstellen 10 im Tieftemperaturkreislauf gepumpt. Der Entspannungsdampf und der in den Kühlstellen 10 verdampfte Anteil wird vom ND-Verdichter 7 angesaugt und in den ND-Sammler 1 gedrückt. Dieser dient als Zwischenkühler. Der vom ND-Verdichter geförderte Dampf wird durch das flüssige Kältemittel im ND-Sammler 4 auf die Sättigungstemperatur enthitzt und zusammen mit dem Dampfanteil aus dem Hochtemperaturkreislauf vom HD-Verdichter 1 abgesaugt.

Der HD-Verdichter 1 muß also das verdampfte Kältemittel aus dem Kreislauf mit der hohen Temperatur und das verdampfte und enthitzte Kältemittel aus dem Tieftemperaturkreislauf, vermehrt um das durch die Enthitzung verdampfte Kältemittel ansaugen.

Bei dieser Schaltung wird zweckmäßig ein Hochdrucksammler eingeschaltet, der einen Kältemittelvorrat enthält. Die Niederdrucksammler sind hintereinander geschaltet. Eine automatische Regelung hält den Flüssigkeitsstand im jeweiligen Sammler konstant, damit die Kältemittelpumpen eine genügend große Vorlage haben.

9.4.2.3 Luftkühlsysteme und Regelung

Die Kühlung der Räume erfolgt überwiegend durch Ventilator-belüftete Kühlsysteme. Die Ventilatorleistung wird so bemessen, daß die im Kühlraum stündlich umgewälzte Luftmenge optimale Lagerbedingungen für das eingelagerte Kühlgut ergibt, wobei z.T. mehrere Ventilatoren oder solche mit polumschaltbaren Motoren eingesetzt werden. Die Differenz zwischen Luftein- und austritt am Kühler soll nicht mehr als 4 bis 5 K betragen, damit die Entfeuchtung nicht zu groß wird.

In Kühlräumen für wertvolles Kühlgut, Zollgut oder in denen für längere Zeit eine geregelte Atmosphäre eingehalten werden soll (Gaslagerung von Obst) empfiehlt sich ein Zentralkühler, der einschließlich Gebläse von außen zugänglich ist, damit Störungen von außen behoben werden können, ohne den Raum zu betreten. Die Luftverteilung im Kühlraum geschieht dann über Luftkanäle oder eine Zwischendecke (Bild 9/60).

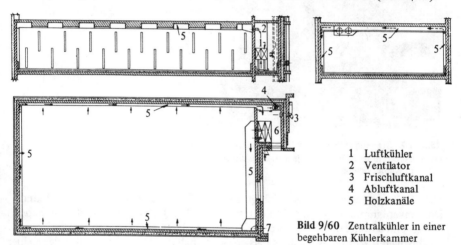

1 Luftkühler
2 Ventilator
3 Frischluftkanal
4 Abluftkanal
5 Holzkanäle

Bild 9/60 Zentralkühler in einer begehbaren Kühlerkammer

Eine weitere Einbaumöglichkeit eines Zentralluftkühlers für einen Gefrierlagerraum zeigt Bild 9/61. Der Kühler mit Lamellenkühlsystem ist über der Türeinfahrt auf einem Vorbau angeordnet, der in den Kühlraum hineinragt (rechts im Vordergrund).

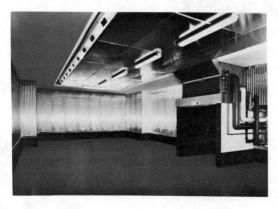

Bild 9/61 Zentralkühler im Kühlraum

Dieser Vorbau bildet gleichzeitig mit der Kühlraumtür zum Bedienungsgang und mit Pendeltüren aus Kunststoff zum Raum hin eine Luftschleuse. Der zweiseitig ansaugende Radiallüfter saugt die Luft über die Stirnseite des Kühlers frei aus dem Raum an und drückt sie über einen Kanal in die abgehängte Zwischendecke. Die durch seitlich abgeschrägte Verkleidungen ausströmende Luft wird durch verstellbare Öffnungen gleichmäßig im Raum verteilt. Wenn Decken und Wände keine größeren Gewichte aufnehmen können, werden Kühler verwendet, die auf dem Fußboden stehen. Wände und Decken werden nicht belastet, dafür geht Grundfläche verloren (Bild 9/62).

Bild 9/62 Stehender Wandluftkühler in einem Gefrierlager für Wild
Die Luftverteilung erfolgt mittels Kanal gleichmäßig über den ganzen Raum. Sie wird dann frei vom Kühler angesaugt.

Mehr und mehr setzen sich auch für größere Kühlräume seriengefertigte Wand- und Deckenverdampfer (s. Kap. 4.2.6) durch. Sie machen Luftkanäle entbehrlich, haben jedoch einen höheren Energieverbrauch, da die vielen kleinen Schraubenlüfter einen ungünstigeren Wirkungsgrad haben als große Radiallüfter. Durch Aufteilen der Kühler und Lüfter auf mehrere Kreisläufe kann die Kälte- und Luftleistung der Verwendung als Abkühl- oder Lagerraum angepaßt werden (s. Bild 9/63).

Bild 9/63 Kühlraum für Frischfleisch mit Deckenverdampfer

Die *Regelung der Temperatur* erfolgt bei der dezentralen Anlage durch Raumthermostate, die die Kältesätze abhängig von der eingestellten Temperatur ein- und ausschalten. Bei der zentralen Kälteanlage wird jeder Raum durch einen Raumthermostaten geregelt, der abhängig von der Raumtemperatur über ein Magnetventil den Kältemittelstrom schließt oder freigibt, wobei zugleich die Ventilatoren ein- bzw. ausgeschaltet werden. Die meist mit einer Leistungsregelung ausgerüsteten Verdichter werden dann über Schrittschaltwerke durch einen Druckschalter (Pressostat) mit neutraler Mittelstellung abhängig vom Saugdruck geregelt oder ein- und ausgeschaltet (vgl. Abschn. 9.2.4.3).

Die *Regelung der Luftfeuchtigkeit* erfolgt, falls vorgesehen, immer für jeden Raum gesondert mittels Hygrostat und Luftbefeuchter und/oder eine Elektroheizung (vgl. Abschn. 9.4.3.1).

9.4.3 Kaltlagern von Fleisch und Fleischwaren

Die optimalen Lagerbedingungen wurden empirisch ermittelt (s. Kap. 10.2.1) und müssen während der Lagerzeit dauernd eingehalten werden. Dazu dienen:

9.4.3.1 *Lagerräume*

Lagerräume, in welchen eine gleichmäßige Lagertemperatur von 0 °C bis + 2 °C und eine Luftfeuchte von 80 bis 85 % aufrechterhalten werden müssen. Zu trockene Luft bewirkt Gewichtsverlust der Ware und damit Qualitätsverlust und Mindererlös. In zu feuchter Luft wird Fleisch schmierig, da die feuchte Fleischoberfläche das Wachstum der Mikroorganismen fördert (s. Kap. 10.2.1) [23].

Lagerräume werden im allgemeinen durch mehrere Wand- oder Deckenluftkühler gekühlt, welche so ausgelegt sind, daß durch eine genügend lange Betriebsdauer der Kältemaschine auf den kalten Verdampferflächen eine ausreichende Trocknung der Luft stattfindet (s. Abschn. 9.3.1).

Zum Regeln der Luftfeuchtigkeit wird oft eine zusätzliche Elektroheizung vorgesehen, die bei zu hoher Luftfeuchte durch einen Hygrostaten eingeschaltet wird. Die erhöhte Wärmelast verlängert die Betriebsdauer der Kältemaschine und erhöht damit deren Trocknungswirkung.

Einen Lagerraum für Frischfleisch, wie er in Schlachthöfen und Fleischwarenfabriken üblich ist, zeigt Bild 9/63.

Derartige Räume erhalten, um sie leicht sauber halten zu können, einen rutschfesten Boden mit Plattenbelag oder Feinbeton und gefließte Wände. Die Wärmedämmschicht soll einen k-Wert von rd. 1,2 kJ/m² hK haben. Zum Beschicken und Entleeren dient eine Hängebahn – zumeist eine sog. Niederbahn (Rohrbahn) –, an der das Fleisch (Schweinehälften, Rinderviertel) auch während der Lagerung hängt. Die Lagerkapazität ist bei Schweinen und Kälbern 150 bis 250 kg/m², für Großvieh 200 bis 300 kg/m². Der mittlere Kältebedarf, bezogen auf die Nutzfläche, beträgt rd. 650 bis 850 kJ/m²h. Vielfach werden auch Schnellkühlräume nach Gebrauch als Lagerräume verwendet, wobei ein Teil der Ventilatoren und Kühlfläche abgeschaltet wird, um die Luftfeuchte von rd. 85 % bei einem rd. 25fachen Luftumlauf halten zu können.

Innereien werden grundsätzlich getrennt von ausgeschlachteten Tierkörpern behandelt und kommen mit etwa +30 °C in einen besonderen Kühlraum für Innereien. Sie werden bei einer Lufttemperatur von 0 °C in etwa 12 Stunden auf +4 °C abgekühlt. Der Luftwechsel ist 80 bis 100fach und bewirkt eine Luftgeschwindigkeit von 0,2 m/s, bezogen auf den leeren Raumquerschnitt. Die Luftfeuchtigkeit wird bei 85 bis 90 % gehalten. Die Lagerkapazität ist einschließlich Verkehrswege 100 bis 150 kg/m², bezogen auf die Gesamtgrundfläche.

9.4.3.2 Pökelräume

Pökeln ist Konservieren von Fleisch durch Einsalzen. Es wird in Pökellake (15 bis 20prozentige Kochsalzlake mit Zusätzen), die sich in Pökelbehältern befindet, eingelegt und verbleibt darin 3 bis 4 Wochen. Im Pökelraum wird eine Temperatur von +6 bis +8 °C bei einer relativen Luftfeuchte von 70 bis 75 % gehalten. Der Kältebedarf für das Abkühlen ist gering, da nur die schon vorgekühlte, frisch eingebrachte Ware um etwa 6 K abzukühlen ist, was in etwa 12 Stunden erfolgen soll. Er beträgt rd. 330 bis 420 kJ/m²h. Der Luftumlauf ist rd. 20fach. Der Luftkühler wird für eine Kühlzeit von 16 Stunden täglich ausgelegt und über einen Saugdruckregler an die vorhandene Kälteanlage, die wegen der anderen Kühlräume mit rd. − 10 °C Verdampfungstemperatur arbeitet, angeschlossen. Die Oberflächentemperatur des Kühlers soll bei rd. 0 °C liegen, damit es keine Abtauprobleme gibt und die aus der Raumluft ausgeschiedene Feuchtigkeit als Wasser abläuft.

9.4.3.3 Zerlege- und Arbeitsräume

Das aus dem Lagerraum kommende Fleisch hat eine Temperatur von + 1 bis + 2 °C. Es darf beim Verarbeiten auf keinen Fall beschlagen, weshalb die Temperatur in diesen Räumen nicht über +10 °C und die relative Luftfeuchtigkeit nicht über 70 % sein darf. Bei diesem Luftzustand ist der Taupunkt +5 °C. Die EWG-Richtlinien [42] verlangen, daß in Arbeitsräumen Kühleinrichtungen vorhanden sein müssen, die sicherstellen, daß die Kerntemperatur des Fleisches + 7 °C nicht übersteigt. Solche Räume in fleischverarbeitenden Betrieben nehmen eine Sonderstellung ein, da sie nicht nur gekühlt, sondern z. T. regelrecht klimatisiert werden. Da Menschen darin arbeiten, gelten besondere Vorschriften (s. Kap. 5.1); z. B. ist das Anwenden von Ammoniak nicht gestattet. Werden diese Räume an eine Ammoniak-Kälteanlage, wie sie in Schlachthöfen und Fleischwarenfabriken üblich ist, angeschlossen, so muß ein Kälteträger, zumeist ein Glykollösung, zwischengeschaltet werden. Wird dies wegen des zusätzlichen Temperatursprungs unwirtschaftlich, muß eine gesonderte Kälteanlage mit einem Sicherheitskältemittel eingesetzt werden. Für die Ermittlung des Kältebedarfs muß berücksichtigt werden:

a) Wärmeeinstrahlung von außen

b) Frischluftzufuhr von 30 m³/h je Person, die von rd. 25 °C/60 % auf +4 °C/100 % abzukühlen ist.

c) Wärmeentwicklung der Personen mit rd. 840 kJ/h je Person.

d) Beleuchtung mit 20 W/m² Grundfläche.

e) Verluste durch Türöffnen [27].

f) Wärme der Ventilatoren, wobei mit 15fachem Luftwechsel gerechnet werden muß.

g) Wärme der Verarbeitungsmaschinen.

Im *Zerlegeraum* arbeiten viele Personen. Er dient zum Zerlegen von Rindervierteln, Schweinehälften, Kälbern u. ä., zum Ausbeinen, Vorbereiten zum Verkauf oder zur Weiterverarbeitung. Es werden elektrische Geräte verwendet. Außerdem ist mit einer intensiven Beleuchtung zu rechnen. Die Kühlung erfolgt mittels Deckenverdampfern, die so angeordnet werden müssen, daß an den Arbeitsplätzen keine Zugerscheinungen auftreten. Die Kälteanlage ist für den höchstmöglichen Kältebedarf auszulegen.

Beispiel:

Zu kühlen ist ein Zerlegeraum mit folgenden Daten:

Abmessungen (Rohbau ohne Wärmedämmschutz):	8,0 m lang, 5,0 m breit, 3,0 m hoch
Wärmedurchgangskoeffizient im Mittel	$k = 1{,}47$ kJ/m^{2}hK
Umgebungstemperatur allseitig	$\vartheta_1 = +25\,^\circ$C
Raumtemperatur	$\vartheta_2 = +10\,^\circ$C
Zahl der Personen im Raum	5
Anschlußwert der Maschinen	25 kW
Gleichzeitigkeitsfaktor für die Benutzung	0,7

Wie groß ist der Kältebedarf?

Dieser setzt sich wie folgt zusammen:

1) *Einstrahlung* n. Gl. (9−1) ist $Q_1 = A \cdot k \cdot (\vartheta_1 - \vartheta_2)$
   Die Oberfläche A aller Flächen ergibt sich zu

   Wände = $2 \cdot (8 + 5) \cdot 3$ = 78 m^2
   Decke = 8 x 5 = 40
   Boden = 8 x 5 = 40
   ___
   158

   Q_1 wird dann $158 \cdot 1{,}47\,(25-10) \approx 3500$ kJ/h

2) *Frischluftzufuhr* Q_2
   Je Person sind 30 m^3/h Frischluft zuzuführen, die vom Außenluftzustand 25 °C bei 70 % rel. Feuchte auf +4 °C bei 100 % rel. Feuchtigkeit abzukühlen sind.

   Aus dem *h*-x-Diagramm für feuchte Luft ist zu entnehmen

   bei +25 °C/70 % : h_1 = 60 kJ/kg

   bei + 4 °C/100 % : h_2 = 16,8 kJ/kg
   _____

   Δh = 43,2 kJ/kg

   Die Dichte ρ ist im Mittel 1,25 kg/m^3

   Nach Gl. (9−20) wird $Q_2 = 5 \cdot 30 \cdot 1{,}25 \cdot 43{,}2$ = 8100 kJ/h

3) *Wärmeentwicklung durch Personen* Q_3
   Je Person ist mit 840 kJ/h zu rechnen
   Es wird dann Q_3 = 5 x 840   = 4200 kJ/h

4) *Wärmeentwicklung durch Beleuchtung* Q_4
   Für die Beleuchtung sind 0,02 kW/m^2 zu rechnen
   Für 40 m^2 gibt das $40 \cdot 0{,}02 = 0{,}8$ kW. $Q_4 = 0{,}8 \cdot 3600$ = 2900 kJ/h

5) *Wärmeentwicklung durch die Maschinen* Q_5
   Das Wärmeäquivalent der Anschlußwerte ist bei einem
   Gleichzeitigkeitsfaktor von 0,7 $Q_5 = 0{,}7 \cdot 25 \cdot 3600$ = 63000 kJ/h

6) *Wärmeäquivalent des Ventilators im Kühler* Q_6
Bei einem 15fachen Luftwechsel im Raum ergibt sich eine
Ventilatorleistung von $15 \cdot 8 \cdot 5 \cdot 3 = 1800 \, m^3/h$.
Die Antriebsenergie für einen Ventilator von $1800 \, m^3/h$
bei etwa 1 m bar ist 0,18 kW. $Q_6 = 0,18 \cdot 3600$ $\qquad = \quad 650 \, kJ/h$

$$Q_{ges} = Q_1 + Q_2 + Q_3 + Q_4 + Q_5 + Q_6 \qquad = 78\,850 \, kJ/h = rd.\ 22 \, kW$$

Der Raum benötigt also einen Kältesatz einer Kälteleistung von 80 000 kJ/h (22 kW) bei einer
Verdampfungstemperatur von 0 °C, entsprechend einer Motorleistung von rd. 8 kW bei Kältemittel R 22. Der Verdampfer kann mit kleinem Lamellenabstand (2,5 bis 4 mm) gewählt
werden, wobei sich nach Fabriknorm ein Decken-Verdampfer mit rd. 100 m² Kühlfläche ergibt.

In *Verpackungs- und Versandräumen* sind außer elektrischen Waagen keine Maschinen, jedoch ist wegen des Warenverkehrs nach außen mit einem erheblichen Luftaustausch (Türverlust) zu rechnen. Die Kühlung erfolgt vielfach mittels sog. Deckenrund-
verdampfer, deren Anordnung eine Zugbelästigung des Personals vermeiden soll. Der
Kältebedarf muß nach Zahl der Personen und Beleuchtung errechnet werden. Als
Richtwert können 420 bis 500 kJ/m² angenommen werden. In den *Produktions-*
räumen werden Würste und Fleischwaren hergestellt. Der Kältebedarf wird überwiegend durch die installierte elektrische Leistung bestimmt. Es sind Fleischwolf,
Mühlen, Kutter, Bratpfannen installiert, deren Gesamtanschlußwert 100 kW und
mehr betragen kann. Für diese Räume bietet sich eine Frischluftkühlung an, wobei die Abluft direkt über den Maschinen größerer Leistung abgesaugt wird, damit
deren Abwärme sofort abgeführt wird und den Raum nicht belastet. Es wird dann
mit Luftkanälen gearbeitet und der Luftkühler wird wie ein Klimaverdampfer in
den Zuluftkanal eingebaut.

9.4.3.4 Schlachthof und Fleischmarkt

Der *Schlachthof* ist ein Kälte-Großverbraucher, der Schnellabkühlräume, Lagerräume
für Frischfleisch und Innereien, Pökelräume, Kühlräume für beanstandetes Fleisch
und vielfach auch Gefrierräume und Kühlräume für einen Fleischmarkt in sich vereinigt. Die Kälteanlage muß den verschiedenen Anforderungen an Temperatur,
Luftfeuchte und stark wechseldem Kältebedarf entsprechen. Sie gleicht derjenigen
eines größeren Kühlhauses und ist heute überwiegend eine Ammoniak-Pumpenanlage (s. Abschn. 9.4.2.2).

Im *Fleischmarkt* wird ein großer Teil des geschlachteten Fleisches vermarktet. Es
herrscht ein lebhafter Verkehr. Wegen der tiefen Temperatur des aus den Kühlräumen kommenden Fleisches ist eine Raumtemperatur von max. + 10 °C bei max. 70 %
relativer Feuchtigkeit (Taupunkt 5 °C) notwendig, damit das Fleisch nicht beschlägt
(Bild 9/64).

Maßgebend für den Kältebedarf ist die Zahl der im Raum möglichen Personen mit
deren erforderlichen Frischluftrate, die Beleuchtung und der zusätzliche Luftwechsel
durch Türverluste.

Da die Schlachthofkälteanlage nur an Schlachttagen voll ausgefahren wird, hat sie an den Nichtschlachttagen eine große Leistungsreserve. Deshalb kann der Fleischmarkt mittels eines Kälteträgers gekühlt und über einen Wärmeaustauscher an die Hauptkälteanlage angehängt werden.

Bild 9/64 Temperierter Fleischmarkt, ausgerüstet mit Hochbahn für Hälften und Niederbahn für Viertel. Die Deckenkühler befinden sich über der Hängebahn.

9.4.4 Abkühlung

Jede Ware, die kühl gelagert werden soll, muß zunächst von der Temperatur, mit der sie angeliefert wird, auf die Lagertemperatur abgekühlt werden. Dabei soll die Abkühlzeit möglichst kurz sein, damit den Mikroorganismen, die den Verderb bewirken, keine Zeit zur Entwicklung bleibt.

Tafel 9/10 Wärmetechnische Werte einiger Lebensmittel

	spezifische Wärmekapazität c_p		spezifischer Wassergehalt	Dichte
	kJ/kgK		m_w/m	kg/m³
	ungefroren	gefroren	kg Wasser/kg	
Obst	3,77	1,88	0,8	
Rindfleisch	2,13	1,67	0,6	1 000
Schweinefleisch	2,03	1,34	0,4	940
Fische	3,35	1,80	0,7	1 000/900
Geflügel	3,35	1,75	0,8	
Milch	3,77	1,90	0,88	1 030
Butter	2,51	1,42	0,15	950
Eier	3,14	1,67	0,7	

Diese Abkühlung erfordert in erster Annäherung eine Kälteleistung

$$\dot{Q} = m \cdot c_p \cdot \Delta\vartheta/\tau \tag{9-22}$$

darin ist m = Masse der Ware (kg)

c_p = spez. Wärmekapazität der Ware (kJ/kgK)

$\Delta\vartheta$ = Temperaturdifferenz zwischen Einbringe- und Kühlraumtemperatur

τ = Abkühlzeit (h)

Die spez. Wärmekapazität ist überwiegend vom Wassergehalt abhängig. *Bäckström* nennt bei einem Massenanteil m_W des Wassers die Näherungsformel:

$$c_p \approx m_W + (1 - m_W) \cdot 0,2 \qquad\qquad (9-23)$$

Einige Zahlenwerte sind in Tafel 9/10 angegeben [1].

Die Abkühlzeit τ kann aus Erfahrung geschätzt, durch Versuch ermittelt oder berechnet werden. Liegt die Temperatur eines Körpers bei Beginn der Abkühlung um $\Delta\vartheta_1$ K und am Ende der Abkühlung um $\Delta\vartheta_2$ K über der Kühlraumtemperatur, so ist bei einer Oberfläche des Körpers A

$$\tau - \tau^* = \frac{m \cdot c_p}{k \cdot A} \cdot \ln \frac{\Delta\vartheta_1}{\Delta\vartheta_2} \qquad\qquad (9-24)$$

Bei Abkühlung von Flüssigkeiten in Behältern ist $\tau^* = 0$ und

$$\frac{1}{k} = \frac{1}{\alpha_a} + \frac{1}{\alpha_i} \qquad\qquad (9-26)$$

α_a = Wärmeübergangskoeffizient zwischen der Außenfläche des Behälters und Umgebung

α_i = Wärmeübergangskoeffizient zwischen der Innenfläche des Behälters und der Flüssigkeit

Bei Abkühlung von festen Körpern (Fleisch, Fisch) ist

$$\tau^* = 0,1 \cdot c_p \cdot \rho \cdot b^2 / \lambda \quad \text{und} \qquad\qquad (9-26)$$

$$\frac{1}{k} = \frac{1}{\alpha_a} + \frac{3}{8} \cdot \frac{b}{\lambda} \qquad\qquad (9-27)$$

α_a = Wärmeübergangskoeffizient an der Oberfläche des zu kühlenden Körpers.
$2b$ = Dicke des Körpers (der abzukühlenden Stücke) in m
λ = Wärmeleitfähigkeit des Körpers

Überschlägige Werte für die Wärmeleitfähigkeit sind

λ = 1,8 kJ/m hK für ungefrorenes Fleisch
λ = 0,63 kJ/m hK für ungefrorenes Fett;

allgemein für ungefrorene Lebensmittel nach *Bäckström* (umgerechnet)

$$\lambda \approx 2,17 \, m_W + (1 - m_W) \cdot 0,92 \, \text{kJ/m hK} \qquad\qquad (9-28)$$

Wesentlich für die Abkühlgeschwindigkeit ist der Wärmeübergang α_a von der Warenoberfläche an die Kühlluft. Die sich hierbei ergebenden Verhältnisse sind für verschiedene Lebensmittel in der Literatur behandelt [1, 3, 21]:

Z. B. ist nach *Lorentzen* der Wärmeübergangskoeffizient zwischen der trockenen Fleischoberfläche und Luft

$$\alpha_{tr} = 40 \cdot w_L^{0,5} \ kJ/m^2 \ hK \tag{9-29}$$

Mittelwerte für α_{tr}, abhängig von der Luftgeschwindigkeit w_L, welche aus einigen in der Praxis gebräuchlichen Berechnungsarten zusammengestellt sind, zeigt Bild 9/65.

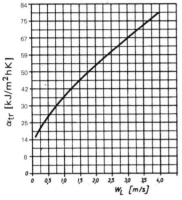

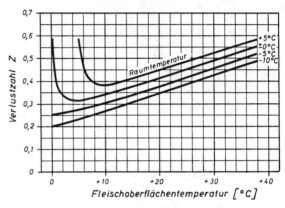

Bild 9/65 Mittelwerte für α_{tr}, abhängig von Luftgeschwindigkeit w_L, ermittelt aus den Gleichungen nach

Lorentzen, $\alpha_{tr} = 40 \ w_1^{0,5}$ und

Jürges, $\alpha_{tr} = 22,1 + 15 \ w_L$, die, als Kurven dargestellt, Schnittpunkte bei $w_L = 0,75$ m/s und 2,8 m/s ergeben.

Bild 9/66 Verlustzahl Z, abhängig von Kühllufttemperatur und Oberflächentemperatur des Fleisches [19].

Diese Werte würden einen zu niederen Kältebedarf ergeben, da berücksichtigt werden muß, daß bei der hohen Temperatur des frisch geschlachteten Fleisches oder der frisch geernteten Früchte der Partialdruck des Wasserdampfes an der Warenoberfläche höher ist als in der umgebenden Luft. Es findet somit auch bei gesättigter oder gar übersättigter Umgebungsluft eine Verdunstung statt. Es wird während der Abkühlung also nicht nur Wärme, sondern auch Feuchtigkeit an die Raumluft abgegeben. Der Wärmeübergang wird durch den zusätzlichen Stoffübergang verbessert, da zur Wärmeabgabe durch konvektiven Wärmeübergang noch die zusätzliche Wärmeabgabe durch Verdunsten von Wasser kommt. Das Verhältnis der durch Verdunstung übertragenen Wärmemenge zur „trockenen" Wärmemenge wird durch eine Kennziffer angegeben, die als *Verlustzahl Z* bezeichnet wird, da die Feuchtigkeitsabgabe gleichzeitig einen Gewichtsverlust bedeutet. Ihre Abhängigkeit von der Oberflächentemperatur bei verschiedenen Temperaturen der Kühlluft ist für Fleisch in Bild 9/66 dargestellt [19].

Für das Ermitteln des Kältebedarfs für die Abkühlung ist nur das erste Drittel der Abkühlzeit in dem Bereich der Oberflächentemperatur von + 25 °C bis herab zu + 5 °C wichtig, da hierbei die Spitzenlast auftritt. Für eine sichere Berechnung sollte die Verlustzahl Z für die Korrektur von α_{tr} für eine mittlere Oberflächentemperatur gewählt werden.

Die Wärmeübergangszahl α_f an der feuchten Oberfläche ist dann

$$\alpha_f = (1 + Z) \cdot \alpha_{tr} \qquad\qquad\qquad (9\text{--}30)$$

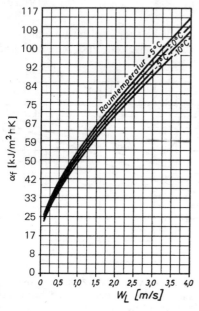

Bild 9/67 α_f bei verschiedener Luftgeschwindigkeit und -temperatur [19].

Bild 9/67 gibt Werte für α_f bei verschiedenen Lufttemperaturen und Luftgeschwindigkeiten. Werte über Abmessungen und Stoffwerte der Tiere gibt die Tafel 9/11.

Tafel 9/11   Abmessungen und Stoffwerte einiger Schlachttiere

	Dim.	Rind	Schwein	Kalb
Tiergewicht	kg	275	85	65
Innereien vom Tiergewicht	%	8,5	5,3	16,3
Tiermasse:				
Länge	cm	265	185	180
Breite	cm	70	40	35
Schinkendicke	cm	23	16	15
Dichte	kg/m³	1 000	950	1 000
Wassergehalt	%	70	45	65
Wärmeleitkoeffizient	kJ/m h K	1,8	1,46	1,71
Gefrierpunkt	°C	−1	−1	−1
spez. Wärmekapazität:				
vor der Erstarrung	kJ/kg K	3,05	2,35	2,95
nach der Erstarrung	kJ/kg K	1,65	1,45	1,7
Erstarrungswärme	kJ/kg	205	165	210

Die Tiergewichte und die Prozentsätze an Innereien sind Durchschnittswerte nach EWG-Norm.

9.4.4.1 Verfahren zur Fleischabkühlung

Da die Fleischwirtschaft für die Ernährung sehr wichtig ist, wurden für verschiedene Kühlverfahren vom Fachausschuß „Fleisch" innerhalb der VDI-Fachgruppe „Lebensmitteltechnik" Richtlinien zusammengestellt [23] (s. auch Kap. 10.2).

Schnellkühlen hat sich gegenüber dem früher üblichen, langsamen Abkühlen als vorteilhaft erwiesen, da die beim Abkühlen unvermeidlichen Gewichtsverluste damit sehr verringert wurden. Das schlachtwarm in den Kühlraum eingebrachte Fleisch wird bei Lufttemperaturen von 0 °C und tiefer und bei anfangs besonders starker Luftumwälzung und hoher relativer Luftfeuchtigkeit von 90 % bis 95 % auf eine Kerntemperatur unter +6 °C abgekühlt. Die Abkühlzeit beträgt bei Schweinehälften und Kleinvieh 8 bis 12 Stunden, bei Großviehhälften oder -vierteln 16 bis 20 Stunden. Der stündliche Luftwechsel, das ist die Ventilatorleistung in m³/h dividiert durch den Rauminhalt in m³, beträgt abhängig von der Raumabmessung und Anordnung der Hängebahn (Lage und Anordnung des Kühlgutes) am Anfang das 80 bis 120fache, am Ende das 40 bis 60fache. Der Gewichtsverlust ist rd. 1,5 % bei Großvieh und 1,2 % bei Kleintieren.

Beim *Schnellstkühlen* wird mit einer Lufttemperatur von anfangs unter −6 °C und starker Luftumwälzung für die Dauer von höchstens 4 Stunden, unter Vermeiden des Gefrierens der Randschicht, begonnen und anschließend die weitere Abkühlung im gleichen oder in einem anderen Raum bei etwa −2 °C bis +2 °C Lufttemperatur sehr schnell bis zu einer Kerntemperatur unter +6 °C fortgeführt. Die Abkühlzeit läßt sich dabei gegenüber der Schnellkühlung weiter verringern. Der Gewichtsverlust sinkt ebenfalls noch auf rd. 1 % bei Rindern und 0,57 % bei Schweinen.

Da die Oberflächentemperatur der abzukühlenden Fläche wesentlich höher ist als die Temperatur der benachbarten Kühlflächen, wird ein Teil der Wärme als Strahlung übertragen. Dieser Effekt kann bei der *Strahlungskühlung* von Fleisch benutzt werden. Dabei hängt das frisch geschlachtete, warme Fleisch berührungsfrei zwischen kalten Kühlplatten oder Rohrschlangen für direkte Verdampfung oder Soledurchfluß. Der Gewichtsverlust ist noch geringer als bei Schnellstkühlung. Eine Kombination von Strahlungskühlung und Umluftkühlung wurde mit Vorteil in der UdSSR angewendet.

Bei der *Tauchkühlung* wird das Fleisch durch Eintauchen in kaltes Wasser (Eiswasser) sehr schnell und ohne Gewichtsverlust abgekühlt. Das Verfahren ist in Geflügelschlachtereien zum Schnellkühlen nach dem Schlachten weit verbreitet.

9.4.4.2 Ausführung von Schnellkühlräumen

Schnellkühlräume werden als Kammern oder Tunnels mit Wand- oder Deckenluftkühlern ausgebildet. Deckenluftkühler sind günstiger als Wandkühler, da sie über der Hängebahn eingebaut werden können, die Wände frei lassen und so eine bessere Ausnutzung der Bodenfläche ergeben. Wandluftkühler dagegen können durch pendelnde Tierkörper beschädigt werden und erfordern einen Mindestabstand zwischen Bahn und Wand von etwa 1,35 m. Bei Deckenkühlern ist man auch mit der Anordnung der Rohrbahnen freizügiger, da der Hauptluftstrom in vertikaler Richtung verläuft. Liegt die Bahn in Strömungsrichtung, dann bilden die Tierkörper Luftleitwände. Liegt sie quer zur Strömungsrichtung, ergeben sich Luftwirbel, da die Tiere nicht fluchtend hängen. Diese Wirbel beeinflussen die Wurfweite der Ventilatoren, begünstigen aber das Umspülen des Fleisches mit Kaltluft. Um optimale Strömungszustände zu erreichen, sollte die Blasrichtung immer vom kleinsten Strömungsquerschnitt her bestimmt werden, da damit die Ventilatorleistung und die Energiekosten gering gehalten werden können (Bild 9/68 und 9/69).

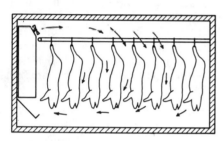

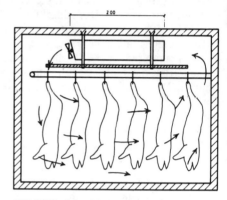

Bild 9/68 Schnellkühlraum mit Wandluftkühler [20].

Bild 9/69 Schnellkühlraum mit Deckenkühlern [20].

Schockkühltunnels für die Schnellstabkühlung werden vielfach mit mechanischen Kettenförderern ausgerüstet, damit Ein- und Austritt des Fleisches auf der gleichen Raumseite liegen. Dabei sollen die Ventilatoren quer zur Bahn blasen, da dann alle Luftkühler gleichmäßig belastet sind (s. Bild 9/70). Berechnet man nämlich die jeweilige Wärmeabgabe der Fleischstücke für verschiedene Zeitabschnitte, so ergibt sich bei Addition der Einzelwerte quer zu den Strängen immer dieselbe Wärmebelastung.

Den Schocktunnels werden *Nachkühlräume* nachgeschaltet, in welchen Lufttemperaturen von $-1\,°C$ bis $+1\,°C$ und hohe Luftfeuchtigkeit herrschen. Die Ventilatorleistung wird soweit reduziert, daß die Luftgeschwindigkeit am Fleisch nicht über 0,2 bis 0,3 m/sec liegt. Dies ergibt einen 80 bis 100fachen Luftwechsel.

Das Nachkühlen auf eine Kerntemperatur von $+4\,°C$ dauert bei Schweinehälften noch rd. 9 Stunden, bei Rinderhälften rd. 12 Stunden.

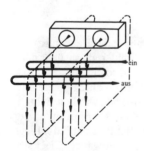

Bild 9/70 Schocktunnel für Fleischkühlung (Prinzip)

9.4.4.3 Vorkühlung nach der Ernte (Obst und Gemüse)

Obst und Gemüse fallen nur während der kurzen Erntezeit, dann aber in großer Menge an. Beides sind besonders empfindliche und leicht verderbliche Vitaminträger, die, im Gegensatz zu Fleisch, nach der Ernte weiter leben, atmen und reifen. Ihre Haltbarkeit kann durch Kühlung wesentlich verlängert werden. Die *Atmungswärme* (Tafel 10/3) ist temperaturabhängig und umso größer, je höher die Umgebungstemperatur ist. Sie beträgt z. B. für Äpfel bei 0 °C bis 920 kJ/t, bei + 15 °C bis 8 000 kJ/t, jeweils in 24 Stunden.

Es ist also notwendig, unmittelbar nach der Ernte eine schnelle Abkühlung von der Ernte- auf die Lagertemperatur durchzuführen. Der kurzfristige Anfall einer großen Warenmenge ergibt einen großen Kältebedarf. Um diesen zu verringern, werden Obst und Gemüse vorzugsweise in den Morgenstunden geerntet.

Um die Größe der Kälteanlage in wirtschaftlichen Grenzen zu halten, ist in kleinen und mittleren Obst-Erzeugerbetrieben eine Abkühldauer von 8 bis 10 Tagen üblich, wobei die Räume in den ersten 3 bis 4 Tagen beschickt werden und die Lagertemperatur dann nach 8 bis 10 Tagen ab Beginn der Beschickung erreicht wird. Bei dieser Art der Einlagerung schwanken Lufttemperatur und -feuchte im Raum stark, da am folgenden Tag die mit + 15 bis + 20 °C eingebrachte, neue Ware die Raumtemperatur wieder steigen läßt.

Die Räume werden vor Beginn der Einlagerung auf 0 °C vorgekühlt. Durch die mit + 15 °C bis + 20 °C eingebrachte Ware steigt die Raumtemperatur auf + 5 bis + 10 °C. Die Temperaturdifferenz zwischen Raumluft und Kühlgut ist dann 10 K bis + 15 K. Über Nacht darf die Raumtemperatur nicht unter + 4 °C sinken, um kälteempfindliche Ware nicht zu schädigen. Bei Neubeschickung am nächsten Tag hat die eingebrachte Ware zumindest in der äußeren Schicht rd. + 10 °C erreicht. Bei weiterer Beschickung am zweiten Tag steigt die Lufttemperatur dann auf + 10 °C und darüber, so daß nur noch eine Differenz von 10 K oder weniger zwischen Luft und Kühlgut zur Verfügung steht. Die Abkühlung der zweiten Charge geht also langsamer vor sich. Die erste Charge wird erst weiter abgekühlt, wenn die Lufttemperatur wieder gefallen ist. Konstante Temperatur und Feuchte stellen sich erst ein, wenn keine Ware mehr eingelagert wird (s. auch Abschn. 9.4.5).

Der Kältebedarf für die Abkühlung ist aus den Stoffwerten der eingebrachten Warenmenge sowie der Ernte- und Lagertemperatur zu berechnen, wobei Kisten und Paletten zu berücksichtigen sind. Hinzu kommt der Kältebedarf durch Wärmeeinfall von außen, Ventilatorarbeit, Lufterneuerung und das häufige Türöffnen beim Beschicken. Dieser Gesamtkältebedarf über die Einlagerzeit hat eine bestimmte Größe. Die stündlich erforderliche Kälteleistung schwankt stark, da die Kühllast im Verlauf der Abkühlperiode von einem Maximalwert zu Beginn der Abkühlung auf einen Restwert absinkt.

Die Abkühlung der Ware erfolgt nach einer Exponentialfunktion. Die erforderliche Leistung der Kälteanlage kann nicht dadurch ermittelt werden, daß der aus den einzelnen Faktoren ermittelte Gesamtkältebedarf durch die Zahl der Abkühltage und die tägliche Laufzeit des Verdichters dividiert wird. Die so ermittelte Leistung wäre am Anfang der Kühlperiode zu klein und für den anschließenden Lagerbetrieb zu groß. Die Abkühlung würde zu langsam erfolgen und die Lagerdauer durch zu schnelles Nachreifen der Früchte verringert. Nach [22] ist der Verlust bei + 30 °C etwa 10 % je Tag, die Lagerdauer also max. 10 Tage. Bei rd. 4 °C beträgt der Verlust noch 1 % je Tag, die Lagerdauer wird somit 100 Tage. Wird die Frucht langsam innerhalb einiger Tage und nicht sofort in einem Tag auf Lagertemperatur gekühlt, so verringert sich die Lagerzeit um rd. 4 Tage.

9.4.4.4 Vorkühlverfahren für Obst und Gemüse

Um die Abkühlzeit zu verringern und einen günstigen Arbeitsablauf für die Einlagerung zu erreichen, wurden besondere Vorkühlverfahren entwickelt [22].

Die Abkühlung im kalten Luftstrom ist einfach und bietet mit dem *Kühltunnel* (s. Abschn. 9.4.4.2) eine sehr wirksame Lösung. Er ist für Erzeugergroßmärkte gut geeignet. Das in Kisten und auf Paletten befindliche Kühlgut durchläuft den Tunnel auf Rollen von der Annahme direkt in den Kühlraum. Die Luft wird im Querstrom mit hoher Geschwindigkeit, geführt durch die Paletten, umgewälzt, wodurch sich ein günstiger Wärmeübergang ergibt. Die Endtemperatur des Kühlgutes im Lagerraum ist von der Verweilzeit im Tunnel abhängig. Die Luftkühler werden so ausgelegt, daß ihre Oberflächentemperatur über 0 °C liegt, so daß keine Abtauprobleme entstehen und die Kältemaschine durchgehend in Betrieb sein kann.

In kleineren Betrieben wird anstelle des Tunnels ein Vorkühlraum vorgesehen, in dem mit hohem Luftwechsel (25 bis 40fach, bezogen auf den leeren Raum) vorgekühlt wird. Der Vorkühlraum erfordert wegen des zusätzlichen Transportes in den Lagerraum mehr Personal, verbessert aber die Lagerbedingungen im Lagerraum erheblich.

Sehr wirkungsvoll ist wegen des günstigen Wärmeübergangs die Kühlung durch *Kaltwasser*. Die Ware wird entweder in ein Wasserbad getaucht oder sie wird auf einem perforierten Transportband mit Kaltwasser berieselt. Um wirtschaftlich zu arbeiten, kann ein Eisspeicher zur Kältespeicherung vorgesehen werden. Das Wasser muß ständig gefiltert und durch chemische Zusätze hygienisch einwandfrei gehalten werden.

Dieses Verfahren ist besonders in den USA gebräuchlich und dient dort z. B. zum Kühlen von Pfirsichen beim Erzeuger vor dem Versand über weite Entfernungen, um die Kühleinrichtungen des Transportmittels zu entlasten.

Bei der *Verdunstungskühlung im Vakuum* befindet sich das Kühlgut in einem hermetisch geschlossenen Zylinder, der schnell evakuiert werden kann. Durch die Druckabsenkung sinkt der Siedepunkt des Wassers und es erfolgt eine Abkühlung durch Verdunsten. Bei einem Vakuum von $\sim$ 4,6 N/m^2 werden in dem Zylinder 0 °C erreicht. Das Evakuieren erfolgt durch Vakuum- oder Dampfstrahlpumpen. Zweckmäßig wird das Kühlgut vor Einbringen in die Vakuumkammer im Wassernebel befeuchtet. Durch Verdunsten des aufgesprühten Wassers wird der Kühleffekt verbessert und der Feuchtigkeitsverlust der Ware verringert. Dieses Verfahren ist in den USA und Italien zum Kühlen von Spargel, Sellerie, Rosenkohl und Artischocken gebräuchlich.

9.4.5 Kaltlagerung von Obst und Gemüse

Nach der Abkühlung (s. Abschn. 9.4.4.4) folgt die *Kaltlagerung*, wobei die Lagertemperatur, die je nach Art und Sorte zwischen +0,5 °C bis +4 °C liegt, und die rel. Feuchte zwischen 85 % und 96 % möglichst konstant gehalten werden soll.

9.4.5.1 Arten der Lagerung [24]

Für die Langzeitlagerung werden je nach Nutzung und Ausrüstung der Lagerräume unterschieden:

a) Kühlräume mit Zusatzeinrichtung zum Reinigen, Waschen, Befeuchten und Aufbereiten der Luft.

b) Kühlräume mit gasdichtem Wärmeschutz zur Lagerung in einer mit CO_2 angereicherten Atmosphäre.

c) Gasdichte Kühlräume zur Lagerung in einer kontrollierten Atmosphäre, bei welcher die Komponenten Kohlendioxyd (CO_2) und Sauerstoff (O_2) geregelt werden (*CA-Lagerung*).

d) Sogenannte Naturlagerräume mit Frischluftkühlung und zum Teil mit Zusatzeinrichtungen zur Luftbefeuchtung und Luftreinigung.

e) Reiferäume, die besonders zum Auslagern dienen.

An die Kälteanlagen der Kühlräume nach a, b, c und e werden hohe Anforderungen gestellt, da das Lagergut, z. B. Kernobst, einen ihm eigenen Stoffwechselprozeß hat. Es muß dafür ein geeignetes Lagerklima geschaffen und gehalten werden, das bestimmt ist durch Temperatur, Feuchte und Zusammensetzung der Luft im Lagerraum. Diese drei Einflußgrößen müssen automatisch geregelt werden können und zwischen Maximal- und Minimalwerten einstellbar sein, da je nach Obstsorte, Herkunft, Reifegrad und Lagerdauer die optimalen Lagerbedingungen sehr unterschiedlich sein können.

Die Mehrzahl der kleinen und mittleren Erwerbsbetriebe haben nur einen oder zwei größere Lagerräume, die über 3 bis 5 Tage hinweg beschickt und am Ende der Beschickung auf die Lagertemperatur abgekühlt werden. Nach Schließen des Raumes wird die Abkühlgeschwindigkeit durch stufenweise tiefere Einstellung der Temperaturgrenzwerte kontrolliert. Während der Abkühlperiode hat sich ein rd. 25facher Luftwechsel bewährt. Später wird er durch Abschalten von Ventilatoren oder Verwendung von polumschaltbaren Motoren auf das 20fache herabgesetzt. Damit kann auch bei vollem Lagerraum eine gleichmäßige Temperatur- und Feuchtigkeitsverteilung sichergestellt werden. Voraussetzung ist, daß durch geeignete Stapelung der Kisten ein gleichmäßiger Luftumlauf im Raum möglich ist. Unter den Stapeln müssen etwa 150 mm, zur Wand 200 mm und zur Decke 300 bis 500 mm freier Raum sein. Der Temperaturunterschied der Luft innerhalb der Kistenstapel beträgt dann nicht mehr als 1 K.

Die Feuchtigkeit und Zusammensetzung der Raumluft werden über Luftwäscher beeinflußt. Diese saugen unabhängig von der Luftkühlanlage Raumluft an und drücken sie durch einen Wasserschleier oder durch eine mit Wasser berieselte Schicht von Raschigringen aus bakterizidem Material (Kupferspäne oder Zinkblech). Dadurch wird die Luft befeuchtet, Keime und Sporen ausgewaschen und insbesondere CO_2 und flüchtige, die Reife fördernden Aromastoffe absorbiert. Hierzu dienen u. a. die sog. *Scrubber* (s. u.) oder Turmverdampfer (Bild 9/74).

Bei der *CA-Lagerung* wird die Atmungsgeschwindigkeit der Frucht durch Absenken des Sauerstoff- und Erhöhen des CO_2-Gehaltes, der durch die Atmung sowieso entsteht, zusätzlich beeinflußt. Der Kühlraum muß dann gasdicht sein und darf während der Lagerperiode nicht geöffnet werden. Beim Schließen des Raumes enthält die Raumluft 21 % Sauerstoff, der zunächst zum Veratmen zur Verfügung steht. Mit der Lagerdauer sinkt der Sauerstoffgehalt auf etwa 3 % und der Gehalt an CO_2 steigt. Er darf, je nach Sorte, einen bestimmten Maximalgehalt nicht übersteigen. Durch Frischluftzusatz kann ein zu geringer Sauerstoff- und ein zu hoher CO_2-Gehalt verhindert werden. Eine genaue Regelung der CO_2-Konzentration, die auf rd. 3 Vol. % gehalten werden soll, ist mit diesem einfachen Verfahren nicht möglich.

Zur genauen Regelung werden *Scrubber* eingesetzt, die mit einer CO_2-absorbierenden Lösung oder einem CO_2-absorbierenden Feststoff arbeiten. Dabei wird durch den Scrubber Kühlraumluft gesaugt und bei deren Durchtritt durch die absorbierende Lösung oder das Absorbtionsmittel mehr oder weniger CO_2 absorbiert. Durch Regelung der Lösungmenge oder der durchtretenden Luftmenge pendelt sich dann der CO_2-Gehalt im Kühllagerraum auf den gewünschten Wert ein [22].

9.4.5.2 Kältebedarf des Obstkühllagers

Der Gesamtkältebedarf Q_{ges} eines Kühllagers für Obst setzt sich aus folgenden Faktoren zusammen:

Q_1 = *Einstrahlung* von außen

Sie wechselt häufig, da im Verlauf der Lagerperiode je nach Jahreszeit Außentemperaturen zwischen +25 und −15 °C und damit ganz verschiedene Einstrahlungswerte auftreten. Die max. Einstrahlung fällt mit der Einlagerung im Sommer bzw. Herbst zusammen. Der Wärmedämmwert (k-Wert) der Umfassung sollte 1,5 kJ/m²hK nicht übersteigen.

Q_2 = *Ventilatorarbeit*

Sie ist während der Einlagerung am größten, da zum Abkühlen mit höherem Luftwechsel gearbeitet wird.

Q_3 = *Abkühlung der zugeführten Frischluft*

und des Zusatzwassers für etwaige Luftwäscher oder zusätzliche Befeuchtung mit Aerosolgeräten (Wasservernebelung).

Q_4 = *Atmungswärme des Kühlgutes,*

die beim Beschicken des Raumes den höchsten Wert hat und dann absinkt.

Q_5 = *Abkühlung des Lagergutes* einschließlich der Stiegen und Paletten.

Dabei kann für das Lagervolum gerechnet werden:

rd. 250 kg/m³ Kernobst mit c = 3,9 kJ/kgK
rd.   50 kg/m³ Kisten und Paletten mit c = 2,5 kJ/kg

Der maximale Kältebedarf wird bei gleicher täglicher Beschickung am letzten Beschickungstag erreicht.

9.4.5.3 Die Kälteanlage des Obstkühllagers

Die Mehrzahl der Obstkühllager bei den Erzeugerbetrieben haben nach dem Auslagern der Ware im Frühjahr Standzeiten von 2 bis 5 Monaten. Sie werden im Sommer nur kurzfristig eingesetzt, um die Schwemme von Steinobst, Beerenobst und Gemüse aufzufangen und deren Vermarktung zu strecken. Die Kälteanlagen müssen den hohen Kältebedarf bei der Einlagerung decken und nach Erreichen der Lagertemperatur mit kleiner Belastung ein optimales Lagerklima halten. Die Kälteanlagen werden deshalb

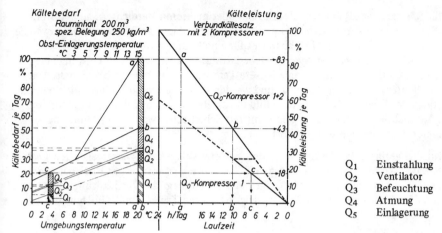

Bild 9/71 Kältebedarf eines Obstlagers von 200 m³ Inhalt, abhängig von Umgebungs- und Obsteinlagerungstemperatur, sowie die Laufzeit der Kältemaschine bei Betrieb von ein bzw. zwei Verdichtern.

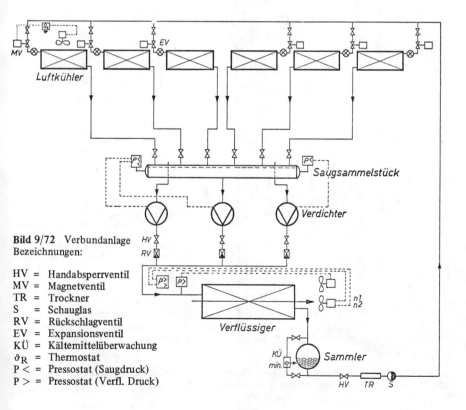

Bild 9/72 Verbundanlage
Bezeichnungen:

HV = Handabsperrventil
MV = Magnetventil
TR = Trockner
S = Schauglas
RV = Rückschlagventil
EV = Expansionsventil
KÜ = Kältemittelüberwachung
ϑ_R = Thermostat
P < = Pressostat (Saugdruck)
P > = Pressostat (Verfl. Druck)

für Räume über 200 m³ Inhalt mit zwei oder mehreren Verdichtern ausgerüstet.
Bild 9/71 zeigt den Kältebedarf eines Obstlagerraumes von 200 m³ Inhalt sowie die
Leistung der Kältemaschine, ausgelegt für eine Laufzeit von 20 h und aufgeteilt auf
2 Verdichter, um bei geringem Kältebedarf durch Abschalten von Leistung eine
längere Laufzeit und damit eine bessere Temperaturkonstanz zu bekommen. Die
Verdichter arbeiten im *Verbund* und werden durch verschieden eingestellte Thermostate oder Pressostate geschaltet (Bild 9/72). Bei größeren Anlagen mit mehr als
2 Verdichtern erfolgt die Regelung mittels Schrittschaltwerk und Kontaktmano-
meter oder Spezialpressostat als Impulsgeber.

Nur bei geringen Wasserkosten werden größere Anlagen mit wassergekühlten *Verflüs-*
sigern ausgerüstet. Heute überwiegen luftgekühlte Verflüssiger mit Radiallüftern. Da
sie fast nur im Herbst und Winter im Einsatz sind, liegt die Verflüssigungstemperatur
und damit der Energieverbrauch niedrig. An kalten Tagen muß Kühlfläche des Ver-

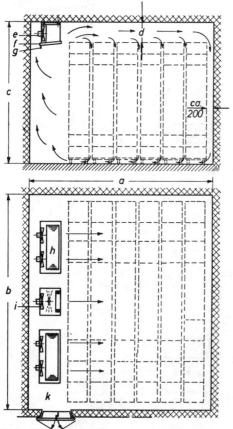

a: b = 1 : 1
a   max. 10 bis 12 m (durch Wurfweite des
    Ventilators begrenzt)
c   max. 6 m (durch Standsicherheit des
    Stapels begrenzt)
d   Mindestabstand zwischen Decke und
    Stapelhöhe entsprechend Verdampfer-
    bauhöhe
e   Ventilator
f   Tropfrinne
g   Tau- und Sprühwasserablauf
h   Decken-Wand-Verdampfer
i   Luftwasch- und Befeuchtungsgerät
k   Beschickungs- und Kontrollgang

Bild 9/73   Obstlager-Kühlraum mit Decken-Wandverdampfer und Luftwasch-Befeuchtungs-
gerät für langfristige Kistenlagerung auf bodenfreien Paletten.

flüssigers abgeschaltet werden, damit ein ausreichender Verflüssigungsdruck aufgebaut wird (s. Kap. 6.2.4). Die warme Abluft der Verflüssiger kann zum Temperieren von Arbeitsräumen verwendet werden. Bei Abschalten von Verdichtern ist für die Restkälteleistung eine größere Kühlfläche verfügbar, wodurch der Energieverbrauch weiter sinkt.

Verdampfer werden für eine kleine Temperaturdifferenz von 5 K bis 7 K zwischen Raum- und Verdampfungstemperatur ausgelegt, um eine hohe Luftfeuchtigkeit halten zu können. Auch hier bringt die Verbundanlage Vorteile. Bei wenig Kältebedarf ist für eine kleinere Maschinenleistung eine relativ größere Verdampferfläche wirksam.

Die Bauart Decken-Wand-Verdampfer hat sich bewährt, da sie günstige Stapelung zuläßt. Bild 9/73 zeigt im Prinzip die Anordnung der Verdampfer- und Luftbefeuchter Für quadratische Räume hat sich auch der freistehende Turmverdampfer bewährt. Er vereinigt Verdampfer, Ventilator und Luftwäscher in einem Gehäuse. Teilweise wird er zusätzlich mit UV-Strahlern zum Entkeimen der Umluft ausgerüstet. Für das Be- und Entladen des Raumes mit Gabelstapler ist der Turm ungünstig (Bild 9/74).

Abtauen der Luftkühler ist während der Abkühlperiode nicht erforderlich, da die Kühlflächentemperatur mit Sicherheit über 0 °C liegt und ausgeschiedenes Wasser abläuft. Bei Lagertemperaturen unter + 4 °C ist ein zwangsläufiges Abtauen notwendig (s. Abschn. 9.3.3). Da bei der Lagerung von Obst und Gemüse die Raumluft meist sowieso befeuchtet wird, bietet sich ein Abtauen durch Berieseln mit Wasser an. Ist das Verlegen der Abtauwasser-Leitungen aufwendig und das zusätzliche Wasser knapp und teuer, so ist auch elektrisches Abtauen gebräuchlich. Die Abtauperiode wird auf die Nacht oder den Morgen gelegt, da die Verdichter in der kühleren Tageszeit längere Standzeiten haben.

Bild 9/74 Obstlagerraum mit Turmverdampfer

9.4.5.4 Kühlung von Blumen

Schnittblumen, eine sehr empfindliche Ware, können durch Kaltlagerung eine begrenzte Zeit frisch gehalten werden. Der Erfolg der Lagerung wird stark von den Wachstumsbedingungen (Boden, Klima), dem Reifezustand und der Tageszeit des Schneidens beeinflußt. Günstig ist das Schneiden früh am Morgen. Die Lagertemperatur ist je nach Blumenart sehr verschieden. Sie liegt zwischen 0 °C und 13 °C. Die relative Luftfeuchtigkeit soll 85 bis 90 % betragen. Eine sauerstoffarme und mit Kohlendioxyd angereicherte Luft senkt den Stoffwechsel. Deshalb werden Schnittblumen gern in dichter Verpackung, aber ohne Zugabe von Wasser gelagert. Allgemein ist die Aufbewahrung stehend, die Stengel in Wasser. Üblich ist „Stille Kühlung" mit großer Kühlfläche und sehr geringer Luftumwälzung. Die Lagerdauer bei + 1 °C bis + 3 °C und 85/90 % relativer Luftfeuchte beträgt z. B.

für Veilchen und Rosen   ca. 5 bis 14 Tage
für Nelken und Chrysanthemen   ca. 20 bis 40 Tage.

Der Kältebedarf beträgt   rd. 3000 kJ/h bei + 1 bis + 3 °C
                             rd. 2200 kJ/h bei + 6 bis + 8 °C.

9.4.6 Fischkühlung

Fisch wird in Küstennähe mit *Fischkuttern* (Küstenfischerei), überwiegend auf hoher See und weit vom Heimathafen entfernt mit Fischdampfern (*Trawlern*) gefangen (Hochseefischerei).

Die *Küstenfischer* verwenden Schlepp- oder Standnetze, welche morgens eingeholt werden. Der Fang wird sofort an Bord oder an Land geschlachtet und noch morgens zur Fischauktion gebracht.

Bei der *Hochseefischerei* fahren die *Trawler* in die z. T. weit entfernten Fanggebiete. Gefangen wird mit großen Schleppnetzen, die mit Inhalt an Bord gehievt werden, wo die Fische sortiert, geschlachtet und ausgeweidet werden. Der Fisch muß schnell abgekühlt und kühl gelagert werden, damit er die natürliche Frische, den Saftgehalt und die feste Struktur behält.

9.4.6.1 Beeisen auf dem Trawler

Frischer Fisch kann bis zu 12 Tagen lagern, wenn er sofort nach dem Fang abgekühlt und die ganze Zeit bei einer Temperatur von 0 bis +2 °C gehalten wird. Er wird deshalb auf dem Trawler sofort nach dem Schlachten zusammen mit Eis in Kisten gepackt, das entweder in Eisbunkern vom Heimathafen her mitgeführt oder mit einer Scherbeneismaschine (s. Abschn. 9.2.6.2) an Bord erzeugt wird. Bei gut wärmegedämmtem Lagerraum werden für eine zehntägige Lagerung auf 150 kg Fisch rd. 100 kg Eis benötigt.

Heute werden die Trawler mit maschinell gekühlten Lagerräumen ausgerüstet. Die Raumtemperatur darf nicht unter 0 °C absinken, damit das Eis in den Fischkisten nicht zusammenbackt. Das Eis kühlt den Fisch und die Kältemaschine deckt den durch Einstrahlung entstehenden Kältebedarf. Auf diese Weise bleibt der Fisch feucht frisch, es wird Eis gespart und es genügt eine kleine Kältemaschine. Die Räume fahre mit *stiller Kühlung*, d. h. mit Berohrung an Wänden und Decke, wobei der Bereich de

Ladeluke frei bleibt. Damit Frischfisch beim Verbraucher im Binnenland in guter Qualität verfügbar ist, darf die Rückreise aus dem Fanggebiet nicht länger als 8 Tage dauern, damit für die Vermarktung, Transport zum Zielort und Verkauf noch genügend Zeit bleibt.

9.4.6.2 Vermarktung und Transport

Der von Küstenfischern angelandete Fisch wird meist sofort verkauft und verarbeitet. Sofern er zum Fischmarkt geht, wird er vor dem Verkauf beeist.

Der von den Trawlern angelandete Fisch, der schon sortiert und beeist ist, geht sofort zum Fischmarkt, dem ein Kühlhaus und vielfach Verarbeitungsbetriebe angeschlossen sind, und kommt zur Versteigerung. Nicht versteigerte Posten kommen in das Kühlhaus und werden in besondere Kühlräume für frischen Fisch bis zur weiteren Verwendung kurzzeitig eingelagert. Diese werden auf $0°$ bis $+1°C$ gehalten, wobei Umluftkühlung mit Wand- oder Deckenkühlern üblich ist. Durch polumschaltbare Motore oder Aufteilung auf mehrere Ventilatoren kann die Luftleistung geregelt werden. Die volle Luftleistung wird zum schnellen Abkühlen von warm eingebrachter Ware benötigt. Wenn die Lagertemperatur von 0 bis $+1°C$ erreicht ist, wird die Luftleistung vermindert, um die Kälteleistung dem verringerten Kältebedarf anzupassen.

Der Transport von Frischfisch ins Binnenland erfolgt mit Eilgüterzügen in maschinell oder eisgekühlten Kühlwagen bei 0 bis $1°C$, wobei der Fisch selbst, genau wie auf dem Trawler, beeist ist. Auch in den Fischgeschäften wird Frischfisch beeist angeboten (s. Abschn. 9.7.1).

Ist die Zeitdauer vom Fang bis zum Verbrauch länger als 8 bis 10 Tage oder ist die schnelle Vermarktung nicht möglich, so muß der Fisch für eine längere Lagerzeit gefroren werden (s. Abschn. 9.5).

9.4.7 Kühl- und Tiefkühlmöbel für den Verkauf

Verderbliche Lebensmittel, frisch oder gefroren, sollen den Verbraucher im Zustand der Entnahme aus dem Kühl- oder Gefrierlagerraum erreichen, was durch die Kühl- bzw. Tiefkühlkette möglich wird. D. h., die gekühlte Ware wird dem Kühllager entnommen, im auf Lagertemperatur gekühlten Fahrzeug zum Verteiler transportiert, dort bei gleicher Temperatur im Kühlraum zwischengelagert und dann im Laden ebenfalls im auf Lagertemperatur gehaltenen *Kühlmöbel* zum Verkauf angeboten. Das gleiche gilt für gefrorene Ware (s. Kap. 10.3.1).

In Kühlmöbeln soll die Ware offen, aber trotzdem gekühlt angeboten werden. Es sind also „Kühlräume", die nach vorn oder nach oben offen sind, aber trotzdem die erforderliche Temperatur halten sollen und darum besondere kühltechnische Lösungen erfordern.

9.4.7.1 Aufbau der Kühlmöbel

Das Möbel besteht aus einem Korpus, heute überwiegend aus Stahlblech – Sandwich-Platten mit eingeschäumtem Wärmedämmschutz (PU-Schaum, s. Kap. 8.2.1.2), dessen Dicke sich nach der Betriebstemperatur richtet. Für den Temperaturbereich 0 bis $+8°C$ sind es rd. 5 cm, für $-20°C$ rd. 7 cm. Die Außenbleche werden mit Kunststoff, Einbrennlack oder Emaille geschützt, die Innenverkleidung verzinkt. Die Sandwich-Bauweise ist selbsttragend und vermeidet Wärmebrücken. Regale haben einen Rahmen aus Profilstahl. Die eingebaute Kühleinrichtung besteht aus dem Verdampfer mit Tropfwanne und Regeleinrichtung und, je nach Kühlart, Umluftventilatoren und Abtauheizung. Wichtig ist ein ausreichend bemessener Tauwasserabfluß, entweder mit großer Tropfwasserschale oder festem Abwasseranschluß mit Syphon, der ein Ausströmen der Kaltluft verhindert.

9.4.7.2 Kühlarten und Temperaturbereiche

Die Kühlmöbel werden nach der Kühlart

stille Kühlung ohne Ventilator
Umluftkühlung mit Ventilator
Umluftkühlung mit Luftschleier und Ventilator

sowie nach dem Temperaturbereich

„Plus"-Möbel für Frischfleisch, Obst und Gemüse, Molkereiprodukte und Getränke
„Minus"-Möbel für Tiefkühlkost und Eiskrem unterschieden (Tafel 9/12)

Tafel 9/12 Nutz- und Verdampfungstemperatur in Verkaufskühlmöbeln

Möbelart	Temp. im Möbel	Verdampfungstemperatur
Plusmöbel	0 bis + 2 °C	− 10 °C
	+ 2 bis + 4 °C	− 7 °C
	+ 4 bis + 6 °C	− 5 °C
	+ 10 bis + 12 °C	0 °C
Minusmöbel	− 18 bis − 20 °C	− 30 °C
	− 21 bis − 23 °C	− 35 °C

Das Prinzip der stillen Kühlung wird bei einfachen Möbeln angewendet, vorzugsweise bei kleinen Bedienungstheken und Regalen. Ein Lamellenverdampfer wird so eingebaut, daß durch Schwerkraft eine Luftströmung entsteht.

Bei kleinen Tiefkühltruhen (Bild 9/75) ist der Truhenbehälter als Verdampfer (außen aufgelötete Rohre oder eingepreßte Kanäle) ausgebildet. Zusätzlich werden Lamellenverdampfer, an denen die einfallende Warmluft ihre Feuchtigkeit abgibt, vorgesehen,

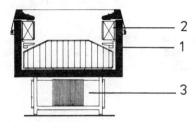

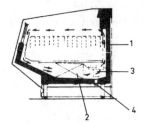

Bild 9/75 Tiefkühltruhe mit stiller Kühlung
1 Truhenkörper
2 Seitenverdampfer
3 Kältesatz, luftgekühlt

Bild 9/76 Kühltruhe mit Umluftkühlung
1 Truhenkörper
2 Verdampfer
3 Ventilator
4 Tauwasserablauf

so daß die Truhenwandung nur noch schwach bereift. Die Lamellenverdampfer auf beiden Seiten können wechselweise abgetaut werden. Die Kühlung erfolgt einesteils durch direkte Übertragung von der kalten Wand an die Ware, zum anderen durch die Luftströmung, die durch die oberen Verdampfer erzeugt wird.

Das Prinzip der *Umluftkühlung* zeigt Bild 9/76. Der Verdampfer ist am Boden in einer Tropfwasserwanne angeordnet. Die Kaltluft wird zwangsläufig durch einen Ventilator gefördert. Durch eine eingebaute Elektroheizung kann der Verdampfer mittels einer Schaltuhr abgetaut werden.

Offene Kühlmöbel, besonders Kühlregale, werden in Supermärkten sehr stark beansprucht. Ihre Bauart läßt zwar eine gute Präsentation der dargebotenen Ware zu, aber der interne Luftumlauf der Möbel wird durch den Publikumsverkehr beeinträchtigt. Einen ungünstigen Einfluß kann auch die Lüftungsanlage des Gebäudes oder die durch Treppenaufgänge entstehende Zugluft bringen. Um diese Einflüsse einzuschränken, wurden Möbel mit einem *Luftschleier* vor der offenen, gekühlten Fläche entwickelt (Bild 9/77). Die Luftrichtung ist durch Pfeile angedeutet. Der vorgelagerte Luftschleier schirmt das Innere des Möbels gegen die Umgebungsluft ab.

Eine noch wirksamere Konstruktion für Tiefkühlregale mit Umluft zeigt Bild 9/78. Hierbei wird dem Kaltluftschleier ein zusätzlicher Luftschleier aus ungekühlter Raumluft vorgelagert. Die Mischung der kalten Innenluft mit warmer Raumluft wird damit stark verringert und die Luftzirkulation im Möbel stabilisiert.

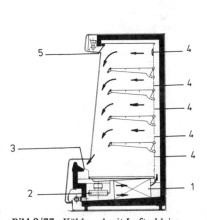 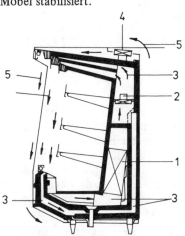

Bild 9/77 Kühlregal mit Luftschleier
1 Verdampfer
2 Ventilator
3 Lufteintrittsgitter
4 Luftaustrittsgitter
5 Austritt für Luftschleier

Bild 9/78 Tiefkühlregal mit Doppelluftschleier
1 Verdampfer
2 Kaltluftventilator
3 Kaltluftstrom
4 Umluftventilator
5 Raumluftschleier

9.4.7.3 Kältebedarf der Kühlmöbel

Auf ein in einem Supermarkt aufgestelltes Kühlmöbel wirken folgende Faktoren ein:
a) Umgebungstemperatur – ist konstant und mit rd. +25 °C anzunehmen

b) Publikumsverkehr – verursacht Luftbewegung und Luftaustausch zwischen Raum und Möbel
c) Umluft der Klimaanlage – der gleiche Einfluß wie vor
d) Zugluft – der gleiche Einfluß wie vor
e) Beleuchtung im Raum – bringt Wärmestrahlung in das Möbel
f) Beleuchtung des Möbels – der gleiche Einfluß wie vor
g) Abtauperioden – bringen Heizleistung in das Möbel
h) Motorleistung der Lüfter – wie vor
i) Nachkühlung der Ware – sollte entfallen, da nur gekühlte Ware eingelegt werden darf

Zu erfassen ist der Einfluß von a, sowie f bis i. Nicht zu erfassen sind b, c und d. Geschätzt werden kann e.

Um die Kältemaschinen für die Kühlmöbel wirtschaftlich und ausreichend auslegen zu können, ist man auf Erfahrungs- und Versuchswerte über den Kältebedarf angewiesen, die dann jeweils auf 1 m Möbellänge bezogen werden (Tafel 9/13).

Tafel 9/13 Kältebedarf von Kühlmöbeln bezogen auf 1 m Baulänge

Möbelart	Temperatur °C	Kältebedarf kJ/mh
Bedienungstheke	+ 4 bis + 6	1050
SB-Theke	+ 4 bis + 6	1250
Kühlinsel	0 bis + 2	1250
Umluftkühlregal	0 bis + 2	3350
Luftschleierregal	0 bis + 2	5000 bis 6300
Tiefkühlinsel	−18 bis − 20	1700
Tiefkühlregal	−18 bis − 20	5800 bis 6300

9.4.7.4 Maschinenanlagen für Kühlmöbel

Kleine Kühlmöbel werden steckerfertig, voll betriebsfähig geliefert und erfordern keinerlei kältetechnische Montage am Verwendungsort. Zur Kälteerzeugung dient ein hermetischer Motorverdichter mit einem Sicherheitskältemittel (R 12, R 22, s. Kap. 2.3) mit luftgekühltem, ventilatorbelüftetem Verflüssiger. Die Regelung des Kältekreislaufes erfolgt durch eine Kapillare bei den kleinen und durch thermostatische Expansionsventile bei den größeren Möbeln. Für die Temperaturregelung wird ein Pressostat oder Thermostat verwendet (s. Kap. 6.2.2).

Für SB-Märkte werden größere Möbel mit getrennter Kältemaschine eingesetzt. Die Möbel werden im Laden fest installiert, die Tauwasseranschlüsse fest verlegt und an die Kanalisation angeschlossen. Der besseren Wartung wegen werden die Kältemaschinen nach Möglichkeit in einem gemeinsamen Maschinenraum zusammengefaßt. Je nach Größe der Verkaufsfläche haben sich bestimmte Lösungen für die Kältemaschinenanlage herausgebildet:

SB-Märkte bis 200 m² Grundfläche haben rd. 5 Kühlstellen mit einer Gesamtkälteleistung bis zu 65000 kJ/h. Jede Kühlstelle hat einen eigenen Kältekreislauf. Für die ausreichende Belüftung des Maschinenraumes wird ein besonderer Abluftventilator erforderlich. Die luftgekühlten Verflüssiger können zu einem Zentralverflüssiger zusammengefaßt werden, der in so viel Segmente unterteilt ist, wie Kreisläufe vorhanden sind. Die Trennung der Kältekreisläufe bleibt also erhalten. Der Zentralver-flüssiger wird durch einen oder mehrere Radiallüfter beaufschlagt, die für zusätzliche Pressung ausgelegt werden können, damit die Abluft über Kanäle an eine geeignete Ausblasstelle geleitet oder im Winter zum Temperieren von Arbeitsräumen genutzt werden kann (Wärmepumpen-Schaltung)

Große SB-Märkte über 1000 m² Grundfläche haben Kälteleistungen bis etwa 160 000 kJ/h im Plusbereich und etwa 70 000 kJ/h im „Tiefkühlbereich". Es gibt eine Vielzahl von Möbeln, Maschinen und Kältekreisläufen. Hier ist ein gruppenweises Zusammenfassen von wassergekühlten Verdichtersätzen in Maschinengestellen üblich, wobei zur Platzersparnis bis zu 3 Maschinen übereinander aufgestellt werden (Bild 9/79). Um Wasser zu sparen, erfolgt die Wasserversorgung über ein Rückkühlwerk (s. Kap. 4.5).

Bild 9/79 Maschinengruppe in einem Supermarkt (Werkbild *BBC-YORK*)

Die Aufteilung auf viele Verdichtersätze erhöht die Betriebssicherheit, jedoch nicht die gegenseitige Reservehaltung.

Hierzu eignen sich die sog. *Verbundanlagen*, bei welchen ein Kältekreis für die „Plus-möbel" und ein zweiter, getrennter Kältekreis für die „Tieftemperaturmöbel" installiert wird (s. Bild 9/80). Die gesamte Kälteleistung wird dann auf 3 bis 4 möglichst gleiche Verdichter aufgeteilt, mit einem gemeinsamen, meist luftgekühlten Verflüssiger, der aber in je ein System für den Plus- und den Tieftemperaturbereich geteilt ist. Jeder Kältekreis hat eine Sammelflasche, die jeweils die gesamte Kälte-mittelfüllung aufnehmen kann. Jede Möbelgruppe wird dann über je eine gemein-same Flüssigkeitsleitung mit Kältemittel versorgt. Je nach Temperatur sind sie an die Saugleitung der Plus- oder Tieftemperaturverdichter angeschlossen. Jede zusammenhängende Möbelgruppe wird über Thermostat und Magnetventil und jedes Einzelmöbel der Gruppe mit thermostatischem Expansionsventil geregelt. Einzelne Abschnitte der Gruppen können unabhängig voneinander abgetaut und anschließend mit der großen verfügbaren Verdichterleistung wieder abgekühlt werden.

Die ganze Maschinengruppe wird als vormontierte Einheit zur Baustelle gebracht (Bild 9/81).

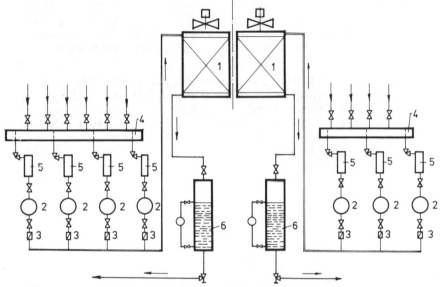

Bild 9/80 Kältekreislauf einer Verbundanlage mit Zentralverflüssiger

1 Zentralverflüssiger   4 Saugsammelstück
2 Halbherm. Motorverdichter   5 Saugleitungsfilter
3 Rückschlagventile   6 Flüssigkeitsvorlage mit Alarmvorrichtung

Bild 9/81 Vormontierte Verbundanlage für einen Supermarkt (Werkbild *BBC-YORK*)

9.4.8. Kühlgeräte beim Verbraucher

Wenn erhebliche Investitionen gemacht werden, um verderbliche Ware möglichst frisch zum Verkauf zu bringen, so ist es auch notwendig, daß beim Verbraucher selbst die Möglichkeit zur Frischhaltung besteht.

9.4.8.1 Der Kühlschrank

Der Kühlschrank ist das letzte Glied in der Kühlkette. Für frische Lebensmittel soll die Lagerzeit nur noch wenige Tage betragen.

Die Lagerbedingungen sind für diese Aufgabe mit + 4 bis + 5 °C und einer Luftfeuchte von 70 % bis 80 % ausreichend. Innerhalb des gekühlten Raumes ergeben sich je nach Bauart des Verdampfers und Größe des Raumes Temperaturunterschiede von 2 bis 5 K, welche durch geschickte Raumeinteilung für bestimmte Lebensmittel zur Verbesserung ihrer Lagerbedingungen ausgenutzt werden können. Z. B. ist das Butterfach in der Tür vom Kühlraum durch eine Klappe abgeteilt und hat deshalb eine um einige K höhere Temperatur. Die Gemüseschale ist als Feuchtraumbehälter abgeteilt. Da das Gemüse Feuchtigkeit abgibt und der Luftraum in der Schale klein ist, sättigt sich die Luft darin schnell bis zu einer Luftfeuchte von 85 % bis 95 %, so daß das Gemüse weniger austrocknet.

Da im Kühlschrank gleichzeitig verschiedene Lebensmittel aufbewahrt werden, sollen z.B. Käse und Fisch verschlossen werden, damit sie die anderen Lebensmittel nicht beeinflussen.

Kühlschränke bis zu einem Inhalt von rd. 250 l gelten als *Haushaltkühlschränke,* die wiederum bis rd. 140 l Inhalt als sog. „Tischkühlschränke" mit einer Arbeitsplatte als Abdeckung gebaut werden, darüber als „Normalkühlschränke". Die letzteren sind aber für viele Küchen schon zu groß.

Der 4-Personenhaushalt benötigt bei uns ein Kühlschrankvolumen von rd. 160 l, während man in den USA mit 300 l rechnet.

Der *Haushaltkühlschrank* besteht heute in der Regel aus einem Sandwich-Gehäuse, außen zumeist Blechelemente, innen eine Kunststoffwanne, beide durch eine eingeschäumte Wärmedämmschicht aus Polyurethan (s. Kap. 8.2.1.2) ohne Wärmebrücken fest miteinander verbunden. Die Kältemaschine mit Motorverdichter wird durch Lötverbindungen hermetisch dicht verschlossen und in das Gehäuse eingeschoben. Der Verdampfer ist als Kühlplatte (*Rollbond*-Verdampfer) oder als mehrseitig gekühlter Kasten (Tiefkühlfach) ausgebildet, im Oberteil des Schrankes eingeschoben und mit einer besonderen Klappe abgeschlossen. Es entsteht so ein Fach mit tieferer Temperatur. Der statisch belüftete Verflüssiger wird zusammen mit dem Motorverdichter an der Rückwand des Schrankes montiert. Er besteht aus einer Rohrschlange, deren Oberfläche durch gestrecktes Blech, Drähte oder Rippen vergrößert ist. Das Kältemittel wird über eine Kapillare in den Verdampfer entspannt. Die Regelung der Temperatur erfolgt durch einen einstellbaren Thermostaten, dessen Fühler meist mit dem Verdampfer verbunden ist. Kleine Schränke unter 100 l Inhalt werden auch mit *Absorptions-Kältemaschinen* nach dem System „Platen-Munters" ausgerüstet, die auch mit Gas oder Flüssiggas beheizt werden können (vgl. Kap. 3.4.4).

Die *Kennzeichnung* der Kühlschränke nach DIN 8950 legt für das Verdampferfach 3 Temperaturstufen, −18 °C, −12 °C und −6 °C fest, welche durch 3, 2 oder 1 Sterne kenntlich gemacht werden. Damit sind Hinweise gegeben, welche Art gefrorener Lebensmittel ohne Qualitätseinbuße über welche Zeit aufbewahrt werden können; einwandfreie Ware und Vorbehandlung sowie richtige Lagerung und Transport (Tiefkühlkette) vorausgesetzt (Tafel 9/14).

Tafel 9/14 Aufbewahrungstemperatur und -zeit im Gefrierfach des Haushaltkühlschrankes nach Empfehlungen verschiedener Institute

Temperatur im Aufbewahrungsort	$\leqq -18\,°C$	$\leqq -12\,°C$	$\leqq -6\,°C$	Verdampfer- fach allg.
Kennzeichnung im Kühlschrank	***	**	*	–
Bundesanstalt für Lebensmittel- frischhaltung	3 Monate	14 Tage	2 – 3 Tage	Keine Empfehlung (s. Bild 10/8)
Empfehlungen des Tiefkühl- institutes	mehrere Monate	bis zu 2 Wochen	einige Tage	

Gewerbliche Betriebe, z.B. Kantinen, Gaststätten u.ä. haben für die kurzfristige Vorratshaltung frischer Lebensmittel größere Kühlschränke mit einem Inhalt bis etwa 2000 l, sog. *Gewerbekühlschränke* (Bild 9/82). Bei ihnen besteht das Außengehäuse aus Stahlblech, das Innengehäuse aus Alu-Blech in „Lebensmittelqualität". Die Wärmedämmschicht ist heute meist, wie bei den Haushaltkühlschränken, eingeschäumt. Zur Kälteerzeugung dient ein hermetischer Motorverdichter mit einem ventilatorbelüfteten Verflüssiger. Der Innenraum wird mit Umluft gekühlt, um im ganzen Schrank eine gleichmäßige Temperatur zu erhalten. Das automatische Abtauen erfolgt mit Umluft (vgl. Abschn. 9.3.3.1), da die Schranktemperatur immer über + 2 °C beträgt.

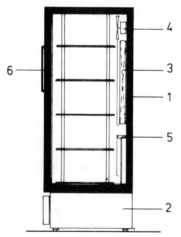

Bild 9/82 Gewerbekühlschrank
1   Schrankgehäuse
2   Kältemaschinenfach
3   Verdampfer
4   Umluftventilator
5   Tauwasserwanne mit Abfluß
6   Tür mit Griff

9.4.8.2 Gefriertruhen und -schränke

Zum Aufbewahren gefrorener Lebensmittel über längere Zeit gibt es *Gefriertruhen* und *-schränke*. Aufbau, Kälteerzeugung und Regelung gleichen derjenigen der Kühlschränke, jedoch sind bei den Gefriergeräten die Innenbehälter als Verdampfer ausgebildet. Es sind allseitig gekühlte Wannen (*Rollbond*-Verdampfer oder Wände und Boden mit außen angehefteten Verdampferschlangen). Bei Schränken und Truhen über 200 l Inhalt sind vielfach noch zusätzliche Verdampferplatten vorgesehen, die vom übrigen Inhalt ein „Gefrierfach" abteilen.

Ausführung und Kälteleistung müssen der DIN 8953 für Gefriergeräte entsprechen. Eine „Sterne-Kennzeichnung" ist nicht notwendig, da die Innentemperatur immer unter $-18\,°C$ liegen muß.

Die Kälteleistung ist so bemessen, daß täglich neben der Lagerung zusätzlich eine bestimmte Warenmenge eingefroren werden kann. Dies wird mit der „Gefrierschaltung" (Dauerlauf der Kältemaschine) erreicht. Die zu gefrierende Ware wird entweder auf eine zusätzliche Gefrierplatte, in das Gefrierfach oder unmittelbar an die kalte Wand gelegt, um durch Kontakt (vgl. Abschn. 9.5.1) ein schnelleres Gefrieren zu erreichen. Gefriertruhen haben einen etwas geringeren Energieverbrauch als -schränke, da beim Öffnen des Deckels die Kaltluft in der Truhe bleibt, während sie beim Schrank während des Türöffnens herausfließt und durch wärmere Raumluft ersetzt wird. Dafür ist beim Schrank die Übersichtlichkeit besser.

Ein Abtauen ist weder beim Gefrierschrank noch bei der -truhe möglich. Wenn die Innenwände und Verdampferplatten zu stark vereist sind, muß zum Abtauen das Gerät entleert und abgeschaltet werden.

9.4.8.3 Kältebedarf von Kühlschränken

Da die Benutzung des Kühlschrankes unterschiedlich und nicht kontrollierbar ist und weder die Zahl des täglichen Türöffnens noch die Temperatur der eingelegten Ware bekannt sind, kann der Kältebedarf nicht errechnet, sondern nur annäherungsweise ermittelt werden. In der Literatur [1] sind folgende Richtwerte, bezogen auf eine Temperaturdifferenz von $20\,°C$ zwischen innen und außen angegeben:

Kühlschrank mit   1000 l Inhalt $Q \approx 840\,kJ/h$
Kühlschrank mit   300 l Inhalt $Q \approx 315\,kJ/h$
Kühlschrank mit   100 l Inhalt $Q \approx 170\,kJ/h$

R. *Plank* nennt für den Kühllastanteil ohne Einstrahlung einen Wert von $315\,kJ/m^3h$.

9.5   Gefrieranlagen und -verfahren

Die Gefrierkonservierung ist ein Verfahren zur Haltbarmachung von Lebensmitteln über lange Zeit (s. Kap. 10.3).

Um für die verschiedenen Lebensmittel optimale Gefrierbedingungen bzw. Gefriergeschwindigkeit, Gefrierzeit und Wirtschaftlichkeit zu erhalten, wurden verschiedene Gefrierverfahren und Gefrierapparate entwickelt, die sich im Energieverbrauch, Platzbedarf und im Arbeitsablauf erheblich unterscheiden.

9.5.1   Kontaktgefrieren

Die direkte Berührung zwischen Gefriergut und einer kalten Fläche ergibt einen guten Wärmeübergang, damit eine kurze Gefrierzeit und eine kleine Temperaturdifferenz zwischen Kältemittel und Gefriergut. Das Verfahren ist wirtschaftlich, da die rel. hoch liegende Verdampfungstemperatur $(-35\,°C)$ einen geringen Energiebedarf und der schnelle Durchsatz einen geringen Platzbedarf verursachen. Das Verfahren ist aber nicht für jede Ware geeignet (s. Kap. 10.3.3)

Das Prinzip des Gefrierens zwischen kalten Platten zeigt Bild 9/83. Die Kontaktplatten bestehen vorwiegend aus Aluminium in „Lebensmittelqualität", damit die Lebensmittel auch ohne Verpackung eingefroren werden können. Sie werden durch direkte Verdampfung des Kältemittels oder mit Sole gekühlt, sind beweglich angeordnet und werden zum Einlegen des Gefriergutes auseinandergefahren. Zum Gefrieren wird das Plattenpaket zusammengefahren und unter einem begrenzten Anpreßdruck gehalten. Die Kälteversorgung geschieht über Schläuche, die kältefest und bei direkter Verdampfung druckfest und beständig gegen das Kältemittel sein müssen. Bei direkter Verdampfung werden meist mehrere Gefrierapparate an eine Kältemittel-Pumpanlage angeschlossen, wodurch ein annähernd kontinuierlicher Betrieb durch wechselseitiges Beschicken möglich wird. Die mittlere Kühlmitteltemperatur ist − 35 °C.

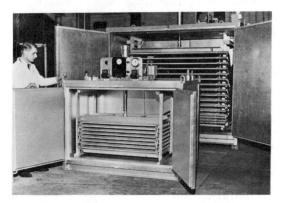

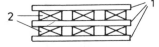

Bild 9/83 Prinzip des Gefrierens zwischen Platten
1 Gefrierplatten
2 Gefriergut

Bild 9/84 Horizontal-Platten-Gefrierapparat

Im *horizontalen Plattenfroster* (Bild 9/84) wird das Gefriergut in Aluminium-Schalen oder verpackt auf Blechen zwischen die geöffneten Platten geschoben. Nach dem Beschicken fährt eine Hydraulik die Platten zusammen, so daß ein guter Kontakt zwischen Platte und Gefriergut entsteht. Dieses kann seine Wärme nach oben und unten gleichzeitig und schnell abgeben. Abstandsklötze zwischen den Platten verhindern ein Zusammendrück und Deformieren der eingelegten Ware. Damit sich durch die Vergrößerung des Volumens beim Gefrieren der Anpreßdruck der Platten auf das Gefriergut nicht erhöht, ist die Hydraulik mit einer Druckregelung ausgerüstet, die den Anpreßdruck begrenzt und konstant hält. Der Apparat ist in ein Gehäuse mit einem guten Wärmeschutz eingebaut, um Einstrahlungsverluste klein zu halten. Er ist besonders zum Einfrieren verpackter Ware mit einer regelmäßigen Form und gleichen Abmessungen, z. B. Spinat, Fischfilet und Fertiggerichte, geeignet.

Der *vertikale Platten-Gefrierapparat* (Bild 9/85) dient vorzugsweise zum Einfrieren von Lebensmitteln, die in großer Menge anfallen und bis zur Weiterverarbeitung ohne Qualitätsverlust zwischengelagert werden müssen, z. B. Beerenobst, Rahm, Fruchtpulpe, Fleischprodukte. Auch ganze Fische werden an Bord in Platten eingefroren.

Dieser Apparat arbeitet mit Kontaktplatten, die senkrecht angeordnet sind. Der Kontakt zwischen Platten und Gefriergut entsteht durch das Eigengewicht der Ware. Die Volumenvergrößerung der Ware beim Gefrieren wird hydraulisch ausgeglichen. Er kann mit Fließband, Rutschen oder Füllmagazinen beschickt und mit darunter gefahrenen Paletten, die hydraulisch angehoben und nach dem Auseinanderfahren der Gefrierplatten und Aufnahme des Gefriergutes wieder abgesenkt werden, automatisch entladen werden. Gefrierschalen oder -bleche und alle damit zusammenhängenden Arbeiten, wie Belegen, Reinigen und Stapeln, können entfallen. Zum Schutz des Gefriergutes können vor dem Beschicken Foliensäcke zwischen die Gefrierplatten gehängt werden.

Unverpackte Ware wird vor dem Entladen kurzzeitig mit Heißgas oder Warmsole angetaut, damit die gefrorenen Blöcke auf die darunter gefahrenen Paletten rutschen oder mit einer Entladevorrichtung seitlich herausgeschoben werden können.

Bild 9/85 Gefrierapparat mit vertikalen Platten

9.5.2 Gefrieren im Luftstrom

Lebensmittel von unregelmäßiger Form oder großer Empfindlichkeit, z.B. Geflügel oder Erdbeeren, können in strömender Luft gefroren werden, wobei für einen guten Wärmeübergang zwischen der Ware und der kalten Luft eine hohe Luftgeschwindigkeit notwendig ist, damit die erforderliche Gefriergeschwindigkeit erreicht wird. Der übliche Wert ist 3 bis 5 m/s an der Ware.

Die als Kälteträger dazwischengeschaltete Luft erfordert eine tiefere Verdampfungstemperatur des Kältemittels (rd. −45 °C), was einen höheren Energiebedarf der Kältemaschine als beim Kontaktgefrieren zur Folge hat. Hinzu kommt noch der Energieverbrauch der Ventilatoren für die Luftumwälzung, welcher bei der großen Luftmenge und der hohen Pressung (rd. 3 bis 3,5 mbar), den beachtlichen Wert von 20 bis 30 % der für das Gefrieren benötigten Kälteleistung erreichen kann. Deshalb bringt auch eine noch höhere Luftgeschwindigkeit als 5 m/s, die zwar die Gefriergeschwindigkeit noch erhöhen würde, keinen Vorteil, da der Energiebedarf der Ventilatoren in der zweiten Potenz ansteigt, wodurch das Verfahren zu unwirtschaftlich würde.

Der entscheidende Vorteil des Gefrierens in Luft ist der einfache Aufbau und der unkomplizierte Betrieb der Gefriereinrichtung. Es kann prinzipiell jeder Kühlraum mit einem geeigneten Wärmedämmschutz durch den Einbau der entsprechenden Kälteanlage zum Gefrieren verwendet werden. Allerdings sind auch für das Gefrieren im Luftstrom verschiedene Gefriereinrichtungen entwickelt worden.

Zum Einfrieren kleiner Mengen, etwa 50 kg/h, sind *Schnellgefrierschränke* und *-zellen* verfügbar. Sie ähneln den Gewerbekühlschränken, haben jedoch einen besseren Wärmedämmschutz, um die Einstrahlungsverluste bei der tiefen Temperatur zu verringern. Die Tür ist mit einer elektrischen Rahmenheizung versehen, damit sie nicht festfriert und der Verdampfer hat einen Ventilator mit hoher Leistung und Pressung, damit die notwendige Luftgeschwindigkeit von rd. 4 m/s an der Ware erreicht wird.

Eine Abtauheizung (s. Abschn. 9.3.3.4) ist notwendig, um den Verdampfer in den kurzen Betriebspausen abtauen zu können. Die Kältemaschine wird je nach Größe des Schrankes eingebaut oder danebengestellt.

Das Gefriergut wird auf Blechen eingeschoben und gefroren, wobei die Bleche Luftkanäle bilden, in denen die Ware liegt und an der die Luft mit großer Geschwindigkeit vorbeistreicht.

Bei höherer Gefrierleistung dienen *Hordenwagen*, die in Gefrierzellen oder -kammern eingeschoben werden und die den Stapel mit Gefrierblechen tragen, zur Verbesserung des Betriebsablaufs. Während eine Charge eingefroren wird, können andere Wagen entleert und neu beladen werden (Bild 9/86).

Mit Hordenwagen kann auch ein Taktgefrieren erreicht werden, indem eine Reihe von Wagen in einen Gefriertunnel hintereinander eingebracht werden. Die Tunnels sind mit einem mechanischen oder hydraulischen Vorschub ausgerüstet, wodurch sich eine *Taktgefrieranlage* ergibt, die am Ende einen Wagen mit durchgefrorener Ware ausstößt, wenn am Anfang ein Wagen mit frischer Ware eingeschoben wird. Es kann kontinuierlich gefroren werden. Einen derartigen *Hordenwagentunnel* zeigt Bild 9/87 schematisch im Schnitt.

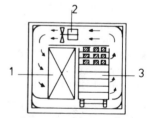

Bild 9/87   Gefriertunnel
mit Hordenwagen
1   Kühlsystem (Verdampfer)
2   Ventilator
3   Hordenwagen mit Gefriergut

Bild 9/86   Gefrieren im Luftstrom mit Hordenwagen (Werkbild *BBC-YORK*)

Die Hordenwagen 3 laufen auf Schienen in der Mitte. Auf einer Seite sind die Verdampfer 1 längs der Wagen angeordnet, und zwar über die ganze Tunnellänge. Um eine günstige Bauform und eine gute Luftführung zu bekommen, befinden sich die Ventilatoren 2 über den Wagen, von diesen durch eine als Luftleitwand dienende Zwischendecke abgeteilt. Die auf den Hordenwagen liegenden Gefrierbleche dienen zur Luftführung und Luftverteilung, damit die auf den Blechen liegende Ware gleichmäßig von der kalten Luft umspült wird. Die Luft strömt quer zu den Wagen über die Ware. Die Zahl und Luftleistung der Ventilatoren ist so ausgelegt, das die Luftgeschwindigkeit von der Beschickungsseite her bis etwa 2/3 Tunnellänge 4 bis 5 m/s beträgt, um ein schockartiges Gefrieren zu erreichen. Im letzten Drittel sind es zum Durchfrieren bis zum Kern nur noch rd. 3 m/s, damit die Austrocknung bei unverpackter Ware gemindert wird. Außerdem wird dadurch an Energie gespart.

Die Bilder 9/88 und 9/89 zeigen *Gefriertunnels* für Gefrierleistungen bis zu 10000 kg/h, wie sie zum Herstellen von Eiskrem, Fertigmenüs, Obst und Gemüse eingesetzt werden. Sie arbeiten kontinuierlich und automatisch. Aufgabe und Entnahme des Gefriergutes liegt auf der gleichen Seite, um das Eingliedern in eine Fließfertigung bei guter Raumausnutzung zu erleichtern. Die Durchlaufzeit des Gefriergutes ist einstellbar und kann der Dicke der Packungen und damit der notwendigen Verweilzeit im Tunnel angepaßt werden. Das Gefriergut liegt auf Paletten, die im Takt durch den Tunnel geschoben werden. Mehrere Lagen Paletten sind übereinander angeordnet. An jedem Tunnelende befindet sich eine Art Paternoster, der die ankommende Palette jeweils in die Lage darüber anhebt bzw. in die untere Lage absenkt.

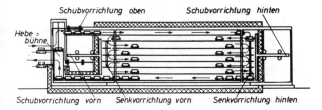

Bild 9/88 Gleitbahn-Gefriertunnel (Werkbild *Linde,* Sürth) [2]

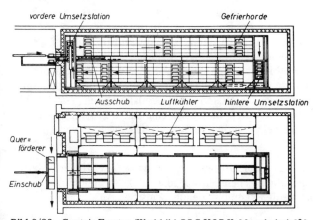

Bild 9/89 Contair-Froster (Werkbild *BBC-YORK,* Mannheim) [2]

Für dünnschichtiges Gut mit kurzer Gefrierzeit werden auch Tunnels mit im Luftstrom laufenden endlosen Bändern aus nichtrostendem Stahldrahtgeflecht eingesetzt.

Kleinstückiges Gut, wie Erbsen, Karottenwürfel, Pommes Frites und Beeren können vorteilhaft im Kaltluftstrom schwebend gefroren werden. Dieses Verfahren heißt „*Wirbelbettverfahren*". Dabei wird das Schüttgut durch die zwischen die Teilchen eingeblasene Luft „flüssig" (Fluidisierungsverfahren) (Bild 9/90). Die Teilchen gefrieren außerordentlich schnell durch, da sie allseitig von Kaltluft hoher Geschwindigkeit umspült werden. Außerdem wird Klumpenbildung vermieden. Der Transport der Teilchen wird durch den gerichteten Luftstrom übernommen, wodurch ein Förderband, mechanischer Vorschub und sonstige störanfällige Einrichtungen entfallen.

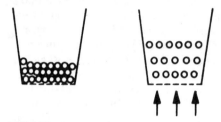

1   Gefriergut in der Ruhelage
2   Gefriergut während des Gefrierprozesses

Bild 9/90   Prinzip des Schnellgefrierens in der Wirbelschicht

9.5.3   Gefrieren in Flüssigkeiten

Der beste Wärmeübergang und damit die höchste Gefriergeschwindigkeit wird durch Eintauchen des Gefriergutes in eine bewegte, kalte Flüssigkeit erreicht. Dieses, dem Kontaktgefrieren ähnliche Verfahren ist besonders für Gefriergut mit unregelmäßiger Form, wie z.B. Geflügel günstig. Hierher gehört auch das älteste bekannte *Gefrierverfahren nach Ottensen*, bei welchem das Gefriergut, überwiegend Fisch oder Geflügel, durch Eintauchen in eine strömende, kalte Kochsalzlösung gefroren wurde. Das Besondere des *Ottensenverfahrens* ist, daß die Salzlösung auf ihrem Gefrierpunkt gehalten wird. In diesem Zustand beeinflußt die Lösung das Gefriergut nicht, da kein Salz ausgeschieden wird [39]. Da die Soletemperatur nur schwer konstant gehalten werden kann, da die Sole sich durch das Eintauchen ungefrorener Ware erwärmt, kommt sie leicht aus dem Gleichgewichtszustand. Dann diffundiert Sole in das Gefriergut. Dieses wird im Geschmack beeinträchtigt. Ausfallendes Wasser friert an den Verdampferrohren an und verschlechtert den Wärmeübergang. Eine Verbesserung der Verhältnisse wird durch einen zehnprozentigen Glyzerinzusatz erzielt, welcher ein Schwanken der Temperatur zwischen -15 und $-17\,°C$ zuläßt. Durch „*Glasieren*", Eintauchen in Wasser nach dem Gefrieren, bildet sich eine dünne Eisschicht, welche das Gefriergut, vor allem Fisch, bei der anschließenden Gefrierlagerung vor Austrocknung schützt.

Auch in Glykollösung wurde schon eingefroren. Das sog. *nasse Gefrieren* erfordert aber ein ständiges Filtern und Überwachen der Sole, die durch Blut und Schleim von der Ware leicht infiziert werden kann und den hygienischen Ansprüchen nicht mehr genügt.

Eine wesentliche Verbesserung brachte das Gefrieren ohne direkte Berührung zwischen Sole und Gefriergut. Dabei werden die Lebensmittel in Metallformen eingelegt, oder in Kunststofffolie eingeschweißt (s. Kap. 10.3.3.3.).

9.5.4 Gefrieren in verdampfenden Gasen

Außer der *sensiblen* Wärme, die in den kalten, sich anwärmenden Flüssigkeiten enthalten ist, kann auch die *latente* Verdampfungswärme von bei tiefen Temperaturen siedenden Flüssigkeiten benützt werden. Diese Stoffe müssen restlos verdampfen und hygienisch zugelassen sein.

In dieser Hinsicht ist das Gefrieren in *verdampfendem Stickstoff* am bekanntesten. Es nutzt den guten Wärmeübergang verdampfender Flüssigkeit und die sehr hohe Temperaturdifferenz zwischen Flüssiggas (Siedepunkt rd. −194 °C) und Gefriergut aus und erreicht außerordentlich kurze Gefrierzeiten von wenigen Minuten. Die schematische Darstellung eines mit flüssigem Stickstoff arbeitenden Gefriertunnels zeigt Bild 9/91.

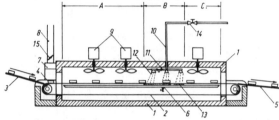

Bild 9/91 Schematische Darstellung eines mit flüssigem Stickstoff arbeitenden Gefriertunnels („Cryogen-Rapid")

A	Vorgefrierzone		7, 8	Absaugrohr mit Absauggebläse
B	Sprühzone		9	Ventilatoren
C	Temperaturausgleichzone		10	Flüssig-Stickstoff-Zuleitung
1	isolierter Tunnel		11	Sprühleitung mit Düsen und Entlastungsventil
2	Förderband		12	flüssiger Stickstoff
3	Zuführung des Gutes		13	gasförmiger Stickstoff
4	Aufgabe des Gutes		14	Ventil
5	Ausgabe des Gutes		15	Regulierung des Absaug-Gasstromes
6	Zwischenboden mit Abflußventil			(Drosselklappe)

Das auf einem Transportband ankommende Gefriergut wird am Tunneleingang auf ein im Tunnel befindliches endloses Stahlband übergeben und in die Vorkühlzone A eingefahren. Dort wird durch Ventilatoren das verdampfte, im Gegenstrom abfließende N_2-Gas umgewälzt und damit das Gut bis zum Gefrierpunkt abgekühlt. Beim Eintritt in die Gefrierzone B wird es mit Stickstoff besprüht, der auf dem Gut verdampft und ihm sehr schnell die Gefrierwärme der äußeren Schichten entzieht. Das verdampfte, noch sehr kalte Stickstoffgas fließt nach vorn zum Vorkühlen und nach hinten zum Nachgefrieren ab. Nach Passieren der Nachgefrierzone C verläßt das nunmehr bis zum Kern durchgefrorene und unterkühlte Gut den Tunnel. Es wird etwa 1 l Flüssig-Stickstoff für 1 kg Ware benötigt. Das Verfahren ist deshalb teuer und nur für sehr hochwertige Gefriergüter einsetzbar.

In den USA ist auch das Gefrieren in *verdampfendem R 12* zugelassen worden. Es darf in der BRD noch nicht angewendet werden, da wegen des direkten Kontaktes der Ware mit R 12 seitens der Lebensmittelhygieniker Bedenken bestehen. Der wesentlichste Unterschied zum Flüssig-Stickstoff-Verfahren ist, daß das R 12 möglichst ohne Verluste im Bad gehalten werden muß, während der Stickstoff in die Luft abströmt. Daher müssen die Zu- und Abgänge für das Gefriergut hochgelegt und möglichst eng gemacht werden (Bild 9/92).

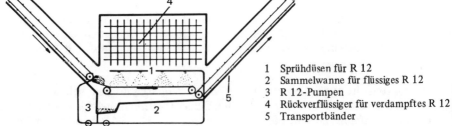

1 Sprühdüsen für R 12
2 Sammelwanne für flüssiges R 12
3 R 12-Pumpen
4 Rückverflüssiger für verdampftes R 12
5 Transportbänder

Bild 9/92 Schematische Darstellung eines Gefriertunnels, der mit R 12 arbeitet

Das Gefriergut wird auf einem Förderband mit flüssigem R 12 besprüht, von dem ein Teil verdampft und dem Gut die zum Gefrieren und Unterkühlen notwendige Wärme entzieht. Der verdampfte Anteil wird in einem über dem Gefrierraum befindlichen Verflüssiger bei −45 °C wieder rückverflüssigt. Bei Stillstand des Tunnels wird das R 12 in einen Vorratsbehälter abgepumpt.

Für die Wirtschaftlichkeit ist es wesentlich, daß die Verluste an R 12 so gering wie möglich sind. Sie werden hauptsächlich durch Heraustransport mit dem Gefriergut verursacht und betragen etwa 1,5 kg R 12/100 kg Gefriergut. Gegenüber den tiefsiedenden Gasen, wie Stickstoff, hat das R 12-Verfahren den Vorteil der höheren Betriebstemperatur. Das Rückverflüssigen beim normalen Siedepunkt von −30 °C ist mit einer üblichen, zweistufigen Kälteanlage möglich. Die Gefriergeschwindigkeit ist ähnlich der beim Kontaktgefrieren zwischen Metallplatten.

9.5.5   Herstellen von Speiseeis

Die Herstellung zeigt drei Hauptvorgänge (s. Kap. 10.3.3.6, Bild 10/17):

Zuerst wird die Mischung hergestellt, *das Eismix,* die homogenisiert, pasteurisiert (Kurzzeiterhitzung auf +68 bis +70 °C), und dann auf +6 bis +7 °C abgekühlt wird. Anschließend folgt das Reifen und weitere Abkühlung auf +3 bis +4 °C.

Im *Freezer* wird die Mischung dann „*Aufgeschlagen"* wobei sie mit Luft vermischt und ihr Volumen um 80 bis 100 % vergrößert wird. Gleichzeitig wird sie auf eine Temperatur von zunächst −5 °C angefroren, wobei rd. 30 % Wasser ausfrieren. Diese vorgefrorene Masse (*Softeis*) wird aus dem Freezer in Portionsbecher oder Packungen abgefüllt und im Gefriertunnel auf eine Kerntemperatur von −18 °C bis −20 °C durchgefroren, „*gehärtet".*

Die Nachhärtung auf −25 °C und die Lagerung erfolgen dann im Gefrierlagerraum bei −25 bis −35 °C. Eine tiefere Temperatur ist unwirtschaftlich [3].

Die Lagertemperatur soll konstant gehalten werden, da sich bei größeren Temperaturschwankungen das feinkristalline Gefüge vergröbert und die Qualität leidet.

Der Kältebedarf bei der Herstellung von Eiskrem kann aus Bild 9/93 abgelesen werden.

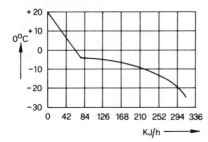

Bild 9/93 Kältebedarf für das Herstellen von Eiskrem [39]

9.5.6 Kältemaschinen für Gefrieranlagen

Da die Verdampfungstemperatur beim Gefrieren sehr tief liegt (-35 bis -45 °C), werden zweistufige Kälteanlagen eingesetzt (vgl. Kap. 3.2.2 und 9.4.2.2), wobei für kleine Leistungen 2stufige, halbhermetische Verdichter (vgl. Kap. 4.1.1) mit dem Kältemittel R 22 zur Anwendung kommen.

Große Gefriertunnel in der Gefrierindustrie werden mit 2stufigen Verbundanlagen betrieben, die für die Hochdruck- und die Niederdruckstufe je einen oder mehrere Verdichter haben. Der Mitteldruck wird bei diesen Anlagen so gewählt, daß die Verdampfungstemperatur der Hochdruckstufe für Vorkühlräume, allgemeine Kühlräume und Eiswasseranlagen richtig bemessen ist (Bild 9/59). In der Niederdruckstufe, in der nur noch ein geringes Druckgefälle, dafür aber, wegen des hohen spezifischen Volumens der Kältemittel bei tiefer Temperatur, ein hoher Förderstrom zu bewältigen ist, werden vielfach *Rotationsverdichter* eingebaut, die für diese Betriebsverhältnisse besonders geeignet und zudem viel preiswerter sind als Kolbenmaschinen mit großem Hubvolumen. Werden nur Gefriertunnel betrieben, also kein Mitteldruckabgriff benötigt, sind auch *Schraubenverdichter* gut geeignet, da mit ihnen hohe Druckverhältnisse zugleich mit großen Förderströmen gefahren werden können (vgl. Kap. 4.1.4.3).

Für große Gefrier- und Eiskremfabriken sind auch direkt befeuerte Absorptions-Kälteanlagen sehr wirtschaftlich (vgl. Bild 9/115), da sie noch einstufig bis -60 °C betrieben werden können.

9.6 Gefriertrocknung [3, 43]

Gefriertrocknen ist ein Verfahren zum Konservieren leichtverderblicher und besonders hochwertiger Produkte, das die Vorteile der Gefrierlagerung und der Konservierung durch Trocknen verbindet.

Normal getrocknete Lebensmittel haben eine geringe Dichte und können bei Raumtemperatur gelagert werden. Nachteilig ist der Verlust an Nährwert und Aussehen. Gefrorene Lebensmittel behalten einen hohen Nährwert und ein gutes Aussehen, müssen aber nach dem Einfrieren bei tiefer Temperatur aufbewahrt werden. Die Tiefkühlkette ist notwendig und teuer. Gefriergetrocknete Waren erhalten bei Gebrauch das ursprüngliche Aussehen und Aroma zurück, können aber normal gelagert werden.

9.6.1 Wirkungsweise der Gefriertrocknung

Das Wesentliche beim Gefriertrocknen besteht im Entzug von etwa 98 % des Wassergehaltes durch Sublimation aus der Eisphase. Die vorbereitete Rohware wird zunächst schnell auf -15 bis -20 °C gefroren und dann einem hohen Vakuum ausgesetzt. Dadurch sublimiert das in der Ware in Form von Eis enthaltene Wasser heraus (s. Kap. 1.5.3). Der Dampf wird an einer tiefgekühlten Platte, *dem Kondensator*, bei -40 bis -60 °C als Reif ausgefroren. Gefriertrocknung wird deshalb auch *Sublimationstrocknung* genannt.

Auf diese Weise wird die ursprüngliche, durch das Gefrieren fixierte Struktur der Ware voll erhalten. Bei späterer Zugabe des entzogenen Wassers entsteht wieder das ursprüngliche Produkt.

Während des Trocknungsvorganges muß der Ware ständig die *Sublimationswärme* zugeführt werden, jedoch bei tiefer Temperatur, um ein Antauen zu verhindern. Sie beträgt bei Eis etwa 2930 kJ/kg, ist also recht erheblich, weshalb dauernd die Gefahr der Überwärmung besteht. Die Wärmezufuhr geschieht z. B. über beheizte Platten, auf welche die Ware aufgelegt wird oder durch Aufheizen mit Infrarotstrahlen oder im hochfrequenten Feld. Der Prozeß durchläuft zwei Abschnitte, die Sublimation und das Nachtrocknen. Nach der Sublimationstrocknung sind noch etwa 10 % „gebundenes" Wasser, das nicht ausgefroren werden kann, in der Ware enthalten. Dieses Restwasser wird noch bis auf rd. 2 % durch das Nachtrocknen entfernt, wobei die Temperatur, je nach Art und Empfindlichkeit der Ware, auf +30 bis +60 °C gesteigert wird [43].

Den schematischen Aufbau einer Gefriertrocknungsanlage zeigt Bild 9/94.

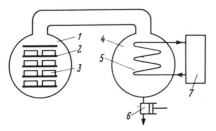

1 Vakuum-Trockenkammer
2 Heizplatten
3 Gefrorene Lebensmittel
4 Kondensator
5 Kühlrohre des Kondensators = Verdampfer der Kälteanlage
6 Vakuumpumpe
7 Kälteanlage

Bild 9/94 Prinzipieller Aufbau einer Gefriertrocknungsanlage [3]

Das ganze System muß während des Trocknungsvorganges ständig unter einem Vakuum von etwa 1,3 mbar gehalten werden. Das entspricht dem Teildruck des Wasserdampfes über den gefrorenen Lebensmitteln. Die Anwesenheit von Luft würde das Sublimieren erheblich verlangsamen; die Leistung einer Anlage stark verringern.

9.6.2 Merkmale von gefriergetrockneten Produkten

Durch das Gefrieren bleibt das ursprüngliche Volumen und die Zellstruktur des Produktes erhalten und bildet ein Gerüst, in dem die absublimierten Eiskristalle Poren hinterlassen. Das fertige Produkt entspricht einem Schwamm, welcher stark hygroskopisch ist und nicht mit feuchter Luft in Berührung kommen darf. Luft und Sauerstoff verursachen Oxidations- und Abbauprozesse, insbesondere der Aromastoffe.

Gefriergetrocknete Ware muß deshalb wasserdampfgasdicht und lichtundurchlässig verpackt werden. Sie kann 1 1/2 bis 2 Jahre, in den Tropen etwa 1 Jahr, in ungekühlten Räumen gelagert werden. Das geringe Gewicht erleichtert Transport und Lagerung. Eine Kühlkette ist nicht erforderlich.

Gefriergetrocknete Produkte lassen sich durch Zufügen von Wasser wieder in den natürlichen Zustand zurückführen.

Nachteilig sind die hohen Herstellkosten, da eine teuere maschinelle Einrichtung mit hohem Energieaufwand erforderlich ist. Außerdem ist die Produktionszeit lang. Schon der eigentliche Trocknungsprozeß dauert bei Fleisch je Charge etwa 6 bis 11 Stunden; bei kleinstückigem Gut, wie Erbsen oder Erdbeeren, immer noch 2 bis 3 Stunden. Hinzu kommt noch die Gefrierzeit. Durch das Wirbelschichtgefrieren läßt sich diese Prozeßdauer abkürzen.

9.6.3 Anwendungsbereiche

Wegen der hohen Kosten kommen nur hochwertige Güter für das Gefriertrocknen in Frage oder Anwendungsgebiete, für welche das geringe Gewicht und die einfache Lagerung wichtig sind, z.B. Raumfahrt und Verteidigung. Ursprünglich wurde das Gefriertrocknen nur für pharmazeutische Produkte, wie Serum und Blutplasma angewendet (Bild 9/95). Inzwischen hat es sich im kommerziellen Bereich bei der Herstellung von Pulverkaffee, Milchpulver und ähnlichen Flüssigkeitsextrakten bewährt, sowie für die Konservierung hochwertiger Lebensmittel wie Geflügelfleisch, Quark, Krabben, Pilze, Suppengemüse eingeführt.

Im wissenschaftlichen Sektor hat es sich in

Forschungsinstituten der Anatomie, Bakteriologie, Botanik, Chemie, Hygiene, Pathologie, bei
Frauenmilchsammelstellen und in
klinischen Laboratorien bewährt.

Bild 9/95 Gefriertrocknungsanlage für Laborzwecke (Werkbild *Leybold-Heraeus*)

9.6.4 Aufbau der Gefriertrocknungsanlage (vgl. Bild 9/96)

Die *Gefriertrocknungskammer* 1 dient zur Aufnahme der Ware. Sie enthält kühl- und heizbare Stellflächen (heizbar zum Ausgleich der Sublimationskälte) 2. Gleichmäßiges Temperieren der Stellflächen sowie eine stufenlose Temperaturregelung sind wünschenswert. Falls die Ware in der Trocknungskammer eingefroren wird, so wird die erreichbare tiefste Temperatur der Stellflächen durch die Anforderung der Ware bestimmt. Oberhalb der Ware, die in Schalen, Flaschen, Ampullen usw. eingebracht wird, sollen 1 bis 2 cm Platz bleiben, damit der Wasserdampf abströmen kann. Durch die so ermittelte Beschickungshöhe ergibt sich, wie viele Stellflächen übereinander in der Kammer Platz finden, woraus sich die Chargenmenge ergibt.

Der aus der gefrorenen Ware austretende Wasserdampf hat bei der tiefen Temperatur im Vakuum ein so großes Volumen, daß ein Abpumpen mit üblichen Vakuumpumpen nur bei sehr kleinen Anlagen zweckmäßig ist. Die wirksamste Wasserdampfpumpe ist eine Fläche mit sehr tiefer Temperatur, an der sich der Wasserdampf niederschlägt und ausfriert (Sublimationswärme etwa 2930 kJ/kg). Die Größe des „Eiskondensators" 3 bestimmt die maximal aufnehmbare Eismenge. Sie ist damit ein Maß für die Größe und Leistung der Anlage. Die tiefst erreichbare Temperatur des Eiskondensators bestimmt den Wasserdampfpartialdruck in der Kammer und damit die mögliche Restfeuchtigkeit der Ware.

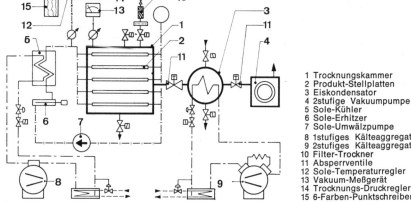

1 Trocknungskammer
2 Produkt-Stellplatten
3 Eiskondensator
4 2stufige Vakuumpumpe
5 Sole-Kühler
6 Sole-Erhitzer
7 Sole-Umwälzpumpe
8 1stufiges Kälteaggregat
9 2stufiges Kälteaggregat
10 Filter-Trockner
11 Absperrventile
12 Sole-Temperaturregler
13 Vakuum-Meßgerät
14 Trocknungs-Druckregler
15 6-Farben-Punktschreiber

Bild 9/96 Schaltbild einer Gefriertrocknungsanlage (Werkbild *Leybold-Heraeus*)

Bild 9/97 Gefriertrocknungsanlage fertig montiert (vor Versand) (Werkbild *Leybold-Heraeus*)

Somit ist Art und Leistung der *Kältemaschine* für den Verwendungsbereich entscheidend. Bei kleinen Laboranlagen wird der Eiskondensator mit flüssigem Stickstoff oder Kohlensäure gekühlt. In der Regel wird jedoch eine Verdichter-Kältemaschine 8, 9 eingesetzt, welche den Eiskondensator temperiert, die Kondensationswärme abführt und die Trocknungskammer kühlt. Je nach erforderlicher Endtemperatur wird eine einstufige (bis etwa −45 °C) oder eine zweistufige (bis −75 °C) Kältemaschine vorgesehen. Die Kälteleistung muß so bemessen sein, daß in der Zeit der maximalen Sublimationsgeschwindigkeit der Eiskondensator den anfallenden Wasserdampf aufnehmen kann. Da mit tiefer werdender Verdampfungstemperatur der Leistungsbedarf der Verdichter-Kältemaschine steil ansteigt, werden für die Gefriertrocknung von Kaffee mit Verdampfungstemperaturen bis −60 °C *ein*stufige, direkt mit Schweröl befeuerte Absorptions-Kälteanlagen mit Kälteleistungen bis 2 MW sehr wirtschaftlich eingesetzt.

Ein von Luftmolekülen ungehindertes Abströmen des Dampfes vom Produkt zum Eiskondensator erfolgt erst bei einem Partialdruck der unkondensierbaren Gase von weniger als 1 N/m². Deshalb ist jede Gefriertrocknungsanlage mit einer *Vakuumpumpe* 4, zumeist Gasballastpumpe, ausgerüstet. Ihre Aufgabe ist im Wesentlichen das Entfernen der Luftmoleküle, die den Wasserdampfstrom auf dem Wege vom Produkt zum Eiskondensator behindern.

9.7 Transportkühlung

Für das Frischhalten oder die Gefrierlagerung von Lebensmitteln werden erhebliche Investitions- und Betriebskosten aufgewendet, welche nur gerechtfertigt sind, wenn die bei der Kühl- oder Gefrierbehandlung erreichte Temperatur auf dem Wege bis zum Verbraucher lückenlos eingehalten wird. Da der Transport längere Zeit dauern kann, z.B. Bananen von Südafrika nach Europa, gefrorener Fisch vom Beginn der Fangreise bis zur Anlandung oder Fleisch vom Schlachthof bis zum Endkunden, müssen die Transportmittel gekühlt sein, wobei Transportdauer und -Temperatur die Bauart der Kühleinrichtung und das Kühlverfahren beeinflussen (s. Kap. 10.3.1.2).

Kühleinrichtungen in Transportmitteln unterliegen einer hohen mechanischen Beanspruchung und müssen besonderen Anforderungen genügen:

a) Möglichst geringer Raumbedarf und geringes Gewicht
b) Betriebssicherheit sowie einfache Bedienung und Wartung
c) Vertretbare Investitions- und Wartungskosten

Im Rahmen der EWG sind in dem ECE-, bzw. ATP-Abkommen, Anlage 1 „Begriffsbestimmung und Normen für besondere Beförderungsmittel für leicht verderbliche Lebensmittel" festgelegt und international gültig (vergl. Abschn. 9.7.2).

9.7.1 Kühltransport auf Schiene und Straße

Beim Kühltransport muß grundsätzlich zwischen dem Ferntransport, z.B. Obst und Gemüse von Griechenland nach Norddeutschland, und dem Kurzstreckentransport (Verteilerfahrzeug) im Umkreis von etwa 20 km, z.B. Transport von Frisch- oder Gefrierkost vom Großhandel oder Verteiler zum Einzelhandel, unterschieden werden.

9.7.1.1 Kühlverfahren

Je nach Temperaturbereich, Transportdauer und Transportart haben bestimmte Kühlverfahren Vorteile. Z.B. wird beim Eisenbahntransport Wasser- und Trockeneis bevorzugt, da Bedienung und Wartung sehr einfach, dagegen das mitgeführte Speichergewicht nicht so ausschlaggebend ist, wohingegen im Straßentransport der technisch geschulte Fahrer Bedienung und Wartung einer Flüssiggasanlage oder einer Kältemaschine mit übernehmen kann.

Die Kühlung mit Wassereis, vorzugsweise gemahlenem Blockeis oder Scherbeneis, wird für den kurzzeitigen Kühltransport über 0 °C angewendet, wobei zum Teil die Ware zusätzlich beeist wird (Fisch, Salat). Sie ist einfach und nicht störanfällig, wenn nur die rechtzeitige Nachbeeisung gewährleistet ist. Sie wird häufig beim Eisenbahntransport von Obst, Gemüse und Milch angewendet.

An den Stirnseiten der Wagen sind Eisbunker angeordnet (Bild 9/98), die so groß bemessen werden, daß sie den Kältebedarf des Wagens über 12 Stunden decken können. An den wichtigen Umschlag-Bahnhöfen sind Nachbeeisungsstationen mit Eisfabriken eingerichtet.

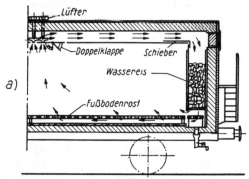

Bild 9/98   Kühlwagen mit Eisbunker [28]

Kühlen mit Trockeneis bietet für den Transport gefrorener Lebensmittel eine einfache Kühlmöglichkeit, die keine Rückstände hinterläßt, da Trockeneis [2] bei Wärmezufuhr sublimiert. Wegen der besseren Regelfähigkeit erfolgt die Kühlung indirekt, wobei der Trockeneisbehälter als Luftkühler dient und der Laderaum über einen thermostatisch geschalteten Ventilator mit Umluft gekühlt wird (Bild 9/99).

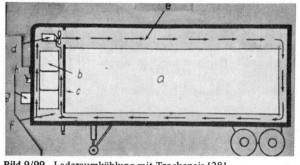

a	Laderaum
b	Trockeneisbunker
c	Trennwand
d	Ventilator
e, f	Kaltluftstrom
g	Thermostat
h	Thermometer

Bild 9/99   Laderaumkühlung mit Trockeneis [28]

Es kann auch mit Zwischenschaltung eines Kältemittels (*Coora-System*) gekühlt werden, wodurch die Regelfähigkeit wesentlich verbessert wird.

Dabei verdampft und verflüssigt sich R 12 in einem geschlossenen Kreislauf, wie in der üblichen Kälteanlage, jedoch wird der Kreislauf anstelle des Verdichters durch Schwerkraft aufrechterhalten. Der Raum wird durch einen, über Thermostat gesteuerten, überfluteten Kältemittelverdampfer gekühlt. Das verdampfte Kältemittel strömt in den mit Trockeneis gekühlten Verflüssiger, in dem es sich verflüssigt und über ein Regelventil dem Verdampfer wieder zufließt (vgl. Bild 9/100).

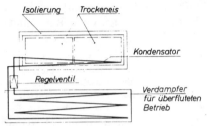

Bild 9/100 Indirekte Kühlung mit Trockeneis [29] (COORA-System)

Im Gegensatz zur Eiskühlung sind *eutektische Platten* Kältespeicher (vgl. Kap. 2.7.3), die nach Abgabe der gespeicherten Kälteenergie mit Hilfe einer kleinen, im Fahrzeug eingebauten, elektrisch angetriebenen Kältemaschine oder durch Anschluß an eine stationäre, größere Kälteanlage wieder aufgeladen werden können. Die mit eutektischer Sole gefüllten Platten sind im Laderaum an der Decke und an den Wänden angebracht, um die Einstrahlungswärme abzufangen, wobei das Prinzip der *stillen Kühlung* Anwendung findet. Je nach Wahl des Eutektikums sind Temperaturen bis − 20 °C möglich.

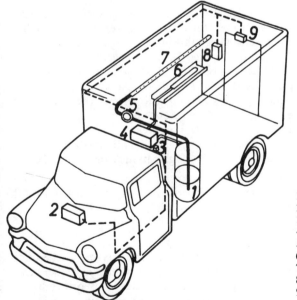

1 Flüssigstickstoff-Behälter
2 Hauptschaltkasten
3 Temperatur-Regler
4 Füllbehälter
5 Automatisches Ventil
6 Temperaturfühler
7 Sprührohr
8 Notschalter
9 Türschalter

Bild 9/101 LKW-Kühlung mit Flüssigstickstoff [29]

Nachteilig ist bei diesem Verfahren das hohe Gewicht der Platten und die vom Speichervermögen abhängige Kühlzeit. Es beschränkt sich deshalb auf Verteilerfahrzeuge, die jeden Abend an ihren Standort zurückkehren, wo eine zentrale Kälteanlage die Speicherplatten über Nacht wieder auflädt. Vielfach wird der Innenraum noch zusätzlich mit Kaltluft vorgekühlt.

Flüssiggase gestatten ein sehr schnelles Abkühlen des Laderaums einschließlich Ware nach dem Beladen und eine ziemlich genaue Temperaturhaltung. Der Aufbau der direkt wirkenden Kühleinrichtung ist einfach. Sie beansprucht nur wenig Raum und hat ein geringes Gewicht (Bild 9/101).

Ein mit besonderem Wärmedämmschutz (Superisolierung) versehener Vorratsbehälter ist über eine kurze Leitung mit Sprührohren verbunden, die über den ganzen Laderaum verteilt das Flüssiggas in diesen einsprühen. Es verdampft auf der Ware und entzieht ihr die dazu notwendige Wärme. Der Zustrom wird über ein, von einem Thermostat gesteuertes, Magnetventil geregelt. Ein Sicherheitsschalter verhindert das Ausströmen von Flüssiggas bei geöffneter Tür.

Am gebräuchlichsten ist die Verwendung von Flüssig-Stickstoff, da er im Laderaum eine für die Ware günstige, sauerstoffarme Atmosphäre schafft. Das gleiche gilt für flüssige Kohlensäure, die aber wegen des einfachen Transports und des höheren Wärmeinhaltes in Form von Trockeneis gebräuchlicher ist. Flüssige Luft wurde auch schon angewendet, hat sich aber wegen der Anreicherung des Sauerstoffanteils in der Kühlraumluft nicht bewährt.

Die Transportkühlung mit sich verbrauchenden Kältespeichern ist einfach, jedoch vom Vorhandensein eines Verteilernetzes für diese Kühlmittel abhängig. Die Reichweite ist deshalb begrenzt. Trockeneis und Flüssigstickstoff sind nicht überall zu einem vertretbaren Preis erhältlich.

Demgegenüber hat die *Kältemaschine* den großen Vorteil, daß sie versorgungsunabhängig ist und für verschiedene Lagertemperaturen eingesetzt werden kann. Die Betriebsdauer ist, abgesehen von der Versorgung mit Antriebsenergie (Brennstoff), unbegrenzt. Die Kältemaschine arbeitet mit direkter Verdampfung und mit den Kältemitteln R 12 und R 22, wobei der Kältekreislauf der gleiche wie bei einer Raumkühlanlage ist. Der Verflüssiger ist grundsätzlich luftgekühlt. Der Antrieb des Verdichters erfolgt entweder direkt vom Fahrzeugmotor aus mittels Keilriemen (bei kleinen Fahrzeugen), über eine Ölhydraulik, oder durch einen besonderen Benzin- oder Dieselmotor. Zusätzlich zum Hydraulikantrieb oder dem Verbrennungsmotor wird oft ein Elektromotor eingebaut, um das Fahrzeug im Stand vom Stromnetz her versorgen zu können, damit Geräusche gemindert, Brennstoff gespart und Abgase vermieden werden (Umweltfreundlichkeit).

Die Temperatur im Laderaum wird über einen Thermostat geregelt, welcher die Kältemaschine, z.B. über eine Kupplung, ein- und ausschaltet.

9.7.1.2 Bemessen der Kühleinrichtung

Ein transportabler Kühlraum unterliegt bezüglich des Kältebedarfs und der Leistung der Kühleinrichtung den gleichen Gesetzen wie jeder andere Kühlraum, wobei sich jedoch die nachstehenden Betriebsbedingungen im Verlauf des Transportes erheblich ändern können (man denke z.B. an einen Transport von Obst aus dem Süden nach Norddeutschland):

a) Außentemperatur
b) Sonneneinstrahlung

c) Windverhältnisse (Fahrtwind)

d) Atmungswärme des Kühlgutes (Qualitätsänderung)

Die bereits erwähnten „ECE-Bestimmungen" [41] legen für die Bemessung der Kühleinrichtungen im einzelnen fest:

1. Beförderungsmittel mit *normalem Wärmeschutz*, gekennzeichnet durch den k-Wert gleich oder kleiner als 2,52 kJ/m²hK oder 0,7 W/m² K.

Beförderungsmittel mit *verstärktem Wärmeschutz*, gekennzeichnet durch den k-Wert gleich oder kleiner als 1,44 kJ/m²hK oder 0,4 W/m² K.

2. *Gekühlte* Beförderungsmittel, bei denen es möglich ist, mit Hilfe von *Wassereis, Trockeneis, eutektischen Platten* oder *Flüssiggas* die Temperatur im leeren Kasten bei einer mittleren Außentemperatur von +30 °C auf nachstehende Werte zu senken und zu halten:

+7 °C für Klasse A   −10 °C für Klasse B   −20 °C für Klasse C

Das Kühlmittel muß von außen eingefüllt oder nachgefüllt werden und seine Speicherkapazität muß so groß sein, daß die Kältequelle die Temperatur auf das Niveau der vorgeschriebenen Klasse senken und mindestens 12 Stunden ohne Neuversorgung halten kann. Der k-Wert für Klasse B und C muß gleich oder kleiner als 1,44 kJ/m²hK sein.

3. *Mechanisch gekühlte* Beförderungsmittel mit einer kälteerzeugenden Einrichtung (*Kältemaschine*) mit einer Leistung wie unter 2 genannt, jedoch in 2 Kategorien aufgeteilt.

Bei Kategorie 1 muß für die folgenden 3 Klassen jede gewünschte Temperatur ϑ_i konstant gehalten werden können:

Klasse A ϑ_i zwischen   +12 °C   und   0 °C
Klasse B ϑ_i zwischen   +12 °C   und   −10 °C
Klasse C ϑ_i zwischen   +12 °C   und   −20 °C

Bei Kategorie 2 muß folgende konstante Innentemperatur gehalten werden können:

Klasse D ϑ_i gleich oder kleiner als   +2 °C
Klasse E ϑ_i gleich oder kleiner als   −10 °C
Klasse F ϑ_i gleich oder kleiner als   −20 °C

Der k-Wert für die Klassen B, C E und F muß gleich oder kleiner als 1,44 kJ/m²hK sein.

Da die Kühleinrichtung im allgemeinen nur die Aufgabe hat, die Temperatur innerhalb des Laderaums konstant zu halten, wird sie aus wirtschaftlichen Gründen nur für den errechneten Kältebedarf bemessen.

Für die Einstrahlung gilt Gl. (9—1). Die Werte für k, ϑ_a und ϑ_i sind nach den erwähnten Bestimmungen für die erforderliche Klasse festgelegt. Für Fahrzeuge wird der Oberflächenwert A durch den Faktor S ersetzt. S ist die mittlere Oberfläche des Kastens. Es ist

$$S = \sqrt{S_i \times S_e} \ .$$

Darin ist S_i = Innenfläche des Kastens
             S_e = Außenfläche des Kastens

Um die sich im Betrieb ergebenden, nicht erfaßten Einflüsse, z. B. die Türöffnungs-
verluste zu berücksichtigen, wird noch eine *Konstante* c hinzugefügt, für welche
nach [2] gilt:

c = 1,75 für grenzüberschreitenden und Fernverkehr
c = 3,0 bis 4,0 für Verteilung von Tiefkühlkost
c = 5,0 bis 7,0 für Frischdienstfahrzeuge

Damit ändert sich Gl. (9–1) in

$$\dot{Q}_0 = c \cdot S \cdot k \cdot \Delta\vartheta \tag{9-32}$$

Für den errechneten Wert $\dot{Q}_0$ ist die Kältemaschine auszulegen.

Für eisgekühlte Fahrzeuge ergibt sich, da die berechnete Kälteleistung $\dot{Q}_0$ über
12 Stunden gedeckt sein muß, folgendes Füllgewicht:

$$m_{Eis} = 12 \frac{\dot{Q}_0}{\varphi_{Eis}}$$, wobei φ_{Eis} die Nutzkälte von Wassereis = 336 kJ/kg
bzw. von Trockeneis = 625 kJ/kg ist.

9.7.1.3 Aufbau der Kühleinrichtung [28]

Die Anordnung von Eisbunkern bzw. Flüssiggasbehältern zeigen die Bilder 9/98 bis
9/101.

Bei der Kältemaschine sind zwei Ausführungen üblich, die für Straßen- und Schienenfahrzeuge sowie für Container verwendet werden.

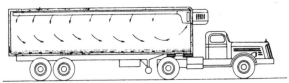

Bild 9/102   Sattelauflieger mit Anbaugerät [28]

Der *Anbaukältesatz* umfaßt die gesamte Kälteanlage, also Verdichter mit Antrieb,
Verflüssiger und Verdampfer mit den jeweils erforderlichen Ventilatoren in einem
Kompaktgerät, das in eine passende Öffnung des Fahrzeugaufbaus dicht eingescho-
ben und mit wenigen Bolzen befestigt wird. Beim LKW ist dieses *Stopfergerät* oft
über dem Führerhaus angebracht (Bild 9/102), bei Schienenfahrzeuge an einer
Stirnseite. Bei langen Fahrzeugen wird an den Verdampferteil ein Luftkanal angeschlossen, damit im ganzen Fahrzeug ein einwandfreier Luftumlauf erreicht wird.
Bild 9/103 zeigt das Schema des Kältekreises, wobei in diesem Fall der Antrieb
hydraulisch erfolgt [28]. Besser hat sich eine elektrische Kraftübertragung bewährt.
Anstelle der Ölpumpe tritt ein Drehstromgenerator. Es können dann serienmäßige
halbhermetische Motorverdichter verwendet werden (vgl. Bild 9/107).

Beim *Einbaukältesatz* wird die Verdichter-Verflüssiger-Einheit einschließlich Antrieb
außen am Fahrzeug, oft unter dem Chassis angeordnet, der Verdampfer im Wagen
fest eingebaut (Bild 9/104). Verdichter und Verflüssiger sind bei dieser Bauart
besser zugänglich, müssen jedoch vor Steinschlag und Straßenschmutz geschützt
werden. Beide Teile werden durch kältemittelfeste Schläuche verbunden.

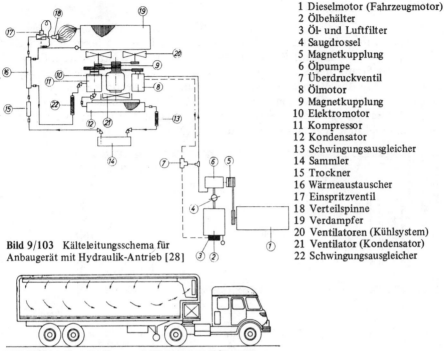

1 Dieselmotor (Fahrzeugmotor)
2 Ölbehälter
3 Öl- und Luftfilter
4 Saugdrossel
5 Magnetkupplung
6 Ölpumpe
7 Überdruckventil
8 Ölmotor
9 Magnetkupplung
10 Elektromotor
11 Kompressor
12 Kondensator
13 Schwingungsausgleicher
14 Sammler
15 Trockner
16 Wärmeaustauscher
17 Einspritzventil
18 Verteilspinne
19 Verdampfer
20 Ventilatoren (Kühlsystem)
21 Ventilator (Kondensator)
22 Schwingungsausgleicher

Bild 9/103 Kälteleitungsschema für
Anbaugerät mit Hydraulik-Antrieb [28]

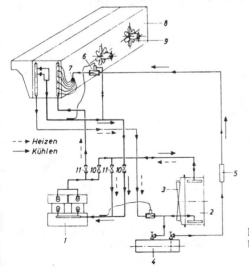

Bild 9/104 Sattelauflieger mit Einbaugerät [28]

Da bei Ferntransporten verschiedene Klimazonen durchfahren werden, muß unter
Umständen, z.B. beim Transport von Obst, auch geheizt werden. Die Maschinenanlage wird dann mit einer Wärmepumpenschaltung (s. Abschn. 9.9) ausgerüstet,
so daß bei umgekehrt arbeitender Kältemaschine die Außenluft gekühlt und mit
der Verflüssigerleistung der Laderaum temperiert werden kann (Bild 9/105) [28].

1 Kältekompressor
2 Kondensator
3 Kondensatorlüfter
4 Sammler
5 Trockner
6 therm. Expansionsventil
7 Verteilspinne
8 Kühlsystem
9 Kühlsystemlüfter
10 Ventile f. Kühlung
11 Ventile f. Heizung

--▶ Heizen
──▶ Kühlen

Bild 9/105 Kälteleitungsschema eines Ein-
baugerätes für Kühlung und Heizung [28]

9.7.2 Kühlcontainer [30]

Container sind Transportbehälter, in denen Ware ohne Umladen vom Erzeuger direkt zur Verwendungsstelle gebracht wird. Für den Transport leicht verderblicher Ware sind sie z.T. mit einer Kühleinrichtung ausgestattet (*Kühlcontainer*). Sie werden auf der Straße, der Schiene, mit dem Schiff und teilweise auf dem Luftweg befördert. Ihre Abmessungen müssen daher international genormt sein. Die Maße, auch der Kühlcontainer, sind in ISO-Normen (ISO = Internationale Normen (Standart)-Organisation) und in der DIN 15190 festgelegt, und betragen 8' breit x 20' oder 40' lang (2,44 m x 2,44 m x 6,06 m oder x 12,09 m) (Bild 9/106).

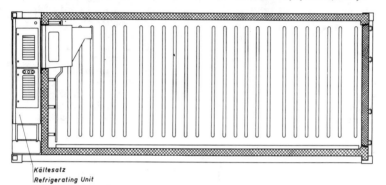

Kältesatz
Refrigerating Unit

Bild 9/106　20'-Container mit Anbaukältesatz [30] (Werkbild *Linde AG Sürth*)

Die für den Transport erforderlichen Lagertemperaturen liegen zwischen + 12 °C und − 25 °C. Die Kühleinrichtung muß in der Lage sein, diese Innentemperatur bei der maximal auftretenden Umgebungstemperatur von rd. + 45 °C aufrechterhalten zu können. Für den Seetransport müssen Container und Kältemaschine außerdem den Vorschriften der Klassifikationsgesellschaften (*Germanischer Lloyd, Lloyd's Register of Shipping* u. andere) entsprechen. Der *Germanische Lloyd* fordert z.B. die Auslegung für eine höchste Umgebungstemperatur von + 40 °C.

Bild 9/107　Anbaukältesatz mit E-Antrieb [30]
(Werkbild *Linde AG Sürth*)

Da Kühlcontainer überall in der Welt verwendbar sein sollen und lange Transport-
zeiten haben, werden sie überwiegend mit Kältemaschinen ausgerüstet. Deren übliche
Ausführung ist ein Stopfer an der Stirnseite des Containers, mit dem er durch Bolzen
verbunden und leicht austauschbar ist (Bild 9/107). Eine Kühlung mit Trockeneis
oder Flüssiggas scheidet aus.

Da die Außenabmessungen genormt sind, muß der Stopfer mit in diese einbezogen
und die isolierte Stirnwand zurückgesetzt werden. Auch die Maße für die Einschub-
öffnung des Verdampfers und die Lage der Bolzen sind vereinheitlicht, so daß verschiedene Fabrikate ausgetauscht werden können. Um von elektrischem Strom unabhängig zu sein, werden Containergeräte überwiegend Benzin- oder Dieselelektrisch
angetrieben.

Es gibt auch Kühlcontainer ohne eigenen Kältesatz, die an eine Zentralkälteanlage
angeschlossen werden und mit Kaltluft gekühlt werden. Diese Ausführung ist insbesondere für den Seetransport vorgesehen, da die Wartung einer Zentralanlage einfacher ist als die vieler Einzelanlagen.

9.7.3 Schiffskühlung

Jedes Schiff für Über-See-Verkehr ist mit einer *Proviant-Kühlanlage* für Frisch- und
Gefrierkost, zum Teil auch für Trinkwasser ausgerüstet. Auf Fracht- und Kühlschiffen
ermöglichen *Ladungskühlanlagen* den Transport von Früchten, Fleisch, Fisch und
Gefrierkost.

Moderne Fahrgast- und Frachtschiffe haben für das Wohlbefinden von Passagieren
und Besatzung *Klimaanlagen* an Bord, die ebenfalls *Kältemaschinen* benötigen.

Die Betriebsbedingungen von Schiffskühlanlagen unterscheiden sich grundsätzlich
von denjenigen für Kälteanlagen an Land. Sie müssen bei wechselnder Schräglage des
Schiffes, hervorgerufen durch den Seegang, betriebssicher arbeiten. Dabei muß die
Ölversorgung der Verdichter, der Verdampfungsvorgang in den Kühlern und der Abfluß des Kondensats aus den Verflüssigern, alles schwerkraftbedingte Vorgänge, durch
konstruktive Maßnahmen sichergestellt sein. Das Personal ist über die Reisezeit ganz
auf sich selbst gestellt und muß in der Lage sein, die Kühlung unter allen Umständen
aufrechtzuerhalten, um Ladung und Proviant vor Verderb zu schützen. Es müssen
deshalb Reservemaschinen und -apparate, Umschaltmöglichkeiten und ein reichhal-
tiges Ersatzteillager vorgesehen werden.

Ladungskühlanlagen unterliegen deshalb auch strengen Berechnungs- und Bauvorschriften durch die verschiedenen Klassifikationsgesellschaften, wie *Germanischer
Lloyd, Lloyd's Register of Shipping* und andere. Z.B. müssen in Ladungskühlanlagen
mindestens drei Verdichter vorhanden sein, von denen jeweils 2 im 24-Stunden-
Betrieb den gesamten Kältebedarf decken können. Die Planung von Schiffskühlanlagen setzt deshalb besondere Kenntnisse voraus.

Da Schiffe aus wirtschaftlichen Gründen möglichst vielseitig eingesetzt werden müssen, werden die Kälteanlagen für rd. 0 °C für Fruchtfahrt und rd. −25 °C für Gefrierkost vorgesehen, evtl. als Verbundanlagen. Des geringen Raumbedarfs wegen werden
schnellaufende Verdichter, überwiegend mit den Kältemitteln R 12 oder R 22, eingesetzt, wobei, wenn regeltechnisch vertretbar, mit direkter Verdampfung gearbeitet

wird. Die Kühlung der Verflüssiger erfolgt mit Seewasser. Die Auslegung muß für Wassertemperaturen bis zu +35 °C erfolgen, die in südlichen Meeren vorkommen kann. Alle mit dem Seewasser in Berührung kommenden Teile müssen seewasserbeständig sein. Für die Verflüssiger von R 12- und R 22-Anlagen werden Rohre aus SoMs60 oder CuNi10 verwendet, die Rohrböden werden mit Ms60 oder Chromnickelstahl plattiert. Bei Ammoniakanlagen mit Verflüssigern aus Stahl muß ein anodischer Schutz in Form von Zink- oder Aluminiumplatten vorgesehen werden.

9.7.3.1 Proviantkühlanlagen

Der Proviant wird vorgekühlt oder gefroren eingebracht, damit die Kälteleistung nicht mit Rücksicht auf die kurzfristige Abkühlung unnötig groß ausgelegt werden muß. Proviantkühlanlagen fahren immer zwei Temperaturen, da Obst, Gemüse, Butter, Eier, Milch bei Plustemperatur, Fleisch, Fisch und Gefrierkost aber bei Minustemperatur aufbewahrt werden. Sie werden vom elektrischen Bordnetz aus angetrieben, arbeiten vollautomatisch und überwiegend mit direkter Verdampfung von R 12 oder R 22. Sie unterliegen keiner Abnahmepflicht durch eine Klassifikationsgesellschaft, sollen jedoch den Bauvorschriften entsprechen.

Da sowohl die Menge als auch weitgehend die Art der Bordverpflegung durch gesetzliche Bestimmungen vorgeschrieben ist, richtet sich die Größe der Proviantkühlräume nach diesen Vorschriften sowie der Zahl der Personen an Bord und der Reisedauer [40].

Der Kältebedarf für die Provianträume errechnet sich genau wie für Kühl- und Gefrierlagerräume an Land, wobei eine zusätzliche Abkühl- oder Gefrierleistung entfällt. Bei Berechnung der Einstrahlung müssen die für die Wärmedämmung im Schiffbau üblichen Werte eingesetzt und Außentemperaturen bis zu etwa +40 °C beachtet werden.

Wegen der zwei Temperaturbereiche werden zwei getrennte Kältekreisläufe eingerichtet und auf eine Verbundschaltung der größeren Einfachheit wegen verzichtet. Jeder Kältekreis hat also einen eigenen Verdichter. Nach Möglichkeit werden diese so ausgewählt, daß ein gleicher Typ eingesetzt wird, damit ein dritter Verdichter gleichzeitig für beide Kältekreise als Reservemaschine dienen kann.

9.7.3.2 Ladungskühlanlagen

Da Südfrüchte, insbesondere Bananen, meistens ohne Vorkühlung an Bord gebracht werden, muß die Ladungskühlanlage in der Lage sein, das Ladegut in kurzer Zeit auf Transporttemperatur abzukühlen. Diese muß über die Reisezeit – sie kann bei Bananen 14 bis 21 Tage dauern – in sehr engen Grenzen eingehalten werden. Sie liegt z.B. für Kühlfleisch bei −1 °C bis −1,5 °C, also nahe am Gefrierpunkt, bei einer Regelbreite von nicht mehr als 0,3 K. Noch schärfer ist die Forderung bei Bananen, welche, je nach Sorte, zwischen 11,7 und 14 °C mit einer Toleranz von nur ±0,1 K gelagert werden müssen. Die Ladungskühlanlage muß also folgende Forderungen erfüllen:

a) Optimale Transportbedingungen in möglichst kurzer Zeit nach dem Laden einzustellen und über die ganze Reisedauer einzuhalten
b) Größtmögliche Betriebssicherheit bei kleinstmöglichem Platzbedarf
c) Trotzdem wirtschaftlich vertretbare Investitionskosten und Energieverbrauch

Die Forderung nach genauem Einhalten der Temperatur sowie hoher Abkühlleistung verlangt eine gute *Luftführung* mit hohem Luftumlauf. Für die Auslegung sind die Forderungen für Bananenfahrt maßgebend.

Das System muß

das Abkühlen der Bananenladung in 24 bis 48 Stunden
die gleichmäßige Luftverteilung
die Kontrolle der CO_2-Konzentration im ganzen Laderaum und an einzelnen Stellen sicherstellen.

Ein *60- bis 80facher Luftwechsel* hat sich als günstig erwiesen.

Die Luftführung wird verschieden ausgeführt. Bild 9/108 zeigt die *horizontale* Belüftung mit seitlichen Zu- und Abluftkanälen, die gleichzeitig als Kontrollgänge ausgebildet werden. Die Luftaustrittsöffnungen können verändert und die Luftrichtung kann umgekehrt werden, was Vorteile bringen kann.

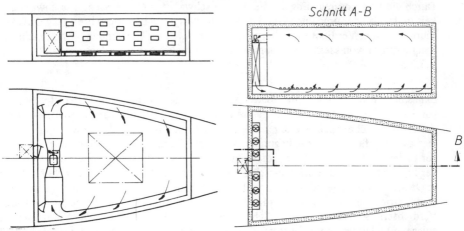

Bild 9/108 Horizontale Belüftung mit Kontrollgängen [31]

Bild 9/109 Kanalloses Belüftungssystem vertikal von unten nach oben [31]

Die *vertikale* Belüftung nach Bild 9/109 bringt etwa 4 Prozent mehr nutzbaren Raum für die Fracht, ist aber fest eingestellt, ohne Umkehrmöglichkeit der Luftrichtung. Die Luftkühler sind in einem begehbaren Raum an der Schottwand eingebaut. Der Kältekreislauf kann dadurch gut überwacht werden. Die Kaltluft wird unter der Gräting eingeblasen, durchströmt die Ladung von unten nach oben und wird oberhalb der Ladung wieder abgesaugt. Der Luftweg durch das Kühlgut ist kurz, was eine geringe Temperaturdifferenz zwischen Zu- und Rückluft ergibt. Der Druckverlust und damit der Energieverbrauch der Ventilatoren ist geringer. Messungen haben ergeben, daß die vertikale Lüftung wirtschaftlich günstiger ist als die horizontale.

Die geringe Regelbreite der Laderaumtemperatur setzt eine feinfühlige Regelung voraus. Deshalb wurde lange Zeit die Solekühlanlage bevorzugt, die als besonders feinfühlig und leicht regelbar gilt. Für die verschiedenen Lagertemperaturen werden zwei oder drei Sole-Ringleitungen vorgesehen, an welche jeder Laderaum wahlweise angeschlossen werden kann. Ein zusätzlicher Kreislauf mit warmer Sole dient zum

Abtauen der Kühler (vgl. Abschn. 9.3.3). Die Kältemaschine arbeitet unabhängig von der Laderaumregelung auf die Solekühler und hält lediglich die Soletemperatur konstant. Der Betrieb kann automatisiert werden. Die Verdichter zusammen mit den Kühlwasser- und Solepumpen werden von Thermostaten im Solerücklauf ein- und ausgeschaltet. Abhängig von der Zuluft zum Laderaum steuern Temperaturfühler Soleventile mit Regelkegel. Mit dieser Anordnung können erfahrungsgemäß Regelschwankungen von ± 0,1 K eingehalten werden [31].

Anlagen mit direkter Verdampfung sind kleiner, leichter, arbeiten wirtschaftlicher und lassen eine Erhöhung der Nutzladung zu. Sie führen sich ein, seit schnellaufende Verdichter großer Leistung in Vielzylinderbauart mit Leistungsregelung zur Verfügung stehen. Durch einen, der Zylinderabschaltung übergeordneten Heißgas-Bypass wird die Regelung zu einer stufenlosen erweitert, die es dann ebenfalls ermöglicht, die Temperatur im Laderaum mit der notwendigen Genauigkeit aufrechtzuerhalten. Durch die Leistungsregelung der Verdichter schwankt auch die Sauggasgeschwindigkeit in der Saugleitung, und es muß durch eine geeignete Leitungsführung die Ölrückführung zu den Verdichtern sichergestellt werden. Unter Umständen müssen mehrere Saugleitungen von kleinerem Querschnitt, jeweils absperrbar, verlegt werden (s. Kap. 5.3.2.5).

Eine solche Kältezentrale mit direkter Verdampfung erfordert ein verzweigtes Netz von Kältemittelführenden Leitungen mit einem entsprechend großen Inhalt, das sorgsam auf Dichtheit überwacht werden muß, was im rauhen Bordbetrieb schwierig ist. Um dies zu vereinfachen, wurde begonnen, mehrere Kältemaschinenräume in der Nähe der Laderäume anzuordnen. Da diese jeweils im Vorschiff, mittschiffs und achtern liegen, ergeben sich drei Kältemaschinenräume, die der besseren Zugänglichkeit wegen in Deckshäusern angeordnet werden. Die Forderung, jede Ladungskühlanlage mit der vorgeschriebenen Reserve an Verdichterleistung auszurüsten, ergibt eine Vielzahl von Verdichtern, so daß als nächster Schritt eine weitere Unterteilung, *eine* Verdichteranlage je Laderaum, ausgeführt wurde. Diese dezentralisierten Anlagen werden dann mit halbhermetischen Verdichtern ausgeführt, wobei die Verdichtergruppe zusammen mit dem zugehörigen Verflüssiger als vormontierte Einheit in der Fabrik zusammengebaut und kälteseitig fertig montiert an Bord gebracht werden. Die Montage wird dadurch vereinfacht und beschleunigt, insbesondere, da die Verdichter-Verflüssiger-Einheit vor dem Verlassen der Fabrik einer Druck- und Dichtheitsprobe unterzogen wird. Da mehrere Verdichter auf den gleichen Kältekreislauf arbeiten, ist, wie schon erwähnt, auf einwandfreie Ölrückführung zu achten. Diese dezentralisierten Anlagen arbeiten vollautomatisch und werden von einem zentralen Leitstand aus überwacht. Zur Reserve werden 2 bis 3 komplette halbhermetische Verdichter mitgeführt, die im Schadensfall ausgewechselt werden [32] (s. Bild 5/9).

Der Kältebedarf einer Ladungskühlanlage wird nach Abschn. 9.1.2 berechnet, wobei für die Abkühlleistung die Vorschriften der Klassifikationsgesellschaften zu beachten sind. Für den Wärmedämmschutz ist ein Wert von k = 1,9 bis 2,1 kJ/m²hK (0,525 bis 0,58 W/m²K) vorgeschrieben, zu dessen Nachweis im allgemeinen ein Kühlversuch durchgeführt wird.

9.7.3.3 Klima-Kälte im Schiff

Klimaanlagen mit den zugehörigen Kälteanlagen werden auch auf Schiffen als „Komfort-Anlagen" beurteilt und unterliegen keinen besonderen Bauvorschriften. Es sind im Prinzip dieselben Kaltwasser- oder Luftkühlanlagen mit direkter Verdampfung, wie sie in den Abschnitten 9.2.3 und 9.3.2.1 beschrieben sind. Für die Auslegung bezüglich der höchsten Kühlwassertemperatur, der Betriebsmöglichkeit bei Schräglage und der Auswahl der Werkstoffe gelten jedoch die gleichen Bedingungen wie für Schiffskühlanlagen.

9.8 Kälteanwendung in Industrie, Forschung und Sport

Den höchsten Kälteverbrauch hat heute die Industrie, besonders die chemische und die petrochemische Industrie. Überwiegend handelt es sich dabei um das Kühlen von Flüssigkeiten, das Auskondensieren von Dämpfen und das Trennen von Gasgemischen. Überall, wo Kälteleistungen im MW-Bereich erforderlich sind und billige Abwärme über 100 °C anfällt, läßt sich Kälte preiswert mit einer NH_3-Absorptions-Kälteanlage produzieren, da ihr Stromverbrauch nur ca. 10% desjenigen einer Kompressions-Kältemaschine beträgt. Vorteile sind hohe Betriebssicherheit, stufenlose Regelbarkeit, geringer Wartungsaufwand, Aufstellung im Freien und einstufige Ausführung bis −60 °C (bei Heizmitteln von mindestens 180 °C).

Als industrielle Abwärme aus technologischen Prozessen kommen heiße Flüssigkeiten (z. B. heiße Öle aus Destillationskolonnen, heißes Druckwasser) oder heiße Gase (z. B. Heißluft, Rauch- und Ofengase, Röstgase) in Frage.

Die Anwendungsgebiete der Tieftemperaturtechnik, z. B. Gasverflüssigungsanlagen, werden hier nicht behandelt.

Zu beachten ist, daß fast immer die Abwärme der Kältemaschine noch über eine *Wärmepumpenschaltung* nutzbringend verwendet werden kann (s. Abschn. 9.9).

9.8.1 Maschinenbau und Fertigungstechnik

Zerspanende Werkzeugmaschinen arbeiten heute mit so hohen Schnittgeschwindigkeiten, daß die Abfuhr der an der Werkzeugschneide entstehenden Wärme an die Umgebungsluft nicht mehr ausreicht. Die Stähle müssen durch eine Kühlflüssigkeit intensiv gekühlt werden, wobei diese durch einen in den Kreislauf eingeschalteten Flüssigkeitskühler (s. Abschn. 9.2.3) rückgekühlt wird. Dasselbe gilt für das Schmieröl und das Hydrauliköl großer Präzisionswerkzeugmaschinen. Höchste Genauigkeit verlangt eine Fertigung in Räumen mit konstanter Temperatur. Dazu gehört auch die gleichbleibende Temperatur der Maschinen selbst, damit sich der Maschinenkörper nicht durch Temperaturunterschiede verzieht.

Transferstraßen in der Großserienfertigung haben Schmier- und Kühlmittel-Zentralen, in denen die Kühlflüssigkeit gefiltert, aufbewahrt und rückgekühlt wird. Kühlleistungen von 630 000 bis 1 260 000 kJ/h (175 bis 350 kW) sind dabei keine Seltenheit. Geeignete Kühlgeräte für den genannten Zweck gibt es serienmäßig in luftgekühlter- und wassergekühlter Ausführung (s. Abschn. 9.2.3.3).

Die Arbeitstemperaturen liegen überwiegend zwischen +10 und +20 °C. Temperierte Räume werden überwiegend mit R 12- oder R 22-Kältemaschinen, mit direkter Verdampfung arbeitend, ausgerüstet.

Aufschrumpfen von Buchsen und Rädern erfolgt vorteilhaft durch Tiefkühlen der Wellen und Bolzen. Das Gefüge des Werkstoffes bleibt dabei erhalten und wird nicht durch Erwärmen verändert. Die Festigkeitseigenschaften werden u.U. sogar besser, da das Gefüge des tiefgekühlten Teiles günstig beeinflußt wird. Gearbeitet wird mit Temperaturen von −40 bis −50 °C. Die Werkstücke werden in Truhen, ähnlich den Gefriertruhen für den Haushalt, abgekühlt. Die Temperatur wird mit einer zweistufigen R 22-Kältemaschine leicht erreicht. Da Stahl eine niedrige spezifische Wärmekapazität hat, ist die erforderliche Verdichterleistung nicht groß. Eine robuste Ausführung der Truhen und ein guter Wärmedämmschutz ist aber notwendig.

9.8.2 Kunststoff- und Gummi-Industrie

In diesem Industriezweig sind viele hydraulische Pressen und Kalander im Einsatz. Durch das Aufschmelzen der Kunststoffe zum Spritzen fällt bei der Fabrikation viel Wärme an. Ein hoher Ausstoß und gleichmäßige Qualität der Produkte erfordern eine Kühlung der Spritzwerkzeuge, die vielfach noch mit Bach-, Brunnen- oder sogar Stadtwasser durchgeführt wird, da überwiegend Temperaturen von +10 °C bis +12 °C im Zulauf ausreichen. Für das Hydraulikwasser der Pressen genügen sogar Temperaturen um +22 °C bis +26 °C. Hierfür ist die Rückkühlung über einen Kühlturm mit Wärmeaustauscher ausreichend. Da es sich aber bei großen Fabriken um ganz erhebliche Wärmemengen handelt und Wasser sowie Abwasser immer teurer werden, lohnt sich der Einsatz von Wasserkühlern in Verbindung mit einem Kühlturm. Die Einsparung an Wasserkosten amortisiert die Maschine in spätestens 2 bis 3 Jahren. Es werden entweder die gleichen Wasserkühler wie in der Klimatechnik eingesetzt (s. Abschn. 9.2.3) oder Wasser/Wasser-Wärmepumpen, welche die Abwärme auf ein für Heizzwecke nutzbares Temperaturniveau anheben.

Große Werke haben Kaltwasserzentralen mit einem oder mehreren Turboverdichtern. Um die Temperaturdifferenz zwischen Warm- und Kaltwasser auszunutzen, wird oft mit zwei Wasserbecken gearbeitet. Das Kaltwasser wird dem Kaltwasserbecken entnommen und zu den Verbrauchern gefördert, von wo es erwärmt in das Warmwasserbecken abfließt. Von dort wird es durch den Verdampfer der Kältemaschine zum Kaltwasserbecken gepumpt. Der Verdampfer kann so die volle Temperaturdifferenz zwischen Kalt und Warm ausnutzen und hat immer die gleiche Durchsatzmenge, da die zugehörige Pumpe auf die Kälteleistung abgestimmt wird. Der Verbraucherkreis ist davon unabhängig, ähnlich wie auf Bild 9/21 dargestellt ist. Diese Schaltung ergibt auch eine Speichermöglichkeit, was für Spitzenlasten und Wärmepumpenbetrieb vorteilhaft ist.

Sollen Wassertemperaturen unter +4 °C gefahren werden, so ist ein Frostschutzzusatz zweckmäßig. Bei Vorlauftemperaturen von +1 bis +2 °C wird auch vielfach ein Plattenverdampfer mit Rührwerk in den Wasserbehälter eingebaut (Bild 9/10) oder ein Eisspeicher (s. Abschn. 9.2.7) verwendet.

9.8.3 Bauindustrie

Gefrorene Erde hat eine hohe Festigkeit. Man hat sich dies beim *Gefrierabteufen* von Schächten oder beim Sichern großer Baugruben zu Nutze gemacht, insbesondere, wenn beim Ausheben des Erdreichs Fließsand, wasserhaltiger Lehm oder Sumpfboden die Weiterarbeit erschweren. Das Erdreich läßt sich ohne Zusatz anderer Stoffe durch einfaches Gefrieren verfestigen. Rund um den Schacht oder die Baugrube werden Gefrierrohre in den Boden gerammt. Es sind dies im allgemeinen Doppelrohre, das Außenrohr 3'' bis 6'', das Innenrohr 1 1/2'' bis 2'' Durchmesser. Meist wird mit Sole gekühlt. Die kalte Sole fließt im Ringmantel nach unten, die aufgewärmte Sole durch das Innenrohr nach oben zurück. Die Kälteanlage kann als Kompaktgerät (Bild 9/110) aufgestellt werden [33]. Der Anschluß der Gefrierrohre geschieht über eine Ringleitung.

Bild 9/110 Bodengefrieraggregat (Werkbild *BBC-YORK*, Mannheim)

Das Arbeiten mit direkter Verdampfung ist wirtschaftlicher, jedoch ist bei dem rauhen Betrieb auf Baustellen mit Kältemittelverlusten zu rechnen. Es werden in diesem Fall kleinere Kältesätze vorgezogen, an die jeweils nur 3 bis 4 Gefrierrohre angeschlossen werden.

Je nach Bodenbeschaffenheit wird mit einer Gefriertemperatur zwischen $-10\,°C$ und $-25\,°C$ gearbeitet. Z. B. gefrieren Sand und Kies bei etwa $0\,°C$. Bei Lehm mit 45 % Wassergehalt sind bei $-10\,°C$ rd. 70 % des Wassers ausgefroren.

Die Wärmeleitfähigkeit von Sand mit 42 % Wasser beträgt ungefroren $\lambda = 6{,}4$ kJ/mhK, gefroren $\lambda = 9$ kJ/mhK, derjenige von Lehm mit 46 % Wasser ungefroren $\lambda = 5{,}3$ kJ/mhK, gefroren $\lambda = 7{,}3$ kJ/mhK. Für wassergesättigten Boden muß mit einem Kältebedarf von 168 000 bis 210 000 kJ/m^3 gerechnet werden [11].

Bei Betongroßbauten, z. B. Staumauern, wird die *Betonkühlung* eingesetzt, um die Abbindewärme gleichmäßig aus der Betonmasse abzuführen, Risse zu vermeiden und die Festigkeit zu erhöhen [45]. Beim Abbinden steigt durch den chemischen Abbindeprozeß die Temperatur um etwa 20 K an, was zu erheblichen Wärmespannungen im Beton führen kann, wenn, wie z. B. bei bis zu 30 m starken Staumauern, die Kerntemperatur sich gegenüber den Randzonen nur sehr langsam ausgleicht. Hier werden Solerohre als Ringleitung mit einbetoniert und dienen gleichzeitig als Bewehrung.

Beim Mischen des Betons wird Scherbeneis hinzugefügt. Zum Teil werden auch die Zuschlagstoffe und das Zusatzwasser gekühlt.

9.8.4 Chemie und Petrochemie

Der Kältebedarf in diesem Bereich ist überwiegend eine Flüssigkeitskühlung zum Abführen von Reaktionswärme, die bei Verfahren anfällt, sowie ein Abkühlen und Kondensieren von Gasen der verschiedensten Art. Die Flüssigkeitskühler sind, wenn möglich, Kompaktgeräte mit zum Teil sehr großen Leistungen, wobei dann Turbokompressoren oder Absorptions-Kälteanlage (vgl. Kap. 4.6) eingesetzt werden. Bei mehrstufigen Turboverdichtern können durch Einspeisen in die einzelnen Stufen mit einer Maschine gleichzeitig verschiedene Temperaturen gefahren werden (Bild 9/111). Dies ist auch bei mehrstufigen Absorptions-Kälteanlagen möglich.

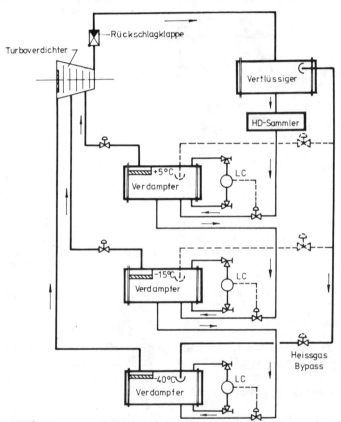

Bild 9/111 Turbo-Kälteanlage für 3 Temperaturen LC = Flüssigkeitsstandregelung

Eine 4stufige Maschine, die in der untersten Stufe eine Verdampfungstemperatur von $-40\,°C$ hält, hat vor dem dritten Rad einen Druck, der einer Verdampfungstemperatur von $-15\,°C$ entspricht. An diese Stufe ist ein zweiter Verdampfer angeschlossen, der eine Verdampfungstemperatur von $-15\,°C$ benötigt, um ein Produkt zu kühlen. Vor dem letzten Rad ist ein Druck, entsprechend einer Verdampfungstemperatur von $+5\,°C$ vorhanden. Hier kann wiederum ein Verdampfer angeschlossen werden, der eine gleiche Verdampfungstemperatur benötigt. Damit von den jeweiligen Stufen die zusätzliche Menge an Kältemitteldampf aufgenommen werden kann, muß dies beim Auslegen der Maschine durch eine entsprechende Laufradbreite berücksichtigt werden.

Zum Teil wird in der Chemie auch mit direkter Verdampfung gearbeitet, wobei der Verdampfer dann direkt in das Verfahren eingebaut ist und die verfahrenstechnischen Gase, sofern sie geeignet sind, als Kältemittel benützt werden, z.B. Propan, Äthylen, Methanol, Methan. Dies sind dann sog. *Prozeßkälteanlagen*, meistens mit speziellen Turboverdichtern ausgerüstet. Absorptions-Kälteanlagen können unmittelbar in eine Verfahrensfolge eingeschaltet werden, wenn im Verlauf chemischer Prozesse einerseits Abwärme bei höherer Temperatur frei wird, andererseits Kälte bei tieferen Temperaturen erforderlich ist (Bild 9/112). Solche Abwärme/Kälte-Kupplungen führen zu beachtlichen Energieeinsparungen, da Kühlwasser und Strom gespart werden.

Beispiel:

Petrochemische Anlagen, wo wasserdampfhaltige Produktgasströme bei Temperaturen über 170 °C große Wärmemengen kostenlos freigeben (fraktionierte Kondensation) und gleichzeitig beachtliche Kälteleistungen zwischen − 30 und − 45 °C für Waschprozesse, Vorkühlung und Gasverflüssigungen benötigt werden.

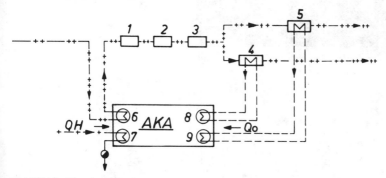

Bild 9/112 Einschaltung einer Absorptions-Kälteanlage (AKA) in ein Chemie-Verfahren

1, 2, 3	Rohgas-Aufbereitung	Rohgas (Spaltgas) — ++ —— ++ —— ++ —
4, 5	Kühlung des aufbereiteten Rohgases	Wasserdampf - + —— + —— + —— + —
6	Austreiber (rohgasbeheizt)	Kälteträger (Methanol) — — — — — — — — — — — — —
7	Austreiber (wasserdampfbeheizt)	
8, 9	Methanolkühler (NH_3-Verdampfer)	

Bild 9/113 Vormontierte Turbogruppe für eine Kälteanlage der Petro-Chemie (Werkbild *BBC-York*)

Bei den Flüssigkeitskühlern mit normalem Kältekreislauf ist das Auslegen des Hochdruckteiles (Verdichter mit Verflüssiger) und die Regelung des Kältekreislaufes einfach. Schwierig ist oft die Bestimmung des Kältebedarfs und die Berechnung des Verdampfers, da z. T. besondere Stoffeigenschaften, Betriebsweisen u. a. berücksichtigt werden müssen. Berechnungsverfahren siehe [1, 3, 4, 7].

Bild 9/114 Vorgefertigte Apparategruppe für Kälteanlage der Petro-Chemie während der Montage im Werk (Werkbild *BBC-York*)

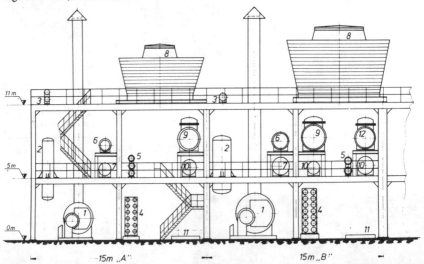

Bild 9/115 Gasbefeuerte Absorptions-Kälteanlage für ein Eiskremwerk (Werkphoto *Linde AG*)
Anlage A (einstufig) für 1 400 kW Kälteleistung bei $-45\,^{\circ}$C/$+41\,^{\circ}$C
Anlage B (zweistufig) für 1 750 kW Kälteleistung bei $-45\,^{\circ}$C plus 1 980 kW Kälteleistung bei $-35\,^{\circ}$C/$+41\,^{\circ}$C

1 Austreiber, erdgasbefeuert	7 NH_3-Sammler
2 Rektifikator	8 Rückkühlwerk
3 Rücklaufverflüssiger	9 Absorber ($-45\,^{\circ}$C-Stufe)
4 Temperaturwechsler	10 Lösungssammler
5 Lösungskühler	11 Lösungspumpen
6 NH_3-Verflüssiger	12 Absorber ($-35\,^{\circ}$C-Stufe)

Um kalkulierbare Montagekosten zu erreichen, bemüht man sich, auch große Kälteanlagen in Segmente aufgeteilt im Herstellerwerk vorzufertigen (Bild 9/113 und 9/114).

Sehr große Kälteanlagen werden häufig im Freien als geschlossene Baugruppen aufgestellt (Bild 9/115).

9.8.5 Dampfbeheizte Absorptions-Kälteanlagen in Betrieben mit Kraft-Wärme-Kälteverbund

Viele Betriebe decken zur Primärenergieeinsparung ihren Strombedarf über ein eigenes Kraftwerk. Die Energiebilanz ist dann ausgeglichen, wenn der Heizdampfbedarf der Verbraucher jenem Dampfdurchsatz durch die Turbine entspricht, der zur Erzeugung des Eigenstrombedarfs notwendig ist. Zum Ausgleich des unterschiedlichen Verbrauchs von Winter und Sommer kann eine gegendruckdampfbeheizte Absorptionskälteanlage zweckmäßig sein. Mit jeder Tonne Dampf, die sie verbraucht, wird mehr Strom von der Turbine erzeugt und gleichzeitig Strom für eine mit E-Motoren betriebene Verdichter-Kältemaschine eingespart.

Beispiel:

Für 1000 kW Kälteleistung bei $-15/+35\,°C$ benötigt eine Absorptions-Kälteanlage 25 kW, eine Verdichterkältemaschine 330 kW Antriebsleistung. Bei Anwendung einer Absorptions-Kälteanlage im Kraft-Wärme-Kälteverbund mit Dampf von 40 bar/450 °C gegen 2,5 bar Gegendruck stehen dem Betrieb zusätzlich 600 kW, bei Dampf von 18 bar/350 °C noch 500 kW zur Verfügung.

Daher findet man Absorptions-Kälteanlagen in Brauereien, Molkereien, Margarinewerken, Zuckerfabriken, Schlachthöfen, Fleischwarenbetrieben, in der Süßwaren- und Schokoladenindustrie, in besonderem Maße aber in der chemischen Industrie (Bild 9/116) und in Kunstfaserwerken.

1 Austreiber
2 Rektifikator
3 Verdampfer
4 NH_3-Nachkühler
5 Absorber
6 NH_3-Verflüssiger

Bild 9/116 Mit Gegendruckdampf (2,5 bar) beheizte einstufige Absorptions-Kälteanlage in einem Erdölwerk zur Kühlung einer Waschflüssigkeit
Kälteleistung 1 450 kW bei $-9\,°C$ Verdampfung (Werkphoto *Linde AG*)

Mitunter ist auch der Verbund einer Turbokälteanlage, die von einer Dampfturbine angetrieben wird, mit einer von deren Abdampf beheizten Absorptions-Kälteanlage sehr wirtschaftlich.

Die Entscheidung für solche Verbundsysteme ist eine Frage der Verbrauchszahlen für Strom, Kühlwasser und Heizmittel. Reicht für die erforderliche Verdampfungstemperatur die verfügbare Heizmitteltemperatur nicht, so bleibt die Möglichkeit des zweistufigen Betriebs. Diese steigen mit abnehmender Verdampfungs- und zunehmender Kühlwassertemperatur. Desgleichen nimmt die mindesterforderliche Heizmitteltemperatur zu (s. Tafel 9/14).

Tafel 9/14 Richtwerte für die Verbrauchszahlen einstufiger Absorptions-Kälteanlagen, Kühlwassereintrittstemperatur 25 °C

ϑ_0 (°C)	ϑ_H (°C)	Q_H/Q_0	$P_e/Q_0^{+)}$
0 bis −10	100 bis 120	1,6 bis 1,7	0,018 bis 0,022
−20 bis −30	140 bis 155	1,9 bis 2,1	0,026 bis 0,029
−40 bis −50	170 bis 190	2,5 bis 3,0	0,031 bis 0,033

ϑ_0 Verdampfungstemperatur
ϑ_H Heizmitteltemperatur
+) spezifischer Stromverbrauch für Lösungspumpe und sonstige Hilfsaggregate

Die im allgemeinen höheren Anschaffungskosten einer Absorptions-Kälteanlage müssen in einem akzeptablen Zeitraum durch die jährlich eingesparten Betriebskosten amortisiert werden. Für eine erste Beurteilung vergleicht man die Stromkosten der Verdichterkältemaschine mit den Heizkosten der Absorptions-Kälteanlage, wobei die sonstigen Betriebskosten vorerst unberücksichtigt bleiben. Ergeben sich Vorteile für letztere, so lohnt ein genauer Wirtschaftlichkeitsvergleich beider Anlagenarten [48].

Beispiel:

Eine Absorptions-Kälteanlage für Q_0 = 2000 kW bei ϑ_0 = − 30 °C hat einen Heizwärmebedarf von Q_H = 2,1 x 2000 = 4200 kW.

Bei Verwendung von Heizdampf von 5,5 bar/155 °C und r = 583 kW/t Dampf (aus Dampftafel) werden 4200/583 = rd. 7,2 t/h benötigt. Bei 7000 Vollastbetriebsstunden pro Jahr und einem Abdampfpreis von 8 DM/t betragen die Heizkosten jährlich 7,2 t/h x 7000 h/a x 12 DM/t = 604.800,− DM/a.

Eine vergleichbare Verdichterkältemaschine benötigt rd. 1000 kW Antriebsleistung. Bei einem Strompreis von 0,14 DM/kWh ergeben sich Stromkosten von 1000 x 7000 x 0,14 = 980.000,− DM.

Die Ersparnisse durch Anwendung einer Absorptions-Kälteanlage betragen demnach 375.200,− DM. Die in der Industrie akzeptierte Kapitalrückflußzeit beträgt durchschnittlich 5 Jahre.

Für die Anschaffung der Absorptions-Kälteanlage stehen also 375.200 x 5 = 1.876.000,− DM zur Verfügung, ein Wert, der das tatsächlich erforderliche Anlagekapital mit Sicherheit überschreitet.

Beispiel:

Für eine Verdampfungstemperatur ϑ_0 von − 30 °C sollte die Heizmitteltemperatur ϑ_H mindesten 155 °C betragen. Gas- und Flüssigkeitsströme können bis auf 155 °C abgekühlt werden. Sattdampf muß einen Überdruck von 4,5 bar besitzen. Bei einem Kältebedarf Q_0 = 1000 kW beträgt der Heizwärmebedarf Q_H = 2,1 x 1000 = 2100 kW, der Leistungsbedarf der Lösungspumpe P_e = 0,029 x 1000 = 29 kW.

9.8.6 Forschung und Medizin

Für die Materialprüfung sind Truhen, Werkstoff-Prüfschränke und Kühleinrichtungen entwickelt worden, die es gestatten, Bau- und Werkstoffe auf ihr Verhalten bei verschiedenen Temperaturen zu prüfen und ihre Eigenschaften weiter zu entwickeln. Diese Geräte haben keine große Kälteleistung, da die zu kühlenden Massen klein sind. Wichtig ist Temperaturkonstanz und gute Regelfähigkeit. Oft sind die Geräte mit einer Programmsteuerung ausgerüstet. Bild 9/117 zeigt im Schema den kältetechnischen Aufbau einer Tiefkühltruhe. Sie arbeitet mit direkter Verdampfung und einer Kaskadenkälteanlage (s. Kap. 3.2.3).

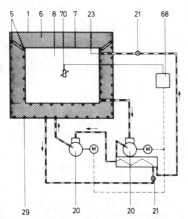

1 Deckel
5 Deckeldichtung
6 Isolierung
7 Prüfraumwand
8 Prüfraum
20 Kälteaggregat
21 Expansionsventil
23 Mantelverdampfer
29 Kondensatorschlange
68 Temp.-Regler
70 Temp.-Regelfühler-Prüfraum

Bild 9/117 Prinzip einer Tieftemperatur-Lager-Kältetruhe mit Kaskaden-Kälte-Kreislauf

Der Truhenkörper ist rundum mit Verdampferschlangen berohrt, in denen das Tieftemperaturkältemittel verdampft. Der Verflüssiger der Tieftemperaturstufe ist gleichzeitig Verdampfer der Hochdruckstufe. Als Verflüssiger der Hochdruckstufe dient der Außenmantel der Truhe, der ebenfalls berohrt ist. Die Temperierung des Außenmantels verhindert mit Sicherheit ein Schwitzen, da nach längerer Betriebszeit auch bei einem guten Wärmedämmschutz die Wandtemperatur unter den Taupunkt der Umgebungsluft sinken könnte. Der erhöhte Energiebedarf durch die höhere Temperatur der Außenhaut (erhöhte Einstrahlung) fällt bei den kleinen Leistungen nicht ins Gewicht.

Das technische Prinzip einer Prüfkammer zum Feststellen der Zugfestigkeit zeigt Bild 9/118. Um in einem großen Temperaturbereich feinfühlig regeln zu können, ist zum Kühlen der Umluft in der Kammer neben dem Direktverdampfer ein Sole-Luftkühler und eine Zusatzheizung vorgesehen. Das zum Befeuchten dienende Wasser kann ebenfalls geheizt oder gekühlt werden.

Wichtig für die Ernährung ist das Erforschen optimaler Wachstumsbedingungen für Pflanzen (*Phytologie*) [47]. Das Schema einer derartigen Klimakammer (*Phyto-Kammer*) zeigt Bild 9/119. In ihr können die Temperatur, die Luftfeuchte und die Beleuchtung in weiten Grenzen und mit sehr geringer Regelbreite eingestellt und konstant gehalten werden. Auch besondere Zusammensetzungen der Atmosphäre sind möglich. Der Kältebedarf dieser Kammern setzt sich aus der durch Einstrahlung, Beleuchtung, Frischluft, Ventilator und Türöffnen zugeführten Energie zusammen. Die Kammern arbeiten mit direkter Verdampfung oder mit Solekreisläufen.

Der Energieverbrauch ist nicht entscheidend. Vordringlich ist eine möglichst einfache und feinfühlige Regelung und größte Betriebssicherheit, da selbst ein kurzzeitiger Ausfall der Kälteanlage zum Zusammenbruch oft kostspieliger Versuche
führt.

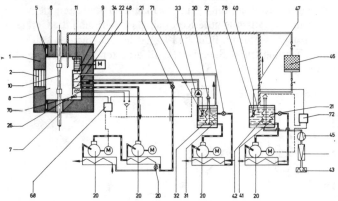

Bild 9/118   Prinzip einer Temperierungs- und Klimatisierungskammer für Zugprüfmaschinen
System Weiß mit Tiefkältekaskade für direkte Umlufttemperierung und indirekter Umlufttemperierung sowie Befeuchtungseinrichtung.

1 Außentür	22 Verdampfer	42 Heizung für Befeuchter
2 Sichtfenster	26 Umluftheizung	43 Luftfilter
5 Außentürdichtung	30 Solethermostat	44 Luftmengenmesser
6 Isolierung	31 Verdampfer für	45 Luftpumpe
7 Prüfraumwand	Solethermostat	46 Trockner
8 Prüfraum	32 Heizung für	47 Drosselventil
9 Umluftkanal	Solethermostat	48 Frischluftheizung
10 Prüfling	33 Solepumpe	68 Temperaturregler
11 Umluftventilator	34 Solewärmetauscher	70 Temperatur-Regelfühler Prüfraum
20 Kälteaggregat	40 Befeuchter	71 Temperatur-Regelfühler Sole
21 Expansionsventil	41 Verdampfer für Befeuchter	72 Feuchteregler
		76 Feuchtefühler Befeuchter

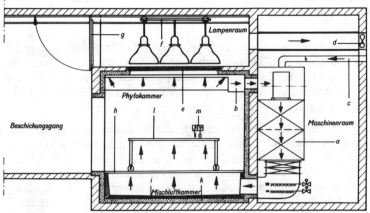

Bild 9/119   Phytokammer zum Untersuchen der Wachstumsbedingungen an Pflanzen (Werkbild *BBC-York*)

Die *Medizin* ist ein neueres *Anwendungsgebiet der Kälte*. Durch langsames Abkühlen des Körpers kann der Kreislauf weitgehend stillgelegt werden, was schwierige Operationen möglich macht, die ohne dieses Hilfsmittel nicht ausgeführt werden können. Es wird dabei der ganze Körper vorsichtig und unter ständiger Beobachtung mit Umluft abgekühlt (bild 9/120) oder der Blutkreislauf wird allein gekühlt (Bild 9/121). In beiden Fällen wird der gleiche Effekt erzielt (*Hypothermie*) [34].

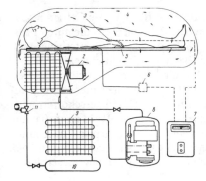

1 Rippenrohrverdampfer
2 Ventilator
3 Fühler
4 aufklappbare Glocke
5 Tisch
6 Relais
7 Schaltpult
8 hermetischer Kompressor
9 Kondensator
10 Sammler
11 Drosselventil

Bild 9/120 Hypothermie (Schema des Apparates)

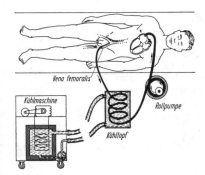

Bild 9/121 Blutstromkühlung

Zum Behandeln von Erkältungskrankheiten und Asthma sind Druckkammern für Höhenklima entwickelt worden, mit denen gute Heilerfolge erzielt werden.

Blutbanken ermöglichen die Langlagerung von Blutkonserven sowie Knochen-, Nerven- und anderen Transplantaten bei Temperaturen bis zu −90 °C.

9.8.7 Eissport

Für den Eissport wurden an vielen Orten Kunsteisbahnen zum Schlittschuhlaufen, für Eishockey, Eisschnellauf, Eisschießen u. dgl. gebaut, um die Saison zu verlängern. Sie werden als Freiluft- oder Hallenbahnen für Winterbetrieb, Hallenbahnen auch für Sommerbetrieb gebaut. Die Benutzungsdauer wird auf die Zeit von Oktober bis März/April ausgedehnt. Die Qualität des Eises kann durch Regeln der Temperatur dem Bedarf angepaßt werden. Die Abmessungen sind genormt. Die Maschinenanlage und die Bahnberohrung werden bereits aus vorgefertigten Bauteilen erstellt.

Die übliche Größe einer Eisbahn ist 30 x 60 m = 1800 m². Das ist die Größe einer Eishockeypiste. Es werden aber auch größere Bahnen gebaut. Die spezielle Bahn für das Eisschießen mißt 4 x 42 m = 168 m², die Curlingbahn 5 x 45 m = 225 m² und die 400-m-Schnellaufbahn mit 10 m Breite 4000 m².

9.8.7.1 Aufbau der Bahn

a) Gründung

Die Art des Unterbaues bestimmt den grundsätzlichen Aufbau, da ein Gefrieren des Grundwassers unbedingt vermieden werden muß. Die Betonplatte würde durch Frostaufbrüche ungleichmäßig angehoben und reißen. Beim Auslegen des Unterbaues muß auch die vorgesehene jährliche Betriebsdauer der Bahn berücksichtigt werden. Je langer die Bahn in Betrieb ist, um so tiefer wandert die Frostgrenze nach unten. Der Auswahl des Platzes für die Bahn muß eine gründliche geologische Untersuchung vorangehen. Um sicher zu gehen, wird zumeist der vorhandene Grund ausgekoffert und durch einen künstlichen Untergrund ersetzt, dessen Aufbau Bild 9/122 zeigt. Bei unzureichender Tragfähigkeit des Untergrundes, hohem Grundwasserspiegel oder sumpfigem Gelände sind Kunsteisbahnen schon auf einer Säulenkonstruktion aufgebaut worden. Der unter der Bahn entstehende Raum kann z. B. für Garagen oder Lagerräume verwendet werden.

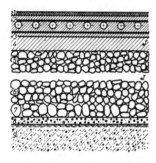

1 Eisschicht
2 Betonpiste mit Kühlrohren und Querarmierung
3 Gleitschicht
4 Ausgleichbeton
5 + 6 Kiesschicht
7 Kapillarbrechende Schicht
8 Kies = Sand = Filter
9 Erdreich

Bild 9/122 Aufbau von Freiluft-Kunsteisbahnen [2]

b) Fahrbahnplatte

Die auf die Gründung aufgebrachte Fahrbahnplatte besteht aus Eisenbeton, in den die Kühlrohre und eine zusätzliche kräftige Eisenbewehrung eingegossen sind.

Im allgemeinen wird zwischen der oberen Betonabdeckung des Unterbaus und der Fahrbahnplatte eine Gleitschicht eingebaut, damit sich die Fahrbahnplatte unter dem Einfluß der Temperaturunterschiede zusammenziehen bzw. dehnen kann. Die Kühlrohre mit 30 mm bis 38 mm Durchmesser, die etwa 20 mm mit Beton überdeckt sind, werden im Abstand von 80 mm bis 90 mm auf Winkeleisen oder Betonschwellen verlegt. Diese haben zum Einhalten des Rohrabstandes Einkerbungen, in welche die Rohre eingelegt werden, damit sie beim Vergießen nicht verrutschen.

Die Enden der Rohre ragen aus dem Beton heraus und werden abschnittsweise mit Verteil- und Sammelstücken verbunden.

Die Dicke der Eisschicht wird auf etwa 25 mm gehalten. Ihre Oberflächentemperatur richtet sich nach dem Verwendungszweck der Bahn. Für den normalen Schlittschuhlauf sind es −1 °C bis −3 °C, für Eishockey etwas tiefer und für Eisschnellauf rd. 0,5 °C, da dann die Gleiteigenschaften am besten sind.

9.8.7.2 Kälteanlage der Eisbahn

Ursprünglich wurden die Bahnen mit Sole gekühlt. Die erforderliche Flüssigkeitskühlanlage (Bild 123 a und b) (vgl. Abschn. 9.2.5) mußte eine Soletemperatur von rd. −10 °C bei einer Verdampfungstemperatur von −15 °C bis −17 °C erzeugen. Bei den großen Rohrlängen war es nicht möglich, die Temperatur an jeder Stelle der Bahn gleichzuhalten, da wegen der wirtschaftlich begrenzten Leistung der Umwälzpumpen die Temperaturdifferenz zwischen Vor- und Rücklauf 3 bis 4 K beträgt. Nachteilig war ferner die ständige Überwachung der Sole, um die unvermeidbaren Korrosionsschäden im Rahmen zu halten.

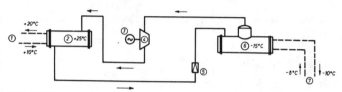

1	Kühlwasser
2	Kondensator
3	Motor
4	Kompressor
5	Regulierstation
6	Verdampfer
7	Sole

Bild 9/123 a Kältekreislauf einer Kunsteisbahn mit Solekühlung

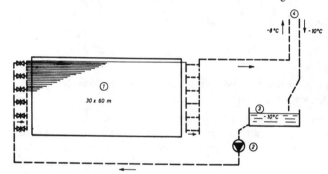

1	Eispiste
2	Solepumpe
3	Solebehälter
4	Sole

Bild 9/123 b Solekreislauf in einer Kunsteisbahnanlage

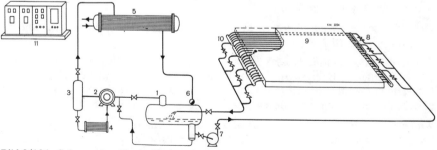

Bild 9/124 Schema einer Kunsteisbahn mit direkter Verdampfung

1 Ammoniakbehälter	5 Kondensator	9 Pistenberohrung
2 Kompressor	6 Hochdruck-Schwimmerregulierung	10 Sammelstücke
3 Ölabscheider	7 Ammoniakpumpe	11 Schalttafel
4 Ölkühler	8 Verteilstücke	

Das später entwickelte Verfahren der direkten Verdampfung in den Rohren (Bild 9/124) vermeidet diese Nachteile und bietet folgende Vorteile:

a) Durch Entfallen des Temperatursprunges zwischen Kältemittel und Sole steigt die Verdampfungstemperatur um 5 bis 7 K an. Der Energieverbrauch des Verdichters sinkt dadurch um 25 bis 35 %.

b) Die Kältemittelumwälzpumpen haben gegenüber den Solepumpen einen um 75 bis 85 % geringeren Energieverbrauch, da sie weniger Flüssigkeit fördern müssen. Für den Wärmetransport steht die viel größere Verdampfungswärme des Kältemittels zur Verfügung.

c) Die Haltbarkeit der Pistenrohre wird durch Wegfall der korrosiven Sole erheblich verbessert.

d) Die Temperatur ist an allen Stellen der Bahn gleich, denn sie ist die Verdampfungstemperatur des Kältemittels.

9.8.7.3 Kältebedarf einer Kunsteisbahn

Der Kältebedarf der Eisbahn setzt sich zusammen aus

dem *Wärmestrom aus dem Erdreich*. Er ist im Beharrungszustand ziemlich gering.

Dem *Wärmeeinfall aus der Luft*, der sowohl sensible als auch latente Anteile umfaßt. Er ist stark abhängig von der Luftgeschwindigkeit und der Lufttemperatur über der Eisfläche. Um eine Schutzschicht kalter Luft zu erhalten, wird die Eisfläche mit einer höheren Umrandung (Bande) versehen.

Bei Halleneisbahnen ohne große Luftbewegung kann mit einer Wärmeübergangszahl von rd. 400 kJ/m²hK gerechnet werden.

Der *Wärmeeinfall durch Sonneneinstrahlung*. Die Intensität dieser Strahlung hängt vom Stand der Sonne ab und ist mittags am größten. Ein Teil der Strahlung wird absorbiert, ein Teil reflektiert. In den Wintermonaten November bis Februar ist der absorbierte Anteil bei den schräg einfallenden Sonnenstrahlen nur gering. Da die Sonnenstrahlung einen erheblichen Anteil des Wärmezustromes ausmacht, werden Eisbahnen, die nicht nur in den kalten Wintermonaten betrieben werden, mit einem Sonnenschutzdach ausgerüstet.

Der *Erneuerung des abgefahrenen Eises*, was bei einer gut besuchten Bahn von 30 x 60 m² stündlich etwa 2 m³ Eis ausmacht.

Die *Berechnung des Kältebedarfs* ist schwierig, da dieser vor allem von dem Zeitabschnitt (Winter bis Übergangsmonate) abhängt, während welchem die Bahn betrieben werden soll. Man ist weitgehend auf Erfahrungswerte angewiesen. Im mitteleuropäischen Klima kann für ein Eisfeld von 30 x 60 m² gerechnet werden:

Winter-Freiluftbahn	650 bis 1050 kJ/m²h
Sommer-Hallenbahn	1250 bis 1700 kJ/m²h
Sommerbahn überdacht	1700 bis 2500 kJ/m²h

9.9   Wärmepumpen

Wärmepumpen (s. Kap. 3.7) erfreuen sich seit der Ölkrise 1973 und der fortschreitenden Verknappung an Primärenergie (Kohle, Öl, Erdgas) einer steigenden Bedeutung. Es werden erhebliche Mittel investiert, um die Entwicklung voranzutreiben, die Wirtschaftlichkeit zu verbessern und neue Einsatzmöglichkeiten zu finden [46].

Wegen der Verwandtschaft zur Kältemaschine sollen im Folgenden die wesentlichen Gesichtspunkte für deren Anwendung erwähnt werden, insbesondere der Einsatz zum Kühlen und Heizen.

9.9.1 Wärmequellen [46]

Wirtschaftlichkeit, Aufbau und Betriebsweise der Wärmepumpe hängen weitgehend von der vorhandenen Wärmequelle tiefer Temperatur ab. Diese muß deshalb einige spezifische Eigenschaften haben.

a) Die benötigte Wärmemenge soll zu jeder Zeit in ausreichender Menge zur Verfügung stehen.

b) Die Temperatur der Wärmequelle soll möglichst hoch sein, damit die Temperaturdifferenz zwischen Nutzwärme und Wärmequelle klein und eine gute Wirtschaftlichkeit (hohe Heizzahl ϵ) erreicht wird (s. Kap. 3.7.2).

c) Die Erschließungskosten der Wärmequelle sollen nur wenig Kapital erfordern.

d) Der Energieaufwand für den Wärmetransport durch Pumpen und Ventilatoren soll gering sein.

Geeignete Wärmequellen sind vor allem:

9.9.1.1 Luft

Luft ist überall verfügbar und liefert in technischen Grenzen jede benötigte Wärmemenge, allerdings bei sehr verschiedenen Temperaturen und unterschiedlicher relativer Feuchte. Beim Einsatz von Luft als Wärmequelle muß deshalb der jahreszeitliche Verlauf der Temperaturen und möglichst auch der Feuchten bekannt sein, um die Luftkühler richtig auslegen zu können. Die richtige Wertung des Temperaturverhaltens erfordert die Ermittlung der Häufigkeitsverteilung, der Enthalpie und anderer Daten.

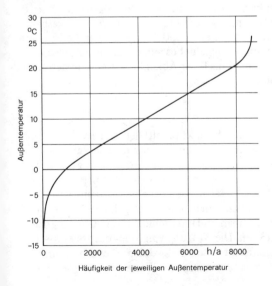

Bild 9/125 Jahreshäufigkeit der Außentemperatur am Beispiel der Stadt Mannheim

Eine Häufigkeitskurve der Temperatur in der Stadt Mannheim zeigt Bild 9/125: Nur etwa 900 h/a liegen unter 0 °C und nur etwa 200 h/a unter −5 °C. Es könnte also über den größten Teil der Heizperiode Luft als Wärmequelle eingesetzt werden, ohne daß mit einer Eisbildung am Verdampfer gerechnet werden muß. Der Bereich um 0 °C bringt aber erhebliche Abtauprobleme, welche erst bei tieferer Lufttemperatur, etwa unter −5 °C, wegen des geringeren Wassergehaltes der Luft wieder geringer werden. Bei Nebel und Schneefall besteht die Gefahr, daß der Verdampfer völlig zufriert oder verstopft, was durch Ausführung und Anordnung verhindert werden muß.

Für die Heizzahl ϵ_H folgt, daß sie starken Schwankungen unterworfen und bei tiefer Außentemperatur, wenn hohe Heizleistung verlangt wird, klein ist. Dies bedeutet, daß zum Erreichen der Wirtschaftlichkeit die sogenannten *bivalenten* Heizsysteme verwendet werden müssen.

9.9.1.2 Wasser

Wasser ist, genau wie als Kälteträger (vgl. Kap. 9.2.1.2), wegen der guten Wärmeübertragungseigenschaft und der hohen Wärmekapazität eine ideale Wärmequelle. Es steht als *Grundwasser* oder als *Oberflächenwasser* (Flüsse und Seen) zur Verfügung.

Grundwasser hat eine fast gleichmäßige Temperatur, die etwa der mittleren Jahrestemperatur entspricht. Zum Teil liegt sie auch 1 bis 2 K höher. Grundwasser ist also eine „warme" Wärmequelle. Damit ergeben sich für den Heizbetrieb günstige Heizzahlen. Ob und in welcher Menge Grundwasser zur Nutzung zur Verfügung steht, ist beim zuständigen Wasserwirtschaftsamt, bei dem die beabsichtigte Nutzung beantragt werden muß, zu erfragen. Eine Probebohrung gibt Aufschluß über Förderleistung, Wasserqualität und Spiegelabsenkung. Für den Brunnenbau müssen DIN 18 301 „Bohrarbeiten", DIN 18 302 „Brunnenbauarbeiten" und VOB, Teil C beachtet werden. Für den behördlichen Antrag sind eine Skizze der Brunnenausführung und ein Verzeichnis der Bodenschichtung nach DIN 4022 erforderlich.

Als Wärmequelle für ein Einfamilienhaus gilt als Richtwert: Wohnfläche in m^2 x 10 gleich der erforderlichen Menge an Brunnenwasser in Liter. Der mittlere Tagesbedarf ist etwa das zehnfache, die Betriebsdauer etwa 200 Tage/Jahr. Für die Nutzung bei größeren Leistungen der Wärmepumpen scheidet es jedoch häufig aus, weil die Entnahme zu groß wird. Grundwasser muß nach der Abkühlung wieder in den Grundwasserspiegel eingeleitet werden (Schluckbrunnen).

Oberflächenwasser

Die Temperatur von Fluß- oder Seewasser schwankt in Mitteleuropa etwa zwischen +25 °C und +2 °C. Nur kleinere Gewässer frieren im Winter zu. Viele Flüsse sind durch Einleiten von industriellem Kühlwasser so stark mit Wärme belastet, daß sie nicht mehr einfrieren können und der Wärmeentzug durch eine Wärmepumpe nur vorteilhaft wäre. Die vorliegenden Verhältnisse müssen bei einer Nutzung jeweils für den Einzelfall untersucht werden. Im allgemeinen lohnt es sich aber, Flüsse als Wärmequelle zu nutzen, da erfahrungsgemäß im Durchschnitt etwa 90 % der erforderlichen Wärme gewonnen werden kann. Die Nutzung von Fluß- oder Seewasser muß vom zuständigen Wasserwirtschaftsamt genehmigt werden. Dieses bestimmt auch die Mindest-Rücklauftemperatur des entnommenen Wassers, meist etwa +2 °C, wonach dann die Ausführung des Verdampfers und die Verdampfungstemperatur festzulegen sind. Wegen der Einfriergefahr müssen die Wärmepumpen mit einer Zusatzheizung ausgerüstet werden.

9.9.1.3 Erdboden

Der Erdboden besitzt ein großes Speichervermögen für die aufgenommene Sonnenwärme und hat ab Tiefen von 10 m eine praktisch konstante Temperatur von rd. +10 °C. Dies ergibt ebenfalls eine gute Heizzahl. Da die Bodenbeschaffenheit sehr verschieden ist, ist es wichtig, die Wärmeleitfähigkeit λ, die Dichte ρ und die spezifische Wärmekapazität c zu kennen. Feuchtigkeit und Dichte haben entscheidenden Einfluß auf die Wärmeleitfähigkeit. Durch Diffusionsvorgänge entsteht wegen des Tempeaturgefälles in Richtung des Wärmeaustauschers eine Wanderung der Bodenfeuchtigkeit, die eine Verbesserung der Wärmeleitfähigkeit des Erdreiches um den Wärmeaustauscher herum ergibt. Zwischen trockenem und nassem Boden, insbesondere nassem Sand, sind Unterschiede der Wärmeleitfähigkeit zwischen 0,25 bis 2,5 W/mK gemessen worden. Wird der Wärmeaustauscher (Verdampferrohre) nahe oder unterhalb des Grundwasserspiegels eingebaut, so ist ein zusätzlicher Wärmetransport festzustellen, wenn die Fließgeschwindigkeit größer als 3 mm/h ist.

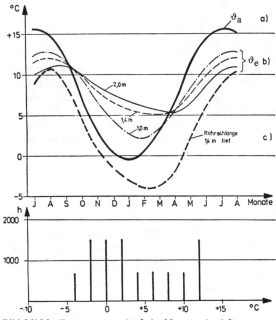

Bild 9/126 Temperaturverläufe im Monatsmittel für
a) Außenluft (Normaljahr)
b) Erdreich ungestört in 1; 1,4; 2 m Tiefe
c) Rohrschlange, 1 m Abstand, 1,4 m Tiefe
d) Häufigkeiten der Temperatur in Monatsschritten (730 h)
Rohrschlange mit 46,5 W/m belastet

Aus wirtschaftlichen Gründen werden Rohrschlangen für den Wärmeaustausch nicht tiefer als 1,0 bis 1,2 m verlegt, wobei die Temperaturschwankung im Jahresverlauf

noch sehr ausgeprägt ist, allerdings mit einer Phasenverschiebung (Bild 9/126). Dies
ist für die Wärmepumpe vorteilhaft, denn in der Zeit des maximalen Wärmebedarfes
ist die Wärmequelle noch verhältnismäßig warm. Messungen an einer seit 20 Jahren
betriebenen Heizwärmepumpe für ein Einfamilienhaus mit einem Wärmeentzug von
etwa 35 MWh je Heizperiode und einer wirksamen Erdoberfläche von 220 m² ergaben,
daß die Verdampfungstemperatur des Kältemittels in der Rohrschlange von +5 °C bei
Beginn der Heizperiode auf etwa −8 °C absinkt. Im Verlauf des Winters gefriert das
Erdreich in einem Radius von etwa 0,5 m um die Rohrschlange aus. Das Auskühlen
des Bodens verzögert die Frühjahrsvegetation um etwa 3 Wochen. Die Erdtemperatur
normalisiert sich im Laufe des Sommers völlig, ohne daß Wärme künstlich zugeführt
wird. In der Sommervegetation ist kein Unterschied festzustellen.

9.9.1.4 Sonstige Wärmequellen sind:

Sonnenenergie, die über Sonnenkollektoren in Verbindung mit einem Speicher und
einer Wärmepumpe nutzbar gemacht wird. Die Entwicklung ist gerade auf diesem
Gebiet sehr im Fluß.

Industrielle und *gewerbliche Abwässer*, aus denen oftmals sehr wirtschaftlich und mit
verhältnismäßig wenig Aufwand Abwärme zurückgewonnen und über Wärmepumpen
genutzt werden kann.

Kondensations- und *Trockenprozesse* in der Industrie.

Sonstige geeignete Wärmequellen, wobei das folgende Beispiel interessant sein dürfte:

Auf Bauernhöfen in Dänemark wurden Wärmepumpen erstellt, die den Kuhstall als
Wärmequelle nutzen [3], um das Wohnhaus zu beheizen. Eine Kuh gibt im Mittel täglich etwa 84 000 KJ Wärme und 8 bis 9 kg Wasserdampf ab. Von der Stallwärme werden etwa 30 % der entwickelten Wärme benötigt, um die Temperatur im Stall von
etwa +15 °C aufrecht zu erhalten. Der größere Teil ist für die Raumheizung und die
Stallbelüftung verfügbar. Bei der Stalltemperatur von +15 °C im Winter kann die
Wärmepumpe mit einer Verdampfungstemperatur von etwa +9 °C betrieben werden,
was eine gute Heizzahl ergibt.

9.9.2 Ausführungsarten

Betrachtet man die Wärmequelle als Primärseite der Wärmepumpe und das zu heizende
System als Sekundärseite, ist festzustellen, daß die auf der Primärseite von der Wärmepumpe aufgenommene Wärme zuzüglich der Verdichterarbeit (nach dem ersten Haupt-
satz) auf der Sekundärseite meistens an Wasser oder Luft abgegeben wird. Nach diesem
Verhalten werden die Wärmepumpen bezeichnet [53]:

Luft/Luft-Wärmepumpen
Luft/Wasser-Wärmepumpen
Wasser/Luft-Wärmepumpen
Wasser/Wasser-Wärmepumpen
Erdreich/Luft-Wärmepumpen
Erdreich/Wasser-Wärmepumpen

Genau wie Kälteanlagen gibt es die Wärmepumpe als Kompaktgerät, als Splitgerät oder
als an Ort montierte Anlage, bei welcher die einzelnen Teile für sich aufgestellt, bzw.
in die Anwendungstechnik integriert und durch Rohrleitungen verbunden werden. Auß

dem gibt es dem jeweiligen Verwendungszweck angepaßte Ausführungen, sei es für die Beheizung von Ein- oder Mehrfamilienhäusern, zum Heizen und Klimatisieren großer Gebäude oder zum Einsatz in Gewerbe und Industrie.

9.9.2.1 Kleinwärmepumpen zum Heizen [54]

Diese, immer als Kompakt- oder Splitgerät ausgeführte Wärmepumpe gibt es als *Luft-Luft-WP, Luft-Wasser-WP* oder *Wasser-Wasser-WP*. Die Ausführung *Luft-Luft* ähnelt den Raumklimageräten, wobei diese durch Umschalten von Verflüssiger und Verdampfer im Sommer kühlen und im Winter heizen. Um den vollen Wärmebedarf decken zu können, werden diese Geräte zusätzlich mit einer Elektroheizung oder einem Warmwasser-Element zum Anschluß an eine vorhandene Warmwasserheizung ausgerüstet. Man spricht dann von einer *„bivalenten Heizung"* (s. Abschn. 9.9.2.2).

Luft-Wasser-Geräte gibt es ebenfalls als Kompakt- oder als Splitgeräte. Sie verwenden Luft als Wärmequelle und Heizwasser als Wärmeträger. Sie werden zum Erwärmen von Brauchwasser oder in Verbindung mit einer vorhandenen Warmwasserheizung eingesetzt.

Wasser-Wasser-Geräte gleichen in ihrem Aufbau den Kaltwassergeräten (s. Abschn. 9.2.3.2). Sie entnehmen die Wärme entweder dem Grund- oder Oberflächenwasser und bringen wenig Probleme. Oder die Wärme wird dem Erdboden entnommen. Dann wird die im Erdboden verlegte Rohrschlange von einem geeigneten Kälteträger durchflossen. Diese Ausführung ergibt wegen der tieferen Verdampfungstemperatur, bedingt durch den doppelten Temperatursprung, eine schlechtere Heizzahl als bei direkter Verdampfung des Kältemittels in den Rohren, ist aber wegen der einfacheren Montage gebräuchlicher.

9.9.2.2 Bivalente und multivalente Heizsysteme

Es ist unwirtschaftlich, Heizwärmepumpen für den vollen Heizwärmebedarf am kältesten Tag auszulegen, da sie dann in Investition und Betrieb sehr teuer werden. Sie werden zweckmäßig nur für den Wärmebedarf bis zu einer Außentemperatur von etwa 0 °C ausgelegt und für die verhältnismäßig wenig kalten Tage durch eine konventionelle Zusatzheizung ergänzt.

Bei diesen „bivalenten Heizsystemen" ist eine Kombination zweier Heizeinrichtungen entweder *parallel* — beide Heizeinrichtungen bei hohem Wärmebedarf gleichzeitig, bei verringertem Wärmebedarf nur die die Grundlast deckende Wärmepumpe — in Betrieb oder *alternativ* — die Wärmepumpe, die die Grundlast übernimmt, wird zu Zeiten hohen Wärmebedarfes abgeschaltet und vollständig durch die größer dimensionierte Heizeinrichtung ersetzt. Letztere muß also für den maximalen Wärmebedarf ausgelegt sein.

Ein „bivalentes Heizsystem" ist z. B. die Kombination einer Verdichter-Wärmepumpe mit Elektro-Motorantrieb und eines konventionellen Heizkessels, der entweder mit Heizöl oder Gas betrieben wird.

Bei der Umstellung bereits vorhandener Heizungsanlagen mit Öl/Gas-Heizkesseln auf Wärmepumpenbetrieb wird oft der Alternativbetrieb gewählt, d. h. die Wärmepumpe übernimmt die Wärmelieferung bis zu Außentemperaturen von rd. 0 °C, während bei

Außentemperaturen unter 0 °C der Heizkessel die Deckung des Gesamtwärmebedarfes übernimmt. Nach [46] liegt der wirtschaftliche Umschaltpunkt bei +2 °C. Dieser Umschaltpunkt bringt noch eine gute Heizzahl von etwa ϵ_H = 3,5. Die Deckung des Jahres wärmeverbrauchs wird von der Wärmepumpe zu rd. 67 % aufgebracht. Die Anlage dien der Einsparung von Primärenergie [49, 50].

Unter multivalenten Heizsystemen versteht man Kombinationen von mehreren Heizeinrichtungen zur Wärmebedarfsdeckung, z. B. konventionelle Heizkessel, Wärmepumpe, Sonnenkollektor mit erforderlichem Wärmespeicher einschließlich der notwendigen Nebeneinrichtungen.

9.9.2.3 Großwärmepumpen zum Heizen und Klimatisieren

Das Ausnützen der kalten Seite im Sommer zum Kühlen und der warmen Seite im Winter zum Heizen macht eine Wärmepumpe in der Investition sehr viel wirtschaftlicher, besonders wenn es dabei durch die betrieblichen Verhältnisse möglich ist, vorhandene Abwärme, z. B. aus Abluft oder Abwasser, wieder für Heizzwecke zu nutzen. Dies ist bei Gebäuden und Betrieben, die mit Lüftungs- und Klimaanlagen ausgestattet sind und die, wie z. B. Warenhäuser und Supermärkte, noch über Abwärme von der Warenkühlung verfügen, der Fall. Dort bietet sich die Kopplung von Kühlung und Heizung an (Bild 9/127). Die Abluft vom Zentralverflüssiger der Kälteanlagen für die Kühlmöbel und -räume (s. Abschn. 9.4.7.4) wird zum Vorwärmen der Frischluft für die Klimaanlage oder direkt zum Heizen genutzt. Derartige Anlagen verlangen eine besondere Planung, da die verschiedenen Werte von Wärme- und Kältebedarf der einzelnen Verbrauchsstellen in Einklang gebracht werden müssen. Zum Teil muß überschüssige Wärme über ein Rückkühlwerk abgeführt oder fehlende Wärme durch eine Zusatzheizung ergänzt werden.

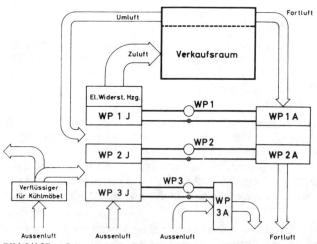

Bild 9/127   Schema der Luft-Luft-Wärmepumpenanlage im Supermarkt *Düsseldorf-Benrath*

Verdampfer und Verflüssiger von 3 Wärmepumpen sind direkt in den Luftkreislauf als Lamellensystem eingebaut. Der Kältekreislauf ist umkehrbar. Die Wärmeaustauscher J in der Zuluft arbeiten im Sommer als Verdampfer zum Kühlen und im Winter als Verflüssiger zum Anwärmen der Zuluft zum Verkaufsraum. In diesem Fall sind die Wärmeaustauscher A Verdampfer zum Abkühlen der Fortluft. Sie gewinnen daraus die Wärme zurück. Für das Aufheizen der Frischluft ist also nur die Verdichterarbeit aufzuwenden. Eine zusätzliche Elektroheizung ist für sehr kalte Tage vorgesehen, falls die rückgewonnene Wärme nicht ausreicht. Die vom Verflüssiger der Lebensmittelkühlung gelieferte Wärme wird im Winter für die Heizung nutzbar gemacht und im Sommer nach außen abgeführt [46].

Großwärmepumpen mit Kolben-, Schrauben- oder Turboverdichter werden als Kompaktgeräte überwiegend für das System Wasser-Wasser gebaut und als Wärmequelle zumeist Oberflächenwasser oder vorhandenes Abwasser genutzt. Bereits in den Jahren 1941/42 wurde die ETH in Zürich durch eine Wärmepumpe beheizt. Als Wärmequelle diente die nahe vorbeifließende Limmat. Tafel 9/15 gibt eine Übersicht über serienmäßige Wasser-Wasser Wärmepumpen. Je nach Wasserqualität werden die Verdampfer in Stahl, Kupfer oder Edelstahl ausgeführt. Weil besonders bei See- oder Flußwasser auf eine gute Reinigungsmöglichkeit zu achten ist, werden Röhrenkesselverdampfer (s. Kap. 4.2.3) verwendet.

Tafel 9/15 Leistungsdaten von Wasser/Wasser-Wärmepumpen als Kompaktgerät nach *Brown Boveri-York*

Bau-größe	Für Heizwasser 24/28 °C						
	Für Kühlwasser 10/ 6 °C						
	Nenn-Heizleistung	Nenn-Kühlleistung	Leistungs-aufnahme	Heizwasser		Kaltwasser	
WPK	kW	kW	kW	Menge m³/h	Druckverlust bar	Menge m³/h	Druckverlust bar
108	101,1	83,7	18,7	22	0,3	18	0,25
112	148,8	123,2	27,5	31	0,2	27	0,46
116	195,3	161,6	36,8	43	0,35	35	0,35
120	237,2	197,6	43,2	51	0,25	41	0,2
123	280,2	232,5	52,3	60	0,33	50	0,25
128	347,6	290,7	61,6	74	0,2	60	0,2
132	389,5	325,6	71	82	0,23	68	0,25
232	387,2	320,9	73,4	86	0,75	70	0,1
240	467,4	391,8	84,3	102	0,4	82	0,1
246	573,2	480,2	108	120	0,55	100	0,57
256	675,6	563,9	125,5	148	0,77	120	0,78
264	767,4	641,9	139	164	0,36	136	0,95
	Für Heizwasser 40/50 °C						
	Für Kühlwasser 10/ 6 °C						
108	88,4	65,1	25,3	8	0,05	14	0,15
112	127,9	95,3	37	12	0,05	20	0,3
116	170,9	128,7	49,4	16	0,08	27	0,2
120	205,8	152,3	59	18	0,05	32	0,15
123	244,2	180,2	71	22	0,08	39	0,18
128	302,3	225,6	84,5	27	0,05	48	0,15
132	339,5	252,3	96,5	30	0,05	54	0,18
232	337,2	248,8	97,5	31	0,15	53	0,1
240	405,8	303,5	113	37	0,08	63	0,05
246	500	372,1	140	44	0,1	78	0,4
256	600	446,5	171	54	0,15	100	0,6
264	675,6	506,9	188	60	0,1	110	0,65

Bisher waren Wärmepumpen fast ausschließlich für elektrischen Antrieb vorgesehen. Neuerdings werden auch serienmäßig solche Wärmepumpen mit Gas- oder Dieselmotore ausgerüstet (s. Kap. 3.7.3.1). Durch Ausnutzen der Abwärme von Kühlwasser und Abgas können Heizwassertemperaturen von +90 °C und bei industriellem Einsatz mit entsprechender Ausnutzung der Abgaswärme auch Dampf erzeugt werden. Beim Abkühlen der Dieselabgase unter +180 °C muß für den Wärmeaustauscher Edelstahl verwendet werden, da er sonst durch den Schwefelgehalt im Abgas zu schnell korrodiert. Alle Wärmeaustauscher werden im Aggregat integriert und angeschlossen (Bild 9/128).

Bild 9/128   Wärmepumpe mit Kolbenverdichter und Antrieb durch einen Gas- oder Dieselmotor (Werkbild *BBC-YORK*)

Um festzustellen, ob der Einsatz einer Gaswärmepumpe lohnend ist, müssen die höheren Investitions- und die niedrigeren Betriebskosten ermittelt und mit denen der Elektrowärmepumpe verglichen werden, wobei den von dem jeweiligen EVU gewährten Tarifen für Strom und Gas entscheidende Bedeutung zukommt.

9.9.3   Wärmepumpen in Industrie und Sportstätten

Bei technischen Verfahren wird oft auf der einen Seite gekühlt und auf der anderen Seite geheizt, z. B. bei Vakuum-Eindampfprozessen. Hierbei ergibt sich eine optimale Energieausbeute durch den Einsatz einer Wärmepumpe. Bild 9/129 zeigt das Fließschema einer R 11-Turbo-Kälteanlage, bei welcher die Verflüssigungswärme bei +55 °C zum Aufheizen des Vakuumverdampfers genutzt und der entstehende Brüdendampf im Kältemittelverdampfer der gleichen Anlage kondensiert werden. Wegen der günstigen Temperaturverhältnisse genügt hier ein 1-stufiger Turboverdichter.

In ähnlicher Weise kann bei Trocknungsprozessen die Trocknungsluft im Kreislauf zunächst durch Abkühlung im Verdampfer einer Kältemaschine entfeuchtet und anschließend durch die Verflüssigungswärme wieder aufgeheizt werden. Bei diesem Verfahren kann eine erhebliche Wärmemenge durch Einbau von Wärmeaustauschern auf der Kühl- und Heizseite über Kreislaufwasser zurückgewonnen werden, wodurch sich

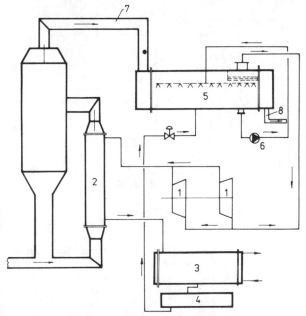

1 R 11-Turbover-
   dichter
2 Produkterhitzer
   (Kältemittelver-
   flüssiger)
3 Hilfsverflüssiger
   (mit Wasser)
4 Sammelflasche
5 Brüdenverflüssiger
   (Kältemittelver-
   dampfer)
6 Kältemittelumwälz-
   pumpe
7 Brüdendampf-
   zuleitung
8 Kondensatabfluß

Bild 9/129 Wärmepumpe zum Verflüssigen von Brüdendampf

die aufzuwendende Energie stark reduziert. Bild 9/130 zeigt das Fließschema, Bild 9/131 den Prozeß im h, x-Mollierdiagramm. Da der Trocknungsprozeß bei verhältnismäßig niedriger Temperatur abläuft, wird die zu trocknende Ware geschont.

Die Planung von Industrie-Wärmepumpen erfordert viel Erfahrung und eine sehr genaue Berechnung der Investitions- und Betriebskosten, um die Wirtschaftlichkeit mit genügender Sicherheit zu ermitteln. Betreiber und Erbauer der Wärmepumpe müssen dabei eng zusammenarbeiten.

In *Sportstätten* werden Schwimmbäder immer häufiger mit Wärmepumpen beheizt, wobei die Wärmequellen zumeist Oberflächen- oder Grundwasser sind. Da Sportzentren im allgemeinen von der öffentlichen Hand geplant und gebaut werden, ist das Genehmigungsverfahren für die Nutzung einfacher. Als Wärmepumpen werden Kompaktgeräte mit Kolben-, Schrauben- oder Turboverdichtern eingesetzt, wodurch sich eine einfache Anlagentechnik ergibt.

Besonders wirtschaftlich ist die Kopplung einer Kunsteisbahn mit einem Hallenschwimmbad. Die Eisbahn wird vorwiegend mit einer Ammoniak-Pumpenanlage betrieben (s. Kap. 9.8.6.2). Das Kühlwasser für den Verflüssiger der Kälteanlage der Eisbahn wird im Kreislauf über den Verdampfer der Wärmepumpe gefahren und dort rückgekühlt. Die nachgeschaltete Wärmepumpe bringt dann die der Eisbahn entzogene Wärme in das Schwimmbad. Durch das rückgekühlte, kalte Kühlwasser hat die Eisbahn einen geringeren Energieverbrauch. Es können mit einstufigen Verdichtern und serienmäßigen Komponenten Heizwassertemperaturen von über +45 °C erreicht werden, was für die Versorgung des Bades ausreicht.

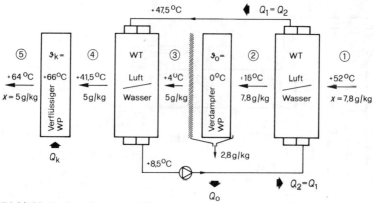

Bild 9/130 Lufttrocknung mit Wärmepumpe
Kreislaufschema

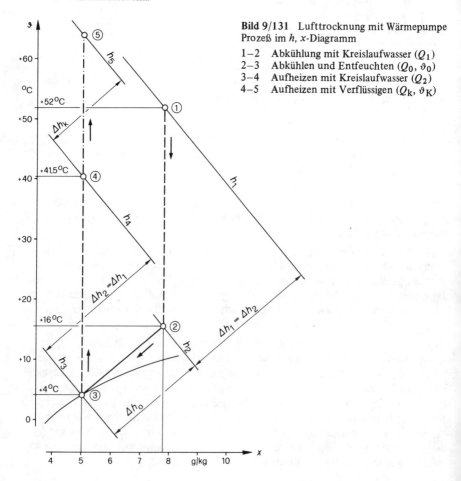

Bild 9/131 Lufttrocknung mit Wärmepumpe
Prozeß im h, x-Diagramm

1–2 Abkühlung mit Kreislaufwasser (Q_1)
2–3 Abkühlen und Entfeuchten (Q_0, ϑ_0)
3–4 Aufheizen mit Kreislaufwasser (Q_2)
4–5 Aufheizen mit Verflüssigen (Q_k, ϑ_K)

Literaturverzeichnis für Kap. 9.1 bis 9.9

[1]   *Bäckström, M.:* Kältetechnik, *G. Braun,* Karlsruhe 1953.

[2]   *Pohlmann, W.:* Taschenbuch für Kältetechniker, 15. Aufl., *C.F. Müller,* Karlsruhe 1971.

[3]   *Emblik, E.:* Kälteanwendung, *G. Braun,* Karlsruhe 1971.

[4]   *Prokle, H.:* Kompressionskälteanlagen in der chemischen Industrie. *BBC*-Nachrichten Bd. 49 (1967) Nr. 12, S. 638/44.

[5]   *Duscha, W.:* IWL-Forum 73/III-IV S. 127/44 Institut für Gewerbliche Wasserwirtschaft und Luftreinhaltung e. V.

[6]   *Hochstrasser, W.:* Die Anwendung der Kältemaschinen in der Klimatechnik. Der Kälte-Klima-Praktiker 6 (1966) H. 11, S. 314/19.

[7]   *Drees, H.:* Kühlanlagen, VEB-Verlag Technik, Berlin 1968.

[8]   Scherbeneisanlagen System NORTH STAR, *Sulzer Escher Wyss,* Druckschrift 300 123 b (d) − 6/73-15.

[9]   *Emblik, E.:* Eisbildung und Wärmeübergang im Süßwasserkühler, Kältetechnik 3 (1951) H. 1, S. 10/14 u. H. 2, S. 29/34.

[10] *Deyle, W.:* Der Bau von Kunsteisbahnen, Kältetechnik 14 (1962) H. 1, S. 10/17.

[11] *Trechsel, M.A.:* Die neue Kunsteisbahn Dolder, Schweizer. Bauzeitung 83. Jg., H. 40, S. 688/93.

[12] *Dauser, A.:* Verhalten der Kompressionskältemaschine beim Abkühlvorgang, Kältetechnik 5 (1953) H. 10, S. 280/82.

[13] *Quest, H.* und *Rogge, D.:* Anforderungen an Hofkühlanlagen für Milch und ihr Energiever-brauch, Kieler Milchwirtschaftliche Forschungsberichte 17. Band (1965) S. 383/95.

[14] *Böhm, J.:* Wärmeübergang am Plattenwärmeaustauscher, Kältetechnik 7 (1955) H. 12, S. 358/62.

[15] *DKV*-Arbeitsblatt 8-04, *C.F. Müller,* Karlsruhe.

[16] *Mezger, G.:* Moderne Kältetechnik, Einrichtungen der neuen Dortmunder Ritterbrauerei, *BBC*-Nachrichten, 52 (1970) H. 5/6 S. 128/38.

[17] *Stettner, H., Plästerer, H.:* Lehrbuch der Kältetechnik Bd. 2, *C.F. Müller,* Karlsruhe 1968.

[18] *Lotz, H.:* Wärme- und Stoffaustauschvorgänge in bereifenden Lamellenrippenluftkühlern im Zusammenhang mit deren Betriebsverhalten. Kältetechnik-Klimatisierung 23 (1972) H. 7, S. 208/17.

[19] *Emblik, E.:* Verdunstungsverluste beim Schnellkühlen von Fleisch. Schlacht- und Viehhof-zeitung 64. Jahrg. Nr. 9 (1964), S. 359/61.

[20] *Lang, E.:* Die kältetechnische Ausrüstung des Schlachthofes. Die Kälte 26 (1973), H. 2, S. 35/46.

[21] *Levy, L.:* Zur Theorie der Fleischkühlung, Kältetechnik-Klimatisierung 24 (1972), H. 4, S. 85/98.

[22] *Lang, E.:* Die Kühlung von Obst und Gemüse, Die Kälte 27 (1972), H. 6, S. 199/208.

[23] *VDI* 2652 Bl. 2, Begriffliche Grundlagen in der Fleischwirtschaft.

[24] *Silber, M.:* Aufgaben und Entwicklung der Kältetechnik für langfristige Kernobstlagerung, Kältetechnik-Klimatisierung 18 (1967), H. 3, S. 73/79.

[25] *Duscha, W.:* Zentralkälteanlagen mit direkter Verdampfung und Pumpenbetrieb. Die Brauwelt 113 (1973), Nr. 12, Ausg. B, S. 211/14.

[26] *Tamm, W.:* Wandel in der Gestaltung von Raumkühlanlagen, Kältetechnik 13 (1961), H. 4, S. 151/53.

[27] *Tamm, W.:* Kälteverluste durch Kühlraumöffnungen, Kältetechnik-Klimatisierung 18 (1966), H. 4, S. 142/44.

[28] *Rudnik, H.E.:* Die Entwicklung von Kältesätzen für Schienen- und Straßenfahrzeuge, Kältetechnik 10 (1958), H. 8, S. 244/48.

[29] Kühlung durch flüssigen Stickstoff, Kältetechnik-Klimatisierung 18 (1966), H. 6, S. 253.

[30] *Lieding, F.:* Kältesätze für Kühlcontainer, *Linde*-Berichte Nr. 29 (März 1971), S. 43/47.

[31] *Schröder, W.:* Kältetechnische Einrichtung von Kühlschiffen, Kältetechnik 17 (1965), H. 4, S. 196/15.

[32] *Steffens, P.:* Ladungskühlanlagen auf M.S. Polarlicht, Kältetechnik 17 (1965), H. 4, S. 115/18.

[33] *Lauser, R.:* Bodengefrieren. *BBC-Nachrichten* 49 (1967), H. 12, S. 635/38.

[34] *Kolb, E.:* Kälte und Medizin, Kältetechnik-Klimatisierung 20 (1968), H. 3, S. 66/73.

[35] *Trenkowitz, G.:* Die Wärmepumpe als Wassererwärmungsanlage für Freibäder, Elektro-
      wärme-International, 27 (1969), Nr. 3, S. 109/15.

[36] *Trenkowitz, G.:* Einsatz von Wärmepumpen zur Wärmerückgewinnung, Elektrowärme-
      International, 30 (1972), A. 4, S. A 180/87.

[37] *Dinglinger, G.:* Tiefgefrieren von Lebensmitteln mit siedenden Flüssigkeiten, Kältetechnik-
      Klimatisierung, 22 (1970), H. 7, S. 220/23.

[38] *Preisendanz, K.:* Maßnahmen in der Tiefkühlkette zum Schutze der Konsumenten, GDI-
      Topics Nr. 42, *Gottlieb-Duttweiler-Institut,* Rüschlicon-Zürich/Schweiz.

[39] *Tuchschneid, W.M.:* Die Kältebehandlung schnellverderblicher Lebensmittel, *Brücke-*
      Verlag, Hannover 1951.

[40] *Münter, W.:* Proviant- und Ladungskühlanlagen auf Überseeschiffen, *BBC*-Nachrichten
      42 (1960), Heft 1, S. 3/6.

[41] Änderungsgesetz vom 14.12.1970, BGBl Nr. 113 vom 19.12.1970.

[42] EWG-Richtlinien für die Behandlung von Fleisch. Amtsblatt der Europäischen Gemein-
      schaft G 1203 B, 12. Jg. No. L 25b vom 11.10.1969.

[43] Grundlagen der Gefriertrocknung, *Leybold-Heraeus,* Druckschrift 19.1.1/WV 0456,
      12/73.

[44] *Weckerle, D.:* Transportkälte-Omnibus-Klima, Die Kälte und Klimatechnik 1/1979,
      S. 8/14.

[45] *Casanova, E.:* Betonkühlung für das größte Wasserkraftwerk der Welt, Die Kälte und
      Klimatechnik 4/1979, S. 181/190.

[46] *Cube, H.L. v., Steimle, F.:* Wärmepumpen, *VDI-Verlag GmbH,* Düsseldorf, 1978.

[47] *Concin, R., Binder, H., Brunner, P., Bobleter, O.:* Wachstumskammer für die Anzucht
      von verholzenden Pflanzen unter radioaktiver Kohlendioxidatmosphäre, Kerntechnik
      1/1978, S. 32/38.

[48] *Richter, K.H.:* Entscheidungshilfen für die Planung von Absorptions-Kälteanlagen, Ver-
      fahrenstechnik, 6 (1972), Nr. 12, S. 390/99.

[49] *Kalischer, P.:* Die bivalente Wärmepumpen-Heizung-Technik, Wirtschaftlichkeit, Praxis,
      TAB (1978) H. 8, S. 641.

[50] *Fox, U., Schneider, W.:* Untersuchung der Wirtschaftlichkeit einer Außenluft-Wasser-
      Wärmepumpe mit Gaskessel bei Parallel- und Alternativbetrieb, HLH 29 (1978), H 8,
      S. 299.

[51] *Kirn, H., Hadenfeldt, A.:* Wärmepumpen, Verlag *C.F. Müller* (1976), Karlsruhe.

[52] *Lindner, H.:* Wärmepumpen für die Hausbeheizung, TAB (1975), H. 7, S. 555.

[53] DIN 8900, Teil 1, Wärmepumpen mit elektrisch angetriebenen Verdichtern, Begriffe.

[54] DIN 8900, Teil 2 (Entwurf 10/1980). Anschlußfertige Wärmepumpen mit elektrisch
      angetriebenen Verdichtern; Prüfbedingungen, Prüfumfang, Kennzeichnung.

9.10 Anwendung von Dampfstrahl-Kälteanlagen
Dipl.-Ing. W. Hummel
Ing. (grad.) A. Kunz

Dampfstrahl-Kälteanlagen werden vorzugsweise zur Erzeugung von kaltem Wasser verwendet, das zur Kühlung oder für die Klimatisierung in Industriebetrieben benutzt wird.

Da Dampfstrahl-Kälteanlagen unempfindlich gegen Verschmutzung sind, werden sie auch zur direkten Kühlung von stark verunreinigten oder zähflüssigen Produkten verwendet, wenn diese in Oberflächen-Wärmeaustauschern nur schwierig zu behandeln wären, oder auch bei der Kühlungskristallisation.

Dampfstrahl-Kälteanlagen sind wirtschaftlich, wenn sie mit billigem Dampf, z. B. Abdampf von Gegendruckturbinen bei Überdrücken von 0,5 bis 5 bar betrieben werden können. Für niedrige Kaltwassertemperaturen von 5 °C bis 15 °C ist auch Vakuumdampf, z. B. mit einem Treibdampfdruck von 200 mbar entsprechend einer

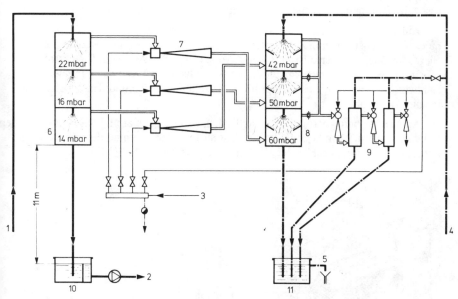

Bild 9/132 Vereinfachtes Schaltschema einer dreistufigen Dampfstrahl-Kälteanlage, mit Mischkondensation, für barometrische Aufstellung (Beschreibung siehe Text)

1. zu kühlendes Wasser $\vartheta = 24\ °C$, $\dot{V} = 180\ m^3/h$
2. gekühltes Wasser $\vartheta = 12\ °C$, $\dot{V} = 176\ m^3/h$
3. Treibdampf $p = 12\ bar$
4. Kühlwasser-Eintritt, max. $\vartheta = 25\ °C$, $V = 480\ m^3/h$
5. Kühlwasser- und Kondensat-Ablauf, max. $\vartheta = 34\ °C$, $\dot{V} = 490\ m^3/h$
6. 3-stufiger Verdampfer
7. 3 Dampfstrahl-Verdichter 1., 2. u. 3. Stufe
8. 3-stufiger Mischkondensator
9. 3-stufige Dampfstrahl-Vakuumpumpe
10. Fallwasserkasten für Kaltwasser
11. Fallwasserkasten für Kühlwasser

Sattdampftemperatur von 60 °C, möglich. Solch ein Dampf kann bei chemischen Verfahren, z. B. durch Entspannungsverdampfung und Abkühlung einer Flüssigkeit, erzeugt werden, so daß er fast kostenlos verfügbar ist.

Die Anwendungsmöglichkeiten in verfahrenstechnischen Prozessen sind zahlreich und vielfältig; es werden einige Fälle als Beispiele behandelt.

9.10.1 Dampfstrahl-Kälteanlage für Kaltwasser

Bild 9/132 zeigt das vereinfachte Schaltschema einer dreistufigen Dampfstrahl-Kälteanlage, in welcher 180 m³/h Wasser von einer Vorlauftemperatur von 24 °C auf eine Rücklauftemperatur von 12 °C in 3 Stufen gekühlt wird. Aus jeder Kammer des dreistufigen Verdampfers saugt ein Dampfstrahlverdichter einen Dampfstrom ab und verdichtet ihn auf entsprechend höheren Druck, so daß er zusammen mit dem Treibdampf im dreistufigen Mischkondensator durch Rückkühlwasser kondensiert werden kann. Das erforderliche Vakuum wird durch eine dreistufige Dampfstrahl-Vakuumpumpe aufrechterhalten, welche aus dem Mischkondensator die anfallenden Inertgase mit Dampfanteil absaugt und auf atmosphärischen Druck verdichtet.

Die Anlage ist so ausgeführt, daß das Kühlwasser im dreistufigen Mischkondensator quasi im Gegenstrom zum Kaltwasser im dreistufigen Entspannungsverdampfer fließt. Im Gegensatz dazu ist in Bild 4/13 eine vierstufige Anlage in Gleichstromschaltung gezeigt. Die zweckmäßigste Schaltung hängt von Kaltwassertemperatur, Kühlwassertemperatur, Treibdampfdruck, Anzahl der Stufen und den Aufstellungsmöglichkeiten ab.

Die Anlage ist „barometrisch" aufgestellt, d. h. daß Kaltwasser und Kühlwasser aus dem Vakuum über ca. 11 m hohe Fallrohre abgeführt werden. Sie muß deshalb auf einer Betonkonstruktion in geeigneter Höhe montiert werden (Bild 9/133).

Bild 9/133 Dreistufige Dampfstrahl-Kälteanlage mit Mischkondensation, barometrische Aufstellur Schaltschema nach Abb. 9/132 (Werkfoto *Wiegand*)

9.10.2 Dampfstrahl-Kälteanlage für Gemüsebrei

Nachdem Spinat blanchiert und gehackt ist, muß der Gemüsebrei rasch gekühlt und entgast werden. Dies geschieht in einem einstufigen Entspannungsverdampfer unter einem Vakuum von 12 mbar von einer Temperatur von 70 °C auf 10 °C (Bild 9/134).

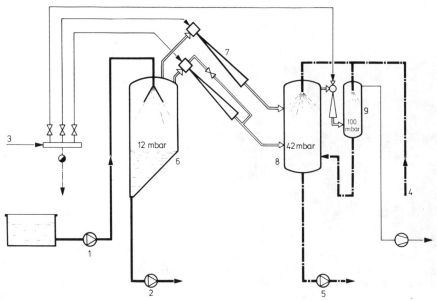

Bild 9/134 Vereinfachtes Schaltschema einer einstufigen Dampfstrahl-Kälteanlage für Gemüsebrei, mit Mischkondensation. Beschreibung siehe Text.

1. Eintragspumpe für das zu kühlende Produkt $\vartheta = 70\,°C$, $\dot{V} = 5\ m^3/h$
2. Austragspumpe für das gekühlte Produkt $\vartheta = 10\,°C$
3. Treibdampf $p = 8$ bar
4. Kühlwasser-Eintritt, $\vartheta = 15\,°C$, $\dot{V} = 15\ m^3/h$
5. Austragspumpe für das erwärmte Kühlwasser, $\vartheta = 29\,°C$
6. Verdampfer, 1-stufig
7. 2 Dampfstrahl-Verdichter, mit Leistungsteilung 33/66/100 %
8. Mischkondensator, 1-stufig
9. Dampfstrahl-Vakuumpumpe mit Mischkondensator und nachgeschalteter Wasserring-Vakuumpumpe

Der besondere Vorteil des Verfahrens ist, daß Kühlung und Entgasung in einem Vorgang bei sehr kurzer Verweilzeit ablaufen.

Der Brüden wird durch 2 parallele Dampfstrahlverdichter angesaugt und auf Kondensationsdruck verdichtet. Durch Ein- und Ausschalten von Dampfstrahlverdichtern erfolgt eine grobe Anpassung der Kälteleistung. Über eine Bypassleitung mit Regelventil findet eine Feinregelung statt.

Als Kondensator dient ein Mischkondensator, der mit Flußwasser gekühlt wird. Das Vakuum wird durch eine einstufige Strahlpumpe in Verbindung mit einer Wasserring-Vakuumpumpe gehalten.

Die Anlage ist „nichtbarometrisch" aufgestellt, d. h. Kühlwasser und Gemüsebrei
werden durch Pumpen aus dem Vakuum herausgefördert (Bild 9/135).

Bild 9/135 Einstufige Dampfstrahl-Kälteanlage für Gemüsebrei, mit Mischkondensation, Schaltschema nach Bild 9/134 (Werkfoto *Wiegand*)

9.10.3 Kälteerzeugung aus Abwärme

In der Verfahrenstechnik sind häufig wässrige, verschmutzende, auch dickflüssige
Produkte zu kühlen. Geschieht dies in Entspannungsverdampfern und ist die An-
fangstemperatur des Produktes hoch genug, so kann der Entspannungsdampf als
Treibdampf für eine Dampfstrahl-Kälteanlage verwendet werden.

In Bild 9/136 ist die Schaltung einer Anlage dargestellt, in der ein Produkt von
115 °C auf 60 °C vierstufig durch Entspannungsverdampfung gekühlt wird. Die
Brüden aus den ersten drei Stufen haben Drücke zwischen 1000 und 600 mbar und
werden zu den Dampfstrahlverdichtern einer dreistufigen Dampfstrahl-Kälteanlage
geleitet. Diese kühlt Wasser von 18 °C auf 12 °C, wobei die Verdampfungsdrücke
zwischen 18 und 14 mbar liegen. An den Treibdüsen liegt also ein genügend großes
Expansionsgefälle vor, um damit die Dampfstrahlverdichter zu betreiben.

Außer der Produktkühlung auf 60 °C und dem Kaltwasser von 12 °C wird in dem
gezeigten Verfahren auch noch Warmwasser von rd. 60 °C benötigt. Dies wird in
dem Mischkondensator 11 bereitet, in dem ein Teilstrom aus dem dreistufigen
Mischkondensator von 32 °C durch Kondensation des Entspannungsdampfes der
4. Produkt-Entspannungsstufe aufgeheizt wird.

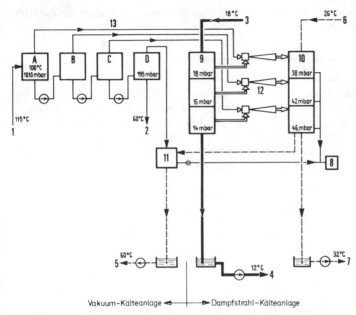

Bild 9/136 Vereinfachtes Schaltschema einer Vakuum-/Dampfstrahl-Kälteanlage (Kühlung mit Abfalldampf). Beschreibung siehe Text.

1. Eintritt warmes Produkt	8. Vakuumpumpe
2. Austritt gekühltes Produkt	9. 3-st. Entspanner
3. Kaltwasser Eintritt	10. 3-st. Mischkondensator
4. Kaltwasser Austritt	11. Mischkondensator
5. Warmwasser Austritt	12. Dampfstrahlverdichter
6. Kühlwasser Eintritt	13. Brüdenleitungen
7. Kühlwasser Austritt	A, B, C. D Produkt-Entspannungsverdampfer

9.10.4 Kraft-Wärme-Kopplung mit Kälteerzeugung

In Dieselmotoren werden nur max. 40 % der Treibstoffenergie in mechanische Energie umgewandelt; rd. 35 % der eingesetzten Energie gehen mit dem Abgas verloren. Bei größeren Motoren können Abhitzekessel eingesetzt und mit dem gewonnenen Dampf Dampfstrahl-Kälteanlagen betrieben werden (Bild 9/137).

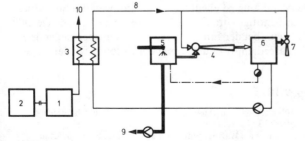

1 Diesel- oder Ottomotor
2 Generator
3 Abhitzekessel
4 Dampfstrahl-Verdichter
5 Entspannungsbehälter
6 Kondensator
7 Vakuumpumpe
8 Dampfleitung
9 Kaltwasser
10 Abgas

Bild 9/137 Schema einer Dampfstrahl-Kälteanlage, mit Abwärme eines Verbrennungsmotors betrieben

Solche Anlagen werden z. B. auf Schiffen eingesetzt, wobei das Kaltwasser zur Klimatisierung verwendet wird.

9.10.5 Wärmepumpenbetrieb mit Dampfstrahlverdichtern

Mit Hilfe von Dampfstrahlverdichtern kann Wärme, z. B. aus dem Sumpfprodukt einer Destillationskolonne, zurückgewonnen werden (Bild 9/138). Die Kolonne wird bei einem Absolutdruck von 1,2 bar betrieben und muß mit Wasserdampf beheizt werden. Anstatt Frischdampf von 6,5 bar zu drosseln und direkt in die Kolonne einzublasen, wird das wässrige Sumpfprodukt zweistufig von 103 °C auf 65 °C durch Entspannungsverdampfung gekühlt. Der freiwerdende Vakuumdampf wird durch die Dampfstrahlverdichter angesaugt und auf 1,2 bar verdichtet.

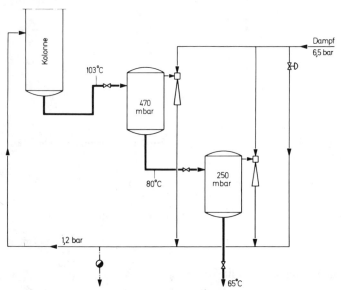

Bild 9/138 Schema einer zweistufigen Entspannungskühlung mit Dampfstrahlverdichtern zur Wärmerückgewinnung. Beschreibung siehe Text.

Je kg Entspannungsdampf werden 3,14 kg Treibdampf von 6,5 bar benötigt, so daß gegenüber Beheizung mit Frischdampf eine Dampfeinsparung von etwa 25 % erzielt wird. Die damit verbundene Abkühlung ist ebenfalls erwünscht, weil das Sumpfprodukt bei niedriger Temperatur benötigt wird. Es kann auch eine zusätzliche Destillationswirkung erzielt werden, wenn bei der Entspannung noch schwerer siedende Anteile aus dem Sumpfprodukt ausgedampft und dadurch der Kolonne wieder zugeführt werden.

Literaturverzeichnis für Kap. 9.10

[1] *Messing, T., Wöhlk, W.:* Dampfstrahl-Kälteanlagen in der chem. Industrie, Chemie-Ing.-Technik 40. Jahrg. (1968), 219/223.

[2] *Hummel, W.:* Dampfstrahlverdichter als Wärmepumpe, *Vulkan-Verlag,* Essen, Wärmepumpen 1978, S. 161/168.

[3] *Kunz, A.:* Kälte aus Abwärme, Chemie-Anlagen + Verfahren, Heft 4/1979, S. 93/99.

10 Das Haltbarmachen von Lebensmitteln durch Kälte

Dipl.-Ing. J. Gutschmidt

Haltbarmachen von Lebensmitteln heißt, sie so zu behandeln oder zu lagern, daß ihr Genuß- und Nährwert länger erhalten bleibt, als wenn sie im unbehandelten Zustand unter normalen Bedingungen aufbewahrt werden. Bei der üblichen Einteilung der zur Haltbarmachung angewendeten Verfahren wird zwischen physikalischen und chemischen unterschieden. Die wichtigsten physikalischen Verfahren sind das Kühlen, das Gefrieren, das Sterilisieren, das Pasteurisieren und das Trocknen; die wichtigsten chemischen sind das Salzen, das Räuchern, das Einsäuern und das Zuckern.

Wenn man davon absieht, daß durch einige Verfahren, wie z.B. durch das Räuchern der gewünschte typische, von dem des frischen Produkts abweichende Genußwert erst erreicht wird, kann die Güte eines Verfahrens danach beurteilt werden, inwieweit es gelingt, den ursprünglichen Genuß- und Nährwert zu erhalten. Ein Verfahren ist also um so geeigneter, je besser physikalische, chemische und mikrobielle Veränderungen während der Behandlung und der Lagerung verhindert werden können.

Auf die natürlichste Art wird der Ausgangszustand der meisten leichtverderblichen Lebensmittel durch die Anwendung von Kälte erhalten. Die dazu verwendeten beiden Verfahren – das Frischhalten durch Kühllagerung und die Gefrierkonservierung – unterscheiden sich wesentlich voneinander, so daß sie getrennt behandelt werden.

10.1 Die Ursachen der Qualitätsveränderungen von Lebensmitteln

Es ist eine aus der täglichen Erfahrung gewonnene Erkenntnis, daß viele unserer wichtigsten Lebensmittel schnell ihren Genuß- und Nährwert verlieren und bald verderben, wenn sie unter ungünstigen Bedingungen gelagert werden. In der warmen Küche fangen nach relativ kurzer Zeit Fleisch- und Wurstwaren an, übel zu riechen, Brot schimmlig, Milch sauer, Früchte überreif und Salate welk zu werden. Durch diese Veränderungen werden die meisten Lebensmittel nicht nur ungenießbar und schließlich ekelerregend, sondern beim Verderb können auch gesundheitsschädliche Stoffe entstehen. Schon bevor sich die sensorischen Eigenschaften, wie das Aussehen oder der Geruch merklich verändern, können wichtige Vitamine abgebaut werden.

Die Qualitätsverschlechterung leichtverderblicher Lebensmittel während der Lagerung kann durch das Wachstum der Mikroorganismen, durch chemische Umsetzungen und durch physikalische Einflüsse hervorgerufen worden sein. Die mikrobiellen, chemischen und physikalischen Einwirkungen und die durch sie hervorgerufenen Veränderungen stehen in enger Wechselbeziehung zueinander, so daß eine klare Abgrenzung von Ursache und Wirkung oft nicht möglich ist. Bestimmend für die Art und Geschwindigkeit der Veränderungen bei bestimmten Lagerbedingungen ist die Zusammensetzung und der Aufbau der Lebensmittel.

10.1.1 Veränderungen durch das Wachstum von Mikroorganismen

Unter Mikroorganismen versteht man alle mikroskopisch kleinen Lebewesen sowohl tierischer als auch pflanzlicher Natur. Sie haben als Vermittler der Nahrung von Pflanze, Tier und Mensch eine große positive Bedeutung. Schädigende Wirkungen bei der Lagerung von Lebensmitteln werden durch Bakterien, Schimmelpilze und Hefen hervorgerufen. Sie sind pflanzlicher Natur.

Bei Zimmertemperatur vermehren sich Mikroorganismen sehr schnell, so daß bei empfindlichen Lebensmitteln die dadurch hervorgerufenen Veränderungen meist nach kurzer Zeit alle anderen überdecken und das Qualitätsniveau bestimmen. Wenn man von Verderb spricht, meint man daher normalerweise den durch das Wachstum von Mikroorganismen hervorgerufenen.

Die Hauptbestandteile unserer Lebensmittel, Eiweiß und Kohlenhydrate, sind zugleich wichtige Nährstoffe der Mikroorganismen. Wenn das für die Nahrungsaufnahme unentbehrliche Wasser in ausreichender Menge vorhanden ist, werden die Nährstoffe durch die Mikroorganismen mit Hilfe von Enzymen in eine verwertbare Form abgebaut. Die ausgeschiedenen hydrolytischen Enzyme, die chemische Verbindungen unter Aufnahme von Wasser spalten, sind bei den Mikroorganismen weit verbreitet.

Ganz gleich auf welchen stark wasserhaltigen Lebensmitteln Mikroorganismen wachsen, wenn sie sich unter günstigen Bedingungen ungehemmt vermehren können, werden durch sie und ihre Stoffwechselprodukte Veränderungen hervorgerufen. Am Abbau von Eiweiß zu übelriechenden Fäulnisprodukten zeigt sich am deutlichsten die schädigende Wirkung von Bakterien. Das Wachstum von Schimmelpilzen, die Ausbreitung eines Schimmelrasens macht kohlenhydratreiche Lebensmittel ungenießbar. Einige Mikroorganismen und ihre Stoffwechselprodukte können schwere Erkrankungen hervorrufen oder wie das Stoffwechselprodukt von *Clostridium botulinum* (einer sich auch ohne Anwesenheit von Sauerstoff vermehrenden Bakterienart) ein tödliches Gift sein. Nicht immer wird der Konsument durch den Geruch oder das Aussehen vor dem Verzehr verdorbener Speisen gewarnt.

10.1.1.1 Der Einfluß der Temperatur auf das Wachstum von Mikroorganismen

Das Wachstum der Mikroorganismen ist stark von der Temperatur abhängig. Nach dem für ihre Entwicklung und Vermehrung optimalen Temperaturbereich teilt man die Mikroorganismen in drei Gruppen ein:

a) die *kryotoleranten* Mikroorganismen, die im Temperaturbereich von 15 bis 20 °C am besten wachsen, aber sich auch noch auf gekühlten und gefrorenen Lebensmitteln vermehren können;
b) die *mesophilen* Mikroorganismen mit einer optimalen Vermehrungstemperatur von 30 bis 35 °C, die meist bei üblicher Zimmertemperatur den Verderb von Lebensmitteln verursachen. Zu ihnen gehören alle pathogenen Mikroorganismen;
c) die *termophilen* Mikroorganismen, die erst über 45 °C zu wachsen beginnen und sich zwischen 50 und 60 °C am besten vermehren. Auf sie muß beim Abkühlen erhitzter Produkte besonders geachtet werden.

Tafel 10/1   Abhängigkeit des Wachstums der Mikroorganismen von der Temperatur

Mikroben-Gruppe	Untere Grenztemperatur bei der das Wachstum aufhört	günstigste Temperatur für das Wachstum	obere Grenztemperatur bei der das Wachstum aufhört
Kryophile Mikroben	−10 bis + 5 °C	+15 bis + 20 °C	+25 bis + 30 °C
Mesophile Mikroben	+10 bis +15 °C	+30 bis + 35 °C	+35 bis +45 °C
Thermoph. Mikroben	+45 °C	+50 bis + 65 °C	+75 bis + 80 °C

Der Temperaturbereich, in dem Mikroorganismen zu wachsen vermögen, erstreckt sich, wie aus Tafel 10/1 zu ersehen ist, von −10 bis 80 °C, wenn auch bei −10 °C und bei 80 °C sich nur noch wenige gegen Kälte bzw. Wärme sehr widerstandsfähige Arten vermehren können.

Den Rückgang der Wachstumsgeschwindigkeit mesophiler und kryotoleranter Bakterienarten mit sinkender Temperatur veranschaulicht Bild 10/1. Schon bei einem Rückgang der Temperatur auf 10 °C vermehren sich die mesophilen Milchsäurebakterien, die bei Zimmertemperatur die mikrobiellen Veränderungen der Milch bestimmen, nur noch sehr langsam (s. Kurve b). Die schnelle Vermehrung der Milchsäurebakterien über 15 °C hat den Vorteil, daß dadurch das Wachstum der meisten anderen Arten unterdrückt wird. Unter 7 °C vermögen sich Milchsäurebakterien nicht mehr zu entwickeln, ihre Zahl geht vielmehr zurück. Milch wird daher im Kühlschrank nicht sauer, sondern sie verdirbt durch die Vermehrung kryotoleranter Bakterien, die jetzt ungehemmt zu wachsen vermögen. Eine von rohem Fleisch isolierte kryotolerante Bakterienart vermehrt sich, wie Kurve a zeigt, noch stark im Temperaturbereich zwischen 10 und 0 °C. Obgleich bei tieferer Temperatur die Wachstumsgeschwindigkeit schnell abnimmt, wurde bei −3 °C noch eine deutliche Entwicklung beobachtet.

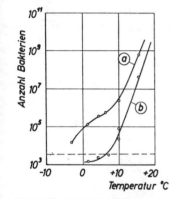

Bild 10/1 Zahl der Mikroorganismen nach 40stündigem Wachstum bei verschiedenen Temperaturen nach Werten von *S.C. Prescot*
a) von rohem Fleisch isolierte Bakterienart auf Bouillon
b) Milchsäurebakterien in Vollmilch
gestrichelte Linie: Bakterienzahl am Beginn der Lagerung

Eine Vermehrung kryotoleranter Mikroorganismen auf gefrorenen Lebensmitteln ist nur möglich, wenn ein genügender Anteil nicht ausgefrorenen Wassers vorhanden ist. Unter einer Temperatur von −5 °C, bei der in magerem Fleisch mehr als 75 % und in Magerfisch mehr als 80 % des gefrierbaren Wassers gefroren sind (s. Bild 10/9), können sich Bakterien praktisch nicht mehr vermehren. Bei −10 °C, d.h. einem Restgehalt an ungefrorenem Wasser von etwa 5 %, stellen auch die weniger anspruchsvollen Pilze und Hefen ihr Wachstum praktisch ein [28]. Wenn auch einzelne Arten, die sich der kalten Umgebung bereits angepaßt haben, selbst noch nach einer langen Lagerungszeit bei −7 °C (Bakterien), −12 °C (Hefen) und bei −15 °C (Schimmelpilze) sehr langsam zu wachsen vermögen, so ist dies für die Praxis der Gefrierlagerung ohne Bedeutung.

Ein Teil der auf den Lebensmitteln vorhandenen kälteempfindlichen Mikroorganismen stirbt durch die Eisbildung beim Gefrieren, während der Gefrierlagerung und beim Auftauen. Wieviel Keime absterben, hängt nicht nur von der Art der Mikroorganismen und der Lebensmittel, sondern auch stark von den Gefrier-, Lagerungs- und Auftaubedingungen ab. Die Absterbquote ist besonders groß, wenn die Lebensmittel im Bereich der maximalen Eisbildung zwischen $-1\ ^{\circ}$C und $-5\ ^{\circ}$C, also unter ungünstigen Bedingungen, gehalten werden. Bei sachgerechter Behandlung überleben auf Fleisch und Gemüse 30 bis 70 %, auf Obst 5 bis 10 % der Ausgangskeime die Gefrierkonservierung, so daß die Lebensmittel nach dem Auftauen keineswegs steril sind. Die durch den Wasserentzug beim Gefrieren gebildeten Dauerformen vermehren sich schnell, wenn die Temperatur über den Gefrierpunkt ansteigt, so daß nach kurzer Zeit die ursprüngliche Keimzahl wieder erreicht wird. Aufgetaute Gefrierkonserven verderben deshalb nicht weniger schnell, aber meist auch nicht schneller als frische unter den gleichen Bedingungen gelagerte [29].

10.1.1.2 Der Einfluß der Feuchtigkeit auf das Wachstum der Mikroorganismen

Eine Vermehrung von Mikroorganismen ist nur möglich, wenn ein bestimmter, für die einzelnen Arten verschieden hoher Feuchtigkeitsgehalt im Nährboden vorhanden ist. Während einige Schimmelpilzarten sich bereits bei einer relativen Luftfeuchte von 70 % an der Oberfläche der Lebensmittel entwickeln, erfordern andere eine

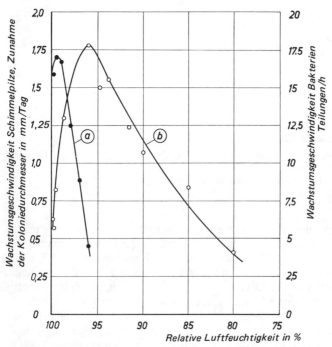

Bild 10/2 Abhängigkeit des Wachstums der Mikroorganismen von der relativen Luftfeuchte nach *W.J. Scott*
a) Bakterien   b) Schimmelpilze

Mindestfeuchte von 85 bis 90 %. Das Wachstumsoptimum von Schimmelpilzen liegt bei 96 % (s. Bild 10/2, Kurve b). Bakterien können sich, wie Kurve a des Bildes zeigt, erst vermehren, wenn eine rel. Luftfeuchte von 95 % und eine entsprechende Grenzfeuchte an der Oberfläche der Lebensmittel vorhanden ist. Ihre Vermehrungsgeschwindigkeit steigt mit zunehmender rel. Luftfeuchte schnell an, bis bei 99 % das Optimum erreicht worden ist. Auf stark wasserhaltigen Lebensmitteln mit einer rel. Luftfeuchte von 95 bis 99 % an der Oberfläche vermehren sich demnach Mikroorganismen am besten; auf einer trocknen Oberflächenschicht mit einer Grenzfeuchte von unter 70 % vermögen auch anspruchslose Schimmelpilze kaum noch zu wachsen. Wenn sich Bakterien oder Schimmelpilze bei einer unter 95 % bzw. 75 % liegenden rel. Luftfeuchte im Lagerraum auf den Lebensmitteln entwickeln, dann steht die Grenzfeuchte an der Lebensmitteloberfläche nicht mit der Feuchte im Raum im Gleichgewicht. Erst wenn die Randschicht soweit ausgetrocknet ist, daß ein Gleichgewicht besteht, paßt sich das Wachstum der rel. Luftfeuchte des Raumes an.

10.1.2 Die Veränderungen der Lebensmittel durch chemische Umsetzung

Im Fleisch führen biochemische Umsetzungen gleich nach dem Tod zu tiefgreifenden Veränderungen, die in der Totenstarre am deutlichsten erkennbar werden. Der geordnete unter Einwirkung von Enzymsystemen ablaufende Stoffwechsel hört infolge der fehlenden Energiezufuhr auf, so daß die ungeregelte Aktivität der Enzyme biochemische Abbauprozesse katalysiert. Sie führen nach der Lösung der Totenstarre zu der erwünschten Reifung des Fleisches. Das Fleisch wird schmackhafter und zarter.

Je nach der Tierart dauert der Reifungsprozeß bei Raumtemperatur wenige Stunden bis mehrere Tage und geht dann in einen Zerfall und unter gleichzeitiger Einwirkung von Mikroorganismen und deren Stoffwechselprodukte in den Verderb über. Schon vorher können rein chemische Reaktionen, wie die Oxidation der Fette einen tranigen oder ranzigen Geschmack hervorrufen.

Bei den noch lebenden pflanzlichen Lebensmitteln laufen nach der Ernte die biochemischen Vorgänge der Reifung weiter. Die zur Aufrechterhaltung der Atmung erforderliche Energie wird dabei den gespeicherten Reservestoffen entnommen. Bei Früchten zeigen sich die Reifungs- und die diesen folgenden Verfallerscheinungen im Übergang von Grün in Rot oder in Gelb, in der Entwicklung typischer Geruchs- und Geschmackskomponenten und in der Veränderung der Konsistenz von hart zu saftig, von fest zu weich. Für die Kühllagerung bestimmtes Obst wird nicht vollreif, sondern pflückreif geerntet, so daß es sich erst während oder nach der Lagerung voll entwickelt. Für die Verarbeitung zu Gefrierkonserven und für den Frischmarkt erntet man Obst und Gemüse im optimalen Reifezustand. Da hier ein Qualitätsrückgang bald nach der Ernte einsetzt, ist ein Transport und gegebenenfalls eine Lagerung unter günstigen Bedingungen erforderlich, um den Genuß- und Nährwert zu erhalten. Der Gehalt an empfindlichen Vitaminen kann schon stark zurückgegangen sein, ehe die sensorischen Eigenschaften sich merklich verändern. So verliert z.B. ein Kilo grüne Bohnen bei einer Temperatur von 20 °C an einem Tag 50 bis 60 mg Vitamin C. Insbesondere Feingemüse sollte kurz nach der Ernte verarbeitet oder gegessen werden.

Auch von Natur aus unbelebte Produkte verändern sich. Fette und Öle werden bald tranig oder ranzig und schließlich ungenießbar, wenn man sie bei Zimmertemperatur aufbewahrt.

10.1.2.1 Die Temperaturabhängigkeit chemischer Umsetzungen

Ein Vergleich der Haltbarkeit von Lebensmitteln bei unterschiedlicher Lagertemperatur hat gezeigt, daß in einem weiten Temperaturbereich die mögliche Lagerungsdauer vieler Produkte bei gleichen Anforderungen an die Ausgangs- und die Endqualität um das Zwei- bis Dreifache zunimmt, wenn die Temperatur um 10 °C gesenkt wird. Dieser Temperaturquotient oder Q_{10}-*Wert* gilt nach der Regel von *van't Hoff* für die Beschleunigung einfacher chemischer Reaktionen bei einem Anstieg der Temperatur um 10 °C. Er ist infolge der verschiedenen ineinandergreifenden, oft durch Enzyme katalysierten Umsetzungen und der z.T. schnellen Änderung des Wachstums von Mikroorganismen bei den einzelnen Lebensmitteln unterschiedlich groß und selbst temperaturabhängig. Die Q_{10}-Werte steigen auf 4 bis 10 an, wenn die Lagertemperatur von Kühlprodukten unter $+2$ °C gesenkt wird oder die gefrorener Lebensmittel über -10 °C ansteigt. Insbesondere im Bereich von $+1$ bis -5 °C kann Q hohe Werte annehmen.

Die Q_{10}-Werte zeigen, daß die Haltbarkeit im allgemeinen um so besser ist, je tiefer die Lagertemperatur gesenkt wird, d.h. je näher sie bei Kühlprodukten an den Gefrierpunkt heranrückt oder bei Gefrierprodukten unter -20 °C absinkt. Bei der Kühllagerung lebender pflanzlicher Produkte kann es jedoch bei zu tiefen Lagertemperaturen infolge von Verzögerungen biochemischer Reaktionen zu Stoffwechselstörungen kommen, die Schäden hervorrufen. Bei Kartoffeln z.B. nimmt mit sinkender Temperatur die Zuckerbildung aus Stärke langsamer ab, als die Veratmung von Zucker unter Bildung von Kohlensäure und Wasser. Kartoffeln werden daher süß, wenn sie unter 4 bis 6 °C gelagert werden. Einige Apfelsorten dürfen nicht unter 3 bis 4 °C gelagert werden, da sonst Stoffwechselstörungen zu einer Schalen- oder Fleischbräune führen können. Grüne Bohnen werden nach einer Lagerung unter 7 °C fleckig und unreife Tomaten reifen nicht mehr nach, wenn die Lagertemperatur unter 10 °C gesenkt worden ist.

Wenn leichtverderbliche Lebensmittel unter ihren Gefrierpunkt abgekühlt werden, erstarrt nach und nach das in ihnen enthaltene Wasser, bis bei -20 °C bis -30 °C das ganze gefrierbare Wasser ausgefroren ist. Im Bereich bis 5 K unter Gefrierbeginn, in dem bei den meisten Produkten der größte Teil des Wassers bereits gefriert (s. Bild 10/9), können durch die Konzentration von Salzen und Säuren in der Restflüssigkeit chemische Reaktionen beschleunigt werden. Irreversible Schäden in den Zellmembranen führen zum Verlust der osmotischen Eigenschaften und der Lebensfunktionen pflanzlicher Produkte. Die uneingeschränkte Permeabilität der Zellwände hat eine Steigerung enzymatisch gesteuerter chemischer Abbauprozesse zur Folge. Dadurch kann zu Beginn des Gefrierprozesses, wenn neben dem Eis noch genügend konzentrierte Flüssigkeit vorhanden und die Temperatur noch relativ hoch ist, der Q_{10}-Wert negativ werden, d.h. die Geschwindigkeit chemischer Reaktionen mit sinkender Temperatur zunehmen. Er steigt jedoch bei weiterer Eisbildung schnell wieder an [25]. Die mögliche Lagerungsdauer von Fleisch kann sich z.B. bei einem Temperaturrückgang von -3 °C auf -5 °C verdoppeln. Wenn auch bei der für tiefgefrorene Lebensmittel höchstzulässigen Lagertemperatur von -18 °C viele Produkte ein Jahr und länger lagerfähig sind, so können doch selbst bei dieser Temperatur nicht ausgereifte Gemüse, wie grüne Erbsen und Bohnen oder Spinat durch die Enzymaktivität nach kurzer Zeit ungenießbar werden, wenn die Enzyme nicht vor dem Gefrieren durch eine Erhitzung der Gemüse inaktiviert werden (Blanchieren s. 10.3.3.7).

Viele Enzymsysteme verlieren praktisch ihre Wirksamkeit, wenn die Temperatur der Lebensmittel unter $-40\,°C$ gesenkt wird. Sie werden aber durch die Lagerung auch bei sehr viel tieferer Temperatur nicht zerstört. Nach dem Auftauen war z.b. bei $-190\,°C$ gelagertes Labenzym noch voll wirksam. Einige Enzyme, u.a. die Peroxidase, können nach dem Auftauen des Produktes vorübergehend ihre Wirkung verstärken[15].

10.1.2.2 Einfluß von Licht auf chemische Reaktionen

In Fetten und fetthaltigen Produkten kann der Ablauf chemischer Reaktionen durch die Einwirkung kurzwelligen Lichtes beschleunigt werden. Direktes Sonnenlicht und Tageslichtlampen sollten daher für die Beleuchtung von Kühl- und Gefriergütern in unverpacktem Zustand oder in lichtdurchlässigen Verpackungen nicht verwendet werden. Auch bei Produkten mit einem sehr geringen Fettgehalt kann die Veränderung des Fettrestes die sensorische Qualität des Lagergutes bestimmen.

10.1.3 Die Austrocknung der Lebensmittel während der Lagerung

Die Kältebehandlung ist von besonderer Bedeutung für Lebensmittel mit hohem Wassergehalt. Bei ihnen ist die rel. Luftfeuchte in der Oberflächengrenzschicht hoch. Die Grenzfeuchte liegt z.b. bei Blattgemüse und Fleisch über 99 %. Da in gekühlten Lagerräumen die rel. Luftfeuchte 95 % kaum überschreitet und meist zwischen 80 und 90 % liegt, verdunstet stets Wasser aus ungeschützten leichtverderblichen Lebensmitteln in die Raumluft. Sie trocknen daher mehr oder weniger schnell aus (s. Bild 10/3).

Die Geschwindigkeit der Wasserverdunstung wird von der Teildruckdifferenz des Wasserdampfes zwischen der Oberfläche des Lagergutes und der Raumluft bestimmt, d.h. sie hängt von der rel. Luftfeuchte und von der Temperatur an der Oberfläche der Produkte und im Raum ab. Der Wasserdampfdruck nimmt mit sinkender Temperatur ab, so daß bei einem konstanten Gefälle der rel. Luftfeuchte die Teildruckdifferenz ebenfalls mit der Temperatur abnimmt. Die Austrocknungsgeschwindigkeit ist demnach unter sonst gleichen Bedingungen um so geringer, je tiefer die Temperatur gesenkt wird (s. Bild 10/4).

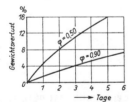 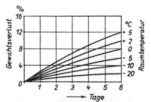 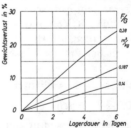

Bild 10/3 Gewichtsverlust kleinerer unverpackter, freiliegender Fleischstücke bei Temperatur und verschiedener relativer Luftfeuchte im Lagerraum nach *Bäckström*.

Bild 10/4 Gewichtsverlust kleinerer unverpackter, freiliegender Fleischstücke bei konstanter relativer Luftfeuchte und verschiedener Temperatur im Lagerraum nach *Bäckström*.

Bild 10/5 Gewichtsverlust von unverpacktem, freiliegendem Fleisch mit einem unterschiedlichen Verhältnis von Oberfläche zu Gewicht (F/G) bei konstanter Temperatur und relativer Luftfeuchte im Lagerraum nach *Loeser*.

Bei der Berechnung der Verdunstungsgeschwindigkeit muß die Eigenart des Produkts durch die Einführung der *Verdunstungszahl* und – da zur Verdunstung Wärme benötigt wird – die Verdunstungswärme und die Wärmeübergangszahl berücksichtigt werden.

Die letztere ist stark von der Luftbewegung am Produkt abhängig (s. Hdb. der Kältetechnik Bd. 10, S. 605). Der prozentuale Gewichtsverlust nimmt mit wachsender
Stückgröße, d.h. mit fallendem Verhältnis von Oberfläche zu Volumen ab (s. Bild
10/5).

Bei der Lagerung von Lebensmitteln in gekühlten Räumen wird je nach der Lagertemperatur und der Empfindlichkeit der Produkte insbesondere gegen mikrobiellen
Verderb eine rel. Luftfeuchte von 70 bis 95 % gehalten, wenn man von trockenen
Produkten absieht. Durch die Lagerung in Packungen oder Behältern mit unterschiedlicher Wasserdampfdurchlässigkeit wird oft dafür gesorgt, daß sich am Produkt eine
gewünschte höhere rel. Luftfeuchte einstellt. Wenn im Lagerraum die rel. Luftfeuchte
hoch sein muß, ist es erforderlich, den Raum gut zu isolieren und die Temperaturdifferenz zwischen Luftkühler und Raumluft klein zu halten. Eine rel. Luftfeuchte
von über 95 % läßt sich in Kühl- und Gefrierräumen mit Mantelkühlung erreichen
[16].

10.2 Die Kühllagerung von Lebensmitteln

Wenn Lebensmittel unter Umgebungstemperatur aber über Gefriertemperatur gelagert
werden, spricht man von einer Frischhaltung durch *Kühllagerung*. Da bei pflanzlichen
Produkten Stoffwechselstörungen auftreten können, wenn sie bei zu tiefer Temperatur gelagert werden, gilt für die Kühllagerung von Lebensmitteln der Temperaturbereich von 13 °C (Transporttemperatur von grünen Bananen) bis zum Gefrierbeginn
unempfindlicher Produkte. Durch die Senkung der Temperatur werden die chemischen Umsetzungen und das Wachstum der Mikroorganismen nur verzögert.

**Gekühlte Lebensmittel sind frische Lebensmittel und werden als solche
gehandelt.**

Nur mit Hilfe der Kühlung ist es möglich, eine Stadtbevölkerung mit leichtverderblichen Lebensmitteln, wie z.B. Fleisch, Fisch oder Milch in guter Qualität zu jeder
Jahreszeit zu versorgen. Durch die Kühllagerung wird eine mehr oder weniger lange
Vorratshaltung frischer oder verarbeiteter Lebensmittel erreicht. Bei einigen Produkten, wie z.B. Kernobst, kann der Markt über viele Monate nach der Ernte ausgeglichen werden. Mit Hilfe von *Kühltransporten* ist ein weltweiter Handel mit leichtverderblichen Produkten möglich.

10.2.1 Die Frischhaltung einzelner Lebensmittel

10.2.1.1 Fleisch

Die hohe Temperatur und die feuchte Oberfläche der Tierkörper unmittelbar nach
der Schlachtung bieten sehr gute Bedingungen für die Vermehrung von Mikroorganismen, so daß eine schnelle Abkühlung und Kühllagerung erforderlich ist, um einen
starken Qualitätsabfall in kurzer Zeit zu unterbinden. Kühleinrichtungen sind für
einen Schlachthof und für den Fleischhandel von zentraler Bedeutung.

Untersuchungen und die Erfahrung haben gezeigt, daß eine *Schnell-* oder *Schnellstabkühlung* unmittelbar nach dem zügig und hygienisch durchgeführten Schlachtvor-
gang am besten geeignet ist, eine gute Qualitätserhaltung auch während der anschließenden Lagerung zu gewährleisten und den Gewichtsverlust klein zu halten. Für die
Schnellkühlung der freihängenden Tierkörper wird meist mit 1 bis 3 m/s umlaufende

Kaltluft von 0 °C und 90 bis 95 % rel. Luftfeuchte verwendet. Wenn die Temperatur-schwankungen klein gehalten werden können, kann die Temperatur der Luft bei Rindfleisch auf −1 °C und bei Schweinefleisch auf −2 °C gesenkt werden, ohne daß die Randschicht gefriert. Bei der Schnellstabkühlung werden Kaltlufttemperaturen von −6 bis −15 °C vorwiegend für die Kühlung von Schweinen verwendet, bis die Randschicht die Gefriertemperatur angenähert erreicht hat. Anschließend wird mit Kaltluft von − 1 °C bis + 1 °C weitergekühlt. Die Kühlung gilt als abgeschlossen, wenn im Kern des Fleisches 3 °C bis 5 °C erreicht worden sind (s. Kap. 9.4.4.1).

Maßgebend für die Haltbarkeit des Fleisches sind neben den Abkühl- und Lagerbedin-gungen Art, Rasse, Alter, Ernährungszustand und Ermüdungsgrad der Tiere vor dem Schlachten. Richtig behandelte und geschlachtete Tiere guter Schlachtklassen können nach der Schnellabkühlung bei −1 °C bis + 1 °C und 90 % rel. Luftfeuchte ohne wesentlichen Qualitäts- und Gewichtsverlust 2 bis 4 Wochen gelagert werden (s. Taf. 10/2). Wenn die optimalen Bedingungen nicht vorhanden sind, kann die mögliche Lagerdauer auf die Hälfte zurückgehen.

Während der ersten Tage der Kühllagerung laufen im Fleisch Reifungsvorgänge ab. Je nach der Fleischart und der Reifungstemperatur dauert es wenige Stunden bis 14 Tage bis sich die gewünschte Zartheit und das volle Aroma ausgebildet haben. Vorher sollte das Fleisch nicht zum Verzehr angeboten oder gefroren werden (s. Taf. 10/2).

Tafel 10/2 Reifungs- und mögliche Lagerdauer von Tierkörpern bei −1 bis + 1 °C und 85 bis 90 % relative Luftfeuchte

	Reifungsdauer in Tagen	mögl. Lagerdauer in Wochen
Rinder	10 bis 14	3 bis 4
Schweine	4 bis 6	1 bis 2
Kälber	4 bis 6	1 bis 3
Hammel	5 bis 7	1 bis 2

Durch eine Kältebehandlung ist es möglich, Trichinen und Finnen zu vernichten, so daß trichinöses und finniges Fleisch danach ohne Bedenken normal verbraucht wer-den kann. Zur Vernichtung von Trichinen ist eine Gefrierlagerung der Schweinekörper von 6 Tagen bei −18 °C oder von 24 Stunden bei −30 °C erforderlich. Zur Vernich-tung von Finnen genügt eine Gefrierlagerung der Rinderviertel von 72 Stunden bei −20 °C.

Nicht nur Fleisch, sondern auch die verwertbaren Innereien werden schnell abgekühlt und bei einer Temperatur von − 1 °C bis + 1 °C und einer rel. Luftfeuchte von 80 bis 90 % gelagert, bis sie verkauft oder weiterverarbeitet werden. Die Lagerdauer soll 3 bis 5 Tage nicht überschreiten.

10.2.1.2 Fisch

Fische verderben sehr leicht. Die nach dem Fang auf dem Fisch vorhandenen kryotoleranten Bakterien vermehren sich bei normaler Raumtemperatur insbeson-dere auf den Kiemen und in der Bauchhöhle schnell. Da − verglichen mit Warm-blütern − die Enzymsysteme im Fisch aktiver und das Muskelgewebe anfälliger sind, kann ein Verderb schon nach einer ein- bis zweitägigen Lagerung einsetzen. Die im Fisch vorhandenen Fette sind hauptsächlich Glyzeride ungesättigter Fettsäuren, die leicht oxidiert und hydrolytisch gespalten werden. Bei ungünstiger Lagerung tritt schnell ein traniger Geruch und Geschmack auf.

Nur mit Hilfe einer Kühlkette vom Fang bis zum Verkauf ist es möglich, Seefische mit einem befriedigenden Genußwert anzulanden und zu verkaufen. Zur Frischhaltung von Fischen wird zerkleinertes Eis, meist Scherbeneis verwendet. Durch das schmelzende Eis wird der Fisch sowohl intensiv gekühlt als auch naß gehalten, so daß keine Austrocknungsschäden auftreten und der Fisch sauber bleibt. Die Fischtemperatur liegt zwischen 0 bis 2 °C. Fischkühlräume und Eisbunker auf Fangschiffen werden meist zusätzlich gekühlt, damit die Abschmelzverluste klein bleiben. Im Fischkühlraum darf jedoch die Temperatur nicht unter 2 °C abfallen, damit genügend Eis abschmilzt, um den Fisch naß und sauber zu halten. Für die Verteilung an Land wird der Fisch in hygienisch einwandfreie Kisten mit Eis gepackt und in Isolierfahrzeugen transportiert (s. Kap. 9.7.1).

Bei Verwendung von gut isolierten Lagerräumen und Fahrzeugen sind fachgerecht beeiste Fische je nach Art und Ausgangszustand 5 bis 15 Tage haltbar. Eine Haltbarkeit von 8 bis 20 Tagen wird erreicht, wenn Eis aus Seewasser mit einer Schmelztemperatur von etwa -1 °C zur Beeisung verwendet wird.

Salzheringe sind je nach der verwendeten Rohware und der Konzentration der Lake bei einer Temperatur von 0 bis -3 °C 3 bis 12 Monate lagerfähig. Heißgeräucherte Fische, die bei normaler Raumtemperatur nur 2 bis 4 Tage haltbar sind, können bei 0 bis -1 °C und 80 bis 90 % rel. Luftfeuchte 8 bis 12 Tage gelagert werden.

10.2.1.3 Geflügel

Für die Haltbarmachung von Geflügel wird nahezu ausschließlich Kälte verwendet. Für die langfristige Lagerung wird es gefroren, für den unmittelbaren Vertrieb gekühlt.

Zum Schlachten sind Rassen mit gedrungenem Körperbau und schnellem Wachstum gezüchtet worden. Sie werden unter klimatisch und hygienisch günstigen Bedingungen mit geeignetem Futter aufgezogen. Für Brathähnchen beträgt das Gewicht im bratfertigen Zustand 700 bis 1150 g, für Junghühner (Poularden) über 1150 g und für Jungmasthähne über 1750 g. Suppenhühner wiegen etwa 1,5 kg und mehr.

In gut eingerichteten Geflügelschlachtbetrieben durchläuft das Geflügel an einer Transportkette mit dem Kopf nach unten hängend die erforderlichen Verarbeitungsgänge, das Betäuben, Töten und Ausbluten, das Brühen und Rupfen, das Dressieren und Ausnehmen, die Inspektion und das Reinigen. Nach dem Auswaschen der Körperhöhle werden die Tierkörper schnell abgekühlt.

Zum Kühlen von Geflügel wird meist die Eiswasser-Tauchkühlung, aber auch die Sprüh- und die Luftkühlung angewendet. Bei der sehr wirksamen Tauchkühlung ist eine Kontamination des Geflügels durch das nach kurzer Zeit verschmutzte Kühlwasser nicht zu vermeiden und das Geflügel nimmt eine beträchtliche Menge Wasser auf. Hauptsächlich aus hygienischen Gründen wird die Anwendung einer Sprüh- und Luftkühlung bzw. eine Kombination dieser beiden Kühlarten empfohlen (s. Kap. 9.4.1).

Nach dem Kühlen wird das Geflügel einzeln in wasserdampfdichten Kunststoffbeuteln oder mit Packstoff geschützt in kleineren Pappkisten verpackt und bei -1 bis $+1$ °C gelagert. Die mögliche Lagerdauer beträgt 7 bis 10 Tage.

10.2.1.4 Eier

In den letzten Jahrzehnten hat sich die Eierwirtschaft stark verändert. Durch neue Methoden der Hennenaufzucht und -haltung ist es gelungen, die Legezeiten so zu verlängern und zu verschieben, daß frische Eier unabhängig von der Jahreszeit in hinreichender Menge anfallen. Eine langfristige Kühllagerung für den Ausgleich von Angebot und Nachfrage ist daher kaum noch erforderlich.

Eier können ungekühlt 5 bis 10 Tage ohne merklichen Qualitätsrückgang aufbewahrt werden. Bei einer längeren Lagerungs- oder Vertriebsdauer ist eine Kühlung erforderlich, um Veränderungen des Eidotters und des Eiweißes durch Alterung zu verzögern. Die optimalen Lagerbedingungen für Eier von $-1\,°C$ und 90 % rel. Luftfeuchte, bei denen Eier hoher Ausgangsqualität 5 bis 7 Monate gelagert werden können, brauchen für die normale Vertriebszeit von 2 bis 3 Wochen nicht angewendet zu werden. Dafür ist eine Temperatur von 10 bis 12 $°C$ nicht nur ausreichend, sondern wegen der besseren Handhabungsmöglichkeit auch günstiger. Wenn die Eier nicht unter 10 $°C$ abgekühlt werden, können sie in einen trocknen Raum mit normaler Temperatur ausgelagert werden, ohne daß sie beschlagen. Feuchte Eier sind besonders verderbsanfällig. Im Haushalt werden Eier im Kühlschrank aufbewahrt.

Durch die Verwendung einer geeigneten Verpackung läßt sich in der Umgebung der Eier eine optimale Atmosphäre einstellen und dadurch die Haltbarkeit erhöhen.

10.2.1.5 Milch und Milchprodukte

Milch ist ein guter Nährboden für Mikroorganismen. Um sie frisch zu halten, ist eine hygienische Behandlung und eine Kühlung erforderlich. Die Kühlung soll unmittelbar nach dem Melken beginnen und bis auf eine kurze Unterbrechung während des Pasteurisierens bis zum Verbrauch aufrechterhalten werden.

Wenn die Milch täglich im landwirtschaftlichen Betrieb abgeholt wird, sollte sie innerhalb von zwei Stunden nach dem Melken auf etwa 10 $°C$ abgekühlt werden. Wenn die Abholzwischenräume größer sind, ist eine schnelle Abkühlung auf 2 bis 4 $°C$ erforderlich. Bei dieser Temperatur muß die Rohmilch auch in der Molkerei gelagert werden, wenn sie nicht unmittelbar nach der Anlieferung pasteurisiert und anschließend auf eine Lagertemperatur von 2 bis 3 $°C$ abgekühlt wird (s. Kap. 9.2.8).

In einer Molkerei gehört die Kälteanlage zur technischen Einrichtung, da Kälte nicht nur zur Abkühlung und Kühllagerung der Milch, sondern auch für die Aufbereitung des Rahms zum Buttern sowie für die Herstellung und Lagerung von Butter, Käse und anderer Milchprodukte erforderlich ist.

Pasteurisierte und gekühlte Milch wird in isolierten Tanks oder, wenn sie in Flaschen oder Packungen abgefüllt worden ist, in Kühlräumen meist nur 1 bis 3 Tage bei 2 bis 3 $°C$ bis zur Weiterverarbeitung oder zum Verkauf gelagert. Bei 0 bis 1 $°C$ ist sie 7 bis 8 Tage lagerfähig. Sauermilch und Joghurt können 4 bis 10 Tage bei 2 bis 4 $°C$, süße Sahne 10 bis 20 Tage, saure Sahne und Quark bis zu 2 Monaten bei 0 bis 2 $°C$ gelagert werden. Auch für Trockenmilch wird eine Kühllagerung empfohlen, wenn die Lagerdauer 3 Monate überschreitet.

Beim Ansetzen von Sauerrahm für die Herstellung von Sauerrahmbutter im Rahmreifer wird die Säurebildung durch die Einstellung der Temperatur gesteuert. Eine Abkühlung des Rahms auf 9 bis 11 $°C$ ist bei der Herstellung von Süßrahmbutter nach dem *Fritz*-Verfahren von Bedeutung und beim *Alfa*-Verfahren muß die Temperatur des auf einen Fettgehalt von 80 % gebrachten Rahmes schnell von 60 °C bis 70 °C auf 8 °C bis 12 °C gesenkt werden, um die Phasenumkehr des Rahmes (Fett in Wasser-Emulsion) in Butter (Wasser in Fett-Mischung) zu erreichen.

In Molkereien wird die Butter meist nur kurzfristig gelagert, so daß dafür eine Temperatur von 2 bis 4 °C genügt. Für die Vorratshaltung über 4 bis 6 Wochen wird Butter in Kühlhäusern bei 0 °C gelagert. Bei längerer Lagerdauer müssen Gefriertemperaturen angewendet werden (s. 10.3.3.5).

Bei der Herstellung von Käse wird Kälte zur Einstellung günstiger Luftzustände im Salzbad-, Trocknungs-, Reifungs- und Lagerraum gebraucht. Im Salzbadraum muß je nach Käseart eine Temperatur von 10 °C bis 18 °C, im Reifungsraum von 8 °C bis 15 °C aufrechterhalten werden. Die rel. Luftfeuchte im Reifungsraum beträgt 85 bis 95% und im Trockenraum 75 bis 85%. Die im Reifungsraum durch Gärung frei werdende Wärme ist im Mittel 8 kJ/kg in 24 h bei Hartkäse und 10 kJ/kg in 24 h bei Weichkäse.

Für die Lagerung von Käse werden die Temperaturbereiche von −1 °C bis 2 °C und von 10 °C bis 15 °C angewendet. Camembert, Parmesan, Roquefort und Tilsitter werden bei einer Temperatur von 0 °C bis 2 °C, Emmentaler bei 10 °C bis 12 °C und Edamer bei 12 °C bis 15 °C gelagert. Für Camembert und Tilsitter wird eine rel. Luftfeuchte von 90 %, für Parmesan und Roquefort von 75 % und für Emmentaler von 80 % empfohlen. Als mögliche Lagerdauer wird für Camembert und Roquefort 2 Monate, für Emmentaler 4 bis 6 Monate und für Parmesan 12 Monate angegeben [17].

10.2.1.6 Obst und Gemüse

Obst und Gemüse wird in Mittel- und Nordeuropa nur einmal im Jahr geerntet. Durch Sortenwahl und Anwendung optimaler Lager- und Transportbedingungen ist es möglich, die Versorgung des Marktes mit frischem Obst und Gemüse auf einen längeren Zeitraum auszudehnen. Während einige Obst- und Gemüsearten, wie Äpfel, Birnen, Kartoffeln und Kohl unter günstigen Bedingungen langfristig gelagert werden können, ist bei empfindlichen Produkten, wie Beerenobst, grünen Erbsen und Bohnen sowie Salat die Verlängerung der Absatzzeit bzw. die Erweiterung des Absatzmarktes nur beschränkt möglich.

Vorbedingung für den Erfolg der Kühllagerung ist die Verwendung gesunder, frischer und sauberer Ware. Die Lagerfähigkeit hängt neben der Art und Sorte auch von den Wachstumsbedingungen und dem Reifegrad bei der Einlagerung ab. Gemüse wird geerntet, wenn es seine optimale Qualität erreicht hat. Obst muß für eine möglichst lange Lagerung z.T. im pflückreifen Zustand geerntet werden.

Durch die Kühllagerung wird der Stoffwechsel pflanzlicher Produkte einschließlich der Atmungsintensität und der damit verbundenen Wärmeentwicklung (s. Taf. 10/3) verzögert. Die meisten Obst- und Gemüsearten halten sich um so besser, je näher die Lagertemperatur an den Gefrierbeginn herangerückt wird. Bei einigen Produkten kann jedoch die verschieden große Hemmung einzelner chemischer Umsetzungen in reifenden Pflanzenteilen mit sinkender Temperatur zu Störungen im Stoffwechsel und zu Krankheiten führen. Einige Apfelsorten dürfen z.B. nicht unter 3 bis 4 °C gelagert werden (s. Bild 10/6), wenn Krankheiten, wie Schalen- oder Fleischbräune vermieden werden sollen. Bei der Lagerung und beim Transport von grünen Bananen und grünen Tomaten darf die Temperatur nicht unter 13 °C bzw. 10 °C gesenkt werden, da sie sonst nicht nachreifen.

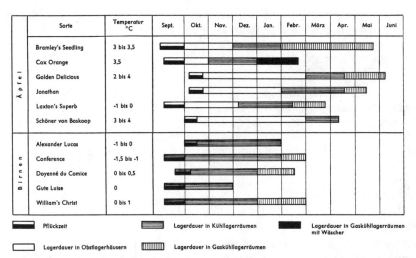

Bild 10/6 Optimale Lagertemperatur und mögliche Lagerdauer einiger Apfel- und Birnensorten.

Tafel 10/3 Atmungswärme von Obst und Gemüse im Temperaturbereich von 0 bis 20 °C nach *Hansen* [10]

Produkt	Wärmeentwicklung in kJ/1000 kg in 24 Stunden				
	0 °C	5 °C	10 °C	15 °C	20 °C
Äpfel (Spätsorten) .	460– 920	1180– 1800	1760– 2690	2400– 5040	3780– 6220
Apfelsinen . . .	460– 920	920– 1640	1800– 3020	3150– 4790	5840– 5970
Birnen (Spätsorten) .	670– 920	1510– 3610	2020– 4789	7140–10920	8190–18900
Erdbeeren . . .	2940–4030	3820– 7980	7770–15200	11340–21000	15100–26000
Himbeeren . . .	4070–7980	7140–14300	12600–24400	18900–50000	29400–63000
Pfirsiche	1100–1500	2200– 3500	5600– 7900	7600–11400	12200–15800
Weintrauben . . .	420– 840	1430– 2100	2060– 3150	3100– 4200	4300– 6700
Bohnen, grüne . .	4900–6000	9000–10600	14100–17800	22900–29000	34400–50000
Gurken (Schlangen-)	1640–1760	2190– 3600	4400– 5250	8150–10600	14500–15100
Kartoffeln . . .	920–1430	970– 1680	1430– 1890	1600– 2350	2000– 3800
Kohl (Weiß-) . . .	1900–2180	3100– 3570	5250– 6800	8400– 9870	13650–16400
Kopfsalat	4700–8200	7940–13500	11470–18230	17430–22500	23500–28600
Spinat	5200–7140	11130–17600	18100–27100	36750–45400	54600–77700
Tomaten (reif) . .	1340–1680	1680– 2690	2730– 3610	4070– 7560	6090– 8820

Je nach der Anfälligkeit für mikrobiellen Verderb wird Obst und Gemüse bei einer rel. Luftfeuchte zwischen 75 und 95 % gelagert. Bei Früchten, wie Himbeeren und Süßkirschen, die einen guten Nährboden für Schimmelpilze bieten, wird sie auf 75 bis 85 % gehalten. Für die Lagerung der meisten Gemüsearten, für Salate und für Kernobst wählt man eine möglichst hohe rel. Luftfeuchte von 90 bis 95 %, um ein Schrumpfen und Welken zu vermeiden und den Gewichtsverlust klein zu halten [17]. Bei der Lagerung von Äpfeln bei 1 °C und 90 % rel. Luftfeuchte wurde ein Gewichtsverlust von 3 bis 5 % in 6 Monaten gefunden.

Bei der Kühllagerung von Obst und Gemüse ist ein zwei- bis achtfacher Luftwechsel/h erforderlich, um eine gleichmäßige Temperatur und Luftfeuchte im Lagerraum zu halten und die Ansammlung flüchtiger organischer Substanzen an der Oberfläche der Produkte zu verhindern. Niedrige Werte gelten z.B. für die Lagerung von Bohnen und die hohen z.B. für Zwiebel.

Die Lagerung in geregelter Atmosphäre (*CA-Lagerung*) wird immer häufiger für Obst angewendet. Bei dieser Lagerung wird durch eine Senkung des O_2- und eine Erhöhung des CO_2-Gehalts der Lageratmosphäre die Intensität der Atmung vermindert und dadurch die Haltbarkeit erhöht. Die CA-Lagerung ist besonders vorteilhaft für kälteempfindliche Apfelsorten. In der Regel ersetzt man in CA-Lagerräumen nicht nur einen Teil des Sauerstoffs durch CO_2, sondern stellt die O_2- und die CO_2-Konzentration unabhängig voneinander ein. Für die Lagerung der Cox-Orangen-Renette hat sich z.B. ein Mischungsverhältnis von 5 % CO_2, 2,5 % O_2 und 92,5 % N_2 als besonders vorteilhaft erwiesen. Auch die Haltbarkeit von empfindlichen Birnensorten kann durch eine CA-Lagerung verbessert werden (s. Bild 10/6).

CA-Lagerräume und -behälter müssen gasdicht sein [19]. Um die Zusammensetzung der Atmosphäre konstant zu halten, muß die während der Lagerung veratmete CO_2-Menge entfernt werden. Dazu wird die Lageratmosphäre durch Wäscher (Scrubber) geleitet, in denen das CO_2 in Kalilauge oder durch andere Stoffe, wie Triäthanolamin gebunden wird.

Die mögliche Lagerdauer der einzelnen Obst- und Gemüsearten ist sehr unterschiedlich. Einige Apfelsorten und Kartoffeln können 7 bis 8 Monate, Erdbeeren und Himbeeren nur 2 bis 5 Tage unter optimalen Bedingungen gelagert werden [23].

10.2.2 Auslagerung von Kühlgut

Bei der Auslagerung von unverpacktem Kühlgut darf die Oberfläche nicht feucht werden, da empfindliche Lebensmittel, wie z.B. Eier oder Beerenobst, sonst schnell bei ansteigender Temperatur durch die Vermehrung von Mikroorganismen verderben. In einem Verkaufs- oder Vorratsraum mit einer üblichen Temperatur von 20 °C und rel. Luftfeuchte von 60 % erreicht die Luft bereits bei einer Abkühlung auf 12 °C ihren Taupunkt, so daß direkt eingebrachtes Kühlgut beschlägt. Um ein Beschlagen von Kühlgut mit einer Temperatur von 2 °C zu verhindern, müßte die rel. Luftfeuchte im Raum unter 30 % gesenkt werden.

Zur Auslagerung von Kühlgut werden meist Räume verwendet, in denen die Temperatur der Produkte stufenweise der Endtemperatur angeglichen werden kann. Auch in diesen, meist nicht nur zum Erwärmen, sondern auch zum Abkühlen der Produkte eingerichteten Räumen, darf die Luftfeuchte einen vom Temperaturunterschied zwischen Raumluft und Kühlgut abhängigen Höchstwert nicht überschreiten. Das Diagramm, Bild 10/7, kann zur Ermittlung der Lufttemperatur bzw. der Luftfeuchte, bei der ein Kühlgut nicht beschlägt, verwendet werden.

Wenn z.B. die Kühlguttemperatur ϑ_K gesucht wird, die erforderlich ist, damit das Kühlgut bei der Raumtemperatur ϑ_R und der rel. Luftfeuchte φ nicht beschlägt, wird vom Schnittpunkt von ϑ_R mit φ das Lot auf die Abszisse gefällt und ϑ_K dort abgelesen. Wie das im Diagramm dargestellte Beispiel zeigt, muß die Kühlguttemperatur über 11,2 °C liegen, wenn ein Beschlagen des Kühlgutes in einem Raum mit einer Temperatur von 31,5 °C und einer rel. Luftfeuchte von 29 % verhindert werden soll. Genau so einfach können die Grenzwerte von ϑ_R und φ abgelesen werden, wenn ϑ_K und φ oder ϑ_K und ϑ_R bekannt sind.

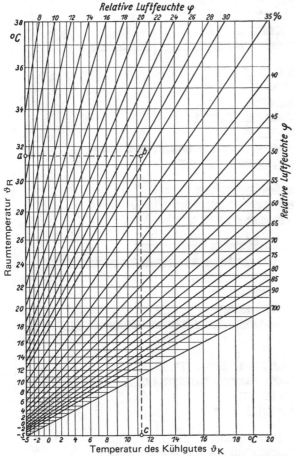

Bild 10/7   Abhängigkeit zwischen der Temperatur und der relativen Luftfeuchte im Lagerraum zur Ermittlung des Luftzustandes, bei dem das Kühlgut nicht beschlägt nach *Kayan*.

10.2.3 Die Lagerung von Lebensmitteln im Kühlschrank

Für eine kurzfristige Aufbewahrung von Lebensmitteln im Kühlschrank stehen dort die für die einzelnen Produkte günstigsten Bedingungen nicht zur Verfügung und sind auch nicht erforderlich. Eine zwischen 2 °C und 6 °C liegende Temperatur und eine rel. Luftfeuchte von 70 bis 80 % haben sich als ausreichend erwiesen. Die Produkte, insbesondere die gegen einen mikrobiellen Verderb weniger anfälligen, werden ver-

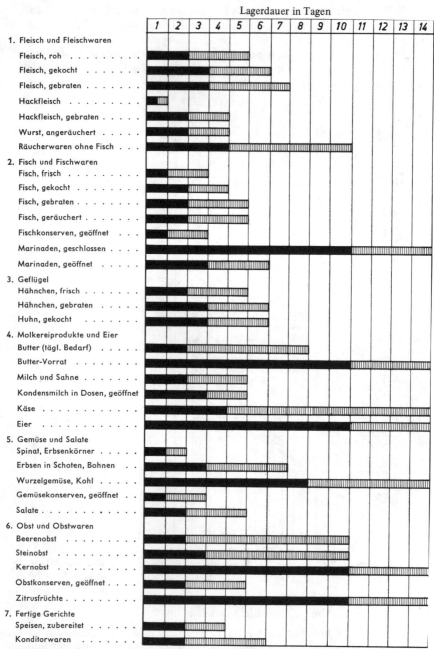

Bild 10/8   Mögliche und übliche Lagerdauer leichtverderblicher Lebensmittel im Haushalts-
kühlschrank bei +2 bis +6 °C.
Die Zeiten gelten für frische Lebensmittel, die unmittelbar nach dem Einkauf im Kühlschrank
eines Stadthaushalts gelagert werden.

packt oder in Behältern und Kästen (Hydratoren, Feuchtraumbehälter) gelagert, um eine Austrocknung zu begrenzen oder zu verhindern. Je nach der Dichtigkeit der Verpackung oder der Behälter stellt sich am Lagergut eine rel. Luftfeuchte von 80 bis 100 % ein. Stark riechende oder geruchsempfindliche Produkte sollen auch, um eine Geruchsübertragung zu vermeiden, in geschlossenen Packungen oder Gefäßen aufbewahrt werden.

Der Kühlschrank ist nur für eine kurzfristige Aufbewahrung von leichtverderblichen Lebensmitteln gebaut und geeignet. Frische Lebensmittel sollten möglichst bald nach dem Einkauf oder der Ernte, Speisen gleich nach dem Erkalten in den Kühlschrank kommen. Wenn dies beachtet wird, gilt für Lebensmittel mit guter Ausgangsqualität die in Bild 10/8 angegebene übliche und mögliche Lagerdauer.

10.3   Das Gefrieren von Lebensmitteln

Die Gefrierkonservierung ist ein Verfahren zur Haltbarmachung von Lebensmitteln über lange Zeit. Sie unterscheidet sich von der Frischhaltung durch Kühllagerung nicht nur durch den angewendeten Temperaturbereich. Durch den Gefrierprozeß können starke Veränderungen im Zellgewebe pflanzlicher aber auch tierischer Lebensmittel hervorgerufen werden. Salate z.B. lassen sich im Feuchtraumbehälter eines Kühlschranks gut frischhalten, wenn sie jedoch gefroren und aufgetaut werden, ist das Gewebe tot und schlaff. Vor dem Gefrieren werden die Lebensmittel nicht nur küchenfertig verarbeitet, um die Zubereitung zu vereinfachen, sondern dies und z.T. eine Vorbehandlung sind erforderlich, um die Qualität beim Gefrieren, während der Gefrierlagerung und beim Auftauen so gut wie möglich zu erhalten.

Das Gefrieren ist kein Frischhalte-, sondern ein Konservierungsverfahren. Richtig angewendet ist die Gefrierkonservierung ein vorzügliches Verfahren für die langfristige Haltbarmachung der wichtigsten Lebensmittel; durch keine andere Konservierungsart läßt sich die ursprüngliche Qualität der Produkte so gut erhalten wie durch das Gefrieren.

10.3.1 Grundlegendes über Gefrieren, Gefrierlagerung und Auftauen

Die konservierende Wirkung der Kälte beruht darauf, daß unter $-10\,°C$ Mikroorganismen sich praktisch nicht mehr vermehren können und sich die chemischen Reaktionen mit sinkender Temperatur verzögern. Die Gefrierkonservierung läßt sich in den Gefrierprozeß, die Gefrierlagerung und den Auftauvorgang unterteilen. Die Gefrierlagerung von der Herstellung bis möglichst unmittelbar vor dem Verbrauch ist der wesentlichste Bestandteil des Verfahrens. Aber nicht nur an diese, sondern auch an den Gefrierprozeß und an das Auftauen sind bestimmte Anforderungen zu stellen, um die ursprüngliche Qualität der Lebensmittel gut zu erhalten.

10.3.1.1 Der Gefriervorgang

Das Wasser der Zellflüssigkeit tierischer und pflanzlicher Lebensmittel beginnt – wenn man von Unterkühlungserscheinungen absieht – je nach der Konzentration der gelösten Stoffe bei $-0,5\,°C$ bis $-3\,°C$ zu gefrieren. Der Gefrierbeginn der wichtigsten Gefrierprodukte, wie z.B. Fleisch, liegt dicht bei $-1\,°C$. Durch die Eisbildung reichern sich die gelösten Stoffe in der Restflüssigkeit stetig an, so daß eine immer tiefere Temperatur erforderlich ist, um weiteres Wasser zu gefrieren. Der größte Teil des Wassers erstarrt zwischen dem Gefrierbeginn und $-5\,°C$; unter $-10\,°C$ gefriert nur noch wenig Restwasser aus. Aber erst im Bereich von −30 °C ist die Eisbildung praktisch ganz abgeschlossen (s. Bild 10/9). Der bei dieser Temperatur noch nicht gefrorene Wasseranteil ist so fest an das Eiweiß oder die Kohlenhydrate gebunden, daß er auch bei einer noch viel tieferen Temperatur nicht gefriert. Er wird daher auch das nicht gefrierbare oder das *gebundene Wasser* genannt.

Aus den Kurven in Bild 10/9 ist zu ersehen, daß z.B. in Schellfischfilet mit einem Wassergehalt von 83 % insgesamt nur 92 % des gesamten Wassers gefrieren und davon bei −5 °C bereits 86 % und bei −20 °C etwa 96 % des gefrierbaren Wassers (etwa 80 bzw. 90 % des Gesamtwassers) gefroren sind. Untersuchungen an verschiedenen auf unter −70 °C abgekühlten Lebensmittel zeigten, daß 0,3 bis 0,4 kg Wasser/kg Trockensubstanz und demnach je nach dem Gehalt der Lebensmittel an Trockensubstanz 4 bis 12 % des Gesamtwassers nicht gefrieren.

Im Gegensatz zum Trockenverfahren wird beim Gefrierverfahren das zum Stoffaufbau erforderliche, fest gebundene Wasser dem Lebensmittel nicht entzogen. Das Gefrierprodukt kann daher als vollwertiger angesehen werden.

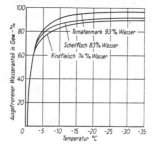

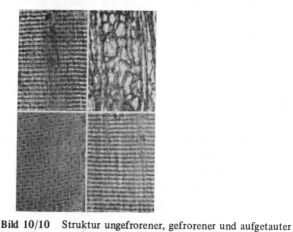

Bild 10/9 Ausgefrorener Wasseranteil im Temperaturbereich vom Gefrierbeginn bis − 35 °C bei Rindfleisch, Schellfisch und Tomatenmark.

Bild 10/10   Struktur ungefrorener, gefrorener und aufgetauter Muskelfasern in 860facher Vergrößerung nach *Rapatz* und *Luyet.*
1   links oben: Schnitt durch eine ungefrorene Faser
2   rechts oben: Schnitt durch eine bei −2,5 °C gefrorene Faser
3   links unten: Schnitt durch eine bei −70 °C gefrorene Faser
4   rechts unten: Schnitt durch eine bei −2,5 °C gefrorene und
                       anschließend aufgetaute Faser

Beim Gefrieren bilden sich normalerweise die ersten Eiskristalle in den Zellzwischenräumen des Tier- oder Pflanzengewebes, da die Konzentration an gelösten Stoffen in den Zellinnenräumen ein wenig höher ist als zwischen den Zellen. Durch diese Eisbildung entsteht ein stärkeres Konzentrationsgefälle zwischen Zellinnern und Umgebung, so daß beim *langsamen Gefrieren* Wasser in die Zellzwischenräume diffundiert und dort mit ausgefriert. Der Gehalt an gelösten Stoffen erhöht sich entsprechend und verschiebt den Gefrierbeginn zu immer tieferen Temperaturen, so daß sich auch im weiteren Verlauf des Gefrierprozesses kein Eis in der Zelle bildet. Zwischen den Zellen entstehen große unregelmäßig geformte Eismassen, durch die die entwässerten Zellen stark deformiert werden (s. Bild 10/10, oben rechts).

Beim *schnellen Gefrieren* setzt die Bildung von Eiskristallen fast gleichzeitig in den Zellzwischen- und den Zellinnenräumen ein, so daß ein gleichmäßiges Kristallgefüge entsteht. Es wird um so feinkörniger, je höher die Gefriergeschwindigkeit ansteigt (s. Bild 10/11, obere Reihe).

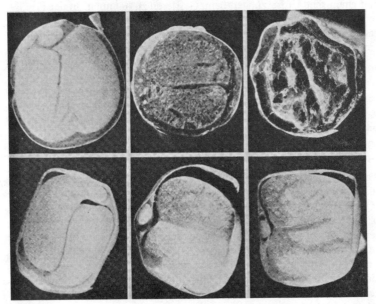

Bild 10/11   Schnitt durch verschieden schnell gefrorene Erbsenkörner im gefrorenem und aufgetautem Zustand. Lagerdauer 6 Monate bei – 22 °C.
obere Reihe: im gefrorenem Zustand
untere Reihe: im aufgetauten Zustand
linke Bilder: in flüssiger Luft gefroren
mittlere Bilder: bei – 18 °C in stiller Luft gefroren
rechte Bilder: bei – 18 °C in einem isolierten Behälter gefroren

Nach dem Auftauen sind die Unterschiede im Zellgewebe von schnell und langsam gefrorenen Produkten verschwindend gering (s. Bild 10/11, untere Reihe). Bei sehr langsam gefrorenen Muskelfasern war nach dem Auftauen kaum eine Veränderung in der histologischen Struktur gegenüber den nicht gefrorenen Muskelfasern festzustellen (s. Bild 10/10 rechts unten und links oben).

Die Erweiterung der Zellzwischenräume beim langsamen Gefrieren führt bei manchen Produkten zu einer Beeinträchtigung des Safthaltevermögens. Es ist jedoch nicht möglich, aus der Gewebestruktur gefrorener Produkte auf deren sensorische Qualität nach dem Auftauen zu schließen.

Die Hauptursache von *Gefrierveränderungen* ist in der mit dem Ausgefrieren des Wassers verbundenen Konzentration der Restlösung zu suchen [6]. Bis 5K unter Gefrierbeginn ist die konzentrierte Lösung noch beweglich genug, um bei der hier noch relativ hohen Temperatur verstärkt Reaktionen hervorzurufen. Dieser kritische Temperaturbereich wird in um so kürzerer Zeit durchlaufen, je schneller gefroren wird.

Wenn auch mit weiter sinkender Temperatur die Konzentration der Lösung stärker ansteigt, so nimmt doch ihre Beweglichkeit und damit die Reaktionsgeschwindigkeit schnell ab.

Die *Gefriergeschwindigkeit* muß genügend hoch sein, um die Vermehrung von Mikroorganismen und chemische Umsetzungen beim Gefrieren zu hemmen. In der Praxis werden Gefriergeschwindigkeiten von 0,1 bis über 100 cm/h angewendet. Wenn für die Praxis Werte der Gefriergeschwindigkeit angegeben werden, so gelten diese in der Regel für die mittlere lineare Gefriergeschwindigkeit [9, Bd. 10]

Die mittlere lineare Gefriergeschwindigkeit $\bar{w}$ ist definiert als

$$\bar{w} = \frac{d_0}{\tau_0} \frac{cm}{h}$$

d_0 = kürzeste Entfernung von der gekühlten Oberfläche bis zum thermischen Mittelpunkt des Gefrierprodukts

τ_0 = nominale Gefrierzeit; die erforderliche Zeit, um die Temperatur im thermischen Mittelpunkt des Gefrierprodukts von 0 auf 10 K unter Gefrierbeginn zu senken.

Ein sehr langsames Gefrieren, Gefriergeschwindigkeit 0,1 cm/h und niedriger, führt leicht zu einer Beeinträchtigung der sensorischen, ernährungsphysiologischen und hygienischen Qualität der Gefrierprodukte. Meist tritt diese Geschwindigkeit nur auf, wenn sehr große Stücke und in Kisten verpackte oder eng gestapelte Ware gefroren werden. Rinderviertel werden jedoch oft sehr langsam in 3 bis 5 Tagen ohne größeren Nachteil gefroren. Auch ein langsames Gefrieren, Gefriergeschwindigkeit 0,1 bis 0,5 cm/h, das meist in Haushaltsgefriergeräten angewendet wird, kann die Qualität einzelner Produkte nachteilig beeinflussen. Erdbeeren z.B. haben einen höheren Saftverlust und die knackige Textur von grünen Bohnen kann verloren gehen. Die meisten Produkte behalten ihre ursprüngliche Qualität, wenn sie in Gefrierapparaten schnell mit einer Gefriergeschwindigkeit von über 0,5 cm/h bis 5 cm/h gefroren werden. Eine bessere Erhaltung der Textur und des Safthaltevermögens wurde bei einigen Produkten, z.B. bei Erdbeeren und grünen Bohnen, durch ein sehr schnelles Gefrieren, Gefriergeschwindigkeit über 5 bis 10 cm/h, des kleinstückigen Gutes im Kaltluft-Wirbelbett oder durch Besprühen mit flüssigem Stickstoff erreicht. Nur die Qualität einiger sehr empfindlicher Lebensmittel, wie z.B. Tomaten oder des Eiweißes gekochter Eier, konnte verbessert werden, wenn sie durch Tauchen in und Besprühen mit verflüssigten Gasen ultraschnell gefroren wurden. Beim ultraschnellen Gefrieren muß der Gefrierprozeß so rechtzeitig abgebrochen werden, daß die hart gefrorene Randschicht nicht durch die Ausdehnung der von ihr eingeschlossenen Teile gesprengt wird.

Nach den Leitsätzen des *Deutschen Lebensmittelbuches* [21] müssen Lebensmittel, die mit der Bezeichnung „tiefgefroren" in den Handel kommen, in geeigneten Vorrichtungen unter sachgerechter Anwendung der Verfahrenstechnik schnell gefroren werden.

Als unterer Grenzwert für die Gefriergeschwindigkeit wurde früher 1 cm/h genannt. Ein Übergang vom langsamen zum schnellen Gefrieren führt nicht nur zu einer besseren Qualitätserhaltung, sondern die Verweilzeit der Lebensmittel im Gefrierapparat wird geringer. Damit sinkt die Belastung des Apparates bei gleicher Leistung, so daß er kleiner gebaut werden kann. Das bringt oft konstruktive und arbeitstechnische Vorteile.

Beim Verlassen des Gefrierapparates sollen die gefrorenen Produkte oder Packungen die Temperatur des Gefrierlagerraumes oder, je nach ihrer Handhabung zwischen Gefrieren und Gefrierlagerung, eine etwas tiefere Temperatur erreicht haben. Als oberer Grenzwert wird in Richtlinien eine Durchschnittstemperatur von $-18\,°C$ oder eine Kerntemperatur von $-15\,°C$ empfohlen.

10.3.1.2 Die Gefrierlagerung

Die Aufrechterhaltung der beim Gefrieren erreichten tiefen Temperatur bis zum Verbrauch ist die eigentliche Konservierung. Neben der Ausgangsqualität der Rohware, der Verarbeitung und Verpackung bestimmen die Lagertemperatur und die Lagerdauer die Qualität der zum Verkauf angebotenen Gefrierprodukte entscheidend.

Auch durch eine Gefrierlagerung können Veränderungen leichtverderblicher Lebensmittel nie ganz unterbunden werden; sie sind jedoch um so geringer je tiefer die Lagertemperatur gesenkt wird (s. 10.1.2.1 und Bild 10/12). Wenn ein bestimmter, meist sehr geringer Qualitätsrückgang im Verlauf der Lagerung zugelassen wird, ist jeder Lagerdauer eine bestimmte Temperatur zugeordnet. Die Kenntnis dieser *Zeit-Temperatur-Abhängigkeit* der Lagerveränderungen der einzelnen Lebensmittel ist für die Gefrierwirtschaft von großer Bedeutung, weil es mit ihrer Hilfe möglich wird, die wirtschaftlichsten Lagerbedingungen anzuwenden. Durch Bestimmung des Qualitätsrückganges im Verlauf der Lagerung bei verschiedenen Temperaturen ist diese Zeit-Temperatur-Abhängigkeit für viele wichtige Gefrierprodukte ermittelt worden (Bild 10/13).

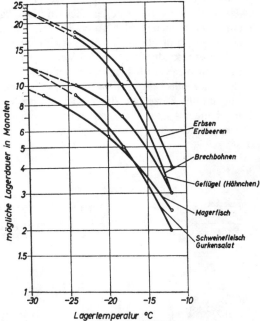

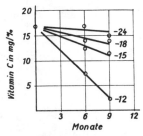

Bild 10/12 Abfall des Vitamin C-Gehaltes von Brechbohnen während der Gefrierlagerung bei verschiedenen Temperaturen.

Bild 10/13 Mögliche Lagerdauer einiger Gefrierprodukte im Temperaturbereich von -30 bis $-12\,°C$ (Zeit-Temperatur-Abhängigkeit).

Normalerweise werden beim Hersteller, im Kühlhaus und im Handel die verschieden-
artigsten Gefrierprodukte im gleichen Raum gelagert. Es kommt demnach darauf an,
eine Lagertemperatur einzuhalten, die eine gute Qualitätserhaltung aller Gefrierprodukte garantiert bzw. Grenzwerte für die mögliche Lagerdauer bei der vorhandenen
Temperatur festzulegen, nach deren Überschreitung das Produkt den Qualitätsanfor-
derungen nicht mehr genügt.

**Nach den Leitsätzen des Deutschen Lebensmittelbuches sollen tiefgefrorene
Lebensmittel vom Hersteller und im Großhandel so gelagert werden, daß ihre
Temperatur an jeder Stelle ständig bei −18 °C oder tiefer liegt.**

Eine Lagertemperatur von −18 bis −20 °C hat sich als ausreichend tief erwiesen, um
die meisten Gefrierprodukte 6 bis 12 Monate bei guter Qualität zu erhalten.

Damit während einer *Langzeitlagerung* der Qualitätsrückgang gering bleibt und auch
sehr empfindliche Produkte, wie die meisten Fischarten und eine Reihe von Fertiggerichten genügend lange gelagert werden können, wird für die Lagerung beim Hersteller und in Kühlhäusern eine Temperatur von −24 bis −30 °C angewendet. Insbesondere für Fettfisch ist eine Lagertemperatur von −30 °C erforderlich, wenn er über
6 Monate gelagert werden soll [18].

Gefrierprodukte werden auf dem Weg vom Hersteller bis zum Verbraucher nicht
unter den gleichen Bedingungen gelagert. Nach der Lagerung im Kühlhaus werden
sie zum Verteillagerraum beim Großhandel, von dort zu den Lagereinrichtungen des
Einzelhandels transportiert und hier bis zum Verkauf an den Letztverbraucher in
Verkaufskühlmöbeln dargeboten. Diese Tiefkühlkette, die durch eine Lagerung
in Haushaltsgefriergeräten oder -fächern oft fortgesetzt wird (s. Bild 10/14), darf
nicht unterbrochen werden. Auch der Temperaturanstieg zwischen Einkauf und
Weiterlagerung im Haushalt sollte gering bleiben. Nicht nur beim Hersteller und in
Kühlhäusern, sondern auch in den Verteilgefrierräumen des Großhandels und in den
für Zwischentransporte benutzten Tiefkühl-Isolierfahrzeugen wird eine z.T. weit unter
−18 °C liegende Temperatur gehalten, so daß bei der Verteilung tiefgefrorener Lebensmittel auf den Einzelhandel und während des Verkaufs beim Einzelhandel ein vor-
übergehender Anstieg der Temperatur exponierter Packungen auf −15 °C toleriert
werden kann.

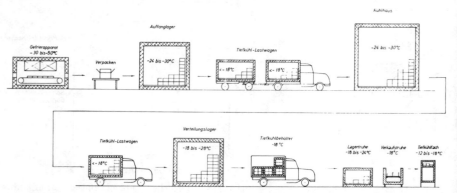

Bild 10/14   Schematische Darstellung der Tiefkühlkette vom Gefrieren bis zum Verbrauch
der Lebensmittel.

Bei der Festlegung der möglichen Lagerdauer der Gefrierprodukte beim Hersteller muß den Qualitätsveränderungen in den nachfolgenden Gliedern der Tiefkühlkette Rechnung getragen werden. Wenn die Zeit-Temperatur-Abhängigkeit der Lagerveränderungen eines Produkts bestimmt worden ist, kann bei Kenntnis der Temperatur und der Verweildauer des Produkts in den einzelnen Gliedern der Tiefkühlkette der jeweilige Qualitätsverlust ermittelt werden [18], [19].

Die Zeit-Temperatur-Einflüsse auf das Lagergut sind kumulativ und irreversibel, so daß dadurch entstandene Qualitätsverluste unabhängig von der Reihenfolge ihres Auftretens addiert den Gesamtverlust ergeben.
Für jedes einzelne Gefrierprodukt ist daher eine Planung der Lagerungs- und Vertriebsdauer möglich.
Neben der sachgerechten Verarbeitung (s. 10.3.3) und Verpackung (s. 10.3.2) ist die Aufrechterhaltung einer innerhalb der üblichen Regelgrenzen liegenden, konstanten Lagertemperatur eine Voraussetzung für die Qualitätserhaltung. Zwar hat sich gezeigt, daß die chemischen Umsetzungen bei einer schwankenden Temperatur nicht schneller verlaufen und die durch sie bedingten Veränderungen, wie z.B. ein Vitaminverlust oder eine Geschmackseinbuße nicht schneller auftreten als bei einer konstanten mittleren Temperatur, aber es können andere Schäden hervorgerufen werden: Kolloidale Produkte und Emulsionen können in ihrer Konsistenz und in ihrem Verhalten stark verändert werden. Am auffälligsten ist die durch Temperaturschwankungen verursachte Austrocknung auch wasserdampfdicht verpackter Gefrierprodukte. Sie führt nicht nur zu einem Gewichts-, sondern auch zu einem Qualitätsverlust [20]. Die Veränderungen treten um so schneller auf, je größer die Regelbreite und je höher ihre Frequenz ist. Ihr Einfluß wächst schnell mit steigender Lagertemperatur. Wenn die Spitzentemperatur $-10\,°C$ überschreitet, kann ein mikrobielles Wachstum einsetzen und zu einer Beschleunigung chemischer Umsetzungen führen [29].

10.3.1.3 Auftauen und Verbrauch

Für die Weiterverarbeitung und den Verzehr müssen tiefgefrorene Lebensmittel aufgetaut werden. Wenn der Auftauprozess nicht unter günstigen Bedingungen durchgeführt wird, können stärkere Gewichts- und Qualitätsverluste, insbesondere durch einen vermehrten Saftaustritt entstehen.
Die für das Auftauen in gewerblichen Betrieben angewendeten Auftauverfahren können in zwei Gruppen unterteilt werden: Verfahren, bei denen die Wärme von der Oberfläche her in das Gut geleitet wird und Verfahren, bei denen die Wärme im Gut selbst erzeugt wird. Bei den Verfahren der ersten Gruppe werden die Gefrierprodukte durch warme Luft, temperiertes Wasser, Dampf, Dampf unter Vakuum oder Kontakt mit warmen Platten aufgetaut. Die Temperatur des Auftaumittels wird so gesteuert, daß sich die Randschichten nicht zu stark erwärmen und bei empfindlichen Produkten 20 °C nicht überschreiten. Bei den Verfahren der zweiten Gruppe wird zum Auftauen die elektrische Energie in Hochfrequenzgeräten (27 bis 100 MHz) oder in Mikrowellengeräten (915 bis 2450 MHz) verwendet [18].
Auch das Auftauen und Zubereiten tiefgefrorener Lebensmittel im Haushalt stellt, wenn die Gerichte den aus frischen Lebensmitteln hergestellten entsprechen sollen, Anforderungen. Die Hersteller geben auf der Packung stets Anweisungen für die Behandlung des verpackten Produkts und Hinweise auf die mögliche Lagerdauer im Haushalt.

Gefrierprodukte können nach dem Einkauf oder nach der Entnahme aus dem Gefrierfach keineswegs länger in der Küche oder im Kühlschrank liegenbleiben als gleichartige frische Produkte, da sie genauso schnell an Güte abnehmen und verderben wie diese. Gefrorene Lebensmittel sollen möglichst am Tag des Einkaufs oder am nächsten Tag verbraucht werden, wenn keine Gefrierlagerung möglich ist.

Größere Teile, wie Bratenstücke, Geflügel oder Spinatwürfel, die gebraten oder gekocht werden, läßt man vor der Zubereitung an- oder auftauen, kleinstückiges Fleisch und Gemüse kann dagegen gleich in kochendes Wasser gegeben werden. Die Kochzeit gefrorener Gemüse ist nur etwa 2/3 derjenigen vergleichbarer frischer Produkte. Obst läßt man in der Packung oder, wenn es im gefrorenen Zustand noch gezuckert werden soll, in einem hochwandigen Gefäß in Raumluft oder im Kühlschrank auftauen und sich dann auf eine Eßtemperatur von 10 bis 15 °C erwärmen [26]. Wasserdichte Packungen können unter fließendem kalten Wasser beschleunigt aufgetaut werden.

10.3.2 Das Verpacken tiefgefrorener Lebensmittel

Tiefgefrorene Lebensmittel müssen während der Lagerung vor atmosphärischen Einflüssen, insbesondere vor einer Austrocknung, vor dem Verlust und der Übertragung von Geruchs- und Geschmacksstoffen und vor dem Eindringen von Mikroorganismen geschützt werden [21]. Sie werden daher vor oder nach dem Gefrieren verpackt. Die Verpackung muß außer den allgemeinen Anforderungen an eine Verpackung für Lebensmittel noch zusätzliche Ansprüche erfüllen:

a) Sie muß weitgehend undurchlässig für Wasserdampf sein, damit das Gefriergut nicht austrocknet.
b) Ihre Gasdurchlässigkeit muß gering sein, um einen Luftaustausch zu unterbinden.
c) Sie muß gegen die Aufnahme und Abgabe von Aromastoffen und gegen das Eindringen von Mikroorganismen Schutz bieten.
d) Sie darf das Füllgut nicht beeinflussen und keine gesundheitsschädlichen Stoffe, Geruch oder Geschmack an dieses abgeben.
e) Sie darf durch das Füllgut nicht angegriffen werden; gegen schwache Säure muß sie beständig sein.
f) Sie muß flüssigkeitsdicht sein und darf weder durch stark wasserhaltiges oder flüssiges Füllgut von innen, noch durch eine Taubildung von außen durchnäßt werden.
g) Sie soll so aufgebaut und geformt sein, daß sie ein schnelles Gefrieren zuläßt (kleine Höhe, keine Lufteinschlüsse). Eine Ausdehnung des Gefrierguts während des Gefrierprozesses muß sie zulassen.
h) Ihre Festigkeit, Widerstandsfähigkeit und Dichtigkeit muß auch bei Gefriertemperaturen noch ausreichend sein; der Packstoff darf durch die Einwirkung von Kälte nicht spröde und brüchig werden.
i) Sie muß sich maschinell aufstellen, füllen und verschließen lassen und dafür eine hinreichende Festigkeit und Stabilität haben. Dies ist auch für die Stapelfähigkeit von Bedeutung.
j) Sie soll so geformt und bemessen sein, daß sie sich möglichst ohne toten Raum stapeln läßt.
k) Sie soll attraktiv sein und sich gut präsentieren lassen.
l) Sie soll leicht zu öffnen und zu leeren sein; der Packstoff darf am gefrorenen Produkt nicht haften bleiben.

Zahlreiche Stoffe sind zum Aufbau von Packungen für eine Vielfalt von Gefrierprodukten verwendet worden. Weißblech, Aluminiumband und -folie, wachs- oder kunststoffbeschichtete Papiere und Kartone sowie Folien aus den verschiedensten Kunststoffen dienen einzeln oder in Kombination miteinander zur Herstellung von Einwicklern, Beuteln, Faltschachteln, Schalen, Bechern und Dosen, die den Anforderungen auch im Hinblick auf die Verschlußdichtigkeit in der Regel genügen. In Bild 10/15 ist die Wasserdampf- und Luftdurchlässigkeit einiger viel verwendeter Verpackungsfolien dargestellt. Bei einer Kombination von Packstoffen wird hauptsächlich Polyäthylen wegen seiner guten Wasserdampfdichtigkeit und Schweißbarkeit zur Beschichtung verwendet. Eine Trägerfolie, wie z.B. Zellglas oder Hostaphan und eine Polyäthylenfolie oder -schicht ergänzen sich vorteilhaft nicht nur in den Durchlässigkeitseigenschaften (s. Bild 10/15), sondern auch in den Festigkeits- und Verschließeigenschaften. In Beutel aus geeigneter Verbundfolie werden z.B. Fertiggerichte unter Vakuum verpackt und vor dem Verbrauch in kochendem Wasser erhitzt (Kochbeutel). Folien einiger Kunststoffe werden auch im vorgereckten Zustand geliefert, so daß sie beim Erwärmen schrumpfen. Beutel aus Schrumpffolie werden z.B. zum Verpacken von Geflügel vor dem Gefrieren verwendet.

Über die Verpackung einzelner Gefrierprodukte siehe auch 10.3.3.

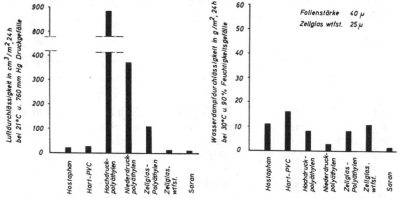

Bild 10/15 Luft- und Wasserdampfdurchlässigkeit verschiedener Verpackungsfolien.

10.3.3 Die Gefrierkonservierung einzelner Lebensmittel

Die Qualität gefrorener Lebensmittel ist nicht nur von geeigneten Gefrier-, Lager- und Auftaubedingungen und einer sachgerechten Verpackung abhängig. Die *Gefriereignung* der einzelnen Lebensmittel, ihre Qualität bei der Anlieferung sowie die zweckgebundene Verarbeitung und Behandlung vor dem Gefrieren sind oft von noch größerer Bedeutung. Lebensmittel, die gekocht, gebraten oder gebacken werden, eignen sich besser zum Gefrieren als solche, die man roh verzehrt. Beim Essen von Fleisch und Gemüse z.B. ist kaum festzustellen, ob die Gerichte aus gefrorenen oder frischen Produkten zubereitet worden sind. Dagegen kann sich Obst durch den Gefrierprozess stark verändern. Durch die Gefrierkonservierung läßt sich die ursprüngliche Qualität der meisten Lebensmittel besser als durch jedes andere Konservierungsverfahren erhalten. Daher sollte nur eine hochwertige, qualitativ einwandfreie Rohware gefroren werden.

Die Rohware wird dem Gefrierbetrieb so angeliefert, wie sie auch zum Frischverzehr kommt: Fleisch gut abgehangen, Gemüse erntefrisch, Obst nicht pflück-, sondern eßreif. Alle Lebensmittel werden vor dem Gefrieren stets küchen- oder tischfertig zugerichtet, damit sie aus dem gefrorenen Zustand heraus gleich erwärmt oder unmittelbar nach dem Auftauen zubereitet werden können.

10.3.3.1 Fleisch

Für die langfristige Vorratshaltung werden Tierkörper in Vierteln oder Hälften gefroren. Neuerdings setzt sich wegen der besseren Qualitätserhaltung und der größeren Wirtschaftlichkeit das Gefrieren von entbeintem Fleisch und verpackten Edelfleischstücken stärker durch. Daneben werden von der Fleischwarenindustrie portioniertes Fleisch, sowie fertige Teilgerichte, wie Frikadellen und Bratwurst, in Kleinpackungen oder in Mehrportionenpackungen für den Einzelhandel und für Großküchen gefroren.

Gesunde und gut abgehangene Tierkörper werden auf die gleiche Art wie für den Frischverzehr in die gewünschten Portionen zerteilt. Diese werden meist vor dem Gefrieren verpackt.

Portioniertes Fleisch wird meist in Bandgefrierapparaten gefroren und anschließend bei −24 bis −30 °C gelagert. Die mögliche Lagerdauer beträgt 6 bis 24 Monate. Für tiefgefrorenes Hackfleisch ist nach der Hackfleisch-VO die Lagerdauer bis zum Verkauf auf 3 Monate bei −18 °C und tiefer begrenzt.

10.3.3.2 Fisch

Tiefgefrorener Fisch hat für die Versorgung der Binnenländer mit Seefisch eine große Bedeutung, da er hier dem zum Kauf angebotenen frischen Fisch in der Qualität meist überlegen ist.

Die Qualität von tiefgefrorenem Fisch hängt wesentlich davon ab, mit welchem Frischegrad der Fisch dem Gefrierbetrieb angeliefert wird. Wegen der langen Fangreisen könnte bestenfalls Seefisch der letzten Fangtage mit befriedigender Qualität an Land gefroren werden (s. 10.2.1.2). Um einen Gefrierfisch mit guter Qualität verkaufen zu können, ist die fischverarbeitende Industrie dazu übergegangen, Seefische an Bord der Fangschiffe zu gefrieren. Über 90 % der Seefische werden heute auf Hochseetrawlern (Heckfänger), die als Gefrierschiffe mit allen zur Verarbeitung, zum Gefrieren und zur Gefrierlagerung erforderlichen Einrichtungen ausgestattet sind, tiefgefroren (s. Kap. 9.5).

An Bord von Fangschiffen gefriert man den Fisch meist filetiert als Platten von 60 bis 70 mm Dicke, Gewicht 20 bis 30 kg, aber für die Weiterverarbeitung auch ganz, in Plattengefrierapparaten. Ganze Fische werden unverpackt gefroren und nach dem Gefrieren für die Lagerung glasiert. Filetplatten gefriert und lagert man in flexiblen Kartonpackungen mit einer Einlage aus kunststoffbeschichtetem Papier. Die Lagertemperatur beträgt −28 bis −30 °C. Die mögliche Lagerdauer hängt von der Art des Fisches ab. Sie beträgt bei dieser Temperatur für Magerfisch 18 bis 24 Monate und für Fettfisch 8 bis 12 Monate [18]. Erst vor dem Vertrieb oder der Weiterverarbeitung, z.B. zu Fischstäbchen, werden die gefrorenen Platten in Stücke der gewünschten Größe aufgesägt und in Einzelhandelspackungen, meist Faltschachteln aus beschichtetem Karton, verpackt.

10.3.3.3 Geflügel

Für die langfristige Haltbarmachung von Geflügel wird nahezu ausschließlich die Gefrierkonservierung verwendet.

Qualitäts-Anforderungen und Verarbeitung sind dieselben wie für eine Kühllagerung (s. 10.2.1.3).

Ganzes, bratfertiges Geflügel wird nach dem Abkühlen normalerweise nach dem Cryovac-Verfahren verpackt. Dabei wird das einzelne Tier in einen Beutel aus schrumpffähiger Polyvinylidenchloridfolie (Cryovacbeutel) gesteckt, der auf einer Spezialvorrichtung evakuiert, verdrillt, durch eine Klammer verschlossen und anschließend beim Durchlaufen eines Kanals in einem Warmluftstrom von etwa 90 °C geschrumpft wird. Beim Schrumpfen verschwinden die beim Evakuieren entstandenen Falten und der Beutel legt sich wie eine glänzende Haut um den Körper.

Durch Schrumpffolie geschütztes Geflügel wird meist im Kaltluftstrom gefroren, aber auch in Tauchbädern vor- und im Luftstrom nachgefroren. Seltener wird das Tauch- und Sprühgefrieren mit kalten Lösungen für sich allein verwendet (s. Bild 10/16). Propylenglycol-, Kalziumchlorid- oder Kochsalzlösung dienen als Tauchflüssigkeit. In den ersteren wird bei etwa − 30 °C, in Kochsalzlösung bei −20 °C gefroren. Der Hauptgrund für die Anwendung des Tauchgefrierens ist, durch das ultraschnelle Gefrieren der Randschicht ein kalkigweißes Aussehen zu erzeugen, das den Verbraucher in einigen Ländern besonders anspricht. In Deutschland wird praktisch nur in Luftgefrieranlagen gefroren.

Im Bundesgebiet wird „tiefgefrorenes" und „gefrorenes" Geflügel gehandelt. Nach der Handelsklassen-VO für Schlachtgeflügel [33] muß tiefgefrorenes Geflügel bei

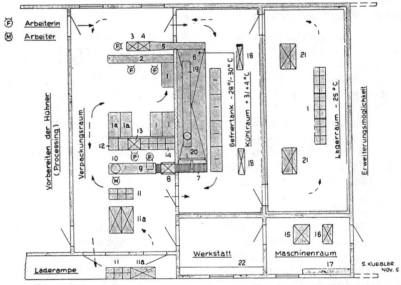

Bild 10/16 Grundriß eines Verpackungs- und Gefrierbetriebs mit Tauchgefrieranlage für eine Leistung von 15000 Hühnern und 1000 Puten pro Woche nach einem Vorschlag von *S. Kuebler*

1	Eiswassertanks auf Rädern, mit Hühnern gefüllt	12	Kartonzuschnitte
1a	leere Eiswassertanks	13	Kartonherstellung
2	Verpackungstisch	14	fertige Kartons
3	Cryovacverpackungsmaschine	15	Kältemaschine für den Gefriertank
4	Schrumpfvorrichtung	16	Kältemaschine für den Gefrierlagerraum
5	Zubringbahn zum Gefriertank	17	Schalttafel
6	Tauchgefrieranlage	18	Luftkühler
7	Transportband	19	Soledurchlaufkühler
8	Sprühwascher	20	Hebevorrichtung
9	Packtisch	21	Luftkühler
10	Waage	22	Werkbank
11	Transportwagen		

−18 °C und tiefer gelagert werden, bei gefrorenem darf die Temperatur auf −12 °C
ansteigen. Gut verpackte Brathähnchen können bei −30 °C 18 bis 24 Monate, bei
−18 °C bis 12 Monate und bei −12 °C bis 6 Monate gelagert werden.

10.3.3.4 Eier

Eier können so, wie sie anfallen, nicht gefroren werden, da die Schale durch die Ausdehnung des Eiinhaltes beim Gefriervorgang platzt und das Eidotter sich gummiartig
verfestigt. Für die gewerbliche Herstellung von Back- und Teigwaren, Mayonnaisen
u.a. wird eine Eimasse aus Vollei, Eiweiß oder Eidotter ihrer einfachen Verarbeitung
und geringen Verluste wegen der Verwendung von Schaleneiern vorgezogen. Diese
läßt sich am besten durch Gefrieren haltbar machen.

Bei der Verarbeitung von Eiern im Gefrierbetrieb ist größte Sauberkeit erforderlich.
Auch nach dem Durchleuchten und dem Aussortieren nicht einwandfreier Eier vor
dem Aufschlagen müssen die aufgeschlagenen Eier nochmal geprüft werden. Ein gutes
Verrühren, bei dem ein Einschlagen von Luft vermieden werden muß, ein Passieren
durch feine Siebe zur Entfernung von Hagelschnüren und Schalenteilchen und ein
Pasteurisieren in Durchlauferhitzern ist bei Gefrierei nötig.

Während Eiweiß sich beim Gefrieren nicht verändert, verfestigt sich Vollei erheblich
und die Konsistenz des Eigelbs wird pastös. Wenn man dem Eigelb je nach seiner
Verwendungsart 3 bis 5 % Kochsalz oder 5 bis 10 % Zucker zusetzt, läßt es sich gut
gefrieren. Beim Vollei genügt meist ein Homogenisieren, um eine Klumpenbildung
beim Gefrieren zu vermeiden, aber auch hier ist ein geringer Salz- oder Zuckerzusatz
empfehlenswert.

Gefroren wird Eimasse üblicherweise in rechteckigen stabilen Kartonpackungen mit
flüssigkeitsdichten Einsatzbeuteln oder in Weißblechbehältern mit einem Fassungsvermögen von 5 bis 20 kg im Luftstrom. An die Gefriergeschwindigkeit werden keine
besonderen Anforderungen gestellt. Vollei- und Eigelbmasse ist 12 Monate, Eiweiß-
masse über 12 Monate bei −18 bis −20 °C lagerfähig.

10.3.3.5 Milchprodukte

Unbehandelte *Milch* verändert sich beim Gefrieren und während der Gefrierlagerung
bei −18 °C. Beim Gefrieren werden die Membranen der Fettkügelchen durchlässiger
und bei der Gefrierlagerung tritt eine durch das Auskristallisieren von Lactose geförderte Aggregation der Proteine auf, so daß die aufgetaute Milch ausfettet und aus-
flockt. Ein befriedigendes Gefrierprodukt ergibt homogenisierte Milch, wenn sie
schnell gefroren und unter −25 °C gelagert wird. Milch wird jedoch kaum durch Gefrieren haltbar gemacht.

Für eine langfristige Vorratshaltung von *Butter* ist eine Gefrierlagerung erforderlich.
Im allgemeinen wird die Butter in Fässern, jedoch auch ausgeformt und verpackt,
eingefroren und gelagert. Besondere Ansprüche an die Gefriergeschwindigkeit
werden nicht gestellt. Der Gefrierlagerraum dient in der Regel auch zum Gefrieren,
so daß für eine hinreichend große Kälteleistung und eine gute Luftbewegung gesorgt
werden muß. Bei −18 °C kann Butter 8 Monate, bei −30 °C 15 Monate gelagert
werden. Gefrorene Butter sollte nach der Auslagerung bald verbraucht werden.

Bei Milchüberschuß im Sommer wird oft nicht die Butter, sondern der Rahm für eine
spätere Butterfertigung gefroren. Dieses Verfahren hat den Vorteil, daß der Sommer-

rahm dem Winterrahm zugesetzt und dadurch eine einheitlichere Butter hergestellt werden kann. Unter gleichen Gefrierlagerbedingungen ist auch die Haltbarkeit von Rahm besser als die von Butter und die von nicht gefrorener, unter Zusatz von Gefrierrahm hergestellter Butter besser als die von aufgetauter Butter. Außerdem kann die Butterfertigung gleichmäßiger ausgelastet werden.

Der zum Gefrieren bestimmte Rahm hat meist einen Fettgehalt von 45 %; er soll 55 % nicht überschreiten. Der Rahm wird in Platten oder in flachen Behältern von nicht über 13 l Inhalt schnell gefroren. Er soll nicht länger als 6 Monate bei −18 bis −20 °C gelagert werden.

10.3.3.6 Speiseeis

Nach der Verordnung über Speiseeis unterscheidet man in Deutschland sieben verschiedene Speiseeissorten und zwar Eiskrem (Fruchteiskrem), Einfacheiskrem, Milchspeiseeis, Sahneeis, Fruchteis, Eierkremeis und Kunstspeiseeis. Zu ihrer Herstellung werden Milch und Milcherzeugnisse, Zucker, Obstfruchtfleisch oder Obsterzeugnisse, Bindemittel und natürliche Geschmacks- und Geruchsstoffe verwendet. Eiskrem muß mindestens 10 % Milchfett, Fruchteiskrem mindestens 8 % Milchfett und 20 % Obstfruchtfleisch enthalten.

Der Herstellungsgang von Eiskrem ist in Bild 10/17 dargestellt. Nach dem automatischen Dosieren werden die einzelnen Bestandteile gemischt, der Mix gefiltert, pasteurisiert, homogenisiert, in Plattenkühlern auf 2 °C bis 4 °C abgekühlt und dann

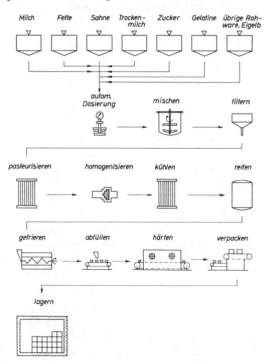

Bild 10/17   Arbeitsgänge bei der Herstellung von Eiskrem.

bei dieser Temperatur in etwa 3000 l fassenden Tanks „gereift". Die Reifungszeit des Mixes richtet sich im wesentlichen nach den zugesetzten Stabilisatoren und liegt zwischen 4 und 24 Stunden. Von den Reifungsbehältern gelangt der Mix zur kontinuierlichen Eiskremherstellung (s. Kap. 9.5.5).

Im Eiskremgefrierer wird Wasser an dem gekühlten Mantel ausgefroren und durch ein Schab- und Rührwerk entfernt und verrührt. Außerdem wird der Mix aufgeschlagen, d.h. die vorher in den Mix dosierte Luft fein verteilt. Durch das sehr schnelle Gefrieren und durch das Aufschlagen entsteht die kremige Konsistenz, mit der Eiskrem als Halbgefrorenes (*Softeis*) den Gefrierer verläßt. Das Softeis hat beim Verlassen des Gefrierers eine Temperatur von −4 °C bis −6,5 °C, bei der üblich 30 bis 50 % Wasser ausgefroren sind.

Um Eiskrem haltbar zu machen, muß das gefrierbare Restwasser im Softeis gefroren, „gehärtet" werden. Für die Herstellung von Stieleis wird Softeis in Formen gefüllt, deren Wände in karussellartigen Rundgefrieranlagen durch eine Sole auf etwa −30 °C gekühlt werden. In Haushaltspackungen oder in kleinere Becher abgefülltes Eis wird meist in Bandgefrierapparaten bei etwa −40 °C gehärtet. Zum Härten von unverpacktem Eis sind die Apparate mit Edelstahlbändern ausgestattet. Neben diesen Härteeinrichtungen stehen noch Härteräume zur Verfügung, d.s. Gefrierräume mit hoher Luftbewegung.

Eiskrem wird bis zum Vertrieb bei einer Temperatur von −28 °C bis −30 °C gelagert. Auch während des Transports und der Vorratshaltung beim Einzelhandel sollte eine Temperatur von −20 °C nicht überschritten werden, da bei höherer Temperatur und bei Temperaturschwankungen die Haltbarkeit schnell zurückgeht. Als mögliche Lagerdauer werden 18 Monate bei −30 °C und 6 Monate bei −20 °C angegeben.

10.3.3.7 Gemüse

Gemüse, das im gekochten Zustand gegessen wird, eignet sich im allgemeinen so gut zum Gefrieren, daß nicht unterschieden werden kann, ob ein Gericht aus frischem oder gefrorenem Gemüse hergestellt worden ist. Dies gilt z.B. für Erbsen, Spinat, Bohnen, Karotten und Rosenkohl. Dagegen geben Gemüse, die im rohen Zustand gegessen werden und wegen ihrer straffen Textur beliebt sind, meist mangelhafte Gefrierprodukte. Tomaten z.B. fallen in sich zusammen und bekommen eine zähe Haut und einen fremdartigen Geschmack; Salatgurken sind nach dem Gefrieren weniger knackig; Blattsalate sind zum Gefrieren ungeeignet. Auch innerhalb einer Gemüseart kann die Gefriereignung je nach Sorte verschieden sein und durch die Wachstumsbedingungen beeinflußt werden.

Für die Gefrierkonservierung bestimmtes Gemüse muß im optimalen Reifegrad geerntet und möglichst bald danach verarbeitet und gefroren werden. Empfindliche Gemüse sollten auch während der kurzen Zeitspannen zwischen Ernte und Verarbeitung gekühlt werden, um den Rückgang der Qualität möglichst klein zu halten.

Gemüse wird vor dem Gefrieren küchenfertig zugerichtet. Nach der Zurichtung (Putzen, Waschen, Zerkleinern u.a.) muß das Gemüse blanchiert, d.h. kurz abgekocht werden, um die insbesondere in unausgereift geerntetem Gemüse sehr aktiven Enzymsysteme zu inaktivieren. In unblanchiertem Gemüse können während der Gefrierlagerung sehr schnell nachteilige Veränderungen auftreten (s. Bild 10/18). Nach dem Blanchieren wird das Gemüse mit einem Sprühregen kalten Wassers schnell abgekühlt.

Gemüse wird z.T. vor dem Gefrieren verpackt, meist aber erst vor dem Vertrieb in Klein- oder Großpackungen abgefüllt. Nur Gemüse, das sich, wie Spinat oder Stangenspargel, nicht im gefrorenen Zustand verpacken läßt, wird vor dem Gefrieren in Faltschachteln und seltener in Polyäthylenbeuteln verpackt. Es wird meist in Bandgefrierapparaten oder auf Horden liegend im Luftstrom, aber auch in Plattengefrierapparaten gefroren. Kleinstückiges Gemüse, wie Erbsen, Brechbohnen oder gewürfelte Karotten werden üblicherweise im Wirbelbett sehr schnell gefroren und anschließend in stapelfesten Behältern oder Kästen mit sehr unterschiedlichem Fassungsvermögen (25 bis 1000 kg) gelagert. Die Wasserdampfdichtigkeit wird hier meist durch Einsatzbeutel aus Polyäthylenfolie erreicht. Daneben werden auch wasserdampfundurchlässige Säcke für die Zwischenlagerung verwendet. Vor dem Vertrieb wird dann das Gemüse im gefrorenen Zustand in speziell dafür eingerichteten Verpackungsanlagen in Einzelhandelspackungen oder Packungen für Großküchen abgefüllt.

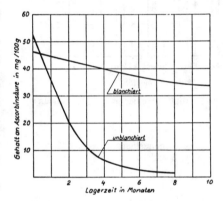

Bild 10/18   Verlust an Vitamin C in blanchiertem und unblanchiertem Spinat während der Gefrierlagerung bei – 20 °C.

Für die langfristige Lagerung von Gemüse werden Temperaturen von – 24 °C bis – 28 °C angewendet. Es kann in diesem Temperaturbereich bis auf wenige Ausnahmen 18 bis 24 Monate gelagert werden.

10.3.3.8 Obst

Obst läßt sich im allgemeinen weniger gut gefrieren als Gemüse. Durch den Gefrierprozeß verlieren viele Obstarten den Charakter des frischen Produkts. Während die ursprüngliche Farbe, der Geschmack und Geruch gut und wesentlich besser als bei anderen Konservierungsarten erhalten bleiben, verändern sich vielfach die Konsistenz und die Form erheblich. Die Sortenwahl ist bei Obst von besonderer Bedeutung, da die Gefriereignung der einzelnen Sorten sehr unterschiedlich sein kann (s. Bild 10/19). Die Güte der Gefrierprodukte hängt außerdem stark vom Reifegrad der Früchte ab. Für die Gefrierkonservierung bestimmtes Obst muß vollreif und nicht pflückreif geerntet werden. Andererseits darf es jedoch auf keinen Fall überreif sein. Nicht ausgereiftes Obst ist wenig aromatisch und z.T. rübig fest, während überreifes beim Auftauen zerfällt und unangenehm weich wird.

Obst wird stets tischfertig gefroren. Je nach der Obstart werden die Früchte vor dem Gefrieren geputzt, gewaschen, geschält, enthäutet, entsteint, zerteilt und verlesen. Obst wird mit Ausnahme einiger für die Weiterverarbeitung bestimmter hellfleischiger Früchte nicht blanchiert, da es durch die Erhitzung seine charakteristischen Eigenschaften einbüßen würde.

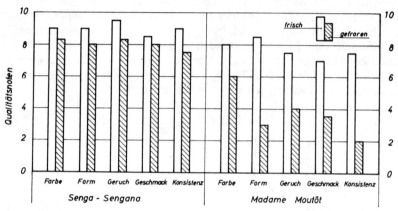

Bild 10/19   Durchschnittsnoten für die sensorische Qualität verschiedener Erdbeersorten vor und nach dem Gefrieren.

Die Qualitätsnoten bedeuten:

10 vorzüglich	7 ziemlich gut	3 mangelhaft
9 sehr gut	6 befriedigend	2 schlecht
8 gut	5 mittelmäßig	1 sehr schlecht
	4 kleine Mängel	

Hellfleischige Früchte, wie Aprikosen, Pfirsiche oder Mirabellen bräunen bei einer Verletzung des Fruchtgewebes. Sehr viel schneller als bei der Zubereitung treten diese Bräunung und die damit verbundenen Geschmacks- und Geruchsveränderungen beim Auftauen auf, da durch das Gefrieren die Funktion der Zellwände zerstört worden ist. Auch während der Gefrierlagerung verfärben sich hellfleischige Früchte. Da durch den Ausschluß des Luftsauerstoffs und den Zusatz reduzierend wirkender Stoffe die Verfärbungen verhindert oder verzögert werden können, werden hellfleischige Früchte normalerweise in Zuckerlösung gefroren. Der Zuckerlösung wird oft Ascorbinsäure als reduzierendes Mittel zugegeben. Für das Gefrieren von empfindlichen Obstarten ohne Zuckerlösung sind verschiedene meist nicht sehr wirksame Methoden der Vorbehandlung vorgeschlagen worden.

Obst in Zuckerlösung und auch empfindliche Obstarten mit einer Zugabe von Trockenzucker oder ohne jeglichen Zusatz werden vor dem Gefrieren meist in flüssigkeitsdichten Kartonpackungen verpackt und wie verpacktes Gemüse gefroren. Viele Beerenobstarten gefriert man jedoch sehr schnell im Wirbelbett und lagert sie bis zum Vertrieb in Großpackungen oder Behältern. In diesen werden sie auch aus dem Ausland eingeführt. Vor der Verteilung an den Handel werden sie dann in Einzelhandelspackungen — man verwendet die gleichen Verpackungen wie zum Gefrieren empfindlicher Obstarten — z.T. auch mit Trockenzucker vermischt abgefüllt.

Sachgerecht behandeltes Obst kann bei $-24\,^{\circ}$C bis $-28\,^{\circ}$C 18 bis 24 Monate und bei $-18\,^{\circ}$C 12 Monate gelagert werden.

10.3.3.9 Backwaren

Brot und Brötchen werden bei der Lagerung im Temperaturbereich von $60\,^{\circ}$C bis $-7\,^{\circ}$C altbacken. Die Entquellung der Stärke, die zum Altbackenwerden führt, tritt besonders schnell bei Kühllagertemperaturen auf. Diese und andere nachteiligen Veränderungen werden verhindert, wenn Backwaren schnell von $60\,^{\circ}$C auf unter $-7\,^{\circ}$C abgekühlt, d.h. gefroren werden. Nicht nur Brot und Brötchen, sondern auch die meisten Backwaren aus Hefe- und Blätterteig sowie alle Kuchensorten, seien es Sandtorten, Rührkuchen, Biskuitmassen oder Obst- und Kremtorten, lassen sich gut durch Gefrieren haltbar machen. Insbesondere fetthaltiges Gebäck ist zum Gefrieren geeignet. Mit Hilfe der Gefrierkonservierung ist es daher möglich, im Backgewerbe eine Vorratswirtschaft einzuführen, d.h. die Backwaren unabhängig vom augenblicklichen Bedarf in der normalen Arbeitszeit herzustellen. Für Backwaren, die in kleineren Mengen verkauft werden, ist dies besonders vorteilhaft.

Das aus dem Backofen kommende, für die Gefrierkonservierung bestimmte Gebäck wird meist in bewegter Raumluft auf etwa $20\,^{\circ}$C abgekühlt und anschließend unverpackt im Kaltluftstrom gefroren. Wenn die gefrorenen Backwaren nicht, wie Brötchen, von einem Tag auf den anderen, sondern längere Zeit gelagert werden sollen, müssen sie sachgerecht verpackt werden. Backwaren werden üblicherweise bei $-18\,^{\circ}$C bis $-20\,^{\circ}$C nicht über 8 Wochen gelagert, obgleich eine Lagerung vieler Gebäcke bis 12 Monate bei dieser Temperatur möglich ist. In Bäckereien wird das gefrorene Gebäck vor dem Verkauf häufig in Auftaugeräten im Warmluftstrom aufgetaut.

10.3.3.10 Fertiggerichte

Fertiggerichte und fertige Teilgerichte werden in zunehmender Menge für die Gemeinschaftsverpflegung in Kantinen, Krankenhäusern, Heimen und Ganztagsschulen, aber auch für den Stoßbetrieb in Gaststätten und für die Verpflegung in Flugzeugen und in Zügen gefroren. In den USA werden sie auch in den Haushalten als TV-Dinners (Fernsehmahlzeiten) viel verwendet. Es gibt wenig Gerichte, die man nach einer sachgerechten Zubereitung nicht gefrieren kann.

Suppen, Gerichte aus den verschiedensten Fleisch- und Fischarten in jeglicher Zubereitung, Gemüse, Kartoffeln, Teigwaren, Reis, Eintopfgerichte, Desserts und auch Salate, wie Kraut-, Sellerie- und Gurkensalat, werden als tischfertige Gefrierprodukte angeboten.

Bei der Zubereitung der Gerichte muß dem Einfluß des Gefrierens und der Gefrierlagerung auf die Qualität Rechnung getragen werden. Nicht alle Fette, Dickungsmittel und Gewürze sind gleich gut geeignet und auch die Handhabung bei der Zubereitung kann die Gefriereignung beeinflussen [34].

Die zubereiteten Fertiggerichte werden mit einer Temperatur von nicht unter $+60\,^{\circ}$C meist in Aluminiumschalen, aber auch in Kunststoffschalen oder Kochbeuteln abgefüllt. Es gibt Menüschalen mit mehreren eingeprägten Fächern, in denen die einzelnen Komponenten einer Mahlzeit z.B. Fleisch, Gemüse und Kartoffeln zusammen gefroren werden und Einzelschalen für das Gefrieren jeder einzelnen Komponente. Die Verwendung der Letzteren trägt nicht nur zu einer besseren Aufteilung der Arbeit im Gefrierbetrieb bei, sondern sie hat den Vorteil, daß die Teilgerichte später beliebig zu einer Mahlzeit zusammengesetzt werden und sich während der Abkühl-, Lager- und Aufwärmphase nicht gegenseitig beeinflussen können.

Fertiggerichte werden gleich nach dem Verschließen der Schalen oder Beutel normalerweise in Luftgefrierapparaten gefroren und anschließend bis zum Versand oder – wenn die Gerichte im Verpflegungsbetrieb hergestellt werden – bis zum Verbrauch bei – 18 °C bis – 30 °C gelagert. Die mögliche Lagerdauer bei einer Temperatur von −18 °C bis −20 °C, die meist für die Lagerung beim Verbraucher angewendet wird, ist bei sehr empfindlichen Gerichten, wie solchen mit gepökeltem Fleisch oder mit frischem Speck, auf etwa 2 Monate zu begrenzen. Die meisten Gerichte, wie z.B. Schmorbraten, Kalbsfricassee, Königsberger Klops, Gemüse und Reis, können bei dieser Temperatur 6 Monate und länger gelagert werden. Die Lagerdauer von Fertiggerichten sollte jedoch auch bei – 30 °C 12 Monate nicht überschreiten. Lebensmittel, die vor dem Gefrieren essfertig zubereitet werden, können durch Würzen, Pökeln oder Räuchern in ihrem Verhalten während der Lagerung verändert werden. Bei 6 bis 12 Monate gelagerten, verschiedenen Gemüsegerichten wurde in den sensorischen Eigenschaften nur bei einzelnen Gerichten ein deutlicher Unterschied gefunden (34). Vergleichende Prüfungen von unbehandelten, gepökelten und geräucherten Schweinebauch nach einer Lagerung bei Temperaturen zwischen – 5° und – 60 °C ergaben, daß die Haltbarkeit nur bei den unbehandelten Proben mit sinkender Lagertemperatur stetig zunahm, sich jedoch bei gepökelten und geräucherten Proben in bestimmten Temperaturbereichen neutral oder sogar revers verhielt (18 a).

Der Genußwert von Fertiggerichten hängt auch davon ab, wie sie vor dem Verzehr aufgetaut und erhitzt werden. Bei der Wahl des Auftauverfahrens muß außer auf das Lebensmittel auf die Verpackung Rücksicht genommen werden. Am häufigsten werden Warmluftgeräte zum Auftauen und Erhitzen verwendet. In Aluminiumschalen gefrorene Produkte werden meist in ihnen aufgetaut. Sie sind jedoch ungeeignet für das Erwärmen von Gerichten in Kunststoffschalen oder -beuteln, wenn nicht eine unter dem Erweichungsbereich des Kunststoffes liegende Temperatur genau eingehalten werden kann. Meist werden in Kunststoff verpackte Gerichte in Dampfgeräten oder Heißwasserbädern aufgetaut und erwärmt. In Mikrowellengeräten, die weniger häufig angewendet werden, lassen sich in Aluminiumschalen verpackte Gerichte nicht auftauen. Das gleichmäßige Auftauen und Erwärmen der unterschiedlichen Teilgerichte in Menüschalen bereitet bei allen Verfahren, besonders jedoch im Mikrowellengerät, Schwierigkeiten.

Literaturverzeichnis

[1] Van Arsdel, W.B., Copley, W.J. and Olson, R.L.: Quality and stability of frozen foods, Wiley-Interscience, New York 1969.
[2] ASHRAE Guide and Data Book-Applications, American Society of Heating, Refrigerating and Air-Conditioning Engineers, Inc. New York 1971.
[3] Bäckström, M.: Kältetechnik, Vlg. G. Braun, Karlsruhe 1951.
[4] Dräger, H.: Die Kältekonservierung unserer tierischen Lebensmittel, Fachbuchverlag Leipzig 1955.

[5] *Emblik, E.*: Kälteanwendung, Vlg. G. Braun, Karlsruhe 1971.
[6] *Fennema, O, and Powrie, W.D.*: Fundamentals of low temperature food preservation, in Advances in Food Research, Vol. 13 (1964), Academic Press, New York.
[7] *Gröschner, P.* und *Schulze, I.*: Pflanzliche Lebensmittel kältekonserviert, Fachbuchverlag Leipzig 1968.
[8] *Gutschmidt, J.*: Das Kühlen und Gefrieren von Lebensmitteln im Haushalt und in Gemeinschaftsanlagen, DLG-Verlag, Frankfurt/M. 1964.
[9] Handbuch der Kältetechnik, Bd. 1, 9, 10 und 11, Springer-Verlag 1952, 1954, 1960 und 1962.
[10] *Hansen, H.*: Spezifische Wärme und Atmungswärme von Obst und Gemüse, Kältetechnik 19 (1967) H. 2 und H. 3.
[11] *Harris, R.S.* and *von Loesecke, H.*: Nutritional evaluation of food processing, J. Wiley & Sons, New York 1960.
[12] *Hawthorn, J.R.* and *Rolfe, E.J.*: Low temperature biology of foodstuffs, Pergamon Press 1968.
[13] *Heiss, R.*: Lebensmitteltechnologie, Vlg. J.F. Bergmann, München 1955.
[14] *Heiss, R.*: Fortschritte in der Technologie des Konservierens von Gemüse und Obst, Vlg. Serger & Hempel, Braunschweig 1955.
[15] *Herrmann, K.*: Tiefgefrorene Lebensmittel, Vlg. P. Parey, Berlin und Hamburg 1970.
[16] International Institute of Refrigeration: Practical guide to refrigerated storage, Paris 1965.
[17] International Institute of Refrigeration: Recommendet conditions for cold storage of perishable produce, 2nd Ed., Paris 1967.
[18] International Institute of Refrigeration: Recommendations for the processing and handling of frozen foods, 2nd Ed., Paris 1972.
[18a] International Institute of Refrigaration: Freezing, frozen storage and freeze-drying, Paris 1977–1, pp. 153–165.
[19] Kältetechnologie in der Lebensmitteltechnik, B. Behr's Verlag, Hamburg 1972.
[20] Konservierungsverfahren und Verpackungstechnik, Verpackungswirtschaftliche Schriftenreihe aus Forschung und Praxis H. 18, Vlg. für Fachliteratur, Berlin 1963.
[21] Leitsätze für tiefgefrorene Lebensmittel, BAnz. Nr. 101 vom 2. 6. 1965 in der Fassung von 1969, BAnz. Nr. 21 vom 31.1.1970.
[22] *Nehring, P.* und *Krause, H.*: Konserventechnisches Handbuch der Obst- und Gemüseverwertungsindustrie, 15. Aufl. Vlg. G. Hempel, Braunschweig 1969.
[23] *Nicolaisen-Scupin, L.*: Leitfaden für die Lagerung von Gemüse und eßbaren Früchten, 3. Aufl., Vlg. G. Hempel, Braunschweig 1972.
[24] *Paech, K.*: Gefrierkonservierung von Gemüse, Obst und Fruchtsäften, 2. Aufl., Vlg. P. Parey, Berlin und Hamburg 1945.
[25] *Partmann, W.*: Neuere Ergebnisse und Vorstellungen über Gefrierveränderungen, Fleischwirtschaft 48 (1968), S. 1317.
[26] Probleme der Ernährung durch Gefrierkost, Wissenschaftliche Veröffentlichungen der Deutschen Gesellschaft für Ernährung, Bd. 12, Steinkopff Verlag, Darmstadt 1964.
[27] *Rapatz, G.* und *Luyet, B.*: On the mechanism of ice formation and propagation in muscle, Biodynamica 8 (1959) 121.
[28] *Schmidt-Lorenz, W.*: Behaviour of microorganism at low temperature, Bull. Internat. Institute of Refrig. 47 (1967), S. 390 und 1313.
[29] *Schmidt-Lorenz, W.*: Psychrophile Mikroorganismen und tiefgefrorene Lebensmittel, Alimenta 9 (1970), S. 32.
[30] *Schormüller, J.*: Die Erhaltung der Lebensmittel, F. Enke Verlag, Stuttgart 1966.
[31] *Tressler, D.K., Van Arsdel, W.B.* and *Copley, M.J.*: The freezing preservation of foods, 4. Ed., Avi Publ. Comp. Westport (USA) 1968.
[32] *Tuchschneid, M.W.* und *Emblik, E.*: Die Kältebehandlung schnellverderblicher Lebensmittel, 3. Aufl., Brücke Verlag K. Schmersow, Hannover 1975.
[33] Verordnung über gesetzliche Handelsklassen für geschlachtetes Geflügel und Geflügelteile vom 15. 9. 1965, BGBl 1965 I, S. 1368, in der Fassung vom 26. 8. 1966, BGBl 1966 I, S. 537.
[34] *Zacharias, R.* und *Thumm, G.*: Gefrierkonservierung tischfertiger Speisen, Landwirtschaft – Angewandte Wissenschaft Nr. 137 Landwirtschaftsverlag Hiltrup bei Münster 1968.

11 Schall- und Schwingungsschutz

Dipl.-Ing. A. Wolff

Kälteanlagen weisen als unerwünschte Begleiterscheinung Geräuschemissionen auf, die von mechanisch bewegten Teilen erzeugt und direkt abgestrahlt oder über Rohrleitungen und Kanäle an entfernte Immissionsorte übertragen werden. Bei der bei Kälteanlagen typischen Kombination von Ventilatoren, Verdichtern, Pumpen und Verbindungen über Rohrleitungen sind sowohl Maßnahmen gegen Luft- als auch gegen Körperschallübertragung vorzusehen.

Die Schallschutzeinrichtungen gegen Luftschall ergeben sich vorrangig als Kapselungen und Schalldämpfer, gegen Körperschall als ein- oder mehrstufige Federlager mit Zwischen- oder Gegenmassen sowie Kompensatoren.

Es werden jeweils die zur Berechnung von Pegelminderungen notwendigen Ansätze als Formeln oder Diagramme angegeben und die in der Praxis erreichbaren Grenzwerte abgeschätzt.

Unerläßlich ist eine Ergänzung der Schallschutzeinrichtungen durch bauliche Maßnahmen zur Luft- und Körperschalldämmung sowie als schallabsorbierende Verkleidungen. Da die Geräuschimmission nicht nur von der Bemessung der technischen und baulichen Schallschutzeinrichtungen abhängt, sollte immer beachtet werden, daß eine entfernte Zuordnung von Kälteanlagen zu leisen Räumen im Gebäude sich günstig auf die Geräuschübertragung auswirkt.

11.1 Physikalische Grundlagen

Als Schall werden mechanische Schwingungen in luft- und gasförmigen sowie flüssigen und festen Medien verstanden. Voraussetzung für die Schallausbreitung sind Volumenelastizität und Masse des Mediums, weshalb in einem Vakuum Schallvorgänge ausgeschlossen sind.

11.1.1 Schalldruck, Schallschnelle

Die dem stationären Luftdruck überlagerten Druckschwankungen werden Schalldruck p genannt. Der Wahrnehmbarkeitsbereich des menschlichen Ohres für den Schalldruck ist relativ groß und reicht von der sogenannten

Reizschwelle $p_0 = 2 \cdot 10^{-5} \ \text{N/m}^2$ (11–1)

bis zur Schmerzschwelle $p_s = 2 \cdot 10^1 \ \text{N/m}^2$ (11–2)

Der Empfindlichkeitsbereich des menschlichen Ohres für den Schalldruck entspricht demnach einem Zahlenverhältnis von 1 zu 10^6.

Die von einer beliebigen Schallquelle ausgehenden Druckschwankungen führen in der Schallfortpflanzungsrichtung zu einer Auslenkung der Luftteilchen um ihre Ruhelage. Diese Teilchengeschwindigkeit ist, ähnlich der Druckschwankung, eine Geschwindigkeitsschwankung der Luftteilchen und wird Schallschnelle v (m/s) genannt. Schalldruck und Schallschnelle sind unmittelbar voneinander abhängig.

11.1.2 Frequenz, Wellenlänge, Fortpflanzungsgeschwindigkeit

Vom menschlichen Ohr werden Druckschwankungen im *Frequenzbereich* von etwa
16 Hz bis 16 000 Hz (Hz = Schwingung pro Sekunde) wahrgenommen, was 10 Okta-
ven entspricht. Schwingungsvorgänge unterhalb dieses Bereiches (Infraschall) werden
lediglich als Erschütterungen wahrgenommen, solche oberhalb (Ultraschall) sind für
den Menschen unhörbar. In der Bauakustik und der technischen Lärmabwehr beschränkt man sich auf die Bewertung von Schallvorgängen im Frequenzbereich zwischen ca. 50 Hz und 5 000 Hz. Hier hat man es in der Regel nicht mit reinen Tönen,
sondern mit Geräuschen zu tun, deren Teiltöne Frequenzen enthalten, die nicht in
einfachen Zahlenverhältnissen zueinander stehen (Bild 11/1). In der Praxis erfolgt
die Ermittlung der Energieanteile im interessierenden Frequenzbereich durch Verwendung von Oktavfiltern oder Terzfiltern.

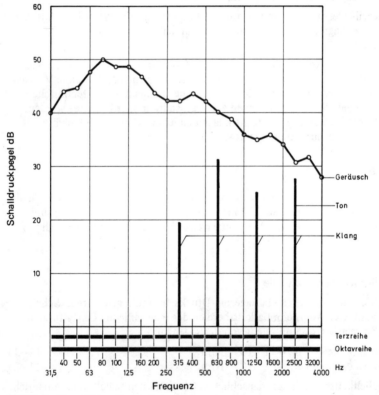

Bild 11/1   Ton, Klang, Geräusch
Geräusch-Terzpegel einer in einem Raum installierten Wärmepumpe

Im Gegensatz zu der als Schallschnelle v bezeichneten Teilchengeschwindigkeit, die
von der Schallintensität abhängig ist, ist die *Fortpflanzungsgeschwindigkeit c* eine

Konstante des Trägermediums und ergibt sich in Luft z. B. zu $c = 340$ m/s bei 20 °C (Tafel 11/1). Die Fortpflanzungsgeschwindigkeit ist abhängig von der Temperatur ϑ (°C), weshalb man allgemeiner ansetzen kann

$$c_{Luft} = 330 + 0,5 \, \vartheta \qquad \text{(m/s)} \qquad (11-3)$$

Tafel 11/1 Schallgeschwindigkeit in verschiedenen Medien

Medium	Fortpflanzungsgeschwindigkeit m/s	Dichte kg/m³
Luft	340	1,3
Wasser	1450	1000
Aluminium	5100	2700
Stahl	5000	7800
Glas	5200	2500
Beton	4000	2000

Neben der zeitlichen Folge von Druckschwankungen beim Schallvorgang zeigt sich auch eine räumliche Folge, wobei der Abstand der Druck- bzw. Schnelle-Maxima und -Minima als *Wellenlänge* bezeichnet wird. Die Wellenlänge λ hängt von der (konstanten) Fortpflanzungsgeschwindigkeit c im Medium und der Frequenz f (Hz) ab. Der Zusammenhang ist:

$$c = \lambda \cdot f \qquad \text{(m/s)} \qquad (11-4)$$

In der technischen Lärmabwehr beträgt der Bereich der Schallwellenlänge in Luft rd. 5 cm bis 6 m.

11.1.3 Schalldruckpegel, Schalleistungspegel

Wie schon bei den Betrachtungen des Schalldrucks festzustellen war, ist der Wahrnehmungsbereich des menschlichen Ohres relativ groß und würde bei Zahlenangaben zu unübersichtlichen und unhandlichen Werten führen. Man nutzt deshalb bei der Kennzeichnung von schalltechnischen Größen den Vorteil der *logarithmischen Schreibweise* aus und komprimiert somit die Zahlenreihe in eine übersichtliche Größenordnung. Voraussetzung für diese „Rechenvereinfachung" in logarithmischer Darstellung ist die Festsetzung von Bezugsgrößen für Schalldruck p_0 und Schalleistung $\dot{W}_0$, wofür vereinbarungsgemäß benutzt werden:

Schalldruck $\quad p_0 = 2 \cdot 10^{-5}$ N/m² $\qquad (11-5)$

Schalleistung $\dot{W}_0 = \quad 10^{-12}$ Watt $\qquad (11-6)$

Für den absoluten Wert „Schalldruck" benutzt man nunmehr den Ausdruck *Schalldruckpegel* und statt der Schalleistung wird der *Schalleistungspegel* eingeführt:

Es gilt für die je Flächeneinheit wirksame Schalleistung

$$10 \log \frac{\dot{W}}{\dot{W}_0} = 10 \log \left(\frac{p}{p_0}\right)^2 = 20 \log \frac{p}{p_0} \qquad \text{(dB)} \qquad (11-7)$$

Das 10fache logarithmische Verhältnis der Schalleistungen ist gleich dem 20fachen logarithmischen Verhältnis der Schalldrücke.

Die dimensionslose Einheit „Dezibel" (dB) greift auf den Namen des amerikanischen Physikers *Bell* zurück.

$$\text{Schalldruckpegel } L \quad = 20 \log \frac{p}{p_0} \qquad\qquad \text{(dB)} \qquad (11\text{–}8)$$

$$\text{Schalleistungspegel } L_W = 10 \log \frac{\dot{W}}{\dot{W}_0} \qquad\qquad \text{(dB)} \qquad (11\text{–}9)$$

Eine Druckverdoppelung ergibt einen um 6 dB höheren Schalldruckpegel; der 10fache Druck ergibt eine Erhöhung des Schalldruckpegels um 20 dB, der 100fache um 40 dB. Die Multiplikation wird logarithmisch auf eine Summierung zurückgeführt.

Tafel 11/2 zeigt den Zusammenhang von Schalldruck und Schalldruckpegel an charakteristischen Geräuschen.

Tafel 11/2 Zusammenhang zwischen Schalldruck und Schalldruckpegel

Schalldruckpegel L dB	Schalldruck p N/m^2	Charakteristisches Geräusch
140	2×10^2	Strahldüse
130	$6{,}3 \times 10^1$	Turbodüse
120	2×10^1	Schmerzschwelle
110	$6{,}3 \times 10^0$	Kolbenverdichter
100	2×10^0	Preßluftbohrer
90	$6{,}3 \times 10^{-1}$	Großes Orchester
80	2×10^{-1}	Lüfter freiblasend
70	$6{,}3 \times 10^{-2}$	Gaststube
60	2×10^{-2}	laute Unterhaltung
50	$6{,}3 \times 10^{-3}$	ruhige Wohnstraße
40	2×10^{-3}	leise Unterhaltung
30	$6{,}3 \times 10^{-4}$	ruhige Wohnung
20	2×10^{-4}	leichtes Blätterrauschen
10	$6{,}3 \times 10^{-5}$	Luftzug
0	2×10^{-5}	Hörschwelle

11.1.4 Addition von Schallquellen und Pegelwerten

Den Vorteilen der Multiplikation in logarithmischer Darstellung steht der Nachteil der Addition gegenüber, da mehrere zu addierende Schalldruckpegel oder Schalleistungspegel aus der logarithmischen Darstellung jeweils in Absolutgrößen umgerechnet, quadriert, summiert und wieder logarithmiert werden müssen.

Für die Pegelerhöhung ΔL gleicher Schallquellen ergibt sich

$$\Delta L = 10 \log n \qquad\qquad \text{(dB)} \qquad (11\text{–}10)$$

mit n = Anzahl der Schallquellen

Drei gleiche Maschinen haben demnach einen um 5 dB höheren Schalldruckpegel (Summenpegel) als die Einzelmaschine.

Für Schallquellen unterschiedlichen Pegels ergibt sich für die Pegelerhöhung

$$\Delta L \;=\; 10 \log\!\left(1 + 10^{\frac{L_2 - L_1}{10}}\right) \qquad \text{(dB)} \qquad (11\text{–}11)$$

Aus den Kurvenzügen in Bild 11/2 können die Pegelerhöhungen abgelesen werden. Für zwei Maschinen mit Schalldruckpegeln von 80 dB und 82 dB ergibt sich eine Pegelerhöhung um 2 dB auf 84 dB.

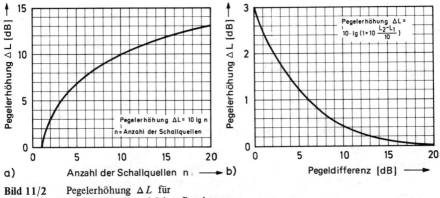

Bild 11/2 Pegelerhöhung ΔL für
a) Schallquellen gleichen Pegels
b) Schallquellen unterschiedlichen Pegels $L_1 > L_2$. Summenpegel $L = L_1 + \Delta L$

11.2 Physiologische Grundlagen

Die bisherigen physikalischen Betrachtungen von Schallvorgängen führen zu keiner ausreichenden Kennzeichnung der Bewertung durch das Ohr, da das Ohr für tiefe Frequenzen nicht so empfindlich ist wie für mittlere und hohe Frequenzen. Außerdem müssen die sehr komplizierten Einwirkungen aus der Schmal- oder Breitbandigkeit eines Geräusches, die Einflüsse von Einzelquellen und Zeitfolgen berücksichtigt werden.

11.2.1 Lautstärke

Obwohl das Ohr höhere Schallpegel grundsätzlich auch als größere Lautstärke wahrnimmt, muß die Frequenzzusammensetzung eines Geräusches bekannt sein, da vom Ohr im Normalfall physikalisch gleiche Schallpegel bei 100 Hz geringer bewertet werden als bei 1000 Hz. Dieser Zusammenhang ist aus den „Kurven gleicher Lautstärke" nach Bild 11/3 ersichtlich.

Hier sind diejenigen Schallpegel bei verschiedenen Frequenzen im hörbaren Bereich angegeben, die jeweils notwendig sind, um den gleichen Lautstärkeeindruck zu erzeugen. Die Kurven wurden an einer Vielzahl von Personen durch Vergleichsmessungen ermittelt und können im Einzelfall – abgesehen von Gehörschäden – durchaus Schwankungen unterliegen. Derartige Kurvenscharen gibt es für reine Töne und für Geräusche. Beide zeigen aber grundsätzlich das gleiche Verhalten.

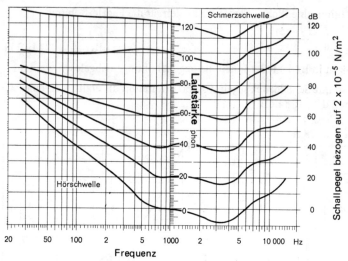

Bild 11/3   Kurven gleicher Lautstärke (phon) gemäß Ohrempfindlichkeit

Da das menschliche Ohr kein absolutes Empfinden für die Lautstärke hat, mußte hierfür ein objektives Meßverfahren entwickelt werden. Dabei ging es grundsätzlich darum, die aus den „Kurven gleicher Lautstärke" ersichtliche Frequenzempfindlichkeit des Ohres bei der Messung zu berücksichtigen und damit neben der physikalischen Bewertung des Schalldruckpegels auch die physiologische Beurteilung der Lautstärke zu erhalten. Langwierige und teilweise recht komplizierte Verfahren haben dazu geführt, daß für die Ohrempfindlichkeit die Bewertungskurven festgelegt wurden, die in Bild 11/4 ersichtlich sind. Von den drei Bewertungskurven wird

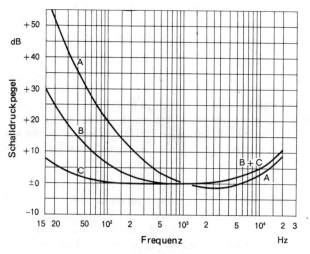

Bild 11/4   Bewertungskurven dB(A), dB(B), dB(C)

praktisch ausschließlich die A-Kurve angewendet. Hierbei wird im Meßgerät die Möglichkeit geschaffen, neben der Ermittlung des unbewerteten Schalldruckpegels L in dB auch die Lautstärke als sogenannten bewerteten Schalldruckpegel L_A in dB(A) zu ermitteln.

Es ist äußerst wichtig zu erkennen, daß Lautstärkeangaben L_A in dB (A) nichts weiter sind, als ein durch die Kurve der Ohrempfindlichkeit zusätzlich bewerteter Schalldruckpegel L in dB.

Letzteres muß deshalb so ausdrücklich betont werden, weil in den letzten Jahren die Verfahren der Lautstärkemessung sich laufend geändert haben und zum Teil bei Laien noch einige Verwirrung herrscht. Der Begriff „DIN-PHON" z.B. kann vergessen werden. Das jetzige Meßverfahren für die Lautstärke ist eine grobe Vereinfachung, wie man schon aus dem Vergleich der in den Meßgeräten verwendeten Ohrempfindlichkeitskurve (A) nach Bild 11/4 mit den Kurven gleicher Lautstärke nach Bild 11/3 (phon) erkennt. Diese Vereinfachung hat aber den wesentlichen Vorteil, daß sie trotz der im Grunde unzulänglichen Bewertung der Ohrempfindlichkeit in der Praxis zu eindeutigen Meßwerten führt.

11.2.2 Grenzkurven

Grenzkurven stellen eine Ergänzung der Lautstärkebewertung dar und berücksichtigen im wesentlichen bei der schon geschilderten komplizierten Ohrbewertung die Tatsache, daß Einzeltöne in einem sonst breitbandigen Geräusch als besonders „lästig" empfunden werden. Es kann durchaus passieren, daß bei zwei Geräuschen gleicher Lautstärke eines als lästiger empfunden wird, weil es heraushörbare Einzeltöne enthält.

Durch die Vorgabe einer Grenzkurve wird die Überschreitung bestimmter Pegel durch schmalbandige Geräuschanteile ausgeschlossen, so daß dieses Verfahren strenger als das einer Lautstärkevorgabe angesehen werden kann.

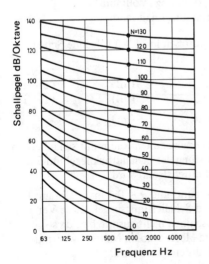

Bild 11/5 Grenzkurven nach ISO

In der Praxis wird in der Regel für die Einhaltung von bestimmten Geräuschwerten an einem Ort ein bewerter Schalldruckpegel L_A (Lautstärkepegel) oder eine Grenzkurve vorgegeben, die nicht überschritten werden darf.

Von den vielen Grenzkurvenscharen, die vorgegeben werden können, seien als Beispiel die Grenzkurven nach ISO in Bild 11/5 angeführt.

11.3 Berechnung der Schalleistung

Es ist sinnvoll und in der Kälte- und Klimatechnik üblich, die Geräuschdaten einer Maschine nicht als Schalldruckpegel, sondern als Schalleistungspegel anzugeben und durch Frequenzanalysen zu ergänzen. Schalleistungspegel sind eine eindeutige Kennzeichnung der Schallabstrahlung der Maschine, die keiner zusätzlichen Ergänzung durch Angabe von Meßentfernung und Raumeigenschaften bedürfen. Die letztlich interessierenden Schalldruckpegel für einen bestimmten Aufstellungsort – auf den der Hersteller keinen Einfluß hat – können aus den Schalleistungsdaten berechnet werden.

Freies Schallfeld herrscht im Freien (mit reflektierender Bodenfläche) oder im reflexionsarmen Meßraum (sogenannter schalltoter Raum) sowie im Rohr mit ebener, fortschreitender Welle. Ein *diffuses Schallfeld* ist in einem Hallraum vorhanden.

Im „Normalraum" ohne definierte schalltechnische Bedingungen ähnelt das Feld nahe der Schallquelle dem Freifeld, in großer Entfernung dem diffusen Feld.

11.3.1 Reflexionsarmer Raum (freies Feld)

Im freien Schallfeld läßt sich für den Zusammenhang von Schalldruck p und Schalleistung $\dot{W}$ die Beziehung

$$\dot{W} = \frac{p^2}{\rho \cdot c} S \qquad\qquad \text{(Watt)} \qquad (11-12)$$

mit $S = 4 \pi r^2$ Oberfläche bei sphärischer Abstrahlung (Vollraum)
     $S = 2 \pi r^2$ Oberfläche bei Halbkugelabstrahlung (Halbraum)

angeben, die unter Berücksichtigung der Bezugsgrößen in 11.1.3 folgende Schalleistungspegel L_W ergeben

Vollraum	$L_W = L + 20 \log r + 11$	(dB)	(11-13)
Halbraum	$L_W = L + 20 \log r +\ \ 8$	(dB)	(11-14)
mit	r = Abstand von der Schallquelle	(m)	

Bei Messungen im Freien, die Messungen im reflexionsarmen Raum mit schallhartem Boden entsprechen, ist bei gleicher Ausgangsleistung der Schalldruckpegel um 3 dB höher, da nur eine Halbkugel mit Schallenergie durchströmt wird.

Für eine Meßentfernung von $r \approx 0,28$ m (Vollraum) und $r \approx 0,4$ m (Halbraum) ergibt sich Übereinstimmung von Schalldruck- und Schalleistungspegel. Diese Vereinfachung ist praktisch bei Schallmessungen an Maschinen nicht ausnutzbar, da so geringe Meßentfernungen nicht definiert einstellbar und Messungen im Nahfeld wegen der Phasenverschiebung von Druck und Schnelle nicht eindeutig sind.

11.3.2 Hallraum (diffuses Feld)

Im Hallraum ergibt sich ein diffuses Schallfeld, das durch statistischen Schalleinfall aus allen Raumrichtungen gekennzeichnet ist, mit konstantem Schalldruck im Raum, auch bei Veränderung des Meßpunktes.

Im diffusen Schallfeld gilt für den Zusammenhang von Schalleistung $\dot{W}$, Schallabsorptionsfläche A, Schallenergiedichte E und Schallgeschwindigkeit c

$$\dot{W} = \frac{c\,A\,E}{4} \qquad \text{(Watt)} \qquad (11-15)$$

wobei unter Berücksichtigung der bekannten Bezugsgrößen für den Schalleistungspegel angegeben werden kann

Hallraum $\quad L_W = L + 10 \log A - 6 \qquad$ (dB) $\qquad (11-16)$

mit $\qquad A = $ Schallabsorptionsfläche $\qquad (m^2)$ (s. 11.4.2)

Die neben dem Schalldruckpegel vorerst unbekannte Größe, die Schallabsorptionsfläche A des Raumes, wird durch eine Nachhallzeitmessung nach 11.4.2 bestimmt.

Wie man sieht, stimmt in einem Hallraum mit einem Absorptionsvermögen $A = 4\,m^2$ der Schalldruckpegel mit dem Schalleistungspegel überein. Umgekehrt kann natürlich bei bekannter Schalleistung einer Maschine auf den sich im Raum ausbildenden Schalldruckpegel geschlossen werden.

Voraussetzung für eine Pegelmessung im Hallraum ist eine Meßstelle außerhalb des *Hallradius*, damit die Bedingungen eines diffusen Feldes mit konstantem Schalldruck erfüllt sind. Der Hallradius r_{gr} kennzeichnet diejenige Entfernung von der Schallquelle, bei der der Anteil der Direktschallenergie gleich der diffusen Schallenergie ist. Setzt man die direkten Energieanteile gleich den reflektierten Energieanteilen

$$E_d = \frac{W}{4\,\pi\,r_{gr}^2\,c} \qquad E = \frac{4\,W}{c\,A} \qquad (Ws/m^3) \qquad (11-17)$$

so ergibt sich für den Hallradius

$$r_{gr} = \sqrt{\frac{A}{16\,\pi}} \qquad \text{(m)} \qquad (11-18)$$

woraus für die Praxis die angenäherte Beziehung

$$r_{gr} \approx 0{,}14\,\sqrt{A} \qquad \text{(m)} \qquad (11-19)$$

angegeben werden kann. Schon bei einer überschlägigen Überprüfung ($A = 10\,m^2$ im Hallraum) zeigt sich, daß der Hallradius maximal 0,5 m beträgt, weshalb eine Meßentfernung von 1,0 m als Mindestentfernung zum Prüfobjekt im Hallraum angesehen werden kann.

11.3.3 Halbhalliger Raum (Normalraum)

Im halbhalligen Raum ist keine der für definierte Felder angegebenen Beziehungen anwendbar. Setzt man voraus, daß die vorhandenen Schallabsorber statistisch auf die Raumbegrenzungen verteilt sind, so ergibt sich in der Nähe der Schallquelle eine freie Schallausbreitung, die außerhalb des Grenzradius in ein diffuses Feld übergeht.

Die Abhängigkeit von Schalleistungspegel und Schalldruckpegel mit dem Schall-absorptionsvermögen des Raumes als Parameter ist in Bild 11/6 dargestellt.

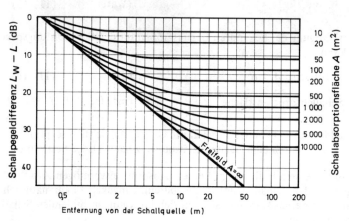

Bild 11/6 Schallpegeldifferenz $L_W - L$ in Abhängigkeit von Entfernung und Absorptions-vermögen im Raum.

11.3.4 Kanal (ebenes Feld)

Der Zusammenhang von Schalleistungspegel und Schalldruckpegel im Kanal ergibt sich zu

$$L_W = L + 10 \log S \qquad\qquad \text{(dB)} \qquad (11-20)$$

mit S = Kanalquerschnitt in m^2

Es ist ersichtlich, daß bei einem Kanal mit einem Querschnitt von $1\ m^2$ Schalleistungs-pegel und Schalldruckpegel übereinstimmen und daß bei gleicher Schalleistung in einem Kanal mit halber Querschnittsfläche der Schalldruckpegel um 3 dB höher ist.

Für die Berücksichtigung der Einflüsse im Kanalsystem von Lüftungsanlagen auf die schalltechnischen Daten, z. B. durch Kanaldämpfung, Krümmer, Mündungsreflexion usw., sei auf VDI 2081 (s. 11.7) hingewiesen.

11.4   Schallabsorption

Unter Schallabsorption versteht man den Energieentzug aus dem Schallfeld durch Um-wandlung in Wärme. Dies kann durch Reibung der Moleküle im schalltragenden Mate-rial geschehen, weiterhin durch Kompression und Wärmeleitung. Der größte Energie-verlust wird durch äußere Reibung bewirkt, wenn die Schallenergie der Luft mechanisch durch Reibung in Wärme umgewandelt wird. Letzteres ist z. B. bei den als Schallabsorptionsmaterial bekannten porösen Schichten aus Mineralfasern oder Schaumstoffen der Fall (Bild 11/7).

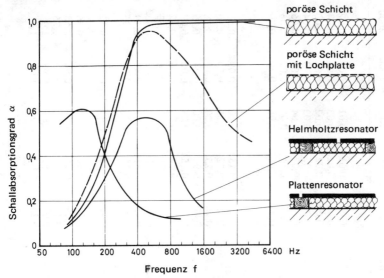

Bild 11/7   Schallabsorption verschiedener Verkleidungen (Prinzip)

Multipliziert man den Schallabsorptionsgrad mit der zugehörigen mit Schall beaufschlagten Fläche, so erhält man die äquivalente Schallabsorptionsfläche A.

$$A = \alpha S \qquad\qquad (\text{m}^2) \qquad\qquad (11-22)$$

Die gesamte Absorptionsfläche eines Raumes setzt sich naturgemäß aus vielen Teilflächen zusammen und ergibt

$$A = \alpha_1 \cdot S_1 + \alpha_2 \cdot S_2 + \cdots + \alpha_n \cdot S_n \qquad\qquad (\text{m}^2) \qquad\qquad (11-23)$$

Der Schallabsorptionsgrad α ist frequenzabhängig. Für hochwertige Schluckstoffschichten mit Dicken $d > \dfrac{\lambda}{4}$ ist ein Schallabsorptionsgrad $\alpha \approx 1$ zu erwarten.

11.4.1 Schallabsorptionsgrad

Das Maß für den Energieentzug ist der Schallabsorptionsgrad α, der zwischen 0 (totale Reflexion) und 1 (totale Absorption) betragen kann. Nach

$$\alpha = \frac{I_{\text{abs}}}{I_{\text{auftr}}} \qquad\qquad (11-21)$$

stellt der Schallabsorptionsgrad α das Verhältnis der absorbierten (d.h. der in Wärme umgewandelten und der durch die Wand durchgelassenen) Energie I_{abs} zur auftreffenden (I_{auftr}) dar. Demnach läßt sich nicht nur Schallschluckstoffen, sondern auch schalldurchlässigen Bauteilen ein Schallabsorptionsgrad zuordnen. Ein geöffnetes Fenster hat z.B. einen Schallabsorptionsgrad $\alpha = 1$ (s. Tafel 11/3).

Tafel 11/3　Absorptionsgrade α_s verschiedener Materialien und Gegenstände

Material Gegenstand	Dicke mm	Anordnung Abstand mm	Einlage mm	Oktavmittenfrequenz Hz					
				125	250	500	1000	2000	4000
Boden, Wand, Decke									
Wasser Marmor Glattbeton Fliesen				0,01	0,01	0,01	0,02	0,02	0,02
Putz auf Massivwand				0,02	0,02	0,03	0,03	0,04	0,05
Terrazzo auf Beton				0,02	0,02	0,02	0,03	0,03	0,04
Linoleum, PVC-Belag auf Beton	4			0,01	0,02	0,03	0,03	0,04	0,04
Parkett geklebt				0,03	0,03	0,04	0,05	0,05	0,06
Parkett auf Lagerhölzern				0,15	0,11	0,08	0,07	0,06	0,06
Bouclé Teppich	10			0,03	0,05	0,06	0,10	0,20	0,35
Wand- u. Deckenverkleidung									
Holzriemen	16	50		0,20	0,15	0,10	0,09	0,08	0,07
Sperrholz	8	50		0,25	0,22	0,15	0,10	0,10	0,09
Sperrholz	4	50		0,20	0,25	0,20	0,10	0,12	0,10
Lochziegel 20 % Lochfl.	65	65	40	0,40	0,90	0,80	0,74	0,95	0,75
Gipskartonplatten	9,5	25		0,20	0,15	0,08	0,08	0,09	0,10
Gipskartonplatten 12 % Lochfl.	9,5	100	25	0,30	0,74	0,90	0,70	0,52	0,45
Sperrholz 8 % Lochfl.	4	50	25	0,18	0,36	0,81	0,64	0,53	0,36
Holzriemen 80 mm breit 10 mm Fuge	12	150	25	0,24	0,78	0,74	0,62	0,45	0,28
Lochblech 12 % Lochfl.	1	50	25	0,15	0,38	0,85	0,82	0,79	0,75
Lochblech 30 % Lochfl.	1	50	25	0,18	0,74	1,01	0,96	0,95	0,96
Metallpaneele 85 mm breit 15 mm Fuge	1/15	150	25	0,42	0,83	0,94	0,65	0,42	0,32
Metallpaneele 85 mm breit 15 mm Fuge, 16 % Lochfl.	1/15	150	25	0,38	0,64	0,92	0,95	0,96	0,99
Holzfaserdämmplatte	15			0,04	0,2	0,4	0,6	0,55	0,65
Holzwolleleichtbaupl.	25	50		0,1	0,43	0,55	0,43	0,75	0,75
Steinwolleplatte	20	50		0,05	0,15	0,65	0,95	1,0	1,0
Steinwolleplatte	20	50		0,25	0,80	0,95	1,0	1,0	1,0

Fortsetzung Tafel 11/3

Material Gegenstand	Dicke mm	Anordnung Abstand mm	Einlage mm	Oktavmittenfrequenz Hz					
				125	250	500	1000	2000	4000
Steinwollefilz	50			0,33	0,84	0,97	1,0	0,98	1,0
Polyurethanschaum	20	50		0,10	0,25	0,58	0,75	0,85	0,75
Sonstiges									
Fensterglas	4			0,20	0,25	0,20	0,17	0,15	0,10
Gardine schwer				0,06	0,10	0,38	0,63	0,70	0,73
Gardine leicht, 50 % Falten				0,07	0,31	0,49	0,81	0,66	0,54
Gardine leicht, 25 % Falten				0,04	0,23	0,41	0,57	0,53	0,40
Gardine leicht, 10 % Falten				0,03	0,12	0,15	0,27	0,37	0,42
Lüftungsgitter, 50 % geöffnet				0,30	0,40	0,50	0,50	0,50	0,40
Stuhl gepolstert				0,17	0,23	0,23	0,22	0,19	0,18
Klappstuhl, Holz				0,02	0,02	0,02	0,04	0,04	0,03
Klappstuhl gepolstert				0,09	0,13	0,15	0,15	0,11	0,07
Publikum sitzend je m² Boden bei									
1 Person / m²				0,16	0,25	0,6	0,7	0,9	0,8
2 Personen / m²				0,23	0,4	0,85	1,0	1,0	1,0

Für „Resonatoren" mit Plattenabdeckung können die Resonanzfrequenzen aus Bild 11/8 abgelesen werden. Hohe Schallabsorption ist nur im Bereich der Resonanzfrequenz zu erwarten.

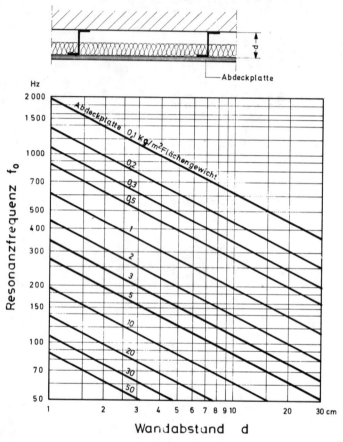

Bild 11/8 Eigenfrequenz von Plattenresonatoren

11.4.2 Nachhallzeit

Die Kenntnis über die akustische Ausstattung eines Raumes erhält man über die Nachhallzeit τ, die nach *Sabine* definiert ist als

$$\tau = 0{,}163 \, \frac{V}{A} \qquad\qquad\qquad \text{(s)} \qquad\qquad (11{-}24)$$

mit V = Raumvolumen $\qquad\qquad\qquad$ (m^3)
$\quad\;\; A$ = äquivalente Absorptionsfläche $\qquad$ (m^2)

Die Nachhallzeit läßt sich relativ einfach messen und ist eine wichtige Kenngröße der Schalltechnik, die bei vielen Meßverfahren zusätzlich gemessen wird, um erforderliche Korrekturglieder bei der Bewertung von Geräuschen bestimmen zu können. Die Nachhallzeit ist frequenzabhängig; sie beträgt in Räumen üblicherweise 0,3 bis 3 s; kann in speziellen Meßräumen aber bis auf 15 s ansteigen.

11.5 Schalldämmung

11.5.1 Luftschalldämmung

Das Luftschalldämmaß R ergibt sich als das Verhältnis der auf eine Wand auftreffenden Schallenergie I_1 zu der auf der anderen Seite abgestrahlten I_2. Definitionsgemäß ist

$$R = 10 \log \frac{I_1}{I_2} \qquad \text{(dB)} \qquad (11-25)$$

oder

$$R = L_1 - L_2 + 10 \log \frac{S}{A} \qquad \text{(dB)} \qquad (11-26)$$

mit $L_1 =$ Schalldruckpegel im lauten Raum (dB)
$L_2 =$ Schalldruckpegel im leisen Raum (dB)
$S \ =$ Prüfwandfläche $\text{(m}^2)$
$A \ =$ äquiv. Absorptionsfläche im leisen Raum $\text{(m}^2)$

Das Meßverfahren für die Bestimmung der Luftschalldämmung ist in DIN 52 210 (s. 11.7) angegeben. Dabei wird mit Rauschen in Terzschritten im Frequenzbereich zwischen 100 Hz und 3200 Hz angeregt und der Schallpegel im lauten und leisen Raum gemessen. Zusätzlich ist zur Bestimmung der Absorptionsfläche A im leisen Raum eine Nachhallzeitmessung erforderlich.

Zur Einzahl-Angabe der Schalldämmung von Bauteilen verwendet man das Luftschallschutzmaß LSM oder das bewertete Schalldämmaß R_W. Der Zusammenhang ist

$$R_W = \text{LSM} + 52 \qquad \text{(dB)} \qquad (11-27)$$

(siehe hierzu DIN 52 210)

Ein zwei Wohnungen trennendes Bauteil (Wand, Decke) muß nach DIN 4109 ein Luftschallschutzmaß LSM $\geqslant 0$ dB aufweisen. Das Luftschallschutzmaß ergibt sich als eine Zahl in dB, um welche die Sollkurve in Bild 11/9 zu besseren oder schlechteren Werten hin verschoben werden muß, bis sie durch die Meßkurve im Mittel um 2 dB unterschritten wird.

11.5.2 Trittschalldämmung

Die Prüfung der Trittschalldämmung erfolgt durch ein genormtes Hammerwerk, das die zu prüfende Decke anregt, während im darunter gelegenen Raum die Schallpegel

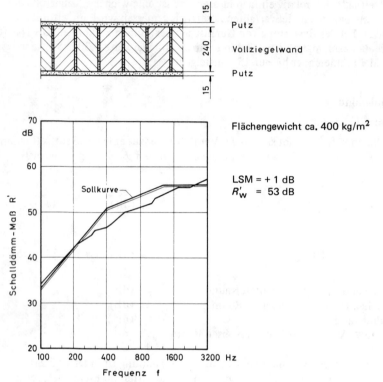

Bild 11/9 Luftschallschutz einer Vollziegelwand.

pro Oktave zwischen 100 und 3200 Hz gemessen werden. Der Normtrittschallpegel L'_n ergibt sich unter Bezug auf eine Schallabsorptionsfläche $A_0 = 10 \text{ m}^2$

$$L'_n = L - 10 \log \frac{A_0}{A} \qquad \text{(dB)} \qquad (11-28)$$

mit L = Oktavpegel im Empfangsraum   (dB)

       A = äquiv. Schallabsorptionsfläche des

              Empfangsraumes (m^2)

       A_0 = 10 m² Bezugsschallabsorptionsfläche (m^2)

Bild 11/10 zeigt die Meßwerte des Normtrittschallpegels einer Rohdecke mit und ohne schwimmenden Estrich.

Das Trittschallschutzmaß TSM gibt an, um wieviel dB die im Diagramm enthaltene Sollkurve zu günstigeren (+) bzw. ungünstigeren (−) Werten verschoben werden kann, wenn sie von der Meßkurve im Mittel um 2 dB überschritten werden soll. Für den Wohnungsbau muß nach DIN 4109 ein Trittschallschutzmaß von TSM ⩾ 0 dB erreicht sein.

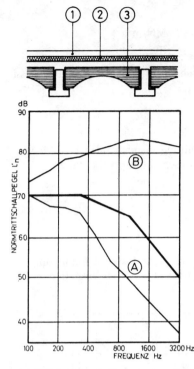

(1) 40 mm Zementestrich
(2) 19/15 mm Dämmschicht (Gruppe I nach DIN 4109)
(3) Stegträgerdecke
(A) TSM = + 7 dB mit schwimmendem Estrich
(B) TSM = − 18 dB Rohdecke

Bild 11/10 Trittschallschutz einer Stegträgerdecke ohne und mit schwimmendem Estrich.

Im Zusammenhang mit dem Trittschallschutz erscheinen noch die Begriffe *Trittschallminderung* ΔL, *Verbesserungsmaß* VM, *dynamische Steife* s'.

Die Trittschallminderung

$$\Delta L = L_{n0} - L_{n1} \qquad \text{(dB)} \qquad (11-29)$$

gibt als Kurve den Unterschied der Normtrittschallpegel einer Decke ohne (L_{n0}) und mit (L_{n1}) Zusatzmaßnahmen (schwimmender Estrich, weicher Bodenbelag) an.

Das Verbesserungsmaß

$$VM = TSM_1 - TSM_0 \qquad \text{(dB)} \qquad (11-30)$$

ist die Differenz als Zahl in dB der Trittschallschutzmaße einer Bezugsdecke ohne ($TSM_0 = -14$ dB festgelegt) und mit (TSM_1) Deckenauflage.

Die dynamische Steife

$$s' = \frac{E_{dyn}}{d} \qquad \qquad \text{MN/m}^3$$

mit

E_{dyn} = dynamischer Elastizitätsmodul MN/m^2
d = Dämmschichtdicke   m

kennzeichnet das Federungsverhalten der Dämmschicht. In DIN 4109 ist eine Klassifikation

Dämmschichtgruppe I   mit s' ≤ 30 MN/m^3
Dämmschichtgruppe II mit s' ≤ 90 MN/m^3

enthalten. Leichtere Rohdecken müssen zur Einhaltung ausreichenden Trittschallschutzes im Wohnungsbau die hochwertigere Dämmschichtgruppe I erhalten.

11.6   Schallschutzeinrichtungen

11.6.1 Schalldämmende Wände

11.6.1.1 Einfachwände

Bei einschaligen homogenen Wänden und Decken hängt die Luftschalldämmung im wesentlichen vom Flächengewicht ab. Aus Bild 11/11 ist dieses Verhalten ersichtlich.

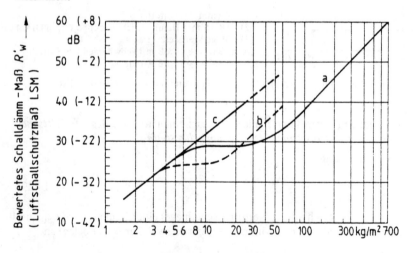

Bild 11/11 Abhängigkeit des bewerteten Schalldämm-Maßes R'_w (Luftschallschutzmaßes LSM) von der flächenbezogenen Masse für einschalige Bauteile aus:
– Beton, Mauerwerk, Gips, Glas und ähnliche Baustoffe (Kurve a)
– Holz und Holzwerkstoffe (Kurve b)
– Stahlblech bis 2 mm Dicke, Bleiblech (Kurve c)

Wie man sieht, kann die Erhöhung der Schalldämmung von Wänden einen technisch nicht zu rechtfertigenden Aufwand bedeuten, da mit der Verdoppelung des Flächengewichts nur eine Erhöhung der Schalldämmung um ca. 5 dB erreicht wird (vgl. Tafel 11/4).

Tafel 11/4 Luftschallschutz verschiedener Bauteile

Bauteil	Flächengewicht kg/m²	Dicke mm	bewertetes Schall-dämmaß R'_W*) dB
Spanplatte	13	16	30
Tischlerplatte	11	19	28
Gipskartonplatte	8	9,5	30
Sperrholz	3,5	6	24
Asbestzementplatte	10	6	31
Aluminiumblech	4	1,5	23
Stahlblech	8	1	30
Glasscheibe DD	10	4	31
Kristallglas	28	12	34
Gipsrollplatte	90	100	40
Gasbeton	45	100	36
Bimshohlblock verputzt	300	240	51
Lochziegel HLZ verputzt	200	115	48
	350	240	52
	500	365	55
Vollziegel VZ verputzt	250	115	49
	485	240	55
	650	365	57
Schüttbeton	300	150	50
	400	200	52
Gipskarton 2 x 12,5 mm an 80 mm Holzständer	30	105	38/40
Gipskarton 2 x 12,5 mm an 80 mm Stahl-C-Profil	30	105	44/46
Gipskarton 2 x 12,5 mm getrenntes Ständerwerk	35	125	48/50

*) Luftschallschutzmaß LSM = $R'_W - 52$

Oberhalb einer Frequenz, der sogenannten Koinzidenzfrequenz f_g, wird eine Verminderung der Schalldämmung von Wänden festgestellt.

Der Koinzidenzeffekt (*Spuranpassung*) mit verminderter Schalldämmung ist darauf zurückzuführen, daß die Biegewellengeschwindigkeit c_B in der Wand im Gegensatz zur konstanten Ausbreitungsgeschwindigkeit c_L von Schall in Luft frequenzabhängig ist. Herrscht Übereinstimmung zwischen Biegewellengeschwindigkeit und Schallgeschwindigkeit, so tritt bei annähernd wandparallelem Schalleinfall für die Frequenz f_g eine resonanzartige Verminderung der Schalldämmung ein. Dies gilt auch für höhere Frequenzen, da im diffusen Feld alle Einfallswinkel vertreten sind, die eine Spuranpassung ermöglichen (Bild 11/12).

Die Grenzbedingungen sind		Wellenlänge der Spurwelle auf Wand	Spuranpassung
$f < f_g$	$c_B < c_L$	$\dfrac{\lambda_L}{\sin \vartheta} < \lambda_B$	nicht möglich
$f = f_g$	$c_B = c_L$	$\lambda_L = \lambda_B$	Spuranpassung
$f > f_g$	$c_B > c_L$	$\dfrac{\lambda_L}{\sin \vartheta} = \lambda_B$	Spuranpassung

Bei der Festlegung von Wandkonstruktionen ist darauf zu achten, daß die Spuranpassung außerhalb des interessierenden bauakustischen Frequenzbereiches, also unter
100 Hz oder über 3000 Hz liegt.
Beispiele für die Koinzidenzfrequenz verschiedener Materialien zeigt Bild 11/13.

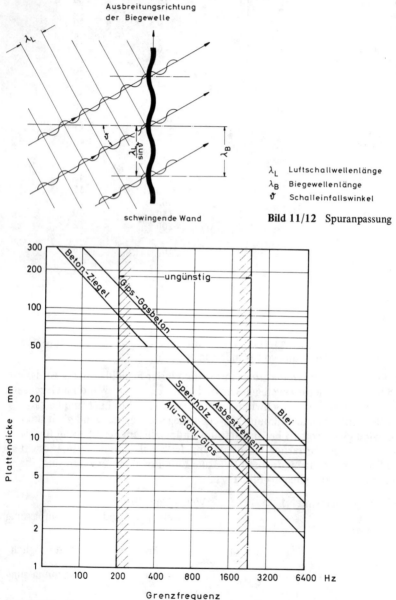

Bild 11/12 Spuranpassung

Bild 11/13 Koinzidenzfrequenz verschiedener Materialien in Abhängigkeit von der Plattendicke.

Wie man sieht, verhalten sich z. B. dünne Glasscheiben bis zu 5 mm Dicke im akustischen Sinne günstig, während dickere Verglasungen Spuranpassung unterhalb 3000 Hz zeigen. Dies ist der Grund, warum eine Erhöhung der Masse bei Verglasungen schalltechnisch fast sinnlos ist. Die in der Praxis erzielbare effektive Erhöhung der Dämmung liegt vielmehr daran, daß dickere Gläser auch eine Verstärkung der Einspannungen und Rahmenkonstruktionen erfordern, die geringere Einflüsse durch Undichtigkeiten zeigen.

11.6.1.2 Doppelwände

Mehrschalige Wände (konstruktiv in der Regel als doppelschalige Wände ausgebildet) ergeben bei schalltechnisch richtiger Konstruktion wesentlich höhere Schalldämmwerte als gleich schwere Einfachwände.

Auch bei Doppelwänden zeigt sich (unabhängig vom Einbruch bei der Koinzidenz, die auch hier möglich ist) bei der sogenannten *Resonanzfrequenz* eine Verminderung der Schalldämmung, die darauf zurückzuführen ist, daß die eingeschlossene Luft mit den beidseitig abschließenden Wandplatten ein Feder-Massesystem bildet, das im Resonanzfall einen unerwünschten Schalldurchgang zeigt. Der grundsätzliche Verlauf der Schalldämmung einer Doppelwand über der Frequenz ist aus Bild 11/14 ersichtlich. Bei der konstruktiven Festlegung von Doppelwänden ist deshalb auf eine möglichst niedrige Resonanzfrequenz zu achten, da sich unterhalb der Resonanzfrequenz die Schalldämmung wie die einer gleich schweren Einfachwand verhält und erst oberhalb der Resonanzfrequenz ein wesentlich steilerer Anstieg im Frequenzgang vorliegt.

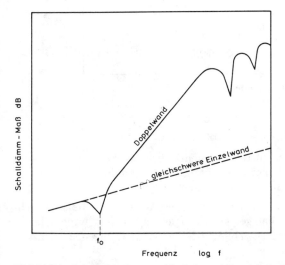

Bild 11/14 Schalldämmung von Einfach- und Doppelwänden in Abhängigkeit von der Frequenz.

Die rechnerische Kontrolle der Resonanzfrequenz von Doppelwänden und schwimmenden Estrichen kann nach Bild 11/15 (Auszug aus DIN 4109 E) erfolgen.

Bei der doppelschaligen Wandkonstruktion ist neben der federnden Trennung der Schalen auf ausreichenden Abstand und hohes Gewicht der Schalen zu achten.

Überschlägig ist diese Bedingung erfüllt bei

Doppelwand $m \cdot d > 1$
Vorsatzschale $m \cdot d > 0,5$

mit m = Flächengewicht einer Schale (kg/m^2)
      d = Luftabstand (m)

	Leichte Doppelwand aus gleich schweren Einzelschalen	Leichte Vorsatzschale vor schwerem Bauteil
Luftschicht mit schallschluckender Einlage	$f_0 \approx \dfrac{85}{\sqrt{m \cdot d}}$	$f_0 \approx \dfrac{60}{\sqrt{m \cdot d}}$
Dämmschicht mit Schalen vollflächig fest verbunden	$f_0 \approx 225\sqrt{\dfrac{s'}{m}}$	$f_0 \approx 160\sqrt{\dfrac{s'}{m}}$

f_0 : Eigenfrequenz in Hz
m : Gewicht der leichten Schale in kg/m^2
d : Schalenabstand in m
s' : dynamische Steifigkeit der Dämmschicht in MN/m^3

Bild 11/15 Eigenfrequenz zweischaliger Bauteile

11.6.1.3 Schalldämmende Kapseln

Für die Schalldämmung von Kapselungen gilt grundsätzlich das über Wände Gesagte, wenn Schallübertragung über Öffnungen, Durchbrüche oder anderweitige Nebenwege, z.B. als Körperschallüberleitung, ausgeschlossen werden kann.

Es ist zu berücksichtigen, daß durch die Kapselung eines Aggregats die freie Abstrahlung gestört wird und zu Pegelerhöhungen innerhalb der Kapsel führt, wenn deren Innenseite nicht schallabsorbierend ausgebildet ist. Für die interessierende Schallpegelminderung D läßt sich ansetzen

$$D = R + 10 \log \alpha \qquad\qquad (\text{dB}) \qquad\qquad (11-31)$$

mit R = Schalldämmaß der Kapselwandung   (dB)
      α = Schallabsorptionsgrad der innenseitigen Oberfläche

Man sieht schon aus der Formel, daß die durch eine Kapsel erzielbare maximale Schallpegelminderung D wesentlich von der Schallabsorption abhängt und erst bei einem Wert $\alpha \approx 1$ dem Schalldämmaß der Kapselwandung entspricht.

Bei der praktischen Auslegung kommt es deshalb nicht nur darauf an, die Schalldämmung der Kapselbauteile, z.B. durch mehrschaligen Aufbau, zu beachten, sondern innenseitig auch eine hochwertige schallabsorbierende Auskleidung vorzusehen (vergl. 11.6.4).

Bei einschaligem Aufbau sind Pegelminderungen bis max. 30 dB, bei mehrschaligem bis zu 40 dB erzielbar. Der Frequenzverlauf der Geräusche sowie verbleibende Nebenwege als Öffnungen oder als Körperschallabstrahlung gehen stark ein.

11.6.2 Schwimmender Estrich

Der schwimmende Estrich ist ein vielfach ausgeführtes Beispiel für ein doppelschaliges Bauelement, wobei die relativ dünne Estrichplatte durch eine Dämmschicht von in der Regel 15 bis 20 mm Dicke von der Massivdecke getrennt ist (Bild 11/16).

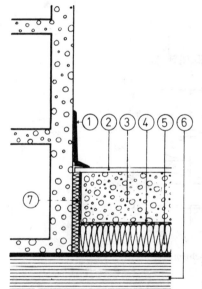

(1) Sockelleiste
(2) Gehbelag
(3) Estrichplatte
(4) Dichtungsbahn
(5) Dämmschicht
(6) Massivdecke
(7) Randdämmstreifen

Bild 11/16 Schwimmender Estrich – Vertikalschnitt

Obwohl der schwimmende Estrich vorrangig der Verminderung der Trittschalleinleitung in die Massivplattendecke dient, verringert er gleichzeitig die Luftschallübertragung. Die Bestimmung der Resonanzfrequenz erfolgt nach Bild 11/15.

Bei gegebener Rohdecke und Dicke der Estrichplatte läßt sich der Trittschallschutz durch Verringerung der Eigenfrequenz f_0 verbessern, indem eine möglichst weichfedernde Dämmschicht gewählt wird. Die Trittschallminderung ΔL ist

$$\Delta L = 40 \log \frac{f}{f_0} \qquad\qquad \text{(dB)} \qquad\qquad (11-32)$$

Bei mit schwimmenden Estrichen behandelten Massivdecken läßt sich das Trittschallschutzmaß um 25—30 dB, das Luftschallschutzmaß um 3—5 dB verbessern.

11.6.3 Schallschirme

Bei nicht sehr hohen Anforderungen an die gewünschte Pegelminderung können
Schallschirme eingesetzt oder deren Wirkung rechnerisch berücksichtigt werden, wenn
— wie es bei Dächern oft der Fall ist — die Gebäudekante oder eine hier vorhandene
Brüstung Saug- oder Drucköffnungen von Lüftungsanlagen verdecken. Die Schallpegelminderung nach *Redfearne* ist in Bild 11/17 angegeben und beträgt bei praktischen Ausführungen 5 bis 15 dB.

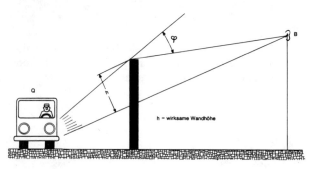

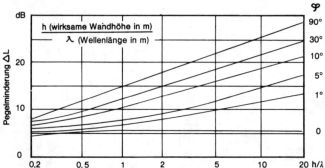

Bild 11/17 Schallpegelminderung durch einen Schallschirm

11.6.4 Schallabsorbierende Raumauskleidungen

Die durch schallabsorbierende Raumauskleidungen dem Schallfeld entzogene Energie
läßt sich als Pegelminderung ΔL berechnen. Hierfür wurde empirisch gefunden

$$\Delta L = 10 \log \frac{A_1}{A_0} = 10 \log \frac{\tau_0}{\tau_1} \qquad \text{(dB)} \qquad (11-33)$$

mit $A_1 = \Sigma \, \alpha \;$ x S für den verkleideten Raum (m^2)
     $A_0 = \Sigma \, \alpha_0 \;$ x S für den unverkleideten Raum (m^2)
     τ_1 = Nachhallzeit im verkleideten Raum   (s)
     τ_0 = Nachhallzeit im unverkleideten Raum   (s)

Die Schallabsorptionsfläche A ergibt sich nach 11.4.1, die Nachhallzeit nach 11.4.2.

Die erzielbare Pegelsenkung ist frequenzabhängig und bei hohen Frequenzen besser als bei tiefen. Die für wirkungsvolle Tiefenabsorption notwendigen Absorber sind konstruktiv aufwendig und wegen der bei diesen Frequenzen geringeren Ohrempfindlichkeit auch meistens nicht notwendig.

Da in der Regel in einem Raum für die schallabsorbierende Verkleidungen allenfalls Teilflächen zur Verfügung stehen – meist wird die Deckenfläche verkleidet – sind die Pegelminderungen begrenzt. Darüberhinaus sind die der o.a. Pegelminderung zugrundeliegenden Voraussetzungen nicht immer zu erfüllen, wenn kein diffuses Feld vorhanden ist oder die Bezugsstelle (Bedienungspersonal) sich im Nahfeld einer Maschine befindet.

Bei praktischen Ausführungen gelten Pegelminderungen von 5 dB schon als sehr hoch.

11.6.5 Schalldämpfer

Zur Schallpegelminderung in gas- oder luftführenden Kanälen verwendet man in den seltensten Fällen absorbierende Auskleidungen auf der ganzen Länge des Kanals, da der konstruktive Aufwand zu hoch wird. Hierfür werden spezielle Einbauten als Schalldämpfer eingesetzt, die die gewünschte Pegelminderung auf relativ kurzer Dämpfungsstrecke erreichen lassen.

Nach *Piening* kann die Schalldämpfung D für einen Kulissenschalldämpfer angesetzt werden

$$D = 1.5\,\alpha\,\frac{U}{F}\cdot l \qquad\qquad\text{(dB)} \qquad\qquad (11\text{–}34)$$

mit α = Schallabsorptionsgrad l = Dämpferlänge   (m)
  U = Kanalumfang $2\,(b+h)$ (m) b = Kanalbreite   (m)
  F = Kanalfläche $b \cdot h$ (m^2) (s. Bild 11/18)

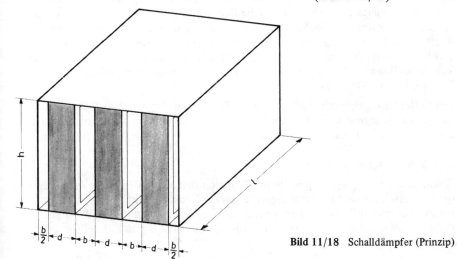

Bild 11/18 Schalldämpfer (Prinzip)

Für den bei Schalldämpfern üblichen Fall $b \ll h$ ergibt sich

$$D = 3\,\alpha\,\frac{h \cdot l}{F} \qquad\qquad \text{(dB)} \qquad\qquad (11{-}35)$$

und für $\alpha = 1$

$$D = 3\,\frac{l}{b} \qquad\qquad\qquad \text{(dB)} \qquad\qquad (11{-}36)$$

Letzteres gilt für den mittelfrequenten Bereich, wo die Schalldämpfung weder durch zu geringe Kulissendicke d (tiefe Frequenzen) noch durch Durchstrahlung in den Kanälen (hohe Frequenzen) begrenzt ist (Bild 11/19). Für $b = 0,1$ m erhält man überschlägig $D = 30$ dB pro Meter Schalldämpfer $\qquad\qquad (11{-}37)$

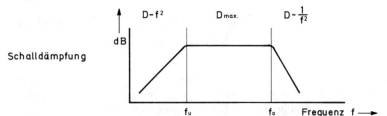

Bild 11/19 Frequenzabhängigkeit der Schalldämpfung (Prinzip)

Die Durchstrahlung bei hohen Frequenzen ist konstruktiv durch geringe Kanalbreiten oder durch Schalldämpfer mit geknickten oder versetzten Kulissen zu vermeiden. Hier können durch die damit verbundene Erhöhung des Strömungswiderstandes im Schalldämpfer Grenzen erreicht werden. Absorptionsschalldämpfer für tiefe Frequenzen können wegen der dann benötigten breiten Kulissen unwirtschaftlich werden, weshalb in diesen Fällen Resonanzschalldämpfer eingesetzt werden.

Schalldämpfer stellen einen Widerstand für die Strömung im Kanalsystem dar, der unerwünscht ist. Wirkungsvolle Schalldämpfer mit breiten Kulissen, großen Längen und engen Kanälen erfordern deshalb die Beachtung des zulässigen Strömungswiderstandes. In der Regel ist die Schalldämpferauslegung ein Kompromiß zwischen den akustischen Anforderungen und den zulässigen, möglichst geringen Druckverlusten. In Bild 11/20 ist der Druckverlust in Abhängigkeit von der Strömungsgeschwindigkeit für Kulissenschalldämpfer bei den in Lüftungsanlagen üblichen Geschwindigkeiten bis max. 20 m/s angegeben.

Durch Nebenwege über die Gehäuse ist die Pegelminderung von Schalldämpfern mit ca. 40 dB begrenzt. Zusätzliche Geräuschsenkungen lassen sich durch hintereinandergeschaltete Schalldämpfer erzielen.

11.6.6 Schwingungsisolierung

Maßnahmen zur Schwingungsisolierung beziehen sich auf Systeme zur Verminderung der Körperschalleinleitung eines Aggregats in ein Gebäude (Aktivisolierung) bzw. umgekehrt von einem Bauteil auf eine empfindliche zu schützende Maschine (Passivisolierung), sowie auf die Verminderung der Körperschalleitung und Strahlung durch Reflexion und Dämpfung.

Einfügungsdämmung
Umrechnung für Standardlängen:
Länge 1,35 m → dB/m x 1,35 m

Druckverlust
gültig für Schalldämpferlänge
von 1–1,5 m

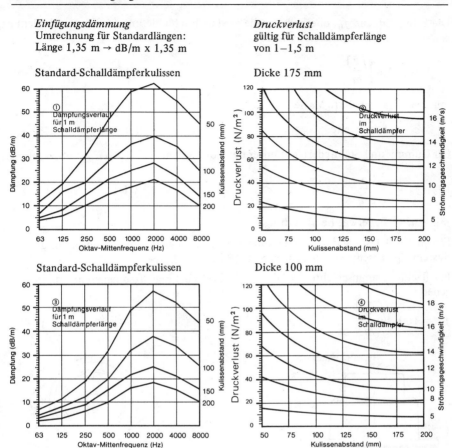

Bild 11/20 Einfügungsdämmung und Druckverlust von industriell gefertigten Kulissenschall-dämpfern.

11.6.6.1 Federlager

Die Wirkung von Federlagern beruht auf der schon vom Luftschallschutz her bekannten Tatsache, daß Feder-Massesysteme oberhalb der Eigenfrequenz einen erhöhten Widerstand gegen die Überleitung dynamischer Kräfte darstellen.

In der Praxis geht dabei als Masse das Gewicht der Maschine ein, das evtl. durch ein zusätzliches Fundament (Beruhigungsmasse) noch erhöht wird, oder es wird – wie beim schwimmenden Estrich – die für die Begehbarkeit notwendige starre Platte als solche benutzt. Als Federn sind handelsübliche Ausführungen aus Gummi oder Stahl – evtl. als Kombination – und flächige Dämmschichten aus Mineralfaserplatten oder Kunststoffschäumen im Gebrauch. Für flächige Dämmschichten ergibt sich der häufigste Anwendungsfall bei der Ausführung des schwimmenden Estrichs im Wohnungsbau.

Die Eigenfrequenz f_0, oberhalb der die gewünschte Minderung der Körperschalleitung erwartet werden kann, ergibt sich zu

$$f_0 = 15 \sqrt{\frac{c}{m}} \qquad\qquad \text{(Hz)} \qquad\qquad (11-38)$$

mit m = abgefederte Masse   (kg)

       c = Federsteife   (N/cm)

Für Gummi- und Stahlfedern gilt unter der Voraussetzung $E_{\text{dyn}} \approx E_{\text{stat}}$ überschlägig

$$f_0 = \frac{5}{\sqrt{\Delta d}} \qquad\qquad \text{(Hz)} \qquad\qquad (11-39)$$

mit Δd = Federweg bei Belastung   (cm)

Eine unter Belastung um 1 cm zusammengedrückte Feder ergibt demnach für das System eine Eigenfrequenz von ca. 5 Hz (Bild 11/21).

Für flächige Dämmschichten wurde in Bild 11/15 die Eigenfrequenz schon angegeben

$$f_0 = 160 \sqrt{\frac{s'}{m}} \qquad\qquad \text{(Hz)} \qquad\qquad (11-40)$$

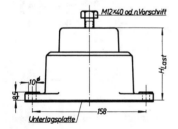 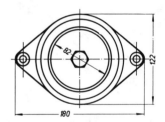

Type	Belastung kN		Feder-konstante	Eigen-frequenz		Höhe (mm)			Gewicht kg
				von	bis	ohne	unter Last		
	von	bis	kN/cm	(Hz)	(Hz)	Last	von	bis	ca.
D1 – 31	0,4	0,65	0,15	3,1	2,4	108	87	81	2,7
D1 – 32	0,65	1	0,3	3,3	2,6	109	89	81	2,8
D1 – 33	1	1,6	0,35	3,0	2,4	109	85	72	2,9
D1 – 34	1,6	2,5	0,75	3,5	2,8	109	91	79	3,1
D1 – 35	2,5	4	1,5	3,8	3,0	110	98	88	3,3
D1 – 81	4	5,4	2,5	3,9	3,4	109	95	89	3,4
D1 – 82	4	6	3,1	4,4	3,6	110	95	89	3,5
D1 – 83	4,5	6,8	4	4,7	3,8	110	97	91	3,7
D1 – 84	5	8	5,1	5,0	4,0	110	98	92	3,8
D1 – 85	6	10	6,3	5,1	4,0	110	99	92	4,4
KD1	4	6,5	2,3	3,8	3,0	160	151	140	6,0
KD2	6	10	3,5	3,9	3,0	160	152	140	7,0

Bild 11/21 Lieferform und technische Daten von industriell gefertigten Stahlfederkörpern.

Da in vielen Fällen statt der dynamischen Steife der dynamische Elastizitätsmodul E_{dyn} angegeben wird, kann man auch ansetzen

$$f_0 = 1500 \sqrt{\frac{E_{dyn}}{d \cdot M}} \qquad (11-41)$$

mit

E_{dyn} = dynamischer Elastizitätsmodul $\quad$ (N/cm²)
d $\quad$ = Dämmschichtdicke $\qquad\qquad$ (cm)
M $\quad$ = Flächengewicht $\qquad\qquad\quad$ (kg/m²)

Statt des statischen E-Moduls muß bei Schwingungsbelastungen der dynamische E-Modul der Dämmmaterialien eingesetzt werden (Tafel 11/5).

Tafel 11/5 Technische Daten von flächigen Schwingungsdämmstoffen

Material	Rohdichte kg/m³	zulässige statische Belastung N/cm²	Elastizitätsmodul statisch N/cm²	dynamisch N/cm²	Verlust-faktor
Mineralwolle-Filz	50	0,5	2,5	15	0,08
Mineralwolle-Platten	100	1,0	5,0	20	0,08
Styropor (elastifiziert)	20	0,5	5	30	0,1
Schwammkork	150	10	400–800	2500–5000	0,20
Fundamentpreßkork	200– 300	20–50	500	4000–6000	0,20
Gummi Druck	1000–3000	50	100–400	100–1200	0,05–0,1
Schub	1000–3000	25	50–150	50– 400	0,05–0,1

Wie beim Luftschallschutz ist auch für Körperschall ein Schalldämmaß definiert, das Schwingungsdämmaß D

$$D = 20 \log \frac{K_0}{K} \qquad \text{(dB)} \qquad (11-42)$$

mit K_0 = Erregerkraft
$\quad$ K $\;$ = auf die Unterlage übertragene Kraft

das sich bei kleinen Verlustfaktoren im Material (Stahlfedern) auch angeben läßt als

$$D = 10 \log \left[1 - \left(\frac{f}{f_0} \right)^2 \right]^2 \qquad (11-43)$$

Unabhängig von der Dämpfung tritt Isolierwirkung ein, wenn die Erregerfrequenz das $\sqrt{2}$-fache der Systemeigenfrequenz überschreitet. Bei tiefen Frequenzen ($f < f_0$) wird die Erregerkraft voll an den Untergrund weitergegeben und im Resonanzfall $f \approx f_0$ wird die Erregerkraft verstärkt (Bild 11/22). Bei hohen Frequenzen $f > f_0$ steigt die Schwingungsdämmung bei ungedämpften Systemen mit $40 \log \frac{f}{f_0}$, das entspricht einem Anstieg von 12 dB pro Oktave.

Nachteilig ist, daß bei ungedämpften Systemen die gute Isolierwirkung mit hohen Schwingungsamplituden im Resonanzfall verbunden ist. Man verwendet deshalb Gummielemente, die ausreichende Dämpfung im Werkstoff besitzen oder schaltet bei Stahlfedern parallele Dämpfungsglieder bei, um auf Kosten der Isolierwirkung die Schwingungsamplituden einer Maschine beim Durchfahren der Resonanz in Grenzen zu halten.

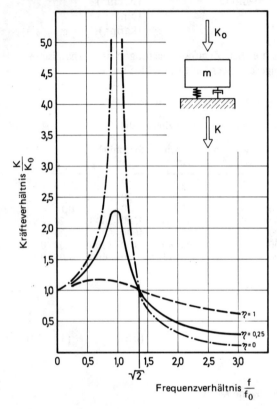

Bild 11/22   Verhältnis der auf den Untergrund übertragenen Kraft/Erregerkraft K/K_0 in Abhängigkeit vom Frequenzverhältnis f/f_0 und Verlustfaktor.

Neben dem Schwingungsdämmaß wird auch der Isoliergrad I angegeben

$$I = \frac{K_0 - K}{K_0} \approx \frac{\lambda^2 - 2}{\lambda^2 - 1} \quad \text{mit} \quad \lambda = \frac{f}{f_0} \tag{11--44}$$

der das Verhältnis der vom Untergrund ferngehaltenen Kraft $(K_0 - K)$ zur Erregerkraft K_0 ausdrückt.

Bei einfach elastischen Lagern kann ein Schwingungsdämmaß von 15–20 dB, bei doppelt elastischen mit Zwischenmasse von 35–40 dB erwartet werden.

11.6.7 Kompensatoren

Kompensatoren werden als biegeweiche Zwischenstücke in Rohrleitungen oder Kanälen eingesetzt. Teilweise werden sie in Verbindung mit Sperrmassen verwendet, so daß sie als eine Kombination von Feder-Massensystem, Reflexions- und Biegewellendämpfer wirken.

Bei Flüssigkeit führenden Rohrleitungen ist die Körperschallminderung durch Kompensatoren begrenzt.

11.6.8 Antidröhnschichten

Die Wirkung von Antidröhnschichten und Sandwichblechen mit verlustbehafteter Zwischenschicht beruht auf der durch die „Dämpfungsschicht" bewirkten Umwandlung von Schwingungsenergie in Wärme.

Das Charakteristikum für die innere Dämpfung, der Verlustfaktor, ist bei homogenen Materialien (Stahl, Beton) sehr gering ($10^{-3} - 10^{-4}$). Er muß − um nennenswerte Wirkung zu erzielen − in die Größenordnung der Dämpfungsschichten bis 10^{-1} gebracht werden (Tafel 11/6).

Tafel 11/6   Verlustfaktor verschiedener Materialien bei 500 Hz

Material	Verlustfaktor
Beton	$6 \cdot 10^{-3}$
Ziegel	$3 \cdot 10^{-3}$
Glas	$4 \cdot 10^{-3}$
Stahl	$1 \cdot 10^{-4}$
Blei	$2 \cdot 10^{-2}$
Holz	$2 \cdot 10^{-2}$
Gipskartonplatten	$3 \cdot 10^{-2}$
Kork	$1 \cdot 10^{-1}$
Gummi	$10^{-2} - 10^{-1}$
Bitumen	$1 \cdot 10^{-1}$
Kunststoffe	$10^{-2} - 10^{-1}$
Spezielle Entdröhnungsmittel bis	$5 \cdot 10^{-1}$

Da die Antidröhnschichten mindestens der doppelten Dicke des Trägermaterials entsprechen müssen, ist der Einsatz auf relativ dünne Bleche beschränkt. Pegelminderungen von 3−5 dB sind erzielbar und werden nur im Resonanzfall überschritten.

11.7 DIN-Normen und VDI-Richtlinien

Bezeichnung	Titel und Erläuterungen
DIN 1946	Lüftungstechnische Anlagen
DIN 4109	Schallschutz im Hochbau
DIN 4109 E	Schallschutz im Hochbau
DIN 4150	Erschütterungen im Bauwesen
DIN 18 164	Schaumkunststoffe als Dämmstoffe für das Bauwesen
DIN 18 165	Faserdämmstoffe für das Bauwesen
DIN 45 635	Geräuschmessung an Maschinen
DIN 52 210	Bauakustische Prüfungen, Messungen zur Bestimmung des Luft- und Trittschallschutzes
DIN 52 219	Bauakustische Prüfungen, Messungen von Geräuschen der Wasserinstallation am Bau
VDI 2058	Beurteilung von Arbeitslärm in der Nachbarschaft
VDI 2081	Lärmminderung bei lüftungstechnischen Anlagen
VDI 2087	Luftkanäle, Bemessungsgrundlagen, Schalldämpfung, Temperaturabfall, Wärmeverluste
VDI 2566	Lärmminderung an Aufzugsanlagen
VDI 2567	Schallschutz durch Schalldämpfer
VDI 2571	Schallabstrahlung von Industriebauten
VDI 2711 E	Schallschutz durch Kapselung
VDI 2713 E	Lärmminderung bei Wärmekraftanlagen
VDI 2715	Lärmminderung an Warm- und Heißwasser-Heizungsanlagen
VDI 3720 E	Lärmarm konstruieren – Beispielsammlung
VDI 3734 E	Emissionswerte technischer Schallquellen Rückkühlanlagen

Literaturempfehlungen

Zeller, W.: Technische Lärmabwehr, A. Kröner Verlag, Stuttgart, 1950
Kurtze, G.: Physik und Technik der Lärmbekämpfung, Verlag G. Braun, Karlsruhe, 1964
Schmidt, H.: Schalltechnisches Taschenbuch, VDI Verlag Düsseldorf, 1978
Gösele, K., Schüle, W.: Schall Wärme Feuchte, Bauverlag Wiesbaden – Berlin, 1979
Schirmer, W.: Lärmbekämpfung, Verlag Tribüne, Berlin, 1971
Furrer, W., Lauber, A.: Raum- und Bauakustik, Lärmbekämpfung, Birkhäuser Verlag, Basel/Stuttgart, 1972
Bobran, H.W.: Handbuch der Bauphysik, Bertelsmann Fachverlag, Gütersloh, 1972
Heckl, M., Müller, H.A.: Taschenbuch der technischen Akustik, Springer-Verlag, Berlin, 1975

12 Geschichtliche und wirtschaftliche Entwicklung der Kältetechnik

Dr. Hans Ludwig von Cube

12.1 Überblick

Daß sich Lebensmittel bei tiefer Temperatur länger aufbewahren lassen und Getränke angenehmer schmecken, wußten schon die Steinzeitmenschen.

Spätestens 3000 Jahre v. Chr. hatten die Ägypter die Kunst gelernt, durch Verdunstung von Wasser und Nutzung der kalten Strahlung des Nachthimmels „künstlich", d. h. von Menschenhand, Eis herzustellen. Wenig später war auch die „Ernte" von Eis im Winter und dessen Lagerung in Eiskellern bekannt. Die bis in die 20iger Jahre von den Konditoren praktizierte Methode der Speiseeisherstellung mit Hilfe von Salzmischungen wird erstmals im 16. Jahrhundert angewendet.

Das Geburtsjahr der eigentlichen Kältetechnik, d.h. der Nutzung thermodynamischer Prozesse, insbesondere der Verdampfung eines Kältemittels, war das Jahr 1755, als *Cullen* durch Evakuieren eines teilweise mit Wasser gefüllten Gefäßes Eis herstellte. Die Kältetechnik ist also 225 Jahre alt. Sie hat einen wesentlichen Beitrag geleistet,

- die Ernährungsprobleme der Menschheit zu lindern. Ohne Kälte ist die moderne Ernährungstechnik undenkbar;
- die Erkenntnisse über unsere Welt zu vertiefen. Die Tieftemperaturtechnik, insbesondere nahe dem absoluten Nullpunkt und die Hochvakuumtechnik sind unabdingbare Werkzeuge des Atomphysikers.
- das Leben in tropischen Zonen, in Gebäudeakkumulationen und in Zentren der heutigen Menschenmassen erträglich zu machen. Ohne Klimaanlagen wären viele Werke des modernen Menschen nicht nutzbare Stein-, Glas- und Stahlgebilde.

Die Geschichte der Kältetechnik muß in drei wesentliche Zweige aufgeteilt werden:

a) die Entwicklung der Erzeugungsverfahren, einschl. der dafür erforderlichen Maschinen, Apparate und „Kältemittel".

b) die Entwicklung der Anwendungstechniken vom ersten „Kühlhaus" für Fleisch bis hin zum supraleitenden Hochenergiekabel.

c) die Entwicklung der mit der Kälte erst im Zusammenhang gesehenen Thermodynamik von den Anfängen der Thermometrie bis zu letzten Erkenntnissen der Anomalien von superfluidem Helium.

Neben der technischen Entwicklung lief die zunehmende wirtschaftliche Bedeutung. Dabei ist das Produktionspotential der Kältemaschinenhersteller vergleichsweise klein, die mit und durch Kälte bewerkstelligten Produktionswerte sind jedoch immens.

Im Laufe dieser langen Geschichte gab es immer wieder hervorragende Forscher und Ingenieure, welche das Rad weiterdrehten. Es gab auch Perioden, wo man an einen Stillstand, an das Ende des Erreichbaren glaubte. Aber schon zeigt sich eine neue, große Aufgabe im Zeitalter der verknappenden Energie: die Wärmepumpe als das jüngste, wenn schon auch rd. 120 Jahre alte Kind der Kältetechnik.

Eine hervorragende Zusammenstellung dieser langen Geschichte wurde vom Internationalen Kälteinstitut (gegründet 1909) durch dessen ehemaligen Direktor *R. Thevenot*, herausgegeben [1].

12.2   Die Entwicklung der Kälteerzeugungsverfahren

Die noch heute wesentlichen Verfahren zur Kälteerzeugung wurden in einem Zeitraum von nur 25 Jahren erfunden:

1834 durch *J. Perkins* der Kaltdampfverdichter, damals mit Aethylaether als
    Kältemittel
1844 durch *J. Gorrie* die Gas-Kältemaschine, mit Luft als Arbeitsstoff
1859 durch *F. Carré* die Absorptions-Kältemaschine mit dem Arbeitsstoff-
    paar Ammoniak-Wasser.

Diese Verfahren blieben in ihren Weiterentwicklungen bis zum Jahr 1900 nebeneinander gleichwertig bestehen.

12.2.1 Die Verdichter-Kältemaschine

Der schwierigste Teil in der Verdichter-Kältemaschine war der Verdichter selbst. Hier gelang es erst im Jahr

1876 *C. v. Linde*, durch die Anwendung von Ammoniak als Kältemittel und sorg-
    fältiger Berechnungen

eine betriebssichere Maschine zu bauen. Eine parallele Entwicklung wurde 1875 in den USA durch *D. Boyle* eingeleitet. Damit war der Siegeszug der Verdichter-Kältemaschine begonnen, zumal bald auch im Elektromotor eine adäquate Antriebsmaschine zur Verfügung stehen sollte.

Die älteste Gattung der Kälteverdichter ist der *Hubkolbenverdichter*. Bis zum Ende des ersten Weltkrieges kannte man nur langsamlaufende, einzylindrige Kreuzkopfmaschinen, die in Europa vorwiegend liegend, in Amerika stehend ausgeführt wurden und anfangs gewaltige Abmessungen besaßen (s. Bild 12/1).
Sie arbeiteten mit Ammoniak und besaßen offene Triebwerke und Kreuzkopfführung. Die Drehzahl betrug anfangs rd. 50 min^{-1} und konnte nach und nach bis auf das Zehnfache gesteigert werden.

Bild 12/1 Grundform des liegenden doppelwirkenden Kolbenverdichters als liegendet Ammoniak-verdichter (Bauart *Linde*). Einstufige Ausführung. Normkälteleistung (bei $\vartheta_0/\vartheta_c = -10/+25\ °C$) 150 000 kcal/h (630 000 kJ/h).

In den zwanziger Jahren begannen Tauchkolbenverdichter die Kreuzkopfverdichter zu verdrängen. Die Entwicklung ging vom Kleinkältemaschinenbau aus, der zu dieser Zeit in den USA raschen Aufschwung nahm. Anstelle des Scheibenkolbens der Kreuzkopfmaschinen tritt ein schaftförmig verlängerter Kolben, der die Aufgabe seiner Geradführung selbst übernimmt. Der Kreuzkopf entfällt. Das Gewicht der hin- und hergehenden Massen wird verringert, das Schwungrad verkleinert.

Mit dieser Bauart gelang es der amerikanischen Fa. *York*, das Maschinengewicht von rd. 70 kg je kW Normleistung der damaligen Kreuzkopfmaschinen unter die Hälfte zu senken. Das Saugventil, das bei den Kreuzkopfverdichtern in den Zylindermantel eingebaut war, konnte in den Kolbenboden verlegt werden. Dies bedingte die Ansaugung aus dem Kurbelgehäuse, das nun druckdicht auszuführen war. Für die Durchführung der Kurbelwelle nach außen mußten anstelle der bisherigen Kolbenstangen-Dichtringe Schleifringdichtungen entwickelt werden.

Die Drehzahl stieg mit weiterer Verbesserung von Gasführung und Ventilen im Laufe der Jahre bis auf 1000 min^{-1}. Die mittlere Kolbengeschwindigkeit erreichte schon damals Spitzenwerte von 4 m/s, die auch heute noch kaum überschritten werden.

Bis zur Mitte der dreißiger Jahre kannte man nur die stehende Reihenanordnung bis zu sechs Zylindern auf gemeinsamem Kurbelgehäuse. Mit der Einführung der fluorierten Kohlenwasserstoffe (s. Kap. 2.3) ergab sich durch den Verzicht auf Wasserkühlung der Zylinder eine wesentlich kompaktere Anordnung; die V-, W- und Doppel-V-Bauform entstand (s. Bild 12/2).

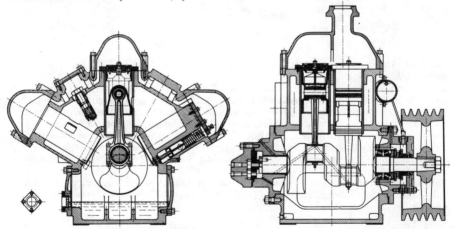

Bild 12/2   Sechszylinder-Gleichstrom-Verdichter für R 12 und NH$_3$ (*York*, USA). Erste Baureihe mit fächerförmiger Zylinderanordnung, 1937. Zylinderlaufbüchsen vom Saugdampf umströmt. Zylinderbohrung 95 mm, Hub 76 mm, max. Drehzahl 900 min^{-1}, zweifach gekröpfte Kurbelwelle mit je drei Pleueln auf einer Kurbel. Druckschmierung über gebohrte Kanäle in Welle und Pleueln. Laternenkolben (oberer Raum ständig in Verbindung mit Laufbüchsenfenster).

Als nächster Entwicklungsschritt folgte der Übergang vom Gleichstrom- zum Wechselstromprinzip, um das Gewicht der hin- und hergehenden Massen zu senken. Das Saugventil wurde in die Zylinderabschlußplatte verlegt, benachbart zum Druckventil. Diese Konstruktionsform der Hubkolbenverdichter beherrscht heute den Markt.

Die leichteren Kolben und Pleuel ermöglichten die Entwicklung schnellaufender Verdichter für Direktantrieb mit vierpoligen, später zweipoligen Elektromotoren, d. h. für Drehzahlen von 1450 min^{-1} und 2900 min^{-1}. Das Maschinengewicht sank bis auf 3,5 kg/kW (Bild 12/3). Es liegt heute bei großen, kompakt gebauten Verdichtern bei der Hälfte dieses Wertes.

Bild 12/3 Sechszylinder-Wechselstrom-Verdichter in W-Form. (Typ 6W60 der Baureihe von *Sulzer-Escher Wyss*).
Typische Ausführung kompakter, schnellaufender Tauchkolbenverdichter mit fächerförmiger Zylinderanordnung. 1 zweifach gekröpfte Kurbelwelle, 2 Pleuelstangen (bis zu vier auf einer Kurbel), 3 Leichtmetallkolben, 4 auswechselbare Laufbüchse, 5 Gleitring-Wellenabdichtung, 6 Drucköl-Umlaufschmierung durch direkt angetriebene Ölpumpe (am hinteren Wellenende über Ölkanäle in der Kurbelwelle), 7 Ölüberströmventil, 8 Druckarbeitsventil (Lamellenform, quer dazu unter Zylinderabschlußplatte das Saugarbeitsventil in Zungenform sichtbar), 9 Steuerzylinder für Leistungsregelung, 10 geflanschter Boden, 11 Zylinderdeckel mit Trennsteg, 12 Saugabsperrventil, 13 Druckabsperrventil.
Zylinderbohrung 60 mm, Hub 42 mm, Drehfrequenz normal 1 450 min^{-1}, geometrisches Hubvolum dabei 62 m^3/h. Normkälteleistung ($-10/+25$ °C) mit R 22. Verwendbar für Kältemittel und NH$_3$.

Die jüngste Entwicklungsphase des Hubkolbenverdichters bildete seine gemeinsame Kapselung mit dem Antriebsmotor in einem nach außen vollkommen geschlossenen Gehäuse, erstmals eingeführt 1926 durch *General Electric*. Durch den Wegfall der Kältemittelverluste an der Wellenabdichtung und die völlige Wartungsfreiheit war diese *hermetische* Bauweise einer der bedeutensten Schritte zur Ausbreitung der Kältetechnik, namentlich durch den Haushaltkühlschrank.

Damit wurde eine schon 1908 von *Audiffren-Singrün* entwickelte, hermetisch gekapselte SO$_2$-Kältemaschine abgelöst, welche vorher die Anwendung der Kälte im Bereich der kleinen Leistungen bis etwa 10 kW wesentlich beeinflußt hatte.

Die ersten Turboverdichter wurden 1911 von *W. Carrier* konzipiert, damals noch mit Dichloraethylen. Der Eintritt dieser Bauart in die Großkälte gelang 1926 der Fa. *Brown, Boveri & Cie* mit einem vielstufigen Ammoniakverdichter. Die heutigen Bauformen entstanden ab 1933, als *W. Carrier* zum ersten Mal R 11 als Kältemittel benutzte.

12.2.2   Die Gas- (Luft-) Kältemaschine

Diese erlebte eine erste Blüte in den Jahren 1875 bis 1914 und zwar durch die Entwicklung einer sehr betriebssicheren Schiffskältemaschine durch *H. Bell* und *J. Colemann*. Danach wurde sie durch die Kaltdampf-Verdichter-Kältemaschine abgelöst, um erst wieder im Jahr 1944 als Klima-Kältemaschine für Flugzeuge durch *Lockheed* neu entdeckt zu werden. Inzwischen sind die Anwendungsmöglichkeiten durch die Entwicklung sehr hochtouriger Zentrifugalverdichter und Expansionsturbinen wieder erheblich angewachsen.

12.2.3   Die Absorptions-Kältemaschine

Nach deren Entdeckung erlebte auch dieses Verfahren eine erste Blüte, wobei schon damals die Möglichkeit der Abwärmenutzung viel dazu beigetragen hat. Der Durchbruch gelang jedoch erst, als 1913 *E. Altenkirch* die theoretischen Grundlagen geschaffen hatte; dies insbesondere in den USA, England (*Maiuri*) und Deutschland (*Borsig*).

Für die Entwicklung und Verbreitung der Kleinkälte, insbesondere in unterentwickelten Ländern ohne Stromnetz sollte die Entwicklung des Absorptionskältekreislaufs mit Hilfsgas (Wasserstoff) durch *C. Munters* und *B. von Platen* im Jahr 1925 von entscheidender Bedeutung werden. Sie hat eine große Zahl von Kühlschrankfabriken, besonders auch in tropischen Ländern, initiiert.

12.2.4   Die Tieftemperaturtechnik

Die für die Gasverflüssigung wichtigste Erkenntnis des „kritischen Punktes" wurde in den Jahren 1860 bis 1862 von *D.J. Mendeleiw* und *Th. Andrew* gewonnen. Nach verschiedenen Anläufen gelang es *C. v. Linde* 1895, eine Luftverflüssigungsanlage zu bauen, welche 3 l flüssige Luft/h erzeugte. Schon 3 Jahre später tritt diese Technik in die industrielle Phase ein.

Der Vorstoß zu den sehr tiefen Temperaturen nahe dem absoluten Nullpunkt gelang 1908 *Kamerlingh Onnes* mit der Verflüssigung von Helium bei 4.2 K. 1932 werden durch *W.H. Keeson* schon 0,71 K erreicht, durch *J.O. Wilhelm* u. a. die Superfluidität des Heliums entdeckt.

Die Supraleitfähigkeit wurde schon 1911 entdeckt. Aber erst mit der Entwicklung von Tiefsttemperatur-Kältemaschinen großer Leistung etwa ab 1955 setzt dann die rasante Entwicklung dieser Technik ein, welche in den 70iger Jahren zu großen Magneten, supraleitenden Generatoren und Motoren im MW-Bereich führen.

Damit war auch die Tiefsttemperaturtechnik in den Bereich industrieller Größenordnungen vorgestoßen.

12.3   Geschichte der Anwendungstechniken

12.3.1   Kälte in der Lebensmitteltechnik

Die Erfindung der Kältemaschine machte es möglich, daß zu jeder Zeit Kälte in benötigter Menge und Temperatur zur Verfügung stand.

Die ersten Kältemaschinen wurden deshalb in der Lebensmitteltechnik eingesetzt, denn das Abkühlen und Kühllagern von Fleisch, Fisch, Obst, Gemüse und Milch, also der wichtigsten Lebensmittel, war vordringlich. Ihr Verderb wird durch Kaltlagern ganz wesentlich verzögert (vgl. Kap. 10). Die wesentlichen geschichtlichen Daten kältetechnischer Anwendungen sind in der Tafel 12/1 zusammengestellt.

Tafel 12/1   Geschichtliche Daten kältetechnischer Anwendungen

1859   Erste Kälteanlage für eine Brauerei in *Marseille* (nach *Carré*).

1861   Erste Kälteanlage für ein Fleischgefrierhaus wird in *Sidney* von *Mort* (Australien) und *Nicolle* (Frankreich) gebaut.

1869   Erste Eisfabrik in Los Angeles u. a. Städten.

1875   Erster Einsatz von NH_3-Verdichterkälteanlagen (*Linde*) in den Brauereien *Dreher*/Triest und *Spatenbräu*/München.

1876   Erster Kühltransport von Amerika nach Europa mit Dampfer „*Frigorifique*" durch *Tellier* (Frankreich).

1881   Erstellung der ersten Kühlhäuser mit Kältemaschinen in London und Boston (USA).

1883   Erster Schlachthof mit NH_3-Verdichterkälteanlage (*Linde*) in *Wiesbaden*.

1905   Die ersten Versuche in den USA, Obst zu gefrieren (*S.H. Fulton*) verlaufen positiv.

1911   *Ottesen* (Dänemark) entwickelt das erste Schnellgefrierverfahren mit Einsatz einer Kältemaschine durch Eintauchen in kalte Sole (*Ottesen*-Verfahren).

1924   Beginn des Kontaktgefrierens zwischen kalten Platten (*Birdseye*-Verfahren).

1946   Beginn des Verkaufs von gefrorenem Teig in den USA.

1949   Gründung der *Interfrigo* (Brüssel) zum Vereinheitlichen und Rationalisieren der internationalen Wärme- und Kälteschutztransporte mit der Eisenbahn.

1967   Das Tauch-Sprüh-Gefrierverfahren von *Du Pont* mit besonders gereinigtem R 12 wird in den USA lebensmittelrechtlich zugelassen.

Der bedeutenste Kälteanwender der Pionierjahre war ohne Zweifel die Brauerei. Sie war schon vorher auf Kälte angewiesen (natürliches Eis) und griff die neue Methode schnell auf. Z. B. gab es 1903 in Deutschland schon 1500 Brauereien mit Kälteanlagen. Der zweite große Anwender war die Fleischindustrie, insbesondere die Herstellung und der Transport von Gefrierfleisch von Übersee (Australien, Argentinien) nach Europa. Schon 1885 gab es 25 Schiffe für Gefriertransporte. 1910 waren in England, dem Hauptfleischimporteur, schon 42 Kühlhäuser mit 1 Mill. m³ Lagervolumen in Betrieb.

Ein ebenfalls, besonders in den USA, wichtiger Kälteverbraucher war – schon vor der Anwendung maschineller Kälteverfahren – die Eiskrem. Die ersten industriellen Verfahren mit Kältemaschinen starteten 1903. Schon 1906 wurden 6 Mill. Liter hergestellt.

Die Kühllagerung machte es auch möglich, eine plötzliche Schwemme von Obst und Gemüse aufzufangen und die Vermarktung zu strecken. Dies gilt besonders für Kernobst. Ein wesentlicher Schritt zu längeren Lagerzeiten bis zu 6 Monaten wurde in den 50iger Jahren durch die Gaslagerung erreicht.

Die Erkenntnis, daß viele Lebensmittel gefroren in gutem Zustand über längere Zeit gelagert werden können, ließ ab der Jahrhundertwende langsam die Gefrierindustrie entstehen und in deren Folge die ganze *Kühlkette*. Dieser Begriff für die Gesamtheit aller Kälteanwendungsmaßnahmen von der Erzeugung über den Transport bis zur Verteilung wird erstmals 1908 von *A. Barrier* geprägt.

Das letzte Glied dieser Kette war zunächst der Eisschrank. Der erste maschinell gekühlte Schrank wurde 1918 von *Kelvinator* auf den Markt gebracht. Der Haushaltkühlschrank ist einer der ersten (und bedeutensten) Vertreter der „weißen Ware". In den USA stiegen die Produktionsziffern in 15 Jahren auf 1 Mill. Stck. pro Jahr. Der Kulminationspunkt war 1947 mit einer Produktion von 6,7 Mio Stck. erreicht.

Er und sein Pedant, die Tiefkühltruhe (später als Schrank) waren die Wegbereiter für die dann schnell wachsenden Industrien für *Tiefkühlkost*, wie die nach verbesserten Verfahren gefrorenen Lebensmittel benannt wurden.

12.3.2 Kälte in der Klima- und Heizungstechnik (Wärmepumpen)

„*Luftbehandlung*" ist seit 1906 bekannt. Aber schon einige Jahre zuvor sind einzelne Gebäude und Fabrikationsstätten klimatisiert worden. *Carrier* hat viel zum wissenschaftlichen Fundament beigetragen. Aber erst ab 1923 kann wirklich von einer Klimaindustrie mit den damals gerade entstehenden, kleineren Kälteverdichtern gesprochen werden. Die Herstellung kleiner kompakter Klimageräte beginnt 1929, schon mit hermetisch gekapselten Verdichtern und R 12 als Kältemittel.

Bei der *Wärmepumpe*, wiewohl schon 1852 von *W. Thomson* als „umgekehrte" Kaltluftmaschine als Möglichkeit bewiesen und 1834 durch *Pelletan* zur Brüdenverdichtung empfohlen, setzt eine sporadische Nutzung erst um 1930, hauptsächlich in den USA ein, welche dann ab 1938 bis 1945 in der Schweiz wegen dem dort herrschenden Kohlenmangel intensiviert wurde.

Die Anwendung als umschaltbare Heiz-Klimaanlage erfolgte dann etwa ab 1947 in den USA. Die erste Hausheizwärme-Wärmepumpe in Deutschland entstand 1955 (*von Cube*). Der Durchbruch kam erst mit dem Beginn der Energiekrisen ab 1973, als die gewaltigen Preissteigerungen für Öl die hohen Investitionskosten rechtfertigten.

Die ersten Wärmepumpen waren durchweg Verdichter-Kältemaschinen mit elektrischem Antrieb. Erst in den letzten Jahren wurden auch andere Systeme in Betracht gezogen [2], z. B. gasbefeuerte Absorptions-Wärmepumpen.

12.3.3 Die Entwicklung der industriellen Anwendungsgebiete

Die Kälteanwendung in der Industrie war anfänglich nur sehr sporadisch, startete aber immerhin schon in den Jahren ab 1865. Ab 1883 wird Kälte zum Entparaffinieren von Erdöl, ab 1898 zur Gasreinigung (Naphtalin aus Koksgas) eingesetzt. Die Schachtabteufung innerhalb eines Rings aus gefrorenem Erdreich wird schon ab 1883 eingeführt. Auch schon 1876 entdeckte *J. Gangee* die Vorteile der Kälte für Eisbahnen. Hier setzte ab 1890 ein wahrer Boom in der Entwicklung der sog. *Eispaläste* ein.

Ab 1910 werden dann mehr und mehr chemische Herstellverfahren entwickelt (für Kunstseide, Synthese-Kautschuk u. a.), welche die Anwendung von Kälte als Voraussetzung haben. Im Jahr 1916 konnten schon mehr als 100 industrielle Verfahren aufgezählt werden, bei welchen z. T. schon sehr große Leistungen bis 10 MW eingesetzt wurden.

Ab den 40iger Jahren entwickelt sich eine spezielle Tieftemperatur-Chemie, z. B. Polymerisation bei rd. $- 100\,^{\circ}$C, Fluorchemie bei rd. $- 200\,^{\circ}$C.

Hier sind die Anwendungsgebiete der großen Turboverdichter und der Absorptions-Kältemaschine.

12.4   Die wirtschaftliche Entwicklung

12.4.1   Die Bedeutung der Kälte in der Weltwirtschaft

Die Produktion kältetechnischer Einrichtungen und deren Anwendung sind in den Ländern der Erde sehr unterschiedlich verteilt. Die Industrieländer mit etwa 1/4 der Gesamt-Weltbevölkerung vereinen auf sich über 3/4 der Kühlmöbelproduktion, etwa die Hälfte des Volumens an gekühltem Raum, ebenso am Verbrauch von gefrorenen Lebensmitteln und etwa auch 3/4 des Produktionsvolumens der Kälteindustrie (Tafel 12/2). Die übrigen 3/4 der Menschheit, hauptsächlich in der „dritten Welt", müssen sich noch mit einem wesentlich geringerem Bestand begnügen, obwohl gerade dort die Konservierung von Lebensmitteln von besonderer Bedeutung wäre. Einige markante Kennzahlen zeigt Tafel 12/3.

Die Frage, ob eine „ausreichende" Versorgung mit kältetechnischen Erzeugnissen vorliegt, kann nur abgeschätzt werden: Es werden etwa 1500 MT verderbliche Lebensmittel erzeugt. In dem vorhandenen Kühlraumvolumen von rd. 300 Mm^3 (s. Tafel 12/2) könnten davon bestenfalls 70 Mto eingelagert werden. Bei 2- bis 3-fachem Umschlag können also 10 bis 15% dieser Lebensmittel durch Kältebehandlung vor dem Verderb geschützt werden.

In den weniger entwickelten Ländern wird also die Kältetechnik noch viele Jahre eine erhebliche Zuwachsrate aufweisen, vergleichbar mit denen in den Industrieländern vor einigen Jahrzehnten, also 2- bis 5-fach in 10 Jahren.

Aus der Tabelle 12/3 ist zu ersehen, daß Japan in den letzten Jahren die USA von der Spitzenposition zu verdrängen beginnt, wiewohl die USA nach wie vor das Land ist, in dem die breiteste Anwendung der Kälte in allen Lebensbereichen anzutreffen ist. Viele bahnbrechenden Entwicklungen wurden dort in die industrielle Phase gebracht (Kühlschränke, Tiefkühlkost, Klimageräte) und dann erst, mit Jahrzehnten Verzögerung, in anderen Ländern, besonders in Europa, übernommen.

12.4.2   Die deutsche Kälteindustrie

Die deutsche Kälteindustrie und wesentliche Anwendergruppen sind in Fachverbände zusammengeschlossen. Die herstellende Industrie ist im VDMA (Verein Deutscher Maschinenbauanstalten), Fachabteilung Kältetechnik organisiert und umfaßt 33 Firmen.

Tafel 12/2 Die Produktion und der Bestand einiger besonders markanter kältetechnischer Erzeugnisse in der Welt, aufgeteilt auf Länder

Land	Einwohner	Kühlschränke		gewerbl. Kühlraum vorh.	Tiefkühl-kost	Produk-tionswert
		vorh.	produz.			
	$\times 10^6$	$\times 10^6$ Sk.	$\times 10^6$ SK/a	$\times 10^6$ m^3	$\times 10^6$ to	$\times 10^6$ \$
Bundesrepublik Deutschland	61	20	2	?	1,2	950
Dt. Dem. Republik	20	0,5	?	0,4	?	430
Frankreich	53	16	1,5	9,6	0,7	400
England	56	17	1,5	10,4	0,7	470
Italien	57	?	3,1	6,2	0,1	430
Dänemark	5	1,7	?	?	0,05	⎫
Norwegen	4	1,7	–	?	0,08	⎬ 500
Schweden	8.3	3	?	1,9	0,17	⎭
Niederlande	13,5	–	?	2,5	0,13	
Belgien	10	–	?	3,3	0,035	
Schweiz	5,3	sehr hoher Level			0,06	
Jugoslavien	21	4	0,5	2,4	–	
Ungarn	10,5	?	?	0,4	0,04	
Spanien	37	?	0,5	5	0,08	
Polen	35	?	0,5	?	0,27	
Europa	rd. 400	140	12	rd. 60	rd. 4	5.800
USA	217	100	4,0	46	8	8.600
Canada	22	9	0,35	6	0,5	
Australien	13	4,5	0,25	?	0,1	
Neu-Seeland	3	1,5	0,4	?	0,05	
	255	115	5	rd. 50	rd. 8,7	10.000
Japan	114	40	4	14	0,35	3.500
UDSSR	259	60	2,2	15	2,6	?
entwickelte Länder	rd. 1100	rd. 350	23,2	rd. 140	rd. 16	rd. 22.000
Welt	rd. 4400	?	rd. 30	rd. 300	rd. 30	rd. 30.000

Deren Produktionswert betrug 1978 rd. 1,3 Milliarden DM und hatte damit einen Produktionsanteil von 5 % am gesamten Maschinenbau. Es waren etwa 59.000 Personen beschäftigt, ohne diejenigen zu zählen, welche als Montage-, Wartungs- und Betreiber-Unternehmen weiteres Kältetechnisches Personal benötigen. Auch die Produktion der Haushalt-Kühlschränke, Gefriermöbel und Klimageräte mit kältetechnischer Einrichtung sind in dieser Zahl nicht enthalten. Sie liegt etwa in der gleichen Größenordnung.

Tafel 12/3 Einige markante Kennzahlen kältetechnischer Produktion

Land	Wachstums- rate 1962–1972	Markt- sättigung Kühlmöbel	verfügbares Kühlraum- volumen (m^3)/ 1000 Einwohn.	Verzehr gefrorener Lebensmittel kg/Kopf	Produktions- wert je Einwohner $
USA	2,4fach	98%	230–100	30–35	26
Europ. Länder	1,8fach	90–95%	50– 70	5–15	15
Japan	4fach	90%	150	3	30
UDSSR	4fach	50–60%	60	10	?
übrige Welt	sehr unter- schiedlich	wahrschein- lich < 5%*)	15	?	rd. 2

*) Die Produktion in den Industrieländern ist rd. 20 SK. pro 1000 Einwohner und Jahr; in der übrigen Welt etwa 1/10 davon.

Die wirtschaftliche Entwicklung ist durch ein von den Wirtschaftskrisen der vergangenen Jahrzehnte gekennzeichnetes „Auf und Ab" trotzdem alles in allem von 1967 bis 1977 um etwa das 1,9fache gestiegen.

Dabei beträgt die Ausfuhr nahezu 50%, die Einfuhren etwa 30% des Produktionswertes.

Es werden knapp 2 Mio. Stück Haushaltkühlschränke, etwa 1 Mio. Gefriermöbel und etwa 160.000 gewerbliche Kühlmöbel, letztere hauptsächlich als Verkaufsmöbel hergestellt. Aus- und Einfuhr halten sich etwa die Waage.

Sehr beachtlich ist die Produktion der kleinen, hermetisch gekapselten Motorverdichter, welche die 4-Millionen-Grenze überschritten hat.

Der Anteil der Großkälteanlagen (d. s. Anlagen mit mehr als 25 kW Kälteleistung) beträgt mit rd. 250 Mill. DM nur etwa 10% vom Gesamtproduktionswert [3].

Literaturverzeichnis

[1] *Thevenot, R.:* Essai pour une Histoire du Froid artificiel dans le monde, Inst. Int. du Froid, Paris, 1978.
[2] *v. Cube, H.L.* und *Steimle, F.:* Wärmepumpen, Grundlagen und Praxis. *VDI-Verlag,* Düsseldorf, 1978.
[3] VDMA, Fachgemeinschaft Lufttechnik: Statistische Jahresberichte 1973 bis 1978.

13   Die gesetzlichen Einheiten und ihre Auswirkung auf die Kältetechnik

Prof. Dr.-Ing. Th. Sexauer

13.1   Einführung

Im Juli 1970 ist das vom deutschen Bundestag beschlossene „Gesetz über Einheiten im Meßwesen" (GEM) und die zugehörige Ausführungsverordnung (AV) in Kraft getreten (GEM im Bundesgesetzblatt 1969, Nr. 55; AV im Bundesgesetzblatt 1970, Nr. 62). Im geschäftlichen Verkehr sind Größen in diesen gesetzlichen Einheiten anzugeben, wenn für sie Einheiten festgesetzt sind; es sind nur noch die Namen und Kurzzeichen zu verwenden, die nach dem Gesetz zulässig sind.

Deshalb wurden für den Kältetechniker sprachliche Änderungen erforderlich.

Die Verwendung anderer, auf internationalen Übereinkommen beruhender Einheiten sowie ihrer Namen oder Kurzzeichen im Schiffs-, Luft- und Eisenbahnverkehr bleibt unberührt.

Gesetzliche Einheiten im Meßwesen sind:

1. die für die Basisgrößen festgesetzten Basiseinheiten des Internationalen Einheitensystems (SI) (SI ist die von der 11. internationalen Generalkonferenz für Maße und Gewichte 1960 festgelegte Bezeichnung für das System kohärenter Einheiten. Kohärente Einheiten sind solche, die von den Basiseinheiten mit dem Zahlenfaktor 1 in der Einheitengleichung abgeleitet sind),

2. die festgesetzten atomphysikalischen Einheiten,

3. die aus den Einheiten nach den Nummern 1 und 2 abgeleiteten und festgesetzten Einheiten (Einige der abgeleiteten Einheiten haben Eigennamen, z.B. Volum, Dichte, spez. Wärmekapazität.),

4. die dezimalen Vielfachen und Teile der in den Nummern 1 bis 3 aufgeführten Einheiten.

Die Basiseinheiten und die abgeleiteten Einheiten sind in Tafel 13/1 zusammengestellt.

Es ergaben sich aus der neuen Verordnung z. T. auch neue Begriffsbezeichnungen (vgl. Tafel 13/2). Die Umrechnungsfaktoren für die Verwendung älterer Tabellenwerke sind in Tafel 13/3 angegeben.

Die wichtigsten Änderungen, die für die Kältetechnik von Bedeutung sind, werden im folgenden erläutert.

13.2   Kraft

Nach dem neuen Gesetz ist 1 Newton (1 N) gleich der Kraft, die einem Körper der Masse 1 kg die Beschleunigung 1 m/s² erteilt. $1 \text{ N} = 1 \text{ kg m/s}^2$. Danach ist

$$1 \text{ N} = \frac{1}{9,80665} \text{ kp}.$$

13.3   Druck

Druck = Kraft/Fläche. Nach dem neuen Gesetz wird die Einheit des Druckes mit Pascal (Pa) bezeichnet, benannt nach dem französischen Philosophen und Mathematiker *B. Pascal* (1623/1662). Es ist

$1 \text{ Pa} = \dfrac{1 \text{ N}}{1 \text{ m}^2}$. Diese Einheit ist sehr klein (rd. 1/10 mm WS). Praktischer ist das bar,

das etwa der bisher benutzten Einheit des at entspricht. In den Tafeln 13/6 und 13/7 sind die bisherigen und neuen Einheiten übersichtlich gegenübergestellt.

13.4   Viskosität

Für die Berechnung von Widerständen (Druckverlust) strömender Medien in Rohren (Kanälen), wie Luft, Wasser, Kältemittel, ist die Kenntnis der Viskosität (innere Reibung) des Stoffes erforderlich. Die Viskosität ist abhängig von der Stoffart und der Temperatur. Das Viskositätsverhalten eines Stoffes in Abhängigkeit von der Temperatur kann nur durch Versuche ermittelt werden (s. Kap. 1.3.4).

Die SI-Einheit der *dynamischen* Viskosität η ist die Pascalsekunde (Pa · s) bzw. Poise (P). Ein Poise sind 10 Pascalsekunden.

Für die Berechnung der *Reynolds-Zahl* (s. Kap. 1.3.6) ist die Kenntnis der *kinematischen* Viskosität eines Stoffes erforderlich. Die SI-Einheit der *kinematischen* Viskosität

$\nu = \dfrac{\eta}{\rho}$ ist $1\dfrac{\text{m}^2}{\text{s}}$.

13.5   Arbeit, Energie, Wärme

Die Einheit der Arbeit, Energie und Wärme ist das Joule (J). 1 Joule ist gleich der Arbeit, die verrichtet wird, wenn der Angriffspunkt der Kraft 1 N in Richtung der Kraft um 1 m verschoben wird:

$1 \text{ J} = 1 \text{ N} \cdot \text{m}$.

Nach der Definition: Leistung = Arbeit/Zeit (s.u.) kann die Arbeit auch als Produkt von Arbeit und Zeit dargestellt werden, z.B. 1 J = 1 W · s. Aus der Beziehung Arbeitseinheit gleich Krafteinheit mal Längeneinheit ergibt sich, da Kraft gleich Masse mal Beschleunigung ist, auch Arbeitseinheit gleich Masseneinheit mal Einheit der Beschleunigung mal Längeneinheit. Damit wird

$1 \text{ J} = 1 \text{ kg} \dfrac{\text{m}}{\text{s}^2} \cdot \text{m} = 1 \text{ kg m}^2 \text{ s}^{-2} = 1 \text{ N} \cdot \text{m} = 1 \text{ Ws}$

Nach dem Äquivalenzgesetz sind die Einheiten Joule (J), Kilojoule (kJ), Wattsekunde (Ws), Wattstunde (Wh) und Kilowattstunde (kWh) auch die Einheiten für Energie und Wärme.

In der Tafel 13/10 sind die Umrechnungswerte für die Einheiten Arbeit, Energie und Wärme zusammengestellt.

13.6   Leistung, Energiestrom, Wärmestrom

Die Einheit der Leistung, des Energiestroms und des Wärmestroms ist das Watt (W).
1 Watt ist gleich der Leistung, bei der während der Zeit 1 s die Energie 1 J umgesetzt
wird. Danach ist

$$1 \text{ W} = 1 \frac{J}{s} = 1 \frac{N \, m}{s} = 1 \frac{kg \, m}{s^2} \cdot \frac{m}{s} = 1 \text{ kgm}^2 \text{s}^{-3}$$

In der Tafel 13/11 sind die neuen und bisherigen Einheiten für Leistung, Energie-
und Wärmestrom gegenübergestellt.

13.7   Dampftafeln

Für die Berechnung von kältetechnischen Maschinen ist die Kenntnis der Zustands-
größen (Druck, Temperatur, Volum) und die Größe der zugehörigen Enthalpiewerte
erforderlich. Die Angabe des Druckes in neuen Tafeln erfolgt in bar (1 bar = 10^5 N =
~ 1 at). Die Einheit für die spez. Enthalpie h und die spez. Verdampfungsenthalpie r
ist kJ/kg. Um den älteren Leser mit der neuen Darstellung bekannt zu machen, wurden
die Dampftafel für Ammoniak (Tafel 13/12) und die Dampftafel für Difluordichlormethan (R 12) auszugsweise aufgenommen (Tafel 13/13).

In der Tafel 13/14 ist der energetische Kältegewinn K_c nach dem *Carnot*-Prozeß für
verschiedene Temperaturdifferenzen in verschiedenen Einheiten dargestellt. Analog
dazu ist der energetische Kältegewinn K_{th}, bezogen auf den in den „Kältemaschinenregeln" vorgeschlagenen Vergleichsprozeß aus der Tafel 13/15 zu entnehmen.

13.8   Wärmeübertragung

In der Tafel 13/16 sind Werte für die Wärmeleitfähigkeit für mehrere Stoffe, besonders
für Wärmeschutzstoffe, aufgeführt. Die Tafel 13/17 enthält die Wärmeleitfähigkeit für
Gase. In der Tafel 13/18 sind die Stoffwerte für einige feste Körper aufgeführt.
Es ist

$$1 \text{ W} = 1 \frac{J}{s} \cdot \frac{3600 \text{ s}}{h} = 3600 \frac{J}{h} = 3,6 \frac{kJ}{h}$$

Die Umrechnungsfaktoren für die Wärmeübertragung sind in der Tafel 13/3 aufgeführt.

Zum Vergleich von Zahlenwerten sind in der Tafel 13/19 Werte für den Wärmeübergangskoeffizienten α für verschiedene Betriebsbedingungen und Apparate in der bisherigen und neuen Einheit gegenübergestellt. Die Tafeln 13/20 und 13/21 enthalten
für die Berechnung notwendige Werte des Wärmedurchgangskoeffizienten k für Verdampfer und Verflüssiger.

13.9   Formelzeichen und Einheiten (Zusammenstellung)

Sämtliche in diesem Buch verwendeten Begriffe, Einheiten und Formelzeichen sind in
der Tafel 13/4 zusammengestellt. Sie stimmen mit den in der neueren Literatur und
in den neueren Normen zu findenden Bezeichnungen überein. Die Verfasser und der
Herausgeber hoffen, daß sich diese Begriffe im Sprachgebrauch zu neuen Standardbe-
griffen entwickeln.

Beachte: Abweichend wird für die Zeit das Kurzzeichen τ statt t verwendet, da in
der kältetechnischen Literatur t auch heute noch häufig für Temperatur verwendet
wird.

13.10   Normen und Vorschriften (Auszug)

Kältemaschinenregeln, Herausgegeben vom Deutschen Kältetechnischen Verein e.V.,
Verlag C. F. Müller, Karlsruhe

DIN 1341   Wärmeübertragung
DIN 1345   Technische Thermodynamik; Größen, Zeichen
DIN 1942   VDI-Durchflußregeln
DIN 1945   Regeln für die Abnahme- und Leistungsversuche an Verdichtern
            (VDI-Verdichterregeln)
DIN 1946   Lüftungstechnische Anlagen
DIN 2076   Leistungsnachweis für Wärmetauscher
DIN 4108   Wärmeschutz im Hochbau
DIN 4701   Regeln für die Berechnung des Wärmebedarfs von Gebäuden
DIN 8941   Formelzeichen und Indizes für die Kältetechnik
DIN 8948   Trockenmittel für das Trocknen von Kältemitteln
DIN 8951   Haushaltkühlschränke; Anforderungen und Prüfung für mechanische
            Eigenschaften und Geruchsfreiheit
DIN 8952   Gewerbekühlschränke
DIN 8953   Geschlossene Tiefkühl- und Gefriergeräte für den Haushalt
DIN 8960   Kältemittel; Anforderungen
DIN 8964   Kreislaufteile für Kleinkälteanlagen mit hermetischen Verdichtern;
            Prüfung
DIN 8968   Behälterkühlanlage für frisch ermolkene Milch
DIN 8975   Kälteanlagen; sicherheitstechnische Grundsätze für Bau, Ausrüstung und
            Aufstellung
DIN 8976   Leistungsprüfung von Verdichter-Kältemaschinen
DIN 8977   Leistungsprüfung von Kältemittel-Verdichtern
DIN 18610   Luftschächte, Luftkanäle und Lüftungszentralen
DIN 19226   Regelungstechnik, Benennungen, Begriffe

Tafel 13/1   Zusammenstellung der gesetzlichen Einheiten

Größe		Basiseinheiten		Abgeleitete Einheiten	
Name	Zeichen	Name	Zeichen	Name	Zeichen
Länge	l	Meter	m	Fläche A	m^2
				Volum V	m^3
				Ebener Winkel (Radiant)	$1 \, rad = 1 \, m/1 \, m$
				Raumwinkel (Steradiant)	$1 \, sr = 1 \, m^2/1 \, m^2$
Masse	m	Kilogramm	kg	Längenbezogene Masse	kg/m
				Flächenbezogene Masse	kg/m^2
				Dichte ρ	kg/m^3

Tafel 13/1 Fortsetzung

Größe		Basiseinheiten		Abgeleitete Einheiten	
Name	Zeichen	Name	Zeichen	Name	Zeichen
Zeit	τ*)	Sekunde	s	Zeit (Zeit-spanne)	
				Minute	min
				Stunde	h
				Tag	d
				Geschwindig-keit w	m/s
				Beschleuni-gung a	m/s²
				Winkelge-schwindigkeit ω	rad/s
				Winkelbe-schleunigung ϵ	rad/s²
				Volumstrom, Volumdurch-fluß $\dot{V}$	m³/s
				Massenstrom, Massendurch-fluß $\dot{m}$	kg/s
Tempe-ratur T	ϑ**)	Grad Celsius Kelvin	°C K		
Atomphysikalische Einheit für Stoffmenge				Mol	mol
				Kraft F	1 Newton=1 N 1 N = 1 kgm/s²
				Druck p Spannung σ, τ	1 Pascal = 1 Pa = 1 N/m²
				Dynam. Vis-kosität η	1 Pa · s = 1 N · s/m²
				Kinematische Viskosität ν	m²/s
				Arbeit W, Energie E	1 Joule = 1 J = 1 N · m = = 1 W · s
				Wärme Q	3,6 MJ = 1 kWh 1 J = 1 m²kg/s²
				Leistung P Energiestrom $\dot{E}$ Wärmestrom $\dot{Q}$	1 W = J/s 1 kW = 1 kJ/s 1000 W = = 1 kW

*) Das allgemein verwendete Kurzzeichen ist t. Dieses Zeichen wurde in der Kältetechnik bis jetzt allgemein für die Temperatur in °C verwendet. Um Mißverständnisse zu vermeiden, wird daher für das Kurzzeichen der Zeit τ belassen, wie in der vorausgegangenen Auflage.

) **Beachte: In den neueren Normen, insbesondere DIN 1341, DIN 1345 und VDI 2055, wird für die Temperatur in °C einheitlich das Zeichen ϑ verwendet!

1004 Die gesetzlichen Einheiten und ihre Auswirkung auf die Kältetechnik

Tafel 13/2   Gegenüberstellung bisheriger und neuer Bezeichnungen von Begriffen aus der Wärme- und Kältetechnik (Auszug)

Bisherige Bezeichnungen	Neue Bezeichnungen	Zeichen
spez. Kälteleistung	energetischer Kältegewinn	K
volum. Kälteleistung	volumetrischer Kältegewinn	q_{vol}
Leistungsziffer	Kältezahl	ϵ_K
	Wärmezahl (Wärmepumpen)	ϵ_H
spez. Gewicht (Wichte)	entfällt	
Dichte (γ/g)	Dichte kg/m³	ρ
Wärmeinhalt i	spez. Enthalpie	h
Adiabate	Isentrope	
spez. Wärme	spez. Wärmekapazität	c
Wärmeleitzahl	Wärmeleitfähigkeit	λ
Wärmeübergangszahl	Wärmeübergangskoeffizient	α
Wärmedurchgangszahl	Wärmedurchgangskoeffizient	k
Wärmedurchlaßzahl	Wärmedurchlaßkoeffizient	Λ
Strahlungszahl, Strahlungskonstante	Strahlungskoeffizient	C
Temperatur °C, K	Temperatur	K, °C
Temperaturdifferenz grd	Temperaturdifferenz	K
Kraft 1 kp = 9,81 kgm/s²	1 N = 1 kg m/s²	F
Masse 1 kg = 1 kp/9,81 m/s²	1 kg	m
Druck 1 at = 1 kp/cm²	1 N/m² = 1 Pa	p
Diffusionszahl	Diffusionskoeffizient	D
Diffusionsleitfähigkeit	Diffusionsleitfähigkeit	δ
Diffusionswiderstandsfaktor	Diffusionswiderstandsfaktor	μ

Tafel 13/3 Umrechnungsfaktoren der Einheiten vom technischen Maßsystem in die gesetzlichen Einheiten

Zeichen	Bezeichnung	Internationales Maßsystem	Technisches Maßsystem	Umrechnungs-faktor techn. in internat.
F	Kraft	N	kp	0,102
W	Arbeit	Nm = J = Ws	kpm	0,102
		kWh	PSh	0,736
w	spezifische Arbeit	Wh/kg	kpm/kg	$2,72 \cdot 10^{-3}$
M	Moment (Kraft · Abstand)	Nm	kpm	9,81
P	Leistung	kW	PS	0,736
Q	Wärme	Nm = J = Ws	kcal	4186,8
$\dot{Q}$	Wärmestrom	W = J/s	kcal/h	1,163
q	Wärmestromdichte	W/m^2	$kcal/m^2 h$	1,163
λ	Wärmeleitfähigkeit	W/m K;J/msK	kcal/m h grd	1,163
	oder (bevorzugt)	kJ/mhK		4,1868
α	Wärmeübergangskoeffizient	kJ/m^2 hK	$kcal/m^2$ h grd	4,1868
k	Wärmedurchgangskoeffizient	kJ/m^2 hK	$kcal/m^2$ h grd	4,1868
	oder (bevorzugt)	W/m^2 K		1,163
$1/k$	Wärmedurchgangswiderstand	m^2 K/W	m^2 K/W	0,8598
Λ	Wärmedurchlaßkoeffizient	W/m^2 K	$kcal/m^2$ h K	1,163
$1/\Lambda$	Wärmedurchlaßwiderstand	m^2 K/W	m^2 h grd/kcal	0,8598
C	Strahlungskoeffizient	W/m^2 K^4	$kcal/m^2$ h K^4	1,163
c	spez. Wärmekapazität	kJ/kg K	kcal/kg grd	4,1868
ρ	Dichte	kg/m^3	kg/m^3	1
p	Druck	N/m^2 = Pa	kp/m^2	9,80665
R	Gaskonstante	J/kg K	mkp/kg grd	9,80665
D	Diffusionskoeffizient	m^2/s	m^2/h	1/3600
b	Barometerstand	mbar	Torr	1,33
h	spezifische Enthalpie	kJ/kg	kcal/kg	4,1868
h	spezifische Enthalpie	Wh/kg	kcal/kg	1,163
	oder (bevorzugt)	Wh/kg	kcal/kg	1,163
q_{vol}	volumetrischer Kältegewinn	Wh/m^3	$kcal/m^3$	1,163
S	Entropie	kJ/K	kcal/grd	4,1868
s	spezifische Entropie	kJ/kg K	kcal/kg grd	4,1868
u	spezifische innere Energie	kJ/kg	kcal/kg	4,1868
η	dynamische Viskosität	Pa · s	kp s/m^2	9,81

Tafel 13/4 Formelzeichen und Einheiten in der Kältetechnik

Bezeichnung		neu	bisher
A	Querschnitt, Fläche	m^2	m^2
a	Beschleunigung	m/s^2	m/s^2
a	Temperaturleitkoeffizient	m^2/h	m^2/h
b	Barometerstand	mbar	Torr
b	Wärmeeindringkoeffizient	$kJ/m^2 K s^{0,5}$	$kcal/m^2 h^{0,5}$ grd
C	Strahlungskoeffizient	$W/m^2 (K)^4$	$kcal/m^2 h(K)^4$
c	spez. Wärmekapazität	$Ws/kg\ K$	$kcal/kg\ grd$
c	Widerstandsbeiwert	–	–
D, d	Durchmesser, Dicke	m	m
D	Diffusionskoeffizient	$\dfrac{m^2}{h}$	$\dfrac{m^2}{h}$
E	Exergie	$kJ/s;\ W;\ kW$	
e	spez. Exergie	$kJ/kg;\ kWh/kg$	
e	Thermokraft	V/K	V/grd
F	Kraft	N	kp
f	Lösungsverhältnis		
G	Gewicht	entfällt	kp
$\dot{G}$	Gewichtsstrom	entfällt	kp/s
g	Fallbeschleunigung $= 9,80665$	m/s^2	m/s^2
g	Diffusionsstromdichte	$kg/m^2 h$	$kp/m^2 h$
H	Enthalpie	kJ, Ws, Wh	$kcal$
h	spezifische Enthalpie	$kJ/kg, Wh/kg$	$kcal/kg$
I	Stromstärke	A (Ampere)	A
i	Diffusionsstromdichte	$\dfrac{kg}{m^2 h}$	$\dfrac{kg}{m^2 h}$
K_e	energetischer Kältegewinn (bisher: spez. Kälteleistung	kWh/kWh	$kcal/kWh$
K_C	energ. Kältegewinn nach dem Carnot-Prozeß	kWh/kWh	$kcal/kWh$
K_{th}	energ. Kältegewinn nach dem Vergleichsprozeß	kWh/kWh	$kcal/kWh$
k	Wärmedurchgangs-Koeffizient	$W/m^2 K, kJ/h\,m^2 K$	$kcal/m^2\ grd$
$1/k$	Wärmedurchgangs-Widerstandskoeffizient	$m^2 K/W$	$m^2 h\ grd/kcal$
L, l	Länge	m	m
M	Moment	Nm	mkp
m	Masse	kg	$kp\ s^2/m$
$\dot{m}$	Massenstrom (m/τ)	kg/s	–
n	Drehzahl	s^{-1}, min^{-1}	min^{-1}
n	Polytropenexponent	–	–
P	Leistung (Antriebs-)	$Nm/s, W, kW$	$kpm/s, PS$
p	Druck bei Temp. T, ϑ	$Pa = N/m^2, bar$	$kp/cm^2, at$
p_0	Druck bei Temp. T_0, ϑ_0	$Pa = N/m^2, bar$	$kp/cm^2, at$

Tafel 13/4   Fortsetzung

Bezeichnung		neu	bisher
p_a	Absorberdruck	Pa = N/m^2, bar	kp/cm^2, at
p_m	Zwischendruck	Pa = N/m^2, bar	kp/cm^2, at
Q	Wärme, Wärmeenergie	kJ, Wh, kWh	kcal
Q_0	Kälte	kJ, Wh, kWh	kcal
$\dot{Q}$	Wärmestrom (Q/τ), Wärmeleistung	kJ/s, W, kW	kcal/h
$\dot{Q}_0$	Kälteleistung	kJ/s, W, kW	kcal/h
$\dot{Q}_a$	Absorberleistung	kJ/s, W, kW	kcal/h
$\dot{Q}_c$	Kondensatorleistung	kJ/s, W, kW	kcal/h
$\dot{Q}_1$	Heizleistung, Austreiberleistung, zuzu-führender Wärmestrom	kJ/s, W, kW	kcal/h
$\dot{Q}_T$	umgesetzter Wärmestrom im Wärme-übertrager	kJ/s, W, kW	kcal/h
q	spez. Wärme, an die Umgebung abzu-führende spez. Wärme, spez. Ver-flüssigerwärme	Wh/kg, kJ/kg	kcal/kg
q_0	spez. Kälte	Wh/kg, kJ/kg	kcal/kg
q_1	spez. Heizwärme spez. Austreiberwärme	Wh/kg, kJ/kg	kcal/kg
q_a	spez. Absorberwärme	Wh/kg, kJ/kg	kcal/kg
q_T	im Gegenstromübertrager umgesetzte spez. Wärme	Wh/kg, kJ/kg	kcal/kg
q_{vol}	volumetrischer Kältegewinn (bisher: vol. Kälteleistung)	Wh/m^3, kJ/m^3	kcal/m^3
$\dot{q}$	Wärmestromdichte	W/m^2, kJ/m^2 h	kcal/m^2 h
R	spez. Gaskonstante	J/kg K	kpm/kp grd
r	spez. Verdampfungs-Enthalpie	Wh/kg, kJ/kg	kcal/kp
Re	Reynolds-Zahl	–	–
S	Entropie	kJ/K	kcal/grd
s	spezifische Entropie	kJ/kg K	kcal/kp grd
s	Weg, Wegstrecke	m	m
T	thermodynamische (absolute) Temperatur	K	$(273 + \vartheta)$ °C
U	elektr. Spannung	V (Volt)	V
u	spezifische innere Energie	kJ/kg	kcal/kg
V	Volum	m^3	m^3
$\dot{V}$	Volumstrom (V/τ)	m^3/h	m^3/h
$\dot{V}_g$	geom. Hubvolumstrom des Verdichters	m^3/h	m^3/h
υ	spezifisches Volum	m^3/kg	m^3/kg
W	Arbeit, Energie	J, kJ, Wh, kWh	kpm, PSh
$\dot{W}$	Energiestrom, Leistung (W/τ)	J/s, kJ/s, W, kW	kpm/s, PS
w	spezifische Arbeit	kJ/kg, Wh/kg, kWh/kg	kpm/kp

Tafel 13/4 Fortsetzung

Bezeichnung		neu	bisher
w	Geschwindigkeit	m/s	m/s
x	Umwälzfaktor		
z	Flüssigluftausbeute	kg/kg	kp/kp
z_e	Luftdurchsatz durch Entspannungs-turbine	kg/kg	kp/kp
α	Wärmeübergangskoeffizient	kJ/h m^2 K, W/m^2 K	kcal/m^2 h °C
α	Wärmeausdehnungskoeffizient (linear)	–	–
α	Durchflußkoeffizient	–	–
β	Stoffübertragungskoeffizient	m/s	
δ	Diffusionsleitfähigkeit	$\dfrac{kg}{m\,h\,Pa}$	$\dfrac{kg \cdot m^2}{m\,h \cdot kp}$
δ, s	Wanddicke, Schichtdicke	m	m
ϵ_K	effektive Kältezahl	Wh/Wh, kJ/kJ	kcal/kcal
ϵ_c	Kältezahl nach dem *Carnot*-Prozeß	Wh/Wh, kJ/kJ	kcal/kcal
ϵ_e	energetische Kähltezahl	Wh/Wh, kJ/kJ	kcal/kcal
ϵ_H	Heizzahl		
ϵ_{HC}	Heizzahl nach dem *Carnot*-Prozeß		
ϵ_0	schädlicher Raum		
ζ	effektive Wärmezahl (Wärmeverhältnis)	Wh/Wh, kJ/kJ	kcal/kcal
ζ_c	Wärmezahl nach dem *Carnot*-Prozeß	Wh/Wh, kJ/kJ	kcal/kcal
η	Wirkungsgrad, Gütegrad	–	–
η_c	Wirkungsgrad nach dem *Carnot*-Prozeß	–	–
η_e	Wirkungsgrad (effekt.)		
η_{Ex}	Wirkungsgrad (exergetischer)		
η_i	Wirkungsgrad (indiziert)		
η_m	Wirkungsgrad (mechanisch)		
η_{vol}	Wirkungsgrad (volumetrisch)		
η_g	Gütegrad	–	–
η	dynamische Viskosität	Pa · s	kp s/m^2, Poise
ϑ	Temperatur	°C	°C
κ	Isentropenexponent		
Λ	Wärmedurchlaßkoeffizient (λ/δ)	W/m^2 K, kJ/m^2 h K	kcal/m^2 h °C
λ	Liefergrad		
λ	Wärmeleitfähigkeit	W/m K, kJ/m h K	kcal/m h °C
λ	Reibungskoeffizient	–	–
μ	Diffusionswiderstandszahl	–	–
ν	kinematische Viskosität (η/ρ)	m^2/s	m^2/s (cSt)
ξ	Massenkonzentration	–	–
ρ	Dichte	kg/m^3	kp s^2/m^4
τ	Zeit	s, h	s, h
φ	relative Feuchtigkeit		

Tafel 13/5 Dezimale Vielfache und Teile von Einheiten

Bezeichnung des Vorsatzes	an der Einheit anzubringendes Kurzzeichen	Bedeutung des Vorsatzes
Tera	T	das 10^{12} fache der Einheit
Giga	G	das 10^9 fache der Einheit
Mega	M	das 10^6 fache der Einheit
Kilo	k	das 10^3 fache der Einheit
Hekto	h	das 10^2 fache der Einheit
Deka	da	das 10^1 fache der Einheit
Dezi	d	das 10^{-1} fache der Einheit
Zenti	c	das 10^{-2} fache der Einheit
Milli	m	das 10^{-3} fache der Einheit
Mikro	μ	das 10^{-6} fache der Einheit
Nano	n	das 10^{-9} fache der Einheit
Pico	p	das 10^{-12} fache der Einheit

Beispiele

$$1 \text{ mm} = 10^{-3} \text{ m} = \frac{1}{1000} \text{ m}$$
$$1 \text{ Mg} = 10^6 \text{ g} = 1\,000\,000 \text{ g}$$
$$1 \text{ kJ} = 10^3 \text{ J} = 1000 \text{ J}$$
$$1 \text{ Gcal/h} = 1\,000\,000\,000 \text{ cal/h}$$
$$= 10^6 \text{ kcal/h}$$
$$1 \text{ kWh} = 10^3 \text{ Wh} = 1000 \text{ Wh}$$

$$1 \text{ daN} = 10^1 \text{ N} = 10 \text{ N}$$
$$1 \text{ kJ/kg} = 10^3 \text{ J/kg} = 1000 \text{ J/kg}$$
$$1 \text{ mbar} = 10^{-3} \text{ bar} = \frac{1}{1000} \text{ bar}$$
$$1 \text{ cm/ms} = \frac{0,01 \text{ m}}{0,001 \text{ s}} = 10 \frac{\text{m}}{\text{s}}$$
$$1 \text{ kmol} = 10^3 \text{ mol} = 1000 \text{ mol}$$
$$1 \text{ Mg} = 1\,000\,000 \text{ g} = 1000 \text{ kg} = 1 \text{ t}$$

Tafel 13/6 Umrechnung von Druckeinheiten

	Pa $= N/m^2$	bar	at	atm	kp/m^2	Torr
1 Pa = 1 N/m²	1	10^{-5}	$0,102 \cdot 10^{-4}$	$0,987 \cdot 10^{-5}$	0,102	0,0075
1 bar = 0,1 MPa	100 000 $= 10^5$	1 $= 1000$ mbar	1,02	0,987	10 200	750
1 at = 1 kp/cm²	98 100	0,981	1	0,968	10 000	736
1 kp/m²	9,81	$9,81 \cdot 10^{-5}$	10^{-4}	$0,968 \cdot 10^{-4}$	1	0,0736
1 atm = 760 Torr	101 325	1,013 $= 1013$ mbar	1,033	1	10 330	760
1 Torr $= \frac{1}{760}$ atm	133	0,00133 $= 1,33$ mbar	0,00136	0,00132	13,6	1

Beziehung: $1 \text{ Pa} = 1 \text{ N/m}^2 \approx \frac{1}{9,81} \text{ kp/m}^2 \approx 0,102 \text{ kp/m}^2$; $1 \text{ kp/cm}^2 \sim 9,81 \text{ N/cm}^2$

Tafel 13/7   Umrechnung von Druckhöhen (Flüssigkeitssäulen) und Druck (teilweise nur angenähert)

	μbar	mbar	bar	Pa = N/m^2
1 mm WS = 1 kp/m^2	100	0,1	0,0001	10
1 m WS = 0,1 at = 0,1 kp/cm^2	100 000	100	0,1	10 000
10 m WS = 1 at = 1 kp/cm^2	1 000 000	1000	1	100 000
1 mm Hg (mm QS) = 1 Torr	1 330	1,33	0,00133	133

Beziehungen: $1 \text{ kp/m}^2 = 1 \text{ mm WS} \approx 1 \text{ daN/m}^2$; $1 \text{ Torr} = 1 \text{ mm Hg (1 mm QS)}$

$$1 \text{ Pa} = 1 \text{ N/m}^2 \approx \frac{1}{9,81} \text{ kp/m}^2 \approx 0,102 \text{ kp/m}^2$$

Tafel 13/8   Umrechnung von Einheiten der dynamischen Viskosität

	$\dfrac{\text{kp s}}{\text{m}^2}$	Pa · s	Poise (P) *)
$1\ \dfrac{\text{kp s}}{\text{m}^2}$	1	9,81	98,1
$1 \text{ Pa} \cdot \text{s} = 1\ \dfrac{\text{N} \cdot \text{s}}{\text{m}^2} = 1\ \dfrac{\text{kg}}{\text{m} \cdot \text{s}}$	0,102	1	10
$1 \text{ Poise} = 1 \text{ P} = 1\ \dfrac{\text{g}}{\text{cm} \cdot \text{s}}$	0,0102	0,1	1

*) 1 Poise (P) = 100 Centipoise (cP)

Tafel 13/9   Einheiten der kinematischen Viskosität

	St	cSt	m^2/s
1 Stokes (St) = 1 cm^2/s	1	100	10^{-4}
1 Centistokes (cSt)	$\dfrac{1}{100}$	1	10^{-6}
1 m^2/s	10^4	10^6	1

Tafel 13/10 Umrechnung von Energie- und Arbeitseinheiten sowie der Wärme

	J	kJ	kWh	kcal	PSh	kp m	Wh
1 J $=1\,\mathrm{N\,m}=$ $=\mathrm{W\,s}$	1	0,001	$2,78\cdot10^{-7}$	$2,39\cdot10^{-4}$	$3,77\cdot10^{-7}$	0,102	$2,78\cdot10^{-4}$
1 kJ $=$	1000	1	$2,78\cdot10^{-4}$	0,239	$3,77\cdot10^{-4}$	102	$2,78\cdot10^{-1}$
1 kWh $=$	3 600 000	3600	1	860	1,36	367 000	1000
1 kcal $=$	4200	4,2	0,00116	1	0,00158	427	1,163
1 PSh $=$	2 650 000	2650	0,736	632	1	270 000	736
1 kp m $=$	9,81	0,00981	$2,72\cdot10^{-6}$	0,00234	$3,7\cdot10^{-6}$	1	$2,72\cdot10^{-3}$
1 Wh $=$	3600	3,6	0,001	0,86	$1,36\cdot10^{-3}$	367	1

$$1\,\mathrm{Nm} = \frac{1}{9,81}\,\mathrm{kp\,m} = 0,102\,\mathrm{kp\,m}$$

$$1\,\mathrm{erg} = 1\,\mathrm{g\,cm^2/s^2} = 1\,\mathrm{dyn\,cm} = \frac{1}{10\,000\,000}\,\mathrm{J} = 10^{-7}\,\mathrm{J}$$

$$1\,\mathrm{cal} = 4,1868\,\mathrm{J} \approx 4,200\,\mathrm{J}; \quad 1\,\mathrm{kcal} = 4,1868\,\mathrm{kJ} \approx 4,2\,\mathrm{kJ}$$

Tafel 13/11 Umrechnung von Leistungseinheiten, Energiestrom, Wärmestrom

	W	kW	kcal/s	kcal/h	kpm/s	PS
1 W $=1\,\mathrm{N\,m/s}=$ $=1\,\mathrm{J/s}$	1	0,001	$2,39\cdot10^{-4}$	0,860	0,102	0,00136
1 kW $=1\,\mathrm{kJ/s}$ $=$	1000	1	0,239	860	102	1,36
1 kcal/s $=$	4190	4,19	1	3600	427	5,69
1 kcal/h $=$	1,163	0,00116	$\dfrac{1}{3600}$	1	0,119	0,00158
1 kp m/s $=$	9,81	0,00981	0,00234	8,43	1	0,0133
1 PS $=$	736	0,736	0,176	632	75	1

$$1\,\mathrm{N\,m/s} = \frac{1}{9,81}\,\mathrm{kp\,m/s} = 0,102\,\mathrm{kp\,m/s}$$

$$1\,\mathrm{kp\,m/s} = 3600\,\mathrm{kp\,m/h}; \quad 1\,\mathrm{kp\,m/h} = \frac{1}{3600}\,\mathrm{kp\,m/s}$$

$$1\,\mathrm{kcal/h} = 1,163\,\mathrm{W}$$

$$1\,\mathrm{J/s} \approx 1\,\mathrm{kcal/h}; \quad 1\,\mathrm{Gcal/h} = 10^9\,\mathrm{cal/h} \approx 4,2\cdot10^6\,\mathrm{kJ/h} = 1,163\,\mathrm{MW}$$

Tafel 13/12   Dampftafel von Ammoniak (NH₃) Auszug

| Temp. | Absol. Druck | | Spez. Vo-lum des Dampfes | Spez. Enthalpie Flüss. Dampf | | Spez. Enthalpie Flüss. Dampf | | Spez. Verdamp-fungsenthalpie | |
| ϑ °C | p | | v'' | h' | h'' | h' | h'' | r | |
	kp/cm²	bar	m³/kp m³/kg	kcal/kp		kJ/kg		kcal/kp	kJ/kg
− 75	0,0765	0,0752	12,89	20,9	373,5	88	1570	352,6	1480
− 70	0,1114	0,1092	9,009	25,9	375,7	109	1576	349,8	1470
− 60	0,2233	0,219	4,699	36,0	380,0	151,5	1596	344,0	1440
− 50	0,4168	0,409	2,623	46,3	384,1	195,0	1615	337,8	1414
− 40	0,7381	0,718	1,55	56,8	388,1	238,5	1630	331,3	1387
− 30	1,219	1,195	0,963	67,42	391,91	284,0	1645	324,49	1359
− 20	1,94	1,902	0,6236	78,17	395,46	329,2	1660	317,29	1328
− 10	2,966	2,909	0,4184	89,03	398,67	374,0	1675	309,64	1296
0	4,379	4,294	0,2897	100	401,52	420,0	1685	301,52	1262
+ 10	6,271	6,15	0,2058	111,11	403,95	463,6	1695	292,84	1226
+ 20	8,741	8,572	0,1494	122,38	405,93	513,0	1700	283,55	1187
+ 30	11,895	11,67	0,1107	133,84	407,43	560,0	1710	273,59	1145
+ 40	15,85	15,54	0,0833	145,52	408,37	610,0	1715	262,85	1101
+ 50	20,727	20,33	0,0635	157,38	408,72	660,0	1717	251,34	1052
+ 60	26,66	26,14	0,0489	169,6	408,6	710,0	1716	238,0	999
+ 70	33,77	33,12	0,0379	182,7	407,3	766,0	1715	224,6	940

Tafel 13/13   Dampftafel von Difluordichlormethan (R 12) Auszug

| Temp. | Absol. Druck | | Spez. Vo-lum des Dampfes | Spez. Enthalpie Flüss. Dampf | | Spez. Enthalpie Flüss. Dampf | | Spez. Verdamp-fungsenthalpie | |
| ϑ °C | p | | v'' | h' | h'' | h' | h'' | r | |
	kp/cm²	bar	m³/kp m³/kg	kcal/kp		kJ/kg		kcal/kp	kJ/kg
− 70	0,1258	0,123	1,1259	85,84	128,88	360	541	42,99	180,0
− 60	0,2315	0,227	0,6394	87,68	130,0	368	546	42,32	178,0
− 50	0,3999	0,392	0,3854	89,59	131,18	375,5	553	41,59	174,1
− 40	0,6551	0,642	0,2441	91,55	132,36	384,0	557	40,81	170,9
− 30	1,0245	1,005	0,1613	93,57	133,54	393,0	560	39,97	167,3
− 20	1,5396	1,510	0,1107	95,65	134,71	400,1	564	39,06	163,5
− 10	2,2342	2,191	0,07813	97,80	135,87	410,1	568	38,07	159,4
0	3,1465	3,086	0,05667	100,0	136,99	420,0	574	36,99	154,9
+ 10	4,3135	4,23	0,04204	102,26	138,08	430,0	579	35,82	150,0
+ 20	5,7786	5,667	0,03175	104,59	139,12	439,0	583	34,53	144.6
+ 30	7,581	7,434	0,02433	106,97	140,08	450,0	587	33,11	138,6
+ 40	9,77	9,582	0,01882	109,41	140,94	460,0	589	31,53	132,0
+ 50	12,386	12,147	0,01459	111,91	141,73	470,0	593	29,79	124,6
+ 60	15,481	15,18	0,01167	113,25	142,13	475,0	597	27,92	116,9
+ 70	19,096	18,73	0,00919	117,29	143,09	492,0	600	25,8	108,0
+ 80	23,29	22,84	0,00723	120,13	143,46	503,0	602	23,33	97,7
+ 90	28,107	27,6	0,00564	123,12	143,41	515,0	602	20,29	85,3
+ 100	33,614	33,0	0,00437	126,36	142,51	531,0	598	16,15	67,8
+ 115,5	40,879	40,0	0,00179	134,75	134,75	565,0	565,0	0	0

Tafel 13/14 Energetischer Kältegewinn nach dem *Carnot*-Prozeß K_c in MJ/kWh und kWh/kWh (ϵ_c) (Auszug)

Verflüs- sigungs- temp. ϑ °C	Verdampfungstemperatur ϑ_0 °C							
	-40	-30	-20	-10	0	$+5$	$+10$	
0	21,1	29,3	45,65	95,0	–	–	–	MJ/kWh
	5,87	8,14	12,7	26,4	–	–	–	kWh/kWh
+10	16,85	22,0	30,5	47,7	98,6	–	–	MJ/kWh
	4,68	6,11	8,48	13,25	27,4	–	–	kWh/kWh
+20	14,03	17,55	22,85	31,65	48,2	67,0	102,2	MJ/kWh
	3,9	4,88	6,35	8,79	13,7	18,6	28,4	kWh/kWh
+25	12,95	15,95	20,3	27,15	39,0	50,1	68,2	MJ/kWh
	3,6	4,43	5,63	7,54	10,83	13,95	18,92	kWh/kWh
+30	12,03	14,65	18,3	23,75	32,85	40,15	51,0	MJ/kWh
	3,35	4,07	5,08	6,60	9,14	11,17	14,18	kWh/kWh
+40	10,52	12,52	15,25	19,0	24,65	28,8	34,3	MJ/kWh
	2,93	3,48	4,23	5,29	6,85	8,05	9,54	kWh/kWh
+50	9,36	10,9	13,05	15,83	19,7	22,35	25,4	MJ/kWh
	2,60	3,05	3,63	4,40	5,47	6,20	7,10	kWh/kWh

Tafel 13/15 Energetischer Kältegewinn nach dem Vergleichsprozeß K_{th} in MJ/kWh und kWh/kWh (ϵ_{th}) für Ammoniak (Auszug)

Verflüssigungstemp. ϑ °C	Temp. ϑ_u vor dem Regelventil °C	Verdampfungstemperatur ϑ_0 °C					
		−25	−20	−10	0	+10	
+10	5	22,7	27,4	44,6	96,0	−	MJ/kWh
		6,26	7,62	12,35	26,7	−	kWh/kWh
	10	22,1	26,85	47,7	94,6	−	MJ/kWh
		6,15	7,48	12,5	26,25	−	kWh/kWh
+20	15	16,8	19,75	28,55	46,3	99,6	MJ/kWh
		4,68	5,49	7,95	12,87	27,7	kWh/kWh
	20	16,45	19,35	28,0	45,40	97,6	MJ/kWh
		4,57	5,37	7,79	12,60	27,15	kWh/kWh
+25	20	14,8	16,8	24,0	36,4	65,25	MJ/kWh
		4,12	4,67	6,65	10,08	18,15	kWh/kWh
	25	14,5	16,8	23,5	35,6	64,0	MJ/kWh
		4,03	4,67	6,54	9,9	17,75	kWh/kWh
+30	25	13,2	15,15	20,6	29,7	48,0	MJ/kWh
		3,67	4,21	5,73	8,25	13,32	kWh/kWh
	30	12,9	14,85	20,15	29,1	46,9	MJ/kWh
		3,59	4,13	5,6	8,09	13,05	kWh/kWh
+40	30	10,95	12,4	16,2	21,95	31,55	MJ/kWh
		3,045	3,45	4,5	6,1	8,76	kWh/kWh
	35	10,72	12,12	15,85	21,45	30,85	MJ/kWh
		2,98	3,37	4,40	5,96	8,56	kWh/kWh
+50	35	9,35	10,48	13,3	17,3	23,35	MJ/kWh
		2,6	2,91	3,7	4,8	6,48	kWh/kWh
	40	9,14	10,2	13,01	16,9	22,85	MJ/kWh
		2,54	2,84	3,61	4,7	6,33	kWh/kWh

Diese Tabelle ist angenähert auch für andere Kältemittel gültig.

Tafel 13/16　Wärmeleitfähigkeit von Baustoffen (Auszug)

	λ W/m K oder J/m K s	λ kcal/m h °C	Meßtemperatur °C
Baustoffe, Mauerwerk, Gestein			
Stahlbeton	1,51	1,3	20
Kalkstein	0,93	0,8	20
Sandstein	1,28	1,1	20
Ziegelwand	0,7	0,6	20
Glas	0,76	0,65	20
Füllstoffe			
Erde, grobkiesig (trocken)	0,583	0,5	20
Erde, gewachsen (feucht)	2,33	2,0	10
Kies, lose	0,645	0,55	20
Holz			
Eiche ⊥ zur Faser	0,21	0,18	15
Eiche ‖ zur Faser	0,36	0,31	20
Kiefer ⊥ zur Faser	0,15	0,13	15
Kiefer ‖ zur Faser	0,327	0,28	20
Sperrholz	0,14	0,12	20
Wärmedämmstoffe (anorganisch)			
Glaswolle (langfaserig)	0,052	0,045	100
Schlackenwolle (kurzfaserig)	0,055	0,047	100
Steinwolle, langfaserig (Sillan)	0,052	0,045	100
Kieselgurmasse	0,09	0,077	100
Zellenbeton (300)	0,057	0,049	0
Zellenbeton (1200)	0,35	0,3	0
Wärmedämmstoffe (organisch)			
Pappe	0,07	0,06	20
Exp. Korkplatten	0,0455	0,039	0
Iporka-Kunstharzschaumstoff	0,043	0,037	50
Polystyrol-Schaumstoff	0,0315	0,027	0
Holzfaserplatten	0,0465	0,04	0
Holzwolleplatten	0,093	0,08	0

Tafel 13/17　Wärmeleitfähigkeit von Luft, Sauerstoff, Stickstoff und Rauchgasen

Temperatur ϑ °C	0	20	40	60	80	100
λ kcal/m h grd	0,0203	0,0216	0,0228	0,0240	0,0252	0,0263
λ W/m K oder J/m K s	0,0236	0,0252	0,0266	0,0280	0,0293	0,0306

Tafel 13/18 Wärmetechnische Stoffwerte einiger fester Körper (20 °C) (Mittelwerte)

Stoff	Wärmeleitfähigkeit λ		Spez. Wärmekapazität c		Dichte ρ
	J/m K s W/m K	kcal/m h grd	kJ/kg K	kcal/kg grd	kg/m^3
Aluminium	209,3	180	0,922	0,22	2700
Kupfer	383,8	330	0,398	0,095	8900
Eisen	55,8	48	0,488	0,115	7800
Sandstein	1,28	1,1	0,922	0,22	2250
Ziegelstein	0,7	0,6	0,84	0,2	1850
Glas	0,755	0,65	0,84	0,2	2500

Tafel 13/19 Größenordnung von Wärmeübergangskoeffizienten α durch Konvektion

	α in $\dfrac{W}{m^2 K}$ oder J/m^2 K s		α in $\dfrac{kcal}{m^2\,h\,grd}$	
Freie Konvektion				
Gase	3,5 bis	23	3 bis	20
Wasser	116 bis	700	100 bis	600
Siedendes Wasser	1160 bis	23 000	1000 bis	20 000
Erzwungene Konvektion				
Gase	11,6 bis	116	10 bis	100
Viskose Flüssigkeiten	58 bis	580	50 bis	500
Wasser	580 bis	11 650	500 bis	10 000
Kondensierender Dampf	1165 bis	116 500	1000 bis	100 000

Tafel 13/20 Wärmedurchgangskoeffizienten k (Näherungswerte) für Kältemittel-Verflüssiger

	W/m^2 K oder J/m^2 K s		kcal/m^2 h grd	
Bündelrohr-Verflüssiger	700 bis	815	600 bis	700
Röhrenkessel-Verflüssiger	870 bis	1400	750 bis	1200
Berieselungs-Verflüssiger	290 bis	1165	250 bis	1000
luftgekühlte Verflüssiger je nach Luftgeschwindigkeit	17,5 bis	41	15 bis	35

Tafel 13/21 Wärmedurchgangskoeffizienten k (Näherungswerte) für Kältemittel-Verdampfer

	W/m^2 K oder J/m^2 K s	$kcal/m^2$ h grd
Bei Luftkühlung		
Luft an glattes Rohr		
natürliche Luftströmung	16,3 bis 21	14 bis 18
aufgezwungene Luftströmung	23,3 bis 29	20 bis 25
Rippenrohr		
natürliche Luftströmung	7 bis 9,3	6 bis 8
aufgezwungene Luftströmung	11,6 bis 15	10 bis 13
Überfluteter Mantel- und Röhrenverdampfer:		
in den Röhren Sole, im Mantel NH_3	255 bis 575	220 bis 490
in den Röhren Sole, im Mantel R 12	170 bis 510	145 bis 440
Trockener Röhrenverdampfer		
in den Röhren R 12, im Mantel Wasser	280 bis 650	240 bis 560
Berieselungsverdampfer für NH_3 oder		
R 12 mit Wasser als Rieselflüssigkeit		
überflutet	560 bis 1140	480 bis 980
derselbe trocken mit NH_3	340 bis 850	290 bis 730
derselbe trocken mit R 12	340 bis 675	290 bis 580
Doppelrohr-Verdampfer		
Wasser gegen NH_3	280 bis 840	240 bis 720
Wasser gegen R 12	280 bis 710	240 bis 610
Mantel- und Röhrenverdampfer		
Wasser in den Röhren, Berieselung	850 bis 1400	730 bis 1200
durch NH_3 oder R 12		
Trockenverdampfer in Kleinkälteanlagen		
je nach Luftgeschwindigkeit	28 49	24 bis 42
in Kühlmöbeln (stille Kühlung)	9,3 bis 14	8 bis 12

Notizen für weitere Stoffwerte und Koeffizienten:

Sachregister

Namenregister

JOHNSON
CONTROLS
Penn
Regelgeräte

Es gibt
Penn Regelgeräte
für fast jeden Zweck in Heizungs-, Kühlungs-, Lüftungs- und Klima Systemen.